10	11	12	13	14	15	16	17	18	族／周期
								2 **He** ヘリウム 4.002602	1
			5 **B** ホウ素 10.806~10.821	6 **C** 炭素 12.0096~12.0116	7 **N** 窒素 14.00643~14.00728	8 **O** 酸素 15.99903~15.99977	9 **F** フッ素 18.998403163	10 **Ne** ネオン 20.1797	2
			13 **Al** アルミニウム 26.9815385	14 **Si** ケイ素 28.084~28.086	15 **P** リン 30.973761998	16 **S** 硫黄 32.059~32.076	17 **Cl** 塩素 35.446~35.457	18 **Ar** アルゴン 39.948	3
28 **Ni** ニッケル 58.6934	29 **Cu** 銅 63.546	30 **Zn** 亜鉛 65.38	31 **Ga** ガリウム 69.723	32 **Ge** ゲルマニウム 72.630	33 **As** ヒ素 74.921595	34 **Se** セレン 78.971	35 **Br** 臭素 79.901~79.907	36 **Kr** クリプトン 83.798	4
46 **Pd** パラジウム 106.42	47 **Ag** 銀 107.8682	48 **Cd** カドミウム 112.414	49 **In** インジウム 114.818	50 **Sn** スズ 118.710	51 **Sb** アンチモン 121.760	52 **Te** テルル 127.60	53 **I** ヨウ素 126.90447	54 **Xe** キセノン 131.293	5
78 **Pt** 白金 195.084	79 **Au** 金 196.966569	80 **Hg** 水銀 200.592	81 **Tl** タリウム 204.382~204.385	82 **Pb** 鉛 207.2	83 **Bi*** ビスマス 208.98040	84 **Po*** ポロニウム (210)	85 **At*** アスタチン (210)	86 **Rn*** ラドン (222)	6
110 **Ds*** ダームスタチウム (281)	111 **Rg*** レントゲニウム (280)	112 **Cn*** コペルニシウム (285)	113 **Uut*** ウンウントリウム (284)	114 **Fl*** フレロビウム (289)	115 **Uup*** ウンウンペンチウム (288)	116 **Lv*** リバモリウム (293)	117 **Uus*** ウンウンセプチウム (293)	118 **Uuo*** ウンウンオクチウム (294)	7

64 **Gd** ガドリニウム 157.25	65 **Tb** テルビウム 158.92535	66 **Dy** ジスプロシウム 162.500	67 **Ho** ホルミウム 164.93033	68 **Er** エルビウム 167.259	69 **Tm** ツリウム 168.93422	70 **Yb** イッテルビウム 173.054	71 **Lu** ルテチウム 174.9668
96 **Cm*** キュリウム (247)	97 **Bk*** バークリウム (247)	98 **Cf*** カリホルニウム (252)	99 **Es*** アインスタイニウム (252)	100 **Fm*** フェルミウム (257)	101 **Md*** メンデレビウム (258)	102 **No*** ノーベリウム (259)	103 **Lr*** ローレンシウム (262)

注2：この周期表には最新の原子量「原子量表（2015）」が示されている。原子量は単一の数値あるいは変動範囲で示されている。原子量が範囲で示されている12元素には複数の安定同位体が存在し，その組成が天然において大きく変動するため単一の数値で原子量が与えられない。その他の72元素については，原子量の不確かさ…された数値の最後の桁にある。

放射化学の事典

日本放射化学会 編集

朝倉書店

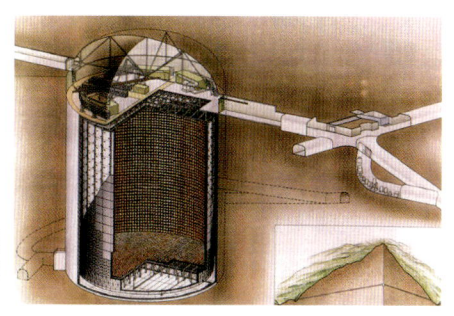

口絵1 スーパーカミオカンデイメージ図(写真提供:東京大学宇宙線研究所神岡宇宙素粒子研究施設)(→ II-16)

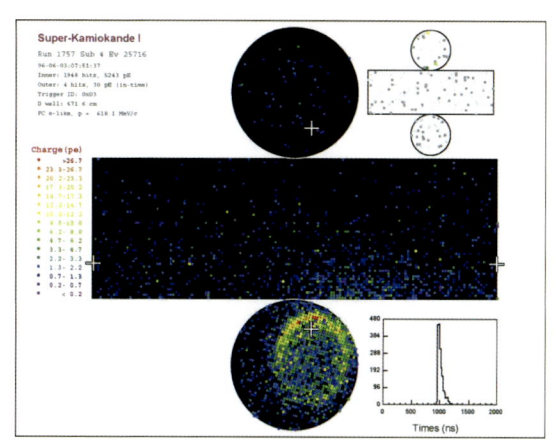

口絵2 電子ニュートリノによるイベント(写真提供:T2K共同実験グループおよび東京大学宇宙線研究所神岡宇宙素粒子研究施設)(→ II-16)

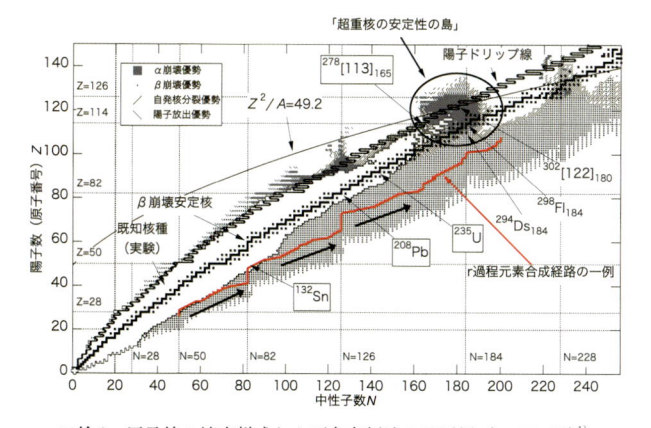

口絵3 原子核の壊変様式および存在領域の予測例(→ III-08)[1]

この図のように横軸を中性子数,縦軸を陽子数で示したものを核図表と呼ぶ.半減期が1ナノ秒以上の核種を載せている.この計算では中性子数184に比較的強い閉殻,陽子数114および126に弱い閉殻を与えている.図中の $^{294}Ds_{184}$ は超重核領域での最長寿命で,半減期が300年程度の α 壊変核種と予想している.

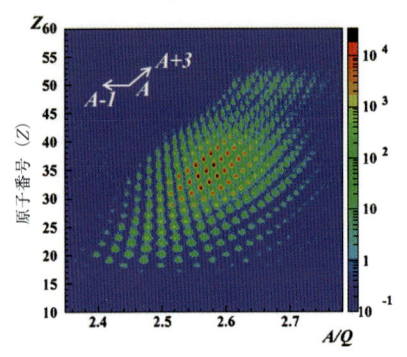

口絵4 核子あたり350 MeVのウランビームをBe標的に照射した際につくられた入射核破砕片（→ III-17）
縦軸は原子番号（Z）．横軸は質量数（A）を電荷（Q）で割った量．一つひとつの「島」が原子核を示す[1]．

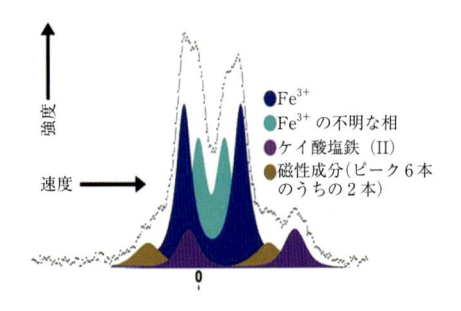

口絵5 火星メリディアニ平原Elキャプテンで確認された鉄ミョウバン（Fe^{3+}）のX線メスバウアースペクトル（NASAのホームページより引用．小さい四極分裂のタブレットピークのFe^{3+}相は不明）（→ IV-13）

口絵6 中性子核反応測定装置（ANNRI）（→ V-22）

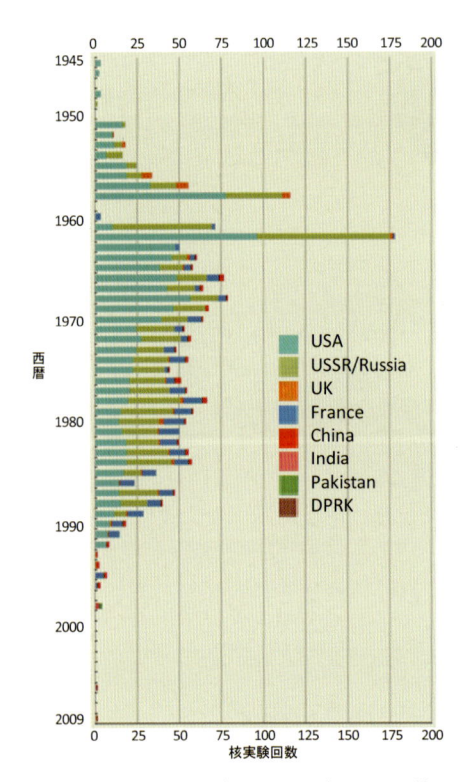

口絵7 核実験の変遷（1945〜2009年．CTBT機関のデータをもとに作成）（→ VII-20）

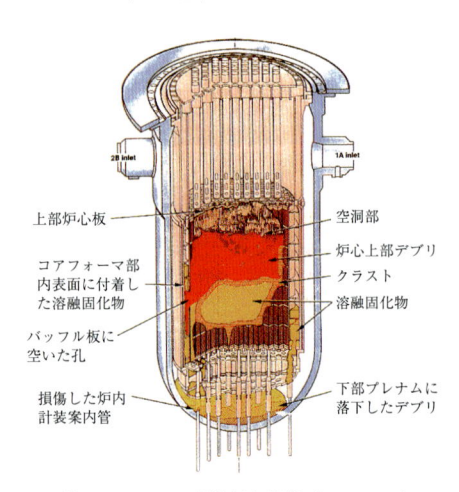

口絵8 TMI-2の最終炉心状態（→ VII-21）

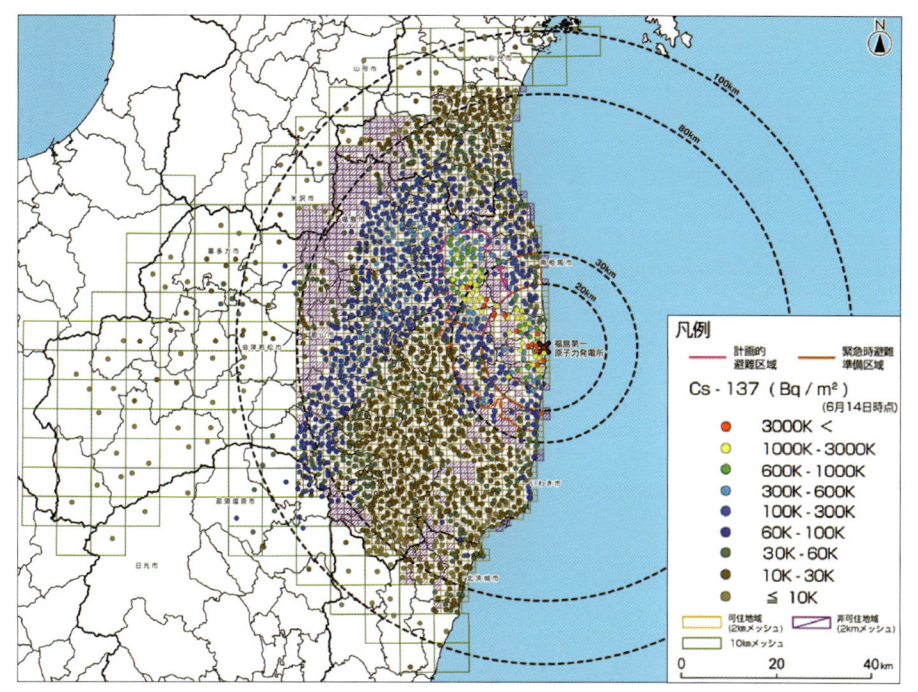

口絵9　文部科学省「放射性物質の分布状況等に関する調査研究」による ^{137}Cs 濃度分布マップ
（http://radioactivity.nsr.go.jp/ja/list/338/list-1.html）（→ VII-22）

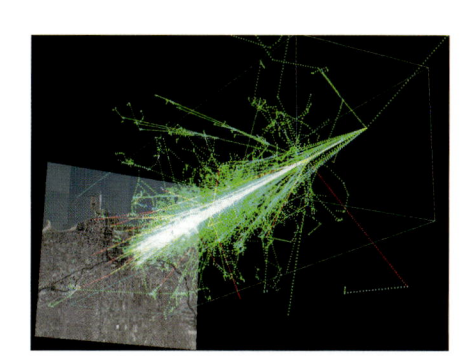

口絵10　数値シミュレーションによる空気シャワー（©COSMUS&AIRES）（→ VIII-09）

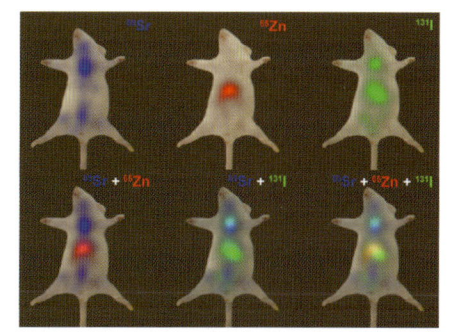

口絵11　生きたマウスの複数核種同時イメージング（S. Motomura et al., J. Anal. Atom. Spect. 23, 1089–1092 (2008)）（→ IX-10）

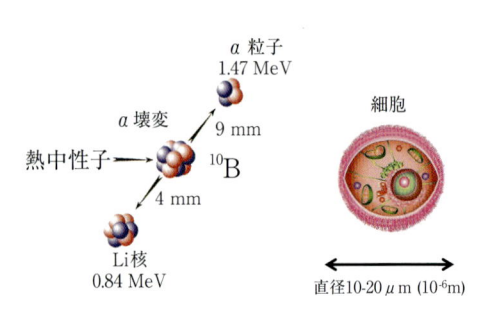

口絵12 BNCT（ホウ素中性子捕捉療法）の原理（→IX-11）

口絵13 窒素ビーム照射により誘発されたダリア変異花（→IX-12）

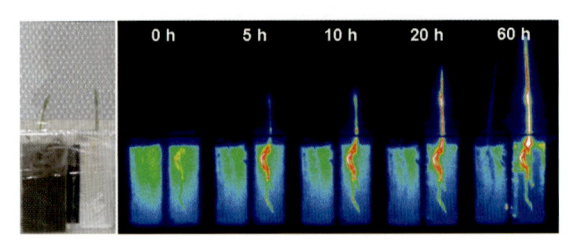

口絵14 マクロイメージング―イネの ^{32}P-リン酸吸収（左：土耕，右：水耕）（→IX-16）

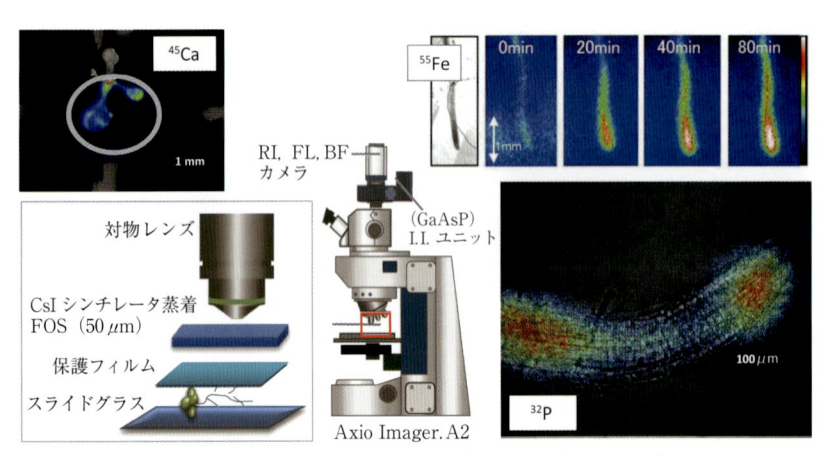

口絵15 ミクロイメージング―シロイヌナズナの ^{45}Ca（葉）， ^{55}Fe（根）， ^{32}P（根）の吸収
蛍光顕微鏡を改良し，RI像，蛍光（FL）像，顕微鏡（BF）像を取得できるようにした．試料から放出される放射線はCsIを蒸着したファイバーオプティックプレート（FOS）で光に変換されCCDカメラで像として取得される．なお，マクロイメージングの画像のサイズは5 cm×15 cmであり，植物の地上部のみ光を照射している（→IX-16）．

序

　近代科学の幕開けは，19世紀末の放射能と放射線の発見とともに始まったといっても過言ではない．いまでもしばしば混同して用いられる放射能と放射線であるが，その発見当初の両者にまつわる大いなる"混沌"は多くの科学者を魅了し，その実態解明に向かって，理論，実験の両面で数多くの知見をもたらした．こうした19世紀末から20世紀初頭の黎明期，その後の第二次世界大戦までの成熟期を経て，戦後の科学技術の進展と相まって，放射能・放射線に関連する研究は新たな展開を遂げている．

　このような発展を受けて，放射能・放射線にかかわる研究領域は現在では大変多岐にわたっている．化学や物理などの基礎科学の枠をこえて，いわゆる分野横断的，あるいは目的指向的な研究領域，研究者集団が数多く存在する．そうしたなかに，化学に根ざす分野として核化学（nuclear chemistry），放射化学（radiochemistry）があり，厳密ではないが前者は原子核にかかわる化学，後者は放射能（あるいは放射性核種）を対象とする化学と定義づけられる．日本における核化学・放射化学の歴史は20世紀初期に遡ることができるが，研究者が組織的にまとまり，分野を意識した研究活動を始めるのは第二次世界大戦以降のことである．この時期は戦後の復興期に当たり，原子力への興味・期待もこうした動きを後押ししたことは間違いない．そういうなかで，大気圏核爆発に伴う放射性降下物（フォールアウト），とりわけ「ビキニの灰」の放射化学分析には，全国の放射化学者が総力をあげて取り組み，目覚ましい成果をあげている．その後，日本の，あるいは世界の科学技術や経済発展を受けて，研究用原子炉や加速器の新設が続き，放射線の測定でも半導体技術を用いた高精度，高信頼性の検出器が導入され，核化学・放射化学の展開を大きく支えた．

　核化学・放射化学は化学に根ざした基礎科学的探求に加えて，周辺分野への波及も大きく加速した．そうした周辺分野としては，地球・宇宙科学，環境科学，生命科学，医学・薬学など，自然科学のほぼすべてに広がりをもつに至っている．そうした状況のもと，1999年に日本放射化学会が発足した．この学会は約60年前の1957年，核化学や放射化学を専門とする研究者の発意で始まった放射化学研究連絡委員会にそのルーツを求めることができる．同連絡会のもと，毎年研究発表会（放射化学討論会）が開催され，日本放射化学会発足後は学会の年次学術発表会（年会）として引き継がれている．この日本放射化学会が発足するときに，その英語名を The Japan Society of Nuclear and Radiochemical Sciences としたことは当時の核化学・放射化学を取り巻く状況を反映したものであった．ちなみに同学会の学術英文誌の名称も学会名を反映して，Journal of Nuclear and Radiochemical Sciences と名づけられた．

　日本放射化学会が発足して16年が経過し，核化学・放射化学の基礎およびその周辺分野を網羅した事典の発刊が，日本放射化学会の会長，前会長（ともに当時）の間で企画された．幸い，朝倉書店のご理解をいただき，本書の刊行に至った．本書は日本放射化学会，およびその周辺の科学者の英知を結集して編纂されたもので，現時点でこの分野の最も新しく，信頼できる書であると自負している．当初の予定ではもう少し早く刊行されるはずであったが，諸般の事情によりいまに至ったことに対しては編集責任者として執筆者各位にお詫び申し上げたい．

　2011年3月に起こった東日本大地震と，それに伴って発生した津波は東京電力福島第一原子力発電所に壊滅的な打撃を与え，その結果，大量の放射性物質が周辺環境に放出された．この事故により，いやがおうにも多くの人々が放射能・放射線と向き合わざるを得ない状況となった．医療やエネルギー問題を取り上げるまでもなく，もともとわれわれの生活と放射能・放射線とは切っても切れない関係があり，現代人の一般常識として，その基礎知識を備えておくことは望まれるところであった．その意味で原発事故がその知識を身につける機会になったとすれば，大きな悲しい不幸中に見いだされるほんのわずかな幸いといえるかもしれない．ただ，現実としては，必ずしも正しい知識を身につける機会とはならず，むしろ誤った，あるいは偏見を伴った，非科学的な知識が広められることになったのではないかと危惧する．本書が放射能・放射線の正しい知識をもつための支えとなり，誤った知識を一つでも修正することに寄与できれば企画・編集した者として望外の幸せである．

　本書は，多くの核化学・放射化学とその周辺分野の第一線で活躍する研究者によって執筆されたものである．編集には万全を期したつもりであるが，内容なども含めて不備があれば編集責任者の責に帰すものであり，読者・執筆者にお詫び申し上げる．本書の刊行に当たり，朝倉書店編集部にはいろいろな局面でお世話になった．特に，企画に理解を示され，出版に至るまで種々のご配慮とご理解をいただいたことには感謝の言葉もない．編集部の寛容さと忍耐なくして本書の刊行には至らなかった．特に記して御礼を申し上げる．

2015年8月

編集責任者　海老原　充
永目諭一郎

編　集　者

[編集担当章]

海老原　　　充	首都大学東京大学院理工学研究科	[編集責任者, I, V, VIII 章]
永　目　論一郎	日本原子力研究開発機構先端基礎研究センター	[編集責任者, I, III 章]

石　岡　典　子	日本原子力研究開発機構量子ビーム応用研究センター	[IX 章]
榎　本　秀　一	岡山大学大学院医歯薬学総合研究科	[IX 章]
柿　内　秀　樹	公益財団法人環境科学技術研究所	[VI 章]
木　村　貴　海	日本原子力研究開発機構原子力基礎工学研究センター	[VII 章]
工　藤　久　昭	新潟大学教育研究院自然科学系	[II 章]
久　保　謙　哉	国際基督教大学教養学部	[IV 章]
酒　井　陽　一	大同大学教養部	[IV 章]
佐々木　隆　之	京都大学大学院工学研究科	[VII 章]
篠　原　　　厚	大阪大学大学院理学研究科	[X 章]
田　上　恵　子	放射線医学総合研究所	[VI 章]
羽　場　宏　光	理化学研究所仁科加速器研究センター	[III 章]
日　高　　　洋	広島大学大学院理学研究科	[VIII 章]
松　尾　基　之	東京大学大学院総合文化研究科	[V 章]
三　浦　　　勉	産業技術総合研究所物質計測標準研究部門	[V 章]
百　島　則　幸	九州大学アイソトープ統合安全管理センター	[VI 章]
山　田　康　洋	東京理科大学理学部	[IV 章]
横　山　明　彦	金沢大学理工研究域	[II 章]
鷲　山　幸　信	金沢大学医薬保健研究域	[IX 章]

（五十音順）

執 筆 者

[執筆項目]

氏名	所属	執筆項目
青山　道　夫	福島大学環境放射能研究所	VI-2
浅井　雅　人	日本原子力研究開発機構先端基礎研究センター	II-11, III-12
阿部　知　子	理化学研究所仁科加速器研究センター	IX-12
天野　良　平	金沢大学医薬保健研究域	II-6〜8
安藤　麻里子	日本原子力研究開発機構原子力基礎工学研究センター	VI-15
飯本　武　志	東京大学環境安全本部	VI-11
五十嵐　康　人	気象研究所環境・応用気象研究部	VI-16
石井　伸　昌	放射線医学総合研究所放射線防護研究センター	VI-7
猪田　敬　弘	岡山大学大学院医歯薬学総合研究科	V-12
今井　憲　一	日本原子力研究開発機構先端基礎研究センター	I-2
井村　久　則	金沢大学理工研究域	V-19
岩村　公　道	福井大学附属国際原子力工学研究所	VII-3
榎本　秀　一	岡山大学大学院医歯薬学総合研究科	V-12, IX-1, 6, 14
海老原　　　充	首都大学東京大学院理工学研究科	I-1, 3, 7, 9〜15, V-1, 17, VIII-10, 付2, 4
及川　真　司	原子力規制委員会原子力規制庁	VI-12
大浦　泰　嗣	首都大学東京大学院理工学研究科	V-4
大澤　孝　明	近畿大学原子力研究所	I-18
大槻　　　勤	京都大学原子炉実験所	I-17
大貫　敏　彦	日本原子力研究開発機構先端基礎研究センター	VII-10
奥村　啓　介	日本原子力研究開発機構廃炉国際共同研究センター	VII-1, 2
小沢　　　顕	筑波大学数理物質系	III-17
柿内　秀　樹	公益財団法人環境科学技術研究所	VI-3
笠松　良　崇	大阪大学大学院理学研究科	III-11
加藤　智　子	日本原子力研究開発機構バックエンド研究開発部門	VI-8
唐牛　　　讓	宇宙航空研究開発機構宇宙科学研究所	V-20
菊永　英　寿	東北大学電子光理学研究センター	III-2
北村　陽　二	金沢大学学際科学実験センター	IX-7
木野　康　志	東北大学大学院理学研究科	I-22, IV-11
木村　貴　海	日本原子力研究開発機構原子力基礎工学研究センター	VII-12
工藤　久　昭	新潟大学教育研究院自然科学系	II-3〜5, 9, III-3
國富　一　彦	日本原子力研究開発機構原子力科学研究部門	VII-4

久冨木 志郎	首都大学東京大学院理工学研究科	Ⅳ-2
久保 謙哉	国際基督教大学教養学部	Ⅳ-7, Ⅴ-21
小泉 智	茨城大学工学部	Ⅴ-13
小浦 寛之	日本原子力研究開発機構先端基礎研究センター	Ⅰ-4〜6, 8, Ⅲ-8
國分 陽子	日本原子力研究開発機構バックエンド研究開発部門	Ⅵ-17
小崎 完	北海道大学大学院工学研究院	Ⅶ-18
小嶋 拓治	ビームオペレーション株式会社	Ⅹ-11
後藤 真一	新潟大学大学院自然科学研究科	Ⅱ-10, Ⅲ-16
小林 泰彦	日本原子力研究開発機構量子ビーム応用研究センター	Ⅹ-9, 10
小林 義男	電気通信大学大学院情報理工学研究科	Ⅳ-3
小林 慶規	産業技術総合研究所分析計測標準研究部門	Ⅳ-6
斎藤 直	大阪大学名誉教授	Ⅱ-1, 2
齊藤 敬	尚絅学院大学総合人間科学部	Ⅹ-12
酒井 陽一	大同大学教養部	Ⅳ-12
佐々木 隆之	京都大学大学院工学研究科	Ⅶ-19
佐藤 哲也	日本原子力研究開発機構先端基礎研究センター	Ⅰ-19
佐藤 望	前 日本原子力研究開発機構原子力エネルギー基盤連携センター	Ⅲ-14
佐藤 修彰	東北大学多元物質科学研究所	Ⅶ-11
佐藤 渉	金沢大学理工研究域	Ⅳ-10
篠原 厚	大阪大学大学院理学研究科	Ⅰ-16, Ⅹ-4
篠原 伸夫	日本原子力研究開発機構核不拡散・核セキュリティ総合支援センター	Ⅶ-20
杉原 真司	九州大学アイソトープ統合安全管理センター	Ⅵ-1
杉本 純	京都大学大学院工学研究科	Ⅶ-21
瀬古 典明	日本原子力開発機構量子ビーム応用研究センター	Ⅹ-6
高木 郁二	京都大学大学院工学研究科	Ⅶ-8
髙橋 知之	京都大学原子炉実験所	Ⅵ-9
髙橋 成人	大阪大学大学院理学研究科	Ⅹ-5
髙橋 嘉夫	東京大学大学院理学系研究科	Ⅴ-10, Ⅶ-22
田上 恵子	放射線医学総合研究所	Ⅵ-4
武石 稔	日本原子力研究開発機構福島環境安全センター	Ⅵ-6
竹中 文章	岡山大学大学院医歯薬学総合研究科	Ⅸ-14
田中 雅彦	物質・材料研究機構高輝度放射光ステーション	Ⅷ-14
塚田 和明	日本原子力研究開発機構先端基礎研究センター	Ⅲ-15
塚田 祥文	福島大学環境放射能研究所	Ⅵ-10
辻本 和文	日本原子力開発機構原子力基礎工学研究センター	Ⅶ-5

土山	明	京都大学大学院理学研究科	VIII-13
筒井	智嗣	公益財団法人高輝度光科学研究センター利用研究促進部門	IV-4
藤	暢輔	日本原子力研究開発機構原子力基礎工学研究センター	V-3, 22
豊嶋	厚史	日本原子力研究開発機構先端基礎研究センター	III-9
中井	泉	東京理科大学理学部	V-11
永井	崇之	日本原子力研究開発機構バックエンド研究開発部門	VII-14
永井	尚生	日本大学文理学部	V-9
永石	隆二	日本原子力研究開発機構廃炉国際共同研究センター	VII-9
長尾	敬介	東京大学名誉教授	VIII-8
長澤	尚胤	日本原子力研究開発機構量子ビーム応用研究センター	X-7
長嶋	泰之	東京理科大学理学部	IV-5
中務	孝	筑波大学計算科学研究センター	III-1
中西	友子	東京大学大学院農学生命科学研究科	IX-16
中野	政尚	日本原子力研究開発機構核燃料サイクル工学研究所	VI-5
永野	章	住重試験検査株式会社	V-5
永目	諭一郎	日本原子力研究開発機構先端基礎研究センター	I-20, III-20, 付1, 3, 5
中本	忠宏	株式会社東レリサーチセンター構造化学研究部	IV-8
西尾	勝久	日本原子力研究開発機構先端基礎研究センター	I-21
西田	哲明	近畿大学産業理工学部	IV-2
西原	健司	日本原子力研究開発機構原子力基礎工学研究センター	VII-15
二宮	和彦	大阪大学大学院理学研究科	X-2, 3
野村	貴美	前 東京大学大学院工学系研究科	IV-13
箱田	照幸	日本原子力研究開発機構量子ビーム応用研究センター	X-8
橋本	哲夫	新潟大学名誉教授	II-15
羽場	宏光	理化学研究所仁科加速器研究センター	III-7
東川	桂	岡山大学大学院医歯薬学総合研究科	IX-6
日高	洋	広島大学大学院理学研究科	VIII-1, 3, 6, 11, 12
平田	勝	日本原子力研究開発機構高速炉研究開発部門	III-5, 10
廣村	信	第一薬科大学健康・環境衛生学講座	IX-13
福山	淳	京都大学大学院工学研究科	VII-6, 7
松井	秀樹	岡山大学大学院医歯薬学総合研究科	IX-11
松江	秀明	日本原子力研究開発機構研究炉加速器管理部	V-2
松尾	基之	東京大学大学院総合文化研究科	V-6
松橋	信平	日本原子力研究開発機構量子ビーム応用研究センター	IX-2
松林	政仁	日本原子力研究開発機構量子ビーム応用研究センター	V-15

三浦 太一	高エネルギー加速器研究機構放射線科学センター		II-16
三浦 勉	産業技術総合研究所物質計測標準研究部門		V-7, 16, 18
道上 宏之	岡山大学大学院医歯薬学総合研究科		IX-11
南 雅代	名古屋大学年代測定総合研究センター		VIII-2
三原 基嗣	大阪大学大学院理学研究科		IV-9
宮武 宇也	高エネルギー加速器研究機構素粒子原子核研究所		III-13
宮原 ひろ子	武蔵野美術大学造形学部		VIII-7, 9
目黒 義弘	日本原子力研究開発機構バックエンド研究開発部門		VII-16
望月 優子	理化学研究所仁科加速器研究センター		VIII-4, 5
本村 信治	理化学研究所ライフサイエンス技術基盤研究センター		IX-9, 10
百島 則幸	九州大学アイソトープ統合安全管理センター		VI-14
森田 泰治	日本原子力研究開発機構原子力科学研究部門		VII-13
安田 健一郎	日本原子力研究開発機構安全研究センター		II-12, 13
谷田貝 文夫	理化学研究所環境資源科学研究センター		IX-3～5
矢永 誠人	静岡大学理学部		V-8
山田 康洋	東京理科大学理学部		IV-1
山西 弘城	近畿大学原子力研究所		VI-13
山村 朝雄	東北大学金属材料研究所		III-4, X-1
横山 明彦	金沢大学理工研究域		II-14, III-19, V-14
吉川 英樹	日本原子力研究開発機構地層処分研究開発部門		VII-17
吉田 聡	放射線医学総合研究所放射線防護研究センター		VI-19
吉永 信治	放射線医学総合研究所福島復興支援本部		VI-18
吉村 崇	大阪大学ラジオアイソトープ総合センター		III-6
鷲山 幸信	金沢大学医薬保健研究域		IX-8
和田 道治	理化学研究所仁科加速器研究センター		III-18
渡辺 智	日本原子力研究開発機構原子力科学研究部門		IX-15

(五十音順)

目　次

I　放射化学の基礎

01. 核種・同位体・同重体 ……………………………〔海老原　充〕… 2
02. 素粒子 ………………………………………………〔今井憲一〕… 3
03. 原子質量単位と原子量 ……………………………〔海老原　充〕… 6
04. 原子核 ………………………………………………〔小浦寛之〕… 8
05. 核構造 ………………………………………………〔小浦寛之〕… 10
06. 原子核模型 …………………………………………〔小浦寛之〕… 12
07. 原子核の結合エネルギー …………………………〔海老原　充〕… 14
08. 魔法数の変化 ………………………………………〔小浦寛之〕… 16
09. 放射壊変 ……………………………………………〔海老原　充〕… 17
10. α 壊変 …………………………………………………〔海老原　充〕… 19
11. β 壊変 …………………………………………………〔海老原　充〕… 21
12. γ 壊変 …………………………………………………〔海老原　充〕… 23
13. X 線（レントゲン線） ……………………………〔海老原　充〕… 25
14. 放射平衡 ……………………………………………〔海老原　充〕… 27
15. 天然放射性核種 ……………………………………〔海老原　充〕… 29
16. 【コラム】NEET ……………………………………〔篠原　厚〕… 31
17. 【コラム】Be-7 の半減期 …………………………〔大槻　勤〕… 32
18. 原子炉 ………………………………………………〔大澤孝明〕… 33
19. 加速器 ………………………………………………〔佐藤哲也〕… 37
20. 核反応 ………………………………………………〔永目諭一郎〕… 40
21. 核分裂 ………………………………………………〔西尾勝久〕… 44
22. 【コラム】対消滅，反物質 ………………………〔木野康志〕… 47

II　放射線計測

01. 阻止能と飛程 ………………………………………〔斎藤　直〕… 50
02. 制動放射 ……………………………………………〔斎藤　直〕… 52

03.	光電効果	〔工藤久昭〕	53
04.	コンプトン効果	〔工藤久昭〕	54
05.	電子対生成	〔工藤久昭〕	56
06.	放射線量	〔天野良平〕	57
07.	線量計	〔天野良平〕	59
08.	放射線の生物学的効果	〔天野良平〕	61
09.	ガイガー–ミュラー計数管	〔工藤久昭〕	63
10.	気体放射線検出器	〔後藤真一〕	64
11.	半導体検出器	〔浅井雅人〕	66
12.	固体シンチレーション検出器	〔安田健一郎〕	69
13.	液体シンチレーション検出器	〔安田健一郎〕	70
14.	固体飛程検出器	〔横山明彦〕	72
15.	【コラム】ルミネセンス法	〔橋本哲夫〕	73
16.	スーパーカミオカンデ	〔三浦太一〕	75

III 人工放射性元素

01.	核図表	〔中務　孝〕	78
02.	テクネチウム，プロメチウム	〔菊永英寿〕	80
03.	超ウラン元素	〔工藤久昭〕	82
04.	アクチノイドの概念	〔山村朝雄〕	86
05.	アクチノイドの固体化学	〔平田　勝〕	87
06.	アクチノイドの溶液化学	〔吉村　崇〕	89
07.	超アクチノイド元素	〔羽場宏光〕	91
08.	超重原子核	〔小浦寛之〕	95
09.	超アクチノイド元素の化学	〔豊嶋厚史〕	97
10.	相対論効果	〔平田　勝〕	101
11.	シングルアトム化学	〔笠松良崇〕	103
12.	反跳分離法	〔浅井雅人〕	105
13.	反超核分離装置	〔宮武宇也〕	107
14.	同位体分離	〔佐藤　望〕	110
15.	液相系迅速放射化学分離	〔塚田和明〕	112
16.	気相系迅速放射化学分離	〔後藤真一〕	115
17.	RIビーム	〔小沢　顕〕	118
18.	イオントラップ	〔和田道治〕	122

| 19. | 【コラム】新元素発見にまつわるエピソード | 〔横山明彦〕 | 124 |
| 20. | 【コラム】新元素の承認 | 〔永目諭一郎〕 | 125 |

IV　原子核プローブ・ホットアトム化学

01.	物質科学とメスバウアー分光法	〔山田康洋〕	128
02.	メスバウアー分光法の材料科学への応用	〔西田哲明・久冨木志郎〕	130
03.	インビーム・メスバウアー分光法	〔小林義男〕	134
04.	核共鳴散乱	〔筒井智嗣〕	136
05.	陽電子消滅角度相関	〔長嶋泰之〕	138
06.	陽電子消滅寿命	〔小林慶規〕	139
07.	ミュオンスピン回転・緩和・共鳴法	〔久保謙哉〕	140
08.	核磁気共鳴分光	〔中本忠宏〕	142
09.	β線核磁気共鳴分光	〔三原基嗣〕	143
10.	γ線摂動角相関	〔佐藤　渉〕	144
11.	エキゾチックアトム	〔木野康志〕	146
12.	ホットアトム化学	〔酒井陽一〕	148
13.	【コラム】火星に水があった	〔野村貴美〕	151

V　核・放射化学に関連する分析法

01.	中性子放射化分析	〔海老原　充〕	154
02.	即発γ線分析	〔松江秀明〕	158
03.	多重γ線分析	〔藤　暢輔〕	159
04.	光量子放射化分析	〔大浦泰嗣〕	161
05.	荷電粒子放射化分析	〔永野　章〕	163
06.	γ線スペクトロメトリ	〔松尾基之〕	165
07.	k_0法，コンパレーター法	〔三浦　勉〕	167
08.	荷電粒子励起X線分析	〔矢永誠人〕	169
09.	加速器質量分析	〔永井尚生〕	170
10.	X線吸収微細構造法	〔髙橋嘉夫〕	173
11.	蛍光X線分析	〔中井　泉〕	175
12.	アクチバブルトレーサー	〔猪田敬弘・榎本秀一〕	176
13.	中性子散乱・中性子回折	〔小泉　智〕	177
14.	フィッショントラック	〔横山明彦〕	180

15.	中性子ラジオグラフィー……………………………………〔松林政仁〕	181
16.	遅発中性子分析………………………………………………〔三浦　勉〕	182
17.	放射化学分析…………………………………………………〔海老原　充〕	184
18.	同位体希釈分析………………………………………………〔三浦　勉〕	186
19.	不足当量法……………………………………………………〔井村久則〕	187
20.	【コラム】かぐや（SELENE）γ線分光………………………〔唐牛　譲〕	188
21.	ミュオンを利用した元素分析………………………………〔久保謙哉〕	189
22.	加速器中性子源利用分析……………………………………〔藤　暢輔〕	190

VI　環境放射能

01.	環境中の放射非平衡…………………………………………〔杉原真司〕	192
02.	大気圏内核実験とフォールアウト…………………………〔青山道夫〕	194
03.	平均滞留時間…………………………………………………〔柿内秀樹〕	196
04.	バックグラウンド放射線……………………………………〔田上恵子〕	197
05.	原子力施設と放射性核種……………………………………〔中野政尚〕	198
06.	環境放射線モニタリング……………………………………〔武石　稔〕	200
07.	生物濃縮………………………………………………………〔石井伸昌〕	202
08.	自然被ばく線量………………………………………………〔加藤智子〕	204
09.	環境移行モデル………………………………………………〔髙橋知之〕	206
10.	放射線および安定同位体の環境移動………………………〔塚田祥文〕	208
11.	NORM…………………………………………………………〔飯本武志〕	210
12.	環境放射能測定法……………………………………………〔及川真司〕	211
13.	ラドン，トロン………………………………………………〔山西弘城〕	213
14.	トリチウム（三重水素）……………………………………〔百島則幸〕	214
15.	炭素-14………………………………………………………〔安藤麻里子〕	215
16.	クリプトン-85………………………………………………〔五十嵐康人〕	217
17.	プルトニウム…………………………………………………〔國分陽子〕	218
18.	高自然放射線地域の住民の健康影響………………………〔吉永信治〕	220
19.	環境生物の放射線防護………………………………………〔吉田　聡〕	221

VII　原子力と放射化学

01.	軽水炉の構造…………………………………………………〔奥村啓介〕	224
02.	軽水炉における核反応と反応度制御………………………〔奥村啓介〕	228

- 03. 次世代炉 〔岩村公道〕… 231
- 04. 高温ガス炉 〔國富一彦〕… 232
- 05. 加速器駆動核変換システム 〔辻本和文〕… 234
- 06. 核融合炉 〔福山 淳〕… 235
- 07. ITER 〔福山 淳〕… 238
- 08. 材料放射化 〔高木郁二〕… 239
- 09. 水化学 〔永石隆二〕… 240
- 10. ウラン，トリウム 〔大貫敏彦〕… 241
- 11. 核燃料の化学 〔佐藤修彰〕… 243
- 12. 使用済燃料 〔木村貴海〕… 245
- 13. 湿式再処理 〔森田泰治〕… 247
- 14. 乾式再処理 〔永井崇之〕… 249
- 15. マイナーアクチノイドの分離と核変換 〔西原健司〕… 251
- 16. 放射性廃棄物 〔目黒義弘〕… 252
- 17. 安全評価と核種移行 〔吉川英樹〕… 254
- 18. 核種移行—収着，拡散 〔小崎 完〕… 256
- 19. 核種移行—溶解度と熱力学 〔佐々木隆之〕… 257
- 20. 核不拡散 〔篠原伸夫〕… 258
- 21. 原子力の事故 〔杉本 純〕… 260
- 22. 大規模放射性核種マップ 〔髙橋嘉夫〕… 264

VIII 宇宙・地球化学

- 01. 放射年代測定 〔日高 洋〕… 268
- 02. ^{14}C 年代測定 〔南 雅代〕… 271
- 03. 消滅放射性核種 〔日高 洋〕… 273
- 04. 軽い元素の原子核合成 〔望月優子〕… 274
- 05. 重い元素の原子核合成 〔望月優子〕… 276
- 06. 二重 β 壊変 〔日高 洋〕… 278
- 07. 宇宙線 〔宮原ひろ子〕… 279
- 08. 隕石の宇宙線照射年代 〔長尾敬介〕… 281
- 09. 空気シャワー 〔宮原ひろ子〕… 283
- 10. 核破砕反応 〔海老原 充〕… 284
- 11. 同位体比測定 〔日高 洋〕… 285
- 12. 【コラム】オクロ現象 〔日高 洋〕… 286

13. 【コラム】X線CT@SPring-8 ……………………………………〔土山　明〕… 287
14. シンクロトロン放射光によるX線回折
　　―小惑星イトカワ微粒子のGandolfiカメラによる解析 ………〔田中雅彦〕… 288

IX　放射線・放射性同位元素の生命科学・医薬学への応用

01. マルチトレーサー ……………………………………………〔榎本秀一〕… 290
02. オートラジオグラフィー ……………………………………〔松橋信平〕… 291
03. 放射線生物作用 ………………………………………………〔谷田貝文夫〕… 293
04. 放射線の生体への影響 ………………………………………〔谷田貝文夫〕… 295
05. 放射線ホルミシス ……………………………………………〔谷田貝文夫〕… 297
06. 粒子線治療 ……………………………………………〔東川　桂・榎本秀一〕… 298
07. 放射性核種を用いた診断と治療 I ……………………………〔北村陽二〕… 300
08. 放射性核種を用いた診断と治療 II …………………………〔鷲山幸信〕… 303
09. γ線カメラ ……………………………………………………〔本村信治〕… 306
10. コンプトンカメラ ……………………………………………〔本村信治〕… 308
11. ホウ素中性子捕捉療法 ………………………………〔道上宏之・松井秀樹〕… 310
12. イオンビーム育種 ……………………………………………〔阿部知子〕… 312
13. ラジオイムノアッセイ ………………………………………〔廣村　信〕… 313
14. 医薬品開発におけるRI利用 ………………………〔竹中文章・榎本秀一〕… 314
15. 【コラム】^{99}Mo/^{99m}Tcの現状と^{89}Sr, ^{90}Yの利用 ……………〔渡辺　智〕… 316
16. 【コラム】植物のRIリアルタイムイメージング ……………〔中西友子〕… 317

X　放射線・放射性同位体の産業利用

01. 原子力電池 ……………………………………………………〔山村朝雄〕… 320
02. 厚さ計 …………………………………………………………〔二宮和彦〕… 322
03. 火災報知機 ……………………………………………………〔二宮和彦〕… 323
04. イリジウム線源 ………………………………………………〔篠原　厚〕… 324
05. 非破壊検査 ……………………………………………………〔高橋成人〕… 325
06. 放射線高分子グラフト ………………………………………〔瀬古典明〕… 327
07. 放射線高分子架橋 ……………………………………………〔長澤尚胤〕… 328
08. 放射線分解 ……………………………………………………〔箱田照幸〕… 330
09. 放射線殺菌・滅菌 ……………………………………………〔小林泰彦〕… 331
10. 芽止め照射 ……………………………………………………〔小林泰彦〕… 332

11. 害虫の不妊化駆除……………………………………………〔小嶋拓治〕… 333
12. 【コラム】放射能温泉……………………………………〔齊藤　敬〕… 334

付　録

1. 核化学・放射化学に関係するノーベル賞受賞者とその業績……〔永目諭一郎〕… 336
2. 安定核種の同位体存在度と原子質量……………………………〔海老原　充〕… 338
3. 天然の放射壊変系列………………………………………〔永目諭一郎〕… 342
4. 主な天然放射性核種………………………………………〔海老原　充〕… 343
5. 人工放射元素一覧…………………………………………〔永目諭一郎〕… 345

索　引……………………………………………………………………… 348

I

放射化学の基礎

核種・同位体・同重体　I-01

nuclide, isotope, isobar

原子　原子（atom）は物質を構成する基本的な単位で，正の電荷をもつ原子核と，それを取り巻く電子（核外電子）とによって構成される．この核外電子のいくつかが媒介して原子どうしが結合して分子（molecule）をつくる．原子核は原子の質量の 99.9% 以上を占める．

核子，陽子，中性子　原子核は陽子（proton）と中性子（neutron）からなる．陽子と中性子は原子核を構成する粒子であり，核子（nucleon）と呼ばれる．陽子の数を Z，中性子の数を N で表すとき，$Z+N$ を質量数（mass number）といい，通常 A で表す．元素の原子番号は原子核の陽子の数 Z に等しく，中性原子の場合の核外電子の数にも等しい．

核種　原子番号（陽子数）Z と中性子数 N（または質量数 A）が決まると原子の種類がユニークに決まる．そのようにして決まる原子種を核種（nuclide）と呼び，次のように表す．

$$^{A}_{Z}E \text{ または } ^{A}E$$

ここで E は元素記号を表す．

同位体，同中性子体，同重体　二つの核種間で，Z，N，A がお互いに等しい場合をそれぞれ同位体（isotope），同中性子体（isotone），同重体（isobar）という．この三つの呼び方のなかでは，同位体という名称が最もしばしば用いられる．同位体は，1912 年にトムソン（J. J. Thomson）によってその存在が発見された．トムソンは当時急速に発展しつつあった質量分析装置を改良して空気を液化した残りの気体成分の分析を行い，ネオンに質量の違う二つの元素（いまでは核種と呼ぶべき存在であるが，当時は元素と呼ばれた）があることを発見した．当時，トリウムやラジウムなどの放射性元素のそれぞれのなかに，化学的に分離することができず，分光学的にも区別できないながらも放射能特性や原子量（核種の質量，または質量数）が異なる元素（核種）があることが知られていたが，トムソンの発見は放射能特性での比較はできないものの，それ以外の点では似た特徴を示す元素群が非放射性元素にも存在することを明らかにした．翌 1913 年，ソディー（F. Soddy）はトムソンの発見を受けて，放射性か否かにかかわらず，化学的にお互いに分離できず，分光学的にも区別がつかないものの，原子量（核種の質量，または質量数）が異なる元素（核種）を isotope と呼ぶことを提案した．これは，これらの元素（核種）が周期表の同じ位置に納まるということから発想された言葉で，日本語で同位体と訳された．この同位体の存在の発見は，その後の原子や元素に関する新しい概念を打ち立てる基礎となり，ドルトン（J. Dalton）以来の画期的な発見と評された．

同位体は本来，同じ元素で質量数が異なる二つの核種間での関係を表す用語で，「^{12}C と ^{13}C は互いに同位体である」というような表現に用いるものとされていたが，現在では核種の同義語としても用いられる．安定な元素の多くは複数の同位体をもち，それぞれの相対的な存在割合を同位体組成，あるいは同位体比と呼ぶ．電子技術の進歩に伴い，同位体比を測定する質量分析計の性能が向上し，感度と精度（再現性）のよい同位体比測定ができるようになった．同位体比を正しく求めるためには同じ質量数をもつ同重体の妨害を正しく補正する必要がある．これらの妨害核種とのわずかな質量の違いを識別できる高質量分解能をもつ質量分析計も市販されている．

〔海老原　充〕

素粒子

I-02

elementary particle

表1　クォークの電荷と質量

	電荷	質量（MeV c^{-2}）
u	+2/3	1.5〜3.3
d	−1/3	3.5〜6.0
s	−1/3	104(+26−34)
c	+2/3	1.27(+0.07−0.11)×10^3
b	−1/3	4.20(+0.17−0.07)×10^3
t	+2/3	171.2(±2.1)×10^3

　物質の最小構成要素は何かというのは古代からの疑問でギリシャ時代にはそれが原子とされた．現代ではその最小構成要素が素粒子であり，これまでの多くの実験により，標準理論の枠内の素粒子はすべて発見されている．この素粒子には物質粒子であるスピン1/2のクォークとレプトンと，場の粒子であるゲージボソンおよびそれらに質量を与えるヒッグス粒子がある（図1）．クォークとレプトンには反粒子が存在し，電荷をもつものはその符号が逆となる．

　クォーク　6種類のクォークが知られており，それぞれアップ（u），ダウン（d），ストレンジ（s），チャーム（c），ボトム（b），トップ（t）と名づけられている．表1に，それらの電荷と質量をまとめる．電荷 +2/3 と -1/3 の対をとるとこれらは（u, d），（c, s），（t, b）の三つの2重項となり，3世代のクォークが存在するともいわれる．

　それぞれの種類のクォークはそれぞれの量子数をもっており香り（flavor）の量子数と呼ばれ，強い相互作用による反応では変化しない保存量である．u と d クォークの質量はほぼ同じである．このことがクォークで構成されるハドロンやさらには原子核におけるアイソスピン対称性のもとになっている．6種類のなかでは s クォークの質量も u, d クォークに近い．そのため u, d, s クォークでできたハドロンや原子核の世界では flavor の SU(3) 対称性が近似的に成り立っている．歴史的にはこのことがハドロンのクォーク模型の確立につながった．

　クォークの特徴は色電荷をもっているこ

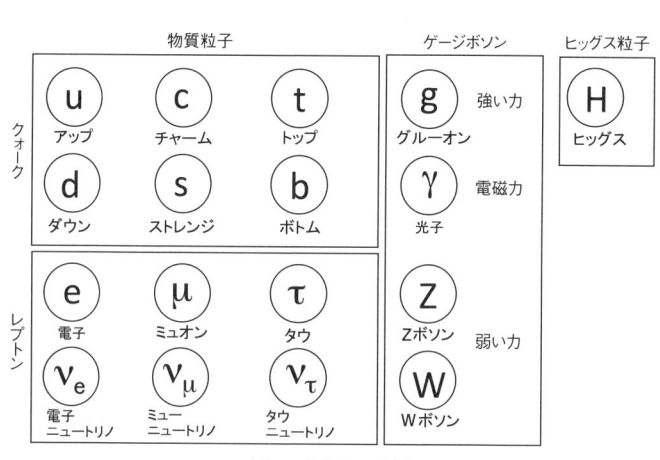

図1　素粒子の分類

表2 荷電レプトンの質量と寿命

	質量（MeV c^{-2}）	平均寿命
e	0.510998910±(13)	∞
μ	105.658367±(4)	2.2 μs
τ	1776.84±0.17	0.29 ps

（ ）は最小桁の誤差を示す．

表3 ゲージボソン

	ゲージボソン	J^z	電荷	質量（GeV c^{-2}）
強い力	g（グルーオン）	1$^-$	0	0
電磁力	γ（光子）	1$^-$	0	0
弱い力	Z（Zボソン）	1	0	91.19
	W（Wボソン）	1	±1	80.39
重力	graviton			

J^{z}はスピンとパリティ．gravitonは未発見である．

とである．色電荷は3種類（赤，青，緑）あり，強い相互作用の場（SU(3)カラーゲージ場）の源である．この強い相互作用のためクォークは単独に取り出すことができず，常にハドロン内に閉じ込められていると考えられる．クォークで構成される物質をハドロンと呼び，クォークと反クォークで構成される中間子（meson）と三つのクォークで構成される重粒子（baryon）には多くの種類が知られている．かつて素粒子と考えられた陽子，中性子，Λ粒子などの重粒子やπ中間子やK中間子はハドロンの代表的なものである．陽子と中性子はそれぞれ uud，udd の三つのクォークで構成されており，宇宙に安定に存在するクォークはほとんどuとdクォークであるが，中性子星にはsクォークを含むΛ粒子なども存在するかもしれないと考えられている．

レプトン レプトンには単位電荷をもつ電子（e），ミュオン（μ），タウ（τ）と電荷のない3種類のニュートリノ（電子ニュートリノ（ν_e），ミューニュートリノ（ν_μ），タウニュートリノ（ν_τ））がある．表2に電荷をもつレプトンをまとめる．電荷をもつレプトンとニュートリノの対をとると，これらは（e, ν_e），（μ, ν_μ），（τ, ν_τ）の三つの2重項となり，クォークと同じく3世代のレプトンが存在する．

ニュートリノの質量は，直接的な測定からは上限値が与えられているだけである．たとえばトリチウムのβ壊変の精密測定から反電子ニュートリノの質量は2 eV以下とされる．しかしニュートリノの種類が時間とともに変化する振動現象が大気および太陽ニュートリノの観測で発見されたことにより，ニュートリノの質量が0でないことが明らかとなった．さらに加速器や原子炉からのニュートリノによる振動現象の詳細研究も加わって，ニュートリノの混合行列と各ニュートリノ間の質量差が測定されている．

レプトンの特徴は弱い相互作用にある．電荷をもつレプトンは電磁相互作用もするが，ニュートリノは弱い相互作用しかせず地球も簡単に通りぬける．ミュオンやタウはこの弱い相互作用により表2に示す平均寿命でそれぞれのニュートリノと電子などの軽いレプトンなどに崩壊する．弱い相互作用の大きな特徴はパリティ（P），粒子-反粒子（C），そしてその積であるCPの各対称性が破れていることである．クォークにも弱い相互作用が働き，重いクォークがより軽いクォークに崩壊するのは弱い相互作用のためである．この現象をレプトンの弱い相互作用と統一的に説明するために導入されたものがクォークの混合行列であり，小林-益川行列としてCP対称性の破れの理解と6種類のクォークの発見につながった．

ゲージボソン 基本的な相互作用としては，強い相互作用，電磁相互作用，弱い相互作用，重力相互作用の四つが知られている．このうち重力相互作用以外は量子ゲージ場理論でうまく記述できる．それぞれ

の場の量子としてゲージボソンが存在する．表3にこれらのゲージボソンとその基本量をまとめる．

強い相互作用を媒介するゲージボソンはグルーオン（g：gluon，糊粒子）と呼ばれ，スピン1電荷0質量0の粒子である．クォークはグルーオンにより束縛されてハドロンを構成する．クォークは三つの色電荷（カラーSU(3)）で記述され，グルーオンはSU(3)の随伴表現で表され8成分をもつ（SU(3)8重項）．グルーオン自身も色電荷をもちグルーオンどうしも相互作用することが電磁場と大きく異なる点である．また色電荷をもつためクォークと同じく通常の温度，密度では単独に取り出すことはできない．クォークとグルーオンの世界を記述する力学は量子色力学（QCD）と呼ばれる．相互作用の結合定数がエネルギーとともに小さくなるため，高エネルギーの現象は量子色力学の摂動論でかなり正確な計算ができるが，ハドロンの質量スペクトルなどの低エネルギーの現象は摂動論が使えない．このため格子QCDという大規模計算による計算手法が開発されている．

電磁相互作用のゲージボソンは光子であり，スピン1質量0である点はグルーオンと同じである．量子電磁気学（QED）は結合定数が小さく摂動計算が正確にできるので，たとえばミュオンの磁気能率を8桁にもわたって実験値を再現できる．

弱い相互作用を媒介するゲージボソンは2種類あり，それぞれWボソンとZボソンと呼ばれる．Wボソンは電荷が変化する弱い相互作用に，Zボソンは変化しない相互作用に関与し，ともにスピンは1である．弱い相互作用は普遍的なので，WボソンとZボソンはすべてのクォークとレプトンに結合する．また質量が非常に大きくそのコンプトン波長が短いため，弱い相互作用の到達距離は非常に短い．

重力相互作用は現在まで量子場理論として構築することはできていない．また場の量子としての重力子（graviton）も未発見である．重力相互作用を含めた統一理論をめざして超弦理論などの理論研究が現在盛んに行われている．

ヒッグス粒子　弱い相互作用と電磁相互作用はもともと同じだったが，ある時点で弱い相互作用と電磁相互作用に分岐したというワインバーグ，サラム，グラショウの電弱統一理論は，WボソンとZボソンの発見により確認された．この理論では重い質量のゲージ場と質量0の電磁場への対称性の破れと質量の獲得のためにはスカラー場（ヒッグス粒子）の存在が必要というヒッグス機構が重要な役割を担う．2012年7月CERNはヒッグス粒子と思われるボソンを発見したと発表した．その後のより詳細な研究により，このボソンがスピン0のヒッグス粒子であることが確認され，その質量は$125.7\pm0.4\,\text{GeV}\,c^{-2}$と測定された．これにより量子色力学を含む標準理論の枠内の素粒子はすべて発見されたことになる．

標準理論をこえる理論はいろいろ研究されているが，最も有望と考えられるのが超対称性理論である．超対称性とはフェルミオンとボソンの対称性で，すべての素粒子とはもともとはフェルミオンとボソンの対として存在していたとするものである．この理論によると，たとえばクォーク（quark）の対としてスクォーク（squark）というボソンが，光子（photon）の対としてフォティーノ（photino）というフェルミオンが存在することになる．安定な超対称性粒子は宇宙の暗黒物質の有力候補と考えられており，その探索が精力的に行われている．　　　　　〔今井憲一〕

原子質量単位と原子量　I-03

atomic mass unit and atomic weight

原子質量単位　原子の質量は 10^{-21} g 以下で，個々の原子の質量を g 単位で表すのは不都合である．そこで，原子や原子核レベルの物質の質量を表すために，原子質量単位（atomic mass unit：amu）を導入する．1 amu は質量数 12 の炭素（^{12}C）原子の質量の 1/12 と定義され，次の式で求められる．

$$1\ \mathrm{amu} = \frac{1}{N_a}\ \mathrm{g}$$

ここで，N_a はアボガドロ数（6.02×10^{23}）を表す．したがって，1 amu を g 単位で表すと，

$$1\ \mathrm{amu} = 1.6605 \times 10^{-24}\ \mathrm{g}$$

となる．

陽子と中性子の質量をそれぞれ m_p，m_n と表すと，amu 単位での値は，

$$m_p = 1.0072765\ \mathrm{amu}$$
$$m_n = 1.0086649\ \mathrm{amu}$$

となる．このように陽子と中性子の質量はほぼ等しく，陽子に比べて中性子のほうが 0.14% ほど質量が大きい．電子の質量はこれら核子の質量の約 1/2000 であり，電子の質量を m_e で表すと，amu 単位では，

$$m_e = 0.0005486\ \mathrm{amu}$$

となる．

原子質量単位という言葉には歴史的に複数の定義が与えられてきた経緯があり，現在では統一原子質量単位（unified atomic mass unit）という表現を用いることが国際的に推奨されている．記号として unified の頭文字 u を，また単位としてダルトンあるいはドルトン（Dalton：記号 Da）が用いられる．

原子質量　原子の質量は核種の質量をさし，原子核の質量と核外電子の質量を足し合わせたものに近似的に等しい．原子質量単位（u）で表した原子の質量を相対原子質量（relative atomic mass）という．付録 2 に安定核種の相対原子質量の値を同位体存在度とともに示す．安定な核種の質量は質量分析法によって求められる．質量分析では核種を適当な方法でイオン化し，電場で加速した後，磁場に導いてローレンツ力によってイオンの運動方向を曲げ，検出器に導く．検出器にイオンがたどりつくと電流が流れ，それを増幅して微弱な電位差として読みとるほか，パルス状に入射するイオンの個数を計測する方法もある．質量分析で求められる質量はイオンの質量で，核種の質量を求めるにはイオン化で失われた電子の質量を加える必要がある．

質量偏差　核種の相対原子質量と質量数の差を質量偏差（mass difference）と呼び，これを Δ_m と表すと，

$$\Delta_m = m_a - A$$

となる．ここで m_a は質量数 A の核種の相対原子質量を表す．プラスの質量偏差を質量過剰（mass excess），マイナスの場合を質量欠損（mass defect）という（なお，I-07 で述べるように質量欠損という語を別の意味に使うこともある）．また，質量偏差を質量数で割った値は比質量偏差（packing fraction）と呼ばれ，核子 1 個あたりの質量偏差を表す．比質量偏差を f と表すと，

$$f = \frac{\Delta_m}{A}$$

となる．^{12}C の質量偏差，および比質量偏差は定義によって 0 となる．

原子量　原子量（atomic weight）は化学の最も基本的な数値の一つである．原子量を M で表すと次式で定義される．

$$M = \sum_i (m_a)_i \theta_i$$

$$\text{ただし} \sum_i \theta_i = 1$$

ここで m_a は核種の質量を原子質量単位 u で表した数値（相対原子質量，付録 2），θ はその同位体存在度（付録 2）を表し，両者の積を安定同位体すべてについて加えたものが原子量 M である．原子量は $^{12}C=12$ としたときの原子の相対質量と定義されるが，これは核種としての ^{12}C 1 個の質量を 12 amu（あるいは u）とした原子質量単位の定義と同義であり，したがって ^{12}C が 1 モル（アボガドロ数個）集まるとちょうど 12 g になることに対応する．定義から，原子量は相対値であり，単位をもたない数値である．

付録 2 で示されるように，相対原子質量は精密に測定することができ，現在では有効数字 10 桁をこえる数値が報告されている．安定核種が一つしか存在しないような元素（単核種元素と呼ばれる）では，その核種の相対原子質量がそのまま原子量になる．安定核種が複数存在する元素の場合，原子量の有効数字はまちまちで，元素ごとに大きく変動する．有効数字の少ない原子量しか求められない理由としては，該当する元素の同位体組成が精度よく求められないか，天然においてその元素の同位体比が大きく変動しているかのどちらかが考えられる．前者の場合は質量分析法の技術的な問題に起因するので，今後測定精度が向上すれば原子量の有効数字が増える可能性がある．一方，後者の場合，今後測定対象となる物質が増えるにつれてさらに大きな同位体組成の変動が見いだされれば，同位体比の測定精度がどんなによくなっても原子量の不確かさは増える可能性もある．

原子量は国際純正・応用化学連合（IUPAC）の無機化学部門におかれた原子量および同位体組成委員会で議論され，2 年ごとに改訂される．原子量には不確かさが伴うが，この値は同委員会で定めたルールにしたがって見積もられる．単核種元素についての原子量に対しても同様で，そのために単核種元素の原子量の有効数字は実験で得られる相対質量の値よりも数桁小さい値になっている．

質量分析計による同位体比の測定技術が進歩し，各元素の同位体存在度は必ずしも一定ではなく，地球上で起こるさまざまな過程のために変動することがわかってきた．そうした背景から，IUPAC は 2009 年に 10 の元素については原子量を単一の数値でなく，変動範囲で示すことを決めた．日本での原子量は IUPAC での改定値をもとに，日本化学会原子量専門委員会が毎年改訂しているが，2011 年の原子量から IUPAC の方針にしたがって，当該 10 元素については原子量を変動範囲で表すことに決めた．これら 10 元素は水素（H），リチウム（Li），ホウ素（B），炭素（C），窒素（N），酸素（O），ケイ素（Si），硫黄（S），塩素（Cl），タリウム（Tl）で，地球上で採取された試料や試薬中の同位体組成の変動が大きいことが知られている．その後，原子量を変動範囲で表す元素が増え，2015 年現在，上記 10 元素に加え，マグネシウムと臭素を加えた 12 元素が単一数値でない原子量をもつ．

これまでの単一数値による原子量表記のときには，2 年ごとに原子量を改訂する際に，元素によって原子量の数値の桁数を少なくしたり，原子量表の数値の後の括弧内に示されている不確実さの程度を大きくすることも行われた．これは，自然界のさまざまな物質の同位体比が詳細に測定されるようになり，元素によっては同位体比の変動がこれまで以上に大きいことが明らかになったためであるが，原子量を変動範囲で表すことで，こうした不都合も解消されることになる．裏表紙に最新の元素の原子量を掲載してある．

〔海老原　充〕

原子核

nucleus

I-04

原子核の大きさ 原子はその中心にある正電荷の原子核とその周りの負電荷の電子からなっている。原子核の大きさが原子の大きさよりきわめて小さいという事実はラザフォード（実際には助手のガイガーと学生のマルスデン（Marsden）による）の α 粒子の薄膜による散乱実験によって明らかにされた（1909年）。ラザフォードはこの実験を解析し，原子の中心にある原子の 10^{-4} 程度以下の空間に電荷が集中しており，その大きさは 10 fm（1 fm $=10^{-15}$ m）程度であることを示した（1911年）。

電荷分布 原子核は点状ではなく，有限の大きさをもっている。さらに原子核の表面はシャープカットなものではなく，急であるがなだらかな密度変化をもっていることもわかっている。このような電荷分布は原点からの動径位置 r に対するフェルミ (Fermi) 分布，

$$\rho(r) = \frac{\rho_0}{1+\exp[(r-R)/a]}$$

で表されることが多い（図1）。これは中心電荷密度 ρ_0，原子核半径 R，表面の厚み a の三つのパラメータで表すもので，質量数がある程度以上大きい安定原子核ではこの分布型を用いてよい精度で表すことができる。

電荷分布は高速電子による散乱現象から調べることができる。電子は核力による影響を受けないという利点があり，電荷分布を精度よく決定するのに有用である。原子核半径以下のド・ブロイ波長をもつ，数百 MeV 程度以上のエネルギーの電子が利用される。系統的な実験の結果，安定核に対して $R=r_0 A^{1/3}$（A は質量数），$r_0 \approx 1.07$ fm,

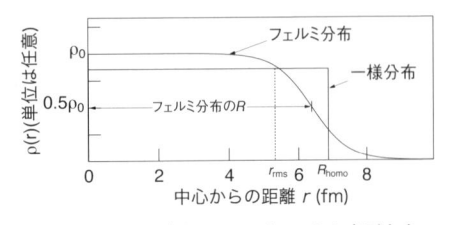

図1 フェルミ分布とシャープカットな表面をもつ一様分布
図は ^{197}Au の例。153 MeV の高速電子散乱の実験・解析の結果[1]をもとにした．

$a \approx 0.55$ fm とするフェルミ分布で原子核の電荷分布を説明できることが確かめられている（図2）。この結果を半径 R_{homo} のシャープカットな表面をもつ一様球として換算すると $R_{homo} = 1.2 A^{1/3}$ fm 程度となる．

このように半径が $A^{1/3}$ に比例するということから，原子核の体積 V は，$V=(4\pi/3) r_0 A$ と表すことができ，質量数 A，つまり核子の個数に比例することを示している．これを原子核の体積の飽和性と呼ぶ．この性質は主に核力が短距離力であることに起因する．

ミュオンによる電荷分布測定 ミュオンは電子と同じレプトンである．その寿命は 2.2 ns と短く，質量が電子の約 207 倍大きい特徴をもつが，それ以外は電子と同じ性質をもつ．そこで電子の代わりにミュオンを原子核の周りにおけば，電子より 1/207 小さい軌道半径に分布し，電子に比べて原子核の電荷分布の詳細に強く影響を受ける．その束縛準位から遷移して得られるスペクトルから電荷分布の情報を得ることができる．1953 年にフィッチ（Fitch）およびレインウォーター（Rainwater）らにより実験が行われて $r_0 = 1.17$ fm が得られた．その当時に信じられていた 1.45 fm を覆したという点でも歴史的意義が深い．ミュオン原子を用いた電荷分布測定は現在でも精密なデータを提供している方法の一つである．

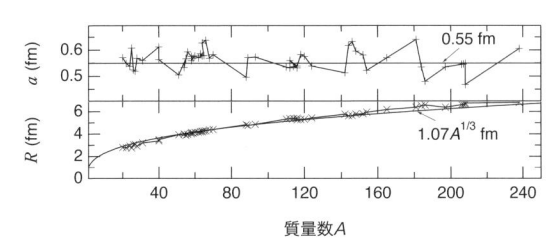

図2 電子の散乱実験により得られた原子核の電荷分布パラメータ[2]. フェルミ分布を仮定したときの原子核半径 R（下図）と表面の厚み a（上図）. それぞれ $R=1.07A^{1/3}$ fm, $a=0.55$ fm の線を引いてある.

原子核の密度分布 原子核の電荷分布は陽子の電荷によってつくられているが，これと原子核物質（陽子と中性子両方よりもたらされる）の分布は一般には区別される．核物質の分布についての情報は中性子散乱や，陽子散乱と電子散乱の違いなどで解析することによって得ることができる．安定核に関しては陽子・中性子分布では中性子分布のほうがいくぶん外に広がっているが，その違いは 0.1 fm 程度以下で，また半径自身もやはり $A^{1/3}$ に比例することがわかっている．この原子核物質の分布から原子核密度 $\rho_{\text{nucl}}=0.17$ 核子 fm^{-3} の値が得られている．

不安定原子核の密度分布 質量数が小さい原子核や陽子数・中性子数比が不均衡な不安定原子核などは上記のフェルミ分布から外れる分布を示す場合が多い．そのような場合でもたとえば平均自乗半径，

$$r_{\text{rms}}^2 = \int_0^\infty r^2 \rho(r) r^2 dr / \int_0^\infty \rho(r) r^2 dr$$

で表せば，密度の関数型を仮定せずに半径を定義できる．実験的にも決定しやすい量である．なお，$\rho(r)$ を前述の半径 R_{homo} の一様球とすると $r_{\text{rms}}=\sqrt{3/5}\, R_{\text{homo}}$ の関係をとる（図1参照）．

最近の原子核実験の進展により，原子核密度について新たな知見が得られている．一つは A に対する依存性で，陽子と中性子が不均衡，とくに中性子が多い場合，$A^{1/3}$ 則から外れることが明らかになってきた．もう一つは密度のフェルミ分布からのずれで，たとえば軽い中性子過剰核で中性子分布が陽子分布に比べて外側に裾が広がったように分布しているものがみつかっている．これらは中性子スキンや中性子ハロー（^{11}Li を用いた実験ではじめて議論された）と呼ばれ，浅く結合した中性子の性質として興味をもたれている．

原子核の圧縮性 原子核の体積は前述のとおり飽和性を示すが，原子核の密度は大きく圧力を加えることにより変化する圧縮性物質であると理解されている．その強さを表す非圧縮率（incompressibility）は ^{208}Pb などの球形二重魔法数に対する巨大単極子振動実験の励起エネルギーから得ることができ，現在では 200 MeV 程度と見積もられている．非圧縮率は原子核自身の理解のみならず，天体における超新星爆発や，その後生じる中性子星の内部構造の理解にも影響を与えている． 〔小浦寛之〕

文　献
1) A. Bohr, B. R. Mottelson, Nuclear Structure I, Single-Particle Motion (W. A. Benjamin, 1969), p.125.
2) C. W. de Jager, *et al.*, Atom. Dat. Nucl. Dat. Tab. 14, 479–508 (1974).

核構造

I-05

nuclear structure

核スピン・パリティー　運動している素粒子は一般にある点を原点とした角運動量をもっているが，その重心は運動していなくても素粒子自身が角運動量をもっていることがある．これをスピンと呼ぶ．角運動量の単位を $\hbar=h/2\pi$（h はプランク定数）とすると，スピンは電子，陽子，中性子などはそれぞれ 1/2，光子は 1，中間子は 0 などとなっている．原子核全体としての角運動量は，その原子核内部の核子の軌道角運動量と核子のスピンを合成した全角運動量で表される．これを核スピンと呼ぶ．軌道角運動量は整数なので質量数 A が奇数の原子核の核スピンは半整数，A が偶数の原子核については整数となる．この性質は基底状態であろうと励起状態であろうと変わらない．

状態の左右の対称性を表す量にパリティーがある．パリティーという量に対応する作用は，空間反転すなわち x, y, z の座標軸の向きを，$-x$, $-y$, $-z$ とするものである．空間反転に対して波動関数の符号が変化しないものを偶（または＋）パリティー，変化するものを奇（または－）パリティーと呼ぶ．スピン 1/2 の粒子のパリティーは実験的に決めにくく，現在電子，陽子および中性子のパリティーを＋と仮定している．対象とする状態におけるパリティーはこれらからの相対的な符号として決定する．ある原子核のパリティーが＋か－であるかはその原子核の状態によって定まる．

スピン，パリティーともに原子核の量子力学的状態を表すものであり，たとえば γ 壊変において壊変先とのスピン変化，パリティー変化はその強度や選択則に影響を与えている．

なお，基底状態については陽子数偶数，中性子数偶数の原子核（偶偶核と呼ぶ）は例外なく核スピン 0 でパリティーが＋であるという性質がある．これは同種の粒子間で対形成を成していることに対応する．奇質量核については陽子または中性子のうち奇数の粒子における最後の粒子が配置する単一粒子準位のスピン・パリティーがそのまま原子核全体のスピン・パリティーになっていると見なされる場合が多い．奇奇核に関しては最後に余った陽子および中性子のスピン・パリティーの合成から得られると考えられるが，とくに明確な規則は得られていない．

核異性体　原子核の励起状態は一般に基底状態に対して極短寿命であるが，励起状態でも寿命が有意に長いものが存在する．これを核異性体と呼ぶ．おおむね 1 ナノ秒以上より長いものをさす例が多い．主に壊変しうる先との量子状態の著しい違いにより壊変が抑制されることから生じる．図にいくつかの核異性体の壊変例を示す．

磁気モーメント　ふつう磁気モーメントと呼ばれるのは，厳密にいえば磁気二重極モーメントであって，磁石としての強さを表す量である．これは環状電流および核子のスピンによって生ずる．磁気二重極モーメント以外にも，磁気モーメントの空間的な分布を示す高次の磁気モーメント 2^{2n+1} 重極モーメント（n は正の整数）が存在するが実際に測定される例は多くない．

核の磁気二重極モーメントを μ とすると，核スピン J に対して，

$$\mu = g\mu_N J$$

と表すことができる．$\mu_N = e\hbar/2m_p$（e は電気素量，m_p は陽子の質量）は核磁子，g は核磁気回転比（または核 g 因子）である．

原子核の磁気モーメントは回転磁場と共鳴を起こし，これを核磁気共鳴（nuclear

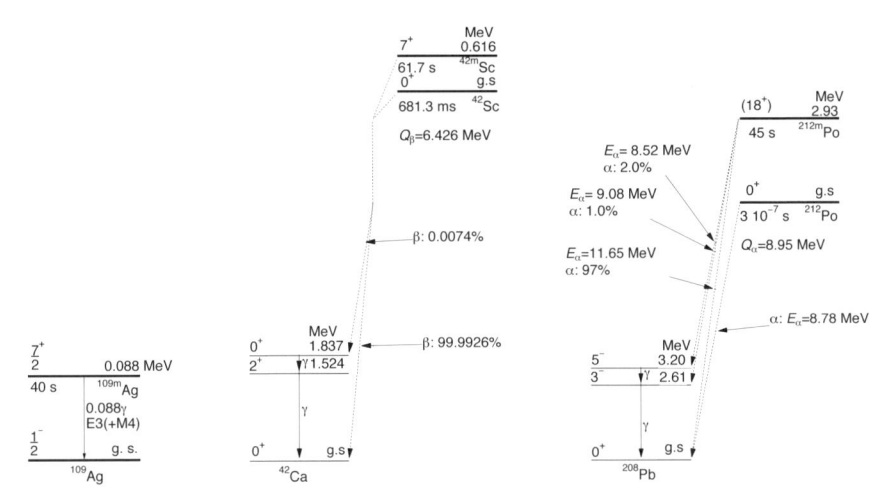

図1　核異性体の例

(左図) γ 壊変の例. ^{109m}Ag（銀）は半減期 40 s で基底状態へ γ 壊変する（E3, M4 の壊変の型については, I-12 参照）. (中図) β 壊変の例. ^{42}Sc（スカンジウム）には 7^+ の励起状態 ^{42m}Sc が存在するが, 基底状態の 0^+ への壊変は観測されず, 代わりに ^{42}Ca へ 100% β 壊変する. 半減期は 62 s. (右図) α 壊変の例. ^{212m}Po（ポロニウム）は半減期 45 s で ^{208}Pb へ α 壊変する. なお ^{212m}Po の推定スピン・パリティー (18^+) は α 粒子が軌道角運動量 l の遠心力障壁をトンネル透過すると見なすことにより得られる.

magnetic resonance：NMR）と呼ぶ．調べたい原子核の磁気モーメントがわかっていれば逆に NMR を用いて物質の分布を調べることができる．なお偶偶核は核スピンが 0 なので磁気モーメントも 0 であり NMR は扱えない．

電気モーメント　原子核には球形以外の電荷分布を示すものも多く存在する．球対称からのずれを表すのが電気モーメントで，一般に 2^n 重極モーメント（n は正の整数）が静的なモーメントとして現れる．通常，最低次である電気四重極モーメントを扱う．

電気四重極モーメント Q の定義は，

$$Q = \frac{1}{e}\int (3z^2 - r^2)\rho(r)\mathrm{d}r$$

である．ここで $\rho(r)$ は電荷密度である．Q は電荷分布が z 方向に伸びているとき正の値，短くなっているとき負の値をとる．実際の原子核では閉殻の直前では正，直後では負となる傾向がある．また，すべての偶偶核の基底状態では $Q=0$ である．陽子や中性子も有限の Q をもちえない．重陽子では $Q = +2.8\times 10^{-27}\,\mathrm{cm}^2$ である．

実験で得られた $|Q|$ の大きさは，中性子数が 88 以下ではだいたい $10^{-24}\,\mathrm{cm}^2$ またはそれ以下であるが，中性子数が 90 以上になると $^{176}_{71}$Lu$_{105}$ で $Q = +8\times 10^{-24}\,\mathrm{cm}^2$ などと，正の非常に大きい値をとるものがある．回転楕円体で近似してみると，中性子数が 90 以上の核では長軸が短軸より 10% 以上大きいものもかなり多い．

なお，これまで述べてきた四重極モーメントは，期待値であり，時間的に平均された変形を表し，原子核が静止した状態での四重極モーメントとは異なる．後者を内部（intrinsic）四重極モーメント Q_0 と呼び，$|Q|<|Q_0|$ である．変形している原子核は回転しており，その回転を加味した状態を観測している．　　　　　　　〔小浦寛之〕

原子核模型 　　I-06

nuclear models

　原子核はさまざまな性質を示すが，それらをいくつかの模型を用いることにより原子核を理解することが試みられている．以下，代表的な原子核模型を紹介する．

　液滴模型　　原子核の大きな特徴の一つは密度の飽和性である．これは原子核の核子密度が一定であること，また原子核の束縛エネルギーが1核子あたり8 MeV程度で一定であることなどといった実験結果による．原子核をつなぎ止める核力は短距離力であり，一方で近距離で強い斥力を示し，これが飽和性の起源となる．一方，ウランなどの質量数の大きい原子核が α 壊変や核分裂を起こすのは，原子番号（つまり陽子数）を増やしていくと陽子どうしのクーロン斥力が大きくなり安定に核子と核子をつなぎ止めることができなくなるからである．このような飽和性および重い核における不安定性は原子核を帯電した液滴と見なす液滴模型で理解することができる．
　別項で説明されるワイゼッカー–ベーテ原子質量公式は原子核を球形荷電液滴と見なして構築したもので，実験で得られた質量値の再現性がよく，核分裂等の諸性質の定性的な説明ができるなどモデルの妥当性を示している．物理的観点からは液滴模型は核子どうしが強く相互作用している系と見なすことに相当する．

　独立粒子模型　　原子（原子核と電子の系）では原子番号が 2, 10, 18, 36, 54, 86... で希ガスが生じ，原子の不活性という形の閉殻構造が存在する．原子核にも類似した閉殻構造が存在し，陽子数・中性子数が 2, 8, 20, 28, 50, 82, 126（126の原子番号は得られていないので中性子のみ）の原子核で結合エネルギーが大きくなる，中性子捕獲断面積が急に小さくなるなどといった閉殻性を示す．このように閉殻を示す数字を魔法数と呼ぶ．原子は中心に電荷をもった原子核が質量中心に位置して電場を与えている系であるが，原子核の場合はそのような中心がないので陽子・中性子の両核子でつくる平均場ポテンシャル中で核子が運動するという描像（独立粒子模型）で理解することができる．また，2種類のフェルミ粒子から成る系であるという特徴がある．
　原子核の魔法数の説明として当初平均場ポテンシャルとして調和振動子型や井戸型ポテンシャルなどが考察されたが，2, 8, 20 の魔法数までしか再現できず，大きな問題であった．しかしマイヤー（M. G. Mayer）およびイェンゼン（J. H. D. Jensen）が核力には強いスピン–軌道相互作用力（$l \cdot s$ 力）が存在すると提案し，28, 50, 82, 126 の魔法数を説明することに成功した（1949年）．その様子を図1に示す（魔法数の変化については I-08 参照）．このような独立粒子描像は，核子が各軌道をお互い衝突せず自由に運動していると見なすことに相当し，上記の液滴模型の考えとは相反する．このように原子核では取り扱う観測量に対して異なる模型による描像が併存している．

　集団運動模型　　ボーア（A. Bohr）とモッテルソン（B. R. Mottelson）は集団運動的様相と独立粒子的様相の共存を認め，独立粒子的に存在する一部の外側の核子に引っ張られて，他の核子が集団的に配置を換えて変形が実現するとした（集団運動模型，統一模型とも呼ばれる．1953年）．これにより変形した原子核や，その回転運動，原子核表面の振動モードの出現などがうまく説明され，原子核の理解はおおいに進展を果たすこととなった．このような性質は現在では自発的対称性の破れの原子核

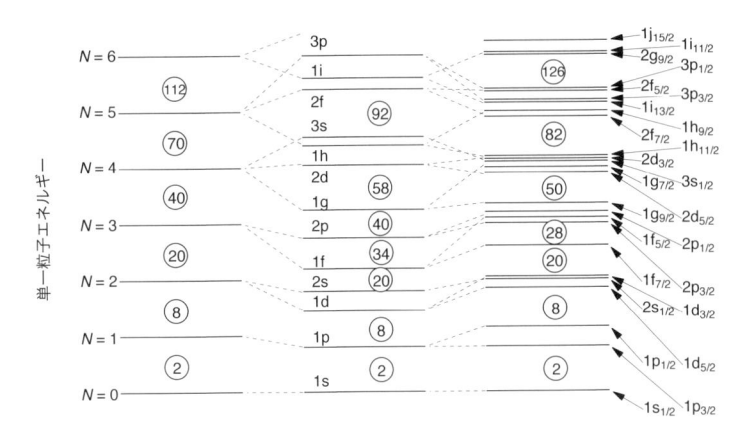

図1 単一中性子粒子準位の概略図

○数字はその準位まで下から粒子を詰めていった個数．図の左は等方三次元調和振動子型ポテンシャルから得られる単一粒子準位．Nは調和振動子の主量子数．中央は無限の高さの井戸型ポテンシャルでの準位．両図とも$l \cdot s$力がないとした例で，実験が示す閉殻に対して最初の2，8，20のみが対応している．図の右は$l \cdot s$力を付加した場合の一例．28，50，82，126にも閉殻が生じており，実験で知られている閉殻と一致している．質量数，陽子数・中性子数比の依存性は考慮していない．

における例であると理解されている．

最近の微視的理論の進展　原子核を広い核種領域で統一的に理解するための研究は現在も精力的に進められている．巨視的傾向を変形液滴模型で，微視的傾向を変形単一粒子模型で記述する巨視的・微視的模型は上記のいくつかの長所を取り入れ，中重核から超重核まで広く説明することに成功している．現在，さらなる統一的模型を微視的立場から構築する試みがなされている．そのいくつかを紹介する．

一つは現象論的相互作用によるハートリー–フォック（HF）計算である．核力は近距離で非常に強くなり，HF計算に核力をそのまま使うことはきわめて困難であり，代わりの有効相互作用としてδ関数（原点で無限大になる関数）型および現象論的密度依存項をもつ力（スキルム力）を用いる．現在，粒子・準粒子相関までを取り入れた計算（ハートリー–フォック–ボゴリューボフ法）にまで計算が進められ，いくつかの例で良好な結果を得ている．

二つめは相対論的平均場理論と呼ばれているもので，核子をディラック方程式によって扱い，核子間相互作用は中間子場を介して計算される．核子は平均的な中間子場から力を受け，中間子場の源は平均的な核子密度であると近似し，これらを自己無撞着になるように求める．この方法は少数系との関連が明確でなく，まだ"モデル"としての性格がかなり強い．

近年，密度汎関数理論による原子核の記述を目指した試みがなされているので最後に触れておく．密度汎関数理論はもともとは原子分子の分野で発展した手法で，ホーエンベルグ–コーンの定理により量子力学的多粒子系では密度汎関数を用いてエネルギー基底状態を一意的に得ることができ，それをコーン–シャム方程式を解くことにより得る．現実問題としてはどのように正しい密度汎関数を求めるかが鍵で，原子核においてはスキルム（Skyrme）力を足がかりに進めている場合が多い．今後の進展が期待される．　〔小浦寛之〕

原子核の結合エネルギー I-07

nuclear binding energy

電子ボルト　化学反応に伴うエネルギーや原子間の結合エネルギーは通常モル単位での値で議論され，基本単位としてSI単位系ではJ（ジュール）を用いる．しかし，原子核どうしの反応である核反応にかかわるエネルギーや原子核内の核子間の結合エネルギーを考える場合には化学反応で一般に用いられるJでは大きすぎるため，新しいエネルギー単位としてeV（電子ボルトまたはエレクトロンボルト）を用いる．1 eVは電子1個が1 Vの電位差をもつ電極間を移動するときに得る運動エネルギーと定義される．eVとJとの関係は次のとおりである．

$$1\,\text{eV} = 1.602 \times 10^{-19}\,\text{J}$$

化学反応で1分子あたり1 eVの熱量を授受する場合，1モルあたりに換算すると，$(1.602 \times 10^{-19}) \times (6.022 \times 10^{23}) = 9.647 \times 10^{4}\,\text{J}$ となる．

質量とエネルギーの等価性　1905年，アインシュタイン（A. Einstein）は特殊相対性理論を発表し，その結果として質量とエネルギーは等価であることを導いた．この理論によれば，質量 m とエネルギー E は次式の関係を保ちながら，お互いに変換可能であるとされる．

$$E = mc^2 \qquad (1)$$

ここで，c は光の速度で，物体が運動していない場合には，m としてその静止質量を用いることができる．従来エネルギーと質量は独立に保存されると考えられてきたが，厳密にはそれらが個々には保存量とはならずに，質量とエネルギーの和が保存され，質量とエネルギーは等価であることを意味する．発表当時は，そのことを実証するすべはなかったが，その後原子核や放射能に関する研究が進むにつれて，質量とエネルギーの等価性は実験的に検証された．現在では，陽電子が消滅するときに発生する放射線を測定することによって容易にその現象を認知することができる．

原子質量単位で1 uの質量を式（1）にしたがってすべてエネルギーに変換すると，

$$E(1\,\text{u}) = 931.5\,\text{MeV}$$

のエネルギーに相当する．原子核の組み替えである核反応によるエネルギーの授受や核種間の結合エネルギーはこのレベルの値になる．

核子間の結合エネルギー　原子核は陽子と中性子で構成される．中性子は電荷をもたないものの，陽子は正の電荷をもつので，クーロンエネルギーだけを考えれば原子核は非常に不安定で，原子核を構成することは不可能である．実際は原子核にはこのクーロン反発を打ち消し，かつ核子を強固に結合させる核力が働いている．

陽子 Z 個，中性子 N 個の核子からなる原子核の質量を m_x とすると，核子を構成する陽子と中性子の質量の総和よりも小さい．この質量の差（質量欠損）は，陽子と中性子がばらばらな状態から結合をつくって原子核として安定な状態になったため使われたエネルギーに等しく，この値を原子核の結合エネルギー（binding energy）と呼ぶ．陽子，中性子の質量をそれぞれ m_p，m_n と表すと，結合エネルギー E_b は次式で表される．

$$E_b = \{Zm_p + (A-Z)m_n - m_x\}c^2 \qquad (2)$$

m_x は原子核の質量であるが，実験で求められるのは電子の存在を込みにした核種の質量である．そこで電子の質量を m_e とし，式（2）に加えると次式を得る．

$$E_b = \{Z(m_p + m_e) + (A-Z)m_n \\ - (m_x + Zm_e)\}c^2$$

$m_p + m_e$ は ^{1}H の質量 m_H と，また $m_x + Zm_e$ は中性の核種 $^A_Z E$ の質量 m_a と実質的に等

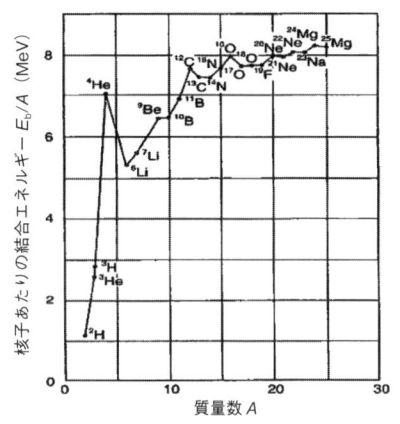

図1 $A=2\sim 25$ の核種についての1核子あたりの結合エネルギー

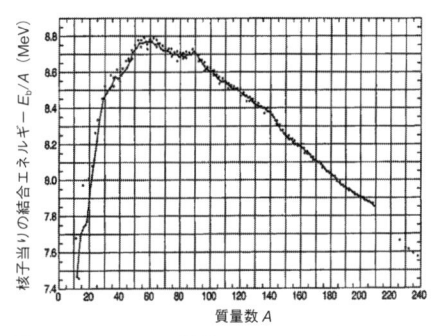

図2 $A=12\sim 240$ の核種についての1核子あたりの結合エネルギー

しいので次のように書き換えられる.
$$E_b=\{Zm_H+(A-Z)m_n-m_a\}c^2$$

E_b を質量数 A で割って,核子1個あたりの結合エネルギー E_b/A を計算し,質量数による変化を示したものを図1,図2に示す.図1は質量数が2から25までの核子について,図2は質量数が12から240までの核種について,E_b/A をそれぞれ示したものである(図1と図2の縦軸の目盛の大きさが大きく違うことに留意のこと).これらの図で明らかなように,質量数の小さい領域での E_b/A の変化は大きく,A が大きくなるにしたがって大きく増加する.変化は単調ではなく,とくに ^{4}He に大きなピークが現れることが注目される.$A=20$ をこえると E_b/A の増加も徐々に鈍り,やがて $A=60$ 付近で最大となる.その後は A の増加とともに,E_b/A の値は単調に減少する.このことから,^{4}He や鉄付近の原子核は相対的に安定であることがわかる.

原子核の結合エネルギーの半理論的取扱い 原子核の結合エネルギー E_b/A(単位:MeV)を求める式としてワイゼッカーの質量式と呼ばれる次のような半理論式が提案されている.
$$E_b=14.1A-13A^{2/3}-0.595Z^2A^{-1/3}\\-19(N-Z)^2A^{-1}+34\delta A^{-3/4}$$

ここで A は質量数,Z,N はそれぞれ陽子数,中性子数を表す.また δ は Z,N がともに偶数のとき $+1$,ともに奇数のとき -1,Z,N の一方が奇数,他方が偶数のとき 0 をとる.この式の第1項は体積エネルギーと呼ばれるもので,原子核の結合エネルギーは基本的に核力によると考え,核子の数 A に比例するとした.この体積エネルギーは実際の結合エネルギーを過大に見積もっているため,第2項の表面エネルギー,第3項のクーロンエネルギー,第4項の対象エネルギーで補正される.第5項は Z と N の奇偶性による原子核の安定性を考慮したもので,対エネルギーと呼ばれる.

ワイゼッカーの質量式で求められる原子核の結合エネルギー E_b は Z と N の関数として表される.$Z+N(=A)$ を一定にして Z を変化させると,E_b は放物線を描き,その頂点が最も安定な原子核に相当する.ワイゼッカーの質量式は A が小さいときにはあまりよい近似式にならないが,$A>40$ の核種についてはよい近似式となる.

〔海老原 充〕

魔法数の変化

I-08

change of magicity

電子や核子といった，量子力学的な粒子（フェルミ粒子）がある限定された空間に閉じ込められるとき，粒子はその量子力学的効果により離散的な状態（固有状態）をとる．そのとき個々の状態の縮退度および状態自身の濃淡により閉殻構造が現れる．アルゴン（Ar，原子番号36），キセノン（Xe，同54）といった希ガスが不活性であるのは電子の閉殻構造の現れである．

原子核内の核子においても同様の閉殻構造は現れる．ただし原子核は陽子と中性子の2種類のフェルミ粒子なのでそれぞれの個数により閉殻構造が現れる．陽子，中性子数がそれぞれ8，20，28，50，82が閉殻であり，中性子についてはさらに126までが確認されている．^{40}Ca（陽子20個，中性子20個），^{132}Sn（50個，82個），^{208}Pb（82個，132個）などは二重閉殻の核種として知られており，これらの結合エネルギーは周辺の核種に比べて大きく（質量値では小さく），強く結合している．

これらは安定原子核付近での性質であるが，近年，陽子数・中性子数を大きく変えた場合に，これらの閉殻性の変化，つまり魔法数の変化が観測されている．

図1は原子（核）質量の微分量の一つである二中性子分離エネルギーの系統性を示したものである（実験値）．安定核付近では中性子数$N=8$，20，28，50，82，126が閉殻性を示している．ところが軽い中性子過剰核側では変化が表れ，$N=20$に対するギャップがなくなり，代わりに$N=16$のギャップが大きくなり，新しい閉殻構造をつくっていることがわかる．このような$N=20$魔法数の消失および$N=16$魔法数

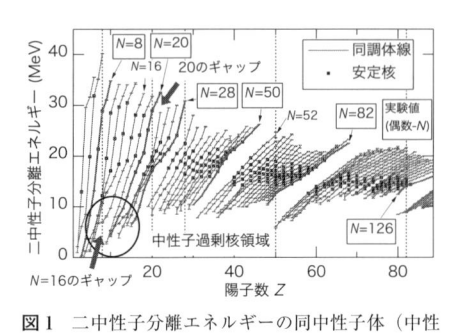

図1 二中性子分離エネルギーの同中性子体（中性子数Nが等しい核種）線

線の間が開いているのが閉殻性を表す．たとえば$N=50$と52の線の間が開いており，このギャップが中性子数$N=50$の閉殻に相当する（図の同中性子体線は偶数Nのみ）．既知の質量実験値より．

の出現は原子核の反応断面積の系統性からのずれの研究や原子核のγ壊変の解析など，複数の実験結果からも認められている．

理論的には核力に含まれるテンソル項の部分（テンソル力）が，陽子・中性子の数が不釣り合いになったときに安定核では見えなかった性質が現れるというしくみが配位混合を考慮した殻模型計算の解析から考察されたり，また原子核が形づくる一体場ポテンシャルにおけるフェルミ準位が浅くなり，その結果単一粒子準位の相対的位置が変化して現れるなど，いくつかの立場から説明がなされている．また，これらの理論予測では中性子過剰核領域において$N=28$の閉殻の消失および$N=32$，閉殻の出現が生じる可能性も指摘されている．また，星の超新星爆発や中性子星合体の際に起こるとされる速中性子捕獲過程（r過程）元素合成はウランを含む多くの元素を合成したと考えられており，元素の起源の解明にきわめて重要である．これらは主に中性子過剰核を介して起こる反応であり，魔法数の変化がより重い原子核にも及ぶと元素合成にも影響を与える可能性がある．

〔小浦寛之〕

放射壊変   I-09

radioactive decay

　自然現象では，不安定な状態にあるものは，エネルギーを放出しながら，ポテンシャルエネルギーのより低い，すなわちより安定な状態に変化する．原子核についても同じことがいえ，不安定な原子核は，時間とともに安定な原子核に変化する．この現象を放射壊変あるいは放射崩壊（radioactive decay あるいは radioactive disintegration）といい，このとき，過剰なエネルギーとして波長の短い電磁波やいろいろな粒子を放出する．これらの電磁波や粒子の流れを一般に放射線（radiation）と呼ぶ．放射線は物質との間でいろいろな相互作用を起こし，この相互作用を起こす強さを放射能（radioactivity）という．放射能の強さは単位時間あたりに起こる放射壊変の回数（すなわち壊変速度）で定義され，その単位として長らくキュリー（curie：Ci）が用いられてきたが，SI単位系ではベクレル（becquerel：Bq）が用いられる．1 Bq は1秒間に1個の原子核が壊変する速度（decay per second あるいは disintegration per second：dps）に対応し，1 Bq＝1 dps となる．10^3，10^6，10^9 の桁に対応してキロ（k），メガ（M），ギガ（G）を頭につけて用いることが多い．キュリーも補助単位として利用されることがあり，1 Ci＝$3.7×10^{10}$ Bq（＝37 GBq：37 ギガベクレル）で換算される．放射線の量（線量）を表すための単位には放射線そのものの量と放射線による影響の程度によるものがあり，詳細については II-06 を参照．

　天然に存在する放射性核種や，人工的につくられた放射性核種はすべて放射壊変を起こし，やがて安定な原子核に変化する．このとき起こる放射壊変の仕方はいくつかの様式に分類できる．以下に，各壊変様式について，α 壊変，β 壊変，γ 壊変と，それ以外の壊変に分けて解説する．

　α 壊変　原子核が α 壊変を起こすと，^{4}He の原子核が放出される．この ^{4}He の原子核（^{4}He^{2+}）の流れを，α 線と呼ぶ．α 壊変は一般には原子番号の大きな元素の放射性核種で多くみられる．天然に存在する放射性核種でも観察されるので，歴史的に早く（20世紀初期の頃）から研究が進んだ．その後，超ウラン元素の合成が可能となり，α 線を放出する核種（α 放射体と呼ばれる）の数が増えるにしたがい，α 壊変に関する知識は飛躍的に増大した．

　β 壊変　β 壊変には β^- 壊変，β^+ 壊変，軌道電子捕獲（electron capture：EC）壊変の3種類あり，いずれの壊変でも電子の放出や捕獲が起こる．壊変前後で質量数は変化せず，陽子の数が変化する．その結果，β^- 壊変では原子番号が1増え，β^+ 壊変，EC 壊変では原子番号が1減る．狭義の β 壊変という場合には，β^- 壊変を意味することがある．

　γ 壊変　α 壊変や β 壊変を起こした直後の原子核は高励起状態に励起されていることが多い．この場合，電磁波を放出して，基底状態に落ちつく．このとき放出される電磁波は γ 線と呼ばれ，この転移を γ 壊変（γ decay あるいは γ disintegration），あるいは γ 遷移（γ transition）と呼ぶ．γ 壊変では α 壊変や β 壊変のように壊変に伴って粒子が放出されることはない．また壊変前後で原子核の種類が変わらず，原子核のエネルギー状態だけが変化するだけである．したがって γ 壊変より γ 遷移といういい方の方が適当であるが，本書では γ 壊変と表現する．

　その他の壊変様式　α 壊変，β 壊変，γ 壊変以外にも次に述べるようないくつかの壊変様式が知られている．

自発核分裂（spontaneous fission）：原子核が自然に分裂する現象で，ウランの同位体 ^{238}U にもみられる．自発核分裂を起こす核種のほとんどは α 壊変も起こし，質量数 250 以下の原子核では α 壊変のほうがはるかに起こりやすい．

二重 β 壊変（double β⁻ decay）：一度の壊変によって β⁻ 壊変を二度起こす壊変をいう．この壊変では β⁻ 壊変が短時間に二度起こるのではなく，一度に β⁻ 壊変を 2 回起こし，電子と反中性微子（反ニュートリノ）がそれぞれ 2 個同時に放出される．

クラスター壊変（cluster decay）：原子番号の大きな元素の放射性核種には ^{12}C，^{14}C，^{20}O，^{28}Mg，^{32}Si などの粒子（クラスターと呼ばれる）を放出するものがある．この壊変様式をクラスター壊変と呼ぶ．アクチノイドに属する元素に多くみられる．

遅延粒子放出（delayed particle emission）：壊変後の娘核種が励起状態にあるとき，通常は γ 壊変によってより安定な準位に遷移するが，まれに原子核から中性子や陽子を放出して励起状態を解消することがある．このような壊変様式を遅延粒子放出という．

壊変図式 放射性核種の壊変の様子を表した図を壊変図式（decay scheme）という．壊変図式には壊変の親核種と娘核種，親核種の半減期，壊変様式，放出する放射線の種類とそのエネルギー，娘核種の励起状態のエネルギー準位，親核種と娘核種のエネルギー準位，スピン，パリティーなどがまとめて示されており，壊変現象を理解するのにたいへん都合がよい．一例として ^{40}K が ^{40}Ar と ^{40}Ca に壊変する壊変様式を図 1 に示す．縦軸方向にエネルギー準位を示し，上にいくにしたがってポテンシャルエネルギーが大きくなる．横方向には原子番号順に核種が配列される．壊変様式

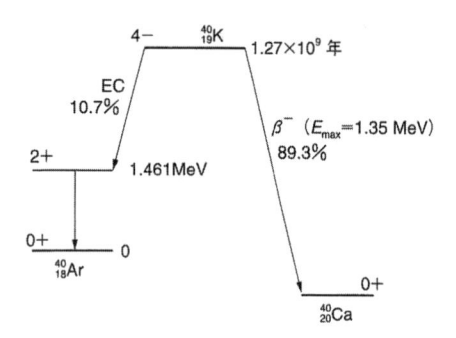

図 1 壊変様式の例

に伴って示される ％ 値は，それぞれの壊変様式の起こる割合（分岐比）を示す．

放射壊変の基本式 放射性核種 A が放射壊変を起こして，より安定な核種 B に変化する現象を考える．このときの A を親核種（parent nuclide），B を娘核種（daughter nuclide）と呼ぶ（最近では B を子孫核種と呼ぶこともある）．放射性核種の壊変は自発的に起こり，壊変によって放射性親核種 A が減少する速度は A の個数 N に比例する．すなわち，次式が成立する．

$$-\frac{dN}{dt}=\lambda N \quad (1)$$

λ は壊変定数（decay constant）と呼ばれ，核種に固有の値で，単位として時間の -1 乗の次元をもつ．放射能の強さは単位時間あたりの壊変数と定義されるので，式 (1) は放射能の強さを表す．式 (1) を積分すると，

$$N=N_0 e^{-\lambda t}$$

となる．N_0 は時間 $t=0$ のときの A の個数を表す．壊変によって放射性核種の個数が半分になるのに要する時間を半減期（half life）といい，$T_{1/2}$ で表すと，

$$T_{1/2}=\ln 2/\lambda=0.693/\lambda$$

の関係が成り立つ．

〔海老原　充〕

α 壊変

α decay

原子核が α 壊変を起こすと，${}^4_2$He の原子核が放出され，原子番号が 2，質量数が 4 小さな原子核が生成する．この様子を式で示すと次のように表される．

$$ {}^A_Z E \rightarrow {}^{A-4}_{Z-2} E' + {}^4_2 He $$

ここで A は質量数，Z は陽子数（原子番号）を示し，E と E' は壊変前後の核種の元素記号にそれぞれ対応する．この反応で放出される ^{4}He の原子核（${}^4\mathrm{He}^{2+}$）の流れを，α 線と呼ぶ．α 壊変は一般には原子番号の大きな元素の放射性核種で多くみられる．天然に存在する放射性核種でも観察されるので，20 世紀初期から研究が進んだ．その後，超ウラン元素（→III-03）の合成が可能となり，α 線を放出する核種（α 放射体）の数が増えるにしたがい，α 壊変に関する知識は飛躍的に増大した．α 壊変には次のようないくつかの特徴がある．

反跳エネルギー　α 壊変ではエネルギーの異なる複数の α 線が放出されることが多い．そのなかで最大のエネルギー値よりも低いエネルギーの α 線が放出されるときには必ず γ 線の放出（γ 壊変）を伴い，その場合の α 線と γ 線のエネルギーの和は最大エネルギーの α 線のエネルギーと等しい．α 線と γ 線はともに単一エネルギー値をとるので，α 壊変で放出される α 線のエネルギーは放出する核種によって決まった一定の値をもつ．α 壊変によって α 線が放出されると，放出される ${}^4_2$He の原子核の質量が大きいので壊変後の原子核もその反動を受けて，α 線の放出方向と正反対の方向に力を受ける．これを原子核の反跳（recoil）という．α 壊変に伴うエネルギー収支では，壊変に伴って放出される α 線のエネルギーに，この壊変に伴う原子核の反跳エネルギー（recoil energy）を加えたものが α 壊変のエネルギーに等しい．質量数 200 程度の原子核では，反跳エネルギーは α 壊変に伴う全エネルギーの約 2% で，残りの 98% は α 粒子のエネルギーである．未知の α 線放出核種に対して，α 線のエネルギー（と場合によってはそれに付随する γ 線のエネルギー）と反跳エネルギーが実験的に求められれば α 壊変のエネルギーが求められるので，α 壊変の際の α 粒子と α 壊変後の核種（残留核）のもつ運動量が等しいという関係式からこの α 線放出核種の質量数 A を求めることができる．

α 壊変エネルギーの質量依存性　α 壊変のエネルギーは壊変する核種の質量数とともに次のような系統的な変化が認められる．

(a) 同じ元素では，質量数が増加すると壊変エネルギーは減少する．ただし $A=210\sim220$ 付近で大きな不連続が，また，$A=250\sim260$ 付近で小さな不連続が認められる．これらの変化は中性子数が 126 と 152 で魔法数になるためと理解される．

(b) 不連続のない領域では，質量数が同じ場合は，原子番号が大きくなるにしたがって壊変エネルギーは増加する．

α 壊変の半減期と α 線のエネルギーの関係　1906 年にラザフォードは α 壊変の半減期と壊変に伴って放出される α 線のエネルギーとの間に逆相関があることを発見した．その後，1911 年にガイガー（H. Geiger）とヌッタル（J. M. Nuttall）は天然の壊変系列（→I-15）に属する α 壊変核種について，空気中における飛程（→II-01）の対数と壊変定数の対数の間に直線関係が成り立つことを発表した．壊変定数 λ と半減期 $T_{1/2}$ の間には I-09 で述べたように $T_{1/2}\lambda = \ln 2$ の関係があるので，

飛程の対数と半減期の対数の間にも直線関係が成り立つ．一方，飛程とα線のエネルギーの間にはそれぞれの対数値の間に直線関係が成り立つので，α壊変核種の半減期（あるいは壊変定数）の対数とα線のエネルギーの対数の間にも直線関係が成り立つ．

トンネル効果によるα粒子の放出 α粒子が原子核から放出されるときに必要とされるエネルギーを考えるには，原子核にα粒子が近づくときの変化を考えればよい．α粒子が原子核に近づくとクーロン力による障壁が現れ，原子核からの距離が小さくなるにしたがって障壁は大きくなる．この障壁を乗り越えて原子核に限りなく近づくと核力が働き，α粒子は原子核に取り込まれ，ポテンシャルエネルギーは急激に小さくなって系は安定する．原子核にα粒子を衝突させる反応では，このポテンシャル障壁をこえるようなエネルギーをα粒子に付与する必要がある．原子核からα粒子が放出されるためには，このクーロン障壁をこえるだけのポテンシャルエネルギーが必要になる．たとえば^{238}Uがα壊変して^{234}Thに壊変する系を考えると，24 MeVのポテンシャル障壁をこえる必要があり，それだけのエネルギーをもったα粒子が放出されるはずである．しかし実際の測定値は4.20 MeVにすぎず，計算値よりもはるかに小さな値をもつ．このようにポテンシャル障壁より低いエネルギーのα粒子が原子核から放出されることは古典力学では説明できない．これはα粒子が量子力学的波動性をもち，トンネル効果によってポテンシャル障壁を透過できるためであると考えれば説明がつく．このα壊変現象の量子力学的解釈は1928年，ガモフ（G. Gamow）とガーニー（R. W. Gurney），コンドン（E. U. Condon）によって独立に行われた．

妨害係数（hindrance factor） α壊変は原子番号が大きくなるにつれて起こりやすくなる．ウランより原子番号の大きな元素（超ウラン元素）が人工的につくられるようになり，α壊変に関する実験的データが蓄積されるにつれて，α線のエネルギーと半減期の関係についてより詳細な知見が得られるようになった．それによると，ガイガー－ヌッタルの法則や，それを理論的に説明するガモフらのモデルは，いわゆる偶偶核（陽子数，中性子数ともに偶数個からなる原子核）で最もよく成り立つことがわかった．このような偶偶核ではα壊変によって娘核種の基底状態に遷移することが最も多く，次いで第一励起状態への遷移がそれに続く．一方，偶偶核以外の原子核ではこの偶偶核のような規則性を示さず，α壊変の壊変速度は偶偶核の壊変速度より遅くなる．そのような核種ではα壊変後，基底状態に遷移せず，励起状態に遷移する確率が高いことも知られている．これらの現象からは，偶偶核以外のα壊変核種ではα壊変が妨害されている（hindered）と見なされ，偶偶核で予想される半減期に対してどのくらい長い半減期かという倍率を妨害係数（hindrance factor）と定義して妨害の程度を見積もる尺度としている．たとえば^{235}Uは偶偶核のα線エネルギーと半減期の関係から予想される値よりも壊変速度が遅く，半減期が長い．その結果として，現在でも核燃料として利用可能な量が残されていると理解される．このような核種でα壊変の速度が遅くなるのはポテンシャル障壁での透過確率の低下のみでは説明できず，壊変を起こす原子核内でのα粒子の形成過程が偶偶核とそれ以外の核子の組み合わせの原子核では大きく違うためであると考えられている．

〔海老原　充〕

β壊変

β decay

　β壊変にはβ⁻壊変，β⁺壊変，軌道電子捕獲（electron capture：EC）壊変の3種類あり，いずれの壊変でも電子の放出や捕獲が起こる．どの場合も壊変前後で質量数は変化せず，陽子の数が変化する．狭義のβ壊変という場合には，β⁻壊変を意味することがある．

　β⁻壊変　原子核がβ⁻壊変を起こすと，原子核からエネルギーの大きな（高速の）電子と反ニュートリノが放出される．壊変で生じる核種の質量数はもとの核種と変わらないが，原子番号の一つ大きな同重体となる．この壊変反応は次のように表される．

$$^{A}_{Z}E \longrightarrow\ ^{A}_{Z+1}E' + e^- + \nu^- \quad (1)$$

素粒子を用いて表すと次式のようになる．

$$n \longrightarrow p + e^- + \nu^- \quad (2)$$

この反応式でわかるとおり，β⁻壊変を起こす核種は中性子過剰核種である．

　式(2)の反応の前後における素粒子の質量の増減を考えると，ニュートリノの質量を0とすると，反応後，8.4×10^{-4} amu（$=0.78$ MeV）だけ減少する．したがって，β⁻壊変に伴うエネルギー変化は，この0.78 MeVに原子核のポテンシャルエネルギーの変化分（結合エネルギーの変化分）を加えたものになる．

　β⁻壊変のエネルギーは電子の流れであるβ⁻線と反ニュートリノの運動エネルギーに分配され，壊変ごとにその割合が変化する．原子核がβ⁻壊変するときのβ⁻線のエネルギー分布の一例を図1に示す．この図は⁹⁰Srが⁹⁰Yにβ⁻壊変するときのβ⁻線エネルギーと放出頻度の関係を示したものである．このように⁹⁰Srのβ⁻壊変に伴

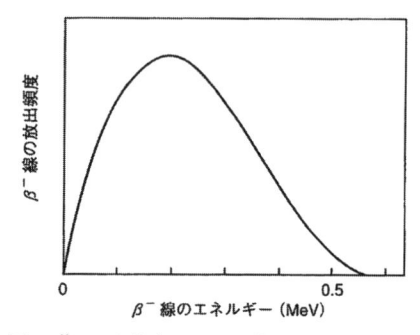

図1　⁹⁰Srから放出されるβ⁻線のエネルギー分布

って放出されるβ⁻線のエネルギーは0 MeVから0.546 MeVまでの間に分布する．図1は多数回の壊変についての分布であり，この図によって各エネルギーについてのβ⁻線の放出頻度についてのみ予測可能である．β⁻線のエネルギーはこのように，0から最大エネルギーまでの連続スペクトルを示し，通常，β⁻線のエネルギーという場合には最大エネルギー（図1の場合は0.546 MeV）をいう．

　β⁺壊変　β壊変に伴って，陽電子（positron）を放出する壊変様式があり，β⁺壊変と呼ばれる．この壊変による原子核の変化は次の式で表される．

$$^{A}_{Z}E \longrightarrow\ ^{A}_{Z-1}E' + e^+ + \beta^+ \quad (3)$$

また，素粒子を用いた反応は次のとおりである．

$$p \longrightarrow n + e^+ + \nu^+ \quad (4)$$

この壊変によって，陽電子に加えてニュートリノが放出され，β⁺壊変によって放出されるエネルギーを両者で分担する．β⁻壊変は中性子過剰の原子核が起こす壊変様式であるのに対して，β⁺壊変は中性子欠損，陽子過剰の原子核にみられる壊変様式である．β⁻壊変のときと同様に，β⁺壊変に伴って放出されるβ⁺線のエネルギーは0 MeVから最大エネルギーまでの間の値をとり，その分布は図1で示されるような連続スペクトルとなる．

β^+ 壊変で放出される陽電子は電子と同じ質量をもつが，電荷が正である点が異なる．1928年にディラック（A. D. M. Dirac）によって理論的に予言され，1932年にアンダーソン（C. D. Anderson）が宇宙線中に発見した．陽電子は物質中の原子のもつ電子と合体し，次の反応を起こして消滅する．

$$e^+ + e^- \longrightarrow 2\gamma \qquad (5)$$

このとき，0.511 MeV のエネルギーをもつ2本の放射線（電磁波）を互いに正反対の方向に放出する．式（5）の現象を物質消滅（annihilation）といい，このとき放射線（電磁波）が放出される現象を物質消滅輻射，あるいは消滅放射（annihilation radiation）という．

式（5）の物質消滅が起こるときには，陽電子はほとんど静止状態まで速度を落としている．このとき，ただちに物質消滅を起こさず，$e^+ - e^-$ という形の一種の結合をつくることがある．これは，水素原子の陽子を陽電子で置き換えたものと見なすことができ，ポジトロニウム（positronium）と呼ばれる．

軌道電子捕獲（EC）壊変　β 壊変の残るもう一つは，軌道電子捕獲（electron capture：EC）壊変，あるいは単に電子捕獲壊変という様式である．量子力学的には，電子は原子核のある場所でも存在する確率が0ではなく，原子核の陽子と軌道電子が相互作用を起こしうる．壊変前後の核種の変化と素粒子間の反応は次式で表される．

$$^A_Z E + e^- \longrightarrow ^A_{Z-1} E' + \nu$$
$$p + e^- \longrightarrow n + \nu \qquad (6)$$

EC 壊変によって原子番号が一つ小さい同重体に変化することは β^+ 壊変と同じで，両壊変様式は競争して起こる．式（4），式（6）の反応前後の質量を考えると，ともに質量は増加するが，β^+ 壊変のほうが EC 壊変よりも多く増加する．したがって，EC 壊変のほうが β^+ 壊変に比べてエネルギー的に有利である．β^+ 壊変が起こるときには，必ず EC 壊変を伴う．質量数200以上の重い原子核では β^+ 壊変は起こりにくく，ほとんどが EC 壊変である．

EC 壊変後の原子核が一度励起状態を経て基底状態に落ち着くときは，この遷移に伴って γ 線が放出される（→I-12）．この γ 線を測定することによって EC 壊変の様子を追うことができる．しかし，壊変後の原子核が励起状態を経ずに基底状態にある場合には式（6）で示されるようにニュートリノしか放出されない．この場合にはX線の測定が EC 壊変を特定する有効な手段となる．EC 壊変が起こると，原子核に捕獲された電子（多くの場合K殻の電子）の軌道に空位が生じ，より外側の軌道の電子が遷移して空位を埋める．このとき，両軌道間のポテンシャルエネルギーの差が特性X線（characteristic X-ray）として元素から放出される．このとき新たに生じた空位もさらに外側の軌道にある電子が遷移してきて埋められ，次々にエネルギーの異なる特性X線が放出される．こうして放出される特性X線は EC 壊変後の元素のものである点が重要で，EC 壊変が起こっていることを確認する手だてとなる．

EC 壊変によって放射される特性X線の一部は外部に単純に放出されず，再度軌道電子と相互作用を起こし，そのエネルギーでその軌道電子を外部にはじき出すことがある．このようにして放出される電子をオージェ電子（Auger electron）と呼ぶ．特性X線がオージェ電子放出にかかわらないで外に放出される割合を蛍光収率（fluorescence yield）という．蛍光収率は電子軌道ごとに求められるが，一般に原子番号が大きくなるにしたがってその値は大きくなる．K殻の蛍光収率（K殻蛍光収率）は原子番号10で0.02以下であるが，原子番号30で0.5，原子番号50で0.9と急激に増加する．　　　　〔海老原　充〕

γ壊変 I-12

γ decay

α壊変やβ壊変を起こした直後の原子核や核反応後の原子核は基底状態より高いエネルギー状態，すなわち高励起状態にあることが多い．核反応後の原子核の励起エネルギーは核子間の結合エネルギーに匹敵するくらい大きいときもあり，そのような場合には核子を放出して別の核種になることもあるが，励起エネルギーが 1 MeV 以下になると電磁波を放出して，基底状態に落ちつく．このとき放出される電磁波をγ線と呼ぶ．このときの原子核の変化をγ壊変（γ decay あるいはγ disintegration），あるいはγ遷移（γ transition）と呼ぶ．（壊変前後の原子核の変化を考えると，γ壊変よりもγ遷移のほうが適語だと思われるが，本書ではα壊変やβ壊変に準じてγ壊変と表現する）．したがって，γ壊変ではα壊変やβ壊変のときのように壊変前後で核子の数が変化することはなく，原子核のエネルギー状態だけが変化する．

γ線を放出してエネルギー準位のより低い状態に遷移するとき，直接基底状態に落ちることもあるが，途中の中間のエネルギー準位を経て基底状態に移ることもある．したがって，たとえばβ壊変に伴うγ線の放出では，何本かのγ線がほぼ同時に放出される．このようなγ壊変による高励起状態から低エネルギー準位への遷移に伴うγ線の放出は，ほとんどの場合非常に短い時間（$10^{-13} \sim 10^{-16}$ s）内に起こり，α壊変やβ壊変に伴うγ遷移はこれらα壊変，β壊変と同時に起こると考えてよい．

原子核がγ壊変を起こして励起状態から基底状態へエネルギー状態を変化させるとき，それぞれの状態に対応するポテンシャルエネルギーの差を原子核の外部に放出する．この遷移に伴うエネルギーの放出機構としてはγ線の放出が最も一般的であるが，それ以外にも内部転換（internal conversion）と電子対生成の二つの機構が知られる．

内部転換 内部転換はエネルギー準位差に相当するエネルギーを軌道電子がもらって軌道から離れ，外部に放出される現象で，γ壊変では比較的多くみられる現象である．内部転換によって加速されて放出される電子は転換電子（conversion electron）と呼ばれる．γ壊変で，内部転換電子と光子（γ線）の放出数の比を内部転換係数（internal conversion coefficient），あるいは単に転換係数と呼び，通常 α で表す．α は次のように定義される．

$$\alpha = \frac{\text{内部転換電子の放出数}}{\gamma\text{線の放出数}} \quad (1)$$

α は核種によって大きく変化する．内部転換は原子番号が大きく，遷移エネルギーが小さく，大きな角運動量（スピン）の変化があるときに起こりやすい．内部転換という言葉には，γ線がもつエネルギーを軌道電子が受け取ってγ線が放出される代わりに電子が外部に放出される，という意味が感じられるが，転換電子の放出とγ線の放出は独立であり，互いに競合して起こる．

内部転換電子は軌道電子の結合エネルギーに相当するエネルギーを使って結合を解き，外部に放出されるので，その運動エネルギー E_k は次式で表される．

$$E_k = E_\gamma - E_b$$

ここで，E_γ はγ壊変のエネルギーを，E_b は軌道電子の結合エネルギーをそれぞれ表す．したがって，内部転換電子のもつエネルギースペクトルは線スペクトルとなり，β^- 壊変で放出される電子のエネルギー分布とはまったく異なる．内部転換電子になる確率は K 電子が最も高い．K，L，M の各電子軌道に対して式（1）の比を考える

場合には，それぞれ α_K, α_L, α_M などと表して区別する．

内部転換によってたとえば K 電子が放出されると空孔ができ，原子は励起状態におかれる．この状態から基底状態に戻るには，L 電子が K 殻の空孔に移り，その際に，
$$\Delta E = E_{bK} - E_{bL}$$
のエネルギーが放出される．ここで，E_{bK}, E_{bL} は K 電子，L 電子の結合エネルギーを表す．この放出されるエネルギーは特性X線として放出されるか，L 電子以下の電子の放出に使われる．前者は γ 壊変時の γ 線放出に，後者は同じく内部転換に似ていて，放出される電子は EC 壊変の場合と同様，オージェ電子と呼ばれる．

電子対生成 励起原子核が $1.02\,\mathrm{MeV}$ 以上のエネルギーをもつとき，陽電子と陰電子を一対生成し，残りのエネルギーを両者に分けて放出する過程がある．これを内部電子対生成（internal electron pair production），あるいは単に電子対生成と呼ぶ．この過程では，γ 壊変の遷移エネルギーから電子と陽電子一対の質量に相当するエネルギー（$2m_ec^2 = 1.02\,\mathrm{MeV}$）を引いた残りのエネルギーを，生成した電子と陽電子が運動エネルギーとして持ち去ることになる．この過程は上に述べた γ 線放出と内部転換過程に比べると起こる頻度はごくまれである．

γ 壊変の選択律 γ 壊変はどのような場合にも起こるわけではなく，壊変前と壊変後の状態によって壊変が制限されることがある．そのような壊変の起こりやすさを決める規則を選択律（selection rule）という．γ 壊変の選択律を決めている最も大きな要素は核スピンである．原子核から電磁波が放出される理由として，核内における電荷分布の変化に伴う電気モーメントの変化と核内の電流の変化に伴う磁気モーメントの変化が考えられる．電気モーメントの変化，磁気モーメントの変化による γ 壊変（遷移）はそれぞれ電気的遷移（electric transition：E），磁気的遷移（magnetic transition：M）と呼ばれる．

核異性体 γ 壊変はそのほとんどが $10^{-13} \sim 10^{-16}\,\mathrm{s}$ という非常に短い時間に起こることはすでに述べたが，なかには γ 壊変が何らかの理由で阻害され，半減期を測定しうる程度に長く励起状態にとどまっている場合がみられる．そのような励起状態にある核種を基底状態の核種と区別して，核異性体（nuclear isomer）と呼ぶ（本来，異性体は同位体同様，二つの物質の状態の関係を表現する語であるが，励起状態にある核種を核異性体と呼ぶことが多い）．核異性体が準安定状態にあることから，質量数のあとに m（metastable から由来）をつけて，基底状態の核種と区別する．核異性体には安定核種に対するもののほか，放射性核種に対するものもある．後者の場合，通常，核異性体の半減期は基底状態にある核種に比べて短いのが普通であるが，^{192m}Ir（半減期 240 年）のように基底状態の ^{192}Ir（半減期 73.83 日）よりも半減期が長い核種もある．励起状態の核異性体が基底状態に転移することを核異性体転移といい，転移に伴って γ 線を放出する．γ 線を放出しにくい場合には α 壊変や β 壊変によって別の核種に変わることもある．核異性体と基底状態の核種でスピンが大きく異なり，また，両者間の励起エネルギーが小さい場合には核異性体の半減期が長くなる傾向がある． 〔海老原　充〕

X線（レントゲン線）

I-13

X-ray

1895年，レントゲン（W.C.Röntgen）は陰極線（電子線）を金属に当てると透過能の非常に高い"線"（放射線）が放出されることを発見し，その実態が十分明らかでないことからX線と名づけた．X線は波動としての性質と粒子としての性質を併せ持つことがわかり，またその波長が非常に短く，物質中での透過能が高いことから，基礎科学ばかりでなく，実用面でも広く応用されることになった．その実態がわかった現在でもX線と呼ばれることが多いが，発見者の名前をとってレントゲン線とも呼ばれる．

X線の発生機序　X線は波長の短い電磁波で，γ線と類似し，高エネルギー光子（photon）と一くくりにされることもある．エネルギー的にγ線よりも低いイメージがあるが，エネルギー的に両者を区別することはできない．両者はその発生する機構が異なる．γ線は原子核のエネルギー状態の変化に伴って放出されるもので，原子核から放出される（→I-12）．これに対してX線は原子核外の電子（核外電子）がその発生に大きくかかわり，そのエネルギー状態の変化に伴って発生する．

X線はその発生機序の違いによって，連続X線（continuous X-ray）と特性X線（characteristic X-ray）に分けられる．連続X線は発生するX線が特定のエネルギーをもたず，波長（エネルギー）が連続的に分布するのに対し，特性X線はある特定のエネルギーをもつ．

連続X線　原子番号の大きな物質に加速された電子が照射されると標的物質を構成する原子の原子核のもつ正の電荷によって軌道を曲げられ，運動エネルギーを失う．この失われたエネルギーが電磁波として物質の外に放出されるものが連続X線（continuous X-ray）である．原子核との相互作用によって失うエネルギーは事象ごとに一定ではないので，発生するX線のエネルギーも一定ではなく，連続的に変化する．ただし発生するエネルギーに上限があり，その大きさは入射電子のエネルギーに依存する．連続X線は白色X線とも呼ばれる．

特性X線　標的物質に入射した電子が標的物質中の原子の核外電子と衝突し，軌道から電子をはじき出すことがある．電子のある軌道に空位が生じて，エネルギー準位のより高い軌道にある電子が遷移し空位を埋めると，両軌道間のエネルギーの差が電磁波として放出される．この時放出される電磁波を特性X線（固有X線；characteristic X-ray）と呼ぶ．遷移に伴って新たに生じた空位もさらに高エネルギー準位の軌道にある電子の遷移によって埋められ，次々にエネルギーの異なる特性X線が放出される．特性X線のエネルギーは標的原子の電子軌道エネルギーによって決まるので，特性X線を測定することによって物質を同定することができる．特性X線が再度軌道電子と相互作用を起こしてその軌道電子を外部にはじき出すことがある．これはオージェ電子（Auger electron）と呼ばれるもので，その運動エネルギーは，特性X線のエネルギーから，オージェ電子として放出される軌道電子の結合エネルギーを引いたもので，一般にはkeV以下の小さな値である．特性X線やオージェ電子の放出は原子核のEC壊変によっても起こる（→I-11）．

特性X線は蛍光X線と呼ばれることがある．蛍光は物質にX線や紫外線，可視光線を照射したときに電磁波や光が放出される現象で，励起された物質中の電子が脱

励起する過程で余分なエネルギーを放出するものである．波長の短いX線を照射すると，特性X線が放出される．この現象も蛍光と見なせることから，この過程で放出されるX線は蛍光X線とも呼ばれる．

粒子照射X線分析法　標的物質中の原子に外部から高エネルギーをもった粒子を照射して，励起した原子から放出される特性X線を測定して標的元素を定量することができる．この原子を励起する高エネルギー粒子として，電磁波（光子）や，電子，陽子，α粒子などの荷電粒子が用いられる．放出される特性X線（蛍光X線）は元素に固有のエネルギーをもつので，そのエネルギーで元素の定性分析を，X線の強度を測定して定量分析することができる．元素がエネルギー粒子によって励起され，特性X線を放出する様子を図1に示す．高エネルギー照射粒子にX線（光子），電子，荷電粒子を用いる分析法をそれぞれ，蛍光X線分析（X-ray fluorescence analysis：XRF），電子走査微小分析（electron-probe microanalysis：EPMA），荷電粒子励起X線分析（particulate-induced X-ray emission analysis：PIXE）と呼ぶ．

制動放射とシンクロトロン放射　高速で運動する電子が原子核の近くを通るとき原子核の電場によって進行方向が大きく変えられ，また速度もクーロン場で減速される．このとき余分の運動エネルギーを電磁波（X線）の形で放出する．このクーロン力による減速で電子のもつエネルギーの一部をX線として放出する過程を制動放射（bremsstrahlung）という．一般に制動放射の起こる確率は入射する荷電粒子の質量の二乗に反比例するので，電子や陽電子の減速過程としては重要である．

似たようなエネルギーの減速過程にシンクロトロン放射（synchrotron radiation：SR）（あるいはシンクロトロン軌道放射；synchrotron orbital radiation：SOR）がある．シンクロトロン放射は，高エネルギー電子が磁場中で曲線運動をするときに放出される．放出される電磁波（X線）を電磁放射光，あるいは単に放射光という．シンクロトロン放射は非線型加速器で電子を高エネルギーに加速する際の障壁になる一方で，高エネルギー光子を発生する機序として利用することができる．たとえば円形加速器で電子を加速するとその軌道面の接線方向に放射光が放出される．その波長はある最短波長から長波長側に広い分布をもち，その極大値は約 $4.4\,E^3/R$(keV) で表される．ここで E は GeV 単位の加速エネルギー，R は円軌道の半径（m）である．放射光はこのように広い波長領域をカバーする強度の大きなX線源として，多くの分野で利用されている．日本における放射光施設は茨城県つくば市にある高エネルギー加速器研究機構のフォトンファクトリー（PF）や，兵庫県佐用町にある（公）高輝度光科学研究センターのSPring-8が代表的であるが，近年，放射光の利用の幅が広がったことを受けて，新しい施設の建設が計画され，実施に移されている．

〔海老原　充〕

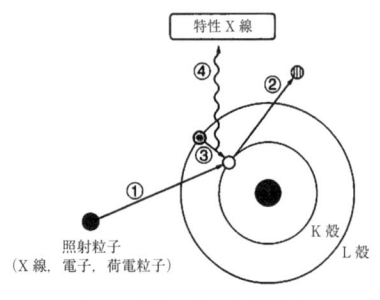

図1　特性X線の発生機序

放射平衡

I-14

radioactive equilibrium

放射平衡とは 放射壊変によって生成した娘核種が安定核種の場合は時間とともにその個数が増加する．この関係を用いて年代を求めることができる．生成した娘核種が放射性核種の場合には，親核種の壊変とともに，娘核種の壊変も同時に起こる．この場合，親核種と娘核種の半減期の長短によって，放射能の時間変化に違いが生じる．

放射性核種Aが壊変し，放射性核種Bが生成するとき，AおよびBについてそれぞれ次式が成り立つ．

$$\frac{dN_1}{dt} = -\lambda_1 N_1 \quad (1)$$

$$\frac{dN_2}{dt} = \lambda_1 N_1 - \lambda_2 N_2 \quad (2)$$

ここで，N_1，N_2 は核種A，Bの個数，λ_1，λ_2 はA，Bの壊変定数をそれぞれ表す．また，$t=0$ における核種A，Bの個数をそれぞれ N_{10}，N_{20} とすると式（1）は，

$$N_1 = N_{10} e^{-\lambda_1 t} \quad (3)$$

となる．これを式（2）に代入すると次式を得る．

$$\frac{dN_2}{dt} + \lambda_2 N_2 - \lambda_1 N_{10} e^{-\lambda_1 t} = 0$$

この式から N_2 は次のように求められる．

$$N_2 = \frac{\lambda_1}{\lambda_2 - \lambda_1} N_{10} (e^{-\lambda_1 t} - e^{-\lambda_2 t})$$
$$+ N_{20} e^{-\lambda_2 t} \quad (4)$$

式（4）の右辺の第1項は親核種の壊変によって娘核種が増えると同時に娘核種が壊変し減少する関係を示し，第2項ははじめから存在する核種Bの単純な壊変によるもので，$t=0$ で娘核種Bが存在しない場合には第2項は0となる．第1項は多少複雑な時間変化を示すが，親核種と娘核種の半減期の長短（あるいは壊変定数の大小）によって二つの場合に分けて考えることができる．ここでは簡単のために，はじめ娘核種Bは存在しないものとして考える．

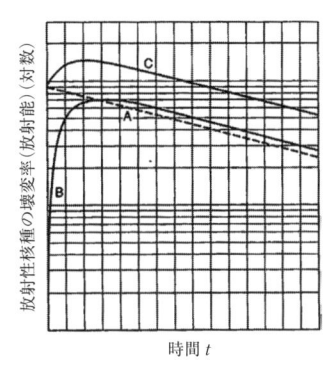

（1）$(T_{1/2})_1 > (T_{1/2})_2$（$\lambda_1 < \lambda_2$）の場合：親核種の半減期が娘核種の半減期より長い場合である．この場合の娘核種の個数 N_2 は時間とともに図1のBように変化する．N_2 は親核種の壊変によってはじめ急激に増加して極大に達するが，やがて減少する．極大をこえてしばらくすると，N_2 の減少の割合が一定となる．十分な時間（娘核種の半減期の10倍程度）が経過すると，$e^{-\lambda_1 t} > e^{-\lambda_2 t}$ となり，式（4）は，

$$N_2 = \frac{\lambda_1}{\lambda_2 - \lambda_1} N_{10} e^{-\lambda_1 t} \quad (5)$$

となる．このように，ある時間経過後は，娘核種は親核種の半減期で減衰するようになる．このような状況を，親核種と娘核種が放射平衡（radioactive equilibrium）の状態にあるという．

式（5）に式（3）を代入すると，

$$\frac{N_1}{N_2} = \frac{\lambda_2 - \lambda_1}{\lambda_1} = \text{const.} \quad (6)$$

となり，放射平衡にある親と娘核種の個数

図1 過渡平衡
A：親核種の放射能，B：娘核種の放射能，C：AとBの和．

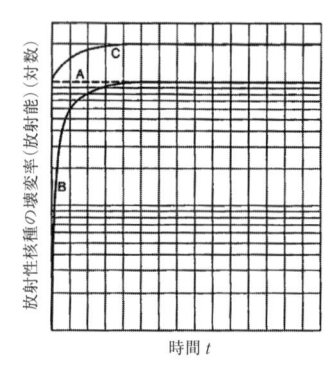

図2 永続平衡（図中のA, B, Cの説明は図1と同じ）

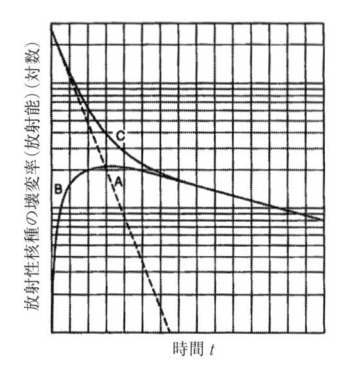

図3 放射平衡が成立しない場合（図中のA, B, Cの説明は図1と同じ）

の比は一定となる．

さらに，式(6)を式(2)に代入すると，

$$\frac{dN_2}{dt} = -\lambda_1 N_2$$

となり，娘核種が親核種の壊変定数で減衰することがわかる．

(2) $(T_{1/2})_1 \gg (T_{1/2})_2$ $(\lambda_1 \ll \lambda_2)$ の場合：これは(1)の極端な場合で，親と娘核種の半減期の差が非常に大きい場合である．このような関係が成り立ち，かつ親核種の半減期が非常に長い場合の N_2 の時間変化を図2のBに示す．親核種の半減期が非常に長いために，放射平衡に達すると N_2 の時間変化がみられなくなる．このような放射平衡を永続平衡（secular equilibrium）と呼び，図1に示したような場合を過渡平衡（transient equilibrium）と呼ぶ．

$\lambda_1 \ll \lambda_2$ の関係を式(6)に適用すると，

$$\frac{N_1}{N_2} = \frac{\lambda_2}{\lambda_1} = \text{const.}$$

となり，次の関係式を得る．

$$\lambda_1 N_1 = \lambda_2 N_2$$

これは，親核種と娘核種の放射能が等しいことを示すものである．

(3) $(T_{1/2})_1 < (T_{1/2})_2$ $(\lambda_1 > \lambda_2)$ の場合：娘核種の半減期が親核種の半減期より長い場合で，この場合に十分な時間が経過すると，$e^{-\lambda_1 t} < e^{-\lambda_2 t}$ となり，式(4)は，

$$N_2 = \frac{\lambda_1}{\lambda_1 - \lambda_2} N_{10} e^{-\lambda_2 t}$$

となる．図3のBはこのときの N_2 の時間変化を示したものである．娘核種の個数が成長して極大に達した後，減衰する点では図1と似ているが，極大に達した後は娘核種の半減期で減衰する点が大きく異なる．この場合は放射平衡は成立しない．

ミルキング　長半減期の親核種と短半減期の娘核種の間で放射平衡が成り立っていれば，親核種が存在する限り，娘核種は一定量存在する．このような放射平衡下にある親核種と娘核種の混合試料から娘核種だけ分離し，放射性トレーサーとして利用することができる．親核種から分離された娘核種は自身の半減期で壊変し，やがて実質的に消滅するが，親核種からは新たに娘核種が生成し，適当な時間経過後，再び親核種から娘核種を分離して利用できる．このように，あたかも雌牛からミルクを搾るかのように親核種から娘核種を分離することをミルキングという．親核種の半減期に応じたある期間内では，娘核種を放射性トレーサーとして常に利用することができる．

〔海老原　充〕

天然放射性核種　I-15

natural radioactive nuclides

天然放射性元素　安定な同位体（核種）をもたない元素を放射性元素という．周期表上の120近い元素の約1/3が放射性元素で，ほとんどが人工的につくられ，その存在が確認されたものであるが，トリウムやウランなどは天然に存在する元素であり，天然放射性元素と呼ばれる．

天然放射性核種　安定元素にも放射性同位体（核種）が存在し，その多くは人工放射性核種であるが，なかには ^{14}C や ^{40}K などのように，天然に存在する放射性核種も少なからず存在する．そのような，天然に存在する放射性核種を天然放射性核種と呼ぶ．天然放射性核種はその存在する理由によって三つのグループに分類される（以下の分類では"天然"の語を省略してあるが，本来は用いるべきである）．

一次放射性核種　太陽系がつくられたときに存在したものが，現在まで生き延びているものを一次放射性核種と呼ぶ．太陽系の年齢45.5億年に匹敵するか，それに近い半減期をもつ核種である．^{40}K, ^{87}Rb, ^{232}Th, ^{235}U, ^{238}U などは代表的な一次放射性核種であるが，トリウムとウラン以外の核種は安定核種とともに各元素を構成している．

二次放射性核種　一次放射性核種の壊変でできる放射性核種を二次放射性核種という．一次放射性核種のうち ^{232}Th, ^{235}U, ^{238}U は α 壊変と β^- 壊変を何度か繰り返して，最終的には鉛の安定同位体になる．親核種の壊変によって多数の放射性核種が次々と壊変する流れを放射壊変系列という．後で述べるように，^{232}Th, ^{235}U, ^{238}U の壊変によって壊変系列が成立するが，その系列中に存在する核種はすべて放射性であり，二次放射性核種と呼ばれる．多くの場合，二次放射性核種は親核種と放射平衡になっており，半減期の長短にかかわらず，天然に存在する．

誘導放射性核種　宇宙空間には高エネルギーの宇宙線が飛び交い，宇宙物質との間でさまざまな核反応を起こしている．地球上でもわずかであるが，同じように核反応が起こり，その結果，放射性核種が生成する．このようにしてつくられる放射性核種を宇宙線誘導放射性核種（あるいは宇宙線生成放射性核種），あるいは簡単に誘導放射性核種（あるいは宇宙線生成核種）と呼ぶ．

宇宙線は高エネルギーの粒子線（放射線）であるが，大半はプロトン（水素イオン）で，太陽から来る太陽宇宙線（solar cosmic ray：SCR）とそれ以外の銀河宇宙線（galactic cosmic ray：GCR）に分けられる．太陽宇宙線は 1 MeV から 100 MeV 程度のエネルギーをもつのに対して，銀河宇宙線はそれより高いエネルギーをもつものが多い．これら宇宙空間から飛来する宇宙線を一次宇宙線と呼ぶ．高エネルギーの宇宙線は反応性に富み，宇宙空間に存在する原子や分子と衝突し，核反応を起こす．地球に飛び込んでくる宇宙線は大気圏にある多くの気体分子と衝突し，二次宇宙線を生じる．これらの宇宙線によって地球上でもさまざまな核反応が起こるが，幸い地球は磁場をもつために，宇宙空間ほどに宇宙線による影響を受けないので，誘導放射性核種の量も少ない．これらの核種は宇宙線と大気中の元素との核反応によって生成したものである．

天然に存在する主な放射性核種を付録4にまとめて示す．

放射壊変系列　一般に，親核種の半減期が最も長く，それに続く娘核種以下の核種の半減期がそれよりはるかに短い場合，

すなわち：
$$\lambda_1 \ll \lambda_2,\ \lambda_1 \ll \lambda_3,\ \cdots \lambda_1 \ll \lambda_n$$
という関係が成立するとき、娘核種以下の核種のなかのどの核種の半減期よりも十分長い時間経過した後では親核種と他のすべての核種の間で永続平衡（→I-14）が成立し、次式が成立する：
$$\lambda_1 N_1 = \lambda_2 N_2 = \lambda_3 N_3 = \cdots = \lambda_n N_n$$
ここで、$\lambda_1, \lambda_2, \sim, \lambda_n$ はそれぞれ親核種、娘核種以下の核種の壊変定数、$N_1, N_2, \sim, N_n$ はそれぞれの核種の個数を表す。

^{232}Th, ^{235}U, ^{238}U の壊変系列中の放射性核種の質量数には規則性があり、同じ系列に属する核種どうしは 4 の整数倍だけ異なる。この関係は系列の最後の鉛の安定同位体についても成り立ち、^{232}Th, ^{235}U, ^{238}U からはそれぞれ、^{208}Pb, ^{207}Pb, ^{206}Pb が生じる。各系列の親核種とこれら鉛の安定核種の間に現れる核種はすべて放射性核種で、非常に短い半減期の核種も存在するが、親核種が天然に存在するので二次放射性核種として天然に存在する。

トリウム系列（$4n$ 系列）　親核種の ^{232}Th から ^{208}Pb までの系列で、トリウム系列、または $4n$ 系列と呼ばれる。n は整数を表し、この系列に属する核種の質量数はすべて 4 で割り切れる。^{232}Th の半減期は 1.40×10^{10} 年と長いが、次に長い半減期をもつ核種は ^{228}Ra で、その半減期が 5.75 年であり、比較的短時間（約 100 年）で系列が永続平衡に達する。系列中の核種は半減期の短いものが多く、^{228}Th の 1.91 年は例外的で、残りはすべて 1 日か、それ以下の半減期をもつ核種からなる。

アクチニウム系列（$4n+3$ 系列）　親核種 ^{235}U から ^{207}Pb までの壊変系列で、アクチニウム系列、または $4n+3$ 系列と呼ばれる。この系列中の ^{235}U に次いで長い半減期をもつ核種は ^{231}Pa（3.28×10^4 年）で、次いで ^{227}Ac（21.8 年）が続く。^{227}Ac はアクチニウムの中で最も長い半減期をもつ核種で、長い間この系列の最初の核種と考えられていたことがあり、そうした経緯からこの系列がアクチニウム系列と名づけられた。

ウラン系列（$4n+2$ 系列）　親核種 ^{238}U から ^{206}Pb までの壊変系列で、ウラン系列、または $4n+2$ 系列と呼ばれる。この系列には ^{226}Ra, ^{222}Rn, ^{210}Po などの放射化学的に重要な核種が含まれる。^{226}Ra はキュリー夫人がピッチブレンドから分離した放射性核種で、長らく放射能の強さを表す基準核種として用いられた。またその壊変生成物の ^{222}Rn はラドンのなかで最も半減期の長い核種で、環境中に存在する代表的な放射性核種である。また、^{210}Po はトレーサーとして用いられるほか、その環境中での存在が注目されている。壊変系列の娘核種のなかで、最も半減期が長い核種は ^{234}U（2.46×10^5 年）であり、永続平衡が成り立っているときのウランの同位体組成として 0.0054% という値が求められている。

ネプツニウム系列（$4n+1$ 系列）　トリウム系列、アクチニウム系列、ウラン系列は天然に存在する壊変系列であるが、$4n+1$ の質量数をもつ系列は天然には存在しない。人工放射性核種が合成されるようになり、この系列の存在が確認された。系列中に含まれる最も半減期の長い核種が ^{237}Np（2.14×10^6 年）であることから、$4n+1$ 系列はネプツニウム系列と命名された。この系列に含まれる核種の一部は極微量ながら天然にもその存在が確認されている。最終壊変生成物が鉛ではなく、^{205}Tl である点で天然に存在する 3 壊変系列とは異なる。

トリウム系列、アクチニウム系列、ウラン系列、ネプツニウム系列の詳細を付録 3 に示す。　　　　〔海老原　充〕

【コラム】NEET　I-16

nuclear excitation by electron transition

　NEET（ニート）とは英語で nuclear excitation by electron transition を指し，発見当初，励起原子（内殻イオン化）の失活過程の第3の機構として注目された新しい現象である．この現象は，音在清輝（当時，大阪大学理学部教授，放射化学）が ^{235}U の濃縮法として核励起の可能性を相談した森田正人（当時，大阪大学理学部教授，理論物理）により理論的に予言され[1]，1973年に音在らのグループにより ^{189}Os（オスミウム）で発見された[2]．通常，内殻のイオン化による励起原子では，より外側の電子の遷移が起こり，余剰エネルギーはX線放出かオージェ電子放出の形で解消される．この際，原子核との間である条件が満たされれば，そのエネルギーが原子核に与えられ，核励起を起こす可能性がある．この種の現象は，電子の質量の207倍重いミュオンにより形成されるミュオン原子では通常みられるが，核との相互作用が小さい普通の原子系では知られていなかったきわめてまれな現象である．

　NEET過程を図式的に書くと図1のようになり，NEETが起こる条件は，(1) 電子遷移のエネルギーと核励起のエネルギーがほぼ等しいこと，(2) 両遷移に共通の，遷移の相互作用の形（遷移の多重度）が含まれていること，である．

　NEETは，音在らにより電子顕微鏡を改造した電子照射装置でOsターゲットを照射し，核励起の結果生成する ^{189m}Os (31 keVにある半減期6時間の核異性体)を観測することで実証された．しかしなが

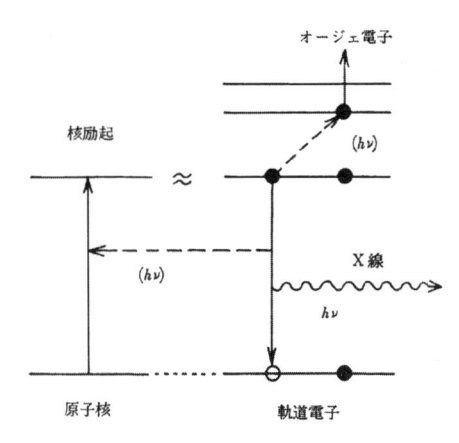

図1　NEETの概念図

ら，核の直接励起過程との区別が難しく，その後，^{189}Os については種々の追実験がなされた．このほか，主に音在らのグループが中心となって，^{197}Au, ^{237}Np, ^{235}U, および ^{181}Ta などについて，精力的に実験が行われたが，いずれも非常に小さなNEET確率や上限値を得るにとどまった[3,4]．

　再びNEETが注目されだしたのは，^{229}Th の極端に低い励起状態 ^{229m}Th が話題になった1990年代末からである．その脱励起過程に逆NEETや電子架橋過程のような新しい核と電子系の現象が現れると期待され，再び，NEET同様に困難な研究に世界のいくつかのグループが虜となった．日本オリジナルのNEET研究に新しいパラダイムが開かれることを期待したい．

〔篠原　厚〕

文　献
1) M. Morita, Prog. Theor. Phys. 49, 1574 (1973).
2) K. Otozai, et al., Prog. Theor. Phys. 50, 1771 (1973); K. Otozai, Nucl. Phys. A, 297, 97 (1978).
3) 斎藤　直，ほか，応用物理 54, 898 (1985).
4) A. Shinohara, et al., Bull. Chem. Soc. Jpn. 68, 566 (1995).

【コラム】Be-7 の半減期　I-17

half-life of Be-7

放射性同位体は，α 線や β 線を放出して別の元素に壊変したり，元素は変わらないまま放射線（γ 線）を出してより安定な状態になる．これらは放射壊変と呼ばれる現象であり，原子核内で起こる．その壊変は確率的なもので，原子核を取り巻く核外軌道電子とは無関係と思われてきた．この考えは原子と原子核の大きさがまったく異なること，そして原子核内の核子間に働く力は原子核と電子または原子間に働く力と大きくへだたっていることに基づいている．しかし，わずかではあるが化学状態の変化や加圧下で壊変定数，いわゆる半減期が変化することがセグレ（E. Segre）らによって 1947 年に予言された．その後，彼らは放射性ベリリウム（^{7}Be）を用いた実験で見事にそれを実証した．

放射壊変のなかには軌道電子を核子に取り込む軌道電子捕獲（electron capture：EC）壊変がある．この EC 壊変では，核位置に存在する軌道電子（1s や 2s 電子）を核子に取り込んで壊変するが（p+e$^-$ → n+ν），当然その確率は核位置の電子密度に依存すると考えられる．化学状態などの違いによる核位置での電子密度の変化が半減期に差異を与えるというセグレらの予言は，まさに代表的な EC 壊変核種である ^{7}Be を用いての証明であった．現在，^{7}Be の半減期は 52.9～53.6 日の間で報告されているが，化学状態の変化や加圧下で得られた半減期の変化は 0.15% 程度のわずかなものであった．

フラーレン分子内に閉じ込められた ^{7}Be の半減期　フラーレン分子（C_{60}）内は真空状態であり，^{7}Be のような EC 壊変核種を内包させて測定した半減期は化学状態に関係しない孤立系の可能性がある．大槻らは C_{60} 内に存在する ^{7}Be の半減期を測定するため，核反応に伴う原子の反跳（ホットアトム現象）を利用して，C_{60} 内に Be 原子などを内包させることに成功した．そして，Be が金属 Be 内にある場合と C_{60} 内にある場合での半減期を比較するとともに，温度を変えて半減期の差異を観測した．その結果，金属 Be 内の ^{7}Be の室温での半減期は 53.25 日に対して，^{7}Be を C_{60} に内包させて 5 K に冷却した場合の半減期は 52.47 日であった（誤差はそれぞれ ±0.04 日）．図 1 に示すように，半減期の差異が壊変曲線にはっきりと確認できる．この差異は 1.5% となり，これまでの化学状態の変化や加圧下での半減期変化の常識を覆すチャンピオンデータとなった．さらに ^{7}Be 内包 C_{60} の分子状態を分子動力学シミュレーションで計算したところ，Be 原子は C_{60} 内で $1s^2 2s^2$ の孤立系で存在し，核位置での電子密度が増加していることがわかった．見事に実験結果をサポートしている．

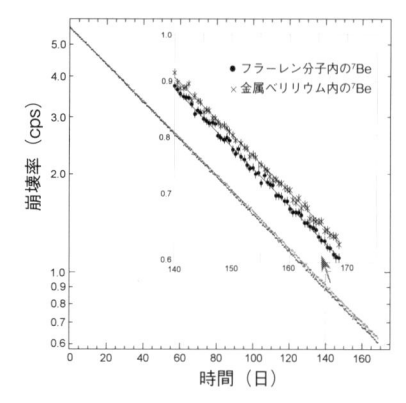

図 1　^{7}Be の壊変曲線

〔大槻　勤〕

原子炉

nuclear reactor   I-18

原理と構成　重い原子核が2個以上の原子核に分裂する際に，もとの質量の一部が失われ，それが相対性原理に基づきエネルギーに変化する．このとき同時に新しい中性子（即発中性子）が発生するので，これを利用して次の世代の核分裂を起こすことができれば，核分裂の連鎖反応を連続的に起こすことができる．フェルミ（E. Fermi）らは，1942年にシカゴ大学のスカッシュコートで，黒鉛にウラン棒を埋め込んだブロックを積み上げた装置をつくり，中性子を媒介とした核分裂連鎖反応を持続的に起こすこと（臨界）が可能であることを実証した．この装置はChicago Pile-1（CP-1）と呼ばれた．CP-1は，燃料棒，減速材，制御棒，中性子検出系，緊急停止装置など，現在の原子炉が備えている基本要素を，原初的ながらほとんど備えている（ただし，冷却系，格納容器はまだ存在しない）．

原子炉の基本概念を図1に示す．

核燃料：　多くの原子炉では ^{235}U の同位体割合を高めた濃縮ウランが用いられているが，天然ウランをそのまま使う原子炉や，使用済燃料から回収された ^{239}Pu など超ウラン核種を混合した燃料を使用するものもある．動力炉では，酸化物燃料が広く使用されているが，研究炉および次世代型原子炉では金属燃料，窒化物燃料も検討されている．

減速材：　核分裂で発生する即発中性子は，平均 2 MeV の高速中性子であり，そのままでは連鎖反応を起こしにくい．そこで高速中性子を他の原子核に衝突させ，弾性散乱および非弾性散乱により低速中性子に変換する．このための物質を減速材といい，軽水（H_2O），重水（D_2O），黒鉛など原子量の小さい元素からなる物質が用いられる．

冷却材：　原子炉内部で発生した熱エネルギーを取り出すために用いられる熱媒体物質．軽水，ナトリウム（Na），ヘリウム（He）ガスなど熱伝達特性に優れる物質が用いられる．次世代型炉では鉛（Pb），ビスマス（Bi）も検討されている．

制御棒：　炉心の中性子収支バランスや出力分布を調整し，原子炉の起動・停止・出力変更を行うために炉心に挿入される中性子吸収材でできた可動の棒．材料は，沸騰水型炉（BWR，後述）ではボロンカーバイド（B_4C），ハフニウム（Hf），加圧水型炉（PWR，後述）では銀・インジウム・カドミウム（Ag-In-Cd）合金などが用いられる．

反射体：　炉心から外へ逃げ出す中性子を炉心側へ反射して中性子利用効率を高めるため，炉心を囲む形で配置される物質．炉心周辺の減速材もその役割を果たす．

遮蔽体：　炉心で発生する中性子，γ線などが外部に漏洩することを防ぐための厚い壁．中性子の遮蔽には，結晶水の形で多量の H_2O 分子を含むコンクリートが使われることが多い．動力炉では，核分裂で発生する即発γ線および中性子捕獲反応で発生する捕獲γ線を遮蔽して熱エネルギーに

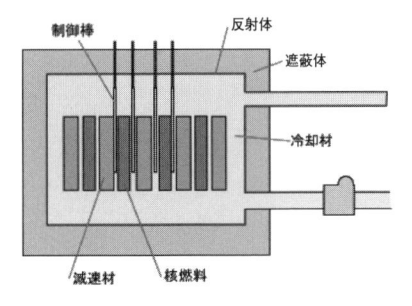

図1　原子炉の基本概念

変換し,同時に,原子炉容器を放射線損傷から保護する目的で鋼鉄製の遮蔽体が設置されているものもある.

図1には示してないが,炉心全体は,原子炉容器（reactor vessel）または圧力容器（pressure vessel）に収納される.事故時に放射性物質の放散を防ぐため,熱交換機など周辺機器を含めて全体を格納容器（containment vessel）で囲い込む構造になっている.

原子炉の種類　原子炉は使用目的によって次のように分類できる.

動力炉:　エネルギー生産を目的とした原子炉.発電を目的とした発電炉,地域暖房を目的とした熱源炉がある.高温のヘリウムガスを利用して水素を製造することを目的とした原子炉も研究されている.

研究炉:　これには,①定常的中性子源としての原子炉の機能に着目し,中性子ビームおよび中性子場を用いて物理・化学・生物学などの研究を行うための原子炉,②新型原子炉開発研究のための小型実験炉（臨界集合体,critical assembly）,③燃料・材料の照射試験,事故解析,臨界安全研究のための研究炉などがある.大学付設原子炉では教育訓練も重要な目的になっている.

特殊目的炉:　核医学用のアイソトープ製造,高性能シリコン半導体製造,宇宙探査衛星用炉など特殊目的のための専用原子炉.がん・腫瘍のホウ素中性子捕捉療法（boron neutron capture therapy: BNCT）は現在は研究炉を用いて行われているが,医療設備を併設した医療専用炉の構想もある.

以上は目的による分類であるが,燃料,減速材,冷却材の種類・形態による以下のような分類もできる.

燃料による分類:　通常の原子炉では,固体状の燃料棒を束ねた燃料集合体で構成された炉心の中を,液体状の冷却材・減速材が流れるという構造をもつ.しかし,液体状の媒質（例:フッ化リチウム・ベリリウム共融体FLiBeなど）に燃料物質を溶解し,これを黒鉛減速材のなかの流路に流すという液体燃料炉の構想も開発初期の頃からあった.原子炉物理学者ワインバーグ（A. Weinberg）は,固体燃料炉の開発が不成功の場合の「保険」として,技術基盤がまったく異なる溶融塩炉（molten-salt reactor: MSR）の研究も並行して進めるべきだと考えていた.実際,米国オークリッジ研究所では1960年代までMSR実験炉が稼働していたが,その後研究は中止された.

従来は燃料物質として主にウランが使用されてきたが,地殻中にウランの数倍存在するトリウム（Th）を燃料とする原子炉も研究されている.ただし,天然トリウム（^{232}Th,同位体存在比100％）自体は核分裂しない親物質（fertile）なので,トリウム燃料サイクルをスタートさせる際には,^{235}Uなど別の核分裂性物質（fissile）を使う必要がある.

減速材・冷却材による分類:　開発初期には減速材として重水が有力な候補と考えられていた.これは,重水が中性子をむだ食いしにくく,天然ウランをそのまま燃料として利用できるなどの利点があるためである.しかし,重水は高価で,使用中にトリチウム（三重水素）を生成するため取扱いが面倒という欠点もある.そのため,入手が容易で安価な軽水を減速材兼冷却材として採用する方向へ開発が進んだ.工学的には,水蒸気をエネルギー媒体として使う技術は産業革命以来,長年にわたる経験の蓄積があったことも有利な要因であった.これが軽水炉が動力炉の主流を占めるようになった技術面の理由である.

一方,CP-1の流れを受けついで,黒鉛減速材の中に燃料棒を埋め込み,ヘリウムガスで冷却する方式の高温ガス炉の研究も

進められている．この型の炉からは1000℃近い高温ガスが得られ，ガスの温度に応じて多段階・多目的（水素製造，化学工業，発電，地域暖房など）に利用できるのでエネルギー利用効率が高いこと，黒鉛の熱容量が大きいため，反応度事故時の応答が比較的緩やかで安全性が高いことが有利な点であるとされる．近年は，海や河川から遠く，冷却水が得にくい内陸国がこの型の原子炉に関心を示している．

中性子エネルギーによる分類： 原子炉のなかでは2種類の過程が平行的に起こっている．第1は核分裂連鎖反応であり，^{235}Uなどの核分裂性物質を消費してエネルギーを生産している．第2は，物質変換過程であり，余剰の中性子が^{238}Uなどの親物質に吸収され，β^-崩壊により中間生成物ネプツニウム（^{239}Np）を経て新しい核分裂性物質^{239}Puが生産されている．

$$^{238}U + n \longrightarrow {}^{239}U \longrightarrow {}^{239}Np \longrightarrow {}^{239}Pu$$

核分裂性物質の消費量に対する生産量の比を転換比という．これは2種類の過程の相対比率を表す指標である．この比率は炉心の中性子エネルギースペクトル（分布）によって変化し，軽水炉の転換比は通常0.5〜0.6程度である．この比率を1以上に高めることができれば燃料の増殖（breeding），すなわち，消費された以上の燃料を生産することができる．ウラン燃料の場合，熱中性子では増殖が不可能であるが，高速中性子による連鎖反応を利用すれば増殖が可能になる．このような原子炉を高速（増殖）炉という．高速炉では中性子を減速せず，冷却が効率よく行える液体金属（ナトリウム（^{23}Na），鉛（^{208}Pb）など）を冷却材として使用する．

なお，トリウム燃料溶融塩炉では，低エネルギーでの^{233}Uの中性子再生率（吸収

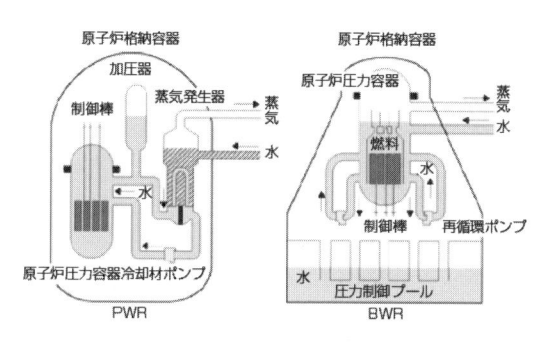

図2 PWRとBWRの構造

された中性子1個あたりの生産中性子数）が^{235}Uより高いため，熱中性子炉でも増殖が原理的に可能である．この場合は，親物質^{232}Thから，β^-崩壊により中間生成物プロトアクチニウム（^{233}Pa）を経て，核分裂性物質^{233}Uが生成される．

$$^{232}Th + n \longrightarrow {}^{233}Th \longrightarrow {}^{233}Pa \longrightarrow {}^{233}U$$

なお，原子炉の炉心が青白い光を発する現象はチェレンコフ放射（Cherenkov radiation）として知られている．炉心中ではγ線が飛び交っており，それから発生した電子が，媒質中を，その媒質中での光速（$=c/n$, c：真空中の光速, n：媒質の屈折率（水の場合1.33））をこえる速度で走ると，電子の電磁場が後に「置き去り」になり，その波面が光として観測される．この光が可視光（青）領域にあるため，青白く見える．高出力原子炉（MW級以上）では，燃料棒から発生するγ線があるので炉停止中でも観測できるが，低出力炉では肉眼では見えない．

軽水炉の種類　軽水炉は元来は船舶に搭載するための軽量でコンパクトな炉型として開発された．約160気圧の圧力をかけ炉心内では水を沸騰させずに約320℃の熱水をつくり，外部の熱交換機（蒸気発生器）で蒸気をつくるのが加圧水型炉（pressurized water reactor：PWR）である．しかし，陸上に設置する場合には炉心内で

気泡が発生しても出力が大きく変動する懸念がないため，圧力を70気圧程度まで下げ，炉心内で約280℃の蒸気を直接発生させるタイプの沸騰水型炉（boiling water reactor：BWR）も開発された（図2）．現在の世界でのシェアはPWRが約75%，BWRが約25%である．

原子炉の世代 1950～1960年代半ばに建設された原型炉と初期の実証炉は第1世代原子炉（GEN-I）と呼ばれる．1960年後半～1990年前半までに建設された，より大型の実用炉は第2世代原子炉（GEN-II）といわれる．PWR, BWR, カナダ型重水炉（Canadian deuterium uranium：CANDU），ロシア型軽水炉（VVER），黒鉛チャンネル炉（reaktor bolshoy moshchnosti Kanalniy：RBMK）がこれに相当する．なお，2011年の東北地方太平洋沖地震の際に事故を起こした東電福島第一発電所の原子炉はゼネラル・エレクトリック社設計のBWR Mark-I, -II型でありGEN-II初期の炉に属する．第2世代炉の運用中に得られた経験と新しい設計・製造技術を取り入れ，外部動力によらず重力など自然法則を活用した受動的安全（passive safety）設備などを導入したものが第3世代原子炉（GEN-III）である．軽水炉では改良型PWR（advanced pressurized water reactor：APWR），改良型BWR（ABWR），ヨーロッパ型軽水炉EPR（European pressurized water reactor）が含まれる．

2000年に米国エネルギー省が提唱した次世代型の原子炉が第四世代原子炉（GEN-IV）である．これは特定の炉型をさすものではなく，2030年頃の実用化をめざして，燃料の効率的利用，核廃棄物の最小化，核不拡散性と安全性・信頼性の向上，経済性の向上などの要件を満たす炉型を国際公募する際に使われた呼称である．

提案された炉型を検討したうえ，国際共同開発のターゲットとして次の六つの炉型が選定された．超臨界圧軽水冷却炉，ナトリウム冷却高速炉，鉛合金冷却高速炉，超高温ガス炉，ガス冷却高速炉，溶融塩炉である．参加国はこのうち少なくとも一つの研究に参加することになっている．

革新的な将来型炉 将来型炉として，長期間燃料交換が不要で核拡散抵抗性をもつ安全な小型炉が研究されている．マイクロソフトの創業者ビル・ゲイツは2010年に，開発途上国などで導入可能な進行波炉（travelling wave reactor）の構想を発表した．その原理は，長尺の天然（または劣化）ウラン燃料の一方の端から燃焼を開始し，生成した中性子で隣接した領域で^{239}Puの生産を行う．時間とともに燃焼は次第に隣接領域に進行していき，数十年間ですべてのウラン燃料は消費される．

日本にはこれに類似した先行研究がある．電力中央研究所と東芝では，燃料交換と保守作業が少なくてすむ4S（Super Safe Small and Simple）炉が設計された．これは高速炉の一種であり，中性子反射体を緩やかに移動させることで燃焼領域を移動させる方式である．東京工業大学の関本博は，可動反射体がなくても臨界を保ちながら，ロウソクのように端から燃焼が自然に進行していく燃焼方式（CANDLE燃焼）が可能であることを示した．これらはいずれも進行波炉と共通する面があり，将来の可能性を示すものとして注目される．

原子炉という語は通常，核分裂連鎖反応炉を指すが，将来的には従来の概念を拡張するような核エネルギーシステムも研究されている．その一つが加速器駆動未臨界炉（accelerator-driven subcritical system：ADS）である（→Ⅶ-05）．

〔大澤孝明〕

加速器

I-19

accelerator

　加速器（accelerator）とは荷電粒子を加速して高い運動エネルギーをもつ粒子線をつくり出す装置の総称である．原子核や素粒子の実験的研究だけでなく，中性子やX線の発生，放射性同位元素（RI）の製造，放射線の化学・生物作用，元素分析や放射線治療など，物理・化学のみならず生物学，医学などその用途は多岐にわたる．加速した荷電粒子を固定標的に照射する固定標的実験と，加速した荷電粒子どうしを正面衝突させるコライダー実験があるが，放射化学分野では固定標的実験が一般的である．また，最近では加速した電子線を曲げた際に放出される制動放射線を用いた放射光実験も盛んに行われている．加速器は，荷電粒子の加速方式によって，静電加速器，線形加速器および円形加速器に大きく分類される．

　静電加速器　電極間に直流高電圧を付加し，その電位差により荷電粒子を加速する加速器を静電加速器と呼ぶ．コッククロフト・ウォルトン型とバン・デ・グラフ型およびその派生型がある．コッククロフト・ウォルトン型はダイオードとコンデンサーを用いたブリッジ回路により高電圧を得る方式で，加速電圧は数百 kV から数 MV 程度である．バン・デ・グラフ型は絶縁製のベルトに電荷を載せて電極に運び，高電圧を得る．加速電圧は最大で 10 MV 程度である．さらにこれが改良されたものに，電荷移送ベルトの代わりに金属円筒をプラスチックでつないだペレットチェーンを使用するペレトロンがある．SF_6 ガスなどの絶縁ガスで満たされた高圧容器内に加速器を納めるなどの工夫で，加速電圧として最大 20 MV 程度を得ることができる．
　また，効率のよい加速方式として，タンデム型と呼ばれる方式がある（図1）．加速粒子として負イオンを正電極に向けて加速し，正電極においてストリッパーフォイルと呼ばれる炭素薄膜などによって電子を剥ぎ取って正イオンにし，接地電位に向けて再加速することにより，高電圧を二重に利用したものをいう．この方式の場合，粒子は一価の負イオンで出発し荷電変換後に q 価の正イオンとなるので，加速電圧 V によって $(1+q)V$ の加速エネルギーをもつ．
　静電加速器の特長としては，静電圧を利用した加速であるために，エネルギー精度が非常によいこと，エミッタンスがよく，高品質なビームを得ることが可能であることなどがあげられる．タンデム加速器はRI 製造などのほかに，材料表面への精密なイオンインプランテーションや核反応断面積の測定などに用いられてきたが，近年，これらの特徴を生かした微量分析への応用も進んでいる．この用途としては，加速器を質量分離器として用いる加速器質量分析（accelerator mass spectrometry：

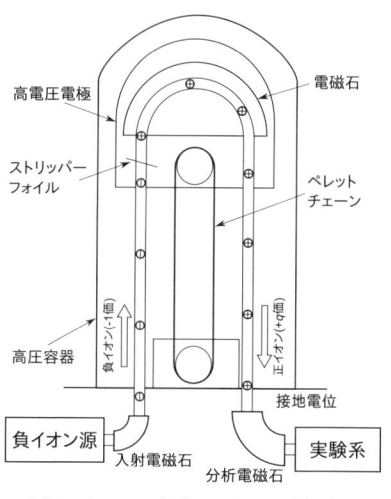

図1　タンデム方式ペレトロン型加速器

AMS）法や，加速器からのイオンビームを試料に当てて発生する特性X線を分析して，試料中の微量分析を行うPIXE（particle-induced X-ray emission）法などがあげられる．

一方，到達できる電圧に物理的限界があるため，加速エネルギーには限界がある．また，電圧を保つためにあまり大きなビーム電流を得られないという欠点がある．加速エネルギーの限界をこえるため，後述する線形加速器を後段加速器（ブースター）として利用した施設もある．

線形加速器　多数の筒状の電極（ドリフトチューブ）を直線に並べ，高周波電圧を利用してイオンを加速するものを線形加速器（linear accelerator）と呼ぶ（図2）．リニアックとも呼ばれる．線形加速器では，隣り合ったドリフトチューブどうしが互いに異符号になるように高周波電圧を印加する．一列に並んだドリフトチューブの軸上をイオンが運ばれるとき，チューブ内は一様電位のため電場勾配がなく，イオンは力を受けないが，各チューブの間（ギャップ）では電場によってイオンに力が働く．印加する高周波電圧の周波数とドリフトチューブの長さを適切に選ぶことで，イオンがギャップを通過するたびに加速されるようにすることができる．ヴィデレー型をもとに，電場の発生方法などが工夫され，アルバレ型，高周波四重極型（HF-RFQ型）やインタディジタルH型（IH型）などが使用されている．線形加速器は数十〜数百MeV程度の陽子や軽イオンのビームを得るための有力な加速器であるとともに，シンクロトロンなどへの入射器としても多く使用されている．また，重イオン加速にも用いられている．

円形加速器　荷電粒子は磁場中を通るとローレンツ力を受けて曲げられる．これを利用して荷電粒子に円形の軌道を描かせながら加速する加速器を円形加速器と呼ぶ．一様な静磁場によって円形軌道をつくるものはサイクロトロン（cyclotron）と呼ばれる．サイクロトロンは一様磁場中に設置された二つの半円形の加速電極が中心となって構成される（図3）．電極はその

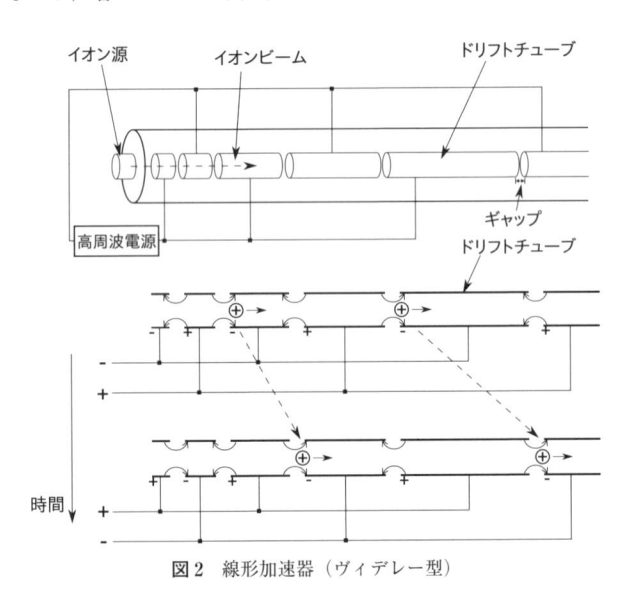

図2　線形加速器（ヴィデレー型）

図3 サイクロトロン

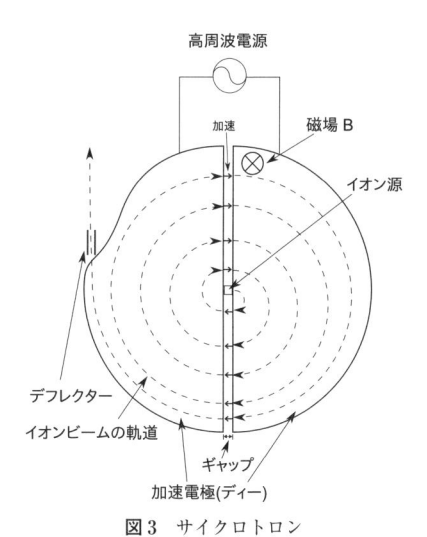

形状からディー（Dee）と呼ばれ，直線になっている側が開放された中空の構造である．電極は開放端が向かい合うように設置される．この電極間をギャップと呼ぶ．サイクロトロンの中心付近にイオンを入射し，電極に高周波電圧を印加すると，イオンは電極間の電場によって加速され，一方の電極内に飛び込む．イオンは磁場から受けるローレンツ力のみを受けて円形軌道を描き，再び端面に到達する．このときにちょうど反対の電場が電極間に印加されていると，イオンは再び加速され，もう一方の電極のなかに飛び込み，先ほどより大きな円形軌道を描き飛行する．

この運動の様子は，次のように記述できる．電極内の一様な磁束密度Bのなかで，それに垂直な方向に速度vで運動する電荷qを帯びた粒子が，$qv \times B$のローレンツ力を向心力とした半径rの円運動を行うとすれば，

$$\frac{mv^2}{r} = qvB \tag{1}$$

が成り立つ．したがって，角速度ωは，

$$\omega = \frac{v}{r} = \frac{qB}{m} \tag{2}$$

と表せるので，周回運動の周期Tは，

$$T = \frac{2\pi}{\omega} = \frac{2\pi m}{qB} \tag{3}$$

で与えられる．すなわち，粒子の運動エネルギーによらず，回転周期Tは粒子の電荷q，磁場B，質量mで決まる．したがって，この回転周期Tと等しい高周波電圧を電極間に印加することで，粒子を連続的に加速することができる．最終的に得られるイオンの運動エネルギーEは，最大半径をRとすると，式（1）より，

$$E = \frac{1}{2}mv^2 = \frac{B^2 q^2 R^2}{2m} \tag{4}$$

として表せる．イオンの運動エネルギーが高くなると，速度が光速に近づくために，相対論効果によって質量mが大きくなる．式（3）から，イオンの加速が進むにしたがい，周回運動の周期Tは加速に有効には働かなくなり，到達エネルギーに上限があることがわかる．

相対論効果による加速エネルギーの上限を避ける方法として，シンクロサイクロトロンや扇型および渦巻状セクタ収束型（SF），磁場型（AVF）サイクロトロンがある．

サイクロトロンは，陽子からウランに至るまでのイオンを10 MeVから数百 MeV程度まで加速でき，大強度のビームを得やすい特徴がある．RI製造や核反応・核構造の研究，材料の照射損傷や，粒子線治療などに幅広く利用されている．サイクロトロンのエネルギーの上限を突破するために近年用いられているのが，シンクロトロンである．加速粒子の軌道を一定に保ちながら，高周波電場で加速し，速度が増加するとともに磁場を加速エネルギーに合わせて強くしつつ加速周波数も変化させる．加速エネルギーをGeV領域まで高くできるという特徴をもつ．〔佐藤哲也〕

核反応

I-20

nuclear reaction

ラザフォード（Rutherford）は，α線の散乱実験から，原子核の存在とその大きさを推定し，原子模型をつくった．その後，窒素原子によるα線の散乱実験を行っていたところ，α線が到達できない離れたところでも，ごくわずかではあるが放射線を観測した．この現象を窒素原子核にα線（^{4}He）が衝突して，陽子（^{1}H）が放出されたと考えた．すなわち，

$$^{14}\text{N} + ^4\text{He}(\alpha) \longrightarrow ^{17}\text{O} + ^1\text{H} \quad (1)$$

という反応で，窒素の原子核が酸素の原子核に変化した核反応であると説明した．1919年のことで，原子核にある粒子を衝突させ，別の原子核に変換する核反応の発見である．核反応を引き起こす入射粒子としては中性子や荷電粒子，さらには高エネルギーのパイオン，ミュオンなどの素粒子も含まれる．

核反応は，原子核の性質を研究する有力な手段であるばかりでなく，放射性同位体の製造，未知の原子核（元素）の合成，あるいは放射化分析といったさまざまな分野で用いられている．ここでは，主に入射粒子のエネルギーが核子あたり10〜20 MeV程度以下の低エネルギーの粒子によって誘起される核反応について述べる．

核反応のQ値（Q-value）　式（1）の反応のように，核反応は次のように書き表される．

$$X + a \longrightarrow Y + b \quad (2)$$

aは入射粒子，Xは標的核で，Yとbは反応生成物である．Yは残留核あるいは生成核と呼ばれ，bは中性子，陽子やα粒子などの軽い放出粒子を示す．通常式（2）はX(a,b)Yのように表記される．ただしこの場合は，核反応が二体の反応であるという仮定に基づいている．高エネルギーの核反応や重イオン（一般に原子番号$Z=3$のLiのイオン粒子より大きい粒子をいう）によって誘起される核反応では，多体の取扱いが必要となる場合もある．ここでは簡単化のため二体の取扱いに限定する．式（2）において，a=bかつX=Yで，aとXがまったく原子核の性質を変えないで，単に衝突後の運動状態だけが変化する場合を弾性散乱（elastic scattering）という．一方，a=bかつX=Yではあるが，bとYが励起状態にある場合を非弾性散乱（inelastic scattering）と呼ぶ．ここではXが励起されたぶんだけ入射粒子の運動エネルギーは減少している．aとb，XとYが異なる場合が，核変換を伴った核反応である．

核反応も化学反応と同様に，発熱ならびに吸熱反応を伴って生じる．いま式（2）で表されるような核反応を標的核が静止している実験室系で考えると，全運動エネルギーと運動量は保存されなければならないので，次の関係式が成り立つ．

$$(m_a + m_X)c^2 + E_a$$
$$= (m_b + m_Y)c^2 + E_b + E_Y \quad (3)$$

ここで，m_a, m_X, m_b, m_Yは，それぞれの粒子の原子質量，E_a, E_b, およびE_Yは各粒子の運動エネルギー，cは光速度である．反応後における運動エネルギーの増加をQで表すと，

$$Q = (E_b + E_Y) - E_a$$
$$= (m_a + m_X)c^2 - (m_b + m_Y)c^2 \quad (4)$$

となる．すなわち，Q値は核反応において解放されるエネルギーを意味し，式（2）は次のようにも書かれる．

$$X + a \longrightarrow Y + b + Q \quad (5)$$

Q値が正であれば発熱反応，負であれば吸熱反応である．$Q=0$の場合が弾性散乱に相当する．

反応エネルギーQ値が負になる吸熱反応の場合は，入射粒子の運動エネルギー

E_a がある一定のエネルギーをこえなければ反応を起こすことはできない．このために必要な最小のエネルギーをしきいエネルギー，またはしきい値（threshold energy）E_{th} と呼び，次の式で表される．

$$E_{th} = -Q\frac{m_a + m_X}{m_X} \quad (6)$$

Q 値が正のときは，E_a が0に近くても反応は起こるはずである．しかし，入射粒子 a が荷電粒子の場合には標的核との間で生じるクーロン障壁（Coulomb barrier）を乗り越えなければならない．a と X の原子核を球形と仮定し，それぞれの半径を R_a, R_X，原子番号を Z_a, Z_X とすれば，原子核間のクーロン障壁 B_C は次式で表される．

$$B_C = \frac{1.44 Z_a Z_X}{R_a + R_X} \quad (7)$$

ここで 1.44 は，核半径を 10^{-13} cm，B_C を MeV の単位で表すときの換算係数である．また核半径は原子核の質量数 A の 1/3 乗に比例することが知られているので，二つの原子核の中心間の距離 R は

$$R = R_a + R_X = r_0(A_a^{1/3} + A_X^{1/3}) \quad (8)$$

と表すことができる．ここで r_0 は核半径パラメーターと呼ばれる量である．

核反応断面積（cross section）　核反応が起こる確率は断面積で表される．これは単位面積あたり1個の入射粒子によって引き起こされる事象の確率で定義され，面積の次元をもっている．一般には σ という記号で表される．したがって，核反応で単位時間あたりに生成する核種の数を N とすると次式が成り立つ．

$$N = n\sigma I_a \quad (9)$$

ここで I_a は単位時間あたりの入射粒子の数，n は単位面積あたりの標的核の原子数である．原子核の半径は 10^{-12} cm 程度なので，断面積は 10^{-24} cm^2 = 1 barn の単位で表される．このような断面積はすべて入射粒子のエネルギーによって変化する．断面積を入射エネルギーの関数としてみたものを励起関数（excitation function）という．

核反応の研究には次に示すようないろいろな断面積が用いられる．
①全断面積（total cross section）σ_t
②散乱断面積（scattering cross section）σ_{sc}
③全反応断面積（total reaction cross section）σ_r
④反応断面積（reaction cross section）σ（特定の反応の断面積）
⑤微分断面積（differential cross section）$d\sigma/d\Omega$（単位立体角あたりの断面積）

σ_t は入射粒子が標的核に衝突しうる過程，すなわち σ_{sc} と σ_r の和として求めることができる．

$$\sigma_t = \sigma_{sc} + \sigma_r \quad (10)$$

荷電粒子を用いた場合，標的核とのクーロン場で散乱される現象をラザフォード散乱（Rutherford scattering）といい，ラザフォード散乱断面積として求めることができる．

反応断面積 σ は，放射化学的手法を用いて放射性同位体を合成する場合などによく用いられる．運動エネルギー E_a をもった粒子 a が式（2）に示すような核反応を起こした場合，生成される放射性核種（残留核 Y）の壊変定数を λ とすれば，毎秒生成する核種 Y の個数 N は，

$$\frac{dN}{dt} = n\sigma(E_a)I_a(E_a) - \lambda N \quad (11)$$

となる．$t=0$ で $N=0$ とおき積分すると，τ 時間の照射で生成する Y の放射能 A_0 は

$$A_0 = n\sigma(E_a)I_a(E_a)(1-e^{-\lambda\tau}) \quad (12)$$

となり，反応断面積 $\sigma(E_a)$ は，

$$\sigma(E_a) = \frac{A_0}{nI_a(E_a)(1-e^{-\lambda\tau})} \quad (13)$$

として求めることができる．

核反応機構を詳しく研究するためには，σ だけでなく，放出される粒子 b がいかな

る方向にどのようなエネルギーで放出されるかの分布を知ることもきわめて重要である．方向についての分布は角度分布と呼ばれ，微分断面積 $d\sigma/d\Omega$ によって表される．

励起関数（excitation function）　先に述べたように，反応断面積の入射エネルギー依存性を励起関数という．図1に荷電粒子による核反応，陽子と ^{63}Cu（^{63}Cu＋p）ならびに α 粒子と ^{60}Ni（^{60}Ni＋α）の反応，で観測されるいくつかの反応の励起関数を示す．各反応はクーロン障壁あるいはしきい値付近から起こり始め，それぞれの断面積は，入射粒子のエネルギーによって変化する．

一方，中性子によって誘起される反応ではクーロン障壁がない．したがってQ値が正であれば熱中性子のように運動エネルギーが極端に小さくても核反応を引き起こすことができる．このとき中性子の運動エネルギーが小さいほど全反応断面積 σ_r は大きくなる．中性子の速度を v とすると，$\sigma_r \propto 1/v$ という関係が得られ，これを $1/v$ 則という．

核反応のモデル　核反応がどのような仕組みで起こるかについては，いくつかのモデルが提唱されている．代表的なモデルに複合核（compound nucleus）モデルと直接過程（direct reaction）モデルがある．直接過程は，主に標的核の表面において入射粒子と標的核の相互作用によって起こると考えられている．したがって反応時間は短い．入射粒子の核子の一部が標的核にはぎとられる過程をストリッピング（stripping）反応といい，逆に標的核から核子を持ち去る過程をピックアップ（pick-up）反応という．

一方複合核モデルでは，式（2）の反応でaとXが融合して準安定な中間（熱平衡）状態（複合核）C^* を形成し，その後この複合核から中性子などが放出（蒸発）されて反応が終結すると考える．

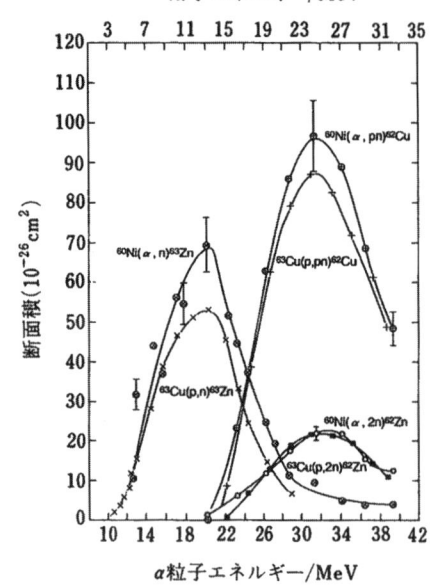

図1　核反応断面積の入射エネルギー依存性[1]

$$X + a \longrightarrow C^*（複合核）\longrightarrow Y + b \quad (14)$$

Yが生成する反応断面積 σ は，複合核 C^* が生成する断面積 σ_C と複合核 C^* がYとbに壊変する確率 W_b の積となる．

$$\sigma = \sigma_C W_b \quad (15)$$

σ は，主に複合核の励起エネルギーと放出される粒子bが複合核から分離されるエネルギーに依存する．このため，入射エネルギー（励起エネルギー）によっていろいろな反応が現れる（図1参照）．

直接過程と複合核過程の中間的な過程として，前平衡過程（pre-equilibrium process）と呼ばれる反応がある．入射粒子aが標的核Xに吸収され，核子どうしで数回の衝突を繰り返すが，熱平衡に達する前に粒子bが放出されるような過程と考えられている．

重イオン核反応，中間・高エネルギー核反応　重元素の合成や，安定核領域から離れた不安定核種を合成するのに使われる

反応として，重イオン核反応 (heavy-ion induced reaction) がある．重イオン核反応の特徴の一つは，入射粒子の質量 m が大きいので，その波長 λ が標的核の大きさ（半径 R）よりも十分小さくなる．このため粒子としての扱いが可能になり，古典的な軌道を描くことができる（$\hbar$ はプランク定数）．

$$\lambda = \frac{\hbar}{\sqrt{2mE_\mathrm{a}}} \qquad (16)$$

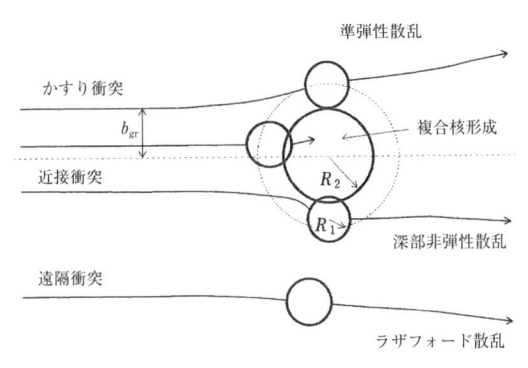

図 2 重イオン核反応の描像

図 2 に示すように，入射粒子（重イオン）がどれだけ標的核に接近するかで，起こりうる反応過程をいくつかに分けることができる．接近の度合いを，衝突係数 b で表すと，入射粒子と標的核の表面がかすりあう軌道の衝突係数をかすり衝突係数 (grazing impact parameter) b_gr という．この軌道より b の大きい軌道では，クーロン力によるラザフォード散乱が主たる反応過程となる．一方，衝突係数がある値，臨界衝突係数 (critical impact parameter) b_cr より小さい軌道では，入射粒子と標的核が大きく重なり，両者が融合して複合核を形成する．これを融合反応 (fusion reaction) という．b_cr と b_gr の間をさらに b_max で分けると，$b_\mathrm{max} < b < b_\mathrm{gr}$ での軌道は，入射イオンと標的核の重なりが小さく，わずかな相互作用を経て反応が終了する．この過程を準弾性散乱 (quasi-elastic reaction) という．一方，$b_\mathrm{cr} < b < b_\mathrm{max}$ では，完全には融合しないが重なりが大きく，入射イオンのエネルギーもかなり消失する．これを深部非弾性衝突 (deep inelastic collision) と呼ぶ．低エネルギーの重イオン核反応に特徴的な反応機構である．

これまでは，低エネルギーの核反応について述べたが，入射エネルギーが核子あたり数 MeV～数 GeV のエネルギー領域になると，中間エネルギー (intermediate energy) 核反応と呼ばれる．ここでは，標的核が破砕されて多数の粒子が放出され，多種類の核種が生成する．このような過程を，破砕反応 (spallation reaction) といい，標的核内での核子–核子の相互作用に基づく核内カスケード (intranuclear cascade) 過程などで説明されている．素粒子の研究には数 GeV をこえるような粒子による高エネルギーの核反応が使用される．一方，電磁波（光子）によって引き起こされる反応を，光核反応 (photonuclear reaction) という．この反応の特徴は，励起エネルギー 20 MeV 近辺で反応断面積に共鳴ピークが観測される．これを巨大共鳴 (giant resonance) と呼び，標的内の核子の双極子振動として説明されている．

〔永目諭一郎〕

文　献

1) 古川路明，放射化学（朝倉書店，1994）．

核分裂

nuclear fission

I-21

ウラン 235 が中性子を吸収すると核分裂（nuclear fission）が起こる．この現象を利用してエネルギーを取り出す仕組みが原子力発電である．核分裂は，α 壊変，β 壊変，γ 壊変などと競合する壊変様式の一つで，重い原子核に固有の現象である．核分裂は，当初ウランより重い原子核を合成するため，ハーン（O. Hahn）とシュトラスマン（F. Strassmann）が，ウラン試料に中性子を照射したことで偶然に発見された（1938 年）．核分裂の特徴の一つは，大きなエネルギーが解放されることで，これは以下のように原子核の結合エネルギーで説明できる．原子核が Z 個の陽子と N 個の中性子（質量数 $A=Z+N$）で構成される場合，原子核の質量 $M_{nucl}(A, Z)$ は，中性子と陽子の質量（それぞれ M_n と M_p）との間に

$$B=\{ZM_p+NM_n-M_{nucl}(A,Z)\}c^2 \quad (1)$$

の関係がある．B は原子核の結合エネルギーと呼ばれ，c は光の速度である．核子 1 個あたりの結合エネルギー B/A は，鉄原子核を最大（約 8.8 MeV）に，これより軽い原子核，ならびに重い原子核に向かって小さくなり，ウラン 236 の B/A 値は 7.6 MeV となる．ここから質量数 200 をこえる原子が核分裂すると 200 MeV に近いエネルギーが解放されることがわかる．このエネルギーの多くは，二つの核分裂片の運動エネルギー（約 170 MeV）に使われ，残りは，核分裂片自身の内部励起エネルギーとして蓄えられることになる．後述するように，これが即発中性子の起源となり，連鎖反応によって原子炉の臨界を持続させることができる．

核分裂障壁 核分裂発見の直後，ボーア（N. Bohr）とウィーラー（J. A. Wheeler）は，核分裂模型を提案した．核分裂は，基底状態にある形状のものが変形度を増していき，最終的に二つの核分裂片に分かれる過程と考えた．そこでは原子核を電荷を帯びた液滴と見なし，表面エネルギーと陽子に起因するクーロンエネルギーを考慮した．両者のバランスから，変形に対する原子核のエネルギーは，図 1 の破線のようにふるまう．変形が進むと原子核のエネルギーは増大し，エネルギーが最大の鞍部点（サドル点）に達する．これをこえるとエネルギーは下がる一途となる．

図 1 から，核分裂にしきい値が存在することがわかる．ウラン 235 が熱中性子を吸収すると，ウラン 236 の中性子結合エネルギー（6.6 MeV）だけ原子核が励起される（励起された原子核を複合核という）．この状態からは，鞍部点のエネルギーより高いために，容易に核分裂が起こる．一方，ウラン 238 に熱中性子を照射しても核分裂はほとんど起きない．これは，複合核（ウラン 239）の中性子結合エネルギーが 4.8 MeV と低く，障壁より低いためである．核分裂を引き起こすには 1 MeV 以上のエネルギーを有する中性子を照射する必要がある．なお，ウラン 236 とウラン 239 の中性子結合エネルギーの差は，原子核の

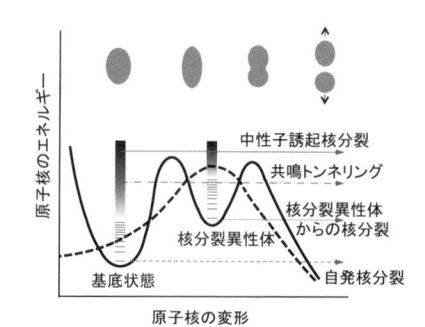

図 1 核分裂過程の模式図

結合エネルギーに及ぼす核子数（この場合中性子数）の偶奇効果によるものである．つまり中性子数または陽子数が偶数だと結合エネルギーが大きくなる．

核分裂障壁の高さと厚さは，原子核に依存し，重くなるほど障壁は低く厚さも減少する．核分裂障壁が消滅すると原子核は存在できないが，どこまで重い原子核が存在するかは，基底状態近傍での変形に対するクーロンエネルギーの変化率（ΔE_c）と表面エネルギー（ΔE_s）の変化率の比で決まる．つまり，

$$\chi = \frac{|\Delta E_c|}{\Delta E_s} \geq 1 \quad (2)$$

となると原子核は鞍部点をもたなくなり，変形に対してエネルギーは下がる一方となるので基底状態の原子核は定義できなくなる．このχを fissility parameter という．

殻構造による核分裂障壁の変化

液滴モデルによれば，原子核は質量の等しい二つの原子核に分裂する．これは，鞍部点が質量対称な位置に存在すること，また切断直後の系の全エネルギーも質量対称で極小値を与えると予測されるためである．しかし実際には，大小二つの核分裂片を生成して質量非対称に分布することが知られている．これを説明するため，図1のエネルギー計算において原子核の性質に微視的な効果が取り入れられた．原子核を構成する核子のエネルギー準位構造に粗密の違いが現れるが，これが原子核の結合エネルギーに変化を与え，殻補正エネルギーとして液滴モデルに修正を与える手法である．この結果，アクチノイド原子核は，図1の実線に示すように二重の核分裂障壁構造を有することがストラティンスキー（V. M. Strutinsky）によって見いだされた．この手法による計算から，ウラン原子核の鞍部点はむしろ質量非対称な位置に現れることが示され，質量数分布の非対称性に説明が与えられた．

自発核分裂

原子番号90（トリウム，Th）より重い原子核にみられる原子核の壊変様式の一つで，1940年に発見された．自発核分裂では基底状態にある原子核が量子力学的なトンネル効果によって壊変する（図1）．このため，中性子や光子といった核分裂を誘起する放射線源が存在しなくても核分裂が起きる．たとえば，^{238}Uは5.5×10^{-5}%という低い確率ながらも自発核分裂で壊変する．原子炉内に存在するアクチノイド原子核はほぼすべて自発核分裂を起こす．このため，原子炉が停止していても炉内で核分裂事象は継続している．図2に，種々の核種の自発核分裂に対する部分半減期を示す．重い原子核ほど部分半減期は短くなる．これは，核分裂障壁が低くなるとともに，障壁の厚さも薄くなるためである．図には，液滴モデルで計算した部分半減期の曲線も示す．この計算値はχの値の増大とともに急激に低下しているのに対し，実験値は緩やかに変化している．この違いも実際の核分裂障壁の構造が液滴モデルとは異なることの根拠となる．また，液滴モデルは，原子番号104（Rf）が

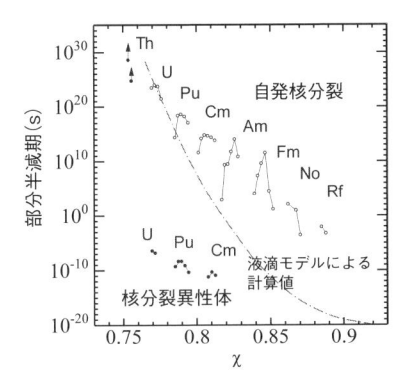

図2 自発核分裂の部分半減期と，核分裂異性体の半減期

一点鎖線は，液滴モデルが予測する自発核分裂の部分半減期を表し，^{236}U の実験値に規格化して示した．横軸はχを表す．

元素の存在限界を予測するのに対し，実験ではさらに重い原子核（超重元素）の存在が実証されている．Rfより重い原子核の核分裂障壁は，殻構造によるエネルギー補正から形成される．

核分裂異性体　図1の核分裂障壁に示すように，通常のアクチノイド原子核は第2の極小値を有している．この状態にある原子核を核分裂異性体という．1962年，ポリカノフ（C. M. Polikanov）が^{242}Amに20 ms程度の短い寿命をもつ自発核分裂が存在することを見いだし，核分裂異性体を発見した．現在，$Z=92 \sim 98$の領域で32核種の核分裂異性体が確認されている．図2に核分裂異性体の核分裂に対する部分半減期を示した．核分裂異性体は外側の核分裂障壁しか感じないために核分裂に対する部分半減期はきわめて短く，たとえば^{240}Puは3.8 nsしかない．これは，^{240}Puの自発核分裂の部分半減期（1.16×10^{11}年）に比べて3×10^{19}倍も小さい値である．

共鳴トンネル現象　ポテンシャル障壁が二つ以上の構造を有し，中間に準安定なエネルギー準位が形成される場合に共鳴トンネル現象が観測される．図1の核分裂障壁の構造からも想像できるように，核分裂の世界でもこの現象が観測されている．WKB（Wentzel-Kramers-Brillouin）近似によれば，核分裂確率は励起エネルギーの低下とともに単調かつ急激に減少する．しかし，複合核の励起エネルギーが第2極小値上に現れる集団運動準位に一致すると，共鳴により透過が助長され，核分裂断面積にピーク構造が現れる．これら共鳴の位置

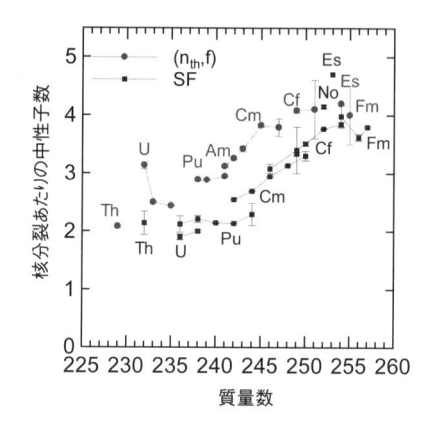

図3　即発中性子数
自発核分裂（SF）と熱中性子核分裂（n_{th}, f）で区別して示した．

や共鳴幅は原子核のポテンシャル構造に敏感に依存することから，この共鳴構造を解析することで核分裂障壁の二つの山の高さや厚さが明らかにされてきた．

即発中性子　即発中性子は励起状態にある核分裂片から放出される．ウラン235の熱中性子核分裂の場合，1回の核分裂あたりに放出される即発中性子の数は平均して2.43個で，原子炉の臨界を維持できる数となっている．図3に即発中性子数の核分裂核質量数依存性を示す．重い原子核ほど中性子数が増えている．また，熱中性子核分裂は自発核分裂よりも約1個中性子が多い．これは，複合核の励起エネルギーの違い（自発核分裂では励起エネルギーは0）が現れたものと考えられる．

〔西尾勝久〕

【コラム】対消滅, 反物質 I-22

pair annihilation, anti-matter

すべての素粒子は対となる反粒子をもつ．粒子と反粒子は，同じ質量，スピン，寿命をもち，電荷の大きさは同じであるが符号は逆になる．反粒子の発見は，物理学における20世紀最大の発見の一つといえ，素粒子は永久不変であるという自然観が根底から覆された．粒子と反粒子が衝突すると，消滅してエネルギーになり，逆に十分なエネルギーがあれば，粒子と反粒子の対を生成する．高エネルギーの粒子と反粒子の衝突により，ヒッグス粒子と見なされる粒子の発見（2012年）など，さまざまな新粒子の存在が明らかになった．

電子と陽電子は対消滅すると2本以上のγ線を放出し，陽子と反陽子は対消滅するといくつかのパイ中間子を放出する．このパイ中間子は，陽子（反陽子）を構成するクォーク（反クォーク）の組替えで生成される．したがって，反陽子は中性子とも同様に消滅する．反物質とは，物質の構成粒子をすべてその反粒子に置き換えたものである．この意味では反クォークで構成される反陽子は反物質となるが，通常は反原子核，陽電子で構成される反原子を反物質と呼ぶ[*1]．

1928年，ディラックは特殊相対性理論と量子力学を同時に満足するディラック方程式を導き，1930年，負エネルギーの解釈から陽電子の存在を予言した．陽電子は，1932年にアンダーソンにより宇宙線中で発見された．その後の実験で，反陽子（1955年），反中性子（1956年），反重陽子（1965年），反ヘリウム-3原子核（1971年），反三重陽子（1975年），反水素原子（1996年），反α粒子（2011年）が発見されている．これらは高エネルギーの原子核衝突による"熱い"反応で対生成されたものであり，反粒子は高エネルギーで生成後瞬時に消滅した．一方，2002年には，十分に減速された反陽子と陽電子を反応させ，"冷たい"反応で大量の反水素が生成された．2011年には，この反水素を1000 s以上磁場中に保持することに成功し，反水素原子の分光，落下実験などにより，CPT対称性の検証[*2]，物質・反物質間の重力の測定など，反物質研究は，生成するだけの研究から次のステップに移行した．

反粒子の発見以降，反粒子と物質の相互作用の研究も行われてきた．陽電子は，β^+壊変により放射性同位体から容易に得られることもあり，基礎から応用分野まで幅広く研究されている（→IV-05, IV-06）．冷却された反陽子が得られるようになり，上述の反水素原子生成，反陽子原子，低速反陽子衝突等の研究が進展した．たとえば，反陽子ヘリウム原子は，ヘリウム中の電子1個が反陽子と置き換わったエキゾチック原子である．生成した反陽子ヘリウム原子の3%は，物質中での反陽子より100万倍長生きする．これは，1s軌道にいる電子が反陽子とヘリウム原子核間を高角運動量状態に保ち，さらに周囲のヘリウム原子との衝突をカバーすることにより長寿命となる特異な三体系である．精密なレーザー分光実験と高精度な理論計算により，反陽子と電子の質量比が高精度に決定されている．2011年には，ついに陽子の精度にほぼ匹敵するようになった． 〔木野康志〕

注
*1 反原子核も反物質と呼ぶ場合もある．
*2 物理学における最も基本的な対称性．荷電共役変換（charge），空間反転（parity），時間反転（time）の三つの変換を同時に行う．

II
放射線計測

阻止能と飛程

II-01

stopping power and range

荷電粒子が物質中を通過するとき，物質との相互作用によって，運動エネルギーを失っていく．すなわち，荷電粒子が，物質を構成する原子を電離（イオン化）あるいは励起させる．電子や高エネルギー荷電子の場合には，それに加えて制動放射がエネルギー損失に寄与する．物質中での単位飛行距離あたりの荷電粒子のエネルギー損失量を，物質の阻止能（stopping power）と呼ぶ．陽子，α 粒子などの重い荷電粒子と軽い荷電粒子である電子とでは阻止能に大きな違いがあるので，以下に分けて述べる．エネルギーをすべて失って停止するまでに進んだ距離を飛程（range）という．

陽子，α 粒子などの重い荷電粒子

（1）阻止能： 荷電粒子が物質中の距離 dx を進んだときに失う運動エネルギー dE を阻止能 S といい，

$$S = -\frac{dE}{dx}$$

$$S = \frac{4\pi z^2 e^4}{mv^2} ZN \ln\left(\frac{2mv^2}{I}\right) \quad (1)$$

と表される（非相対論的な粒子に対して）．ここで，z と v はそれぞれ荷電粒子の電荷と速度，m と e は電子の質量と電荷であり，Z と N は物質の原子番号と単位体積中の原子数である．I は物質中の原子の平均イオン化エネルギーで，実験的に決定された数値が用いられる（例として，Al：164 eV，空気：81～131 eV，あるいは，経験式 I [eV]=11.5 Z）．右辺の最初の分数部分は荷電粒子の速度に大きく依存し，次の ZN は物質の性質に大きく依存して，最後の対数部分は荷電粒子の速度と物質の性質に緩やかに依存する．

dx の単位を cm としたとき，$S = -(dE/dx)$ は eVcm^{-1} の単位をもち，それを線阻止能（linear stopping power）と呼ぶ．線阻止能を物質の密度で除したものを，質量阻止能（mass stopping power）と呼び，単位は eVcm^{2}g^{-1} となる．

（2）比電離とブラッグ曲線： 荷電粒子の行路にそって発生するイオン－電子対の数を行路の関数としてグラフに表したものを，ブラッグ曲線（Bragg curve）という．図1に，α 線について測定された結果を例として示す．縦軸は，単位行路あたりのイオン－電子対の数で，比電離または比電離能（specific ionization）と呼ばれている．比電離は，阻止能のなかの電離だけに対応しているが，そのエネルギー依存は阻止能にも大体あてはまると考えてよい．ブラッグ曲線の特徴は，行路の終端に近づくにつれて比電離が増加することであり，その増大部分をブラッグピークという．体の内部の悪性腫瘍の放射線治療に際して，このブラッグピークの特長を生かした陽子線や炭素線（加速器で得られる）が治療に用いられて著しい効果をあげている．

（3）飛程： 物質中を進む荷電粒子は，大きく散乱されることはなくほぼ直線的に進行して，最後にすべての運動エネルギーを失って停止する．そこで飛行した距離を飛程という．エネルギー損失過程が統計的

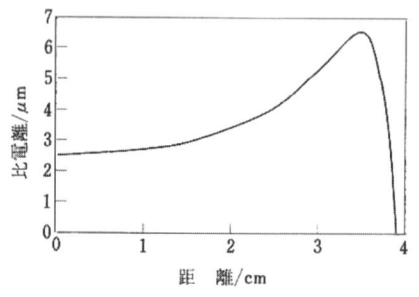

図1　^{210}Po から放出される α 線（5.305 MeV）の空気中でのブラッグ曲線

事象であるため,飛程はゆらぎをもち,平均飛程の周りにガウス分布する.阻止能 S を初期エネルギー E_i から 0 まで積分して飛程 R が得られる.

$$R = -\int_0^{E_i} \frac{dE}{S}$$

S は定数ではなく,上に述べたように v すなわち E の関数であるので,積分は簡単ではなく,R は実測値および経験則を利用することが多い.

空気中の α 線の飛程 R_α [cm] と α 線エネルギー E_α [MeV] の関係は,

$$R_\alpha = 0.318 E_\alpha^{3/2}$$

でよく表されることが知られている.また数 MeV から約 200 MeV の範囲の陽子の空気中の飛程 R_p [cm] と陽子エネルギー E_p [MeV] との関係は,

$$R_p = 100 \times (E_p/9.3)^{1.8}$$

で表すことができる(ウィルソン-ブロベック式(Wilson–Brobeck formula)).α 粒子,陽子以外の荷電粒子(質量 M',電荷 $z'e$)の飛程 (R') は,阻止能の式 (1) から,

$$\frac{R'}{R} = \frac{M'/z'^2}{M/z^2}$$

の関係が得られて,おおまかな推定ができる.

阻止物質が異なる場合(たとえば a と b)には,ブラッグ-クレーマン則(Bragg–Kleeman rule)

$$\frac{R_a}{R_b} \approx \frac{\rho_b}{\rho_a} \sqrt{\frac{A_a}{A_b}}$$

を用いて飛程を計算できる.ここで,ρ は密度,A は原子量であり,空気については,$\rho = 1.21$ mg cm^{-3},$\sqrt{A} = 3.81$ である.

電子と β 線　　β 線は連続スペクトルをもつ電子で,最大エネルギー $E_{\beta\max}$ で特徴づけられる.

(1) 阻止能: 電子に対する阻止能は,非相対論的エネルギー領域では,荷電粒子に対する式 (1) と類似の式で表される.衝突する電子どうしの同一性と換算質量を考慮して,対数部分が,

$$\ln\left(\frac{2mv^2}{I}\right) - \frac{1}{2}\ln 2 + \frac{1}{2}$$

に変わるだけである.β 線は高速で運動するため相対論の補正が必要となる.同時に,制動放射を発生する放射損失がエネルギー損失に大きく寄与してくる.この状況は高エネルギーの重い荷電粒子でも共通である.放射損失が電離損失より優勢になるエネルギーを臨界エネルギーという(制動放射を参照).

(2) 飛程: 物質中を飛行する電子は,大きな角度で散乱されることもあり,飛行距離と投影距離とは大きく異なる.入射面から垂直に測った距離を飛程という.

Al 中の β 線の飛程 R_{Al} [mg cm^{-2}] と β 線の最大エネルギー $E_{\beta\max}$ [MeV] との関係は経験的に,

$$3 > E_{\beta\max} > 0.8 \quad R_{Al} = 542 E_{\beta\max} - 133$$
$$0.8 > E_{\beta\max} > 0.15 \quad R_{Al} = 4.07 E_{\beta\max}^{1.38}$$

で与えられる.飛程を質量厚さ(単位 mg cm^{-2})で表せば,Al 以外の物質についてもそれが飛程の概算値になる.

(3) β 線の吸収係数: 物質中を透過する β 線の数は,近似的に指数関数的に減衰していく.これは,β 線が連続スペクトルをもつことに起因する偶然の産物にすぎないけれども,実用上有用な関係である.初期強度 I_0 の β 線が,物質中の距離 x [mg cm^{-2}] を進んだときの強度 I は,$I = I_0 \exp(-\mu x)$ の関係で表される.ここで,μ [cm^{-2} mg] を β 線の吸収係数(absorption coefficient)または減衰係数(attenuation coefficient)と呼び,β 線最大エネルギー $E_{\beta\max}$ [MeV] と $\mu = 0.017 E_{\beta\max}^{1.14}$ の関係があることが知られている.

〔斎藤　直〕

文　献

1) 古川路明, 放射化学 (朝倉書店, 1994), p.95.

制動放射

II-02

bremsstrahlung

　X線管から放射されるX線は，エネルギーの決まった特性X線のほかに連続したエネルギー分布をもつX線（連続X線）が重なっている．連続したエネルギー分布を連続スペクトルといい，制動放射（bremsstrahlung）と呼ばれる過程によって発生する．

　電磁気学によれば加速度運動をする電荷は，常に電磁波を放射する．すなわち，荷電粒子が電磁場で偏向，減速したときには加速度に比例した振幅をもつ電磁波を放射する．この機構を制動放射と呼ぶ．放射される放射線は，制動放射，制動放射線（bremsstrahlung radiation），制動X線（bremsstrahlung X-ray）などのさまざまな名称で呼ばれる．電荷 ze と質量 M をもつ荷電粒子が，電荷 Ze の原子核に接近したときに生じる加速度は，Zze^2/M に比例する．放射される電磁波の強度は，振幅と電荷 ze の積の二乗に比例するので，$Z^2z^4e^6/M^2$ にしたがって変化する．すなわち，1原子あたりの制動放射線の全発生量は，吸収物質の原子番号の二乗 Z^2 に比例し，入射粒子の質量の二乗 M^2 に反比例する．

　上の関係から，同じ速度をもつ電子と陽子・α 粒子を比較したとき，陽子や α 粒子によって発生する制動放射線は電子の場合の約 $1/10^6$ となる．このことから，制動放射の影響は電子以外の低エネルギー荷電粒子の場合には，ほとんど無視してよい．

　入射電子は，原子核によってどのような角度へも偏向されるので，制動放射線は連続スペクトルとなる．薄い物質での単一散乱では台形状のスペクトルとなり，厚い標的物質中の多重散乱では最大エネルギーまで単調に減少するスペクトルとなる．制動放射線の最大エネルギー $h\nu$ は，入射電子の運動エネルギー T に等しい．このことを，X線管から発生するX線の最短波長（λ_{min}）と管電圧（V）との関係として経験的に示したのが，ジュエヌ-ハントの法則（Duane-Hunt law）で，λ_{min} [nm] $= 1.24/V$ [kV] と表される．

　荷電粒子が物質中に入射したときの主なエネルギー損失の機構は，イオン化と制動放射である．電子が厚い物質（原子番号 Z）に入射したときに制動放射で失うエネルギー I [MeV] は，エネルギー E [MeV] が約 2.5 MeV 以下の領域では，$I=0.0007ZE^2$ で近似的に表すことができる．この式から，制動放射によるエネルギー損失の割合 I/E が小さいことがわかる．連続スペクトルをもつ β 線の場合には，$I/E_{av} \sim ZE_0/3000$ と表される．ここで，E_{av} は β 線の平均エネルギー [MeV]，E_0 は β 線の最大エネルギー [MeV] である．上式から，Cu に ^{32}P からの β 線（$E_0=1.7$）が入射した場合には，1.8% が制動放射となると計算できる．

　入射する荷電粒子のエネルギーが増加するにしたがい，制動放射の割合が増加し，高エネルギーになるとイオン化によるエネルギー損失より優勢となる．イオン化と制動放射の寄与が等しいエネルギーを臨界エネルギー E_{crit} と呼び，電子の場合には，$E_{crit}=800$ [MeV]$/Z$ で与えられる．

　粒子線励起X線放出（particle induced X-ray emission : PIXE）は，数 MeV 領域の陽子などの粒子線による原子の内殻イオン化断面積が大きいことと，制動放射によるバックグラウンドが無視できる程度に小さいことの二つの利点を生かした高感度元素分析法である．そのスペクトルに現れるバックグラウンドは，二次電子に由来するものであるが，数 keV 以下の領域に限定され，問題とはならない．

〔斎藤　直〕

光電効果

photoelectric effect

光電効果そのものは，金属などに光を当てると電子が飛び出してくる現象を示し，アインシュタイン（A. Einstein）の導入した光量子仮説により説明される．X線やγ線も光と同じ電磁波であり，物質との相互作用の一つとして光電効果を引き起こす．X線やγ線のエネルギーが低いときに大きな確率で起こる．

運動量保存則の関係から自由電子では光電効果は起こらない．原子に束縛されているK殻，L殻，M殻などの電子が飛び出すことになるが，電子の結合エネルギーが大きいほど光電効果の起こる確率は高い．入射γ線のエネルギー E_γ が吸収体のK電子結合エネルギー E_b より高いときは，光電効果は主としてK殻で起こり，電子は $E_\gamma - E_b$ の運動エネルギーで飛び出してくる．（図1参照）

光電効果の起こる確率はγ線のエネルギーが高くなると急激に小さくなる．はじめはほぼ $E_\gamma^{-7/2}$ に比例し，さらにエネルギーが高くなるとおよそ E_γ^{-1} に比例して小さくなる．

エネルギーがあまり高くないとき，吸収体（原子番号 Z）の原子1個あたりのK電子による光電効果の断面積 $\sigma_{ph}(K) \mathrm{cm}^2$ は次式で表される．

$$\sigma_{ph}(K) = \varphi_0 \frac{Z^5}{(137)^4} 2^{5/2} \left(\frac{E_0}{E_\gamma}\right)^{7/2}$$

ここで，

$$\varphi_0 = \frac{8}{3}\pi \left(\frac{e^2}{E_0}\right)^2$$

であり，E_0 は電子の静止質量に対応するエネルギーである．K電子による光電効果の起こる確率は吸収体の原子番号の五乗に比例して大きくなる．当然のことながら，K電子結合エネルギーよりγ線のエネルギーが低いときはK殻では光電効果は起こらず，その下のL殻で起こることになる．この結果，吸収体のK電子やL電子の結合エネルギーに相当する E_γ のとき，光電吸収の確率は急激に上昇することになる．これをK吸収端，L吸収端などと呼んでいる（→II-04 図2）．

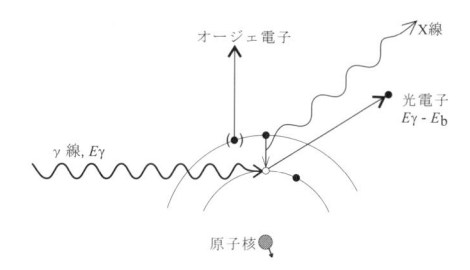

図1 光電効果で飛び出す電子

光電効果はγ線を測定する場合に非常に重要である．光電効果により生じた電子（光電子）や反跳イオンは飛程が短いので検出器の中でその全エネルギーを失う．また，電子が飛び出したあとの励起しているイオンは，X線放出またはオージェ電子（Auger electron）放出によって脱励起する．オージェ電子は飛程が短いので検出器のなかで全エネルギーを失う．X線が検出器の表面近くで放出されると外に出ることはあるが，その確率は小さい．すなわちX線もほとんどが検出器内でエネルギーを失う．γ線が入射してからこれらの過程が起こる時間は十分短いので，γ線スペクトルには光電効果によるγ線の全エネルギー E_γ に相当する全エネルギーピーク（full energy peak）が現れることになる．E_γ およびその放出割合は核種によって決まっているので，エネルギー校正曲線と検出効率をあらかじめ求めておくことにより，核種の同定・定量ができることになる．

〔工藤久昭〕

コンプトン効果

II-04

Compton effect

γ線が物質に入射したとき，そのエネルギーの一部を物質中の電子に与え，エネルギーの低いγ線がもとの方向とは異なる方向に散乱されることがある．この過程はコンプトン効果あるいはコンプトン散乱と呼ばれる．このとき相互作用する電子は結合している電子でも自由電子でもよいが，エネルギーの高いγ線の場合は，電子の結合エネルギーは無視できるので，自由電子として取り扱うことができる．γ線のエネルギー損失と散乱方向は，相対論効果を考慮した運動量保存則とエネルギー保存則から導かれる．相対論が問題となる運動をしている電子の全エネルギー E は次式で与えられる．

$$E=(E_0^2+c^2p^2)^{1/2}$$

ここで，E_0 は電子の静止質量に対応するエネルギーであり，電子の静止質量を m_e とすると，m_ec^2 で与えられる．c は光速度であり，p は運動量である．入射γ線のエネルギーを E_γ，角度 θ に散乱されたγ線のエネルギーを E'_γ とし，ϕ 方向に電子が弾き出されたとする（図1）．エネルギー保存則より次式が成り立つ．

$$E_\gamma+E_0=E'_\gamma+(E_0^2+c^2p^2)^{1/2} \quad (1)$$

運動量保存則より，

$$\frac{E_\gamma}{c}=\frac{E'_\gamma}{c}\cos\theta+p\cos\phi \quad (2)$$

$$\frac{E'_\gamma}{c}\sin\theta=p\sin\phi \quad (3)$$

となる．これより，

$$\frac{1}{E'_\gamma}-\frac{1}{E_\gamma}=\frac{1-\cos\theta}{E_0} \quad (4)$$

この式を変形すると，

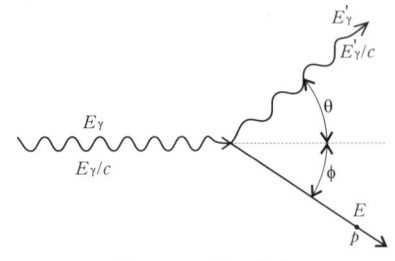

図1 コンプトン散乱

$$E'_\gamma=\frac{E_\gamma}{1+\alpha(1-\cos\theta)} \quad (5)$$

となる．ここでの $\alpha\equiv E_\gamma/E_0$，すなわち電子の静止質量を単位として表したγ線のエネルギーである．この式より，$\theta=0°$ で E'_γ は最大（$E'_{\gamma,\max}=E_\gamma$）となり，$\theta=180°$ で最小（$E'_{\gamma,\min}$）となることがわかる．

$$E'_{\gamma,\min}=\frac{E_\gamma}{1+2\alpha}$$
$$=\frac{E_0}{2}\frac{1}{1+E_0/2E_\gamma} \quad (6)$$

入射γ線のエネルギーが高い（$E_\gamma \gg E_0/2$）ときは，散乱されたγ線の最小エネルギーは $E_0/2=255\,\mathrm{keV}$ に近づく．このため，測定の際，高エネルギーγ線のスペクトルには，$\leq 255\,\mathrm{keV}$ あたりに検出器周辺物質からのコンプトン散乱による後方散乱ピーク（back scattering peak）が現れる．一方，検出器に入ったγ線がコンプトン効果を起こして，散乱されたγ線が検出器の外に出た場合，検出器のなかに残された電子の運動エネルギーは $0\sim E_\gamma-E'_{\gamma\min}$ となる．すなわち，コンプトン散乱によるスペクトルは光電ピークより $E'_{\gamma,\min}$ だけ低いところまで連続することになる．たとえば，$E_\gamma=511\,\mathrm{keV}$ のときは，$0\sim 340\,\mathrm{keV}$，$E_\gamma=1000\,\mathrm{keV}$ では，$0\sim 796\,\mathrm{keV}$ となる．

角度 θ に散乱される電子1個あたりの微分断面積は次のクライン-仁科（Klein-Nishina）の式で表される．

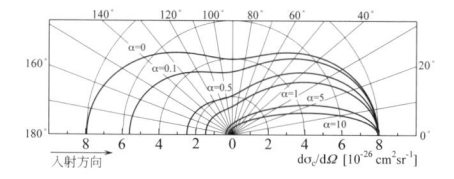

図2 電子1個あたりの微分断面積

$$\frac{d\sigma_c}{d\Omega} = \frac{1}{2}r_e^2 \left[\frac{1}{\{1+\alpha(1-\cos\theta)\}^2} \left\{ 1 + \cos^2\theta + \frac{\alpha^2(1-\cos\theta)^2}{1+\alpha(1-\cos\theta)} \right\} \right] \quad (7)$$

ここで, r_e は電子の古典半径 ($r_e = e^2/4\pi\varepsilon_0 m_e c^2 = 2.818\,\mathrm{fm}$) である. 図2に, いくつかのエネルギー ($\alpha$) についての微分断面積を示してある. 低エネルギー限界 ($\alpha=0$, トムソン散乱) では180°対称の分布であるが, エネルギーの増加に伴って前方方向に狭い分布となる.

式 (7) を積分すると全断面積の次式が得られる.

$$\sigma_c = 2\pi r_e^2 \left[\frac{1+\alpha}{\alpha^2} \left\{ \frac{2(1+\alpha)}{1+2\alpha} - \frac{1}{\alpha}\ln(1+2\alpha) \right\} + \frac{1}{2\alpha}\ln(1+2\alpha) - \frac{(1+3\alpha)}{(1+2\alpha)^2} \right] \quad (8)$$

式 (8) は電子1個あたりに対する値であるので, 原子1個あたりにするには吸収体の原子番号 (Z) を乗じればよい. また, 質量吸収係数として通常用いられている単位 ($\mathrm{cm^2\,g^{-1}}$) に変換するには, 式 (8) に ZN_0/M を乗じることになる (M: 原子量, N_0: アボガドロ数). Z/M の値は物質によってあまり違わないので, コンプトン効果による吸収係数を質量厚さ ($\mathrm{cm^2\,g^{-1}}$) で表すと, 吸収体にあまり依存しないことになる.

Al, Cu および Pb を吸収体としたときの吸収係数を図3に示す. 図には, 光電効果

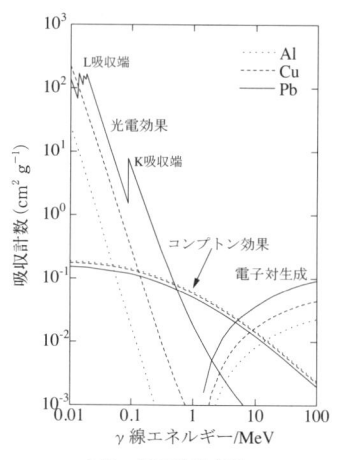

図3 質量吸収係数

および電子対生成による吸収も合わせて示してある. この図より, Alの場合は 50 keV, Pb では 500 keV より γ線のエネルギーが低いときには光電効果が主要な相互作用であり, エネルギーの上昇とともに急激に減少することが分かる. また, 吸収体の原子番号に大きく依存していることもわかる.

それよりもエネルギーが高くなるとコンプトン効果が主要となる. コンプトン効果による吸収はエネルギーとともに減少するが, 吸収体の種類にあまり依存しないことが見て取れる.

γ線のエネルギーが 1.022 MeV をこえると, 電子対生成が起こるようになり, 鉛では 10 MeV くらいから電子対生成が主として γ線の吸収に寄与していることがわかる. 電子対生成による吸収係数はエネルギーとともに大きくなり, やがて一定となる. (Ⅱ-05参照) γ線エネルギーがあまり高くないときは吸収体の原子番号の二乗に比例しているので, 質量吸収係数はおよそ吸収体の原子番号に比例して大きくなっている.

〔工藤久昭〕

電子対生成

II-05

pair production

　γ線（光子）のエネルギーが電子の質量の2倍（$2m_ec^2=1.02\,\mathrm{MeV}$）以上になると，物質中で光子が消滅して電子と陽電子が生成する過程が起こるようになる．この現象を電子対生成（pair production）という．エネルギーと運動量の保存則より，この過程はまったくの自由空間では起こりえない．原子核や電子の電場のなかで原子核または電子が運動量とエネルギーを受け取ることにより，電子対生成が起こることになる．実験室系でこの過程が起こるγ線の最小エネルギー E_min は，標的となる原子核または電子の質量を M とすると，

$$E_\mathrm{min}=2m_ec^2\left(1+\frac{m_e}{M}\right) \quad (1)$$

で与えられる．したがって，原子核の電場ではγ線のエネルギーが $2m_ec^2=1.02\,\mathrm{MeV}$ 以上，電子の電場では $2.04\,\mathrm{MeV}$ 以上でないと電子対生成は起こらない．電子による電子対生成では反跳電子もかなりのエネルギーをもって飛び出し，三つの電子が放出された形になるので，三重電子生成（triplet production）と呼ばれる．

　原子核による電子対生成断面積はベーテとハイトラー（H. A. Bethe, W. Heitler）によって計算され，γ線のエネルギーに対してシグモイド様の曲線を示すが，ここでは次の例をあげるにとどめる．変曲点付近（$1\ll\alpha\ll 137Z^{-1/3}$）では，

$$\sigma_\mathrm{pair}=\frac{r_e^2Z^2}{137}\left(\frac{28}{9}\ln 2\alpha-\frac{218}{27}\right) \quad (2)$$

高エネルギー（$\alpha\gg 137Z^{-1/3}$）のときは，

$$\sigma_\mathrm{pair}=\frac{r_e^2Z^2}{137}\left(\frac{28}{9}\ln(183Z^{-\frac{1}{3}})-\frac{2}{27}\right) \quad (3)$$

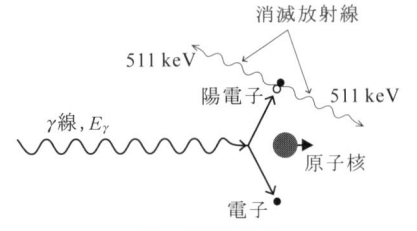

図1　電子対生成

ここで，r_e は電子の古典半径（$2.818\,\mathrm{fm}$）であり，α は電子の質量で表したγ線のエネルギー（E_γ/m_ec^2）である．これより，電子対生成断面積のγ線のエネルギー依存性は変曲点付近では $\ln E_\gamma$ に比例しており，高エネルギーのところでは一定であることがわかる．また，原子番号依存性に関しては概略的には Z^2 に比例していることもわかる．

　電子による電子対生成の確率は原子核によるものの $1/Z$ 程度であり，γ線のエネルギーが小さくなるとさらに減少する．したがって，炭素などの軽い原子では原子核によるものの 10% 程度，鉛などの重い元素では 1% 程度にすぎない．

　生成した陽電子は，物質中で運動エネルギーを失うと，電子と結合して物質消滅（positron–electron annihilation）を起こし，2本の消滅放射線（annihilation radiation）が互いに反対方向に放出される．（図1）したがって，2本の消滅放射線がともに検出器に捕捉されると，E_γ の全エネルギーピークとなり，1個の消滅放射線が検出器から外に出れば，$E_\gamma-0.511\,\mathrm{MeV}$ の1光子エスケープピーク（single photon escape peak），2個とも検出器の外に出れば，2光子エスケープピーク（double photon escape peak）がγ線スペクトルに現れることになる．

〔工藤久昭〕

放射線量

radiation dose

放射線の数，エネルギー，その効果，影響は，放射線の通る「空間（場）」と放射線を受ける対象の「放射線量」の定義に沿って統一的に理解することが大切である。国際放射線単位測定委員会 ICRU (International Commission on Radiation Units and Measurements) 報告に基づき整理する。

(1) 放射線場について： 放射線場のなかに球を考え，放射線（粒子）が球の断面を通過する単位面積あたりの放射線（粒子）数を，粒子フルエンス (fluence, N)，さらにその単位時間あたりの数を粒子フルエンス率 (fluence rate) という。放射線エネルギーの場として表現するとき，それぞれ放射線がもっているエネルギーを掛けた，エネルギーフルエンス (energy fluence)，エネルギーフルエンス率 (energy fluence rate) で表す（単に，粒子数，放射線エネルギーを単位時間で除したものを，粒子束 (flux)，エネルギー束 (energy flux) といい，それをさらに単位面積で除すれば，それぞれ，フルエンス率＝束密度，エネルギーフルエンス率となる）。

(2) 放射線量について： 放射線の量的な表現として「線量」はいろいろな使われ方をしており，対象物（系）や変換量などの「意味するところ」が違う。物理量としての照射線量，吸収線量，カーマ，シーマ（セマ），および変換に関連する係数，効果や影響に基づいて定めるところの放射線防護の実用量としての線量当量，防護量としての等価線量，実効線量などがある。

照射線量（exposure） X 線，γ 線の照射によって空気中に生じる電荷量で表す。単位は C kg$_{\mathrm{air}}^{-1}$ すなわち質量 dm [kg] の空気中に X 線または γ 線が入射して電離を生じ，この電離電子（二次電子）が空気中で静止するまでに生じた正または負イオンの全電荷の絶対値 dQ で表したときの，$X=\mathrm{d}Q/\mathrm{d}m$ をいう。特殊な単位として R（レントゲン）が使われ，1 R＝2.50×10^{-4} C kg$_{\mathrm{air}}^{-1}$ である。

吸収線量（absorbed dose） 電離放射線が物質に与えたエネルギー量で表す。単位は J kg^{-1}。すなわち放射線場での物質の質量 dm で，電離放射線が与えた平均付与エネルギー dε を除した値で $D=\mathrm{d}\varepsilon/\mathrm{d}m$ として与える。SI 組立単位（特殊単位）として Gy（グレイ）が使われ，1 Gy＝1 J kg^{-1} である。

カーマ（kerma） kinetic energy released per unit mass の略名で，間接電離放射線（X 線，γ 線など）が放出した荷電粒子の初期運動エネルギーの総和で表す。単位は J kg^{-1}。すなわち X 線，γ 線などがある物質の質量 dm の場で，放出された荷電粒子（二次電子線など）のもつ初期運動エネルギーの総和 dE_{tr} を除した値で $K=\mathrm{d}E_{\mathrm{tr}}/\mathrm{d}m$ で与えられる。SI 組立単位として吸収線量と同じ，Gy（グレイ）を用いる。1 Gy＝1 J kg^{-1} である。

シーマ（cema） converted energy per unit mass の略名で，セマと呼ぶこともある。荷電粒子線が物質中における電子との作用で失ったエネルギーを表す。単位は J kg^{-1}。すなわち二次電子を除く α 線，陽子線や電子線などの荷電粒子が，物質の質量 dm において，その軌道電子との相互作用によって損失したエネルギー dE_{c} を除した値で $C=\mathrm{d}E_{\mathrm{c}}/\mathrm{d}m$ で与えられる。SI 組立単位として吸収線量やカーマと同じく，Gy（グレイ）を用いる。1 Gy＝1 J kg^{-1} である。

変換に関連する係数 放射線の作用は，放射線と電子や原子との相互作用の確率（断面積，σ）によって表すことができ

る．二次電子線への変換の作用が重要な間接放射線の光子（X線やγ線）の質量減弱係数，質量エネルギー転移係数，質量エネルギー吸収係数について述べる．

(1) 質量減弱係数（mass attenuation coefficient）： 光子は物質中を通過するとき，一般に干渉性散乱，光電効果，コンプトン効果，電子対生成，光核反応の作用を起こす．それぞれの作用の確率は光子のエネルギーと物質に依存する．質量減弱係数は，この五つの確率の和（線減弱係数，μ_l）を物質の密度（ρ）で除した $\mu_m = \mu_l/\rho$ で表される．単位は $m^2\,kg^{-1}$．光子フルエンスを N とすると，そこで単位質量あたりで作用を受け減弱する光子フルエンスは $N(\mu_l/\rho)$ と見積もることができる．

(2) 質量エネルギー転移係数（mass energy transfer coefficient）： 間接電離放射線が物質中を透過するとき，その物質との相互作用により，二次電子に転移するエネルギーの割合（確率）を単位質量あたりで表したもので，μ_{tr}/ρ で表される．単位は $m^2\,kg^{-1}$．カーマはエネルギーフルエンスに，この質量エネルギー転移係数を掛けたものである．

(3) 質量エネルギー吸収係数（mass energy absorption coefficient）： 間接電離放射線が物質を通過するとき，物質との相互作用によって二次電子に与えられたエネルギーのうち，その物質中で制動放射線によって失われるエネルギーの割合 g を差し引き，真に物質に吸収されるエネルギーの割合（確率）で，μ_{en}/ρ で表される．

$$\frac{\mu_{en}}{\rho} = \frac{\mu_{tr}}{\rho} \times (1-g)$$

となる．単位は $m^2\,kg^{-1}$．

これらの係数は $\mu_{en}/\rho \leq \mu_{tr}/\rho \leq \mu/\rho$ の関係にある．

線量当量（dose equivalent） 古くは，$H = DQN$ と表され，吸収線量 D [Gy]，線質係数 Q，その他の修正係数 N（$N \fallingdotseq 1$）とし，SI組立単位 Sv（シーベルト）を用いた．1990年以降は，ICRU球モデルにおける測定やシミュレーション（モンテカルロ計算）による実用概念となり，モデル対象媒質での線量測定値が，放射線防護の実用量として使用されている．ICRU球は，半径30 cmの単位密度の人体組織等価物質（組成は酸素76.2%，炭素11.1%，水素10.1%，窒素2.6%）でつくられ，種々のエネルギーの光子，電子，中性子の放射線の照射，減弱や散乱を求め，線量当量を算出するモデルとされている．このモデルをもとに人体被曝線量の測定値として 1 cm 線量当量 H_{1cm} を評価している．皮膚被曝線量の評価では 70 μm 線量当量 $H_{70\mu m}$ が実用量とされている．また水晶体の被曝線量に 3 mm 線量当量 H_{3mm} が提案されたことがあるが，いまはあまり使われない．

等価線量（equivalent dose） 変数 H_T で表し，実効線量とともに放射線防護のため防護量として使用される．組織や臓器 T に平均された放射線 R による吸収線量 $D_{T,R}$，放射線過重係数 w_R とすると，$H_T = \sum w_R \cdot D_{T,R}$ となる．単位はエネルギーの吸収に基づくものであるので，$J\,kg^{-1}$ であるが，SI組立単位は Sv（シーベルト）であり H_T は Sv で表すことが多い．

実効線量（effective dose） 記号 E で表し，等価線量とともに放射線防護のために使用する．組織や臓器 T について求められた等価線量 H_T ごとに，組織過重係数 w_T を掛け，人体のすべての臓器・組織についての合計として

$$E = \sum w_T \cdot H_T$$

で求める．単位は等価線量と同様，$J\,kg^{-1}$ であるが，SI組立単位は Sv（シーベルト）であり E は Sv で表すことが多い．

〔天野良平〕

線量計

II-07

dosimeter

　放射線量を測定する機器をいう．ここでは，サーベイメーター，被曝線量測定器，イメージングプレートについて説明する．

　サーベイメーター　　外部放射線のX線，γ線，中性子線が測定対象であり，線質や線量率に応じたサーベイメーターの選択が重要である．特有の問題として，①計数率計でCR回路をもち時定数が応答の速さに影響する．電離箱式は微小な電離電流を増幅しなければならないことから必然的に時定数は大きくなる．一般に短い時定数では指針の振れが大きく測定値が読みにくい，一方長い時定数では応答は遅いが振れが少なく読み取りやすい．時定数切替え式のものなら，低線量率なら長く，高線量率なら短く設定するとよい．②エネルギー特性をもっている．図1に ^{137}Cs-662 keV 光子エネルギーに対するレスポンスを1としたときのサーベイメーターごとの相対感度を示した．電離箱式が最も良好で，GM管式，シンチレーション式の順になる．感度は逆になり，シンチレーション式が最も高感度で電離箱式が最も低感度である．散乱線が多く光子エネルギーが不明のような場合には，エネルギー特性の良好なサーベイメーターが望ましい．最近ではSv単位で直読できるような1cm線量当量対応型に改良されたものも市販されている．③校正は国家標準とのトレーサビリティーがとれているレファレンス線量計を使って行われる．

　(1) 電離箱式サーベイメーター：　放射線の照射により空気中に生じた微小な電離電流を測るという原理に基づいている．そのためエネルギー依存性は良好であるが，感度が低く低線量率の測定には向かない．また微小電流の測定のため衝撃や湿気などを避けなければならない．一般に電離箱の測定部分は体積が大きく，測定点が明確でないため，測定点がマークしてある．

　(2) GM管式サーベイメーター：　GM領域としての特徴，1個の放射線粒子が管内ガスで電離を起こすたびに1個のパルス信号が発生するという原理に基づいている．電離箱式より感度は高いが，管の不感時間が長く，数え落としの誤差が生じやすい．したがってRIの計数率や低線量率の測定に適している．強い放射線の場ではGM管がまったく計数すらしなくなり指示値が0になっている窒息現象を起こすことがあるので注意を要する．

　(3) シンチレーションサーベイメーター：　シンチレーターの放射線による発光を，光電子増倍管で電気信号に変換し電子増幅してパルス信号を発生させるという原理に基づいている．NaI(Tl) シンチレーターが最もよく使われる．エネルギー依存性は光子と物質の相互作用の特性と関連している．感度は高く自然計数レベルの線量率も測定できる．

　個人被曝線量計　　現在利用されている測定器（原理）には，携帯しいつでも直読

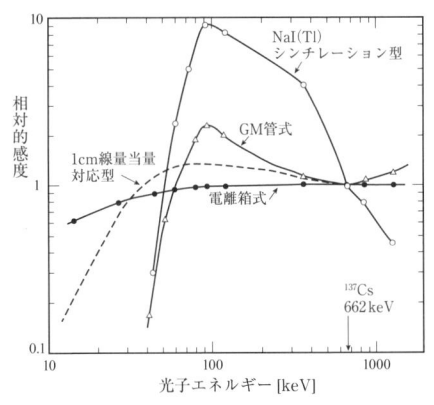

図1　サーベイメーターのエネルギー特性

できる，ポケット電離箱線量計（空気中の電離量を測定），半導体線量計（半導体中の電離量），2週間～1カ月の線量を測る，フィルムバッジ（写真フィルムの黒化を利用），TLD（熱刺激による固体の発光を利用），OSLD（光刺激による酸化アルミニウムの発光を利用），蛍光ガラス線量計（光刺激によるガラスの発光を利用），アラニン線量計（ラジカル濃度の電子スピン共鳴を測定）がある．

(1) ポケット線量計： 充電器，検電器（ローリッツェン型電位計），電離箱の3要素からなり，直読できる型式のものは電離箱のなかに検電器を内蔵して充電器のみを切り離している．衝撃，湿気の影響を受けやすくフェーディングも大きい．1日程度の短期間の測定に適しているが長期間の測定には適さない．

(2) 半導体線量計： 半導体 pn 面接合に逆電圧を印加して，接合面近傍に無電荷層（空乏層）をつくり，この領域を電離領域として動作させるもので，高感度で線量測定範囲が広く，エネルギー依存性も比較的少ない．

(3) フィルムバッジ： 写真フィルムという小型で使いやすく記録を残せる媒体であることからこれまで広く使われた．写真フィルムの黒化濃度で線量を推定する．その感度はあまり高くなく，方向依存性も大きく，エネルギー依存性が非常に大きいことが問題となる．低エネルギーでの感度は高エネルギーでの感度の二十数倍大きい．

(4) TLD（熱ルミネセンス線量計）： 放射線照射によって生じた電子-正孔の電子が捕獲中心に捕捉される（記録の蓄積）．次に加熱によりエネルギーを与えるこの電子は捕獲中心より出て，蛍光中心の正孔と再結合して発光する（記録の放出）．$Li_2B_4O_7:Cu$，$CaSO_4:Tm$，$Mg_2SiO_4:Tb$ などの結晶は，この熱ルミネッセンス

(TL)の特質をもつ．TL素子は熱処理（アニーリング）によって反復使用できる．

(5) OSLD（光刺激ルミネセンス線量計）： TLが熱刺激型であるのに対して，これは光で刺激する．素子には$Al_2O_3:C$が使われる．刺激光と発光光の分別に，高輝度グリーンLEDパルス刺激光を使用するなど工夫がなされている．フェーディングが少なく長期間の積算線量が測定できる．

(6) 蛍光ガラス線量計： 銀活性リン酸塩ガラスで実用化されている．放射線照射による正孔-電子対の正孔はPO_4結晶のもとでAg^+からAg^{2+}を形成する，一方放射線によりたたき出された電子はガラス組成中のAg^+に捕捉され結合してAg^0となる．このAg^0とAg^{2+}がガラスのなかの蛍光中心となる（記憶の蓄積）．紫外線をガラス素子に光照射すると，刺激励起されて蛍光中心が正孔と電子を放出して蛍光が発生する．放出された正孔と電子は基底状態になく再び蛍光中心に戻る．繰り返し測定が可能である．

(7) アラニン線量計： アミノ酸のアラニンを主成分とした固形素子で，放射線照射によるエネルギー吸収に比例して生じるラジカルの相対濃度を電子スピン共鳴で測定する．線量測定範囲が$1～10^5$Gyと広く，比較的精度と安定性も高い．

イメージングプレート（imaging plate：IP） 輝尽性蛍光体（$BaFX:Eu^{2+}$，X＝Cl，Br，I）をシート化したX線検出器で，X線画像のコンピューティドラジオグラフィー（CR）システムに実装されている．IPに蓄積されたX線画像情報は，高精度のレーザー走査を行って逐次輝尽発光（輝尽スペクトル光照射すると，より短波長スペクトルが発光する現象）を光検出器で計測して，電気信号化，A/D変換しデジタル信号（画像データ）とする．

〔天野良平〕

放射線の生物学的効果　II-08

biological effect of radiation

表1　放射線の線エネルギー付与

放射線	LET [keV μm^{-1}]
0.01 MeV 電子線	2.3
0.1 MeV 電子線	0.4
1 MeV 電子線	0.2
^{60}Co γ線	0.2
1 MeV 陽子線	28
1 MeV α線	264
14 MeV 中性子線	12

　放射線の人体影響は，実用量としての線量当量，防護量としての等価線量と実効線量によって議論されている．放射線の種類やエネルギー，また臓器・組織ごとに，影響別に作用機序を理解することが重要である．ここでは，基礎となる放射線の生物学的効果について述べる．

X線，γ線，電子線の作用の初期過程
X線，γ線はそのエネルギーに依存した主な三つの過程（光電効果，コンプトン散乱，電子対生成）で，エネルギーをもった電子（二次電子）が解放され，それが物質の原子や分子を励起あるいは電離しエネルギーを失っていく．したがってX線とγ線の物質へのエネルギー付与は電子線のそれと変わらず，生体への作用も同様と考えてよい．電子線のエネルギー損失の過程は，軌道電子との非弾性衝突によって相手を励起または電離する衝突損失（電子はジグザグに運動しながらエネルギーを失っていく），および原子核の近傍で減速され新たに制動放射線を放出する放射損失の過程があるが，生体への作用過程では，電子線の衝突損失によるエネルギーの付与がスタートである．

重荷電粒子線の作用の初期過程　重荷電粒子は物質にあたると軌道電子を励起または電離させる．制動放射はほとんど起こらず，チェレンコフ光の放出があるがわずかである．重荷電粒子は止まるまでまっすぐ進み，この距離を飛程という．その単位長さあたりの電離数（比電離）は，粒子の質量が大きいほど，またエネルギーが小さいほど大きくなる．したがって重荷電粒子線では飛程の末端の近くで急激に電離や励起が増加する（ブラッグピーク→II-01）．

中性子の作用の初期過程　中性子は電荷をもたないので物質との相互作用は少なく直接の電離作用はない．中性子の作用は原子核との衝突による散乱が主であり，この散乱を繰り返して運動エネルギーを失い減速していく．とくに，水の成分である軽い水素原子核との作用は重要で，ほぼ同質量の中性子から衝突で与えられるエネルギーは大きく，反跳陽子と呼ばれる荷電粒子なので，その電離作用は大きい．

線エネルギー付与（linear energy transfer：LET）　放射線のエネルギーはその経路にそって，近傍の分子，原子に与えられる．飛跡の単位長さあたりに失うエネルギーを二次粒子の効果分も含めてLETという．したがってLETはX線，γ線，電子線，重荷電粒子線，中性子線に対しても求められる（表1）．放射線照射による細胞生残率は，線質やLETによる違いに依存する．

放射線の生体への作用（間接作用）
放射線エネルギーが標的分子に吸収されて生物作用が起こることを直接作用というが，主に，放射線の生物作用は間接的で，標的分子に直接ではなく周辺の水分子に作用し，その反応生成物が広がり標的分子に作用することが多い．したがって，水の放射線分解による生成物が間接作用の主役であり，その生成物は水和電子（e_{aq}^{-}），水素原子（H），ヒドロキシルラジカル（・OH）

が初期にでき，さらに分子生成物，過酸化水素（H_2O_2），水素（H_2）ができる．これらが作用の初期に働き，反応が進んでいく．

放射線感受性の修飾（酸素効果）　組織における酸素分圧の影響は大きい．酸素はラジカルに対する親和性が高く，電離放射線の生物作用（致死，染色体異常など）を修飾し増強する．一方，高LET放射線では損傷の固定化に酸素を必要としないため酸素効果は小さい．

DNAの損傷と修復　紫外線によるDNA損傷はピリミジン二量体の生成が，致死効果となるDNA損傷であることがわかっており，紫外線によるDNAの損傷と修復の研究は進んでいる．一方，電離放射線によるDNAの損傷は多様であり，糖および塩基の損傷，鎖の切断（単鎖または二重鎖），タンパクとのクロスリンクなど複雑である．低LETでは，1個の鎖切断は30～60eVのエネルギー付与で起こるといわれ，鎖切断が起ると十数個の水素結合が開裂し，ヌクレオチド対が開いた状態になる（単鎖切断），同時にこれと相補鎖上にもう1個の切断が起ると，結果的に二重鎖切断になる（2飛跡二重鎖切断）．高LET放射線では飛跡にそってイオン化が密になっており二重鎖切断が1飛跡で起こりうる．「修復」過程というのはDNA鎖の再結合過程であり，再結合過程には二相性があるといわれている．すなわち再結合の早い成分（半減期5分）と遅い成分（半減期1時間）で，単鎖切断のときは相補する鎖は無傷なので修復は容易であり，早い成分に相当する．二重鎖切断は遅い成分で修復されない部分も残ってくると考えられる．この修復されずに残る成分が，染色体異常や細胞致死の原因になっていくと考えられる．

原子から分子，分子から細胞，さらに個体へ　原子の電離・励起作用がDNA損傷につながり，さらに個体に影響が波及していく過程で，時間の要因はきわめて重要である．図1に，時間経過，過程に伴う生体作用をまとめる．　　〔天野良平〕

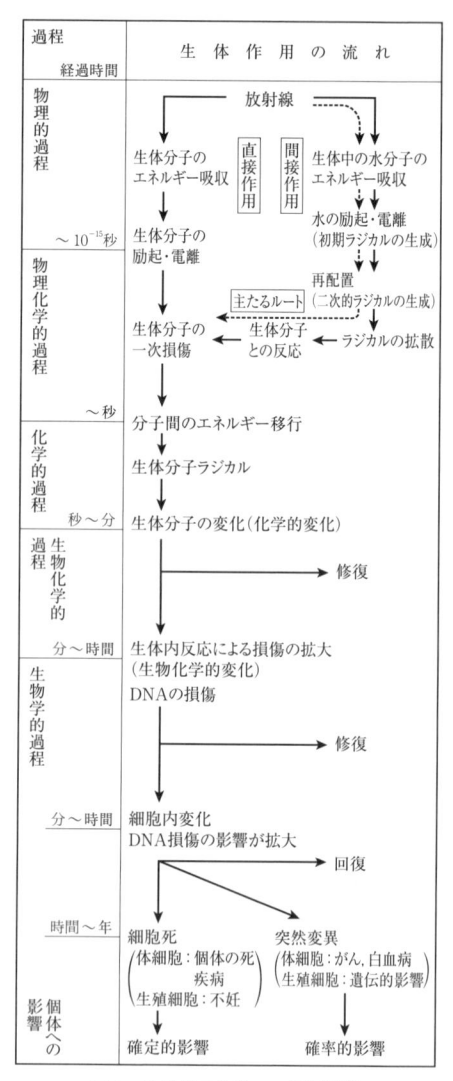

図1　放射線の生体への作用過程

ガイガー-ミュラー計数管 II-09

Geiger–Müller counter

　ガイガー-ミュラー計数管（Geiger-Müller counter：GM管）は電離放射線による気体の電離とガス増幅を利用した放射線測定器である．GM管の概念図を図1に示す．GM管は中空の円筒と，その中心に取り付けられた細い電極から構成され，β線が入射できるように薄い雲母の窓がついている（端窓型）．円筒内にはアルゴン（Ar）などの不活性ガスとエチルアルコールなどの有機多原子気体またはハロゲンガスが，約10：1の割合で10 mmHg（13 hPa）程度の圧力で封入されている．測定時には陰極である円筒と陽極の間には数百 V から1000 V の電圧がかけられているが，通常は電極間に電流は流れていない．円筒に放射線が入ると，電離が起こる．生成したイオン対のうち電子は軽いので陽極に向かって速やかに移動する．陽極は細いので，陽極に近づくほど電場勾配が大きくなり，大きく加速されることになる．その結果，二次，三次の電離を引き起こし，電子なだれが起こるようになる（ガス増幅，図1参照）．このような状態になると，最初に生成したイオン対の数，すなわち入射した放射線のエネルギーとは無関係に，大きな電離電流が流れることになる．

　電子なだれが起こると，その付近には大量の陽イオンができることになる．すなわち陽極の周りを陽イオンのさやで囲むことになる．この状態では，次の放射線が入ってイオン対が生成しても，有効に電場がかからないことになり，不感時間（dead time）が生じることになる．陽イオンは，ゆっくりと陰極に移動し，陰極表面と衝突して二次電子を放出すると，次の電子なだれを引き起こすことになり，なだれが継続することになる．ここで，有機多原子気体またはハロゲンガスが添加されていると，これらの分子が陽イオンの電荷を奪って自ら分解するか，陰極表面から電子を捕獲するなどして，新しいなだれを防ぐことができる．この目的で添加する気体を消止気体（quench gas）という．これにより，一つの放射線が入れば，一つの大きなパルス状の電流を得られるようになる．有機ガスが消止気体として使われると，放電とともに消耗するので，そのようなGM管には寿命（10^9カウント程度）がある．

　適当な放射線源をおいて，印加電圧を上げていったときの，電圧と計数率の関係を図2に示す．ある電圧（V_s）から計数が始まり，やがて入射放射線の数と計数が1：1に対応するようになる．（$V_t \sim V_c$）これをプラトー領域という．この領域で放射線を検出する．使用電圧（V_o）は，プラトー領域の中央より少し低めにする．

〔工藤久昭〕

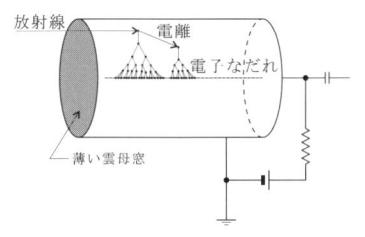

図1　ガイガー-ミュラー計数管の概念図

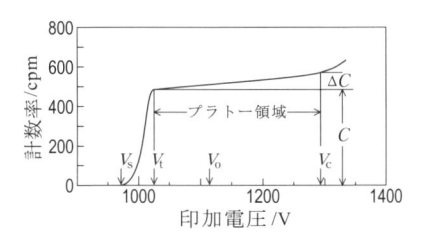

図2　印加電圧と計数率の関係

気体放射線検出器　II-10

gaseous detectors

　気体中では放射線との相互作用によって生じる電子や陽イオンを電場によって収集することが容易であるため，気体放射線検出器は放射線発見初期から利用されてきた．放射線が気体分子を電離して電子-陽イオン対を生成するのに必要な平均エネルギーをW値（W-value）という．本来W値は気体の種類，放射線の種類およびエネルギーに依存するが，およそ30 eVとほぼ一定値として取り扱ってよい．

　図1に典型的な気体放射線検出器の概略図を示す．陰極を兼ねた気体を充てんする容器の中心に陽極のワイヤを配置し電圧を印加すると，放射線によって生じた電子（一次電子）が電場によって陽極に収集される．収集された電荷をパルスシグナルとして観測した場合（パルスモード），パルス波高は入射した個々の放射線のエネルギーに対応する．一方，収集電荷を電流として観測すること（電流モード）で，比較的強い放射線場での線量測定に用いることができる．

　検出器をパルスモードで動作させたときの印加電圧に対するパルス波高の関係を図2に示す．印加電圧が低いうちは生じた電子や陽イオンの電場による移動速度が小さいため，再結合が起こり電極に収集される電荷は一次電子の電荷よりも小さくなる．したがって，この印加電圧領域（再結合領域）では，放射線検出器としては使用できない．印加電圧の増加にしたがって，再結合の割合が減り，やがて一次電子の電荷に等しい電荷が収集されるようになる．このような印加電圧範囲を飽和領域（saturation region）または電離箱領域（ionization chamber region）と呼び，この領域で動作する検出器を電離箱（ionization chamber）という．電離箱はパルスモードよりも電流モードでγ線の線量率計として利用される場合が多い．

　印加電圧をさらに増加させると，陽極付近の電場によって加速された電子が気体を電離する（二次電離）ようになり，一次電子による電荷が一定倍だけ増加する．この現象を，ガス増幅（gas multiplication）という．パルス波高が一次電子の数に比例するような印加電圧範囲を比例領域（proportional region）といい，この領域で動作する検出器を比例計数管（proportional counter）という．比例計数管は主に荷電

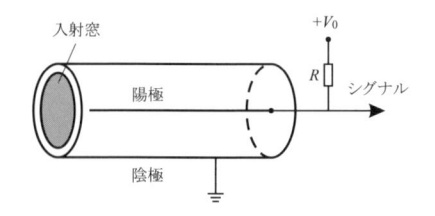

図1　典型的な気体放射線検出器の構成

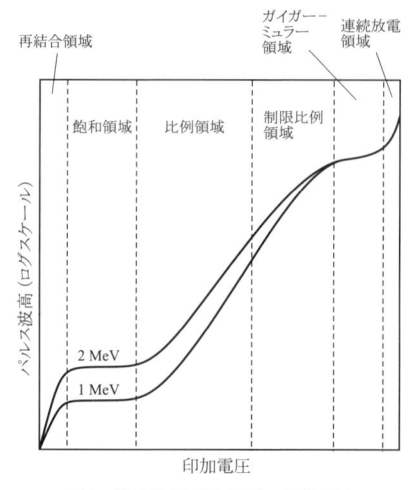

図2　気体放射線検出器の動作領域

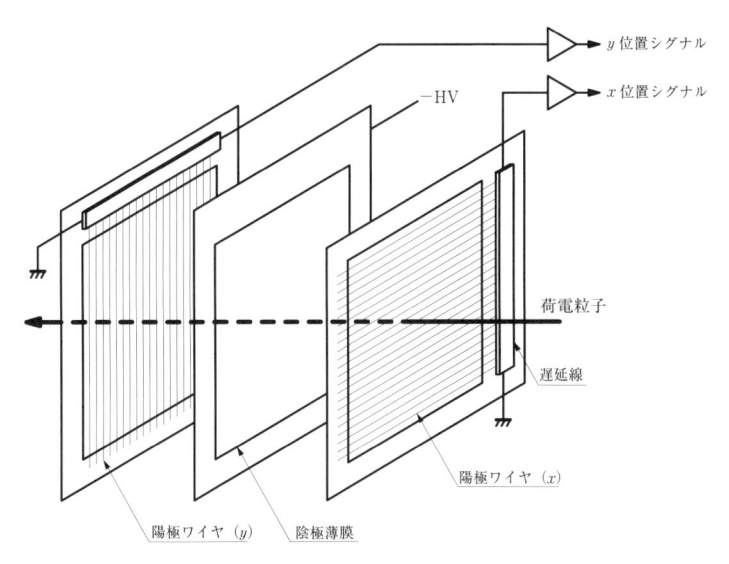

図3 位置検出 MWPC の模式図
検出器は希薄な検出ガス中に配置される.

粒子などのエネルギー測定に用いられる. 印加電圧をさらに大きくすると，増幅率が一次電子の数に依存するようになるため，パルス波高が一次電子の数に比例しなくなり（制限比例領域），やがてパルス波高は一次電子の数に関係なくなる．この領域をガイガー–ミュラー領域（Geiger–Müller region）という．この領域で利用される検出器は GM 計数管（→II-09）という．

さらに印加電圧をあげると電極間で連続的な放電が起こるようになり，もはや放射線検出器として動作しなくなる．

図1のような構成の検出器のほかに，薄い平面電極を対向させて数 mm の距離に配置した検出器が，荷電粒子の通過タイミング検出に用いられている．電極が平板電極の場合を平行平板なだれ検出器（parallel plate avalanche counter：PPAC），複数のワイヤを用いた場合をマルチワイヤ比例計数管（MWPC）という．MWPC の場合，ワイヤごとに独立してシグナルをとれるようにすると，荷電粒子が通過した位置も検出することができる（図3）．ほかに，陽・陰極のワイヤを交互に配置した放電箱（spark chamber）は宇宙線や高エネルギー荷電粒子の飛跡検出器に用いられている． 〔後藤真一〕

半導体検出器　Ⅱ-11

semiconductor detector

半導体ダイオードで構成された固体放射線検出器である．気体放射線検出器やシンチレーション検出器に比べてエネルギー分解能がきわめて優れているのが特徴．

放射線が物質と相互作用すると，物質中の原子や分子を電離し，多数の電子・イオン対（固体の場合は電子・正孔対）を生成する．生成した電子・イオン対は通常すぐに再結合して消滅するが，電場勾配を印加することで陽極に電子，陰極にイオンを収集し，電流として検出することができる．放射線に起因する微小な電流を検出するには，電極間物質は放射線のない条件下では絶縁体としてふるまい，放射線によって生成した電子やイオンに対しては導体としてふるまうことが求められる．気体はこの両者の性質を兼ね備え，気体放射線検出器として使われている．固体では，半導体ダイオードがこのような特性を示す．

半導体ダイオードに逆バイアス電圧を印加すると，半導体中の不対電子は陽極側に正孔は陰極側に引き寄せられ，その間に電場勾配のかかった空乏層（depletion layer）が形成される．空乏層のなかで放射線が相互作用を起こすと，空乏層中に電子・正孔対が生成され，電子は陽極に正孔は陰極に収集されて電気信号として検出される．生成される電子・正孔対の数は放射線が付与するエネルギーに比例し，その数の統計的なゆらぎがエネルギー分解能に影響する．

放射線が電子・正孔対を一対つくるのに要する平均エネルギーは，シリコン（Si）半導体で約 3.6 eV，ゲルマニウム（Ge）半導体で約 2.9 eV である．一方，気体において電子・イオン対を生成する平均エネルギーは約 30 eV，シンチレーション検出器で光電子を1個生成するのに要する平均エネルギーは 60～300 eV である．Si や Ge 半導体検出器では単位エネルギーあたりに生成される電子・正孔対などの数が他の検出器に比べて 10 倍以上多いため，その数に対する統計的な分散の割合が小さくなり，また，より大きな電気信号が得られるため信号対雑音比（SN 比）が向上する．その結果として半導体検出器はきわめて優れたエネルギー分解能を示す．

一方，半導体検出器では，シンチレーション検出器と比較して大きな体積の検出器をつくることが難しい．大体積の検出器をつくるには空乏層の厚さを厚くする必要がある．p-n 接合型半導体ダイオードにおける空乏層の厚さは主に材料の比抵抗によって制限され，材料となる半導体の純度が高いほど高い比抵抗が得られ，厚い空乏層が得られる．現在，Ge では数 cm 厚の空乏層を形成できる超高純度結晶の製作が可能だが，Si では数 mm 厚の空乏層が限界である．これより厚い Si 検出器には，リチウム（Li）イオンを拡散注入して p 型結晶中の不純物濃度を補償したリチウムドリフト型 Si 半導体検出器（Si（Li）検出器：lithium-drifted Si detector）が使われる．Ge 検出器も最初は Ge（Li）検出器として実用化されたがその後 Ge 結晶の高純度化に伴って高純度 Ge 半導体検出器（HPGe 検出器：high-purity Ge detector）に取って代わられた．Ge（Li）検出器ではドリフトさせた Li の分布状態を保持するため，使用中でなくても常に液体窒素温度に冷しておく必要がある．一方，Si 中の Li イオンの移動度は Ge に比べて低いので，Si（Li）検出器は室温で保管できる．

Ge 半導体検出器は主に γ 線のエネルギースペクトルの測定に使われる．Si に比べて原子番号が大きく，大体積の検出器を製

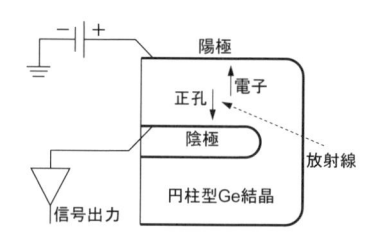

図 1 クローズドエンド同軸型 Ge 半導体検出器の概念図

図の極性は p 型半導体結晶で製作した場合．n 型半導体の場合は極性が逆になる．

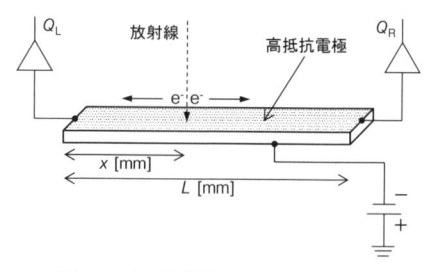

図 2 一次元位置検出器 PSD の概念図

作できるため，高効率 γ 線測定に有利である．大体積の検出器は，図 1 のような円柱型結晶の中心軸と外表面に電極を配置したクローズドエンド同軸型（closed-ended coaxial）で製作される．現在，直径 5 cm から最大 10 cm 程度の同軸型検出器が製作されている．また，同軸型結晶を 4 本密に束ねてさらに効率を上げたクローバー型検出器（clover detector）も製作されている．特殊な形状の検出器としては，クローズドエンド同軸型検出器の中心電極の内側に測定試料を挿入できる井戸型検出器（well-type detector）が古くから実用化されている．試料を井戸の底に配置することで，試料のほぼ全周を結晶で囲うことができ，50~100 keV の低エネルギー γ 線に対して 90% 以上の絶対検出効率，高エネルギー γ 線に対しても結晶の外に試料を配置する場合に比べて数倍の検出効率が得られ，放射能強度がきわめて低い環境試料などの測定に使われている．

Ge 半導体のバンドギャップエネルギーは 0.7 eV で，Si の 1.1 eV よりも低く，室温では電子が価電子帯から伝導帯へ容易に熱励起してしまうため，液体窒素温度に冷却しなければ検出器として使えない．そのため Ge 結晶は通常真空カプセルのなかに封入されており，検出器の配置や取扱いに制約がある．

Si 半導体検出器は主に α 線などの荷電粒子や電子線，低エネルギー X 線の測定に使われる．室温で動作し，製造や取扱いも容易なため，さまざまな形状の検出器がつくられ利用されている．Si 検出器は通常 0.3~1 mm 程度の厚さの Si 基板を用いて製作される．10 MeV の α 線の Si 中の飛程は 0.1 mm 以下なので，α 線測定には 0.1 mm 厚の空乏層で十分である．一方，高エネルギー重イオンの測定では，厚さ 1 mm の Si 検出器を何枚も重ねて使用することもある．検出器の面積は Si 表面に作成する電極の形で決まり，100 cm^2 以上の検出器も製作可能である．しかし面積が大きくなると検出器の静電容量が増加するため，エネルギー分解能が劣化する．したがって，大面積の Si 検出器が必要なときは，電極を分割し，1 区画あたりの面積を小さくすることが有効である．

電極を分割することで，放射線の検出位置を知ることもできる．たとえば，60 mm×60 mm の Si 検出器の表面の電極を x 方向に 60 分割し，裏面の電極を y 方向に 60 分割すれば，1 mm の位置分解能で二次元の位置情報を得ることができる．このような検出器を DSSD（double sided strip detector）と呼ぶ．

一次元の位置検出では，表面電極を高抵抗材料で製作し，電極両端で観測される電荷の比から検出位置を算出する方法がある．図 2 にその概念図を示す．全長

L [mm]のSi検出器の表面電極を比抵抗R [Ω m^{-1}]の高抵抗材料で製作し，その左右両端で電荷を計測する．左端からx [mm]の位置で放射線が検出された場合，発生した電荷Q [C]は抵抗値の逆数に比例して左右に分配されるため，電極左端では，

$$Q_L = Q \frac{R(L-x)}{RL}$$

右端では，

$$Q_R = Q \frac{Rx}{RL}$$

の電荷が観測され，

$$\frac{Q_R}{Q_L + Q_R} = \frac{x}{L}$$

により位置xを求めることができる．位置検出器としては古くから一般的に使われているため，PSD（position sensitive detector）といえば通常このタイプの検出器をさす．この方法は，正方形の高抵抗電極の四角に電極を配置することで二次元の位置検出にも応用できる．また，たとえば長さ60 mm×幅5 mmの一次元PSDを12枚並べると，60 mm×60 mmの二次元位置検出器を構成でき，DSSD同様よく使用されている．

一方，空乏層の厚いGe検出器では，電荷収集の時間変化（パルス波形の立ち上がり形状）が，電荷発生位置と電極との間の距離（深さ）によって異なることを利用して，深さ方向の位置情報を得ることができる．電極分割とパルス波形分析を組み合わせることで，同軸型Ge検出器や平板型Ge検出器におけるγ線相互作用位置を三次元で決定することも可能である．γ線相互作用位置の測定は，γ線の入射方向をコンプトン散乱の散乱角度を測定することで決定するコンプトンカメラの実用化に有用である．また，高速で運動する原子核から放射されるγ線を測定するインビームγ線分光では，ドップラー効果によってγ線のエネルギーがシフトするため，原子核の運動方向に対するγ線の放射角を精密に測定しドップラー効果を補正する必要がある．この放射角の決定に三次元位置検出が使われる．

その他の半導体検出器では，テルル化カドミウム（CdTe）やテルル化亜鉛カドミウム（CdZnTe）半導体検出器が実用化されている．結晶の大きさは10 mm角×1 mm厚程度に制限されるが，Geよりも原子番号が大きく，室温でも動作するため，使い勝手のよいコンパクトなγ線検出器として利用されている．ただしこれらの化合物半導体では電荷（特に正孔）の移動度が低いため電極への電荷収集効率が低く，また電荷移動距離によっても収集効率が変化するため，エネルギー分解能はGeやSi検出器には及ばない．特殊な用途の半導体検出器では，ダイヤモンド検出器が実用化されつつある．ダイヤモンドは非常に大きなバンドギャップ（5.6 eV）をもつ半導体なので，数百度の温度環境下でも検出器として動作し，可視光にも感度がない．また，応答時間が速く，放射線損傷にも高い耐性をもつため，高計数率の粒子検出器として優れた性能を示す．現在8 mm角×0.5 mm厚程度の大きさの検出器まで実用化されている．バンドギャップが大きいためエネルギー分解能はSi検出器に及ばないが，α線のエネルギースペクトルの測定には十分使用できる．　〔浅井雅人〕

固体シンチレーション検出器 II-12

solid state scintillation detector

　放射線検出には，放射線と物質との相互作用が利用されている．半導体検出器や電離箱では電離作用が利用されているが，シンチレーション検出器は，励起作用を利用した検出器である．放射線によって励起された物質を構成する原子や分子は，脱励起過程で光子を放出する．蛍光（シンチレーション）として光子を放出する物質をシンチレータと呼び，この蛍光を光電子増倍管やフォトダイオード等の受光素子で電気信号に変換して測定する．このため，シンチレータは，自身のシンチレーションに対して透明であることが望ましい．また，シンチレーションを効率よく検出するために，シンチレーション波長の感度波長領域をもつ受光素子を選定する必要がある．

　固体シンチレーション検出器は，固体シンチレータを使用したシンチレーション検出器のことである．固体シンチレータは，有機シンチレータと無機シンチレータに大別される．一般的に有機シンチレータは，①シンチレーションの減衰時間が短く高計数率測定に向く，②加工しやすく比較的安価，③中性子を検出可能なものもあるが，④密度が小さくγ線検出に不向き，⑤エネルギーあたりの光出力が小さい，⑥長期間あるいは高線量環境下の使用では劣化を考慮する必要があるといった特徴がある．また，無機シンチレータは，①光出力が大きい，②高線量環境下で劣化しにくい，③セラミックなどバリエーションが豊富であるといった特徴がある．

　有機シンチレータでよく利用されるものとして，目的に応じた加工・形成の容易なプラスチックシンチレータがあげられる．このほか，有機シンチレータとしては光出力の大きなアントラセンや放射線の種類に応じて減衰時間の異なるスチルベンがあるが，衝撃に弱く大型の検出器はつくりにくい．また，次章で説明する液体シンチレータも有機シンチレータの一つである．

　無機シンチレータでよく利用されるものは，アルカリハライドシンチレータである．とくに，タリウムを添加したヨウ化ナトリウム（NaI(Tl)）は，1948年に発表されて以降，いまでも広く使用されている．NaI(Tl)は，光出力はシンチレータ中でも最高クラスであるが，潮解性があるため密閉容器に入れて使用することになるうえ，衝撃にも弱く使用環境も制限される．このことから，近年，セラミックシンチレータの適用が進んでいる．よく利用されるものとしてビスマスジャーマネイト（$Bi_4Ge_3O_{12}$，通称BGO）がある．光出力は，NaI(Tl)の1/10程度であるが，密度が大きく（$7.3\,g\,cm^{-3}$），シンチレータを構成する元素の原子番号が大きいため，X線やγ線の測定に利用されている．このほか，より光出力の大きな$YAlO_3(Ce)$（通称YAP(Ce)）や$Lu_2(SiO_4)O$（通称LSO），シンチレーションが長波長側にある$Y_3Al_5O_{12}(Ce)$（通称YAG(Ce)）なども医療や鉱工業を中心に適用されてきている．

　α線サーベイメータや重粒子線検出でよく使用されているものとして，銀を添加した硫化亜鉛（ZnS(Ag)）が知られている．光出力は，NaI(Tl)と同等であるが，透明な単結晶として入手できない．このため，数$mg\,cm^{-2}$から$25\,mg\,cm^{-2}$の厚さとなるように加工して使用することになる．

〔安田健一郎〕

液体シンチレーション検出器 II-13

liquid scintillation detector

液体シンチレーション検出器は，測定試料をシンチレータや溶媒などとともに低カリウムガラスバイアルやポリエチレンバイアルなどに入れて溶解あるいは混合し，放出されるシンチレーションを受光素子で測定することで放射線を検出する検出器である．通常，測定試料は液体か溶媒に可溶性の試料であるが，十分に懸濁・乳化すれば不溶性であっても測定可能である．

測定試料とシンチレータを混合して測るため，α線やβ線，X線のような飛程の短い放射線を非常に効率よく測定することができる．低エネルギーβ線を放出する^{3}Hや放射性炭素^{14}Cのほか，β線のみ放出する^{32}Pや^{35}Sなどの測定にもよく用いられている．これらの元素は，生物学的に重要な元素であるため，液体シンチレーション検出器は，生化学の分野で古くから利用されている．

液体シンチレーション検出器で使用されるシンチレータには，芳香族炭化水素系シンチレータであるp-テリフェニル（TP），2,5-ジフェニルオキサゾール（PPO），2-(4-ビフェニリル)-5-(4-tert-ブチル-フェニル)-1,3,4-オキサジアゾール（Bu-PBD）などが使われる．これをトルエンやキシレンなどの有機溶媒に溶解して使用するが，シンチレーションの波長が比較的短いため，光電子増倍管等の受光素子で測定しやすいように波長シフタとして1,4-ビス(5-フェニル-2-オキサゾリル)ベンゼン（POPOP）や1,4-ビス-2(4-メチル-5-フェニルオキサゾリル）ベンゼン（DM-POPOP）などを添加する．

測定試料が水溶液である場合，溶解・混合することが困難となることから，さらに界面活性剤を添加する場合もある．最近では自家で混合することはまれで，混合済みのシンチレータカクテルを購入し，目的に応じて使用される．

測定に際し注意を要する点として，クエンチングがあげられる．クエンチングとは，シンチレータに測定試料や溶媒，界面活性剤などが不純物として混入することにより，純粋なシンチレータに比べ光出力が減少する現象である．光出力の減少に伴い，シンチレーションを電気信号に変換する際，ノイズを低減するために設定するLLD（low level discrimination）を下回ってしまう信号が増えるため，全体の計数率が低下する（図1）．

このクエンチングには，色クエンチングと化学クエンチングがある．色クエンチングは，シンチレータに不純物が混入することによって生じる着色により，シンチレーションの一部が吸収されてしまうために生じる．一般的なシンチレータカクテルの発光波長は400 nm前後であるため，この領域に吸収波長をもつ測定試料の場合には，とくに注意を要する．β線スペクトルの形状は，光出力の減少に伴いやや低エネルギー側にシフトする程度であるが，^{3}Hや^{14}Cのように低エネルギーのβ線を放出する核種を測定する際には影響が大きい．

化学クエンチングは不純物の影響により，シンチレータへの放射線エネルギーの

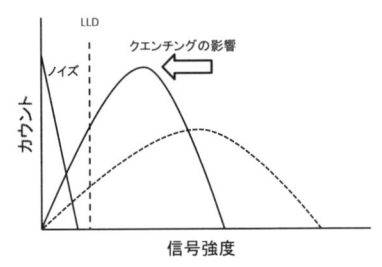

図1　クエンチングによる計数率低下の概念

移行が妨害されることで生じる．エネルギー移行自体への妨害となるため，β線スペクトルの形状が，色クエンチングに比べ低エネルギー側に大きくシフトし計数率も低下する．試料中に酸素が多く含まれると光出力が低下することも知られており，必要に応じて超音波振動装置により脱気する，窒素ガスやアルゴンガスのバブリングで酸素を追い出すなどの対策が有効である．これらのクエンチング補正には，内部標準線源法が最も正確な方法として知られている．これは，測定後，既知の放射能をもった標準溶液を添加し，再測定することで計数効率を評価する方法である．しかし，この方法では手間がかかることから，外部標準線源法を利用することも多い．この外部標準線源法は，装置に ^{137}Cs や ^{133}Ba などの γ 線の標準線源を内蔵し，測定前に照射することにより二次電子を発生させ，クエンチングのない場合のスペクトル形状と比較し補正する方法である．最近発売されている測定装置の多くはこの方法を採用しており，クエンチング補正を自動化している．

現在，多くのメーカーが目的に応じた測定装置を製造・販売しているため，測定者自身が液体シンチレーション検出器を組み合わせて測定装置を構成することはほとんどない．前述のクエンチング補正だけでなく，受光素子の熱雑音対策として複数の受光素子を用いた同時計数法の適用や宇宙線由来のバックグラウンドを低減するためのBGO（→II-12）ガード検出器の導入，試料の測定環境を安定させるためのチラーの内蔵など，さまざまな工夫がなされている．

^{32}P 測定など，比較的高いエネルギーの β 線を測定する場合，液体シンチレーション検出器の測定装置を利用し，チェレンコフ光を測定する方法がある．図2に β 線の最大エネルギーに対するチェレンコフ光の効率を示す．

チェレンコフ光は，シンチレーションと

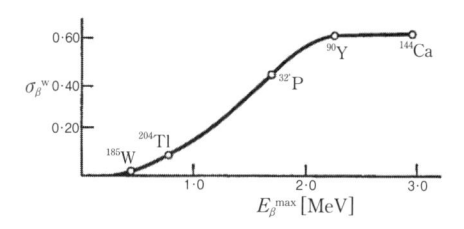

図2 β線の最大エネルギーに対するチェレンコフ光の効率[1]

は異なる物理現象によって放出されるため，シンチレーション測定とは異なる注意点がある．

チェレンコフ光は，荷電粒子が物質中を光速より速く運動する際に，荷電粒子のつくる電磁場が荷電粒子に取り残される影響で生じる電磁波である．チェレンコフ光が発生する荷電粒子のエネルギー閾値 (E_{th}) は，

$$E_{th} = m_0 c^2 \left(-1 + \frac{n}{\sqrt{n^2-1}} \right)$$

である．水中（$n=1.33$）における β 線 ($m_0 c^2 = 511$ keV) のエネルギー閾値は，264 keV となり，これをこえるエネルギーをもっている必要がある．

また，チェレンコフ光は電子の進行方向にそって円錐状に放出される．最近発売されている測定装置の多くは，先に述べたように受光素子の熱雑音を排除するため，180°方向に設置された2台の受光素子で同時計数法により測定しているので，チェレンコフ光を測定する場合，同時計数されにくい．多くの測定装置には，シングルフォトン計数モードが用意されているため，これを適用すると，熱雑音も増加するが効率よく測定できる．　　　　〔安田健一郎〕

文　献

1) W. J. Gelsema, *et al*., Internat. J. Appl. Radiat. Isotop. 26, 443-450（1975）.

固体飛跡検出器　　II-14

solid state track detectors

　初期の放射線計測から利用されている飛跡検出器には，霧箱，泡箱，乳剤，固体，といったさまざまな種類があり，いずれも放射線が通過した軌跡が検出材に残る様子を観測することが特徴である．霧箱は過飽和蒸気量を含む空気中に放射線が通るとき，霧状の軌跡を残す現象を利用しており，α線，β線などが観測できる．

　泡箱は霧箱に類似した原理で液体水素中に発生する泡の軌跡を観測する．これによりはじめてニュートリノの（間接的）観測に成功した．

　原子核乾板は，厚く塗布されている乳剤中の非常に小さい臭化銀（AgBr）微粒子が，入射した荷電粒子によって感光し，現像すると飛跡が黒い銀粒子の列として現れる現象を利用する．これは宇宙線や素粒子の研究に用いられた．

　次に固体飛跡検出器は，放射線が固体中につくる飛跡（放射線損傷）を拡大して観察するもので，中性子線量測定，宇宙線線量測定，年代測定などさまざまな分野で利用されている．この検出器の利用は現在でも活発で，新素材による新しい機能を備えた固体飛跡検出器の開発も進められている．検出器素材は，雲母，ガラス，プラスチックのような絶縁性固体であり，そのなかに記録された荷電粒子の飛跡（ナノメートル単位の損傷部）が，化学試薬によってその他の部分より早く溶解するので，損傷がマイクロメートル単位に拡大する．その大きさや形状を光学顕微鏡で観察する方法が一般的である．とくに，優れた感度をもつ CR-39（アリルジグリコールカーボネイト）が開発されて，この分野の発展を促した．電源を必要とせず，小型で安価であること，X線，γ線の放射場や，電磁場に影響されないという固体飛跡検出器の利点に加えて，計測されるエッチピットの形状と大きさが有している入射粒子の種類やエネルギーの情報の精度が向上し，積分型検出器として幅広い分野に利用可能となった．その特性を最も生かした実用例にスペースシャトル乗務員の線量測定がある．このような近宇宙空間では，陽子による被ばくの寄与が大きいので，粒子識別性のある CR-39 検出器が採用され，エネルギー情報を含めて測定された．その他鉱物や天然ガラス中の核分裂片の飛跡からの年代測定（→V-14）は古くから知られている．ここではそのほかに三つの応用例を挙げる．

　(1) 中性子測定：　これも歴史的に古くから応用されている．電荷をもたない中性子はそれ自身の飛跡はつくらないが，飛跡検出器構成原子との衝突・核反応によって発生する二次荷電粒子が飛跡をつくる．

　(2) ラドン濃度の測定：　ラドン（Rn）の娘核種の壊変に伴う α 線の飛跡を検出する方法で，最も簡便な手法として世界的に普及している．自然放射線による被ばくの大半を占める Rn の濃度は，居住空間や環境条件によって大きく異なるので，Rn モニターとして重要である．

　(3) 原子核物理学における応用：　高エネルギー粒子が引き起こすターゲット物質の核破砕反応の断面積測定，クラスター放射性壊変の研究，モノポール探査実験などにも用いられてきた．

　以上のような幅広い応用に加えて，近年は記録された飛跡の読取り方法の自動化，高速化も図られ，原子間力顕微鏡によるナノメートルに近い領域での飛跡観察も可能になり，新しい応用も期待される．

〔横山明彦〕

【コラム】ルミネセンス法 Ⅱ-15

luminescence dating methods

　地球上には，空から宇宙線が降り注いでおり，地殻では長寿命放射性核種や天然壊変系列の放射線が放出されている．これら放射線のエネルギーは地殻では土壌や岩石・鉱物などにすべて吸収され，その大部分は直ちに熱や光となって消滅している．しかしながら，ごく一部の放射線エネルギーは鉱物中の格子欠陥や不純物部位に準安定な部位として蓄積保存される．石英や長石のような白色鉱物の場合，この準安定な部位は加熱や光で刺激（励起）することにより発光（ルミネセンス）現象を示す．
　加熱で観察されるのが熱ルミネセンス（thermoluminescence：TL）であり，加熱温度に伴う発光曲線をグロー曲線と呼ぶ．一方，光刺激由来のルミネセンスは光刺激（励起）ルミネセンス（optically stimulated luminescence：OSL）であり，励起光照射時間に伴う発光曲線は OSL（シャインダウン）曲線と呼ばれる．おのおのの特徴的なルミネセンス強度を用いると，蓄積した放射線のエネルギーに比例するため，火山灰層とか焼成考古遺物など被熱作用を受けた試料や過去に光曝した地層の年代測定や温度履歴の情報を知るのに用いられる．
　自然鉱物に代わって，人工素子を用いてTLやOSLを高感度で観測することが可能であり，これらのルミネセンス強度は被ばく放射線線量測定や環境放射能測定に使われている．
　ルミネセンス年代測定への原理としては，図に示すように過去に焼成した土器片や窯跡試料や火山灰地層から，あるいは太陽光光曝した地層から，白色鉱物としての石英や長石粒子を抽出し，ルミネセンス測定試料として用いる．白色鉱物粒子を試料とし，粒子表面に付着している不純物をフッ化水素酸溶液による表面処理で除去するのは，α 線の照射部位を除くことと，光の透過効率を良好に保つためである．
　焼成や光曝により石英や長石粒子はいったん準安定なエネルギー部位が消失し（ゼロセッティング），その後の埋没環境で再

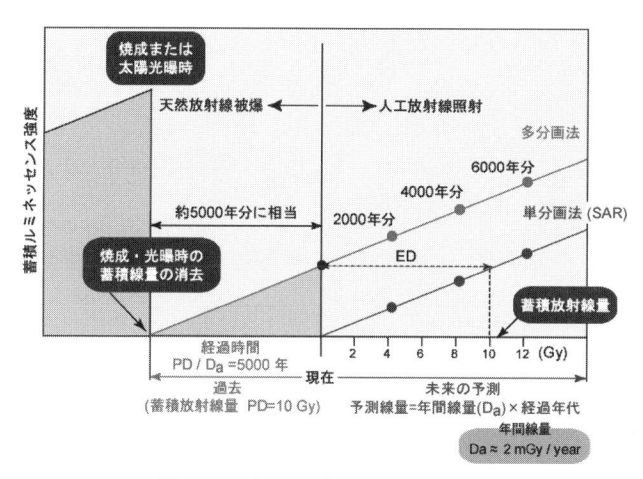

図1　ルミネセンス年代測定法の概念図

び放射線作用を準安定部位として蓄積する．その蓄積量を加熱や光刺激に基づき TL や OSL 測定してゼロセット以降の年代を評価する．一方，試料採集現場の環境放射線は，高感度 TLD 素子や放射線測定器によるその場（in situ）測定や試料が埋まっていた土壌の自然放射線の測定などにより行い，年間の放射線線量（年間線量：D_a）に換算する．

図1で示すように，一定量の白色鉱物粒子が過去に蓄積してきたルミネセンス強度，すなわち現在のルミネセンス強度を測定する．ルミネセンス強度の応答特性は，標準放射線源（β 線または X 線）で粒子試料を照射して求める．今日，放射線応答特性に多用されている単分画再現法（single aliquot regeneration：SAR）は，蓄積ルミネセンス測定した試料画分をそのまま線量応答特性調査に使う方法である．多数回の放射線照射や TL または OSL 測定に基づくルミネセンス感度変化を補正しつつ測定するので，正確な線量応答特性が確保できる．線量応答特性を用いて天然蓄積ルミネセンス強度を内挿し換算した吸収線量を線量当量（ED）あるいは考古線量（PD）と呼ぶ．この（ED）を年間線量（Da）で除することでルミネセンス年代が求まる．この SAR 法は多分画再現法（MAAD；標準添加分析法に類似）より高信頼性を有しているうえに，石英粒子試料が単一（5～10 mg）分画で年代測定可能となり，結果的に貴重な考古学試料の破壊が少なくてすむ特徴を有している．

人工放射線照射とルミネセンス測定は同じ条件で行う必要があり，市販の TL/OSL 測定器では Sr-Y の β 線源やわが国で開発された小型 X 線発生装置が使われており，ルミネセンス測定は雑音を少なくできる光計数法が使用されている．

1980 年代に，焼成考古遺物や火山灰起源石英粒子においては赤色熱ルミネセンス（RTL）が普遍的であり RTL 成分が長期間安定であることから，それ以前の青色（BTL）測定に代わって RTL 年代測定法が普及している．

OSL 年代測定でも石英粒子を使用し，青色発光ダイオード（LED）からの 470 nm の光励起で紫色域（<450 nm）波長側のルミネセンスが測定されている．一般的には励起後 10 s 以内の短時間のルミネセンス強度が用いられる．連続的に励起光を照射する OSL 測定に加えて，μs 間隔でパルス状に LED を発光させパルス間のルミネセンスを測定する P-OSL（Pulsed-OSL）法も開発されてきており，長石・石英粒子混合物からのそれぞれの分別ルミネセンス成分測定が有望視されている．

ルミネセンス年代測定法が適用できる限界は，放射線照射由来の準安定部位の安定性や飽和性に基づいており，ほぼ十数万年より若い領域であろう．ルミネセンス年代法独自の展開はもとより，炭素成分を欠いた遺跡や遺物のための C-14 年代測定法の補完法としてルミネセンス年代測定法は今後の発展が期待されている．

さらに，ルミネセンス感度の高い長石成分（カリ長石）を用い，いったん 220℃ 付近で赤外線照射した後，再度 290℃ の加熱状態で赤外線励起した際に出るルミネセンスを計測することにより，数十万年までの堆積層を年代測定する方法が最近進展してきている．

近年は高感度人工素子を使ったルミネセンス観測は，環境放射能や管理区域内の被ばく放射線量測定に多用されている．TLDとともに近年は広範囲の線量測定が適用可能とのことで，OSL 素子が進展してきている．平面状の人工 OSL をコーティングしたイメージングプレートはルミネッセンスの利用そのものである． 〔橋本哲夫〕

スーパーカミオカンデ　II-16

Super-Kamioka nucleon decay experiment：Super-Kamiokande

　東京大学宇宙線研究所が，岐阜県飛騨市神岡町池の山（標高1396 m）の地下1000 mの神岡宇宙素粒子研究施設内に設置した直径39.3 m，高さ41.4 mの世界最大の水チェレンコフカウンター．5年の歳月をかけて建設され，1996年から陽子崩壊や各種ニュートリノ（大気ニュートリノ，太陽ニュートリノ，人工ニュートリノ，超新星爆発に関係するニュートリノ）の観測に用いられている．水タンクは，約5万トンの純水で満たされ，周囲の壁面には約11000個の直径約50 cm（20インチ）の世界最大の光電子増倍管が配置されている．水との相互作用で生成する高速電子が放つチェレンコフ光を観測することにより陽子崩壊やニュートリノを検出する．
　太陽ニュートリノや大気ニュートリノの研究では，1998年に大気ニュートリノの観測で，ニュートリノが飛行する間にその種類が変化する現象（ニュートリノ振動）を発見し，さらに2001年には，太陽ニュートリノの観測で，太陽ニュートリノ振動を発見している．また人工ニュートリノの研究（T2K実験：東海-神岡間長基線ニュートリノ振動実験）では，茨城県東海村に日本原子力研究開発機構と高エネルギー加速器研究機構が共同で建設，運営している大強度陽子加速器施設（J-PARC）のニュートリノ実験施設で生成したミュー型ニュートリノが，神岡まで飛行中に変化した電子型ニュートリノを観測し，ニュートリノ振動の直接的な発見として2013年に発表し

図1　スーパーカミオカンデイメージ図（写真提供：東京大学宇宙線研究所神岡宇宙素粒子研究施設）（口絵1参照）

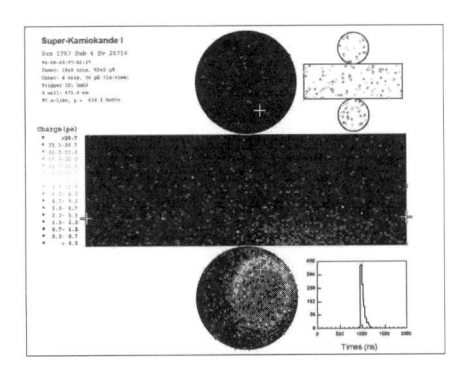

図2　電子ニュートリノによるイベント（写真提供：T2K共同実験グループおよび東京大学宇宙線研究所神岡宇宙素粒子研究施設）（口絵2参照）

世界的な注目を集めている．J-PARCは，東日本大震災やハドロン実験施設での放射能漏えい事故により，一時的に運転を停止していた期間もあったが，反ニュートリノを含む人工ニュートリノの研究をはじめとして各種ニュートリノの研究が精力的に行われておりその成果が期待されている．

〔三浦太一〕

III

人工放射性元素

核図表

III-01

nuclear chart / chart of the nuclides

　原子には，原子番号（原子中の電子数）が付与される．この原子番号で順序づけした元素に現れる周期的な化学的性質を表現した図が，メンデレーエフの周期表であることはよく知られている．これと同様のことを原子核に対して行い，順序づけて配列したものが核図表である．

　核図表の見方　原子核は陽子と中性子の2種類の粒子から構成されているため，縦軸に陽子数（Z），横軸に中性子数（N）をとって並べる．核図表の一部を抜粋した図1をみてほしい．陽子数と中性子数を与えると原子核が一つ決まり，図の一ますが対応する．黒い四角は安定核と呼ばれ，崩壊しない原子核である．安定核の集まりは核図表のなかで"線"をなすため，「安定線」と呼ばれる．それ以外はある時間が経つと壊変して別の原子核に変化するもので，その半減期に応じて3段階（30日以上，10分以上，それ以下）に濃さを変えて示されている．壊変の仕方（→I-02）によっても，異なる表示がされるのが一般的である．

　縦軸は元素の原子番号と同一であり，たとえば陽子数$Z=1$の水素には中性子数$N=0, 1, 2$の三つの原子核が存在する．これらは同位体と呼ばれ，それぞれ水素，重水素，三重水素という名前がついている．同位体に個別の名前がついているのは例外的で，通常は，元素記号と質量数（$A=N+Z$）を用いて，たとえば炭素の同位体であれば，^ACという形で表記することが多い．安定な炭素の同位体は，^{12}Cと^{13}Cの2種類のみである．

　核図表のなかで，自然界に存在する同位体のほとんどは，安定核に対応するものだけである．ただし，不安定な同位体にも，ラドン（Rn）やトリウム（Th）のようにごく微量存在し，環境放射能（→VI章）のもとになっているものがある．このような微量放射能もその量を測定することが可能であり，たとえば微量な^{14}Cの量を測定することで，年代測定ができることはよく知られている（→VIII章）．

　ドリップライン　図1の黒い四角とその外側（白色）の領域の間の境界線をドリ

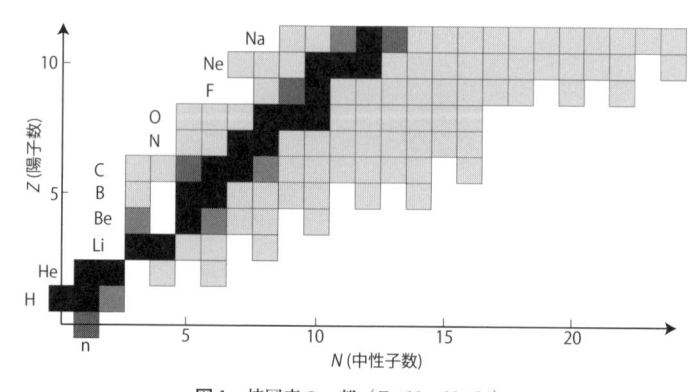

図1　核図表の一部（$Z\leq 11, N\leq 24$）．濃度分けは日本原子力研究開発機構・核データ評価研究グループによる核図表（2010年）に基づく．

ップラインと呼ぶ．この線の外側には，原子核は存在しないと考えられており，図からわかるように N と Z の特定の範囲にだけ原子核は存在する．白色の原子核を生成しても，たちまち壊れてしまう．たとえば，16個の中性子をもつ酸素の原子核に，さらに中性子を加えようとしても，これ以上中性子を束縛させることができずに，こぼれ「落ちて」しまう．これが「ドリップライン」の名前の由来である．右側の境界線では中性子がこぼれ落ちるので「中性子ドリップライン」，左側の境界線をこえると陽子がこぼれるので「陽子ドリップライン」と呼ばれる．

　ドリップラインがどこにあるのかを確定することは非常に困難である．図1に示したドリップラインは，2010年までに人工合成された原子核が示されており，この外側にまだ生成されていない原子核が存在する可能性は十分ある．存在しないことを証明することは，存在の発見よりもはるかに難しい作業である．また，図1には $Z \leq 11$ の比較的"軽い"（質量数 A が小さい）原子核が示されているが，はるかに大量の重い原子核が存在し，これら大きな Z の領域でドリップラインを確定することは現在の技術ではほとんど不可能といってよい．

　ドリップラインの確定を困難にしている要因はほかにもある．Heの同位体 ($Z=2$) をみてほしい．^{4}He (α 粒子) に中性子を一つ加えようとしても，その中性子は結合できない．つまり，^{5}He という原子核は存在しない．しかしもう一つ中性子を加えた ^{6}He は存在する．さらに，もう二つ中性子を加えた ^{8}He も存在する．こういったとびとびの構造が核図表上の至るところに存在している．

　また，原子核の壊変の仕方がいろいろあること（→I-02）も事態を複雑にする．図1に表示されている黒以外の原子核はすべて β 壊変する．つまり，質量数 ($A=N+Z$) を変化させずに，N と Z の値を一つずつ変化させて，原子核を黒の安定線の方向に変化させる．非常に重い原子核の多くは，α 壊変や自発核分裂によって核壊変する．図1のなかでも，たとえば，安定な ^{7}Li に陽子を一つ加えると結合して ^{8}Be になるが，この原子核は存在しない．それは瞬く間に二つの α 粒子に壊れてしまうからである（核図表によっては α 壊変する原子核として表示されている）．^{7}Li に陽子を二つ加えた ^{9}B も存在しないが，三つ加えた ^{10}C は存在する．このように，ドリップラインの確定は一筋縄ではいかないのである．

核図表からわかること　核図表を眺めるだけで，原子核の重要な性質がいくつか見えてくる．図1からまず気づくことは，安定核は陽子数と中性子数がほぼ等しいところ（$N \approx Z$）に存在することである．つまり，原子核は $N=Z$ の状態を好み，N と Z が3倍以上異なる原子核は存在しないと考えられている．一方で，安定線からドリップラインまでの距離は，中性子側が遠い．すなわち陽子よりも中性子を多く結合できる．また，原子核は偶数の N や Z を好むこともわかる．たとえば中性子ドリップラインをみるとギザギザしているが，欠けている原子核は奇数の N に対応する．また N も Z も奇数であって安定な原子核は ^{14}N よりも重い領域には存在しない（^{40}K など例外的に半減期が長いものはある）．こういったことは，陽子・中性子の性質，原子核を形づくる力の性質（→I-01）などを反映している．　〔中務　孝〕

テクネチウム，プロメチウム

III-02

technetium, promethium

テクネチウム（technetium：Tc）とプロメチウム（promethium：Pm）はそれぞれ原子番号 $Z=43$ と 61 の元素である．$Z=1$ の水素から安定核種が存在する元素中最も Z が大きい鉛（$Z=82$）までの間で，この 2 元素のみ安定核種が存在しない．このことは原子核の Z と中性子数 N に関する安定性から定性的に理解できる．Z, N がともに奇数である核種（奇奇核）は，より安定な Z, N が偶数の同重体（偶偶核）に β 壊変する．質量数 98 の例を図 1 に示す．縦軸は質量偏差，横軸は原子番号を示しており矢印は壊変が起こる方向を示している．Tc-98（$Z=43, N=55$）はより安定なモリブデン（molybdenum）Mo-98（$Z=42, N=56$）またはルテニウム（ruthenium）Ru-98（$Z=44, N=54$）に壊変する．実際，現在見つかっている $Z≧9$ の奇奇核はすべて不安定核種である．言い換えると Z が奇数である安定核種は偶数の N をもっている．しかし偶数の N をもっていても Tc と Pm には Z が $±1$ に，より安定な同重体が存在しているため安定核種が存在しない．Tc 近傍の例として，質量数 95, 97, 99, 101 の同重体の質量偏差を図 2 に示す．各同重体の間で放物線の両側から中心に落ちるように β 壊変していくが，質量数 95, 97 は Mo で，質量数 99, 101 は Ru で安定核種となっている．

Tc と Pm の 2 元素とも安定核種が存在せず，半減期も太陽系の年齢に比べはるかに短いため，原子番号が近い他の元素や同族元素と比べ地球上での存在量が極端に少ない．そのため，この 2 元素の最初の発見は，天然物からではなく人工的に製造した

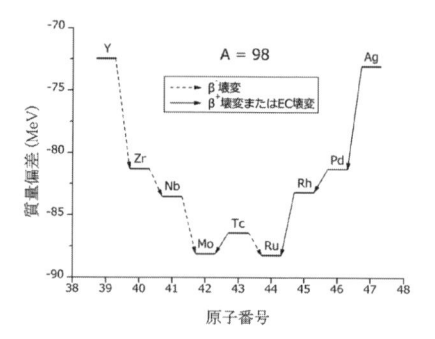

図 1　A＝98 同重体の壊変と質量偏差

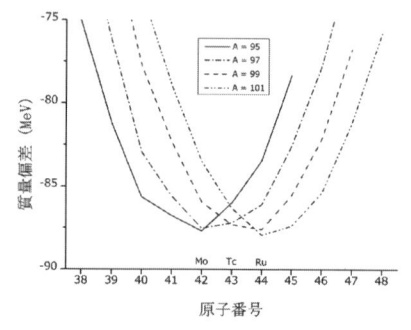

図 2　A＝95, 97, 99, 101 同重体の質量偏差

核反応生成物から放射化学的に分離することで成された．以下に発見と化学的性質について述べる．

テクネチウム　1937 年，ペリエ（C. Perrier）とセグレ（E. Segre）は重陽子で数カ月照射したモリブデン板を系統的に化学分析して，その化学的性質から 43 番元素の発見を報告した[1]．この元素は "人工の" を意味するギリシャ語 "$\tau\varepsilon\chi\nu\eta\tau o\varsigma$" にちなんで命名された．地球上で天然には Tc-99 が U-238 の自発核分裂生成物としてピッチブレンド（瀝青ウラン鉱）1 kg 中に 0.2 ng 程度見つかっている[2]．マクロ量の Tc-99 は原子炉の核燃料中に U-235 の中性子捕獲核分裂反応生成物として約 6% の収率で生成している．

Tc 同位体は質量数 85 から 118 まで報告

されているが，実用上重要なのはTc-99の核異性体（Tc-99m）である．Tc-99mは適度な半減期（6.01時間）と，検出しやすいγ線エネルギー（主に141 keV）をもっている．さらに，Tcの化学的性質は同族元素のレニウム（rhenium：Re）と似ており，-1から$+7$までの幅広い酸化数をとることが可能で，多くの化合物と種々の錯体を形成するため，核医学検査用として理想的な核種である．一般的にTc-99mは半減期66時間のMo-99を親核種としたミルキング（milking）により製造される．Tc-99mおよびMo-99の放射性医薬品としての国内供給量は両方合わせて年間400 TBq程度であり，約70万件（2012年）の核医学検査が実施されている．

ミルキングで製造されるTc-99mの化学形は安定な過テクネチウム酸イオン（TcO_4^-）である．このまま投与されることもあるが，特定の検査部位に集積させるために，Tcの酸化数を変え（$+7$から還元），反応性を上げたうえで，何らかの錯形成剤と反応させ，Tc-99m-HMDP（骨シンチグラフィ用）をはじめ，Tc-99m-ECD（脳血流シンチグラフィ用）やTc-99m-DTPA（腎シンチグラフィ用）などのキレート錯体の形で投与される．テクネチウム製剤の開発は，現在も引き続き行われており，分子イメージング研究の一端を担っている．

プロメチウム　プロメチウムは希土類元素に属しており，他の希土類元素と化学的性質が似ているため単離が難しい．そのため，核反応で製造したプロメチウムからの放射線を検出する際は，ネオジム（$Z=60$）やサマリウム（$Z=62$）から放出される放射線が強く妨害する．いくつかの研究グループがプラセオジム（$Z=59$）やネオジム，サマリウムにα粒子や重水素，中性子などを照射し，プロメチウムの検出を試みたが，確かな同定には至らなかった[3]．最終的には1947年，マリンスキー（J.A.Marinsky）とグレンデニン（L.E.Glendenin），コリエール（C.D.Coryell）が照射済ウラン燃料の希土類フラクションについてクエン酸系陽イオン交換法を適用し，その溶離位置から61番元素を同定したと報告した[4]．この元素はギリシャ神話の火の神プロメテウス（Prometheus）にちなんで命名された．地球上で天然にはU-238の自発核分裂生成物としてピッチブレンド1 kg中に4 fg程度存在していると報告されている[5]．

Pm同位体は質量数128から159まで報告されている．そのなかでPm-147が比較的長い半減期（2.62年）をもっていることや核分裂生成物中に比較的多く含まれる，γ線放出率が低いなどの特徴から夜光塗料やグローランプなどに使われていた．

〔菊永英寿〕

文　献

1) C. Perrier and E. Segrè, J. Chem. Phys. 5, 712 (1937).
2) B. T. Kenna and P. K. Kuroda, J. Inorg. Nucl. Chem. 26, 493 (1964).
3) H. B. Law, et al., Phys. Rev. 59, 936 (1941); C. S. Wu and E. Segrè, Phys. Rev. 61, 203 (1942).
4) J. A. Marinsky, et al., J. Am. Chem. Soc. 69, 2781 (1947).
5) M. Attrep Jr. and P. K. Kuroda, J. Inorg. Nucl. Chem. 30, 699 (1968).

超ウラン元素　III-03

transuranium elements

フェルミ（E. Fermi）らはウランに中性子を照射して，中性子の多い「放射性ウラン」を合成し，そのβ^-崩壊後に超ウラン元素ができることを予想して実験を行った．実際，それまでに知られているどの重い元素とも化学的性質の異なる放射性物質が生成されたので，フェルミらはウランより重い新しい元素を合成したと考えた（1934年）．しかし，この放射性物質は，後にハーンとシュトラスマン（O. Hahn, F. Strassmann）によって，まったく新しい核現象である核分裂（→I-21）によってできる核分裂生成物であることが明らかにされた（1939年）．

ネプツニウム（neptunium：Np, $Z=93$）最初の超ウラン元素（transuranium elements，ウランより原子番号が大きい元素）であるネプツニウムは，マクミランとアーベルソン（E. M. McMillan, P. A. Abelson）によって発見された．

$$^{238}U(n, \gamma)\,^{239}U \xrightarrow[23.45\,\text{min}]{\beta^-}\,^{239}Np \xrightarrow[2.4\,\text{日}]{\beta^-}$$

薄いウラン標的と薄い捕集箔を使って純粋な半減期2.4日の成分を分析した．その結果，この物質は希土類元素とは明らかに異なることが示された．すなわち，セリウム（Ce）を担体として用いたとき，酸化剤（BrO_3^-）があるときはフッ化水素で沈殿しないが，還元剤（SO_2）があるときはフッ化水素で沈殿するのである．さらに，二つの酸化状態はウランと似ているが，新しい元素の低い酸化状態はウランのそれよりも安定であることがわかった．これらのことから，マクミランとアーベルソンは新しい元素の化学的性質は同族と考えられるReとは異なり，ウランと似ていることから「ウランから始まり，類似元素からなる第二の希土類があるかもしれない」と述べている．これは，後にシーボルグ（Seaborg）がアクチノイド元素の概念を提唱したことを示唆している点で非常に興味深い．

新元素発見の決定的な証明は，半減期2.4日の新しい放射能は確かに半減期23分のウランから成長してくるものであるということを確認することでなされた．

ネプツニウムの名前は，ウランの名前の由来がUranus（天王星）であることから，太陽系の次の惑星であるNeptune（海王星）に由来する．

プルトニウム（plutonium：Pu, $Z=94$）U_3O_8標的に16 MeV重水素を照射し，注意深く化学的に精製した93番元素の放射能を，ウランに中性子照射して生成する93番元素（^{239}Np）の放射能と同一条件で測定したところ，^{239}Npに比べてβ線のエネルギーは高く，γ線の強度も大きなものであることがわかった．この新同位体の娘核種のα壊変が探索された．

$$^{238}U(d, 2n)\,^{238}Np \xrightarrow[2.117\,\text{日}]{\beta^-}\,^{238}Pu \xrightarrow[87.7\,\text{年}]{\alpha}$$

成長してきたα放射体の親核種の半減期は約2日であり，α放射体は化学的にウランと93番元素から分離できることがわかった．このα放射体は化学的にトリウム（Th）に類似しており，はじめはトリウムから分離することができなかったが，過硫酸（$S_2O_8^{2-}$）で酸化することによりそれが可能となり，新元素である94番元素の発見を意味することとなった．

^{238}Pu発見後間もなく^{239}Npの壊変で成長する^{239}Puについて調べられた．16 MeV重水素をBeに照射して発生する中性子を1.2 kgの硝酸ウラニル（$UO_2(NO_3)_2 \cdot 6H_2O$）を標的として，^{239}Npを合成した．化学的に精製された^{239}Npの放射能は125 mCi

（≒4.6 GBq）であった．この^{239}Npから成長した^{239}Puが低速中性子で核分裂することを見いだした．核分裂性でない^{238}Uを中性子照射することで，核分裂性の^{239}Puを生成できることになる．

プルトニウムの同位体の中で最も半減期の長い^{244}Pu（8.00×10^7年）は天然に存在するという報告もあるが，まだ確認はされていない．

プルトニウムの名前はネプツニウムの次の元素ということで，Neptune（海王星）の次の惑星であるPluto（冥王星）にちなんでいる（現在では冥王星は準惑星ということになっている）．

アメリシウム（americium：Am, Z=95）
95番元素のアメリシウムは，戦時中のマンハッタン計画の研究中，シカゴ大学冶金研究所で，1945年にシーボルグら（G. T. Seaborg, R. A. James, A. Ghiorso, L. O. Morgan）によって発見された．初期原子炉の中性子を^{239}Puに長時間照射することで重さを計れるほどの量を合成した．

$$^{239}\mathrm{Pu}(n,\gamma)\,^{240}\mathrm{Pu}(n,\gamma)$$
$$^{241}\mathrm{Pu}\xrightarrow[14.325\text{年}]{\beta^-}{}^{241}\mathrm{Am}\xrightarrow[432.6\text{年}]{\alpha}$$

現在でもこの反応は，純粋な^{241}Amを合成する最も有用な方法である．

^{241}Amはさまざまな分野で広く用いられている．ほぼ単一エネルギーのα線（5.486 MeV：84.8%，5.443 MeV：13.1%）とγ線（59.5 keV）を放出するため，α線やγ線の標準線源としてのみならず，厚さ計や密度計に利用されている．煙感知器にも広く用いられているが，^{241}Amのα線とベリリウム（Be）による（α, n）反応により生成する中性子の線源としての利用が全^{241}Am使用量の主要な割合を占めている．

アメリシウムの名前は，対応するランタノイド元素のユーロピウムがヨーロッパ（Europe）にちなんで命名されたように，アメリカ（America）に由来する．

キュリウム（curium：Cm, Z=96）
96番元素のキュリウムはシーボルグら（G. T. Seaborg, R. A. James, A. Ghiorso）によってアメリシウムに先んじて次の反応により発見された．

$$^{239}\mathrm{Pu}(\alpha, n)\,^{242}\mathrm{Cm}\xrightarrow[162.8\text{日}]{\alpha}$$

比較的長寿命の^{248}Cm（3.48×10^5年）は^{252}Cf（2.645年）のα壊変生成物として得られるが，超アクチノイド元素（→III-07）の合成のための標的に用いられている．

キュリウムの名前は，ピエールとマリー・キュリー（Pierre and Marie Curie）にちなんでいるが，これは対応するランタノイド元素のガドリニウム（Gd）がフィンランドの化学者・鉱物学者ガドリン（J. Gadolin）にちなんで命名されたことによる．

バークリウム（berkelium：Bk, Z=97）
97番元素のバークリウムは，1949年，カリフォルニア大学バークレー校の放射線研究所において，トンプソンら（S. G. Thompson, A. Ghiorso, G. T. Seaborg）によって発見された．^{239}Puの多重中性子照射によって生成した^{241}Amを標的として次の核反応によって合成された．

$$^{241}\mathrm{Am}(\alpha, 2n)\,^{243}\mathrm{Bk}\xrightarrow[4.5\text{時}]{\mathrm{EC},\alpha}$$

合成された核種の同定には，迅速陽イオン交換分離法が用いられた．溶離液を濃塩酸としてランタノイド元素とアクチノイド元素の群分離をしたのち，クエン酸アンモニウムを溶離液としてアクチノイド元素の相互分離が行われた．分離された^{243}Bkのα壊変とEC壊変が測定された．

バークリウムの名前は，発見された研究所のある都市バークレー（Berkeley）に由来する．これは対応するランタノイド元素のテルビウム（Tb）が，ランタノイド鉱物がはじめて発見されたスウェーデンの都市イッテルビー（Ytterby）にちなんで命

名されたことによる.

カリホルニウム(californium : Cf, $Z=98$) 1950年, トンプソンらは (S. G. Thompson, K. Street, Jr., A. Ghiorso, G. T. Seaborg) マイクログラム量の ^{242}Cm を標的とし, カリフォルニア大学放射線研究所の 60 インチサイクロトロンで He^{2+} を照射して次の反応により ^{245}Cf を合成した.

$$^{242}\text{Cm}(\alpha, n)\,^{245}\text{Cf} \xrightarrow{\alpha, \text{EC}}_{45\,\text{min}}$$

はじめは, ^{244}Cf が合成されたと考えられていたが, 後になって ^{245}Cf であることがわかった.

陽イオン交換挙動において, 対応するランタノイド元素のジスプロシウム (Dy) がテルビウム (Tb) とガドリニウム (Gd) より前に溶出されることから, カリホルニウムはバークリウム (Bk) とキュリウム (Cm) より前に溶出されるだろうとの予想のもとに測定され, 発見につながった.

カリホルニウムの命名は, 研究がなされた大学と大学がある州の名前 (California) にちなんでいる.

アインスタイニウム(einsteinium : Es, $Z=99$) 1952年, 熱核爆発実験"Mike"の際に瞬間的に発生する大強度の中性子とウランとの反応生成物のなかから, 99番元素のアインスタイニウムおよび次の100番元素は発見された. この発見は, カリフォルニア大学放射線研究所 (UCRL), アルゴンヌ国立研究所 (ANL) およびロスアラモス科学研究所 (LASL) の共同研究によるものであった.

ANL での最初の研究で, 反応生成物のなかに, プルトニウムの新同位体 ^{244}Pu が見つかり, さらに中性子が多い同位体 ^{246}Pu や ^{246}Am が ANL と LASL の研究で見つかった. そこで UCRL のグループは同じ試料から, イオン交換法によりカリホルニウムより原子番号の大きい元素が溶離される位置で 6.6 MeV の α 線を放出する核種を見いだした. これがアインスタイニウムの発見である. 質量数は後の実験から, 253 であることが確認された. すなわち, ^{238}U が 15 個中性子を吸収して ^{253}U となり, これが β^- 壊変を繰り返して ^{253}Es が生成したことになる.

$$^{253}\text{U} \xrightarrow{\beta^-} \cdots \xrightarrow{\beta^-} {}^{253}\text{Es} \xrightarrow{\beta^-}_{20.47\,\text{日}}$$

アインスタイニウムという元素名は, アルバート・アインシュタイン (A. Einstein) にちなんで名づけられた.

フェルミウム(fermium : Fm, $Z=100$) 100番元素のフェルミウムは Es と同じ試料から発見された. イオン交換挙動がランタノイド元素のエルビウム (Er) に対応した溶出位置, すなわち, アインスタイニウム (Es) の位置の直前に 7.1 MeV の α 線を放出する核種が見いだされ, これは次のような β^- 壊変の連鎖の結果生成された ^{255}Fm であることが確認された.

$$^{255}\text{U} \xrightarrow{\beta^-} \cdots \xrightarrow{\beta^-} {}^{255}\text{Es} \xrightarrow{\beta^-}_{39.8\,\text{日}} {}^{255}\text{Fm} \xrightarrow{\alpha}_{20.1\,\text{時}}$$

この結果は, ^{238}U が中性子 17 個を瞬間的に吸収したことを意味する.

通常の原子炉では, β^- 壊変するフェルミウムの同位体が生成されないためフェルミウムより原子番号の大きな元素は生成されない.

フェルミウムという名前は, イタリア出身の物理学者エンリコ・フェルミ (E. Fermi) にちなむ.

メンデレビウム(mendelevium : Md, $Z=101$) 1955年, ギオルソらは (A. Ghiorso, B. G. Harvey, G. R. Choppin, S. G. Thompson, G. T. Seaborg), ^{252}Cf を中性子照射して生成した ^{253}Cf の β^- 壊変生成物である ^{253}Es (20.5 日) を標的として次のような反応によりメンデレビウムを発見した.

$$^{253}\text{Es}(\alpha, n)\,^{256}\text{Md} \xrightarrow{\text{EC}}_{1.28\,\text{時}} {}^{256}\text{Fm} \xrightarrow{\text{SF}}_{2.63\,\text{時}}$$

$0.8 \times 6.35 (=5.08)$ mm^2 の狭い範囲にお

よそ10^9個の^{253}Esを金箔に電着して標的とし，41 MeVのHe^{2+}ビームを$10\mu A$の強度で照射した．核反応で反跳してくる生成物を薄い金箔に捕集し，その金箔を化学分離した．このような方法により，化学分離の時間を短縮すると同時に，貴重な標的を何度も使用できるようにしている．

陽イオン交換反応により，α-イソ酪酸アンモニウムで溶出し，100番元素より大きい原子番号に相当する溶出位置で，EC壊変とそれに続く自発核分裂（SF）が観測された．8回の実験で，観測できた101番元素の原子の数は17個であった．

メンデレビウムの名前は，ロシアの化学者メンデレーエフ（D. Mendeleev）にちなんでいる．

ノーベリウム（nobelium：No, $Z=102$） 102番元素のノーベリウムの発見には紆余曲折があった．1957年，米国，英国，スウェーデンの共同研究グループが，スウェーデンのノーベル物理学研究所のサイクロトロンからの^{13}Cビームを^{244}Cm標的に照射したときの反跳生成物を測定し，102番元素が発見されたと報告した．新元素の名前は，ノーベル（A. Nobel）にちなんでノーベリウムが提案された．しかしこの実験結果は，ほかの研究者によって再現はされなかった．

翌1958年，バークレーのギオルソらは（A. Ghiorso, T. Sikkeland, J. R. Walton, G. T. Seaborg），完成間もない重イオン線形加速器（HILAC）からの^{12}Cビームを^{244}Cm標的に照射し，102番元素の合成実験を行った．

核反応室をヘリウム（He）で充満しておき，核反応により標的から反跳されてHeガス中に出てきた生成物を負に帯電したベルトコンベヤー上に付着させる．一定速度で動いているベルトコンベヤー上でα壊変が起こると，娘核種は親核種の半減期に対応した位置でベルトより飛び出る．飛び出した娘核種をベルトに対して負電荷をかけた捕集箔に捕える．このようにして，親核種の半減期ならびに娘核種の同定より親核種の同定ができることになる．このときの核反応ならびに核種は次のように考えられている．

$$^{246}Cm(^{12}C, 4n)^{254}No \xrightarrow[\approx 3s]{\alpha} {}^{250}Fm \xrightarrow[30\min]{\alpha}$$

イオン交換法により確かに^{250}Fmは確認されたが，^{254}Noの半減期は現在の値54 sとはかなり異なっている．

ノーベリウムの名前は，実際の発見者であるバークレーのグループが最初の提案どおりでよいとしたので，そのまま採用されている．

ローレンシウム（lawrencium：Lr, $Z=103$） 103番元素のローレンシウムは，バークレーのグループ（A. Ghiorso, T. Sikkeland, A. E. Larsh, R. M. Latimer）によって1961年に発見された．^{249,250,251,252}Cf$+^{11,12}$Bの反応により，Noの場合と似たようなセットアップで新元素の探索を行った．核反応で反跳して出てきた核反応生成物を薄い銅のベルトに付着させ，一定時間ごとに移動させ，表面障壁型Si検出器でα線の測定を行った．

その結果，8.6 MeVのα線を放出する半減期8秒の新核種が見つかった．発見された103番元素の質量数は一義的には決められないが，その後の実験より，このときの核種は^{258}Lrであったと考えられている．

$$^{249,250,251,252}Cf(^{10,11}B, xn)^{258}Lr \xrightarrow[4.1s]{\alpha}$$

ローレンシウムは，サイクロトロンの発明者で知られるローレンス（E. O. Lawrence）にちなんで名づけられた．はじめ元素記号としてはLwが提案されたが，後にLrとなった． 〔工藤久昭〕

アクチノイドの概念 III-04

concept of actinide

　アクチノイドは5f殻を順次満たしていく $_{89}$Ac から $_{103}$Lr までの15個の放射性の元素である．1917年までに，92番元素ウラン U までが発見済みであり，このうち U やプロトアクチニウム Pa にみられる高い酸化数（それぞれ +6，+5価），金属の硬さや高い原子化熱など，d 遷移元素に類似した性質をもつ．その後，96番元素キュリウム Cm までが発見されるに至って，1944年にシーボーグ（G. T. Seaborg）は「アクチノイドはランタノイドと同様の f 内遷移元素である」というアクチノイド説を提唱した．とくに，+3の陽イオンの電子配置はランタノイドと同様で，そのイオン半径は「アクチノイド収縮」すなわち原子番号の増大とともに単調減少を示す（図1）．アクチノイド収縮は +3価以外でもすべての酸化数で確認できる．104番元素の確認と発見において，Zr，Hf との類似性がアクチノイド収縮より予見され指針となった．

　ランタノイドの4f軌道と比べると，アクチノイドの5f波動関数は動径部分に動径節があり広がりが大きい．アクチノイドでは7s，6d，5f軌道のエネルギー準位は近く，系列後半の中性原子では $5f^N7s^2$ とランタノイドと同様であるが，前半では $5f^{N-1}6d^17s^2$ の電子配置が安定である（表1）．金属原子半径の変化も，前半は d 遷移金属と類似の傾向で5f軌道が結合に関与し，3個以上の電子が伝導体にあることを示唆する．5f軌道の価電子としての機能は，アクチノイド（An：U, Np, Pu, Am）の n 価の酸化状態による $[O=An=O]^{(n-4)+}$ というアクチニル生成に d および f 軌道がかかわること，赤外から可視光での一電子励起が反結合性軌道への遷移であることでも示される．3価イオンの赤外から可視光の吸収スペクトルはランタノイドと同様に f–f* の狭帯域の吸収帯があるが，アクチノイドでは f 軌道の結合への関与によりラポルテ（Laporte）禁制が破れ大きなモル吸光係数を示す．後半は5f軌道のエネルギーは著しく低下し，結合への関与が少なくなり，金属の結晶形も一つであり金属原子半径もランタノイドより若干大きな半径をもつようになる．　　　　〔山村朝雄〕

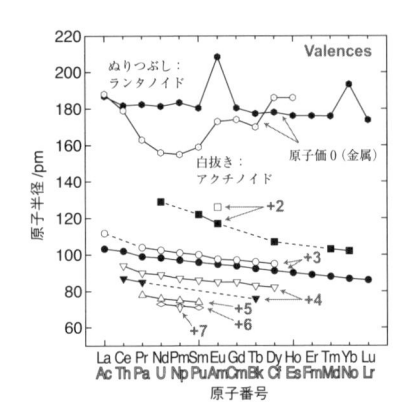

図1　アクチノイド，ランタノイドの金属原子半径および各酸化数のイオン半径

表1　アクチノイドの電子配置と安定な酸化数．最も安定な酸化数を太文字で示す．

ランタノイド				アクチノイド			
元素	電子配置 4f 5d 6s		安定な酸化状態	元素	電子配置 5f 6d 7s		安定な酸化状態
La		1 2	**3**	Ac		1 2	**3**
Ce	1	1 2	**3** 4	Th		2 2	**4**
Pr	3	2	**3** 4	Pa	2	1 2	4 **5**
Nd	4	2	**3**	U	3	1 2	3 4 5 **6**
Pm	5	2	**3**	Np	4	1 2	3 4 **5** 6 7
Sm	6	2	2 **3**	Pu	6	2	3 **4** 5 6
Eu	7	2	2 **3**	Am	7	2	**3** 4 5 6
Gd	7	1 2	**3**	Cm	7	1 2	**3** 4
Tb	9	2	**3** 4	Bk	9	2	**3** 4
Dy	10	2	**3**	Cf	10	2	**3**
Ho	11	2	**3**	Es	11	2	2 **3**
Er	12	2	**3**	Fm	12	2	2 **3**
Tm	13	2	**3**	Md	13	2	2 **3**
Yb	14	2	**3**	No	14	2	**2** 3
Lu	14	1 2	**3**	Lr	14	1 2	**3**

アクチノイドの固体化学　III-05

solid-state chemistry of actinides

　固体のアクチノイドを対象とする研究には二つの側面がある．一つは5f電子を取り扱う重い電子系の物性に関連した研究であり，もう一つは，核燃料や放射性廃棄物のなかでの化学的挙動を対象とする研究である．

　固体化学として重要と考えられるアクチノイドはThからCmまでであり，BkやCfについては基礎物性に関する報告が見受けられるのみである．

　3価，4価ともに原子番号の増加に伴ってイオン半径が小さくなる傾向が認められる．これはアクチノイド収縮と呼ばれており，価電子のf, d電子数とイオン半径が種々の物性に大きな影響を及ぼす．原子価の変化はイオン化エネルギーによって説明することができる．アクチノイド原子の第1イオン化エネルギー（I_1）から第4イオン化エネルギー（I_4）までを図1に示す．

　Cm, Bkでは，f軌道が半分満たされた非常に安定な$5f^7$電子配置になるので，隣接するアクチノイドより低いイオン化エネルギーで電子を取り除くことが可能である．図2は気相アクチノイド原子の$5f^n7s^2$と$5f^{n-1}6d7s^2$の電子配置の相対的なエネルギー関係を示している．

　エネルギーが正の領域では，$5f^{n-1}6d7s^2$が優勢であり，負の領域では$5f^n7s^2$が優勢となる．これらの電子配置エネルギーが近接している領域（UからPuにかけて）の物性を比較することは，基礎科学的にも，また実用面でも興味深い．

　アクチノイド金属の原子容をランタノイド金属，5d遷移金属と比較した結果を図3に示す．

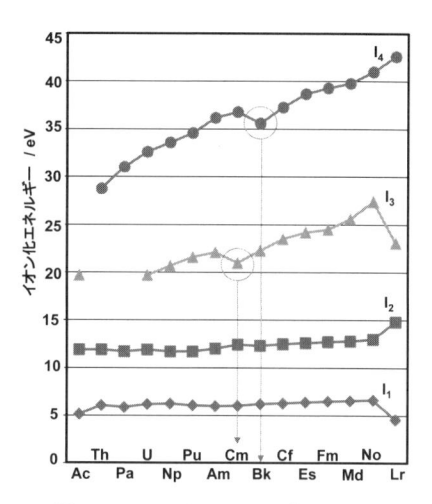

図1　アクチノイドのイオン化エネルギー

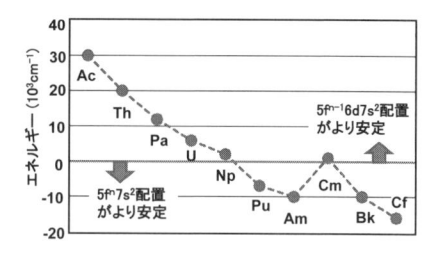

図2　$5f^n7s^2$と$5f^{n-1}6d7s^2$の電子配置エネルギー

　Eu, Ybを除くランタノイド金属は，ランタノイド収縮を受けながら緩やかに減少する傾向が認められる．一方，アクチノイド金属の原子容変化は複雑である．ThからNpまでの軽いアクチノイド金属の原子容は原子番号の増加とともに急激に減少し，5d遷移金属と類似した挙動を示すが，Amより重いアクチノイド金属は，ランタノイド金属的にふるまうことが知られている．このように，原子容の小さいPu金属は，図4のように融点が低く，複雑な電子状態の影響を受けて融点に達するまでに多くの相変態を繰り返す．

　この複雑な相変態は，核兵器の製造過程

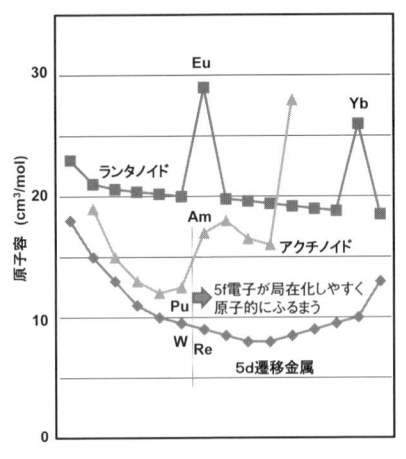

図3 アクチノイド金属の原子容

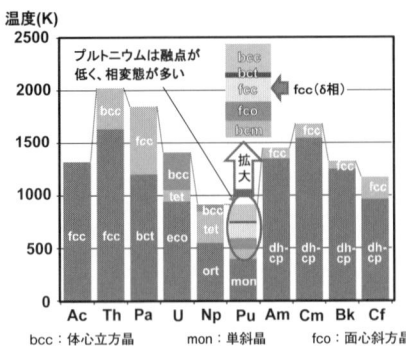

図4 アクチノイド金属の融点までの相変化

bcc：体心立方晶　mon：単斜晶　fco：面心斜方晶
dhcp：二重最密六方晶　bcm：体心単斜晶　tet：正方晶
fcc：面心立方晶　ort：斜方晶　bct：体心正方晶
hcp：最密六方晶　eco：底心斜方晶

でも問題となる．面心立方晶（fcc）の$δ$相Puを安定化させるために3%程度のGaを添加して合金化し，金属加工性を向上させるとともに，空気中の湿分による腐食を防止している．

原子力分野での応用　核燃料物質としてアクチノイド固体化学を研究する際に最も重要なデータは，結晶構造，酸化還元挙動，熱物性などである．UやPuを軽水炉燃料として使用する場合には，CaF_2型構造のUO_2，もしくはUO_2とPuO_2との混合酸化物（MOX）が用いられる．NpやAmなどを核燃料中に混合した状態で高速炉内に装荷して核変換を行う研究も進められている．しかし，固体のなかの原子価状態は複雑であり，酸素（O）と金属（M）の比であるO/M比が重要なパラメータとなる．また，核燃料の酸素ポテンシャル$μ$(O_2)も化学的挙動を理解するうえで重要である．これは，UO_2やMOXなどのセラミックス燃料の平衡酸素分圧PO_2であり，

$$μ(O_2) = RT \ln (PO_2)$$

で定義される．アクチノイド二酸化物の酸素ポテンシャルは，O/M比や温度によって著しく変化する．酸素ポテンシャルが高い状態では，核燃料から酸素が放出されやすくなるために被覆管の内面酸化が生じ，核燃料の健全性に悪影響を及ぼすことになる．

分光学的手法の応用例　熱物性や，核燃料と被覆管材料（軽水炉ではZr合金）との相互作用もO/M比によって強く影響を受ける．これらO/M比と関連した最近の分光学的な研究例として核磁気共鳴法（NMR）とX線吸収端近傍微細構造（XANES）解析がある．

XANESスペクトルの解析により，固体中での目的とする元素の原子価状態を確認することができる．Am酸化物は4価のAmO_2と3価のAm_2O_3が一般的であり，UO_2と混合した状態での原子価状態は核燃料設計にとってきわめて重要である．O/M比を調整した状態で，AmO_2，Am_2O_3の標準XANESスペクトルを取得し，UO_2とAmO_2との混合酸化物中のAmのXANESスペクトルを比較することで，Amが還元されて3価になることが実験的に報告されている．局所的な構造変化と電子状態が核燃料特性に大きく影響することを示した研究例として重要である．

〔平田　勝〕

アクチノイドの溶液化学　III-06

solution chemistry of actinide

　アクチノイドは元素の周期表でランタノイドとともにfブロックに属する元素群である．溶液中でのランタノイドの最も安定な酸化状態は +3 価であり，その他の酸化数は一部の元素で観測されるのみである．一方，アクチノイド系列の前半部分の元素は溶液中で多様な酸化状態をとる．ここでは主に水溶液中での各アクチノイドの化学的性質について述べる．

アクチノイドの水溶液中の酸化状態

　アクチニウム（Ac）は +3 価（Ac(III)），トリウム（Th）は +4 価（Th(IV)），プロトアクチニウム（Pa）は +5 価（Pa(V)）が安定である．また Pa では +4 価（Pa(IV)）も知られている．

　ウラン（U），ネプツニウム（Np），およびプルトニウム（Pu）は多様な酸化状態をとることができる．U の最も安定な酸化数は +6 価（U(VI)）である．この酸化状態では，UO_2 構造，すなわち二つのオキシドがトランスに配位し，O–U–O は直線状に配置された構造になっているものが多い．このようにアクチノイドの上下に酸素原子が配位した直線状構造をもつイオンは一般的にアクチニルと呼ばれている．U では +4 価（U(IV)）が準安定状態である．U(IV) は酸化され U(VI) へと変化する．U は +3 価（U(III)），+5 価（U(V)）もとる．U(V) はアクチニル構造をとるものと知られている．また，アクチニル構造の U(V) は U(VI) と U(IV) に不均化することが知られている．

　ネプツニウム（Np）の安定酸化数は，+5 価（Np(V)）である．また，+6 価（Np(VI)）もとるが，Np(VI) は U(VI) ほどには安定ではない．Np(V) および Np(VI) では，U(VI) と同様アクチニル構造をとっている．Np は +3 価（Np(III)），+4 価（Np(IV)），+7 価（Np(VII)）もとる．Np(III) は空気により容易に酸化され Np(IV) になる．Np(VII) はアルカリ性溶液でのみ存在する．Np は U に比べると低原子価がより安定である．

　Pu はさまざまな酸化数で安定である．+3 価（Pu(III)）は水，空気中において安定である．+4 価（Pu(IV)）は濃厚な酸溶液中で安定に存在する．+5 価（Pu(V)）は非常に低い酸性度の水溶液中で安定である．+6 価（Pu(VI)）も安定であるが容易に還元される．Pu(V) および Pu(VI) はアクチニル構造をとっている．Pu(VII) は非常に高い pH でのみ存在する．

　アクチノイド系列の中頃のアメリシウム（Am）から最後のローレンシウム（Lr）までの 9 元素のうちノーベリウム（No）を除く元素の安定酸化数はランタノイドと同様に +3 価である．Am はフッ化物錯体で +4 価のものが知られている．また，アクチニル構造の +5 価（Am(V)）および +6 価（Am(VI)）も知られている．Am(VI) は還元されやすい．Am(V) は強酸溶液中で Am(III) と Am(VI) に不均化する．バークリウム（Bk）は +3 価のほかに +4 価も知られている．No の最安定酸化数は +2 価であるが，+3 価に酸化した例も報告されている．

アクチノイドの水和イオンの色

　アクチノイドは紫外可視および近赤外領域に多数の吸収帯を有する．したがって，酸化数の変化とともに多彩な色の変化がみられる．Ac(III)，Th(IV)，Pa(V) は無色である．U の場合，水溶液中では U(III) は赤色，U(IV) は緑色，U(VI) は黄色である．Np，Pu，Am も酸化数の変化とともに水溶液の色は大きく変化する．

アクチノイドの水和イオンの構造

UO_2

構造をもつU(VI)は水溶液中で五つの水分子がエクアトリアル位に配位している。Uとオキシドとの間には多重結合性があり、エクアトリアル位の水分子に比べて酸素原子との結合距離は非常に短い。

Pu(III), Am(III), Cm(III)の水和イオンは九配位の三面冠三角柱構造をとることが知られている。ランタノイドと同様にアクチノイドは、アクチノイド系列の後ろ側の元素ほどアクチノイド収縮によりイオン半径は減少する。+3価のランタノイドに配位した水分子の数は、ネオジム (Nd) からガドリニウム (Gd) のあたりで9から8へと変化するが、+3価のアクチノイドの場合はバークリウム (Bk), カリホルニウム (Cf) のあたりで9から8へと変化すると考えられている。Th(IV)の水和イオンでは、報告されている配位水の数は9から12程度と幅広い。U(IV)でも配位水についてさまざまな数が報告されている。最近、X線結晶構造解析で水分子のみが結合したTh(IV)では、配位水の数が10とわかった。このデータをもとにEXAFSなどの手法を用いて、U(IV)とNp(IV)では配位水の数が9と10の化合物が混在しているとの報告がされている。一般的にアクチノイドはランタノイドと同様に配位数は6よりも大きい。

錯形成反応　U(VI)を代表とするアクチニル構造においてはアクチノイドとオキシドとの結合が非常に強いため、オキシドと錯形成剤との置換反応は起こらず、エクアトリアル位の配位子の置換が起こる。その際、エクアトリアル位に配位する配位原子の数は、結合する配位子の立体的な大きさによっても変化する。前述のとおり、水分子はエクアトリアル位に五つ配位する。一方、NO_3^-が配位する場合、三つの硝酸イオンがそれぞれ二座配位子として働き、六つの配位原子がエクアトリアル位を占める。NpおよびPuのアクチニル錯体もウラニル錯体とよく似た錯形成挙動を示す。これらのアクチニル錯体は硬いルイス酸としてふるまう。

+4価のアクチノイドは硬いルイス酸として分類されている。水溶液中で硝酸イオンは+4価アクチノイドに二座配位子として配位する。U(IV)の場合、9 mol/L 硝酸溶液中で五つの硝酸イオンが結合した化合物が主要な成分と考えられている。Pu(IV)では、13 mol/L の硝酸溶液中で六つの硝酸イオンが結合した錯体として存在する。

Am以降の元素は、前述のとおりNoを除いて+3価が安定である。そのため、その錯形成挙動もランタノイドとよく似ている。アクチノイド収縮により、系列の後ろ側の元素ほど電荷密度が高く、配位子と強く結合する傾向にある。+3価アクチノイドでは、イオン半径の大きさの違いに基づく有機配位子とのわずかな反応性の差から、それぞれのアクチノイドの化学分離が行われてきた。また、この原理に基づくイオン交換分離手法は新元素発見当時においてその確認に使われた。一例として2-ヒドロキシイソ酪酸イオンを用いた陽イオン交換手法では、錯形成の強さの大きい順すなわち原子番号が大きい+3価アクチノイドから順に溶出する。+3価ランタノイドでも同様に、原子番号の大きな元素ほど速く溶出する。

+2価のNoの錯形成の反応性は、アルカリ土類金属イオンの反応性に類似する。

〔吉村　崇〕

超アクチノイド元素　III-07

transactinide elements

　アクチノイド系列は，5f軌道に電子が満たされていくfブロック元素で，89番元素アクチニウム（Ac）から始まり103番元素ローレンシウム（Lr）で終わる．104番元素ラザホージウム（Rf）以降の重い元素群を，「アクチノイドを超える」という意味で，超アクチノイド元素（transactinide element）と呼ぶ．最近では，これらの元素を超重元素（superheavy element：SHE）と呼ぶことも多い．超アクチノイド元素は，すべて放射性元素で，その同位体はα壊変や自発核分裂壊変によって壊変する．2015年7月現在，Rfから118番元素まで，15種類の超アクチノイド元素が知られている．超アクチノイド元素の原子番号，元素名，元素記号，発見年，発見研究所，合成核反応，反応断面積，半減期を表1に示す．元素名は，Rfから112番元素コペルニシウム（Cn）までと，114番元素フレロビウム（Fl），116番元素リバモリウム（Lv）が国際純正応用化学連合（IUPAC）によって正式に承認されている．周期表上

表1　超アクチノイド元素の発見

原子番号	元素名[*1]	元素記号[*1]	発見年[*2]	研究所	合成核反応	反応断面積 (pb)[*3]	半減期[*3]
104	ラザホージウム rutherfordium	Rf	1969	LRL	^{249}Cf(^{12}C,4n)^{257}Rf	10000	4.5 s
105	ドブニウム dubnium	Db	1970	LRL	^{249}Cf(^{15}N,4n)^{260}Db	3000	1.6 s
			1971	JINR	^{243}Am(^{22}Ne,4n)^{261}Db	500	1.8 s
106	シーボーギウム seaborgium	Sg	1974	LBL	^{249}Cf(^{18}O,4n)^{263}Sg	300	0.9 s
107	ボーリウム bohrium	Bh	1981	GSI	^{209}Bi(^{54}Cr,n)^{262}Bh		4.7 ms
108	ハッシウム hassium	Hs	1984	GSI	^{208}Pb(^{58}Fe,n)^{265}Hs	19	1.8 ms
109	マイトネリウム meitnerium	Mt	1982	GSI	^{209}Bi(^{58}Fe,n)^{266}Mt	10	3.5 ms
110	ダームスタチウム darmstadtium	Ds	1995	GSI	^{208}Pb(^{62}Ni,n)^{269}Ds	3.3	270 μs
111	レントゲニウム roentgenium	Rg	1995	GSI	^{209}Bi(^{64}Ni,n)^{272}Rg	3.5	1.5 ms
112	コペルニシウム copernicium	Cn	1996	GSI	^{208}Pb(^{70}Zn,n)^{277}Cn	1	240 μs
113			2004	JINR	^{243}Am(^{48}Ca,3n)^{288}115→^{284}113[*4]		0.48 s
				JINR	^{243}Am(^{48}Ca,4n)^{287}115→^{283}113[*4]		100 ms
				RIKEN	^{209}Bi(^{70}Zn,n)^{278}113	0.055	238 μs
114	flerovium フレロビウム	Fl	2004	JINR	^{242}Pu(^{48}Ca,3n)^{287}Fl	3.6	0.51 s
115			2004	JINR	^{243}Am(^{48}Ca,3n)^{288}115	2.7	87 ms
				JINR	^{243}Am(^{48}Ca,4n)^{287}115	0.9	32 ms
116	livermorium リバモリウム	Lv	2004	JINR	^{245}Cm(^{48}Ca,2n)^{291}Lv	0.9	6.3 ms
117			2010	JINR	^{249}Bk(^{48}Ca,3n)^{294}117	0.5	78 ms
					^{249}Bk(^{48}Ca,4n)^{293}117	1.3	14 ms
118			2006	JINR	^{249}Cf(^{48}Ca,3n)^{294}118	0.5	0.89 ms

[*1] 113, 115, 117, 118番元素の存在は国際純正応用化学連合（IUPAC）によって承認されていない．
[*2] IUPACによって承認された新元素合成実験の論文発表年．113, 115, 117, 118番元素の合成実験は，IUPACによって承認されていない．
[*3] 発表当時の値．
[*4] 115番元素^{288}115, ^{287}115のα壊変生成物として，それぞれ113番元素^{284}113, ^{283}113の発見が報告されている．

では，RfからCnまでは，6d電子軌道に電子が満たされていくdブロック元素として，第7周期の4～12族におかれている．113から118番元素までは，pブロック元素として13～18族におかれている．

　超アクチノイド元素は，サイクロトロンやリニアックなどの加速器を利用して重イオンを光速の1/10程度にまで加速し，これを標的原子核に衝突させ，核融合反応によって人工的に合成される．まず，二つの原子核が融合して複合核と呼ばれる一つの原子核が形成される．複合核は励起しており，超アクチノイド元素のような重元素領域では，励起した核が核分裂して壊れてしまう確率が非常に高い．しかし，中性子やγ線を放出して脱励起し，複合核近傍の原子核を形成して生き残る確率がわずかに存在する．この確率は，複合核を形成する確率（P_{fus}）と中性子放出後に生き残る確率（P_{sub}）との積に比例すると考えられている．すなわち，励起した原子核の核分裂確率と中性子放出確率をそれぞれΓ_{fiss}, Γ_{n}とすれば，中性子をx個放出した後に生き残る確率P_{sub}は，

$$P_{\text{sub}} \approx (\Gamma_{\text{n}}/\Gamma_{\text{fiss}})_1 \cdot (\Gamma_{\text{n}}/\Gamma_{\text{fiss}})_2 \cdots (\Gamma_{\text{n}}/\Gamma_{\text{fiss}})_x$$

と表せる．原子番号Zが108をこえるような原子核では，ほとんどの場合$\Gamma_{\text{n}}/\Gamma_{\text{fiss}} < 0.01$で，$x$が増えるほど$P_{\text{sub}}$は急激に減少していく．こうして，目的の重い原子核を効率よく合成するため，複合核の励起エネルギー（E_{ex}）をできる限り低く抑え，核分裂させず中性子を1個だけ放出させて重元素を合成する方法が考え出された．これまで，二重魔法数の^{208}Pbや近傍の^{209}Bi原子核を標的として，核子結合エネルギーの大きい^{54}Cr，^{58}Fe，^{62,64}Niや^{70}Znなどの重イオンを衝突させて超アクチノイド元素を合成する核反応が試みられてきた．この核反応は，複合核のE_{ex}が低いことから，冷たい核融合反応（cold fusion）と呼ばれる．一方，入射核（Z_1）と標的核（Z_2）の核融合反応において，Z_1とZ_2の積$Z_1\cdot Z_2$が1600～1800をこえると融合しがたくなり，この値の増加とともにP_{fus}が指数関数的に減少することも知られている．すなわち，同じZの超アクチノイド元素をつくる場合，Z_1とZ_2ができるだけ離れている非対称な反応系が有利となる．そこで，アメリシウム（^{243}Am）やカリホルニウム（^{249}Cf）などのアクチノイド元素を標的にし，^{18}Oや^{48}Caなどの比較的軽いイオンを衝突させて超アクチノイド核を合成する方法も試みられてきた．この反応系では，E_{ex}が先述の冷たい核融合反応に比べて高く，熱い核融合反応（hot fusion）と呼ばれる．複合核から2～5個の中性子を放出した後に超アクチノイド核が生成される．とくに中性子過剰で，二重魔法数の^{48}Caイオンによる熱い核融合反応では，複合核の励起エネルギーが低く抑えられ，113番以降の元素合成実験に利用されてきた．

　104番から106番元素は，熱い核融合反応を用いて，米国ローレンスバークレー国立研究所（Lawrence Berkeley National Laboratory：LBNL，当時はLawrence Radiation Laboratory：LRLまたはLawrence Berkeley Laboratory：LBL）と旧ソ連合同原子核研究所（Joint Institute for Nuclear Research：JINR）における激しい新元素合成競争のなかで発見されてきた．

　104番元素は，1964年，JINRのフレーロフ（Georgy Flerov, 1913～1990）らが，^{242}Pu(^{22}Ne, 5n)^{259}104反応によって104番元素の同位体^{259}104を合成し，ソ連の核物理学者Igor Kurchatovの名前をとってkhurchatovium（Ku）と命名した．一方，LBNLでは，1969年，ギオルソ（Albert Ghiorso）らが^{249}Cf(^{12}C, 4n)^{257}104反応を用いて^{257}104の合成を行い，英国の物理学者ラザフォード（Ernest Rutherford, 1871～1937）にちなんだ元素名rutherfordium（Rf）を発表した．1997年，IUPACが104

番元素の正式名称として rutherfordium （Rf，日本名はラザホージウム）を決定するまで，米ソそれぞれによって提案された元素名が使われていた．

105番元素は，1967年，JINR のフレーロフらが ^{243}Am$(^{22}$Ne$, 4n)^{261}$105 反応を用いて ^{261}105 の合成を報告した．元素名としてデンマークの物理学者ボーア（Niels Bohr, 1885～1962）にちなんだ名前，nielsbohrium（Ns）が提案された．一方，LBNL のギオルソらは，1970年，^{249}Cf$(^{15}$N$, 4n)^{260}$105 反応によって ^{260}105 の合成を報告し，核分裂を発見したハーン（Oott Hahn）にちなんだ hahnium（Ha）を提案した．IUPAC は，1997年，105番元素の元素名を，ロシアの JINR がある町 Dubna にちなんだ名前，dubnium（Db，日本名はドブニウム）に決定した．

1974年，LBNL のギオルソらは，熱い核融合反応である ^{249}Cf$(^{18}$O$, 4n)^{263}$106 を用いて，106番元素 ^{263}106 を合成した．一方，JINR のオガネシアン（Yuri Oganessian）らは，冷たい核融合反応である ^{207}Pb$(^{54}$Cr, $2n)^{254}$106 と ^{208}Pb$(^{54}$Cr, $3n)^{259}$106 を用いて ^{259}106 を合成した．命名権は米ソによって争われたが，1994年，米国が先の実験の追試に成功し，1997年，IUPAC は米国の化学者シーボルグ（Glenn Seaborg, 1912～1999）にちなんだ名前，seaborgium（Sg，日本名はシーボーギウム）を決定した．

Z が大きくなるとともに，超アクチノイド元素の合成確率は急激に小さくなり，また，その寿命も 1 s 以下と短くなる．反跳核分離装置とその焦点面に設置された検出器系の発明は，107番元素以降の超アクチノイド元素発見に大きなブレイクスルーをもたらした．ドイツ重イオン研究所（GSI Helmholtzzentrum für Schwerionenforschung GmbH：GSI）の研究グループは，SHIP（Separator for Heavy Ion reaction Products）と呼ばれる反跳核分離装置を開発し，1980年代から1990年代にかけて，冷たい核融合反応によって107番～112番の6元素を次々と発見した．107番元素は，1981年，GSI のミュンツェンベルグ（Gottfried Münzenberg）らによって，^{209}Bi$(^{54}$Cr, $n)^{262}$107 反応を用いて合成された．1989年には，^{209}Bi$(^{54}$Cr, $2n)^{261}$107 反応によって，別の同位体 ^{261}107 の合成も報告した．一方，JINR からは，1976年，^{209}Bi$(^{54}$Cr, $2n)^{261}$107 反応を用いて ^{261}107 の合成が報告されていた．IUPAC は，発見者はドイツであるが，命名権はドイツとロシアの両国にあるとし，元素名として，デンマークの物理学者ボーアにちなんだ名前，bohrium（Bh，日本名はボーリウム）を決定した．

1984年，GSI のグループは，^{208}Pb$(^{58}$Fe, $n)^{265}$108 反応によって108番元素 ^{265}108 を合成した．1986年には，標的を ^{207}Pb に変更し，^{264}108 の合成も報告した．JINR でも，それぞれ ^{208}Pb$(^{58}$Fe, $n)^{265}$108，^{207}Pb$(^{58}$Fe, $n)^{264}$108，^{209}Bi$(^{55}$Mn, $n)^{263}$108 反応を用いて ^{265}108，^{264}108，^{263}108 の合成を報告していたが，実験の信頼性から命名権は GSI のグループにあるとされた．108番元素の元素名 hassium（Hs，日本名はハッシウム）は，GSI があるドイツヘッセン州のラテン語名 Hassia に由来する．

109番元素は，1982年，^{209}Bi$(^{58}$Fe, $n)^{266}$109 反応によって GSI で合成された．わずか1原子であったが，^{266}109 から始まる α 壊変鎖が既知の娘核種 ^{262}Bh ほかの壊変特性によく一致することから，新元素として承認された．元素名 meitnerium（Mt，日本名はマイトネリウム）は，オーストリアの物理学者マイトナー（Lise Meitner, 1878～1968）にちなむ．

110番元素は，1994年，GSI のホフマン（Sigurd Hofmann）らによって，^{208}Pb$(^{62}$Ni, $n)^{269}$110 反応を用いて合成された．同年，LBNL から，^{209}Bi$(^{59}$Co, $n)^{267}$110 反応

を用いて別の同位体 $^{267}110$ が，また，1996 年，JINR から，$^{244}\mathrm{Pu}(^{34}\mathrm{S},5n)^{273}110$ 反応を用いて $^{273}110$ が報告された．GSI の発表が最も早く，データの信頼性も高かったことから，IUPAC は GSI に命名権を与え，2003 年，元素名 darmstadtium（Ds，日本名はダームスタチウム）を承認した．この元素名は，GSI があるドイツのヘッセン州の Darmstadt 市にちなむ．

111 番元素は，1994 年，$^{209}\mathrm{Bi}(^{64}\mathrm{Ni},n)^{272}111$ 反応を用いて GSI から報告された．元素名 roentgenium（Rg，日本名はレントゲニウム）は，ドイツの物理学者レントゲン（Wilhelm Röntgen，1845~1923）にちなむ．112 番元素は，1996 年，$^{208}\mathrm{Pb}(^{70}\mathrm{Zn},n)^{277}112$ 反応を用いて合成された．元素名 copernicium（Cn，日本名はコペルニシウム）は，ポーランドの天文学者コペルニクス（1473~1543）にちなむ．

JINR と米国ローレンス・リバモア国立研究所（Lawrence Livermore National Laboratory：LLNL）の共同研究グループは，1990 年代後半から 2010 年にかけて，$^{48}\mathrm{Ca}$ ビームとアクチノイド元素標的を用いた熱い核融合反応によって，113 番~118 番元素の合成を報告している．これらの熱い核融合反応の反応断面積は，0.5~5 pb（ピコバーン；10^{-12} b）程度と報告されている．

1998 年，JINR のオガネシアンらは，DGFRS（Dubna Gas-Filled Recoil Separator）を用いて，$^{244}\mathrm{Pu}(^{48}\mathrm{Ca},3n)^{289}114$ 反応によって $^{289}114$ を合成している．さらに 2004 年には，$^{242}\mathrm{Pu}(^{48}\mathrm{Ca},xn)^{290-x}114$（$x=2$~4）反応により，別の同位体 $^{288}114$，$^{287}114$，$^{286}114$ の合成を報告している．IUPAC は，$^{287}114$ の α 壊変によって生じる $^{283}\mathrm{Cn}$ が 112 番元素の既知の同位体であるとし，2012 年，114 番元素の元素名として flerovium（Fl，日本名はフレロビウム）を正式に承認した．flerovium は，ロシアの原子核物理学者で，FLNR の生みの親であるフレーロフにちなんでいる．

JINR のオガネシアンらは，2004 年，それぞれ $^{243}\mathrm{Am}(^{48}\mathrm{Ca},3n)^{288}115$，$^{243}\mathrm{Am}(^{48}\mathrm{Ca},4n)^{287}115$ 反応によって，$^{288}115$，$^{287}115$ の合成を報告している．$^{288}115$ と $^{287}115$ の α 壊変生成物として，さらに 113 番元素 $^{284}113$ と $^{283}113$ を同時に確認している．一方，日本の理化学研究所では，森田浩介らが気体充てん型反跳核分離装置 GARIS（GAs-filled Recoil Ion Separator）を用いて，2004 年，冷たい核融合反応 $^{209}\mathrm{Bi}(^{70}\mathrm{Zn},n)^{278}113$ によって 113 番元素（$^{278}113$）の合成を報告し，55 fb（フェムトバーン；10^{-15} b）という驚異的に小さな反応断面積を記録している．2015 年 1 月現在において，113，115 番元素の存在は正式に IUPAC によって承認されていない．

オガネシアンらは，$^{48}\mathrm{Ca}$ ビームを $^{245}\mathrm{Cm}$ および $^{248}\mathrm{Cm}$ 標的に照射し，DGFRS を用いて，116 番元素の同位体 $^{290}116$，$^{291}116$，$^{292}116$，$^{293}116$ の合成を報告している．このうち，$^{291}116$ からの α 壊変鎖が既知核種 $^{283}\mathrm{Cn}$ を経由することから，2012 年，IUPAC は，116 番元素の元素名として，livermorium（Lv，日本名はリバモリウム）を承認した．リバモリウムは，LLNL があるカリフォルニア州の都市名 Livermore にちなむ．117 番元素は，2010 年，オガネシアンらによって，$^{48}\mathrm{Ca}$ ビームを $^{249}\mathrm{Bk}$ 標的に照射し，それぞれ $^{249}\mathrm{Bk}(^{48}\mathrm{Ca},3n)^{294}117$，$^{249}\mathrm{Bk}(^{48}\mathrm{Ca},4n)^{293}117$ 反応によって，$^{294}117$ と $^{293}117$ の合成が報告されている．

2015 年 7 月現在，119 番以降の超アクチノイド元素の合成に成功したという報告はない．JINR や GSI の研究グループは，$^{249}\mathrm{Bk}(^{50}\mathrm{Ti},xn)^{299-x}119$，$^{249}\mathrm{Cf}(^{50}\mathrm{Ti},xn)^{299-x}120$，$^{244}\mathrm{Pu}(^{58}\mathrm{Fe},xn)^{302-x}120$，$^{248}\mathrm{Cm}(^{54}\mathrm{Cr},xn)^{302-x}120$ などの反応を用いて，119 番元素や 120 番元素の合成実験に着手しつつある．

〔羽場宏光〕

超重原子核

III-08

superheavy nuclei

　超重原子核とは文字どおりにいえば質量数がきわめて大きい原子核のことであるが，この領域は原子核の存在限界のフロンティアであり，原子核構造において新たな閉殻構造の発現や多様な壊変様式があるなどさまざまな性質をもっている．

巨視的液滴描像による重い原子核の不安定性　原子核は陽子と中性子の複合体であり，原子番号（つまり陽子数）を増やしていくと陽子どうしのクーロン斥力が大きくなり安定に核子どうしをつなぎ止めることができなくなる．よって一般に原子番号および質量数を大きくすると原子核の寿命は短くなる．

　鉛208（原子番号82，質量数208，^{208}Pb）から原子番号と質量数を増やしていくと原子核はα壊変に対して不安定になってくる．さらに質量数を増していくと原子核全体をほぼ真二つに分ける核分裂の確率が増えてくる．このような原子核の核分裂に対する安定性の目安として核分裂性パラメータ（fissility parameter）がある．これは陽子数Z，原子番号をAとするとZ^2/Aで表され，原子核の巨視的クーロンエネルギーと巨視的表面エネルギーの比を表す量である．これがだいたい49.2で核分裂障壁が0となり，たとえば^{302}[122]あたりとなる．図1にその様子を示す．実際の安定性は半減期で決まるのでその巨視的計算をすると，たとえば1秒程度の核分裂部分半減期の核種は^{260}Rf（原子番号104）あたりに位置する．このあたりが巨視的液滴模型で示される原子核の安定性の限界とされる．しかし実際には次に述べるように原子核の

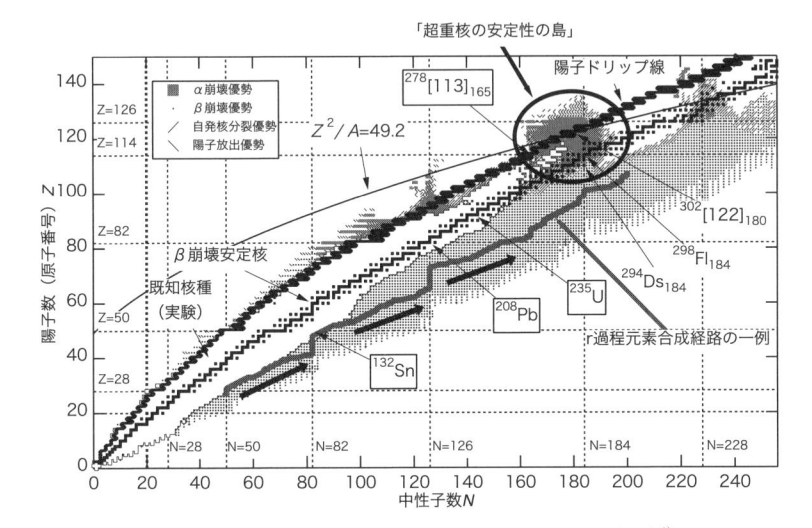

図1　原子核の壊変様式および存在領域の予測例（口絵3参照）[1]
　この図のように横軸を中性子数，縦軸を陽子数で示したものを核図表と呼ぶ．半減期が1ナノ秒以上の核種を載せている．この計算では中性子数184に比較的強い閉殻，陽子数114および126に弱い閉殻を与えている．図中の^{294}Ds$_{184}$は超重核領域での最長寿命で，半減期が300年程度のα壊変核種と予想している．

微視的構造により安定性がある程度回復する．

二重閉殻超重原子核と安定性の島　原子（原子核と電子の系）に希ガスのような閉殻構造が存在するように，原子核にも陽子数・中性子数に応じた閉殻構造が現れる．安定原子核で最重の二重閉殻のものは陽子数82個，中性子数126個の^{208}Pbである．

^{208}Pbより重い二重閉殻の原子核が存在すればそれは長寿命である可能性がある．1960年代に陽子数114，中性子数184の^{298}Flが二重閉殻であり，これを中心とした付近の核種が100万年程度以上の寿命をもつという理論予測が示され，実験研究者をおおいに刺激した．この長寿命と予想される核種領域は「超重核の安定性の島」などと呼ばれる．図1は核図表上の原子核の崩壊様式の理論予想例を示したものであるが，中性子数184，陽子数114〜126を中心に広がっている領域が超重核の安定性の島である．超重原子核とは狭義には^{208}Pbの次に重い二重閉殻の原子核（伝統的には^{298}Fl）をさし，広義には超重核の安定性の島を構成する核種群をさす．現在では超アクチノイド原子核（原子番号が104以上）に対して用いられる場合が多い．

この二重閉殻についてはその後の原子核理論研究の進展により，いくらか異なった予想がなされている．とくに陽子魔法数では114, 120, 122, 126など理論予測にばらつきがある．これはこの領域の閉殻性が既知二重閉殻核種である^{132}Sn，^{208}Pbのそれに比べて弱く，模型計算の差異の影響を受けやすいのも一因である．

ただし長寿命の原子核であるにはβ壊変安定線上またはその付近にあることが必要である（外れるとβ壊変に対して不安定になる）．β壊変安定線は模型計算にほとんどよらず，^{298}Flはこの条件を満たす核種である．なお，最近の計算ではこの領域の最長寿命核は当初の予想ほどではなく，数百日〜数千年程度ではないかと考えられている．

ところで安定性の島が原子核構造の二重閉殻の存在によるのであれば，閉殻性の周期性からさらに重い領域にも次の安定領域が存在する可能性がある．図1の中性子数228にそった領域はその予想の一例である．前述の核分裂性パラメータ線と同程度の位置にあるが，微視的構造を考慮すると比較的長寿命の領域と予想されている．

超重原子核の合成　超重原子核の合成は正の電荷をもった原子核どうしを接触（融合）させるのでクーロン斥力のため高いエネルギーを必要とする．接触後は一体となり高励起状態の原子核（複合核）を形成し，次いで中性子を放出するなど脱励起して基底状態になる（残留）．そしてそれ自身の壊変様式で原子核壊変を起こす．軽い核の合成との大きな違いは核分裂障壁が数MeV程度と低く，また障壁の幅も狭くなっていることである．この障壁の性質が，原子核どうしを接触させた後の複合核形成に至る過程を困難にさせている．また複合核形成後に脱励起する過程で核分裂を起こしてしまい，残留核の基底状態に達する確率がきわめて低くなる．このような理由で超重原子核の合成確率は一般にきわめて低い．日本で行われた^{278}113合成実験[2]の場合，^{209}Bi標的に^{70}Znビームを約80日照射して一事象が観測され，その断面積は0.6ピコバーン（pb, 10^{-40} m^2）ときわめて低い値が報告されている．〔小浦寛之〕

文　献
1) 小浦寛之，橘　孝博，日本物理学会誌 60, 717-724（2005）．
2) K. Morita, *et al.*, J. Phys. Soc. Jpn 73, 2593-2596（2004）．

超アクチノイド元素の化学　III-09

chemistry of transactinide elements

　104番元素ラザホージウム（Rf）以降の重い元素を超アクチノイド元素と呼び，元素の周期表では第7周期以降に配置されている．超アクチノイド元素のように重い原子では原子核の正電荷が大きく，電子との相互作用が非常に強いため，相対論効果が非常に強く働く．すなわち原子核近傍に大きな存在確率をもつs軌道電子や$p_{1/2}$軌道電子の速度が光速に近づき，相対論によって質量が重くなる．その結果，これらの軌道は半径が収縮し，エネルギー的に安定化する．一方，より外側にあるd軌道やf軌道は，s軌道や$p_{1/2}$軌道の収縮によって原子核の正電荷がより強く遮蔽され，拡大して不安定化する．また，スピン軌道相互作用により，角運動量をもつ軌道は分裂する．これらの変化は最外殻軌道にも及び，結果として化学的性質が変化する．その効果は原子番号が大きいほど強くなるため，超アクチノイド元素のように重い元素では軽い同族元素に基づく予想とは大きく異なる化学的性質を示すと期待されている．

　超アクチノイド元素はすべて放射性元素で，天然には存在せず重イオン核反応によって人工的に合成される．超アクチノイド核種の半減期はいずれも短く数十秒以下で壊変してしまうため，その化学的性質を調べるには化学操作から放射線測定までの間生存できる比較的長い寿命をもった核種を合成する必要がある．このため，アクチノイド標的を用いた熱い核融合反応によって中性子数の多い超アクチノイド核種を合成し，化学実験に使用することが多い．それには特殊な照射設備などを有する加速器施設が必要であり，限られた研究所でのみ実験が行われている．

　重イオン核反応による超アクチノイド核種の合成量はきわめて少なく，また原子番号が一つ大きくなると合成量は約1桁減少する．上述のように超アクチノイド核種の寿命は短く数十秒以下で壊変してしまうため，1個の原子が合成されても次の原子が合成される前に壊変してしまう．そのため化学操作で一度に扱える原子数はわずか1個で，それを素早く分離分析して化学的性質を決めなければならない．このような化学をシングルアトム化学あるいはatom-at-a-time chemistryと呼ぶ．シングルアトム化学では，マクロ量で扱われる質量作用の法則をそのまま適用できないが，単一粒子を仮定した熱力学的関数を導入することによって，原子を1個ずつ観測して得られる状態の確率比がマクロ量における状態の原子数比と等価と見なせると提案されている．実際にシングルアトムの状態確率比を観測できる実験手段として，溶媒抽出やイオン交換あるいはガスクロマトグラフなどが用いられている．

　超アクチノイド元素の化学実験の手順は，①重イオン加速器を用いた超アクチノイド核種の合成，②化学装置への搬送，③化学分離，④測定試料調製，そして⑤放射線（α線または核分裂片）測定に分けられる．この一連の操作を迅速に行ってその性質を調べる必要があり，そのためのユニークな化学実験装置がいくつか開発されている．

　超アクチノイド元素の化学研究は気相化学と溶液化学に大きく分けられる．気相化学ではRfから108番元素ハッシウム（Hs）までと112番元素コペルニシウム（Cn），さらに114番元素フレロビウム（Fl）が調べられている．一方，溶液化学ではRfから106番元素シーボーギウム（Sg）がその研究対象となっている．気相化学のほうがより迅速な実験が可能であるため，より

重い元素まで研究が行われている．以下に，それぞれの元素の化学研究についての概要を示す．

ラザホージウム（Rf） アクチノイド系列は103番元素ローレンシウム（Lr）で終わり，Rfから新たに6d遷移系列が始まる．Rfは周期表の第4族に配置され，その化学的性質は4族元素のZrやHfに類似すると予想されている．また，初期の研究を除くと，多くの場合，約1 minの半減期をもつ^{261}Rfが化学実験に用いられている．

Rfの同族元素であるZrとHfの単体の昇華エンタルピーが非常に大きいことから，Rf単体の揮発性は低いと考えられている．ZhuikovらはRfが7p元素である可能性を考慮し，希薄な水素の環境下で1100℃に加熱した石英カラムを用いてRfの揮発性について調べたが，Rf単体が昇華した痕跡は観測されていない．

塩素や臭素などハロゲンを含む高温環境下では，RfはRfCl$_4$やRfBr$_4$などのハロゲン化物錯体を形成する．これらのハロゲン化物錯体の揮発性は石英カラムを用いた等温ガスクロマトグラフィーによって調べられ，それぞれHfCl$_4$やHfBr$_4$よりも高い一方で，ZrCl$_4$やZrBr$_4$とはほぼ同じと報告されている．

ZrCl$_4$やHfCl$_4$などの四塩化物錯体は気体中の水や酸素と容易に反応し，より揮発性の低いZrOCl$_2$やHfOCl$_2$などのオキシ塩化物を形成する．Rfに対しても同様にRfOCl$_2$という錯体が推定されている．これらのオキシ塩化物錯体は比較的不安定で，高温では四塩化物に分解されると考えられている．酸素が含まれる実験条件下では，四塩化物が揮発する温度よりも高い温度で石英カラムから脱離することが観測されているが，上述の分解反応を考慮したMCl$_{4(g)}$＋1/2O$_2$ ⇄ MOCl$_{2(ads)}$＋Cl$_{2(g)}$という反応機構（下付きの"g"は気体状態，"ads"は石英カラムへの吸着状態）が提唱されている．この反応ではRfOCl$_2$とHfOCl$_2$の挙動はほぼ同じとの報告がなされている．

水溶液中におけるRfのフッ化物錯体についてはイオン交換クロマトグラフィーなどを用いて非常に詳しく調べられている．フッ化水素酸中において，RfはZrやHfと同様に[RfF$_6$]$^{2-}$などのフッ化物錯体を比較的容易に形成する．そのフッ化物錯体の形成は，ZrやHfよりも弱く4価のThよりも強い．たとえば[RfF$_5$]$^-$＋F$^-$ ⇄ [MF$_6$]$^{2-}$反応の平衡定数は，ZrやHfに比べて1桁以上小さいと報告されている．また，2〜14 Mと濃度の高いフッ化水素酸中では，ZrとHfがそれぞれ[ZrF$_7$]$^{3-}$と[HfF$_7$]$^{3-}$として存在するのに対し，Rfは[RfF$_6$]$^{2-}$という異なった化学種として存在することが示唆されている．HSAB（hard and soft acid and base）の概念にしたがって考えると，同じ電荷と配位数であれば，硬い酸であるフッ化物イオンとの結合の強さはイオン半径が小さい金属イオンのほうが強い．そのため，Rfのイオン半径はZr，Hfより大きく，Thより小さいと予想されている．

Rfの硫酸錯体の形成は陽イオン交換クロマトグラフィーを用いて調べられ，ZrやHfよりも弱いと示されている．また，硫酸水溶液からトリオクチルアミン（TOA）への抽出では，Rfの抽出率はZrよりも小さく，Hfと同じかやや小さいと報告されている．HSABの概念にしたがうと，硫酸イオンは硬い酸として分類され，Rfのイオン半径がZr，Hfより大きくThより小さいことを支持している．

塩酸水溶液中におけるRfの挙動は陰イオン交換法によって調べられている．Rfが塩化物錯体を形成する強さは，ZrやHfよりわずかに強いと報告され，これらの元素と同じヘキサクロロ錯体（[RfCl$_6$]$^{2-}$）を形成すると考えられている．一方，塩酸水溶

液からリン化合物であるリン酸トリブチル（TBP）やトリオクチルホスフィンオキシド（TOPO）への抽出されやすさは，TBPではZr>Rf≧HfあるいはZr>Rf～Hf，TOPOに対してはZr>Hf≧Rfと報告されている．塩化物錯体の形成とその加水分解反応における自由エネルギー変化を理論的に計算することによって，塩化物錯体の加水分解のしやすさはHf≧Rf>Zrとして理解されている．

ドブニウム（Db）　Dbは周期表の第5族に属し，その化学的性質は5族元素のNbやTaに似ると予想されている．初期の研究を除くと，約30 sの半減期をもつ^{262}Dbが研究に用いられている．

塩化水素を含む高温環境中では，Dbは揮発性の塩化物錯体を形成する．その性質は等温ガスクロマトグラフ法により調べられ，Nbよりも高温で石英カラムから脱離することが示されたが，そのクロマトグラフ挙動はやや複雑で二つの化学種が存在すると報告されている．5族元素であるNbは酸素や水と非常に強く反応するため，酸素がない条件下では$NbCl_5$としての挙動を示し，酸素を含む環境中ではオキシ塩化物$NbOCl_3$としての挙動を示す．Dbの等温クロマトグラフ挙動は$DbCl_5$と$DbOCl_3$の形成を示し，それぞれの錯体がNbの同じ錯体よりも揮発性が低いと報告されている．

臭化水素を含む高温条件下では，Dbは臭化物錯体$DbBr_5$を形成し，その揮発性は$NbBr_5$，$TaBr_5$よりも低いと報告されている．しかしながら，この比較ではDbのみが揮発性が低いオキシ臭化物（$DbOBr_3$）を形成している可能性も指摘されており，最終的な結論には至っていない．

水溶液中におけるフッ化物錯体に関しては，まず12 M HCl/0.02 M HFなどの混合水溶液を用いてアミン系抽出剤であるトリイソオクチルアミン（TIOA）への抽出が調べられた．PaやNbに近い挙動を示すことが明らかとなったが，これらの条件では塩化物イオンとフッ化物イオンの両方が配位する可能性があるため，化学種についての詳細はわかっていない．最近では0.31 M HF/0.1 M HNO$_3$溶液中での陰イオン交換挙動が調べられ，Taとは大きく異なり，NbやPaに似た挙動を示すことが報告されている．この水溶液中では，$[TaF_6]^-$, $[NbOF_4]^-$, $[PaOF_5]^{2-}$や$[PaF_7]^{2-}$が存在しており，挙動の類似性に基づいて$[DbOF_4]^-$，$[DbOF_5]^{2-}$あるいは$[DbF_7]^{2-}$という化学形が推測されている．また，アミン系抽出剤であるAliquat336®/F$^-$を用いた逆相抽出クロマトグラフィー実験によって4 M HF水溶液からの抽出率が調べられ，NbやTaと同様に非常によく抽出されると報告されている．さらに，イオン交換クロマトグラフィーによって陰イオン交換樹脂への吸着率が調べられ，13.9 M HFではDbの吸着度はNb，Taよりも低く，Paに近いと報告されている．

塩酸水溶液中においては，10 M HClからアミン系抽出剤であるTIOAへ抽出され，Nb，TaやPaと同様の挙動を示すと報告されている．また，Aliquat336®/Cl$^-$を用いた逆相抽出クロマトグラフィー実験の結果から6 M HClでの抽出率はPa≫Nb≧Db>Taと報告されている．これは塩化物錯体の形成と加水分解の競争反応を考慮した理論計算による予測と一致している．

シーボーギウム（Sg）　Sgは周期表の第6族に属し，その性質は軽い6族元素のMoやWに類似すると予想されている．これまで，半減期が10 s程度の^{265}Sgが化学実験に使われている．

塩化チオニルを飽和した塩素と微量の酸素を含む高温環境中では，6族元素のMoO_2Cl_2やWO_2Cl_2と同じ化学形のSgO_2Cl_2を形成すると考えられている．この化学種の挙動は等温ガスクロマトグラフィーによって調べられ，350℃以上では石

英カラムに吸着せず揮発し，その揮発性はWよりも高いか同程度と報告されている．

一酸化炭素と，ヘリウムの混合気体中においては，揮発性の六カルボニル錯体$Sg(CO)_6$を形成する．30℃から－120℃までの温度勾配を与えた検出器（シリコン）表面において，$Sg(CO)_6$は$Mo(CO)_6$，$W(CO)_6$と同様に－30℃で吸着を示し，吸着エンタルピーは3元素に対してほぼ同じ値が報告されている．また，この実験ではイオンビームによる反応剤の破壊を免れるため，反跳核分離装置を用いて生成核（ここでは^{265}Sg）だけを化学反応槽に導入する高度な手法が用いられた．

水溶液中では，フッ化物錯体についての実験的検証がなされた．0.1 M HNO_3/5×10^{-4} M HF水溶液中では，SgはWと同じように陽イオン交換カラムから溶出することが確認されている．一方，0.1 M HNO_3水溶液においては，Sgは陽イオン交換カラムから溶出せず，WやMoとは挙動が異なると報告されている．これらの実験結果から，HF/HNO_3中におけるSgの化学種は$[SgO_4]^{2-}$ではなく，フッ化物イオンの配位したオキシフッ化物錯体$[SgO_2F_3(H_2O)]^-$あるいは中性の$[SgO_2F_2]$であると推定されている．また，0.1 M HNO_3中でSgの挙動がMoやWと異なっているのは，Sgの加水分解する傾向が弱いためと考えられている．

ボーリウム（Bh） Bhは周期表の第7族に属し，その性質は7族元素のTcやReに類似すると考えられている．これまでに半減期17 sの^{267}Bhが気相化学実験に用いられている．

塩化水素と酸素の混合気体中においてその揮発性が等温ガスクロマトグラフを用いて調べられ，TcO_3ClやReO_3Clと同じ揮発性のオキシ塩化物BhO_3Clを形成すると報告されている．150℃以上では石英カラムから脱離し，その揮発性はTcやReに比べて低いと考えられている．

ハッシウム（Hs） Hsは周期表の第8族におかれ，性質はRuやOsに類似すると考えられている．半減期10 sの^{269}Hsと4 sの^{270}Hsが気相実験に使われている．

乾燥ヘリウムと酸素の混合気体中において，揮発性の四酸化物HsO_4を形成する．室温から液体窒素温度まで温度勾配を与えたシリコン検出器表面への吸着が調べられ，OsO_4よりもHsO_4の方がやや低い温度で吸着することが確認されている．

また，HsO_4は水分が含まれている条件下では水酸化ナトリウムに吸着し，Osと同様に$Na_2[HsO_4(OH)_2]$を形成すると報告されている．

コペルニシウム（Cn） Cnは周期表の第12族に属し，性質はCdやHgに類似すると考えられている．Cnの化学実験には，$^{242}Pu+^{48}Ca$反応で生成した^{287}Flの娘核種^{283}Cn（半減期3.8 s）が使用されている．酸素と水を除去したヘリウム中において，室温から液体窒素温度まで温度勾配を与えた金表面へのCn単体の吸着挙動が調べられている．4事象の^{283}Cnの壊変が観測された金表面の温度から，その挙動はHgに似ていると報告され，沸点は357^{+112}_{-108} Kと推定されている．

フレロビウム（Fl） Flは周期表の第14族に属し，化学的性質はSnやPbに類似すると考えられる．それぞれ$^{242}Pu+^{48}Ca$と$^{244}Pu+^{48}Ca$反応で合成した^{287}Flと^{288}Fl同位体が実験に用いられている．酸素と水を除去したヘリウムガス中において単体の挙動が調べられ，金表面への吸着温度からその挙動はHg, At, Cnに類似していると報告されている．

〔豊嶋厚史〕

相対論効果

Ⅲ-10

relativistic effects

相対論効果とは 加速器を用いて合成される超重元素の化学的性質を理解するためには，相対論的な効果が重要となる．比較的軽い原子の価電子は，非相対論近似が成り立つために一般的なシュレーディンガー（Schrödinger）方程式を用いてその電子状態を解析することが可能である．しかし，重い原子では以下のような相対論的な効果を考慮しなければならない．

電子が光速に近い速度で運動している場合には，相対論的な質量増加が生じる．電子の静止質量を m_0 とし，電子と光の速度を v, c とすると，運動している電子の質量 m は，

$$m = \frac{m_0}{\sqrt{1-(v/c)^2}}$$

で与えられる．このときの電子の質量増加を考慮して，電子の軌道半径（ボーア半径）a_{Bohr} を求めると，

$$a_{Bohr} = \frac{4\pi\varepsilon_0 \hbar^2}{me^2}$$

となる．ここで ε_0 は真空の誘電率，$\hbar = h/2\pi$（h はプランク定数），e は電子の電荷である．この式より，相対論的な質量増加に伴って m が大きくなると，電子の軌道半径は収縮することがわかる．その具体例を図1に示した．これは，第5族元素のタンタル（Ta）の $6p_{1/2}$ 軌道と，105番元素であるドブニウム（Db）の $7p_{1/2}$ 軌道の非相対論計算と相対論計算の結果を比較して示している．タンタル（Ta）と比べてドブニウム（Db）の $7p_{1/2}$ 軌道は相対論的な効果によって，より内側に軌道が収縮していることがわかる．

この現象は相対論的軌道収縮（relativis-

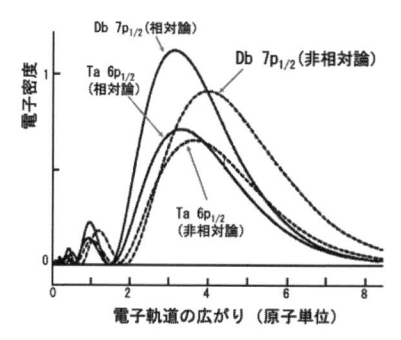

図1 電子軌道の広がりと相対論効果

tic orbital contraction）と呼ばれており，s電子や $p_{1/2}$ 電子のように原子核近傍での存在確率が高くなる電子はこの影響を強く受けることになる．

これとは逆に，d電子やf電子は，軌道角運動量が大きいために原子核の近傍に存在する確率は低く，相対論による直接的な影響を受けにくい．しかしながら，s電子やp電子の相対論的収縮によって，原子核の電荷が遮蔽され，d電子やf電子に対する有効核電荷が減少して，軌道半径が広がることになる．この相対論効果は，間接的な相対論的軌道拡張（indirect relativistic orbital expansion）と呼ばれている．また，軌道角運動量 l が $l>0$ である軌道では，スピン軌道相互作用（spin-orbit interaction）により，$j=l\pm1/2$ の軌道に分裂する．この効果は，電子がスピンをもつために生じる現象であり，直接的な相対論効果とはいえないが，超重元素の化学的性質を理解するためには，スピン軌道分裂も重要な効果の一つである．

相対論密度汎関数法 この相対論効果を考慮した電子状態計算は，各電子の基底関数と相対論的なディラック（Dirac）ハミルトニアンを用いて進められる．ここで紹介する相対論密度汎関数法は，カッセル大学を中心として開発された手法であり，超重元素の理論化学ではよく用いられてい

る．この手法の利点は，原子のディラック方程式を直接解くことで，基底関数系を構築するために複雑な基底関数の組合せを考える必要はなく，なおかつ軽い元素から超重元素まで同じ精度で電子状態を求めることが可能である．ディラックハミルトニアンを用いた波動方程式は，外部ポテンシャルを V とすると，

$$(c\alpha p + \beta mc^2 + V)\phi = E\phi$$

で表現される．ここで c は光速，p は運動量演算子，α と β は，4×4 のディラックマトリックスである．また，計算の結果として得られる全エネルギー E は，

$$E = \sum_{i=1}^{M} n_i \langle \phi_i | t | \phi_i \rangle + \int V_N \rho d\mathbf{r} + \frac{1}{2} \int V_H \rho d\mathbf{r} + E_{XC}[\rho] + \frac{1}{2} \sum_{k=1}^{N} \sum_{L=K}^{N} \frac{Z_K Z_L}{|R_K - R_L|}$$

で与えられる．ここで，N, M は原子核数および電子数であり，t はハミルトニアンの運動量項を代表している．このエネルギー式の第1項は運動エネルギー，第2項以降は，それぞれ，原子核と電子間ポテンシャル，電子間反発ポテンシャル，交換相互作用ポテンシャルと核間反発ポテンシャルに相当する．ここで ρ は電子密度であり，電子密度から分子内の電荷分布を求めることができ，全エネルギー変化に基づいて分子の構造最適化を行うことも可能である．

具体的な計算例　超重元素の理論計算の例として，ペルシナ（Pershina）らは，104番元素であるラザホージウム（Rf）と同族元素 Zr と Hf のフッ化物錯体の加水分解について，下記の反応式に基づいておのおののエネルギー安定性を解析している．

$$M(H_2O)_8^{4+} \rightleftharpoons MF(H_2O)_7^{3+} \rightleftharpoons$$
$$MF_3(H_2O)_5^+ \rightleftharpoons$$
$$MF_4(H_2O)_4 \rightleftharpoons MF_5(H_2O)^- \rightleftharpoons MF_6^{2-}$$
$$(M = Zr, Hf, Rf)$$

このような錯体の安定性に関する議論も，基本的には対象となる反応系の全エネルギーを計算し，各種錯体間でのエネルギー差を議論することになる．Pershina らは，この反応系でのギブズ自由エネルギーの相対的な変化を相対論密度汎関数法で計算し，陽イオンの錯体の安定性が，$Zr \geq Hf > Rf$ の順に低下することを予測しており，実験的にも同様の傾向が確認されている．

また，硫酸溶液からアミン系抽出剤による Zr, Hf および Rf 抽出時の分配比（K_d）値を理論的に予測している研究では，$M(SO_4)_2(H_2O)_4$, $M(SO_4)_3(H_2O)_2^{2-}$, $M(SO_4)_4^{4-}$（M=Zr, Hf, Rf）間の自由エネルギー変化を調べている．この硫酸系においても，錯生成定数は，$Zr > Hf \gg Rf$ の順であり，Rf では極端に K_d 値が低下すると予測されており，実験的に得られている抽出挙動をよく再現していると考えられる．近年の相対論的な理論計算手法の発展はめざましく，超重元素の化学研究を支える一つの手法として注目されている．

〔平田　勝〕

シングルアトム化学　III-11

single-atom chemistry

　一般的に，化学の世界では取り扱う対象物質の原子（イオンや分子などの場合もあるが，本章中では単に原子と表現する）の量を表現するとき，単位体積中の「原子数」を用いず，「モル（mol）」という単位を用いる．1 mol は約 6.02×10^{23} 個の原子数に相当し，数としては非常に大きい．これは，われわれを取り巻く物質，観測している物質を原子の個数に換算すると桁はずれに大きいことを表している．それゆえ，モルレベルで物質を取り扱う通常の化学実験では，多量に存在する原子の挙動を観測し，その元素の化学的性質を調べており，このような化学的性質，化学的挙動は，多量に対象原子が存在することを前提としている場合も少なくない．では，取り扱う原子数をどんどん減らしていく，ある系における濃度を薄くしていくとき，化学的性質はどうなるであろうか．通常の手法では対象原子の観測が困難になり，化学実験は行えても結果の観測が容易ではなくなる．そのため，そのような状態下での化学はほとんど実施も実現もされてこなかったし，必要性も低かった．しかし，放射性同位体を使用すると状況は大きく異なってくる．たとえば1日の半減期をもつ核種が 1 MBq（1 s 間に 100 万個の原子核が壊変する）存在し，1 壊変ごとに1本の γ 線を放出すると仮定したとき，ゲルマニウム（Ge）半導体検出器などによる放射線検出の手法を用いると，その元素の観測は非常に容易である．しかし，このときの原子数を計算すると約 10^{11} 個（質量数が5であれば 10^{-12} g=1 pg に相当）という，通常の量から考えると極端に少ない数であることがわかる．このように，放射性同位体を使用すると通常では検出しがたいような微量の原子を観測することができ，微量原子の化学実験を比較的容易に実現することができる．では，ある実験系における原子数をさらに減らしていき，たった一つ，単一原子（シングルアトム）レベルという極限状態にすると，どのような化学になるだろうか？　このような化学を，シングルアトム化学（single-atom chemistry あるいは one-atom-at-a-time chemistry）と呼ぶ．

　近年では，超重元素（原子番号が 104 番以降の超アクチノイド元素）の化学的研究において実際にシングルアトムの化学を実現しており（→III-07），α 線測定を利用することによりシングルアトム状態で存在する超重元素の化学的性質を調べている．それゆえ，通常の化学の考えがシングルアトム領域にどの程度適用できるのか，超重元素の化学的性質をどのように調べるべきなのか，シングルアトム化学の理解が重要になってきている．実際にシングルアトムの化学挙動を多量の原子の挙動と比較した実験は実現されておらず，シングルアトム状態での多様な実験の実現や，その理論的取扱いを検討することは重要な課題となっている．

極微量化学の熱力学的扱い　次の化学平衡反応を考える．

$$A+B \rightleftarrows AB$$

この反応における平衡定数 K は各化学種の濃度（活量）を用いて次の式で表される．

$$K=\frac{[AB]}{[A][B]}$$

これは質量作用の法則の一例で，実際の平衡反応の実験的観測から導き出された法則である．ここで，シングルアトムの平衡ということを考えると，一度の観測では，平衡のどちらかに対象原子が存在し，他方には存在することができないために，化学平衡という概念が成立せず，質量作用の法則

自体が成立しない．実際に，文献[1]では，そのような問題点を提起し，統計熱力学の観点からシングルアトム状態を含めた微量原子状態での平衡を考察している．ここでは，微量原子の分配関数から平衡定数を計算し，ポリマー反応や不均化反応を除けば（微量元素の化学量論係数が1の反応であれば），微量原子の分布観測から（シングルアトムの存在確率は一度の観測では測定できないが，繰返し実験により統計量を増やすことによって測定できる），通常では多量原子の化学実験で（質量作用の法則により）得ている「平衡定数」を導出できることを示した．これは，「化学平衡自体の根本の考えは1原子の反応性（活性化エネルギー）に基づいたものであり，1原子の反応における平衡定数も多量原子の平衡定数も同じである」という統計熱力学の考えからは当然の結果であるといえるかもしれない．ただし，微量原子の化学実験では，多量原子の実験とは異なる結果が古くから報告されており，さらなる極限状態といえるシングルアトムの化学挙動を実際に観測することは非常に興味深い．

極微量原子状態での化学実験　実際に化学的性質の原子数依存性を実験的に調べることを目的とした研究例としては，電着挙動，共沈挙動，溶媒抽出やイオン交換挙動を調べたものがある．それぞれの挙動に関して，ポロニウム（Po）を対象として$10^5 \sim 10^8$個という原子数領域（電着挙動と共沈挙動のみに関しては40〜5000個も）において実験を行い，いずれの挙動に関しても原子数依存性が観測されなかったことが報告されている[2]．残念ながら，シングルアトムレベルまでは結果が得られず，議論にも至っていない．シングルアトムの化学挙動を観測することは1回の化学操作では不可能であり，系中に1個しか存在していない状態での挙動観測を何度も繰り返し，データを積算することによって成される．迅速な化学操作を数千回の単位でまったく同じ条件で繰り返すことが不可欠であり，この実現が非常に困難であると考えられる．近年，超重元素の化学的研究において，イオン交換や気相での化学実験に関して機械制御の装置開発に成功し，迅速な反復化学実験を実現しており，今後の本課題の進展が期待されている．

超重元素の化学　超重元素は，生成率が非常に低く，半減期が数十秒以下と短いため，一度に1個の原子を対象に研究を行わざるをえない（→III-07）．つまり，超重元素の化学的研究は，おのずとシングルアトム化学を実現することになる．そして，超重元素の化学的性質を調べる研究は近年ますます進んできている．今後，シングルアトム化学に関する理解がさらに深まることにより，超重元素のより多様な化学的研究の実現が期待できる．また，反対に，現在唯一シングルアトム状態での化学的性質を調べることができている超重元素化学の研究をとおして，シングルアトム化学の理解を深めていくこともできるかもしれない．

〔笠松良崇〕

文　献

1) R. Guillamont, *et al.*, Radiochim. Acta 54, 1 (1991).
2) F. J. Reischmann, *et al.*, Radiochim. Acta 36, 139 (1984).

反跳分離法 　　　Ⅲ-12

recoil separation technique

　放射性同位体の製造では，原子炉内の中性子や加速器からのイオンビームを試料（イオンビームの場合は標的と呼ぶ）に照射し，試料中の原子核との核反応により放射性同位体を生成する．通常，生成した放射性同位体は試料内にとどまっているため，目的とする放射性同位体を照射試料から分離・精製する必要がある．照射試料を取り出し，溶解，加熱等の処理を行って目的とする放射性同位体を分離・精製するまで，早くても数十分から数時間かかる．一方，試料の表面付近で生成された放射性同位体は，反応に伴う反跳エネルギーによって試料表面から反跳脱出する．この反跳脱出を利用して照射試料から放射性同位体を分離することを反跳分離法という．この手法は，とくに半減期が 10 min 以下の短寿命放射性同位体を利用する際に有効であり，後述するガスジェット搬送法と組み合わせることで，試料の照射を中断することなく連続的に短寿命放射性同位体を生成しつつ取り出し利用することができる．半減期の長い放射性同位体であっても，標的（照射試料）の溶解などが不要なため標的を繰り返し利用できる，標的元素と生成元素の化学分離が困難な場合でも比放射能の高い放射性同位体を得ることができる，などの利点がある．一方，反跳エネルギーが低いと，表面から深い位置で生成した放射性同位体は標的から脱出できないため有効標的厚が薄くなり，得られる放射性同位体の量が制限されるのが欠点である．したがって，この手法は反跳エネルギーが比較的高い重イオン核反応によく適用される．

　ウラン標的に 100 MeV の酸素ビームを照射して ^{238}U$(^{16}$O$, 6n)^{248}$Fm 反応によりフェルミウム-248（^{248}Fm：半減期 36 s）を合成する場合を考える．このような重イオン核融合反応では，合成される複合核 ^{254}Fm* はビームと同じ方向に反跳され，その反跳エネルギーは 6.3 MeV となる．6.3 MeV の ^{248}Fm のウラン標的中での飛程は約 0.7 mg cm^{-2} であり，この厚さ（有効標的厚）より標的を厚くしても反跳脱出する ^{248}Fm の量は増えない．一方，^{248}Fm を合成する最適ビームエネルギーが 95～100 MeV であるとすると，酸素ビームが 5 MeV エネルギーを損失する標的厚は 3.5 mg cm^{-2} なので，これより厚い標的を使えば反跳脱出する 5 倍以上の量の ^{248}Fm を生成することができる．ただしこのウラン標的から ^{248}Fm を取り出すには，標的を溶解し，ウランや核分裂生成物などの大量の副反応生成物から ^{248}Fm を分離・精製する必要があり，半減期の短い核種への適用は反跳分離法が有利である．また，薄い標的を数枚重ねて照射することで，有効標的厚が薄い反跳分離法の欠点をある程度克服することができる．

　反跳脱出した核反応生成物を収集する方法には，キャッチャーフォイル法（catcher foil technique），ガスジェット搬送法（gas-jet transport technique），インフライト法（in-flight separation technique），などがある．

　キャッチャーフォイル法では，アルミニウムや銅，金などの薄い金属箔を標的の下流におき，反跳脱出した核反応生成物を金属箔中に捕獲する．この場合，金属箔を溶解するなどして核反応生成物を金属箔から分離・精製する必要があるが，標的自身を溶解するのに比べて分離操作を簡単にできたり，標的を繰り返し利用できたりする利点がある．また，金属箔の厚さを薄くすることで，反跳エネルギーの低い核融合反応生成物のみを捕集し，エネルギーの高い核

分裂生成物は透過させて捕集しない，といった制御も可能である．

ガスジェット搬送法（図1）では，反跳脱出した核反応生成物をガス中に捕獲する．標的の下流に1気圧程度のガスを満たしておくと，反跳脱出した核反応生成物はガス中を数mmから数cm走って減速され，熱エネルギーにまでエネルギーを落とす．このガス中に少量のエアロゾル微粒子を混合させておくと，減速された核反応生成物は微粒子に吸着・捕獲され，ガスの流れに乗って照射位置から遠く離れた場所まで搬送される．実際に，$2 L\, min^{-1}$のガス流量で，長さ10 m，内径$2 mm\phi$の細管中を，1 s以内の短時間に80%近い効率で搬送することが可能である．この方法によって，原子炉内や加速器のビームラインなど人が近づけない場所からでも，核反応生成物を迅速かつ連続的に取り出すことが可能となり，搬送された微粒子をフィルターなどでガスから分離するだけで，きわめて比放射能の高い放射性同位体を得ることができる．エアロゾル微粒子としてNaClやKClを使用すれば，容易に水溶液にして化学操作が可能になる．超重元素の溶液化学研究では，KCl微粒子に付着させた半減期34 sのドブニウム（^{262}Db）や半減期65 sのラザホージウム（^{261}Rf）をガスジェット搬送した後，酸に溶解し連続的にイオン交換クロマトグラフ分析する実験が行われている．なお，エアロゾル微粒子には，核反応生成物が搬送中に細管などの内壁に吸着することを防ぐ役割があり，ラドンなど常温で気体である放射性同位体の搬送には微粒子なしのガスジェット搬送法が使われる．

インフライト法は，反跳脱出した核反応生成物を真空中あるいは低圧のガス中で飛行させながら，磁場や電場でビームや他の核反応生成物から分離しつつ焦点位置へ収集する方法で，半減期が$1 \mu s$程度の短寿命放射性同位体にまで適用可能である（→III-13）．反跳エネルギーが高く運動量分散が低いほど収集効率が高いので，カルシウムやニッケルビームを用いた超重元素合成実験では高い収集効率が得られるが，酸素などの比較的軽いビームを用いる場合には効率を上げることが難しい．

このほかに，熱中性子捕獲反応では高エネルギーの即発γ線放出に伴う反跳エネルギーを利用して比放射能の高い放射性同位体を製造する方法が実用化されている（→IV-12）．また，α壊変に伴う反跳を利用してα壊変の娘核をガス中に捕獲し，取り出し利用することも行われている．これらも反跳分離法の一種である．

〔浅井雅人〕

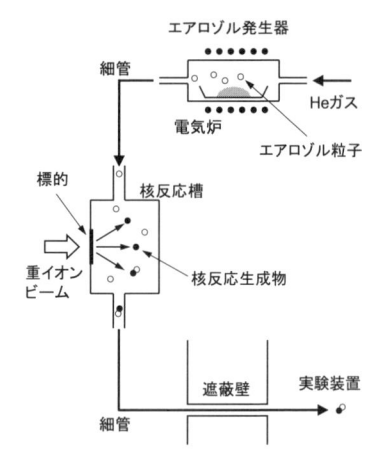

図1　ガスジェット搬送法の概念図

反跳核分離装置

III-13

recoil mass separator

反跳核とは 原子核に何かが衝突して起こる現象を原子核反応（nuclear reaction）と呼ぶ．二つの原子核が衝突する場合，重心系（center-of-mass system）にもち込まれる反応エネルギーによって，衝突前に原子核がもっていた核子数とその構成，内部エネルギー状態が変化し，関与した原子核は散乱される．束縛電子をまとっているイオンの場合，電荷状態も変化する．

反跳核は，実験室系で静止した標的原子核に対して運動エネルギーをもつ入射原子核が衝突した場合の，標的から飛び出してきた標的状原子核をさす．しかし反跳核分離装置を用いた実験によっては，散乱された入射核状原子核などの分離も行われるため，以下では核反応により放出された原子核を反跳核と呼ぶことにする．

装置の概要 反跳核を止めずに分離・収集する装置が反跳核分離装置である．選択・分離された反跳核は原子核物理のみならず天体核物理，核化学あるいは原子物理，応用物理などの広い研究領域における研究プローブあるいは研究対象として利用される．

反応前後の原子核の運動を記述する運動学パラメータは，エネルギーと三次元の運動量ベクトルからなる．核反応点と反跳核を検出する装置との間に真空中の電場（E）あるいは磁束密度（B）がある場合，電荷（q），速度（v）をもつ反跳核イオンには，ローレンツ力，

$$F_B = q(v \times B), \qquad F_E = q \cdot E \quad (1)$$

が働くため，反跳核イオンの運動量，エネルギー，電荷を，異なる磁場・電場の値と

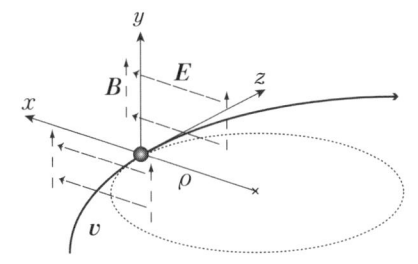

図1 反跳核イオン（A, Z, q, v）の静電磁場（E, B）中での運動

して選択・分離できる（図1参照）．研究目的に適した電磁場配置・構成を決めるために，装置の設計ではイオン光学における輸送行列などを用いた反跳核イオンの軌道シミュレーションを行う．反跳核分離（分析）技術は，質量分析器や質量分析計の原理となる質量分析法（mass spectrometry）の一部と見なせる．この項では触れないが，反跳核イオンをいったん停止させたり低速にして分離する手法もある．

主な装置 広範な研究内容に則した反跳核分離（分析）装置のレビューとしては，文献1を参照のこと．

（1）真空中での双極子磁場と電場の組合せによる装置： 短寿命な原子核の生成・観測のために核融合反応（nuclear fusion reaction）を用いることがある．この反応では静止した標的核（Tで表す）に，比較的エネルギーの低い（数10 MeV/核子以下の）入射核（B）を照射する．複合核（CN）形成後，核子を放出し残留核（R）が生成された場合，A, E で質量数および運動エネルギーを表すと，残留核の実験室系（laboratory system）での核子あたりのエネルギー（E_R/A_R）は，

$$\frac{E_R}{A_R} \approx \left(\frac{A_B}{A_{CN}}\right)^2 \cdot \frac{E_B}{A_B} \quad (2)$$

を中心に分布し，反応系によって入射核に対する残留核の速度が大きく異なることがわかる．目的の速度領域だけを分離する装

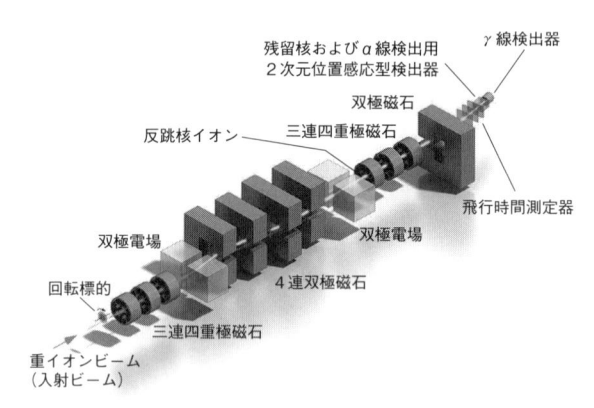

図2 ドイツ重イオン研究所（GSI）で稼働中の SHIP（Separator for Heavy Ion reaction Products）[2]
上流の双極電場によって，相対的に速度の遅い反跳核イオンが入射ビームから分離され，検出器が設置された焦点面まで輸送される．

置として，双極子電場と磁場を垂直に交差させた速度フィルタが開発された（図2参照）．入射核ビーム軸方向を z，双極子電場（磁束密度）の方向を $x(y)$ ととると，式（1）からイオンの受ける力は，$F_x = qE_x - qv_zB_y$ となる．特定の $v_z(=E_x/B_y)$ をもつ反跳核イオンだけがビーム軸上を直進する．

非相対論的近似で式（1）から速度変数を打ち消すと，反跳核の静止質量と電荷の比（m/q）だけで電磁場の強度が記述される．効率よい分離・収集のため，散乱角度や反跳エネルギーによらず集束（角度集束，エネルギー集束）させられる機能を有した質量分散焦点面をもつ分離器が製作された．質量／電荷比の高精度分解を主目的に電場と磁場をシリーズに配置した装置では，質量分解能400程度を実現している．

(2) ガス充てん型質量分離器： 希薄ガス中を通過するイオンの電荷は平衡電荷（$\bar{q} \propto vZ_R^k$）で近似できる．k は定数で約 $1/3$，Z_R は残留核の原子番号である．式（1）に代入すると，

$$B\rho \propto \frac{A_R}{Z_R^k} \quad (3)$$

となり，反跳核イオンを質量と原子番号だけで分離・収集できる．式（3）の ρ は双極子磁場の場合のイオン軌道の曲率半径を表し（図1参照），$B\rho$ を磁気剛性率と呼ぶ．これがガス充てん型質量分離器の原理である[3]．双極子磁場と電場の組合せによる装置の質量分解能を犠牲にして電荷状態の収集効率を高めた装置であり，超重元素探索等希少生成核種の分離などに用いられる（図3参照）．許容立体角 45 msr を有

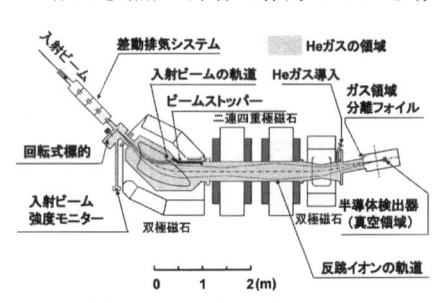

図3 理化学研究所，仁科加速器センターで稼働中のガス充てん型質量分離器 GARIS（Gass-filled Recoil Ion Separator）[4]
質量数とヘリウムガス中での平衡電荷数の違いにより，入射ビームから反跳イオンが分離され，分離フォイル下流の真空中に設置した検出器に打ち込まれる．

する装置が製作された.

質量分解能を決定する主な要因は，イオンの電荷分布と多重散乱である．ガス圧を p，磁場中での飛行距離を l として，イオンの電荷分布は $\sqrt{p \cdot l}$ に反比例し，多重散乱は比例するので最大分解能を与える $p \cdot l$ がある．100 程度の質量分解能が得られている．

(3) ソレノイド磁場による装置： 反応断面積がかすり角（grazing angle）近傍で最大となる直接反応（direct reaction）生成核の分離・収集では，大きな散乱角をもつ反跳核イオン補足のためにソレノイド磁場が利用される[5]．この装置では，運動量 p，電荷 q をもつ反跳核イオンに対するビーム軸上の焦点距離は近似的に $(p/q)^2$ の関数で表されるので，すべての電荷状態のイオンが $q=1^+$ の場所に集束する．

超伝導磁石の採用により許容立体角 200 msr にも及ぶ装置が製作されている．光学系としての質量分解能をもたないため，不要な入射核ビームはビームストッパーなどで止めることになる．

質量数の比較的大きな入射核による核子移行反応（nucleon transfer reaction）で生成された入射核状反跳核は，運動学的な特徴（逆運動学と呼ぶ場合がある）から入射核ビーム方向に集中し，エネルギーもある程度そろって放出される．この特徴を生かしたソレノイド磁場による二次ビーム分離・生成装置がある．

(4) 反跳核イオンの物質中でのエネルギー損失を利用した装置： 入射核のドブロイ（de Broglie）波長 $(\lambda = \hbar/p)$ が標的核内の核子間平均距離（〜1.8 fm）よりも小さな，比較的高エネルギー（数十 MeV/核子以上）の反応では，傍観者-関与者の描像で描かれる核破砕反応（nuclear fragmentation reaction）が起こる．傍観者である入射核破砕片は速度変化をほとんど受けないため，入射核ビーム方向に集中して放出される．この特徴を利用して入射核破砕片を二次ビームとして分離・生成する装置がある．

この装置では双極子磁場などから構成される角度収束・運動量分散焦点をもつ二つの運動量分析系をシリーズに配置し，上・下流の分析系焦点面を一致させた位置にエネルギー減衰板が設置される[6]．固定標的から飛び出してきた破砕片（質量数 A_F，原子番号 Z_F）の核子あたりの運動エネルギーを E_1 とすると，厚さ d の減衰板通過後のエネルギー (E_2) は，

$$E_2 \approx E_1 \left(1 - \frac{d}{R}\right)^{1/r}, \quad R \approx k \frac{A_F}{Z_F^2} \cdot E_1^r \quad (4)$$

と近似できる．R は減衰板が十分に厚い場合の飛程で，k（および式（5）中の k'）は定数，γ は減衰板の材料により異なる定数である．破砕片の電荷はすべてはぎ取られている $(q=Z_F)$ と仮定して，上・下流分析系の磁気剛性率 $[B\rho]_1$, $[B\rho]_2$ の関係を式（4）を使ってまとめると，

$$[B\rho]_2 = [B\rho]_1 \\ \times \left(1 - \frac{d}{k'} \frac{A_F^{2\gamma-2}}{Z_F^{2\gamma-1}} [B\rho]_1^{-2\gamma}\right)^{1/2\gamma} \quad (5)$$

となり，質量数と原子番号の同時分離が可能となる．　　　　　　　　　〔宮武宇也〕

文　献

1) D.A. Bromley, ed., Treaties on Heavy-Ion Science, Vol. 7, 8（Plenum Press, 1985, 1989）.
2) S. Hofmann and G. Münzengerg, Rev. Moderd Phys. 72, 733（2000）.
3) M. Leino, Nucl. Instrum. Meth. B204, 129（2003）.
4) K. Morita, et al., Nucl. Instrum. Meth. B70, 220（1992）.
5) W.Z. Liu, et al., Rev. Sci. Instrum. 58, 220（1987）.
6) J.P. Dufour, et al., Nucl. Instrum. Meth. A248, 267（1986）.

同位体分離

III-14

isotope separation

陽子数が同じで中性子数が異なる原子核を同位体と呼び，同位体分離とは複数の同位体が混ざった状態の物質から特定の同位体だけを含む成分を分離することである．半減期や壊変様式といったさまざまな原子核の性質は，同位体核種ごとに異なるため，放射化学，原子核物理学あるいは原子力技術などの研究分野においては特定の同位体が必要となる場面が多い．したがって，同位体分離は重要な技術となっている．たとえば，天然同位体組成のウランから核分裂性の ^{235}U（存在比 0.72％）の割合を高め，原子力発電などで用いられる濃縮ウラン（enriched uranium）をつくることがこれにあたる．同位体分離は，同位体の質量数の差に基づく物理的または化学的な性質の相違を利用して行われる．現在，同位体分離にはいくつかの手法が用いられており，分子運動エネルギーの差異あるいは結合エネルギーの差異を利用する方法に大別できる．

分子運動エネルギーの差異 電磁分離（electromagnetic separation）： 原子や分子をイオン化させ，そのイオンを電場で加速し磁場で収束させる方法．質量分析器と同様の動作原理であり，イオンの軌道に直行した磁場を通過する場合，ローレンツ（Lorentz）力によって質量の大きいイオンは外側，質量数の小さいイオンは内側の軌道を通るため分離が可能になる．この手法の特徴は，汎用性が高くほとんどの元素に対して適用できる点である．加速器から供給されるビームと標的との核反応で生成される放射性同位体の分離にも用いられ，それらはオンライン型同位体分離装置

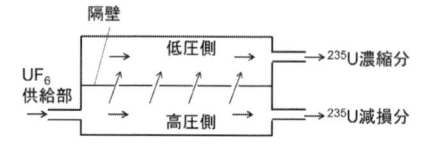

図1 気体拡散法によるウラン濃縮 [1]

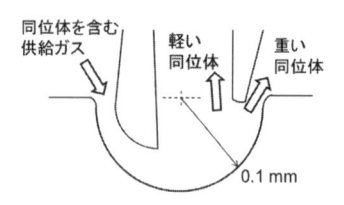

図2 ノズル同位体分離で用いられるスリットの断面図 [1,2]

(Isotope Separator On-Line：ISOL）と呼ばれる．ISOL は半減期が数秒程度の原子核でも分離できることが利点であり，未知の核種の探索や原子核の性質の研究に用いられる．

気体拡散法（gas-diffusion method）： 同位体の質量比に基づく気体分子の拡散速度の違いを利用する方法．複数の同位体を含む気体を，その平均自由行程よりも小さい直径の穴が無数に開いた隔壁を通過させると，気体の平均速度は質量の1/2乗に反比例するため，質量の小さい同位体のほうが平均速度が大きく，隔壁を通過する量が多くなる．この性質を利用して同位体を分離・濃縮する．拡散1回あたりの濃縮度が低いため，実用性のある濃縮度を得るには，濃縮流をさらに同じ工程にかける必要がある．この操作はカスケードと呼ばれ，濃縮ウランの生産には数千段のものが用いられることもある．図1に，六フッ化ウラン（UF_6）の気体拡散法によるウラン濃縮を示す．

ノズル同位体分離（nozzle isotope separation）： 圧力勾配で噴出するガスの遠心力を用いる方法で，ウラン濃縮に用いられ

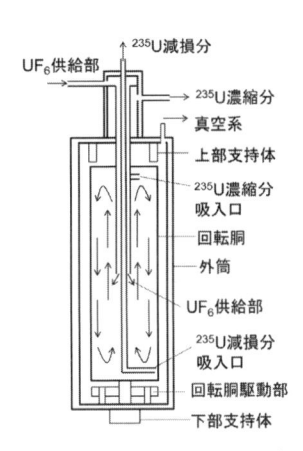

図3 遠心分離装置の断面図[1,2)]

る．図2のようにUF$_6$ガスと水素またはヘリウムの混合ガスを非常に速い速度でノズルと半円球状の壁の間の隙間に送り込む．するとスリット下流部の曲面のみぞにより遠心力の場がつくられ，混合気体内に濃度勾配が生じる．その結果，^{235}Uを含む軽い成分は中央部の上方に，^{238}Uを含む重い成分は曲面の壁付近に濃縮される．回転操作がないため，静的ガス遠心分離法とも呼ばれる．

遠心分離（centrifugal separation method）： 同位体の質量差を利用する方法で，天然ウランから^{235}Uを濃縮するため工業的に用いられる手法．図3に示したように，UF$_6$ガスを遠心分離装置内で高速回転させ遠心力を作用させると，質量の大きい^{238}UF$_6$は外周部に，質量の小さい^{235}UF$_6$は中心部に集まる．回転胴の外周部および中心部に^{235}U減損分および^{235}U濃縮分の吸入口を設置し，前段の濃縮流をさらに濃縮するようにカスケードを組むことで濃縮度を上げることができる．気体拡散法に比べて濃縮度が高く電力消費量が少ないため，ウラン濃縮技術の主流となりつつある．

結合エネルギーの差異　レーザー同位体分離（laser isotope separation）： 同位体シフトと呼ばれる同位体間の吸収スペクトルの違いを利用した方法で，原子または分子へのレーザー光の照射により，任意の同位体を選択的に励起させる．すべての元素について同位体分離が可能である．原子法の場合，試料に特定の波長のレーザー光線を照射することで選択した同位体のみをイオン化させ，電極で捕集を行う．分子法では，分子の分解により他の性質が現れることを利用して分離する．たとえば，UF$_6$分子の場合，特定の波長のレーザー光線によって^{235}UF$_6$分子の選択的励起が起こり，分子が分解して気体状のUF$_6$から固体状の^{235}UF$_5$を得ることができる．

電気分解（electrolysis）： 重水などの濃縮に用いられる方法．水素は速度論的同位体効果が最も顕著に現れる元素であり，重水素原子は水素原子の約2倍の質量をもつため，水素原子とは反応速度が大きく異なる．水の電気分解の場合，D$_2$OはH$_2$Oよりも電気分解の速度が遅く，H$_2$のほうがD$_2$よりも発生しやすい．その結果D$_2$Oが水中に残り，水の重水濃度が高くなる．また，^{6,7}LiもLiOHの電気分解によって得られる．

蒸留（distillation）： 沸点の異なる同位体化合物の分離・濃縮に用いられる方法．たとえば，3種類の水分子H$_2$O，HDOおよびD$_2$Oの沸点はそれぞれ100.0℃，100.7℃および101.4℃であり，この温度差を利用して重水を濃縮することができる．^{10}B，^{13}C，^{15}Nおよび^{18}Oの濃縮にも蒸留法が適用されている．　　〔佐藤　望〕

文　献

1) M. Benedict, ほか著, 清瀬量平訳, 同位体分離の化学工学（原子力化学工学第Ｖ分冊）（日刊工業新聞社，1984）．
2) M. Benedict, ほか著, 清瀬量平訳, ウラン濃縮の化学工学（原子力化学工学第VII分冊）（日刊工業新聞社，1985）．

液相系迅速放射化学分離　III-15

liquid-phase rapid radiochemical separation

　半減期が短い超アクチノイド元素などのシングルアトムを化学的な研究の対象にするためには，特殊な実験技術が必要であり，これまでにさまざまな手法が開発され，液相ならびに気相における研究が行われてきた．超アクチノイド元素では，寿命が長いラザホージウム同位体^{261}Rfでも，半減期65秒でα壊変してしまう．また，その生成率は1分間に数原子以下であり，実施可能な研究は，このような条件下で分離・分析できる手法に限られる．とくに，液相における化学研究では，実験操作に複雑な手順を要するため，加速器を用いた重イオン核反応で合成された原子をその場で処理することが難しく，主にガスジェット搬送装置を用いて，照射室から化学実験室に送り，実験者が操作あるいは監視できる環境下で取り扱うことが必要である．化学実験室では，①対象原子を液相に溶解し，②迅速に分離・分析し，③迅速にα線を測定するとともに，①〜③の操作を繰り返しまたは連続して行う必要がある．超アクチノイド元素研究の初期には，これらの操作をほぼ手操作で数百回も行った例はあるが，最近では上記の実験手法を反復あるいは連続して行うことが可能な，自動化学分離装置がいくつか開発され，さまざまな実験に適用されている．ここではそれらの液相化学分離装置について述べる．

　ARCA II–AIDA　イオン交換や逆相クロマトグラフ分離を行う実験装置としては，ドイツの重イオン研究所（GSI）が開発したARCA II（Automated Rapid Chemistry Apparatus II）がRf, Db（ドブニウム）ならびにSg（シーボーギウム）の溶液化学研究で成果をおさめてきた．また，近年日本原子力研究開発機構（JAEA）は，ARCA IIの溶液経路などを改良するとともに，放射線計測までを完全に自動化したAIDA（Automated Ion-exchange separation apparatus coupled with the Detection system for Alpha spectroscopy）を用いてRfやDbの精密なイオン交換実験に成功している．AIDAのクロマトカラム部を図1に示す．本装置は，直径1.6 mm，長さ7 mmのマイクロカラムを20本備えたカラムカートリッジを2本装備し，これらのカラムを次々と使用することによって迅速で効率のよい反復実験を可能にした．また，溶液が接する部分はすべてPCTFE（ポリクロロトリフルオロエチレン）製であり，酸から有機溶媒まで幅広い種類の溶液が利用可能である．実験の手順は，ガスジェット搬送された目的とする核反応生成物を含むクラスター（分離系に応じてKClやKFなどを使用）をカラム上部にあるスライダーの捕集部に収集し，捕集部をカラム上部にスライドさせた後，上部から溶離液を流してクラスターを核反応生成物ごと溶解する．溶液をそのままマイクロカラムに導入し，その溶出液を近赤外線ランプと

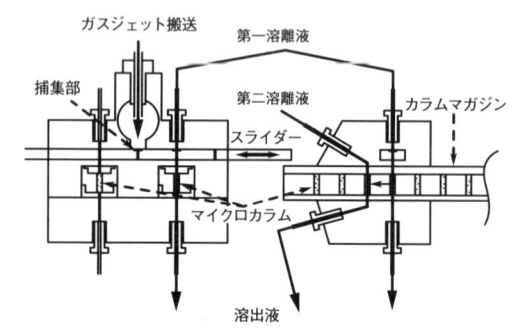

図1　迅速化学分離装置AIDAのクロマトカラム部断面図（左：正面図，右：側面図）

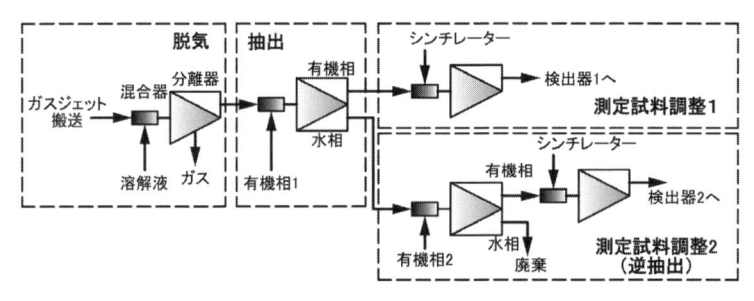

図2　SISAK 概略図

ガスヒーターで素早く蒸発乾固して，α線の測定試料とする．マイクロカラム内にはイオン交換樹脂あるいは逆相クロマトグラフ樹脂を充てんし，溶液には，①溶解・展開用，②溶離用の2種類を用意することで，樹脂への吸着度を観測することが可能である．蒸発乾固によるα線測定試料の調整に必要とする時間などから，分離に用いられる典型的な溶液量は100〜250 μLで，10〜20 sで1溶液あたりのクロマトグラフ分離が終了する．AIDA では蒸発乾固からα線の測定までを含むすべての過程も自動化されているため，試料の捕集から，40〜60 sで放射線計測することができる．AIDA を使用した^{262}Db（半減期34 s）を対象とするフッ化物錯イオン形成実験では，13.9 M HF 系における陰イオン交換樹脂への吸着挙動を観測するために，より小型のマイクロカラム（直径1.0 mm，長さ3.5 mm）を利用して約1700回の反復実験を行い，二つのα-α相関事象（^{262}Db→^{258}Lr→）を含む10個のα事象を観測し，Db のフッ化物錯体の分配係数を得ている．

SISAK　連続して液・液間の溶媒抽出を可能にし，かつ液体シンチレーターをα線測定に利用した実験装置が，スカンディナビアの研究グループにより開発された SISAK（Short-lived Isotopes Studied by AKUFVE-technique：AKUFVE は抽出分配比の連続測定を意味するスウェーデン語の頭文字）である．図2に SISAK の概念図を示す．クラスターの溶解や液相間の分離には，スウェーデンで核燃料の再処理技術開発のために利用されていた遠心分離器を超小型化して用いている．さらに，液体シンチレーション測定装置に直結してα線測定が行えるため，ARCA などと比較して迅速なオンライン抽出が連続して行えるという特徴がある．実験の手順は，ガスジェット搬送法によって搬送された核反応生成物をクラスターごと気液混合器に導入し，水溶液に溶解する．初段の遠心分離器によって脱気した後，次段の混合器において有機相と混合・抽出され，再び超小型遠心分離器において二相分離される．有機相はシンチレーターと混合されて検出系に送られ，α線計測が行われる．水相は，必要に応じて有機相に再抽出され，シンチレーターと混合されてα線検出器系に送られる．これにより，分配比の直接決定が可能である．ただし，液体シンチレーションを利用したα線の検出法は，エネルギー分解能が低いため，大量に含まれる副反応生成物のなかから目的核種を同定することが難しく，超アクチノイド元素への適用は困難であった．近年，反跳核分離装置を前段に用いることにより副生成物を格段に減少させる手法が開発され，超アクチノイド元素領域での SISAK を用いた研究が展開し

つつある．オスロ大学のグループは，米国ローレンスバークレー国立研究所（LBNL）の気体充てん型反跳核分離装置（BGS）で質量分離された^{257}Rf（半減期4.7 s）を，SISAKを用いて分離し，硫酸水溶液からTOA（トリオクチルアミン）へのRfの抽出率を同族元素と比較して，Zr>Hf≥Rfという順であると報告している．

電気化学的手法　最近，シングルアトム化学における新たな研究手法として，フロー電解カラムを利用した電気化学実験装置の開発が行われている．フロー電解カラム法は，作用電極としてグラスファイバーの束を利用し，グラスファイバー間の狭い間隙に溶液を通すことによって効果的な酸化還元反応を行うことができる．JAEAでは，フロー電解カラムを小型化するとともに作用電極を陽イオン交換体によって直接化学修飾し，酸化還元とイオン交換分離を同時に行うことを可能にした．これにより酸化還元後の価数保持の安定性と，分離の迅速性が向上し，シングルアトムレベルでのノーベリウムNo^{2+}からNo^{3+}への酸化電位測定ならびにメンデレビウムMd^{3+}からMd^{2+}への還元電位測定に成功しており，Sgなどの超アクチノイド元素領域への応用も期待されている．また，マインツ大学では，超アクチノイド元素の電着挙動を調べるために，金属テープ電極を用いたオンライン実験装置の開発を進めている．電気化学的なアプローチは，溶媒抽出やイオン交換とは異なり，超アクチノイド元素の電子状態を直接観測できるため，次の世代の液相における超アクチノイド元素研究として期待されている．

マルチカラム法　マルチカラム法は長寿命の娘核種を利用して超アクチノイド元素のイオン交換挙動を観測する特殊な手法である．この手法は，超アクチノイド元素のRfやDbと娘核種であるアクチノイドが異なるイオン交換挙動を示すことを利用する．実験の手順は，まず核反応生成物を溶解し，陽イオン交換カラム，陰イオン交換カラム，陽イオン交換カラムの連続した三つのカラムを通過させる．1段目のカラムでは，副生成物のアクチノイドを吸着・除去し，2段目の陰イオン交換カラムで目的とする超アクチノイド元素の吸着度合いを観測する．たとえば，Dbの陰イオン錯体が陰イオン交換カラムに吸着すればα壊変で生成する長寿命のアクチノイドはその陰イオン交換カラムから脱離して3段目の陽イオン交換カラムで吸着される．Dbの錯体が陰イオン交換カラムに吸着しなければ，そのまま3段目の陽イオン交換カラムも通過し，溶出液に検出される．3段目のカラムと溶出液中に観測された娘核種の放射能比からDbの吸着特性を導くことができる．

〔塚田和明〕

気相系迅速放射化学分離　III-16

gas-phase rapid radiochemical separation

　気相系迅速放射化学分離（gas-phase rapid chemical separation）は，核反応で生成した目的元素の単体あるいは化学反応により生成した揮発性化合物をガスクロマトグラフィーにより他の元素から分離する手法である．この化学分離法を目的核種の単純な分離に利用することは以前から行われてきたが，近年ではもっぱら超アクチノイド元素の化学的性質を明らかにする研究に利用されている．本項では，超アクチノイド元素の化学研究に関する気相系迅速放射化学分離について述べる．

　気相系迅速放射化学分離は，揮発性化学種を生成する反応速度が十分速い系を選べば，キャリヤーガス気流中で化学分離が行われるため，超アクチノイド元素のような短半減期核種に適用できる利点がある．一般に半減期十数秒以上の核種を取り扱う場合は，ガスジェット搬送により核反応生成物を照射室から化学実験室に搬送して化学分離実験が行われるが，照射チェンバーに分離装置を直結することで，半減期数秒の核種を対象にすることも可能である．

　この化学分離法には大別して2種類の実験手法がある．図1にこれらの手法で得られるクロマトグラム（chromatogram）結果の概略図を示す．一つは，逆温度勾配（カラム入口を高温，出口を低温）をかけたカラムに揮発性化学種を通じ，沈着位置（温度）を求める熱クロマトグラフィー（thermochromatography）である（図1(a)）．揮発性化学種はカラム出口に近づくほどカラム表面に吸着した際の滞在時間が長くなるため，カラムの特定の位置で放射性核種の放射性壊変が観測される．当然の

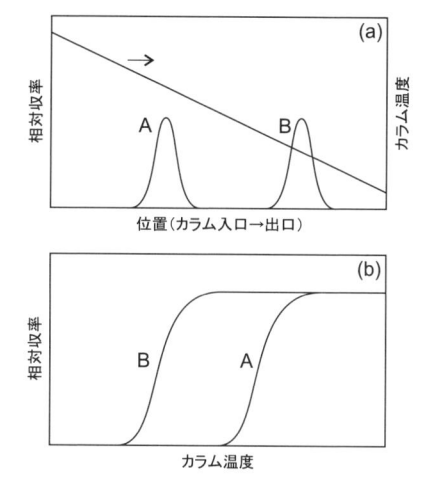

図1　気相系迅速放射化学分離で得られるクロマトグラムの概略図
(a) 熱クロマトグラフィー．(b) 等温クロマトグラフィー．AとBの半減期が同じで化学種が異なるなら揮発性は A<B．AとBが同じ化学種なら，半減期は A<B．

ことながら半減期が異なる核種を含む揮発性化学種どうしでは，その元素が同じでも放射性壊変の観測位置は異なる．したがって，揮発性が高く半減期が長いほどカラム出口側で観測されることとなる．図2は108番元素ハッシウム（Hs）の気相化学実験で使用されたIVO（in situ volatilization and on-line detection technique)-COLD（cryo-on-line detector)[1]の概略図である．捕集チェンバー(3)から反応オーブン(7)がIVOに相当し，逆温度勾配をかけたPINダイオード(9)～(11)がCOLDである．IVOで8族元素特有の高い揮発性をもった酸化物を生成し，COLDで熱クロマトグラフィーを行う．最新の研究では，112番元素コペルニシウム（Cn）および114番元素フレロビウム（Fl）を対象として，改良されたIVO-COLDにより単体の揮発性に関する実験が行われている．

　もう一つの実験手法は，一定温度のカラ

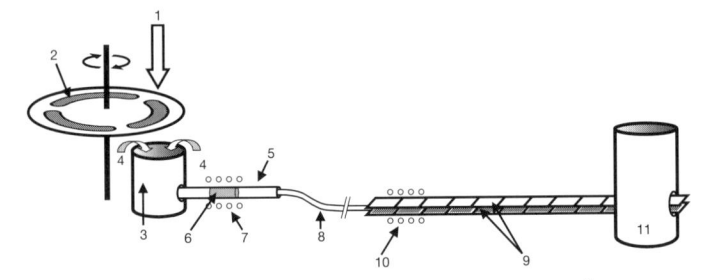

図2 Hs の気相化学実験における IVO–COLD の概略図[1]
(1) ^{26}Mg ビーム，(2) ^{248}Cm 回転ターゲット，(3) 反応生成物(Hs)捕集チェンバー，(4) He/O$_2$ 混合ガス，(5) 石英カラム，(6) 石英ウール，(7) 反応オーブン，(8) PFA キャピラリ，(9) 12 対 PIN ダイオード，(10) サーモスタット，(11) 液体窒素クライオスタット．

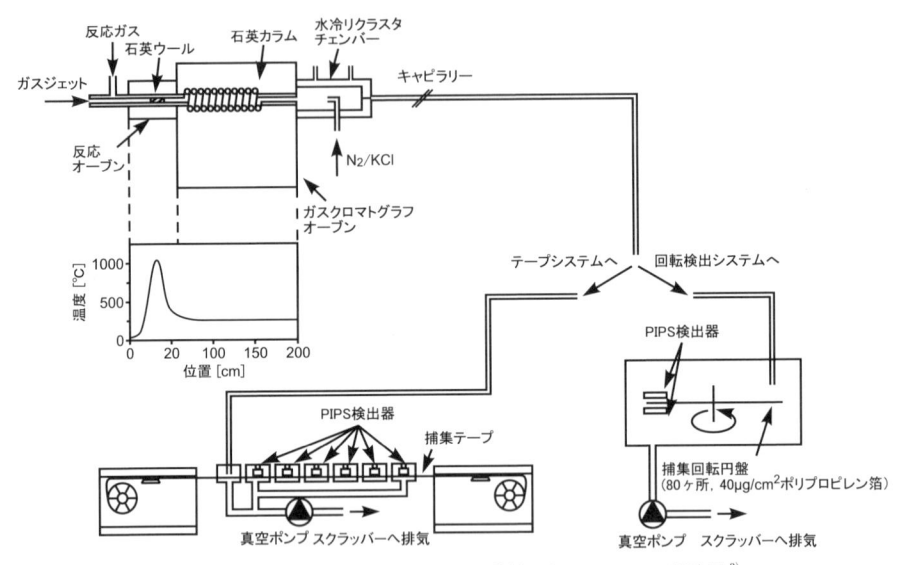

図3 テープおよび回転検出システムに接続した OLGA III の概略図[3]

ムに揮発性化学種を通じ，カラム温度に対する通過率を測定する等温クロマトグラフィー(isothermal chromatography) である (図1(b))．揮発性化学種がカラム表面と単純な吸・脱着を繰り返す場合，あるカラム温度から通過割合が上昇する．一般に通過割合が 50% となる温度を揮発温度とする場合が多い．揮発温度では，カラムを通過するのにかかる時間（保持時間，retention time）が核種の半減期に相当するため，熱クロマトグラフィーと同様，同じ元素でも半減期が異なればクロマトグラム (chromatogram) も異なる．図3は等温クロマトグラフィー実験のために開発された OLGA (on-line gas chemistry apparatus) III[2] の概略図である．等温クロマトグラフィーでは，カラムを通過した揮発性化学種を定量する必要があるため，カラム

出口でエアロゾルに再吸着させ（リクラスタリング）検出部へ再搬送する方法が用いられる．それに対し，熱クロマトグラフィーは，十分低い温度であればカラム部を半導体検出器で置き換えることができる．

Zváraは，気体分子運動論による巨視的な気体のふるまいと，分子動力学に基づいたカラム表面での吸着分子の微視的なふるまいを組み合わせ，揮発性化学種がカラム内を移動する様子をモンテカルロ法でシミュレーションする手法を確立した[3]．この手法はこれまで行われてきた多くの熱クロマトグラフィーおよび等温クロマトグラフィーの結果の解析に用いられている．いずれの実験手法でも実験から直接得られる物理量は揮発性化学種のカラム表面に対する吸着エンタルピー（$\Delta H°_{ads}$）である．

単体あるいは化合物の揮発性は，一般に同種の原子あるいは分子どうしの吸着（結合）の強さに依存するが，ガスクロマトグラフィーのように吸着質と吸着媒の化学種が異なる場合でも同様な吸着相互作用をするなら，昇華エンタルピー（$\Delta H°_{subl}$）と吸着エンタルピーとの間には相関があると考えられる．アイヒラー（Eichler）らは種々の元素の揮発性化学種をいくつかのグループに分け，吸着エンタルピーと昇華エンタルピーに一次の相関があることを示した．たとえば塩化物とオキシ塩化物に対して，

$$-\Delta H°_{ads} = (21.5 \pm 5.2) + (0.600 \pm 0.025) \cdot \Delta H°_{subl}$$

なる経験式を得た[4]．このようにして吸着といった揮発性化学種の微視的な性質から巨視的な性質を表す昇華エンタルピーを求めることができる．

実験的に得られる物理量は，揮発性化学種が希ガスのような単原子の場合を除き，分子の性質を反映したものであるので，特定の元素の化学的性質が分子の性質にどのように関与しているか知る必要がある．ペルシナ（Pershina）らは相対論的効果を含めた分子の電子状態計算により，化合物の揮発性と構成元素どうしの化学結合様式との関連を明らかにしようとしてきた．それによると，たとえばハロゲン化物の場合，中心原子とハロゲン原子とがイオン性の強い結合をしていれば，分子表面に露出しているハロゲン原子が負に帯電しているため，静電的な強い吸着相互作用を示して揮発性が低くなるとしている．一方で，共有結合性が強くなければ，分子間力による比較的弱い吸着相互作用を示し，揮発性が高くなるとしている．

超アクチノイド元素の気相化学実験で利用される揮発性化学種には，単体や比較的単純な無機化合物がよく用いられてきた．今後研究される可能性のあるものも含め例をあげると，ハロゲン化物（Rf, Db），オキシハロゲン化物（Db, Sg, Bh），水酸化物・酸化水酸化物（Sg, Bh, Hs, Mt, Rg），酸化物（Hs），単体（Cn, Fl）などである．これまでに行われた研究で，ハロゲンを含んだ化合物の場合は塩素化合物を用いた研究が多く，錯形成には四塩化炭素（CCl_4），塩化チオニル（$SOCl_2$），塩化水素（HCl）の熱分解が利用されている．最近では，多くの金属元素と揮発性錯体を生成するβジケトンや一酸化炭素を反応剤とした有機金属錯体を対象とした研究も始められており，揮発性だけでなく錯形成の観点からも議論が深まると期待されている．

〔後藤真一〕

文　献

1) Ch. E. Düllmann, *et al.*, Nature 418, 859 (2002).
2) A. Türler, Radiochim. Acta 72, 7 (1996).
3) I. Zvára, Radiochim. Acta 38, 95 (1983).
4) B. Eichler, *et al.*, J. Phys. Chem. A 103, 9296 (1999).

RIビーム　　Ⅲ-17

radioisotope beam

　自然界に存在しない原子核を原子核反応により二次的に生成しビームとして取り出したものをRIビームと呼ぶ．RIビーム生成に使われる原子核反応は，図1に示すようにRIビームのエネルギー領域と原子番号により異なる．ここでは，RIビームについて，エネルギー領域によって二つに分けて，その生成法を解説し，代表的な研究施設を紹介する．

　核子あたり数十MeV以上（高エネルギー）のRIビーム　　高エネルギーRIビームが「発明」されたのは，1980年代の米国でLowrence Berkeley National Laboratory（LBNL）のBEVALACにおける入射核破砕過程の発見による．BEVALACは当時，世界最高エネルギーの重イオン加速器であった．BEVALACにおいて相対論的エネルギー（核子あたり数GeV）まで加速された安定核ビームがさまざまな標的に照射され反応生成物の測定が行われた．これら一連の実験でわかったことは，このエネルギー領域では，入射核の一部がはぎ取られた多数の入射核破砕片が生成する原子核反応（入射核破砕過程）が支配的であるということであった．入射核破砕片は以下の性質をもつ．

　(1) 入射核破砕片の速度は，どの破砕片もほぼ同じであり，入射核の速度にほぼ等しい．

　(2) 入射核破砕片の角度分布と運動量分布はほぼガウス分布であり，その広がりは，エネルギーによらず入射核からはぎ取られた核子数に依存するが，おおよそ数百MeV/cの程度である．

　入射核破砕片の広がりは，一次ビームの

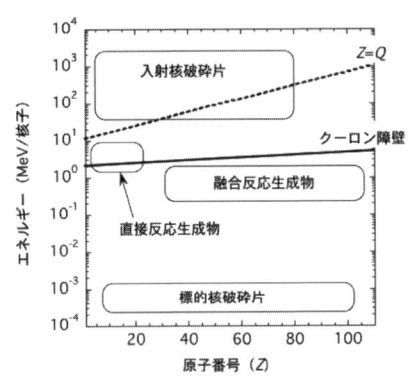

図1　さまざまな核反応による生成物とその運動エネルギー
実線は核反応におけるクーロン障壁を，点線は核反応における電荷（Q）と原子番号（Z）が等しくなるエネルギーを示す．

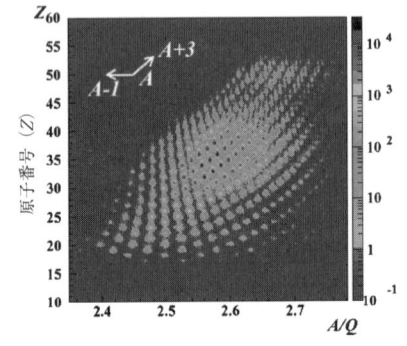

図2　核子あたり350 MeVのウランビームをBe標的に照射した際につくられた入射核破砕片
縦軸は原子番号（Z），横軸は質量数（A）を電荷（Q）で割った量．一つひとつの「島」が原子核を示す[1]（口絵4参照）．

それに比べても数倍程度であり，入射核破砕片は加速器からの「ビーム」と同じように取り扱える，ということがわかった．入射核破砕過程により加速器からの安定核ビームから多種類の入射核破砕片が生成される（図2）．そのうちの多くは自然界に存在しない不安定核であり，不安定核ビームすなわちRIビームの生成が可能となっ

た．LBNLでは，入射核破砕過程発見後，谷畑勇夫らの日本人グループにより，高エネルギーRIビームを利用した最初の実験，不安定核の核半径測定が行われた．その後の研究により，入射核破砕過程は，相対論的エネルギーでなくても，核内核子のフェルミ運動量より十分高い，核子あたり数十MeV以上であれば支配的であることがわかった．

入射核破砕過程により一度に多くの不安定核が入射核破砕片として生成できるが，実験に使うにはそのなかから特定の不安定核のみを選別する必要がある．この選別を行う実験装置を入射核破砕片分離器と呼ぶ．入射核破砕片をビームとして利用する歴史は，入射核破砕片分離器の発展の歴史ということもできる．入射核破砕片分離器の性能は明るさ（アクセプタンス）と分離能力（分解能）の大きさによる．LBNLにおける実験により高エネルギーRIビーム利用の幕が開いたが，既存の一次ビーム用の輸送ラインの途中に標的を置いただけであった（第1世代の入射核破砕片分離器）．そのため分離能力と明るさには限界があり，破砕片の広がりのすべてをカバーできたわけではなくビーム強度は小さく（～数百 cps（counts per second；1秒あたりの個数を表すビーム強度の単位）），またビームの純度も低かった（～数十％）．にもかかわらず，^{11}Liにおける中性子ハロー構造の発見などめざましい成果をあげたことは特筆に値する．これらの成果に触発されて，世界各地で専用の入射核破砕片分離器が競ってつくられるようになった（第2世代の入射核破砕片分離器）．入射核破砕片分離器の原理を簡単に説明する．入射核破砕片の速度が十分大きければ電子はすべてはぎ取られ，電荷（Q）は原子番号（Z）に等しい（図1参照）．入射核破砕片の速度は等しいので，入射核破砕片の運動量（$B\rho$）はA/Z（Aは質量数）に比例する．よって，標的後に磁場（B）を通過させることによりA/Zの分離が可能となる．次に，エネルギー吸収体を通過させる．エネルギー吸収体でのエネルギー損失（ΔE）はビームの速度とZによるが，入射核破砕片の速度は等しいので，ΔEはビームのZのみによる．Zが大きいほどΔEは大きくなる．これより，エネルギー吸収体通過により同じA/Zであっても運動量が変わる．エネルギー吸収体通過後に磁場を通過させれば，同じA/Zのなかの特定の核種だけを選択できる．このような分離法を$B\rho$-ΔE-$B\rho$法と呼ぶ．1990年代より，フランスのGrand Accélérateur National d'Ions Lourds（GANIL）のLISE，ドイツのGSI Helmholtzzentrum für Schwerionenforschung（GSI）のFRS，米国のNational Superconducting Cyclotron Laboratory（NSCL）のA1200（現在はA1900），中国のInstitute of Modern Physics（IMP）のRIBLL，国内では理化学研究所（理研）のRIPSなど第2世代の入射核破砕片分離器が製作され，不安定核の実験が世界各地で開始された．これら第2世代の入射核破砕片分離器により，不安定核の研究は格段の進歩をとげたとともに核図表における版図を大きく広げた．いまや，入射核破砕片分離器は，第3世代の時代を迎えている．第3世代の入射核破砕片分離器では，$B\rho$-ΔE-$B\rho$法による分離を第1段階の分離とし，さらに下流のビームラインで，分離した入射核破砕片への「タグづけ」あるいはさらなる分離が可能である．世界最初の第3世代の入射核破砕片分離器として2007年に理研においてBigRIPSが完成した．同様の入射核破砕片分離器は，ドイツGSIの将来計画であるFacility for Antiproton and Ion Research（FAIR）においても導入が検討されている（Super-FRS）．第3世代の入射核破砕片分離器により，不安定核研究のさらなる

進歩と核図表での版図拡大が期待できる.

ここで高エネルギー RI ビームのビーム強度について付言する. 高エネルギー RI ビームのビーム強度は, 一次ビーム強度, 入射核破砕片の生成断面積および入射核破砕片分離器のアクセプタンスに比例する. 入射核破砕片の生成断面積は安定核から離れるほど小さくなるが, その度合いは対数的である. 同位体で比べた場合, 一つ中性子数を増やすには, 生成断面積はおおよそ 1 桁小さくなる. このため安定核からより遠い不安定核を生成するには一次ビーム強度を大きくする必要があり, 重イオン加速器ビームの大強度化が必要である. 生成断面積の観点から, 最近はウラン (U) の核分裂が利用されている. ^{238}U ビームを加速し標的に照射することにより, ^{238}U の核分裂が起き, とくに質量数 90 および 140 付近の不安定核が大量に生成することがわかっている. たとえば, 中性子過剰 ^{132}Sn をつくる場合, ^{136}Xe の一次ビームからの入射核破砕過程でも生成できるが, ^{238}U の核分裂による生成断面積は, ^{136}Xe からの生成断面積より 3 桁以上も大きいことがわかっている. ^{238}U ビームによる入射核破砕片の生成は, 1990 年代終わりにドイツ GSI の FRS ではじめて行われた. 最初の実験で 58 個の新同位体を発見し, 衝撃を与えた. 近年の重イオン加速器ビームの大強度化と, 第 3 世代の入射核破砕片分離器におけるアクセプタンスの向上により, 高エネルギー RI ビームのビーム強度は増強されている. 理研 BigRIPS では, ^{11}Li のビーム強度は, 10^6 cps 以上である.

核子あたり数十 MeV 以下（低エネルギー）の RI ビーム 低エネルギー RI ビームは高エネルギー RI ビームの「発明」以前には実用化されていた. 低エネルギー RI ビームの生成法は大きく分けて二つある. 一つは, 高エネルギー陽子ビームなどによる標的核破砕過程により標的核破砕片から生成する方法であり, もう一つは重イオンビームによる直接反応あるいは融合反応によって反応生成物として生成する方法である. 前者の生成法は, スイス Conseil Européen pour la Recherche Nucléaire (CERN) の陽子シンクロトロンブースターで開発が進められ, ISOLDE において RI ビームの生成が可能となった. ISOLDE は 1967 年から稼働しており, 不安定核のベータ崩壊, 質量, 荷電核半径, 核モーメント測定などに大きな成果をあげてきた. ISOLDE では陽子シンクロトロンブースターで相対論的エネルギーまで加速された大強度陽子ビームを ^{238}U などの標的に照射し, 標的核破砕過程により, 標的内に標的核破砕片として多数の不安定核を生成する. 表面電離などにより, 1 価イオンとして標的から不安定核を抽出し, 数十 kV 加速することにより低エネルギーの RI ビームとして取り出す. ただし, 抽出は破砕片の化学的性質に依存するため特定の原子番号の破砕片しか抽出されない. 加速されたビームは, 磁場による質量分離を行い (isotope separator on-line：ISOL), 各種実験に用いられる. ISOLDE の成功により, 1970 年代以降, 世界各地に ISOL 施設がつくられた. ISOL で得られた低エネルギー RI ビームは核分光, レーザー分光などには適していたが, エネルギーが低いために, たとえば, 核反応研究はできないなど制限があった. このため, ISOL からの低エネルギー RI ビームを加速器に入れさらに加速する (再加速) というのが開発目標とされた. ISOL からの RI ビームの再加速は, 2001 年に ISOLDE において行われた. これは REX-ISOLDE として, エネルギーも増強されて現在に至っている. REX-ISOLDE では再加速のために線形加速器を利用している. ISOL からのビームを, いったん, 冷却, バンチし, さらに多価状態にする. その後, RFQ などの線形加

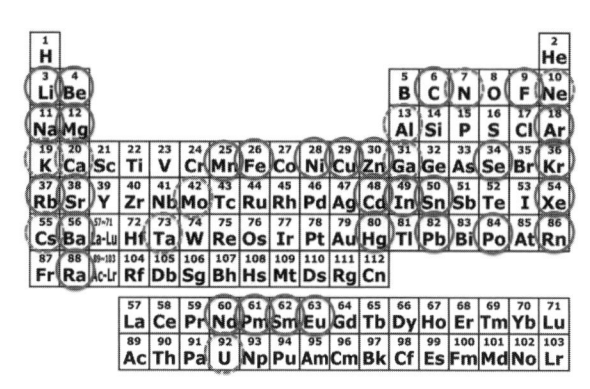

図3 REX-ISOLDE で再加速可能な原子核を周期表上に示した．点線黒丸は安定核のみ，実線黒丸は不安定核同位体も加速可能である（REX-ISOLDE のホームページより転載）．

速器で RI ビームを加速し，最高で核子あたり 3 MeV まで加速する．図3に 2011 年現在，REX-ISOLDE で再加速可能な元素を周期表上に示した．再加速された低エネルギー RI ビームは，ビーム広がりが小さく質のよいのが特徴である．ビーム強度は，当然，安定核から離れるほど小さくなるが，化学的性質にもよる．典型的には，$10^3 \sim 10^8$ cps である．低エネルギー RI ビームの再加速は，カナダ TRI-University Meson Factory（TRIUMF）の ISAC などでも行われている．宇宙元素合成では，不安定核も大きな役割を果たすと考えられており，元素合成過程を理解するには，高温プラズマ中での熱核反応率が不可欠になる．核子あたり数 MeV の RI ビームは熱核反応率の直接測定を可能にするので，再加速された低エネルギー RI ビームにより宇宙元素合成研究が格段に進むことが期待される．

重イオンビームを使った直接反応あるいは融合反応により反応生成物として RI ビームを生成する方法は，1970 年代以降，世界各地で重イオン加速器（タンデム加速器，サイクロトロンなど）がつくられたのに伴って発展してきた．この方法は，図1からわかるように核子あたり 1 MeV 付近から 10 MeV の RI ビームをつくるのに適している．反応生成物を分離するには，電場と磁場を組み合わせた反跳核分離装置（recoil mass separator：RMS）が必要である．RMS は 1960 年代からつくられており，RMS で培われた技術が高エネルギー RI ビームの入射核破砕片分離器へと継承され，発展をとげている．現在稼働中の国内の代表的な RMS としては，東京大学原子核科学研究センター（CNS）の CRIB，理研の GARIS がある．CRIB では，核子あたり 10 MeV 以下の比較的安定核に近い ^{11}C, ^{12}N などの RI ビームが得られており，典型的なビーム強度は $10^4 \sim 10^6$ cps である．CRIB は，主に宇宙元素合成の研究に使われており，GARIS は，主にウランより重い超重元素の探索実験に使われている．

〔小沢 顕〕

文　献

1) T. Ohnishi, et al., J. of Phys. Soc. Jpn. 77 (2008), 083201.

イオントラップ

ion trap

　イオントラップは荷電粒子を電磁的に空間に閉じ込めておく装置である．空間に孤立原子として長時間保持できる特徴を利用して精密分光に用いられたり，トラップ内のイオンの固有運動を利用して質量分離や精密質量測定に用いられている．イオンを閉じ込める方式は，四重極静電場と静磁場を用いるペニングトラップ（Penning trap），四重極高周波電場を用いるポールトラップ（Paul trap）の2種類が主流であるが，その混合や異形状型，さらに静電場だけを使った特殊なトラップまでさまざまな方式が実用化されている．

　ペニングトラップ　静磁場中の荷電粒子は，質量（m）に反比例するサイクロトロン周波数（$\omega_c = qB/m$；q：荷電，B：磁場）で磁場に垂直の面で回転運動する．これを利用して粒子の質量精密測定が可能であるが，回転軸方向の閉じ込めのために静電四重極場を重畳させたペニングトラップでは，その電場の効果で ω_c ではなく，修正サイクロトロン周波数（ω_+），軸方向振動（ω_z），マグネトロン運動（ω_-）の三つの固有振動数をもつ．この三つの周波数を独立に測定し $\omega_c^2 = \omega_+^2 + \omega_z^2 + \omega_-^2$ の関係から ω_c すなわち質量を導出する方法と，$\omega_c = \omega_+ + \omega_-$ の関係を利用して2光子励起によって直接和周波数 ω_c を求める方法が使われている．固有運動周波数の測定は外部から摂動高周波電場を与え，それによる共鳴励起を検出して共鳴周波数を得る．不安定原子核の質量測定ではもっぱら不均一磁場中の飛行時間によって共鳴を検出する方法が使われている．トラップ内で共鳴励起されたイオンは大きな角運動量をもつため，トラップから磁場の軸方向に引き出す際に，減衰していく磁場勾配によって軸方向に加速されるため，非共鳴のイオンに比べて短い飛行時間（TOF）となる．この方式によって極短寿命の ^{11}Li や重元素 ^{254}No などを含めて 500 種類以上の不安定核の質量が直接精密測定された．

　強い磁場による径方向の閉じ込めは相当に強く，単なる蓄積装置としても独特の特徴をもつ．たとえばトラップ中で β 崩壊しても高い確率で娘核をトラップできるので，娘核の質量測定ばかりでなく価数分布や β 線分光の研究にも使われている．広い質量範囲の同時閉じ込めが可能なため高周波を利用したトラップでは困難であった，電子（陽電子）と陽子（反陽子）の同時蓄積も容易である．軸方向の電位構造を入れ子型（nested trap）にすれば異極性の粒子の閉じ込めも可能で，反水素の生成にも使われた．さらに意図的に不均一磁場を設けることで反水素原子の磁気モーメントを利用した反水素のトラップも実現された．

　ポールトラップ　静電場と静磁場の組み合わせで三次元閉じ込めを実現したペニングトラップに対して，磁場を使わず不均一な交流電場のみで閉じ込めるトラップを RF トラップもしくはポールトラップと呼ぶ．不均一交流電場による平均力は近似的に交流電場（E）の二乗の勾配（∇E^2）に比例するため，粒子の極性によらず常に電場の大きさの弱い方へ力が働き，結果として電場のみで三次元閉じ込めが実現できる．ポールトラップ中のイオンの運動方程式はマシュー（Mathieu）方程式で近似でき，その安定条件は，粒子の荷電質量比，直流・交流電場勾配の大きさ，交流の周波数で決まる．これを逆に利用して，安定条件ぎりぎりに周波数と電圧を設定することで特定の質量のイオンのみを保持できるようにできる．これがいわゆる Q マスフィ

ルタの原理である．さらにポールトラップでは，平均ポテンシャル中の調和振動で近似できるセキュラー振動という固有運動を利用して，共鳴的に加熱し，選択的に特定の質量のイオンを検出できる方法もあり，単純なQマスフィルターより精密な質量分析にも利用されている．

ポールトラップは，単純なイオン蓄積装置として広く利用されている．ペニングトラップと異なり，平均ポテンシャルの底が幾何学的中心と合致しているので，冷却が容易であり，レーザー冷却や光学分光に適している．光学分光において試料原子の運動による共鳴線幅のドップラー広がりが問題となるが，運動の振幅が観測する光の波長より小さい場合，実質的にドップラー広がりがなくなる（Lamb-Dicke効果）．とりわけ波長数cmのマイクロ波による超微細構造分光ではトラップするだけでこの条件を満たす．単一イオンを小さいトラップに強い電場勾配で閉じ込めてレーザー冷却すると，波長$1\mu m$以下の光の領域でもこの条件を達成でき，次世代周波数標準の候補にもなっている．

複合型トラップ　　冷却の容易さと，分光上必要な強磁場を同時に満たすために，ペニングトラップとポールトラップの複合型トラップ（combined trap）が使われることもある．

異形状トラップ　　ポールトラップの原理である不均一交流電場を使えば，さまざまな形状のトラップが構成できる．Qマスフィルターに軸方向電位差を加えれば直線形トラップになり，電極の数を増やして多重極にしたものは，同じ電極電圧であれば高い有効ポテンシャルが得られるため高周波六重極ビームガイド（SPIG）などに使用されている．平面格子状に多数のトラップを並べたタイプは量子計算機の基礎研究に使われている．多数の円環電極を平面上に同心円で並べ，交互に位相が反転した高周波電圧をかけると，平面状のイオンバリア（RFカーペット）を形成でき，ガスセル中の熱化イオンの捕集に使われている．

静電トラップ　　静電場だけでは三次元の閉じ込めポテンシャルをつくることは不可能であるが，イオンが有限の運動エネルギーで運動している場合は，静電場だけでも閉じ込めることができる．キングドントラップ（Kingdon Trap）はペニングトラップと似た電極構造だが，径方向閉じ込めのために磁場の代わりに軸上に細いワイヤ電極を配置したものである．イオンは，ワイヤの周りの対数関数ポテンシャルに巻き付くように運動し，冷却されずに有限の角運動量を保てばワイヤに衝突せずにトラップされる．

静電蓄積リングも一種の静電トラップと考えられる．磁石を用いないため重い分子イオンを含めた質量が大きく異なるイオンも同時にトラップできるため，分子間反応など，広い応用が考えられている．静電蓄積リングを一次元にしたものが一対の静電ミラーからなる静電トラップで，多重反射型飛行時間測定式質量分析器（MRTOF-MS）として使われている．ミラーのポテンシャル曲線の調整によって高次に等時性を保つことができるため，数msの測定で$<10^{-6}$の相対精度で質量測定が可能であり，短寿命核への応用が期待されている．

〔和田道治〕

【コラム】新元素発見にまつわるエピソード　III-19

episodes about discoveries of newly synthesized elements

エンリコ・フェルミ（Enrico Fermi）はイタリアのローマ出身の物理学者で，統計力学，核物理学，さらには量子力学にも顕著な業績があり，実験と理論の両方ができる希有な科学者だった．その名前は元素名（フェルミウム，Fm）をはじめフェルミ統計，フェルミレベルなどあちこちに残っていることからも彼の業績の重要さを窺い知ることができる．1938年にノーベル物理学賞を受賞しており，その受賞理由は「中性子衝撃による新放射性元素の発見と熱中性子による原子核反応の発見」であった．

さて，フェルミが発見した新放射性元素とは何か？彼はウランに中性子を照射し，15 s，40 s，13 min，100 min の半減期をもった4種類の放射能を見つけた．これらの放射能がどの元素によるものであるか化学分析を試みたが，原子番号82（鉛Pb）から92（ウランU）までのいずれの元素でもなかった．当時の周期表ではアクチノイドの元素族は知られておらず，上記の4種類の放射能は，レニウム（Re），オスミニウム（Os），イリジウム（Ir），白金（Pt）と同族の超ウラン元素ではないかと推定された．つまり，Uが中性子を吸収し，その後β壊変してできた，より大きな原子番号の93番元素，94番元素などを発見したと考えられた．しかし，実はこれらは当時まだ未発見であった「核分裂」の生成物を含んでいることが後に判明している．

結局「新元素発見」は間違いだった．しかし「熱中性子による原子核反応の発見」も画期的な仕事であり，その他の業績も考えるとフェルミの受賞に異を唱える人は少ないと思う．奇しくも O. ハーン（1879〜

図1　エンリコ・フェルミ（1901〜1954）

1968）と F. シュトラスマン（1902〜80）が核分裂を実験的に確認したのは，授賞式が行われたその同年同月のことだった．

フェルミはストックホルムの授賞式出席を機に，当時のイタリアのムッソリーニ政権を嫌ってそのまま米国に亡命した．その後米国で核分裂反応の研究に従事し，1942年，シカゴ大学の構内で世界初の原子炉「シカゴ・パイル1号」を完成させた．

もう一つ新元素を発見し損なった話で恐縮だが，現在（2015年）まで118個の元素が発見（合成）されており，日本人が発見したとされる元素はない．実は1908年に小川正孝が43番元素に相当する新元素を発見したと発表し，ニッポニウムと命名したことがある．しかしその後確認されることはなく，新元素として認められなかった．最近，吉原賢二は小川が残したX線データを再検討し，そこに75番元素レニウム（周期表上で43番元素の下に位置する同族元素）のスペクトルの存在を確認した．レニウムはノダック夫妻により1925年に発見されているので，仮に小川が75番元素として同定していればニッポニウムの名前が残ったかもしれない．なお，43番元素は天然にはない人工元素で，1937年にペリエとセグレにより核反応ではじめて合成されて，テクネチウムと名づけられた．

〔横山明彦〕

文　献
1) E. セグレ著，久保亮五，久保千鶴子訳，エンリコ・フェルミ伝（みすず書房, 1976), pp. 115-138.

【コラム】新元素の承認　III-20

approval of newly synthesized elements

2012年5月30日に，国際純正・応用化学連合（International Union of Pure and Applied Chemistry：IUPAC）は，114番ならびに116番元素を，それぞれflerovium（元素記号Fl），livermorium（元素記号Lv）と名づけることを正式に承認した．これを受けて日本化学会命名法専門委員会は114番元素および116番元素の日本語名称をそれぞれフレロビウムならびにリバモリウムとすることを決定した．これらの名前と元素記号は，元素合成に成功したロシア・ドブナの合同原子核研究所ならびに米国のローレンスリバモア国立研究所の共同チームによって提案されていた．fleroviumはロシアの原子核物理学者Flerovに，一方livermoriumは米国・カリフォルニア州Livermoreに位置するLawrence Livermore National Laboratoryにちなんでいる．

天然に存在する元素や，人工的に合成される超ウラン元素でも，物質としてマクロ量が得られれば，化学的手法を用いて新元素としての確認が可能である．しかし，100番元素フェルミウム（Fm）より重い超フェルミウム元素は，加速器を用いた核反応でしか合成できない．したがって生成する元素の量（原子数）は1分間に数原子から数週間に1原子と非常にわずかである．また目的の重元素（核種）の半減期も，数日から μs オーダーへと減少する．このため，ある元素を発見したという報告があっても，観測した核種が目的とする元素であることを化学的に証明することがきわめて困難である．

歴史的に新しく発見した元素には発見者（研究グループ）が希望する名前を提案できることになっている．そのために1960年代はまさに米国とロシア（旧ソ連）が国の威信をかけて発見を競い合った．しかし，誰がまたはどの研究グループが元素発見の優先権をもつのかを客観的に判断するのは容易なことではない．そこでIUPACと国際純正・応用物理学連合（International Union of Pure and Applied Physics：IUPAP）は1986年に合同で専門家の作業グループTransfermium Working Group（TWG）を結成し，それまでに公表された101番から109番元素の発見に関する報告の信憑性を詳細に検討した．この報告を受けて101番から109番元素の名前が決定された．

その後，110番より重い元素の発見が相次いで報告されたので，再びIUPACとIUPAPは1998年に4名の委員で構成されるJoint Working Party（JWP）をつくり，報告されたデータの信頼性と発見の優先権が誰（どの研究所）にあるかを検討することになった．JWPでの判断基準は，先のTWGが提唱したものに準拠しており，とくにデータの信頼性（再現性）について慎重に検討されている．TWG報告では他の研究所での，できれば異なる実験装置を用いての再現性が要求されていた．しかしJWP報告では，他の研究所での再現実験が困難な場合には，同一研究所からの実験であってもデータに"high degree of internal redundancy and of the highest quality"（再現性や高い信頼性）があれば評価するとしている．とくに，新たに観測された α 壊変系列の核種に既知の核種が存在し，そのデータが既知の値と一致することが最も重要な条件とされている．これに基づき110〜112，114，116番元素が承認されている．

JWPによって新しい元素としての承認が得られたら，次に元素の命名手続きへと

進むが，新元素の命名に関するIUPACの基準について簡単に紹介する．新元素は，これまでの歴史的な慣習にしたがって，以下のような基準にちなんで命名される．
- 神話，あるいは神話の登場人物（天文学に由来するものも含む）
- 鉱物など，発見された原料
- 地名あるいは地域
- 元素の性質
- 科学者の名前

元素名の混乱を避けるために，慣用的にそれまで使用されていた元素名が，正式に別の名前になった場合，それまで使われていた慣用名は他の元素の名前に転用することはできないとしている．またすべての新しい元素名は，"-ium"で終わるよう要求されている．

以下に，元素命名の手続きについて述べる．まず，JWPの審査結果が新元素の発見者（研究グループ）とIUPACの無機化学部会（Inorganic Chemistry Division）に伝えられる．JWPからの報告を受けてから2カ月以内に，無機化学部会の議長は発見者（研究グループ）に元素名と元素記号を提案するよう依頼する．この場合，提案は先の元素名の選択基準にそっていなければならない．もし6カ月以内に提案がなければ，無機化学部会が命名に関して主導権をとり，手続き開始から2年以内にIUPAC Councilへそれを提案することになっている．また，いくつかの研究所が合同で発見した場合，関与する研究所間で元素名や元素記号の提案に合意がみられない場合も，無機化学部会が主導権をもつことになっている．

無機化学部会は提案された元素名と元素記号の適合性を検討し，もし基準を満たしていれば，次のようなIUPACの正式な手続きへと進む．まず他の関連する委員会（Interdivisional Committee on Terminology, Nomenclature and Symbols, National and Regional Centers）の幹事や有識者などの専門家に報告書を送付して審査を受ける．もちろんIUPAPの意見も求められる．もしここで同意が得られなければ，無機化学部会は提案した研究所にその旨を連絡し，名前変更の必要性やそれに変わる元素名について協議することになっている．

上記審査が無事に終了したら，無機化学部会の議長は新元素の名前に関する部会の最終報告書をIUPAC councilに提出して正式な承認を得る．と同時にIUPACの出版雑誌，Pure and Applied Chemistry誌への発表の許可を得る．これですべての手続きは終了となる．

JWPで承認された新元素の命名手続きに入る前，あるいは手続きの間は，新元素は原子番号を付けて，あるいはIUPACが提唱する暫定的な元素名と元素記号で表記される．たとえば114番元素は，element 114あるいはununquadium（ウンウンクオジウム），元素記号Uuqとなる．これは数字を表すラテン語に基づいており（0＝nil, 1＝un, 2＝bi, 3＝tri, 4＝quad, 5＝pent, 6＝hex, 7＝sept, 8＝oct, 9＝enn），元素記号は語幹の頭のアルファベット3文字で表記される． 〔永目諭一郎〕

IV 原子核プローブ・ホットアトム化学

物質科学とメスバウアー分光法 IV-01

material science and Mössbauer spectroscopy

メスバウアー分光法は1958年にメスバウアー (Rudolf L. Mössbauer) によって見いだされた原子核によるγ線の無反跳共鳴吸収を用いた分光法である．γ線のエネルギーは高く，通常はγ線の吸収・放出に伴って原子核自体を動かす「反跳」が起きるため，共鳴的に吸収することは難しい．しかし，固体中の原子核では反跳が抑制され，無反跳核によるγ線の共鳴吸収がみられるようになる．メスバウアー効果は43種ほどの元素で観測されるが，γ線源の寿命など実験条件の制約から，すべての元素で簡便な測定が可能なわけではない．Feが最も普及しており，その他，SnやEuなどについても研究が盛んである．ここでは，最も一般的な ^{57}Fe のメスバウアー分光法を例にして測定原理を説明する．^{57}Co から ^{57}Fe への壊変に伴って生じる 14.4 keV のγ線が，別の ^{57}Fe に共鳴吸収される．^{57}Fe 核の準位は周囲の電子状態によって影響を受けるため，共鳴吸収するエネルギーにわずかな差が生じる．線源である ^{57}Co を動かし，ドップラー効果によってエネルギーを変化させる．図1に測定原理の概略を示す．また，測定によって得られるメスバウアースペクトルの例を図2に示す．通常メスバウアースペクトルの横軸は速度 (mm s^{-1}) で表すが，これは線源と試料の相対速度であり，エネルギーに相当する．また，基準となる速度 0 mm s^{-1} の位置は，とくに断りのない限り室温の α-Fe の異性体シフトの値を用いる．

異性体シフト 原子核位置での電子密度を反映している．^{57}Fe の場合には原子核位置での電子密度が大きくなるほど異性体シフトの値は小さくなる．原子核位置に最も存在確率が大きいのは s 電子であるが，d 電子も遮蔽効果によって影響を及ぼすため，Fe の価数を知ることができる．Fe^0 原子の電子配置は [Ar]3d^{6}4s^2 であるので，Fe^{2+} は [Ar]3d^6，Fe^{3+} は [Ar]3d^5 の電子配置となる．d 電子が多くなるほどその遮蔽効果のために s 電子密度が小さくなることから，異性体シフトは，Fe^0<Fe^{3+}<Fe^{2+} の順になり，容易に鉄の価数を求めることができる．

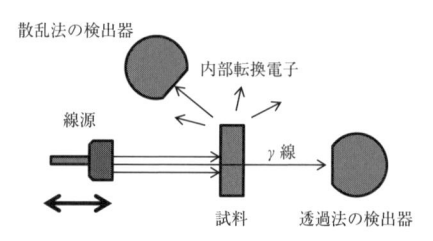

図1 メスバウアー分光法の測定原理

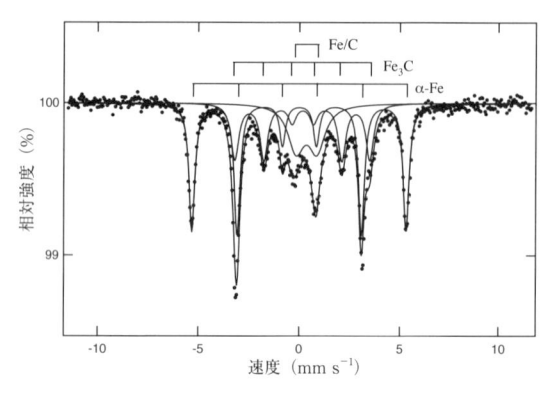

図2 グラファイト基板上に鉄をレーザー蒸着して得られた薄膜のメスバウアースペクトル
2組のセクステットはα-Feとセメンタイトによるものであり，それぞれ，33 T と 20 T の内部磁場をもっている．ダブレットはアモルファス Fe による常磁性の成分である．

四極分裂　^{57}Fe核位置での電場勾配に比例する．^{57}Fe核は励起状態（核スピン$I=3/2$）では球対称ではなく電気四重極をもつことから電場勾配中では方向に依存した相互作用が生じ，四極分裂が起きる．物質中で^{57}Fe原子が対称性のよい環境にある場合には四極分裂は現れないが，対称性が悪く，電場勾配がある場合には四極分裂が現れる．この性質を利用して，錯体の配位子の対称性やひずみ，結晶格子中での格子欠陥などの^{57}Fe原子周りの局所的環境に関する情報が得られる．

磁気分裂　核ゼーマン分裂ともいう．磁場の中では磁気双極子相互作用のために^{57}Feの準位が分裂し，6本の磁気分裂による吸収ピークが現れる．核位置の存在確率の大きなs電子の偏極によって核位置に内部磁場を生じる．強磁性体のα-Feの場合には常温で33 T（330 kOe）の内部磁場を生じている．これに対し，常磁性の場合には内部磁場は生じず，磁気分裂は観測されない．反強磁性体は物質全体としては磁場を打ち消しあっているために全体としての磁場を測定することはできないが，メスバウアー分光法では^{57}Fe核近傍の磁場を観測しているので，磁気分裂が現れる．また，磁気分裂した6本の吸収ピークの強度は，γ線と磁場の成す角度に依存しているため，物質の磁気配向の方向を容易に調べることができる．通常は，磁気配向はランダムであるため，6本のピークの強度比は$3:2:1:1:2:3$である．

透過法と散乱電子法　透過力の大きなγ線を用いて対象核種を測定するので，試料の前処理の必要がなく，試料中のFeの化学状態に影響を与えることなく，簡便な分析が可能である．またこの非破壊分析としての特徴を生かして文化財や考古学資料などの貴重な試料の測定にも用いられる．メスバウアースペクトルのピークは^{57}Fe核の無反跳分率に依存するが，固体試料などで無反跳分率が化学種によらずほぼ一定である場合には，ピーク強度は鉄の存在量に比例し，定量分析に用いることができる．ただし，試料厚みが大きすぎる場合には，透過法での測定は困難な場合がある．一方，共鳴吸収した^{57}Feからの内部転換電子を測定する散乱電子法では，試料表面のみの情報を得ることができる．散乱電子は試料表面から数百nm程度までの情報をもつので，他の分光法では得られないような深さ領域の測定法となる．

金属・無機化合物試料　固体試料のメスバウアーパラメーターは多くの報告値があるため，メスバウアー分光法を物質の帰属に用いることが可能である．合金中ではFeの局所的な存在状態を知ることができるため，固溶や析出などの状態のほか，格子欠陥に関する情報を得られる．また，酸化物などの無機化合物では磁性研究のための有効な手段となる．

有機金属化合物　Feを含む有機金属化合物ではその価数やスピン状態を容易に観測することができるため，混合原子価化合物やスピンクロスオーバー現象を容易に観測することができる．メスバウアー分光法に用いる^{57}Feの励起寿命は100 nsであるので，この程度の時間領域での変化をみることができる．

その他の試料　Feを含む生体物質として，フェレドキシンや磁性細菌などの研究が有名である．また，磁気緩和現象を用いた磁性微粒子のサイズとの関連や，表面や界面での微細な磁気構造に関する情報が得られるため，ナノ材料の研究にも有効である．測定可能な対象は固体試料に限られるが，溶液中での存在状態を調べるには凍結溶液を用いた方法や，気相中での存在状態のモデルとして低温希ガスマトリックス単離法を用いてメスバウアースペクトルを測定することができる．　〔山田康洋〕

メスバウアー分光法の材料科学への応用　IV-02

application of Mössbauer spectroscopy to materials science

メスバウアー分光法を利用すれば，先端材料や環境材料など固体物質の微細構造を「原子の目」でみることができる．ここでは，実用化が始まったいくつかの導電ガラス，リチウムイオン電池正極活物質（ガラス），廃棄物をリサイクルして作成した磁性ガラス，水質浄化ガラスなど，メスバウアー分光法による観測を最大限に生かした材料科学の最先端について紹介する．

導電ガラス　人間の用いる三大材料といえば，金属，プラスチック，ガラスをさす．環境に優しい材料としてはガラスがあげられる．代表的な酸化物ガラスとして知られるケイ酸塩ガラスはシリカ（SiO_2）を主成分とし，電気抵抗が$TΩ$ cm（10^{12} $Ω$ cm）程度の絶縁体である．

酸化バナジウム（V_2O_5）を主成分とするバナジン酸塩ガラス（vanadate glass）は電気抵抗（$ρ$）が$MΩ$ cm（$10^6 Ω$ cm）程度の半導体である．バナジン酸塩ガラスでは，ガラス骨格を構築する3価あるいは4価のバナジウムから5価のバナジウムへ価電子（3d 電子：スモールポーラロン）が連続的にホップすることにより電気が流れる．

酸化バリウム-酸化鉄-酸化バナジウムから成るバナジン酸塩ガラスをガラス転移温度（T_g）あるいは結晶化温度（T_c）以上で再加熱（アニーリング）すると，電気抵抗率を$MΩ$ cm から数$Ω$ cm まで最大6桁低下させることができる[1,2]．しかも再加熱の温度と時間を変えると，電気抵抗の値を数$MΩ$ から数$Ω$ の範囲で任意に変える（材料設計する）ことができる．これら新規バナジン酸塩ガラスを応用したアイオナイザー用放電針や導電性ガラスペースト，曇り止め材などが商品化されている．

バナジン酸塩ガラスを再加熱するとガラス骨格を構築するVO_4四面体やFeO_4四面体のゆがみが小さくなる．すなわち対称性が高くなる．この原子レベルの構造変化はメスバウアースペクトルのパラメータ，四極分裂（Δ）から知ることができる[3]．

四極分裂（Δ）は以下の式で示される．

$$\Delta = eq \cdot \frac{eQ}{2} \times \left(1 + \frac{\eta^2}{3}\right)^{1/2} \quad (1)$$

ここでQ は核四極子モーメント（定数），η は非対称パラメータである．eq は原子核位置における電場勾配（V_{zz}）を表し，

$$eq = eq_{val} + eq_{lat} \quad (2)$$

となる．eq_{val} は価電子（valence electron）による電場勾配を，eq_{lat} は隣接する原子やイオンにより生じる電場勾配を表す．

高スピンのFe^{III}原子では，5個の価電子が五つの3d軌道を均等に占有するので，価電子による電場勾配eq_{val}は0になる．よって，$eq = eq_{lat}$となり，四極分裂（Δ）の大きさ（絶対値）から，隣接する原子の局所構造のゆがみを知ることができる．

図1に酸化バリウム-酸化鉄-酸化バナジウムから成る導電性バナジン酸塩ガラスを，T_c以上で再加熱したときのメスバウアースペクトルを示す．500℃で再加熱すると，Δ の値は加熱前の 0.68 mm s^{-1}（図1 最上段）から徐々に減少し，60 min 加熱後には 0.50 mm s^{-1}（図1，上から3番目）となる．これはガラス骨格を構築するFeO_4四面体のゆがみが小さくなることを示す．FeO_4四面体は，VO_4四面体と頂点酸素を共有してガラス骨格を構築しているので，鉄（^{57}Fe）のメスバウアースペクトルからバナジン酸塩ガラス骨格そのものの局所構造変化を知ることができる．

500℃で熱処理することにより電気伝導度（$σ$：比抵抗）が，顕著に上昇する．熱処理前の$σ$は$3.2×10^{-6}$ S cm^{-1} 程度である

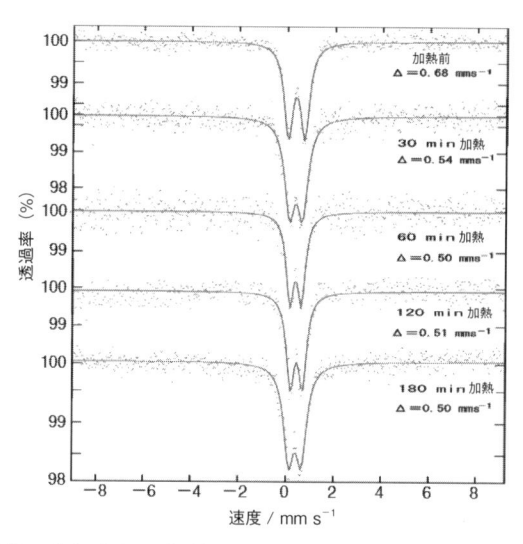

図1 500℃で熱処理した導電性バナジン酸塩ガラス（20BaO・10Fe$_2$O$_3$・70V$_2$O$_5$）のメスバウアースペクトル（室温測定）

が，これを30 min熱処理するとσは2.3×10^{-1} S cm^{-1}に，また，60 min熱処理すると3.4×10^{-1} S cm^{-1}程度まで上昇する[4]．バナジン酸塩ガラス骨格を構築するFeO$_4$およびVO$_4$四面体のゆがみが小さくなると，電気伝導の活性化エネルギーが1/3に減少し，0.13 eV程度になる．その結果，V^{IV}またはV^{III}からV^{V}への電子ホッピングの確率が高くなると同時に，ドナー準位と伝導帯（CB）間のエネルギー差が1/3に減少し，キャリヤー密度が増大する[5]．その結果，電気伝導度が5～6桁上昇し，金属の領域に近づく．

リチウムイオン電池正極用ガラス

繰り返し充放電可能な「二次電池」としてリチウムイオン電池が市販されている．正極活物質としてはコバルト酸リチウム（LiCoO$_2$）やニッケル酸リチウム（LiNiO$_2$）が用いられている．コバルト（Co）とニッケル（Ni）の環境基準値（排水基準値）は0.7 mg L^{-1}および13.4 mg L^{-1}である．これらの数値は鉄の環境基準値300 mg L^{-1}に比べ，かなり厳しい．そこで「環境に優しい」鉄を用いた新規正極活物質の開発が期待される．

地球表面での元素存在量は，コバルト25 ppm，ニッケルは75 ppmである．これらは鉄の存在量50000 ppm（5％）に比べ桁違いに少ないので，これらレアメタルフリーの安価な新規正極材料の開発が期待される．

次世代型レアメタルフリー正極活物質としてリン酸鉄リチウム（LiFePO$_4$：オリビン型結晶）が注目されている．最近，米国やカナダに続いてわが国でも，LiFePO$_4$の本格的な製造が始まっている．LiFePO$_4$をリチウムイオン電池正極材料として用いる場合は，その電気抵抗率が10^7～10^9 Ω cmと高い．そこで電気抵抗を下げる目的で20～30 wt％のアセチレンブラック（AB）などが添加される．正極材料そのものに導電性があれば，導電物質を添加する必要はない．

LiFePO$_4$組成物に鉄と同量（モル％）の

バナジウム (V) を加えて溶融・急冷した LiFeVPO$_x$ ガラスを再加熱すると，電気伝導度が3〜4桁上昇する[4]．450℃で120 min 熱処理した LiFeVPO$_x$ ガラスの室温でのメスバウアースペクトルは，Fe^{III} による常磁性ダブレットを示し，Δ は 0.50 mm s^{-1} となる．熱処理前のガラスの Δ は 0.99〜1.00 mm s^{-1} であることから，再加熱により FeO$_4$ 四面体および VO$_4$ 四面体のゆがみが 1/2 程度になることがわかる．その結果，電気伝導度が大幅にアップする．

LiFeVPO$_x$ ガラスの電気伝導度は 450℃ で 120 min 再加熱することにより，10^{-6} S cm^{-1} から 10^{-3} S cm^{-1} まで3桁上昇する．このガラスをリチウムイオン電池正極活物質として使用すると，電気容量が 50 mAh g^{-1} から 150 mAh g^{-1} まで3倍アップし，実用化レベルに達する[6,7]．このようにメスバウアー分光法は，エネルギー・環境材料の開発において重要な役割を果たしている．

磁性ガラス　わが国では，火力発電所などから年間1200万トン以上の石炭灰が産業廃棄物として放出され，その多くが埋立処分されている．これをリサイクルして有効利用することは，資源に乏しいわが国にとって有益である．石炭灰の主成分 (60〜75 wt% 程度) はシリカ (SiO$_2$) でこのほかに，酸化カルシウム (CaO) や酸化鉄 (Fe$_2$O$_3$)，酸化アルミニウム (Al$_2$O$_3$) などが含まれており，さらに燃え残りの炭素が数%含まれている．

図2に，石炭灰 (フライアッシュ) に酸化鉄 (Fe$_2$O$_3$) を加えてよく混合し，1400℃で溶融して作成したガラスのメスバウアースペクトルを示す[8]．添加した Fe$_2$O$_3$ の濃度が 12 wt% 未満の場合は常磁性の Fe^{III} (Δ の小さいダブレット) と Fe^{II} (Δ の大きいダブレット) の吸収が観測される．Fe$_2$O$_3$ の濃度が 12 wt% をこえるとマグネタイト (Fe$_3$O$_4$) による磁気分裂した吸収が観測される (図2(a)上から3, 4番

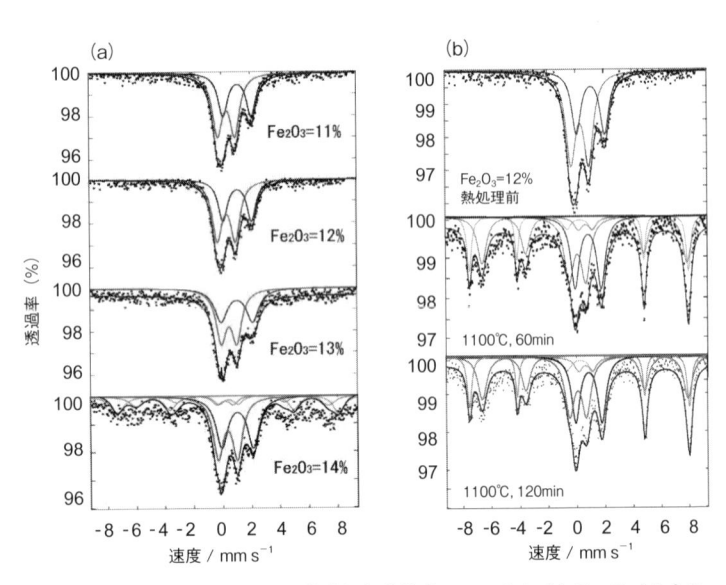

図2　石炭灰をリサイクルして作成した磁性ガラスのメスバウアースペクトル (室温測定)[8]

目).また図2(b)に示すように,Fe_2O_3 を12wt%加えたガラスを1100℃で60min(2番目)および120min(3番目)再加熱するとマグネタイト(Fe_3O_4)の吸収が顕著になる.

Fe_3O_4 が観測されるガラスは磁石に強く引きつけられる.よって磁性材料として利用することができる.またガラス相中に Fe_3O_4 微粒子が析出すると電気伝導度が 10^{-9} S cm^{-1} から 10^{-6} S cm^{-1} 程度まで上昇するので電子・磁気材料としての利用が期待できる[8,9].

水質浄化ガラス　Fe^{II} による水質浄化が知られている.フェントン(Fenton)法によると,Fe^{II} と過酸化水素水を酸性溶液中で反応させるとヒドロキシラジカル(・OH)が生成し,これが水溶液中の汚れを酸化分解する.このヒドロキシラジカルによる酸化分解は,オゾン(O_3)分解や,酸化チタン(アナターゼ型 TiO_2)を光照射して発生するスーパーオキサイドアニオンラジカル(・O_2^-)による酸化分解と同様,環境化学分野で注目を集めている.

鉄を含む一部のケイ酸塩ガラスを酸性または中性水溶液に浸すと徐々に Fe^{II} が生成する.これを用いて水質改善することができる.たとえば,$10Na_2O \cdot 10CaO \cdot 5Fe_2O_3 \cdot 75SiO_2$ ガラス粉末(2.0g)を30℃でpH 6.0の蒸留水(500 cm^3)中に10日間浸すとpHは10.0に上昇する[10].これは三次元網目構造を有するガラス骨格の隙間で,網目修飾イオンとして緩やかに結合していた Na^+ と Ca^{2+} が溶出したことを示す.鉄-マグヘマイト(Fe-γFe_2O_3)微粒子を用いたトリクロロエチレンの浄化実験でもメスバウアー分光法が有力な手段となる[11].

$15Na_2O \cdot 15CaO \cdot 50Fe_2O_3 \cdot 20SiO_2$ ガラスを1000℃で100min熱処理するとヘマタイト(α-Fe_2O_3)が析出する.このガラスセラミック(80 mg)を $10\,\mu$mol L^{-1} のメチレンブルー水溶液(20 mL)に浸漬し,420〜750 nmの可視光を照射しながら攪拌するとヘマタイトが光触媒効果を示し,メチレンブルー水溶液が脱色する[12].

このようにメスバウアー分光法は,各種材料の局所構造に関する情報を与えてくれるので,エネルギー・環境分野や環境材料分野で重要な役割を果たしてくれる.

〔西田哲明・久冨木志郎〕

文　献

1) 西田哲明,特許第3854985号(2006).
2) 西田哲明,特許第5164072号(2012).
3) 藤田英一,ほか,メスバウア分光入門―その原理と応用―(アグネ技術センター,1999),pp. 169-266.
4) T. Nishida and S. Kubuki, Mössbauer Spectroscopy: Applications in Chemistry, Biology, Nanotechnology, Industry and Environment (V.K. Sharma, et al., eds., John Wiley, 2013), pp. 542-551.
5) K. Matsuda, et al., AIP Conf. Proc. 1662, 3-7 (2014).
6) T. Nishida, et al., J. Radioanal. Nucl. Chem. 275 (2), 417-422 (2008).
7) 西田哲明,ほか,特許第5099737号(2012).
8) T. Nishida, et al., J. Radioanal. Nucl. Chem. 266, 171-177 (2005).
9) 西田哲明,特許第4085139号(2008).
10) S. Kubuki, et al., Hyperfine Interact. 192, 31-36 (2009).
11) S. Kubuki, et al., J. Radioanal. Nucl. Chem. 295 (1), 23-30 (2013).
12) S. Kubuki, et al., J. Radioanal. Nucl. Chem. 301 (1), 1-7 (2014).

インビーム・メスバウアー分光法　IV-03

in-beam Mössbauer spectroscopy

メスバウアー（R. Mössbauer）による無反跳 γ 線共鳴吸収（メスバウアー効果）の発見から時をまたずして，1960年代には (n, γ) 反応や (d, p) 反応，クーロン励起反応，イオン注入法を応用したメスバウアー分光研究が始まった．メスバウアー効果は，原子核の脱励起過程で第一励起準位から放出される γ 線の共鳴吸収を計測するので，長寿命の放射性同位体を使わずとも「メスバウアー γ 線放出体」を試料中に生成させればスペクトル観測が原理的に可能である．通常の吸収実験とは異なり，共鳴吸収体にシングルピークを与える標準物質を用いて，メスバウアー γ 線放出体を核反応で生成あるいはイオン注入した試料を線源としてスペクトルを観測する．

1980年代後半以降，重イオン加速器や ISOL 実験施設の性能と放射線測定技術が飛躍的に進歩し，短寿命放射性同位元素をビーム（不安定核ビームまたは RI ビームという）として利用できる環境が整備された．元来，これらのビームは不安定核の構造や反応断面積の解明を目的とした原子核物理への利用が主であったが，メスバウアー分光法や核磁気共鳴法を組み合わせた新しい物質科学研究へも展開された．入射核破砕反応で生成した RI を電磁質量選別装置で分離するか，またはウランの核分裂生成物をオンライン分離後に再加速して RI ビームをつくる．これを測定試料まで導き，直接試料に注入して停止した後に放出されるメスバウアー γ 線をその場で計測する手法が新たに開発された．これを「インビーム・メスバウアー分光法」という．典型的メスバウアー元素の ^{57}Fe の場合，^{57}Co（半減期 271 日，EC 壊変）と ^{57}Mn（半減期 89 秒，β^- 壊変）の二つの親核がある．RI ビームを用いたインビーム法では，短寿命 ^{57}Mn がメスバウアープローブ核として用いられる．

RI ビームのみならず従来の (n, γ) や (d, p) 反応やクーロン励起核を利用してオンラインでメスバウアースペクトルを計測する手法もこれに含まれる．試料に直接メスバウアープローブ核を埋め込むかあるいは生成すると同時にその場観測をするインビーム・メスバウアー分光法は，従来の長半減期放射性線源を使う透過法や散乱法にはない以下の優れた特徴を有する．

(1) 試料中に注入するプローブ核の原子数は $10^{10} \sim 10^{13}$ 程度と極微量で，注入エネルギーの大きさ（核子あたり 30 MeV 程度）からプローブ核は物質中の広い範囲に分布しているためにプローブ核の凝集効果や相互作用は無視できること．

(2) 完全孤立した原子の過渡的非平衡状態下での局所的情報が得られること．

(3) メスバウアー元素が固溶しない試料にも注入可能なので，すべての凝縮系が研究対象となること．

(4) メスバウアー励起準位に到達するまでの前駆過程がもたらす化学的効果（ホットアトム効果）による新規化学種や異常酸化状態を化学分離操作することなく *in situ* で追跡できること．

(5) 時間窓を設けることで孤立原子の動的ふるまい（原子拡散過程，配位環境の熱的安定性，格子欠陥の生成と再結合過程）が定量的に議論できること．

これまでに，シリコン半導体や酸化マグネシウム（MgO），酸化亜鉛（ZnO）などの化合物半導体中の極微量 Fe 原子の占有位置，格子欠陥生成とその回復過程，格子間原子の高速ジャンプ過程，ガス固体マトリックスと励起原子の反応生成物などについて物理から化学にわたる広い領域で研究

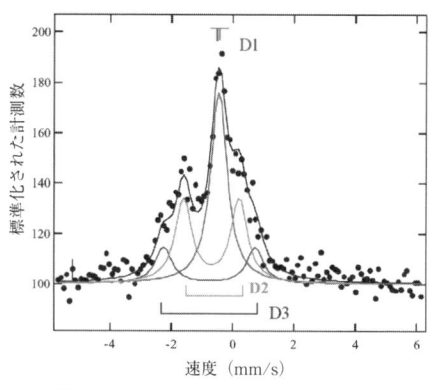

図1 ^{57}Mnを注入した^{57}Feインビーム・メスバウアースペクトルの一例
試料はα-Fe$_2$O$_3$. 測定温度は室温. ^{57}Mnからβ壊変した^{57}Feがα-Fe$_2$O$_3$の結晶格子位置を置換した成分 (D1) と最近接に格子欠陥をもつ2種類の成分 (D2, D3) が観測された.

図2 ガスフロー型平行平板電子なだれ型γ線検出器
下段の^{57}Fe濃縮ステンレススチール(陰極)と上段のカーボン板(陽極)がおさめられ,内部はカウンターガスが充てんされる. ^{57}Fe濃縮ステンレススチールでメスバウアー共鳴吸収が起こると,その脱励起過程で内部転換電子を放出される. 電子はカウンターガスで電子なだれにより増幅され,カーボン電極に集められる.

が進められている(図1). スペクトルの解釈には,二次ドップラーシフトの温度依存性や密度汎関数法による計算を基盤とする.

現在,RIビームを利用したインビーム・メスバウアー分光実験が可能な主な施設は,理化学研究所RIBF施設と放射線医学総合研究所HIMAC, CERN-ISOLDEがある. 中性子ビームを利用するインビーム分光実験は,日本原子力研究機構やハンガリー原子核研究所などで行われている.

インビーム・メスバウアー分光法では,一般に使われる比例計数管やシンチレーション検出器は,ビームや核反応由来の高エネルギー放射線による著しく高いバックグラウンドが除去できないので適さない. γ線のメスバウアー共鳴吸収で放出される内部転換電子を計測する「ガスフロー型平行平板電子なだれ型γ線検出器(parallel plate avalanche counter: PPAC)」(図2)が用いられる. 最近,プローブ核の核壊変で放出される高エネルギーβ線を反同時計数法で除去し,スペクトルのsignal-to-noise ratio (S/N比) を大幅に向上したという報告がある.

インビーム・メスバウアー分光法では,原子核壊変によって生成した孤立原子の化学状態や配位状態を励起準位寿命程度の時間スケールで非破壊的に観測することが可能であり,他の測定手段では不可能でユニークな情報が得られる. ^{57}Mn以外の短寿命メスバウアープローブ核の開発に加えて,β-γやγ-γ(反)同時計測法を組み合わせた電子状態や新奇エキゾチック分子構造の微小時間の変化を追跡する研究も行われている. 次世代メスバウアー分光研究として,放射光を用いた実験手法とともにインビーム・メスバウアー分光法のさらなる発展が期待されている. 〔小林義男〕

核共鳴散乱

IV-04

nuclear resonant scattering

核共鳴散乱とは，放射性同位元素の線源から放出される核γ線の代わりに強力なパルスX線源である放射光を励起光とするメスバウアー分光のことである．X線の散乱能としては，蛍光X線などの電子散乱による寄与が圧倒的に大きい．メスバウアー効果（核共鳴）による散乱は微弱ながら，その原子核の励起準位の寿命のぶんだけ遅れて観測されるため，エネルギー可変のパルスX線である放射光を励起光としてその観測が可能である．実験手法としては第3世代と呼ばれる大型放射光施設（ESRF（ヨーロッパ），APS（米国），SPring-8（日本））の完成とほぼ時を同じくして確立された．実験室での実験とは異なり，核共鳴散乱では線源となる放射性同位元素を必要としないため，適当な線源が得られにくい核種でもメスバウアー効果の観測が可能である．また，放射光本来が持ち合わせている性質を利用した偏光の制御や集光，放射光実験としてすでに確立されている回折などと組み合わせたメスバウアー効果の測定が可能である．たとえば，放射光の集光技術を利用した超高圧下の核共鳴散乱実験は，物質科学や地球科学の分野ですでに利用されている．

これまでに物質科学への応用として多数の研究例があるものとしては，核共鳴前方散乱や核共鳴非弾性散乱と呼ばれる実験がある．また，最近開発された手法として，放射光メスバウアー吸収分光がある．それぞれの実験手法の特徴は以下のとおりである．

核共鳴前方散乱　核共鳴前方散乱（nuclear resonant forward scattering）は，メスバウアー効果の共鳴エネルギーに波長を一致させたX線を実験試料に入射し，超微細相互作用の大きさを調べる手法である．従来のメスバウアー分光測定と大きく異なる点としては，スペクトルを時間スペクトルとして観測することである．メスバウアー効果の起こる波長をもつ高輝度のパルスX線で一斉に励起された原子核は，超微細相互作用によって原子核の準位が分裂している場合に，それぞれの遷移エネルギーの違いによって量子うなり（quantum beat）を生じる．この量子うなりの周波数を解析することにより，従来のメスバウアー分光測定と等価な結果を得ることができる．内部磁場および四極子相互作用に関しては，実験試料をX線光軸に配置することで量子うなりとして観測できる．また，異性体シフトについてはX線光軸上に実験試料に加えて基準物質を配置し，観測される量子うなりを解析することによって評価することができる．計測効率は後述の放射光メスバウアー吸収分光（synchrotron radiation-based Mössbauer spectroscopy）

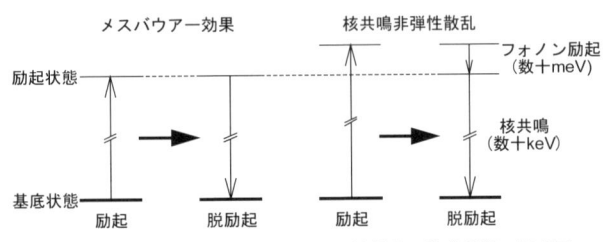

図1　メスバウアー効果と核共鳴非弾性散乱の散乱過程の模式図

より高い.

核共鳴非弾性散乱 核共鳴非弾性散乱(nuclear resonant inelastic scattering)[1,2]は,入射X線と物質の間で格子振動(フォノン)を介したエネルギーのやり取りを行った後に共鳴したメスバウアー核による脱励起を観測し,メスバウアー核位置での原子の振動状態を調べることのできる手法である(図1).この手法は,フォノンの測定においてラマン散乱や赤外吸収,中性子非弾性散乱などと相補的な手法である.従来のメスバウアー分光では古典論的近似から得られるアインシュタイン(Einstein)温度やデバイ(Debye)温度からメスバウアー核位置での原子の振動状態が議論されてきた.核共鳴非弾性散乱では,入射エネルギーをメスバウアー効果の共鳴エネルギー近傍で走査することにより,図2で示すようなフォノンのスペクトルが直接観測される.フォノンの励起エネルギーが調べられることから,音速や各モードのエネルギーなど原子の振動状態についてのより詳細な議論が可能となる.その他の特徴としては,この手法ではメスバウアー核の共鳴が線源実験では観測困難な液体や気体でも測定が可能である.実験上の制約としては,フォノンの励起エネルギーを調べるためにmeV分解能を有するX線光学系が必要であるため,比較的高エネルギーの核種の実験は困難である.

放射光メスバウアー吸収分光[3] 核共鳴散乱実験の中では最近になって確立された手法であるが,手法として放射性同位体を用いるメスバウアー分光に最も近いといえる.散乱体と吸収体の一方に測定したい試料を,もう一方に共鳴核を含んだ核フィルターとなる標準物質(メスバウアー核を富化したものが望ましい)を選び,両者を放射光X線の光軸上に配置して実験を行う.また,散乱体ないしは吸収体のいずれかをトランスデューサに装着してドップラー効果を用いてエネルギーを走査する.放射性同位体を用いるメスバウアー分光と異なって,使用するX線(γ線)がパルスであることから,パルスX線の時間構造に起因したピーク形状の差異があるものの,エネルギー分散型のメスバウアースペクトルを得ることが可能である.原理的にすべての核種に対してメスバウアースペクトルが観測可能であることが特徴である.

〔筒井智嗣〕

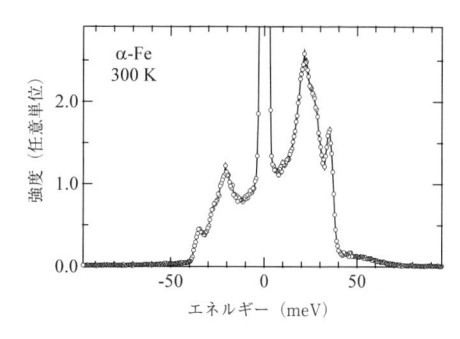

図2 純鉄の核共鳴非弾性散乱スペクトル(室温.エネルギー分解能は3.5 meV)

文 献
1) M. Seto, *et al.*, Phys. Rev. Lett. 74, 3828(1995).
2) W. Sturhahn, *et al.*, Phys. Rev. Lett. 74, 3832(1995).
3) M. Seto, *et al.*, Phys. Rev. Lett. 102, 217602(2009).

陽電子消滅角度相関 IV-05

angular correlation of annihilation radiation

陽電子が電子と対消滅すると，多くの場合，2本のγ線が放出される．陽電子・電子対の重心系からみれば，この2本のγ線は180°の角度をなすが，実験室系からみれば消滅する直前の電子・陽電子対の運動量を反映し，180°からのずれが生じる．このずれを高い分解能で測定し，電子・陽電子対の運動量分布を測定する手法を，陽電子消滅角度相関あるいは2光子角相関（angular correlation of annihilation radiation：ACAR）法と呼ぶ．

合成運動量がpであるような電子・陽電子対が消滅し，図1のように2本のγ線が放出したとする．通常の実験条件では$|p|\ll mc$が成り立つため，γ線のなす角度が180°からθずれているとすれば，pの垂直方向成分の大きさは$p_\perp = mc\theta$となる．ここでmは電子の静止質量，cは真空中の光速度である．一般にθは0.5°程度以下の角度である．2本のγ線の同時計数のθ依存性を計測して，$p_\perp$の分布を測定する．

実際の装置は図2のようになっている．試料の近くに置かれた線源（多くの場合，^{22}Naの密封線源）から放出された陽電子と試料中の電子の対消滅で発生した2本のγ線を，2個の検出器で検出する．(a)では，可動側のスリットと検出器を動かしながら，角度に対する同時計数を一次元的に計測する．試料とスリットの距離を長く（通常は5～10m），スリットの間隔を狭く（数mm）すれば，それに応じて運動量分解能が高くなる．(b)では，γ線位置敏感検出器を2個用意し，同時計数のあったγ線入射位置から運動量を求め，二次元的な情報を得る．

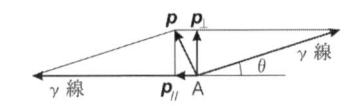

図1 陽電子消滅角度相関の原理図
点Aで電子・陽電子対が消滅したときに放出される2本のγ線のなす角度と，消滅直前の電子・陽電子対の合成運動量pの関係を表す．θは実際には0.5°程度以下である．

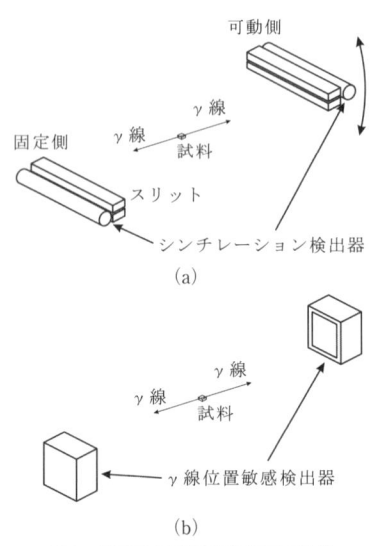

図2 陽電子消滅角度相関測定装置
(a)では一次元的な情報が，(b)では二次元的な情報が得られる．

金属を試料にして角度相関を測定すれば，電子の運動量分布が得られる．これは，金属中の陽電子は熱化してバンドの底の状態をとるため，消滅時の電子・陽電子対の合成運動量では，電子の運動量が支配的になるからである．この分布から，金属中のフェルミ面に関する情報が得られる．陽電子消滅角度相関は，このほか，試料中の空孔型格子欠陥の研究や絶縁体中あるいは気体中のポジトロニウムの研究などに威力を発揮する． 〔長嶋泰之〕

陽電子消滅寿命

IV-06

positron annihilation lifetime

物質中で陽電子が電子と対消滅するまでの平均時間を陽電子消滅寿命（positron annihilation lifetime）という．陽電子消滅寿命は陽電子が消滅する位置の電子密度で決まり，電子密度が低ければ低いほど長くなる．このため，結晶性固体に原子空孔やボイドなど空孔型格子欠陥が存在して，陽電子がこれらの欠陥に捕獲されると，完全結晶に比べて長い陽電子消滅寿命が観測される．高分子などの絶縁体中では，陽電子の一部がポジトロニウムを形成するため，分子間空隙中の三重項ポジトロニウム（オルトポジトロニウム）の消滅による長寿命が観測される（図1）．

金属や半導体完全結晶中の陽電子消滅寿命は100～250 ps，高分子中のオルトポジトロニウムの消滅寿命は1～5 ns である．シリカゲルなど多孔質物質では，ナノ空孔に捕獲されたオルトポジトロニウムの消滅によるさらに長い寿命（<142 ns）が観測される．

陽電子消滅寿命の測定には，通常，^{22}Naを陽電子線源として用いる．^{22}Na からは陽電子の放出とほぼ同時に1.274 MeV の壊変γ線が放出されるため，このγ線をスタート信号，測定対象物質中で陽電子が消滅した際に放出される二光子消滅γ線（中心エネルギー 0.511 MeV）の一つをストップ信号とし，両者の時間差から陽電子消滅寿命を測定する（図2）．陽電子消滅寿命測定法（positron annihilation lifetime spectroscopy：PALS）は，原子炉材料や金属系構造材料，半導体の格子欠陥，高分子の非晶質状態の研究や多孔質物質のナノ空孔解析などに応用されている．^{22}Naや加速器，原子炉で発生させた陽電子をいったん減速して低速陽電子ビームとし，パルス化して陽電子寿命測定を行う方法も開発されており，表面付近の欠陥や欠陥の深さ分布測定，薄膜分析などに応用されている．この場合，陽電子のパルス化信号をスタート信号，消滅γ線をストップ信号として陽電子消滅寿命を測定する．加速器で発生させた高強度低速パルス化陽電子ビームを収束してマイクロビーム（ビーム最小径30 μm）とし，微小領域の陽電子消滅寿命を測定する方法も開発されている．この場合，試料を二次元的に走査しながら，入射陽電子のエネルギーを変化させれば，試料中の格子欠陥や空孔の三次元分布を測定することができる． 〔小林慶規〕

図1 ポリカーボネートの陽電子消滅寿命スペクトル

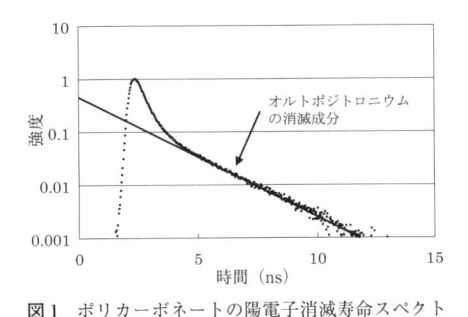

ポリカーボネート中では，ポジトロニウムが形成されるため，非晶質構造中で消滅するオルトポジトロニウムによる長寿命（～2.1 ns）が現れる．

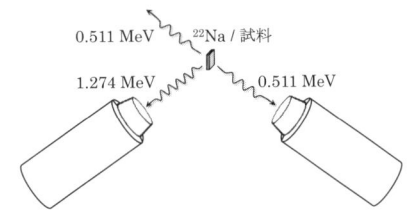

図2 陽電子消滅寿命測定の原理

ミュオンスピン回転・緩和・共鳴法 IV-07

muon spin rotation, relaxation, resonance

レプトンの一種である正ミュオンは，スピン1/2をもち平均寿命$2.2\,\mu$sで陽電子と2個のニュートリノに壊変する．
$$\mu^+ \longrightarrow e^+ + \overline{\nu_\mu} + \nu_e$$
このときの陽電子の放出方向が等方的ではなく，ミュオンスピンの方向に偏って放出されるため，陽電子の放出方向を観測することによって，壊変時のミュオンスピンの方向を知ることができる．ミュオンは陽子の3.2倍大きな磁気回転比をもち，磁場中ではミュオンスピンがラーモア歳差運動を行うので，ミュオンが磁場中にあると陽電子の放出方向もミュオンスピンの回転に伴って回転運動する．これを利用して物質中にミュオンを打ち込み，物質の内部磁場の大きさやその時間変動，ミュオンや周囲の原子の運動などを観測する方法をミュオンスピン回転・緩和・共鳴法（muon spin rotation, relaxation, resonance）といい，他のいくつかの方法を含めてμSR法と呼ぶ[1]．

正ミュオンは陽子の約1/9，電子の200倍の質量をもつ電荷+1の粒子なので，物質中で軽い陽子のようにふるまう．また電子と正ミュオンは，ミュオニウムと呼ばれる水素の軽い同位体と見なされる状態を形成するので，ミュオニウムを物質中の水素の挙動の研究に使うことができる．

ミュオンは不安定粒子なので粒子加速器を用いて製造しながらμSR実験に使用される．実用的には数百MeV以上に加速した陽子ビームをベリリウム（Be）やグラファイトに照射してできるπ中間子が，26 nsの平均寿命で壊変する反応を利用する．

$$\pi^+ \longrightarrow \mu^+ + \nu_\mu$$

ν_μが常に負のヘリシティーをもち，π中間子がスピン0の粒子であるために，この過程によって生成するミュオンは，スピンが運動量方向と反対に100%偏極している．μSR測定では，スピン偏極したミュオンを測定試料中に停止させる．試料中にまったく磁場が存在しなければ，ミュオンスピンは静止していてスピン方向の非対称度は保たれるが，ミュオンスピンの方向を変化させるものがあると，スピン非対称度は時間とともに変化する．

ミュオンの試料入射時点を時刻の原点（$t=0$）とし，ミュオンビームの前方方向と後方方向に置いたシンチレーション検出器で陽電子を検出する．前方検出器の信号を$F(t)$，後方検出器の信号を$B(t)$とする．ミュオンの壊変定数をλとし，ミュオンスピンのビーム方向の非対称度を陽電子放出確率を含めて$p_z(t)$とすると，
$$F(t) = e^{-\lambda t}(1+p_z(t))$$
$$B(t) = e^{-\lambda t}(1-p_z(t))$$
と書ける．スピン非対称度は$p_z(t)$は，
$$p_z(t) = \frac{F(t)-B(t)}{F(t)+B(t)}$$
と表せて，前後の検出器の信号から時間依存性を求めることができる．ミュオンが試料に入射するときにはすでにスピン偏極しているため，他のスピン利用分析法と異なってμSR法の感度は試料温度に依存しないという特徴がある．

ミュオンスピン回転法　ミュオンビームに対して垂直方向に大きさHの磁場をかけたときには，ミュオンの磁気回転比をγ_μとして，ミュオンスピンは角速度$\omega = \gamma_\mu H$の回転運動をする．磁場を印加しない場合（零磁場）でも試料内部に一様な磁場があれば，ミュオンが一定の静磁場を感じてミュオンスピン回転が観測される．ミュオンの磁気回転比が大きいので固体中の小さな磁気秩序形成を検出することが可

能である．

　ミュオニウム中ではミュオンスピンが電子のスピンと相互作用するために，ミュオンの磁気回転比が見かけ上約100倍大きくなる．ミュオニウムの生成は，単独のミュオンに比べて100倍速いミュオニウムスピン回転が観測されることで検出される．ただしミュオニウムが水素の同位体として化学結合をつくると，電子スピンどうしが対になるためにミュオンの磁気回転比は再び裸のミュオンと等しくなるため，ミュオニウムが生成しているにもかかわらずミュオニウムスピン回転は観測されない．たとえば気相でのミュオニウムとH_2の反応では，ミュオニウムの回転信号の振幅が時間とともに減少することが観測される．

　ミュオンスピン緩和法　　試料の内部磁場が時間とともに変動していたり，ミュオンの停止位置によって磁場の大きさが異なっていたりすると，ミュオンスピンの非対称度は時間依存性を示す．たとえば電子スピンが揺動しているような常磁性化合物ではミュオンスピン緩和が起こり，$p_z(t)$は指数関数的な減少を示す．また通常物質中の原子核磁気モーメントはランダムな方向を向いているが，ミュオンスピン非対称度はこの核磁気モーメントのつくる磁場によって緩和する．緩和が観測される場合に，ミュオンスピン方向を保持する向きに磁場を印加すると緩和は抑制されるので，印加する磁場の大きさと緩和の仕方の変化から，物質の内部磁場の大きさや時間変動の速さやそれらの原因を調べることができる．またミュオンを通じて観測するので，ミュオンの見る磁場の時間変動は，ミュオン自身の物質中での拡散も反映する．

　ミュオンスピン共鳴法　　核磁気共鳴法と同様に，ミュオンスピン方向に磁場をかけ，横方向から高周波電磁波を導入することによりミュオンスピン共鳴を観測することができる．回転や緩和では観測が困難な時間とともにミュオニウムの化学形が変化していくような系での実験に適している．

　準位交差法　　ミュオンスピンと他のスピンや核四重極モーメントが結合して複数の準位がある系では，ミュオンスピンのゼーマンエネルギーが他の準位のエネルギーと一致する磁場を印加すると，ミュオンスピンの緩和が共鳴的に速くなる．これを準位交差と呼び，ミュオニウムを含むラジカル種の構造や反応，動的挙動などの研究などに使われている．

　μ^-SR　　負の電荷をもつ負ミュオンもπ^-中間子からスピン偏極して生成することができる．負ミュオンは電子より200倍重く，物質中に停止すると原子核に捕獲され，ミュオン原子を形成する．負ミュオンは捕獲後速やかにミュオン1s軌道に到達する．原子核まわりの負ミュオンの軌道半径は，対応する電子の軌道半径の1/200で軌道電子よりも原子核のそばにあり，負ミュオン原子は捕獲した原子の原子番号が1だけ小さくなった原子の同位体と見なすことができる．半導体や磁性体中での極微量不純物の状態研究などに利用される．

〔久保謙哉〕

文献
1) K. Nagamine, Introductory Mon Science (Cambridge University Press, 2003).; D. C. Walker, Muon and Muonium Chemistry (Cambridge University Press, 1981).

核磁気共鳴分光 NMR　IV-08

nuclear magnetic resonance

核スピンが0でない原子核を磁場中におくと，磁場の大きさに応じてゼーマン分裂を示す．その分裂の大きさに見合うエネルギーをもつ電磁波（ラジオ波）を照射すると，エネルギー準位間で共鳴現象が起きる．この現象を核磁気共鳴（nuclear magnetic resonance：NMR）といい，共鳴吸収スペクトルを利用することで，原子核の周囲のさまざまな情報が得られる．今日ではNMRの応用は幅広く，自然科学のほとんどの分野で重要な実験手段となっている．

最初のNMR信号は1938年にイジドール・ラービ（Isidor Rabi）が塩化リチウム（LiCl）の分子線を用いて検出することに成功し，1946年にはフェリックス・ブロッホ（Felix Bloch），エドワード・パーセル（Edward Purcell）が凝縮系のNMR信号を検出することに成功した．その後，原子の化学結合状態によって共鳴周波数が異なる化学（ケミカル）シフトや，原子核間の相互作用により吸収ピークが等間隔で複数に分裂するスピン結合が発見されるが，これらの微細構造情報を解析することで，原子がどのような環境にあるかがわかるため，有機化合物の構造解析に広く利用されることとなった．なかでもプロトン（^{1}H），カーボン（^{13}C）の利用が多く，二次元NMRを始めとする種々の新しい構造解析の手法が開発されている．

NMRの測定は，一般的には静的な外部磁場中におかれたプローブ（コイル）のなかに溶液試料を入れ，プローブで電磁波パルスの照射とシグナルの検出を行う．固体試料の測定も可能であるが，固体専用の装置が必要である．初期には磁場を連続的に変化させながら，ある一定の周波数の電磁波を当て，吸収量を測定する連続波（CW）法の装置が用いられたが，現在のほとんどのNMR装置は，強力な高周波をパルス的に照射して全部の原子核を一斉に励起させ，その自由誘導減衰信号（FID）を検出するパルスフーリエ変換型（FT）である．FIDをフーリエ変換することによって，CW法と同様な周波数スペクトルが得られ，得られたスペクトルのピーク位置は，外部磁場の強度に依存しない量として，基準物質からの周波数差を外部磁場の強度（通常その磁場強度での^{1}H核の共鳴周波数で表される）で割った化学シフトδ（ppm単位）で表される．また，金属中では外部磁場による伝導電子のスピン偏極によって共鳴周波数がずれることが見いだされており，とくに発見者の名を冠してナイトシフト（Knight shift）と呼ばれている．

NMRでは，共鳴周波数のずれという形で検出される化学シフトやナイトシフトといった静的な物理量以外に，緩和時間という動的な物理量も観測できる．緩和過程には，励起された核がエネルギーを放出して基底状態に戻る「スピン-格子緩和（T_1または縦緩和）」と，外部磁場に対し垂直に加えられたパルスによって生じた磁化の垂直成分が，もとの状態に戻る「スピン-スピン緩和（T_2または横緩和）」があり，それらは物質の運動状態の解明に利用されている．とくに，生体に多く含まれる水や脂質の^{1}H核の緩和時間が組織や病変により異なることを利用し，生体の断層画像を得るのが核磁気共鳴画像法（MRI）である．MRIは非破壊非接触の検査技術として医療以外の分野にも利用が広まっており，小型装置や野外で使用する装置も開発が進められている．

〔中本忠宏〕

β線核磁気共鳴分光　IV-09

β-NMR spectroscopy

原子核から放出されるβ線の角度分布を指標とした核磁気共鳴（β-NMR）を用いた分光法である．半減期0.01〜100s程度の短寿命β線放出核（不安定核）に適用可能で，原子核や物性研究において強力な実験手法として利用されている．近年の不安定核技術の発展によりさまざまな不安定核が超高感度プローブとして用いられ，ユニークな物質科学研究が展開されている．

β-NMRの原理・方法　核スピンの向きがそろった（偏極した）不安定核から放出されるβ線は，弱い相互作用におけるパリティ非保存により，非対称な角度分布を示す．偏極Pの向きに対してθ方向に放出されるβ線の確率分布は$W(\theta)=1+AP\cos\theta$で表され，Aは非対称係数と呼ばれる$|A|\leq 1$の定数である．偏極不安定核に対してNMRを適用した場合，磁気準位間の遷移によりPが変化すると β線角度分布の非対称度APが変化するため，β線検出による共鳴観測が可能となる．

核反応により生成した偏極不安定核はNMR装置内におかれた試料に植え込まれ，物質内部を探索するプローブとして働く．プローブ核から放出されたβ線は$\theta=0$およびπ方向に置かれた検出器により高い効率で検出され，両者の計数比よりNMRの指標となるAPの変化量が得られる．APの大きさにして数%以上の偏極不安定核を用いることにより，従来のNMRに比べ約10^{10}倍もの高い感度が実現する．植え込みにより試料とプローブ種の組合せを自由に選択できるため，金属，半導体，イオン結晶などさまざまな物質における超希薄不純物の局所電子状態や動的性

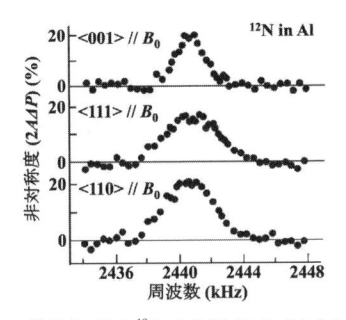

図1　単結晶 Al 中 ^{12}N の β-NMR スペクトル[1]

質，磁性などの研究に応用されている．

偏極不安定核の生成　プローブ核に用いる偏極不安定核の生成には通常加速器を利用する．バンデグラフ（Van de Graaff）などの小型加速器では，低エネルギー核反応により高偏極 ^{8}Li, ^{12}B, ^{12}N などが得られる．核子あたり数十〜100 MeVの重イオン核反応ではエネルギーのそろった偏極ビームが得られ，さまざまな元素プローブが日本国内の施設で利用可能となっている．またカナダ TRIUMF では高偏極 ^{8}Li ビームを用いた物性研究が精力的に行われている．

物性研究への応用例　金属結晶中に植え込まれた不純物原子の格子位置を決定した研究例について示す．Al単結晶中に植え込まれた短寿命^{12}NのNMRスペクトルが精密に測定された（図1参照）．スペクトルはホストの^{27}Al核とプローブ核の磁気モーメント間の双極子-双極子相互作用によって広がり，線幅は近接格子の幾何学的配置を敏感に反映する．外部磁場に対して結晶軸を回しながら測定することにより，不純物の格子位置が決定される．Al中の^{12}Nは四面体格子間隙位置に入ることが示された．　　　　〔三原基嗣〕

文　献
1) K. Matsuta, et al., Hyp. Interact. 136/137, 503 (2001).

γ線摂動角相関

IV-10

perturbed angular correlation of γ rays

一般に，物質中でランダムに配向した不安定核が放射性壊変する場合，放射線は等方的に放出される．しかし，スピンをもつ不安定核の生成条件や存在環境（磁場や温度）を制御することで，磁気サブレベルの占有状態に偏り（核偏極 polarization や核整列 alignment）をつくることができ，その結果として放射線の放出方向に異方性が生じる．γ線の異方性を観測する手段としては，励起核から連続して放出される2本のカスケードγ線を同時計測する方法がある．この場合，1本目のγ線（γ_1）を検出することが整列核を抽出することになり（後述），その後に放出されるγ_2は一般にγ_1に対して異方的となる．この異方性をγ線の角相関という．さらにカスケードの中間状態で励起核が外場と相互作用をすると，核スピンの揺動により，角相関が時間とともに変動する．この現象を摂動角相関と呼ぶ．摂動角相関法は元来，既知の環境におかれた不安定核の電磁モーメントを測定する核分光法として発展したが，逆にモーメントが既知の不安定核を研究対象とする物質に導入することによって，$\gamma_1 - \gamma_2$角相関の時間変動から物質の局所構造や磁気的性質，さらには構成原子の動的挙動に関する情報を得ることが可能となる．

カスケードγ線に角相関が生じるからくりを角運動量保存則から考える．図1に最も単純な連続する双極放射の例を示す．この場合，核スピン$I_i = 0$の始状態から角運動量$L_1 = 1$のγ_1を出し，核スピン$I = 1$の中間状態を経て$L_2 = 1$のγ_2を放出して核スピン$I_f = 0$の終状態に達する．核スピン$I = 1$の中間状態には三つの磁気サブレベ

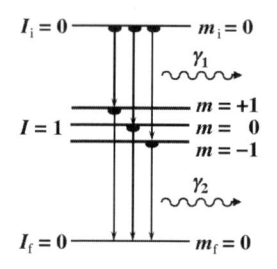

図1 連続する双極放射の崩壊図

ルが存在し，それぞれのレベルを磁気量子数$m = +1, 0, -1$で記述する．γ_1の進行方向（検出器1の方向）を量子化軸（z軸）にとると，角運動量L_1のz成分のうち，$M = \pm 1$のみが検出されることになる．これは光子の運動量方向のスピンの成分（ヘリシティ）が± 1の二つの状態をとることに起因する．したがって角運動量保存則より，遷移先（中間状態）では$m = \mp 1$の磁気サブレベルのみを占有することになる．つまり整列核を抽出したことになる．中間状態で外場から摂動を受けない場合，γ_2の角運動量L_2のz成分は同じく角運動量保存則により$M_2 = \mp 1$となり，γ_2はγ_1の進行方向に対して異方的に放出されることが理解できる．

次に中間状態の寿命がある程度長く，γ_1放出の後γ_2が放出されるまで，ある程度の時間tの間とどまっている系について考える．中間状態でプローブ核が内部磁場や電場勾配と相互作用すると，磁気サブレベルの占有状態がγ_1の放出直後の状態から刻々と変化する．この摂動に関する情報を時間微分摂動係数$G_{kk}(t)$で表すと，$\gamma_1 - \gamma_2$の摂動角相関$W(\theta, t)$は，Legendreの多項式P_kを使って式（1）で記述される．

$$W(\theta, t) = \sum_{k \text{ even}}^{k_{\max}} A_{kk} G_{kk}(t) P_k \cos \theta \quad (1)$$

θは$\gamma_1 - \gamma_2$の放出方向間の角度，A_{kk}は異方性の大きさを表す角相関係数である．実験的には，角運動量保存則から$k = 2$の項ま

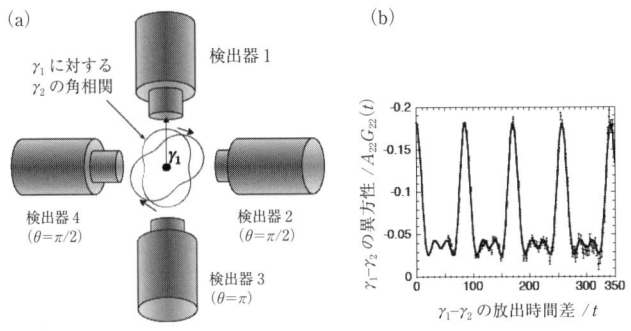

図2 (a) プローブ核の歳差運動によって周期的な変動をする角相関と (b) 摂動角相関スペクトル．中間状態にとどまる時間 t の関数としての角相関の周期的変化を表す

でを求めることがほとんどである．

中間状態において，プローブ核の電磁モーメントが一定の局所磁場 B や電場勾配 V_{zz} との相互作用によって静的摂動を受ける場合，核スピンは歳差運動をし，これを反映して γ_1–γ_2 の異方性は周期的に変動する．図2(a)にこの周期的変動の様子を模式的に示した．摂動が局所磁場との超微細相互作用による場合，時間微分摂動係数 $G_{22}(t)$ は式（2）で記述できる．

$$G_{22}(t) = \frac{1}{5}\{1 + 2\cos(\omega_L t) + 2\cos(2\omega_L t)\} \quad (2)$$

ここで ω_L はラーモア周波数であり，B および核の g 因子 g_N と $\omega_L \hbar = -g_N \mu_N B$ の関係にある．スペクトルの解析で得られる ω_L の値から，B の値を見積もることができる．また，最も報告の多い ^{111}Cd($\leftarrow ^{111}$In) プローブ（$I=5/2$）を例にあげるが，摂動がプローブ核の電気四重極モーメント Q と軸対称な電場勾配との電気四重極相互作用による場合，$G_{22}(t)$ は式（3）で示される．

$$G_{22}(t) = \frac{1}{5}\left\{1 + \frac{13}{7}\cos(6\omega_Q t) + \frac{10}{7}\cos(12\omega_Q t) + \frac{5}{7}\cos(18\omega_Q t)\right\} \quad (3)$$

この場合も同様に，電気四重極周波数 ω_Q から $\omega_Q = -eQV_{zz}/4I(2I-1)\hbar$ の関係により V_{zz} の値が得られる．一例として，図2 (b) に CeIn$_3$ 合金中の ^{111}Cd($\leftarrow ^{111}$In) プローブのスペクトルを式（3）で解析して示した．

上記の静的摂動に対して，核の歳差運動の周期に比べてはるかに短い時間スケールでの原子の拡散や分子の回転運動，スピン揺動などによって核外場がプローブ核に対して相対的に時間変動する場合，磁場や電場勾配が動的な摂動として核スピンに作用する．この場合，角相関は

$$G_{22}(t) = \exp(-\lambda t)$$

の関係式にしたがって指数関数的に減衰する．λ は緩和定数であり，ω_L や ω_Q および核外場の相関時間の関数である．スペクトルの緩和時間から動的摂動の時間スケールの情報が得られる．

実試料ではプローブが複数のサイトを占有していることも多く，スペクトルは各サイトを反映した複雑な時間変動を示す．このような場合はフーリエ変換を利用した周波数解析などによって，各プローブに作用する摂動の種類や大きさを調べ，試料物質中の局所場の情報を得る．〔佐藤 渉〕

エキゾチックアトム　IV-11

exotic atom

エキゾチックアトムとは，原子核の周りを回る電子が，他の負電荷粒子に置き換えられた特異な原子系である．1947年，負中間子の物質中での吸収をみてJ. A. Wheelerによってメシックアトム生成が示唆された．1952年に負パイオン（π^-：寿命26 ns，質量273 m_e，m_eは電子質量）によるパイオニックアトムが，1953年に負ミュオン（μ^-：2.2 μs，207 m_e）によるミュオニックアトムがそれぞれ発見された．その後，1965年に負ケイ中間（K^-：12 ns，966 m_e）によるケイオニックアトム，1970年に反陽子（$\bar{p}$），負シグマ粒子（Σ^-：0.15 ns，2343 m_e）によるエキゾチックアトムが発見された．これらの発見においては，それぞれのエキゾチックアトムからの特徴的なX線が検出された．ミュオニックアトム以外はハドロニックアトムとも呼ばれ，そのサイズが小さくなると，クーロン相互作用のほかに強い相互作用も効いてくる．

もともとは電子を置き換えた原子系をエキゾチックアトムと呼んでいたが，原子核自身を正電荷粒子である陽電子（e^+）や正ミュオン（μ^+）に置き換えたポジトロニウム（Ps=e^-+e^+）やミュオニウム（Mu=$e^-+\mu^+$），反陽子と陽電子からなる水素原子の反粒子である反水素（$\bar{H}=\bar{p}+e^+$）なども含めて呼ばれるようになった．また，電子以外の負電荷粒子が複数の原子核を束縛し分子を生成することもあり，これらも含めてエキゾチック原子・分子とも呼ばれる．

エキゾチックアトムの一般的性質をみるため，質量，電荷がM，$+Ze$の原子核の周りを質量mの負電荷粒子が回る水素様のエキゾチックアトムを考える．ボーアの原子模型によれば，主量子数nをもつエキゾチックアトムのエネルギーE_n，半径r_nは，

$$E_n = -\frac{Z^2 e^4 \mu}{2\hbar^2}\frac{1}{n^2}, \quad r_n = \frac{\hbar^2}{Ze^2\mu}n^2 \quad (1)$$

と与えられる．ここで，eは電気素量（CGS単位系），$\hbar = h/2\pi$（hはプランク定数），μ（$\mu^{-1}=m^{-1}+M^{-1}$）は換算質量を示す．エネルギーは換算質量に比例し，半径は反比例する．通常の原子の場合$m^{-1} \gg M^{-1}$なので，μはほぼ電子の質量と等しくなるが，エキゾチックアトムではさまざまな値をとる．また，$m^{-1} \gg M^{-1}$が成り立たないため，通常の原子と比べ大きな同位体効果を示す．負電荷粒子μ^-，π^-，K^-，$\bar{p}$，Σ^-は重い電子のように，正電荷粒子e^+，μ^+，π^+は軽い陽子のようにふるまう．

原子との衝突でエキゾチックアトムの生成反応は，重い負電荷粒子では原子内の電子との置換反応である．束縛エネルギーはもとの原子より大きくなるため，この反応は発熱反応となり，衝突エネルギーにしきい値はない．生成は主に原子のイオン化エネルギー以下で起こり，原子生成断面積は，入れ替わる電子軌道のエネルギーと半径が，生成後の重い負電荷粒子のものと等しいとき共鳴的に増大する．このとき，エキゾチックアトムの主量子数nは，上式より$n \approx \sqrt{\mu/m_e}$となる．つまり，生成したエキゾチックアトムは，高励起状態にある．一方，軽い正電荷粒子では，反応は原子からの電子引き抜き反応であり，もとの原子のイオン化エネルギーと束縛エネルギーの差がしきい値となる．たとえば，Psが生成しやすいエネルギー範囲は，このしきい値から原子の第一励起エネルギーであり，オーレ幅と呼ばれている．

エキゾチックアトムは原子核物理学において，原子核の構造や相互作用の研究のほ

か，原子核に異種粒子を注入するためにも使われている．原子・分子物理学や量子化学では，構成粒子の特異な電荷・質量の組合せによる多彩な原子・分子系の反応や構造の面白さに基礎科学として興味がもたれている．とくに，原子・分子系で使われる断熱近似が使えないことから，より根本的にクーロン多体系を理解する必要がある．近年，ミュオン触媒核融合，反陽子ヘリウム原子分光（→I-22）では，実験と理論の比較により量子力学的少数多体系の精密解法が開発され，さまざまな分野に応用されている．また，e^+，μ^-，μ^+，π^-は，その特異な性質（質量，寿命，壊変様式など）により，物性物理学，無機化学，有機化学などの材料科学における分析に利用されている（→IV-05，IV-06，IV-07，V-21）．また，エキゾチックアトムを生成するためには，加速器施設や放射性核種が利用され，主に放射線検出により測定されるため，放射化学，放射線物理学，放射線化学も重要な役割を果たしている．最近，超対称性粒子のスタウ粒子（タウ粒子の超対称パートナーの負電荷粒子 $\tilde{\tau}$：10^3s 以上，$10^5 m_e$ 以上）がエキゾチックアトムを生成し，これがビッグバン直後の元素合成に大きな影響を与えたという理論研究があり，欧州原子核研究機構（CERN）の大型ハドロン衝突加速器（LHC）での超対称性粒子発見による検証が期待されている．

エキゾチックアトムは，さまざまな分野にまたがる学際的な研究対象である．その一例として，ミュオン触媒核融合（muon catalyzed fusion：μCF）を取り上げる．D_2/T_2の混合標的にμ^-を打ち込むと，いくつかのミュオン原子過程を経て，小さなミュオン分子 dtμ がつくられる．この dtμ のなかでは瞬時に核融合反応が起き，^{4}He＋n＋17.6 MeV を発生する．μ^-は降り飛ばされて自由になり，再び dtμ をつくり，同じことを寿命が尽きるまで繰り返す．核融合を触媒するので，μCF と呼ばれ，高温を要しない核融合反応によるエネルギー生産の新しい方式の一つとして，また次世代の単色中性子源として研究が進められている．

1947年にフランク（F. C. Frank）により，1948年にとサハロフ（A. D. Sakharov）により独立に提案され，1957年にアルバレ（L. W. Alvarez）によりベバトロンの泡箱のなかで1個のμ^-が連続してμCF を起こしていることが発見された．しかし，エネルギー生産にはμCF サイクル率が低すぎることが明らかになり，一時研究は下火になったが，1967年に E. A. Vesman による画期的なミュオン分子共鳴生成反応が提案され，1970年代のソビエト連邦での理論・実験グループの検証を経て，1980年代にはμ^-が1個あたり150回のμCF を起こすことが観測され，世界的に注目を集めた．なお，μ^-を1個生成するためには，μCF を 300 回繰り返す必要があり，商業的には10^3回以上繰り返す必要がある．1990年代に入り，高強度のμ^-ビームが得られるようになり，さまざまな条件下でのμCF の基礎研究が進められている．

μCF の課題は，ミュオン分子生成率の向上と，核融合生成物である^{4}He に捕まったμ^-が衝突過程によってはぎ取られ，再びμCF サイクルに戻る確率の向上である．高密度のD_2/T_2標的でこれらの効果の上昇がみられており，今後，μ^-や核融合生成物による放射線効果等の検討が必要である．

〔木野康志〕

ホットアトム化学　IV-12

hot atom chemistry

ホットアトム化学とは，原子核変換すなわち原子核反応あるいは原子核壊変によって生成する高い励起状態の原子の化学反応を対象とする研究分野である．このように生成した高励起状態原子を"ホットアトム"と呼ぶため"ホットアトム化学"なる名称ができた[*1]．ホットアトムをつくる原子核変換の種類によって程度は大きく変動するが，生成直後のホットアトムは大きい運動エネルギーを付与されたり，あるいは電子を振り落とし高い正電荷を帯びたりする．そのため通常の化学反応とは，おもむきの異なる反応（ホットアトム反応）が起こる．

ホットアトム化学の誕生は1934年のジラード（Szilard）とチャルマース（Calmers）の実験[1)]にさかのぼる[*2]．2人は，ヨウ化エチル（常温では液体）に中性子を照射したのち，水により溶媒抽出したとき，生成した放射性ヨウ素^{128}Iの大半が水層側にくることを見いだした．^{128}Iは安定同位体^{127}Iの熱中性子捕獲反応^{127}I$(n,\gamma)^{128}$Iにより生成する．次のように表すこともできる．

$$^{127}\text{I}+\text{n} \longrightarrow {}^{128}\text{I}+\gamma$$

nは熱中性子であり，γはここでは即発γ線である．^{127}Iがnを捕獲したとき，複合核と呼ばれる高励起状態が生成する．この状態は不安定で直ちに即発γ線を放出し脱励起し^{128}Iを生成する．このプロセスは，複合核の^{128}Iと即発γ量子への分裂であるので，^{128}Iは即発γ量子放出による反跳を受ける．比較的簡単な物理学的考察で，質量M [amu]の粒子が，エネルギーE_γ [MeV]の光量子を放出したとき得る反跳エネルギーR（eV単位）は次の式で表せる．

$$R = \frac{537 E_\gamma^2}{M}$$

$M=128$，$E_\gamma=6.5$ MeV[*3] を代入すると，$R=180$ eV が得られる．化合物をつくっている化学結合のエネルギーは数eVのオーダーであるので，180 eVの高エネルギーを付与されて生まれたホット^{128}I原子は，その化学系のなかで異常なふるまいを始める．すなわち，C–I結合の切断，媒体中での運動，エネルギー損失，化学的安定化といったプロセスをとる．このプロセスはきわめて短時間で起こるが，最終的には^{128}Iは通常の化学系の安定化学種となる．ジラードとチャルマースの実験においては，ヨウ化物イオン（I$^-$）として水相に抽出される化学種であった．^{128}Iは半減期が25分の放射性同位体であるので，ホットアトム自身が放射性トレーサーとして利用でき，生成物の化学形態，収率を実験的に容易に調べることができた．この研究はロンドンの病院で行われたものであり，目的は医学利用のための放射性同位体（ラジオアイソトープ・トレーサー）の効率のよい製造法の開発であった．ジラードとチャルマースの方法といえば，現在でもホットアトム効果を利用した比放射能の高い放射性同位体の製造法のことである．クロム酸カリウム（K$_2$CrO$_4$），銅フタロシアニン（化学形）を熱中性子ターゲット試料として，照射後放射分析を行うことにより，それぞれ，比放射能の高い^{51}Cr，^{64}Cuの放射性同位体の製造が行われている．

以上のように応用技術として産声をあげたホットアトム化学であったが，その後15年ほどを経た20世紀半ば，第二次世界大戦終了後の研究用原子炉を始めとする原子核反応研究施設の普及と相俟って，別の側面で放射化学の分野にブームを起こすことになる．

放射性同位体を比放射能の高い状態で製造するより効率のよい技術を開発するうえ

で，ホットアトムの化学的挙動を明らかにすることが重要であり研究が進められた．その過程でホットアトムの化学そのものに強い関心がもたれるようになった．具体的な関心の的は研究者によって幅がかなりあるが，共通項をまとめれば次のようである．

(1) 原子核変換によって高エネルギー状態・高い正電荷状態の原子（イオン）の化学的挙動に関心がある．

(2) 原子核変換で生成したホットアトムは放射性同位体であり，ホットアトム自身がトレーサーとなる．

(3) 放射性トレーサーであるホットアトム（正確には，かつて"ホット"アトムだった放射性原子）を，放射化学分析，放射能測定をし，ホットアトムの化学状態分布を調べる．

上の共通点のもと，世界中で研究が盛んとなった．1959年にはベルギーで第1回国際ホットアトム化学シンポジウムが開催された．この国際シンポジウムは1987年の山中湖畔で開かれた第13回まで続いた．

ホットアトム化学の研究は，気相，凝縮相（液相，固相）においてなされるが，研究の手法・狙いともに様相を大きく異にする．気相系では，常温で気体となる有機化合物が研究対象となった．高エネルギーから通常の化学反応エネルギー領域のトリチウム（T）原子，ハロゲン原子の気相ホットアトム反応機構が，主としてラジオガスクロマトグラフを駆使し，さまざまな工夫が凝らされ調べられた[2]．

凝縮相においても，多くの研究者によりさまざまな有機・無機・錯体化合物を対象として，研究結果が蓄積された．放射化学分析法としても溶媒抽出，沈殿分離，イオン交換クロマトグラフ，液相クロマトグラフなど可能なものはすべて利用されたといってよいだろう．狙いは，液相あるいは固相におけるホットアトム反応メカニズムの解明にあり，混合溶液系，混晶系，吸着系など研究対象物への工夫・アイデアが提案され実験された．また原子核変換の起こる温度，核変換後の試料保存温度を丁寧に変化させ効果を調べることも熱心に行われた．詳細については成書[2]を参照されたい．しかし，凝縮相では反応プロセスそのものが複雑であり，反応機構の解明は順調に進んでいったとは言いがたかった．また放射化学分析法ための試料の溶解などの前処理（あるいは分析法そのもの）が，ホットアトム化学反応生成物の状態と分布を変えてしまうのでは，という懸念が次第にもたれるようになった．

ホットアトム化学研究の共通項について前述したが，研究の関心における広がり（発散）についても述べておく必要があろう．原子核変換は核反応と核壊変に大別され，それぞれにおいて，いくつもの種類がある．ひとくちに原子核変換の反跳エネルギーといっても，その種類によって10^8 eVから10^{-1} eVのオーダーの範囲にわたる．原子核変換のために電子がはぎ取られ正電荷を帯びる可能性があるが，その程度も核変換の種類によって大きく異なる．どの原子核変換を研究対象にするかで，別々の研究"土俵"に立っているという印象は否めなかった．気相，凝縮相の違いも同様であった．1990年代に入った頃から，伝統的なホットアトム化学研究はブームを終え退潮していった．

前述したように，とくに凝縮相では，湿式の放射化学分析を行うこと自体がホットアトム反応解明を遠ざける要因である．これをクリアしようとする試み，すなわち湿式化学分析を経ないでホットアトム反応生成物を調べようとする発光メスバウアー分光法が1970〜1990年代盛んに適用された．たとえば，^{57}Co標識コバルト化合物の発光メスバウアースペクトルを測定することにより，^{57}Coの軌道電子捕獲壊変で生成するホット^{57}Fe原子の化学状態を，壊変

直後（100 ns）湿式放射化学分析することなく，知ることができるのである．多くの興味深い結果が報告されたが，詳細は成書[2]に譲る．2000年以降，原子核反応と発光メスバウアー分光を組み合わせて，原子核反応で生成するホットアトム化学反応を，化学分析なしでそのまま（in situ で）調べる野心的なインビーム・メスバウアー分光研究[3]が進められている．停滞したホットアトム化学のルネサンスとなることを期待したい．

歴史的役割を終えたかのようにみえる伝統的ホットアトム化学研究が，放射化学に残した重要な足跡はいくつかある．

応用技術的な面では，すでに述べたように比放射能が高い放射性同位体の効率のよい製造法の確立に寄与している．また，医療診断には，体内に投与するさまざまな放射性同位体標識化合物が必要とされる．ホットアトム化学反応によって，通常の化学合成ではつくりにくい標識化合物を容易に提供できる場合もある．これらは，これまでの伝統的ホットアトム化学研究の成果であろう．原子炉，核融合炉内壁に打ち込まれるホットトリチウムによる材料劣化への影響などの研究にも，これまでのホットアトム化学の手法が貢献している[4]．

学術的な観点からは，原子核をプローブとする化学の発展に寄与したことがあげられる．発光メスバウアー分光とγ線摂動原子核相関の化学応用，ポジトロニウム化学，中間子化学などの研究の先頭に立った者には，伝統的ホットアトム化学からの出身研究者が多かった．　　　〔酒井陽一〕

注と文献

*1 原子核変換によって生じた"原子"は，生まれたては高エネルギーをもち正電荷の状態である．したがって，厳密には，ホットイオンというべきかもしれない．きわめて短いタイムスケールで電子を再び得て原子状になる場合が多いが，ここでは慣例にしたがい，ホットアトムという用語を用いる．

*2 原子核変換の反跳現象の観測ということであれば，1904年にブルークスが電離箱で^{218}Poを測定すると，試料と触れていない電離箱内部がα壊変-反跳した放射性物質で汚染されることに気がついたのが最初である．しかし，これは物理的な飛び出しで化学反応を伴わないことから，ホットアトム化学現象の第1発見とされない．

*3 ^{127}I (n, γ) ^{128}I反応の即発γ線の最大エネルギーが 6.5 MeV である．

1) L. Szilard and T. A. Chalmers, Nature 134, 462 (1934).
2) T. Tominaga and E. Tachikawa, Modern Hot-Atom Chemistry and Its Applications (Springer-Verlag, 1981).; J.-P. Adloff, et al., eds., Handbook of Hot Atom Chemistry (Kodansha-VCH, 1992).
3) T. Nagatomo, et al., Nucl. Instrum. Method, in Phys. Res. Sec.B 269, 455 (2011); Y. Kobayashi, Mossbeauer Spectroscopy: Applications in Chemistry, Biology and Nanotechnology, edited by V. K. Sharma, et al. (John Wiley, 2013), pp. 58-69.
4) Y. Oya, et al., Fusion Eng. Design 81, 987 (2006).

【コラム】火星に水があった　IV-13

water in mars

火星は太陽系の4番目の惑星である．地球の約半分のサイズで，重力は地球の28%である．火星の公転周期は約2年（687日）で，地球とほぼ同じ時間（24時間39分35秒）で自転している．火星は炭酸ガス（95.3%）で満ちた惑星で，その大気圧は地球の約1%である．気温は$-123℃$から$27℃$で平均気温は$-53℃$である．生命にとっては過酷な環境で，乾燥した砂漠地帯である．火星に生命が存在したかどうか探るため2003年6月と7月に打ち上げられた2機の火星探査機ローバーは，それぞれ約半年後の2004年1月にグセフクレーターとメリディアニ平原に着陸した．もし生命が存在していれば生命に必要な水の痕跡が認められるはずである．それを確かめるために，はじめて，ミニメスバウアー分光器がローバーに搭載された．

大きさ約1.5 mのローバーのアームの先端に取り付けられたミニメスバウアー分光器は，約400 gの重さで，消費電力が2 Wで稼働する．線源，加振器と4個のシリコン半導体（Si-PIN）検出器からなる手の平サイズである．これは，本体の中心部にある^{57}Co線源を振動させながらγ線を岩石に照射し，そこから散乱する^{57}Feの核共鳴X線を検出してメスバウアースペクトルを得る，いわゆる散乱X線メスバウアー分光器である．これとα線による蛍光X線分析を用いて火星に鉄化合物のかんらん石（$(Mg,Fe)_2SiO_4$やFe_2SiO_4），ヘマタイトとマグネタイトなどが検出されている．2004年3月はじめにはメリディアニ平原のElキャプテンの岩から水酸基を含む鉄ミョウバン石（$(K, Na, X^+)Fe_3(SO_4)_2(OH)_6$）が発見された．このメスバウアースペクトルを図1に示す．この化合物が水酸基を含むことから水分の存在を示す重要な化学的証拠になった[2]．鉄ミョウバン石は酸性の湖か，または温泉のような環境で生じる．図1のFe^{3+}の不明な四極子分裂ピークは，鉄ミョウバンの一部の脱水によって出現すると考えられる．湿度が高いと室温でX^+にH_3O^+として水分を吸収し，$400℃$以上に加熱すると，脱水することが地球産の鉄ミョウバンを用いて確かめられた[3]．また，後にオキシ水酸化鉄のゲータイト（α-FeOOH）も発見された．

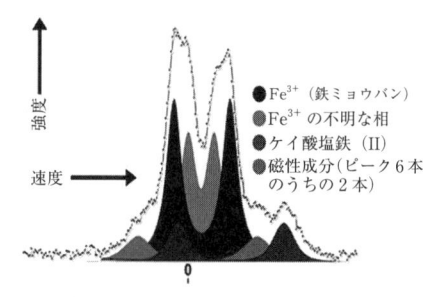

このようにして火星に水があった有力な証拠が見つかった．続いて2008年6月に火星探査機ヘニックスが北極地域に着陸して土に埋もれた氷を熱分析により確認することができた．ミニメスバウアー分光器と火星探査について文献[4]に詳しく述べられている．　　　　　　　　　　〔野村貴美〕

図1　火星メリディアニ平原 Elキャプテンで確認された鉄ミョウバン（Fe^{3+}）のX線メスバウアースペクトル[1]（NASAのホームページより引用．小さい四極分裂のタブレットピークのFe^{3+}相は不明）（口絵5参照）

● Fe^{3+}（鉄ミョウバン）
● Fe^{3+}の不明な相
● ケイ酸塩鉄（II）
● 磁性成分（ピーク6本のうちの2本）

文　献
1) 野村貴美, Isotope News 5, 9（2004）.
2) G. Klingelhoefer, *et al.*, Science 306, 1740（2004）.
3) K. Nomura, *et al.*, Hyperfine Interact. 166, 657（2005）.
4) 野村貴美, Radioisotopes 63, 263（2014）.

V 核・放射化学に関連する分析法

中性子放射化分析　V-01

neutron activation analysis

放射化分析　核反応（→I-21）によって生成した放射性核種は，放射線を放出しながら半減期にしたがって減衰する．この放射線のエネルギーと半減期が核種に固有であることを利用して，それらの情報から放射性核種を同定し，さらには標的核種を同定することができる．これは核種の定性分析である．また，放出される放射線の強さは放射性核種の個数に比例し，さらに標的核種の個数に比例するので，放射線の強さを測定することによりそれら核種を定量することができる．このように，核反応を利用して安定核種を放射性核種に変換し，生成した放射性核種の放出する放射線を測定することによって標的核種を定性・定量分析する分析を放射化分析（activation analysis）という．放射化分析では核種が分析の対象となるので，元素の定量値を求めるには，同位体比を用いて核種の量から元素の量に換算する必要がある．通常，地球上の物質の同位体比は一定であるとして定量値を求めるが，この仮定を前提としていることは留意すべき点である．一方で，このことから放射化分析によって同位体組成を求めることが可能であるともいえる．

放射化分析にはいろいろな核反応が利用できるが，実際に分析に使われるのは中性子，光子，荷電粒子による核反応がほとんどで，それぞれ中性子放射化分析（neutron activation analysis：NAA），光量子放射化分析（photon activation analysis：PAA），荷電粒子放射化分析（charged particle activation analysis：CPAA）と呼ばれる．それぞれの分析法は利用する核反応に応じた特徴をもち，実用分析法として利用されている．なかでも中性子放射化分析は環境試料，固体地質試料，生体試料など，広い分野で定量分析法として利用されている．

放射化分析の原理　粒子束 f（$cm^{-2} s^{-1}$）の照射場で時間 t の間入射粒子を照射したときの，照射終了時の放射能強度（Bq）は次式で求められる．

$$A = f\sigma n(1-e^{-\lambda t}) \qquad (1)$$

ここで σ は核反応断面積，n は標的核種の数を表す．実際は照射終了後，ある時間 T_c 経過後に γ 線測定を行うので，そのときの放射能強度は次式で表される．

$$A = f\sigma n(1-e^{-\lambda t})e^{-\lambda T_c} \qquad (2)$$

この T_c は冷却時間と呼ばれる．実際の γ 線測定では単位時間あたりの計測数（計測率）を求めるのが現実的で，これを C とすると式（2）の放射能強度 A との間には次式で示される関係が成り立つ．

$$C = Ab\varepsilon = b\varepsilon f\sigma n(1-e^{-\lambda t})e^{-\lambda T_c} \qquad (3)$$

ここで b は測定する γ 線の壊変あたりの放出率，ε は使用する測定器での測定する γ 線の計数効率を表す．A の単位を Bq（dps）でとると，C は1秒あたりの計数率（count per second：cps）となる．また，式（3）の n の代わりに定量目的元素の質量を用いて，分析値を求める式に書き換えると次式が成り立つ．

$$C = b\varepsilon f\sigma\theta(w/M)N_a(1-e^{-\lambda t})e^{-\lambda T_c} \qquad (4)$$

ここで w は定量目的元素の質量（g），M は当該元素の原子量，N_a はアボガドロ数，θ は標的核種の同位体存在度である．

式（4）の右辺のうち，b，σ，θ，M，N_a，λ は定数であり，ε，f，t，T_c は実験条件によって決まる数値なので，計数率 C を求めれば式（4）から定量値 w を求めることができる．このようにして定量値を求める方法を絶対法という．しかし，実際はすべての定数や実験値を正確に求めることは容易でない．そこで，濃度のわかって

いる比較標準試料を未知試料と一緒に照射し，冷却による減衰分を補正した放射能強度（実際は計数率）と試料中の元素量が比例するとして，未知試料中の元素を定量する比較法を用いるのが一般的である．

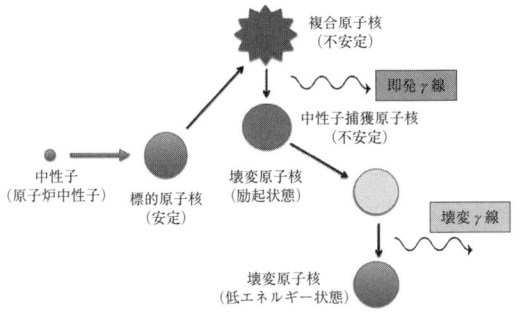

中性子放射化分析 中性子放射化分析では入射粒子として中性子を用いる．中性子放射化分析を元素分析法としてはじめて利用したのは Hevesy と Levi で，1936 年のこととされる（Hevesy は後の 1943 年に，放射性トレーサーを用いた化学反応の研究でノーベル化学賞を受賞している）．彼らはラジウムから放出される α 線をホウ素に当て，放出される中性子を用いてイットリウム化合物中のジスプロシウム不純物を，化学分離することなく定量することに成功した．同様の手法を用いて，ガドリニウム化合物中のユーロピウム不純物の定量も行った．これらの元素はいずれも第3族に属する元素（希土類元素に分類される）で，化学的挙動がきわめて似ているので，化学操作によって微量元素を分離，定量することは非常に難しく，非破壊での定量は画期的な成果であった．中性子放射化分析で利用する中性子源としては現在では原子炉中性子が最もよく利用される．研究用小型原子炉は第二次世界大戦後，世界各国に建設されたが，それと歩調を合わせて，中性子放射化分析も元素分析法として急速に普及・発展をとげた．原子炉の項（→I-18）で述べるように，原子炉中性子はそのほとんどが熱中性子まで減速されている．一方，原子核が中性子を捕獲して起こす核反応の反応断面積は中性子のエネルギーが小さくなるほど大きくなる．したがって，核反応生成核種が放出する γ 線を利用して行う中性子放射化分析法においては，原子炉中性子は中性子源として非常に

図1 中性子放射化分析の原理

好都合である．中性子は物質に対して透過性がよく，また測定に用いる γ 線も同様に透過性がよいので，中性子放射化分析ではある程度の厚みがあっても減衰を補正せずに全試料分析（bulk analysis）ができる．この点は同分析法の大きな長所である．

図1は原子炉中性子と標的原子核が (n,γ) 反応を起こしたときの様子を模式的に示したものである．縦軸はエネルギー状態（上になるほどエネルギー的に不安定）を，横軸は時間変動を模式的に表している．中性子を捕獲して複合原子核をつくって励起状態になった標的核種は極短時間（10^{-14} s）のうちに γ 線を放出してエネルギー的に安定な生成核種になる．このとき放出される γ 線は即発 γ 線（prompt γ-ray）と呼ばれる．この生成核種が不安定核種の場合には，中性子捕獲によって中性子過剰になっているので通常 β^- 壊変して娘核種になる．このとき，娘核種が励起状態にあれば，γ 線を放出して基底状態に遷移する．このときの γ 線を壊変 γ 線（decay γ-ray）という．中性子放射化分析では即発 γ 線と壊変 γ 線の両方を利用して標的核種を定量できるが，通常，中性子放射化分析という場合には，壊変 γ 線を利用する方法をさし，即発 γ 線を使う分析法を中性子誘起即発 γ 線分析（neutron-induced prompt γ-ray analysis）あるいは単

表1 中性放射化分析の分類

中性子放射化分析(NAA)
非破壊分析-化学分離操作を伴わない 　機器中性子放射化分析(INAA) 　即発γ線分析(PGA)
破壊分析-化学分離操作を伴う 　放射化学的中性子放射化分析(RNAA)

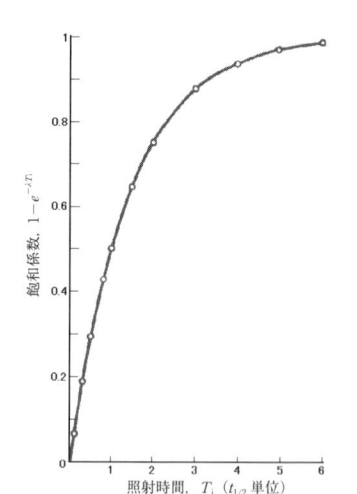

図2 中性子の照射時間と飽和係数の変化

中性子放射化分析の種類　分析に利用するγ線の種類や,γ線測定に至るまでの操作の違いによって中性子放射化分析は表1のように分類される.

図1で示されるように,中性子放射化分析では,中性子捕獲核反応で生成する放射性核種から放出される即発γ線と壊変γ線の2種類のγ線を利用することができる.このうち,壊変γ線を利用するのが一般的であるが,この場合,照射後,適当な冷却時間をおいた後,化学操作せずにそのままγ線測定して定量する場合と,定量目的元素を放射化学的に分離精製してγ線測定する場合がある.前者はγ線測定装置に依存するので機器中性子放射化分析(instrumental neutron activation analysis：INAA)と呼ばれ,後者は放射化学的中性子放射化分析(radiochemical neutron activation analysis：RNAA)と呼ばれる.INAAは非破壊分析で,化学操作なしに分析できるので汚染や損失などの心配がなく,信頼性の高い値が得られる.ただし,共存する元素(マトリックス元素)による影響を受けるので,このマトリックス元素の量によって検出限界が左右される.一方RNAAでは目的核種を放射化学的に分離精製するので効率は悪いが,感度のよい分析ができる.どちらの方法でも定量には比較法が用いられるが,最近では,INAAにおいて比較標準試料として1元素のみを用い,照射場の条件をパラメータ化して定量値を計算するk_0法が開発され,広く用いられるようになってきた.

に即発γ線分析(prompt γ-ray analysis：PGA)という.

壊変γ線を利用する中性子放射化分析では,中性子捕獲反応で生成する核種の半減期に応じて照射時間を決める.その際には生成放射性核種の量(個数,あるいは放射能)が飽和しないような配慮が必要である.飽和とは,核反応によって生成する放射性核種の量が核反応を続けるにつれてある一定の値に近づく現象をいう.中性子の照射時間と生成核種の量との関係は式(1)で表されるが,図2はこの関係を図示したものである.この図では時間を半減期を単位として横軸に,生成放射能の量(相対値)を縦軸にとってある.図で明らかなように,中性子の照射時間(反応時間)とともに生成放射能は増加するが,そのうちに増加が鈍り,やがて一定値に近づく.この一定になることを飽和(saturation)といい,式(1)中の$(1-e^{-\lambda t})$を飽和係数(saturation factor)という.図2で表されるように,およそ3半減期をこすと生成放射性核種の量は頭打ちになり,飽和状態に近づく.

即発 γ 線を利用する場合には中性子を照射しながら γ 線測定する必要があり，実施できる場と時間の制約を受けるので，汎用性という点では壊変 γ 線を使う分析に劣る．しかし，水素（H），ホウ素（B），窒素（N），ケイ素（Si），リン（P），硫黄（S），カドミウム（Cd），水銀（Hg）など，壊変 γ 線を用いる方法では測定しにくい元素が少なからず定量できることや，用いる中性子束が壊変 γ 線を使う分析に比べてはるかに低く，また大型試料でも壊さずに分析できることなど，他の分析法にない優れた特徴をもつ分析法である．とくに大型試料を非破壊で分析できるので，たとえば文化財などの貴重な試料の分析には最適である．

k_0 標準化法　比較法で定量する場合，未知試料の元素組成を求めるためには，定量目的元素と同じ種類の元素を含む比較標準試料を準備し，照射する必要がある．現実問題としては，未知試料であるがゆえに，予期できない元素に由来する放射線を測定することがある．そのような場合でも定量値が求められるように，あらかじめ検出が見込まれる多くの元素に対して，生成放射能を実験的に求めておく方法が考案された．その場合，ある標準となる元素を決め，その元素に対するいろいろな元素の生成放射能の相対値（実際は計測される γ 線のピーク強度比でこの値を k 値と呼ぶ）を求めておけば，未知試料の分析時にその標準元素を同じ条件で照射し測定すれば，他の元素についてはあらかじめ求めてある k 値から定量値を計算することができる．このようにして定量する方法をコンパレータ法といい，標準とする元素をコンパレータ元素と呼ぶ．この場合，特定の照射場における生成放射能比を用いるので，照射場が異なれば，異なる k 値を用いなければならない．

こうした照射場にまつわる問題を解決するために開発されたのが k_0 標準化法である．この方法では，照射場の違いに加えて検出器ごとの γ 線測定の効率の違いについても考慮し，それらに関係する項を分離したコンパレータ係数としての k_0 値を用いる．この方法は，コンパレータ法に比べてはるかに一般性をもつもので，k_0 標準化法と呼ばれる．

k_0 標準化法の特徴は，コンパレータ法に含まれる照射場の条件と計数効率などの測定条件に依存する項を切り離して別に取り扱えるようにした点である．原子炉中性子を用いる中性子放射化分析では熱中性子に加えて熱外中性子の寄与も無視できない．この熱中性子と熱外中性子の割合は照射場ごとに異なるので，k_0 標準化法ではこれらの寄与を別々に考慮する．このうち熱中性子による寄与分は照射場によらないので，熱中性子エネルギー領域でのコンパレータ元素との放射化断面積の比を k_0 値と定義し，照射場によらない，一般化された定数として多くの元素（核種）に対してデータが収集され，公表されている．通常，コンパレータ元素には金が使われる．熱外中性子の寄与は，たとえばジルコニウム（Zr）を照射して求めることができる．実際の分析にあたっては，コンパレータ元素を未知試料と同じ条件で照射し，生成放射能量（たとえば比放射能値）を測定することにより，検出されるすべての γ 線ピークについて生成放射能を計算する．生成放射能から定量値を計算するためには，あらかじめ γ 線計測に関係するいくつかの係数を求めておき，それを用いる．これらの一連の計算は k_0 標準化法のソフトウェアパッケージを用いてパーソナルコンピュータ上で行うことができる．　　〔海老原　充〕

即発 γ 線分析　V-02

neutron induced prompt γ-ray analysis

即発 γ 線分析（neutron induced prompt γ-ray analysis：PGA）は，分析目的試料を中性子照射した際に放出される即発 γ 線を測定することにより，非破壊で多元素同時定量を行う放射化分析手法である．現在の PGA 装置としては，研究炉から中性子導管を通して供給される中性子ビームを中性子源として用い，試料からの即発 γ 線をゲルマニウム（Ge）半導体検出器を用いて測定するシステムが一般的である．

図 1 に典型的な即発 γ 線スペクトルと壊変 γ 線スペクトルを示す．壊変 γ 線スペクトルは，^{60}Co 標準線源のもので，γ 線エネルギー校正でよく利用される 1.33 MeV と 1.17 MeV の γ 線ピークが確認できる．一方，即発 γ 線スペクトルは，尿素（CO(NH$_2$)$_2$）を測定したものであり，10.8 MeV を筆頭に多数の窒素（N）の即発 γ 線ピークと主成分元素である水素（H）が 2.22 MeV に確認できる．壊変 γ 線スペクトルが一般的には 3 MeV までのエネルギーで比較的簡単なスペクトルであるのに対し，即発 γ 線スペクトルは，10 MeV に及ぶ広いエネルギー範囲で γ 線ピークも非常に多数存在することが特徴である．いずれの場合にも，γ 線エネルギーを調べることで，元素（核種・同位体）を特定することができ（定性分析），そのピーク強度からその元素の存在量を評価することができる（定量分析）．さらに試料中の複数の元素の定性・定量分析が同時に可能である（多元素同時定量分析）．また，PGA は非破壊分析法に分類される蛍光 X 線分析（XRF）や粒子線励起 X 線分光（PIXE）と類似して

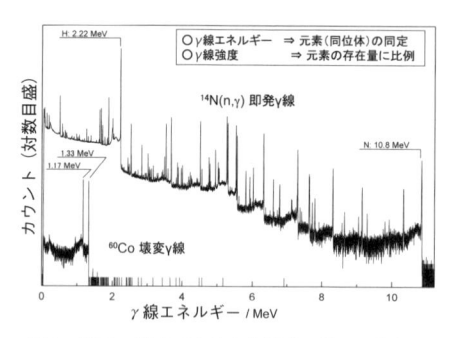

図1 即発 γ 線スペクトルと壊変 γ 線スペクトル

いるが，電荷をもたず透過力の大きい中性子ビームを照射し，高エネルギーの即発 γ 線を検出に用いるので，XRF などで大きな問題となる，試料に共存する元素によるマトリックス効果や入射線の吸収や蛍光線の自己吸収の影響も少なく，比較的大きな試料でも試料全体の正確な分析が可能である．分析可能な元素としては，他の分析法では困難な水素（H），ホウ素（B），イオウ（S），ケイ素（Si）などの軽元素，カドミウム（Cd），水銀（Hg）などの有害元素およびサマリウム（Sm），ガドリニウム（Gd）などの希土類元素があり，考古学試料，隕石，岩石，環境試料などの溶解困難なあるいは貴重な試料の分析に有効である．また，中性子放射化分析に比べ分析後の誘導放射能が小さく PGA で分析した試料を他の機器分析などの分析法で再分析することができ，少量の試料から多量の分析データを得ることができる．

現状では利用できる研究炉が限られていることから困難であるが，本来なら，PGA は，固体の未知試料において最初に利用すべき分析法であるといえる．

現時点において日本原子力研究開発機構の研究炉 JRR-3 と京都大学原子炉実験所の研究炉 KUR に設置された即発 γ 線分析装置が利用可能である．　〔松江秀明〕

多重γ線分析

V-03

multiple γ-ray analysis

多重γ線分析とはγ線の同時計数法（coincidence method）を用いた放射化分析で、多重γ線放射化分析ともいう．とくに即発γ線を用いたものは多重即発γ線分析（multiple prompt γ-ray analysis：MPGA）と呼ぶ．試料を放射化することにより生じる放射性核種は放射壊変を起こし、多くの場合にγ線を放出する（→I-12）．そのγ線のエネルギーから核種を同定し、強度から定量を行うことができる．図1にイリジウム-192の崩壊図式の一部を示す．イリジウム-192は半減期73.8日でβ壊変（→I-11）し、約42%が白金-192の921 keVの励起状態に、約48%が785 keVの励起状態に崩壊する．785 keVの励起状態にある原子核は468 keVのγ線を放出して、316 keVの励起状態となり、数十psというきわめて短い寿命の後に316 keVのγ線を放出して基底状態となる．このように連続して放出されるγ線はカスケードγ線と呼ばれる．放射化分析で用いられるゲルマニウム（Ge）半導体検出器の時間分解能は10 ns程度であるため、上記のようなカスケードγ線は同時放出されたγ線として計測される．

多重γ線分析では、2台（以上）の検出器を用いてカスケードγ線の同時計数測定を行い、Ge半導体検出器より得られる信号からγ線のエネルギーと時間情報をそれぞれ取得する．図1のイリジウム-192の場合には、たとえば468 keVと316 keVのγ線が同時に計測される．検出されたγ線は事象ごとに時系列でデータを保存するリストモードデータとしてハードディスクなどに記録される．得られた2個のγ線エネル

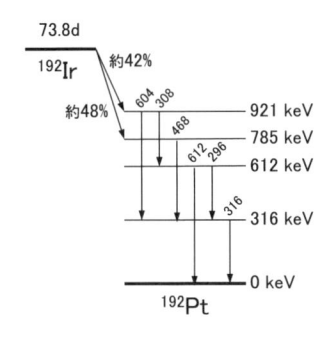

図1　イリジウム-192崩壊図式の一部

ギー値を縦軸と横軸とする二次元スペクトル上に事象ごとに加算すると、同時計数するγ線のペアに相当するシグナルが三次元的にピークとして現れる．この三次元γ線ピークを解析することにより元素分析を行う．同時計数をとるときは2台の検出器システムで同時にγ線を検出する必要があるため、そのシステムの計数効率は1台の検出効率の二乗に比例する．そのため、同時計数効率をあげるためには検出効率を大きくしなければならない．また、定量限界を下げるためにはγ線ピーク効率と全効率との比であるピーク・トータル比を上げることが効果的である．そのため、BGO検出器などによってゲルマニウム検出器を囲み、反同時計数をとることによりコンプトン散乱によるバックグラウンドを低減させることが重要である．多重即発γ線分析装置の例としては、日本原子力研究開発機構原子力科学研究所のJRR-3中性子ガイドホールに設置されている多重即発γ線分析用のMPGA装置がある（図2）[1]．MPGA装置はクローバー型ゲルマニウム半導体検出器8台などから構成され、その周囲はBGO検出器によって覆われている．

多重γ線分析における定量は比較法によって行われることが多い．絶対法による場合には、通常の放射化分析や即発γ線分析と同じようにγ線放出率や中性子スペクト

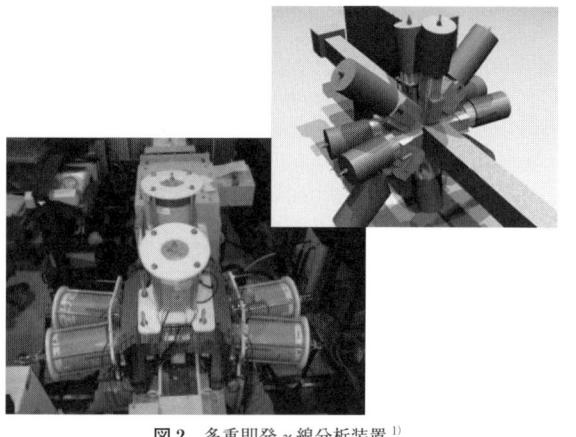

図2 多重即発γ線分析装置[1]

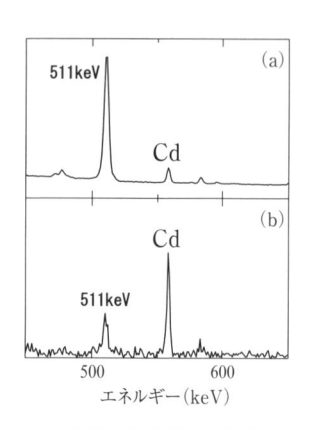

図3 即発γ線分析法（a）と，多重即発γ線分析法（b）

ルの不正確さに起因する誤差に加えて，γ線の角度相関による誤差も加えなければならない．しかし，励起状態のスピンパリティやγ線の多重極混合比が正確でない場合があるため，定量値の誤差が大きくなることがある．これらの高精度な核データは今後整備される予定である．

多重γ線分析では2本以上のγ線を同時に放出する核種のみ測定されるので，分析できる核種が限られるが，通常の放射化分析や即発γ線分析に時間情報（γ線検出の時間差）を加えるだけであるので，測定後に多重γ線分析か通常の放射化分析で定量するかを核種ごとに選択できる（ただし，多重γ線分析のみを行うとわかっている場合には，それだけに絞ったほうが統計的に有利な場合もある）．

プラスチック標準試料（Cd：141 ppm）を図2で示す装置を用いて通常の即発γ線分析と多重即発γ線分析で得られたスペクトルの比較を図3に示す．多重即発γ線分析では三次元スペクトルが得られるが，図3では比較のために二次元的に射影してある．多重即発γ線分析のスペクトルはバックグラウンドが減少し，シグナル・ノイズ比が改善していることがわかる．

γ線のエネルギーは核種によって異なるものの，しばしば重なることがある．通常の放射化分析では，スペクトル上で重なっているγ線の強度を求める場合には，干渉のない別のγ線の強度から補正する必要がある．しかし，適当な対照γ線がない場合もあり，分析結果の信頼性が損なわれてしまうこともある．一方，多重γ線分析では三次元スペクトルの解析を行うが，2本のγ線のエネルギーが両方とも同じである核種はほとんどないため，スペクトル上でピークが重なることがない．つまり，確度の高い分析結果が得られる． 〔藤　暢輔〕

文　献
1) Y. Toh, et al., J. Radioanal. Nucl. Chem. 278, 703 (2008).

光量子放射化分析　V-04

photon activation analysis

　放射化分析法は，核反応を利用した元素定量法である．放射線の測定により，分析試料中の元素（核種）との核反応により生成した放射性核種の種類と量を知り，これらから試料中の元素を同定ならびに定量する．一般に，中性子，荷電粒子，または，光子（高エネルギーの電磁波）を試料に照射することにより核反応を起こすが，光子による核反応を利用する放射化分析法を光量子放射化分析（photon activation analysis：PAA）と呼ぶ．なお，最もよく利用されている放射化分析法は，中性子による核反応を利用する中性子放射化分析（neutron activation analysis：NAA）である（放射化分析法による元素定量の一般的な原理と特徴については，V-01参照）．

　光量子放射化分析では，光子照射により誘起される（γ, n）反応により生成する放射性核種を主に利用する．また，元素によっては，（γ, p）反応なども利用される．たとえば，ナトリウム（Na）の定量には^{23}Na(γ, n)^{22}Na反応が，マグネシウム（Mg）の定量には^{25}Mg(γ, p)^{24}Na反応が利用される．光子照射後に試料を化学処理せず，そのままγ線測定する機器的光量子放射化分析（instrumental photon activation analysis：IPAA）により，中性子放射化分析と同様に非破壊多元素同時分析が可能である．光量子放射化分析は，中性子放射化分析とは異なる核反応を利用するため，中性子放射化分析では定量困難，あるいは低感度な元素のなかで，炭素（C），窒素（N），酸素（O），フッ素（F），マグネシウム（Mg），ケイ素（Si），チタン（Ti），ニッケル（Ni），イットリウム（Y），ジルコニウム（Zr），ニオブ（Nb），ヨウ素（I），タリウム（Tl），鉛（Pb）などの定量が可能である．なお，C，N，O，Fの定量に利用される放射性核種の^{11}C，^{13}N，^{15}O，^{18}Fは壊変γ線を放出しないので，陽電子消滅による511 keV γ線のみが定量に利用可能である．そのため，光子照射後に，これらの元素をそれぞれ化学分離する放射化学的光量子放射化分析（radiochemical photon activation analysis：RPAA）を行う必要がある．

　光子源　　初期の頃は，放射性核種から放出されるγ線を用いて核反応の実験が行われていたが，あらゆる元素で（γ, n）反応を起こすには，γ線のエネルギーが不十分で，また強度も弱い．そのため，現在は，電子線形加速器，あるいはマイクロトロンで加速した電子をコンバーターと呼ばれる原子番号の大きい白金あるいはタングステンなどの板に照射することにより発生する制動放射線（→II-2）を用いる．コンバーターを通り抜けた電子も試料に照射されて発熱するので，試料は石英管内にスタック状に熔封し，水冷しながら照射を行う．国内では，主に東北大学電子光理学研究センターと京都大学原子炉実験所に設置されている電子線形加速器が光量子放射化分析に利用されている．現在のところ，放射化分析に利用できる高強度の（擬次）単色光子源はない．

　光核反応　　光子により引き起こされる核反応を光核反応（photonuclear reaction）と呼ぶ．一般に原子核は，20 MeV前後の光子を共鳴的に吸収し，これは全吸収断面積の励起関数に幅の広い大きなピークとして観察される．この現象は巨大共鳴（giant resonace）と呼ばれ，ピークエネルギーは，原子核が大きくなるにつれて低くなっていく．光子を吸収して励起した原子核は，中性子や陽子を1〜2個放出する．中性子が1個のみ放出された場合が

(γ, n) 反応である．光量子放射化分析では，この巨大共鳴による反応を利用するために，照射には 30 MeV 程度の加速エネルギーがよく利用される．

中性子放射化分析で利用される (n, γ) 反応の断面積は，特定の核種（元素）で著しく高く，生成した強い放射能が微量元素の定量を妨げたり，試料内での中性子束の減少によって定量値の系統誤差が生じたりすることがある．一方，(γ, n) 反応の収率は図 1 に示すように原子番号とともに系統的に大きくなっていき，特定の元素で著しく高くなることはないので，特定の強い放射能が生成したり，光子束の減少が生じるといった問題が生じることは少ない．ただし，(γ, n) 反応で生成する放射性核種は，β^+ 壊変することが多いため，陽電子消滅による γ 線（511 keV）が著しく強く検出されることがある点は問題である．

妨害核反応 ある元素の定量に用いる放射性核種が他の元素から異なる核反応で生成することがある．これは妨害核反応と呼ばれ，定量値が過剰に見積もられてしまうため，補正が必要である．たとえば，Na の定量には ^{23}Na(γ, n)^{22}Na 反応が用いられるが，^{22}Na は Mg から ^{24}Mg(γ, pn)^{22}Na 反応によっても生成する．そのため，既知量の Mg を含む試薬を同時に照射して，Mg から生成する ^{22}Na 量の寄与率を求め，分析試料の Mg 濃度から過剰分を補正する．一方，照射に加速器を利用した制動放射線を用いる光量子放射化分析では，妨害核反応の寄与を 0 に，あるいは小さくすることができる．すなわち，電子の加速エネルギーを定量に用いる核反応の $-Q$ 値よりも大きく，かつ，妨害核反応の $-Q$ 値

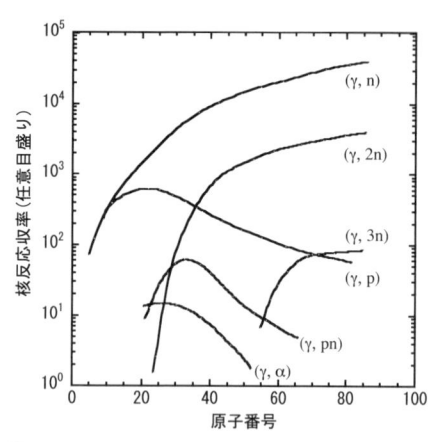

図 1　30 MeV における光核反応収率の標的原子番号に対する相対的変化

よりも小さくすれば，妨害核反応のみ起こらないようにすることができる．たとえば，Na の定量の場合，^{23}Na(γ, n)^{22}Na 反応と ^{24}Mg(γ, pn)^{22}Na 反応の Q 値はそれぞれ -12 MeV と -24 MeV であるので，電子の加速エネルギーを 23 MeV とすれば，妨害核反応は起きない．多元素同時定量を行う場合は，すべての定量目的元素に対してこの条件を満たす一つのエネルギーを見いだすことは難しいが，25 あるいは 20 MeV とすることにより，多くの元素で妨害核反応の寄与を小さくすることができる．照射エネルギーを利用者が選択できることは，中性子放射化分析にはない光量子放射化分析の大きな利点である．なお，二次中性子による妨害核反応，たとえば，^{23}Na(n, γ)^{24}Na 反応の ^{25}Mg(γ, p)^{24}Na 反応への妨害が生じることもあるので注意を要する．

〔大浦泰嗣〕

荷電粒子放射化分析　V-05

charged particle activation analysis

荷電粒子放射化分析（charged particle activation analysis：CPAA）は，粒子加速器により加速された高エネルギーの荷電粒子を試料に照射し，核反応によって生成する放射性核種の種類と生成量を測定することで，試料に含まれていた元素の種類と濃度を求める方法である．とくに，
①軽元素を非常に高感度に検出定量することができる
②定量目的元素の結合状態などに影響を受けない
③バルク試料中の平均濃度を求めることができる
④定量できる濃度範囲がきわめて広い
⑤目的元素を一定量含む化学量論的に確かな物質を標準物質として用いることができる

といった特徴から正確度の高い分析法とされる．とくに中性子放射化分析（NAA）の不得手とする軽元素分析に威力を発揮するためNAAと相補的関係にある分析方法といえる．

主な利用分野は，半導体をはじめとする各種高純度材料であり，これらの材料は極微量の軽元素が品質に重大な影響を与えることがよく知られておりCPAAはそれら軽元素を高感度に精度よく分析できるため材料開発および評価に利用されている．

小型サイクロトロン（加速器）　荷電粒子と原子核が核反応を起こすために，荷電粒子のエネルギーは一定値（核反応のしきい値）以上でなければならないが，軽元素の核反応は，一般に数MeV〜十数MeVが起こりやすいため，あまり高すぎるエネルギーは必要ない．そこで，CPAAでは小型サイクロトロンを用いることが適しており，図1に実際にCPAAに用いられているサイクロトロンの全景と，表1にサイクロトロンで加速される荷電粒子とその仕様を示す．

図1　住友重機械工業製 CYPRIS 370V

表1　CYPRIS 370V 仕様

イオン種	エネルギー(MeV)	加速電流(μA)	ビーム形状(mm)
陽子(^{1}H$^+$)	18	50	$\phi 8 \sim 12$
	8	20	
	4	10	
	2	5	
重陽子(^{2}H$^+$)	9	40	
^{3}He(^{3}He^{2+})	24	10	
α(^{4}He^{2+})	17	5	

核反応　CPAAでは目的元素に適した荷電粒子を用いる．主に陽子(P)，重陽子(d)，^{3}He，^{4}Heが用いられる．表2は軽元素のCPAAで主に用いる核反応でありこれによって生成する放射性核種は^{11}C（T$_{1/2}$：20.39 min），^{13}N（T$_{1/2}$：9.96 min），^{18}F（T$_{1/2}$：109.8 min）である．実際に使用する核反応は，分析対象元素，試料の組成やその状態などを検討し決定する．

定量方法　CPAAの手順は大きく分けると，次の五つのプロセス，①分析試料の放射化，②エッチングによる表面汚染の

表2 CPAAで主に用いられる核反応

分析元素	加速粒子		
	陽子(p)	重陽子(d)	^{3}He(^{3}He)
^{10}B	—	(d, n)^{11}C	(^{3}He, pn)^{11}C
^{11}B	(p, n)^{11}C	—	—
^{12}C	—	(d, n)^{13}N	(^{3}He, pn)^{13}N
^{14}N	(p, α)^{11}C	(d, n)^{15}O	(^{3}He, αpn)^{11}C
^{16}O	(p, α)^{13}N	—	(^{3}He, p)^{18}F

除去,③分析に用いる放射性核種の化学分離,④放射線計測,⑤解析,となる.

①分析試料の放射化: 分析試料は板上におかれる場合が多く標準的な大きさは(□20×t0.3～3) mmだが,照射装置に固定可能で入射粒子の飛程より厚みがあり,耐熱性があるものであればとくに制限はない.照射面は,照射後のエッチングの精度を確保するためできる限り平らで清浄な状態が望ましく,必要であれば照射する前に,試料の洗浄を実施する.

用意された分析試料は放射化のため装置に取り付けられ照射されるが,照射条件によっては分析試料を溶融する場合もあるため,冷却をしながら照射が行われる.このときの照射条件(加速粒子,入射エネルギー,照射時間,照射電流値)は,目的元素の予想濃度や主成分の材質などによるが,照射時間は最大でも生成する放射性核種の半減期の2倍程度である.

②エッチングによる表面汚染の除去: 分析試料を照射した後,試料の照射面をエッチングする.これは,試料表面の酸化膜などによる表面汚染起因の放射能を除去するためであるが,試料の放射化とともに放射化され核反応の反跳エネルギーで試料内部に入り込むので,数十μm程度の厚みをエッチングする.解析時にこのときのエッチング厚みを用いて入射エネルギーを補正する.

③分析に用いる放射性核種の化学分離: エッチング後の分析試料は,目的の放射性核種に対して,主成分から生成した不要な放射性核種が圧倒的に多いため,化学分離にて目的核種を分離抽出することが必要となる.化学分離の手法は,湿式分離法と乾式分離法の2通りがあり,分離する元素によって選択する.なお,分析試料の組成や分析元素によっては,化学分離を行わずエッチング後の試料をそのまま放射線測定可能な場合もある.

④放射線計測: 軽元素の荷電粒子放射化分析で利用する放射性核種は,陽電子(β^+)壊変がほとんどで陽電子が消滅する際の消滅γ線(511 keV)を同時計数法で測定する.CPAAで用いられる同時計数法は,180°方向に2本放射される消滅γ線をBGOまたはNaI(Tl)シンチレーション検出器を2台一対にして用いる.

⑤解析: 分析試料の生成放射能と比較標準物質の生成放射能の比から目的元素の濃度を求めることができる.ただしCPAAの場合,分析試料と比較標準物質の主成分は異なる場合が多く,荷電粒子の飛程は物質の主成分によって異なるため補正が必要となる.励起関数と阻止能が明らかな場合,数値積分法で補正することが可能だが,実際には近似式を用いた手法(Average Cross Section法やAverage Stopping法など)で補正を行う.

〔永野　章〕

γ線スペクトロメトリ　V-06

γ-ray spectrometry

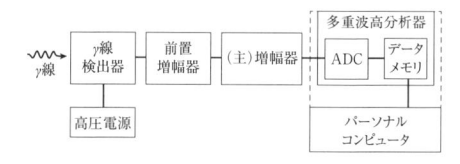

図1　γ線スペクトロメータの構成例

スペクトロメトリ（spectrometry）とは，放射線のエネルギー分布を測定し核種を同定する（定性）とともに，その強度から存在量を決定する（定量）ことをいう．スペクトロメトリに用いる測定装置をスペクトロメータ（spectrometer）という．多くの放射性核種が固有のエネルギーをもったγ線を放出すること，γ線の透過力が高く自己吸収が少ないことなどから，γ線スペクトロメトリは優れた核種分析法となる．とくに放射化分析における核種分析法として重要な役割を果たしている．

γ線スペクトロメータ　γ線スペクトロメータは，γ線検出器（γ-ray detector），高圧電源，前置増幅器（pre-amplifier），増幅器（主増幅器 main amplifier ともいう），多重波高分析器（multi-channel pulse height analyzer：MCA）などで構成される．代表的なγ線スペクトロメータの構成例を図1に示す．

検出器としては，半導体検出器，シンチレーション検出器（→II-11, 12）などが用いられるが，核種同定のためには，エネルギー分解能に優れたGe半導体検出器が主として用いられる．Ge半導体検出器にγ線が入射すると，電離作用によりγ線のエネルギーに比例した数の電荷が生ずる．検出器には高圧電圧がかけられているので，電荷は両極の電極に移動し，電荷パルスが発生する．前置増幅器では，この電荷パルスが積分され，電荷の大きさに比例した電圧パルスができる．主増幅器では，入力した電圧パルスが増幅され，波高分析に適した大きさのパルスになる．

MCAは，主増幅器の波高を分析し，その結果をヒストグラムとして蓄積するものである．主増幅器から出力された電圧パルスはγ線のエネルギーに比例したパルス波高をもったアナログ信号（通常0～10Vのフルスケール）である．この信号はアナログディジタルコンバーター（analog digital converter：ADC）によりディジタル信号に変換される．MCAは，まずこのフルスケールを4096（4k），8192（8k）などの刻み（チャンネル）に分割し，入力パルスの大きさがその何チャンネル目に相当するかを分析して，対応するメモリに1カウントを加算する．これを逐次入力してくるパルスについて行えば，パルス波高のヒストグラムが作成されることになる．

不感時間　多重波高分析器では，ADCが入力パルスを受けて動作している処理中に次のパルスが入力しても処理されず，このパルスは数え落とされることになる．これがどの程度起こっているかを表す値として不感時間（dead time）があり，ADCがパルスの分析をした動作時間の総和の，実時間に対する百分率（%）で表される．不感時間による数え落とし分を補うためには，実際の測定時間を長くする必要がある．たとえば測定時間がTで不感時間がDT%の場合，実際には$T/(1-0.01DT)$だけ測定すると正しい計数値が得られることになる．MCAでは，この測定時間の補正が自動的に行われるようになっており，不感時間を除いた正味の時間はlive time，実際に経過した時間はreal time（あるいはtrue time, clock time）と呼ばれる．

エネルギー校正　γ線スペクトロメー

タを用いて得られるスペクトルは，横軸がチャンネル番号である．核種同定のためには，チャンネル番号をγ線エネルギーに関連づけなくてはならない．そのためには，γ線エネルギーが正確にわかっている標準線源を使って測定し，γ線ピークの位置（チャンネル番号 C）に対してエネルギー E をプロットする．この方法により下記に示す直線関係の校正曲線が得られる．

E [keV]$= I + kC$ [ch]

この傾き k（1チャンネルあたりのγ線エネルギー）は，主増幅器のゲインと ADC ゲインによって自由に設定できるが，通常は $k = 0.5$ あるいは 1.0 keV/チャンネルになるように調整する．

γ線スペクトル γ線スペクトルには，図2に示すようにコンプトン散乱（→Ⅱ-04）によるなだらかな平坦部，γ線エネルギーの全吸収による鋭いピーク（光電ピークともいう，→Ⅱ-03）のほか，消滅γ線のピーク，エスケープピーク，後方散乱ピークなどがみられる．核種の同定，定量には全吸収ピークに着目する．この頂点はγ線エネルギーに対応し，全吸収ピークの面積は放射線量に比例する．

データの解析 γ線スペクトルの全吸収ピークは，一般にバックグラウンドと称するノイズ部分と正味のスペクトルデータであるピーク部分が重なり合ったものである．データ解析の流れとしては，まずノイズ部分を除去して正味のピークを取り出し，ピーク中心チャンネルとピーク面積の決定を行う．次に，エネルギー校正曲線に基づきγ線のエネルギーを求め，核種の同定を行う．通常γ線スペクトロメトリで

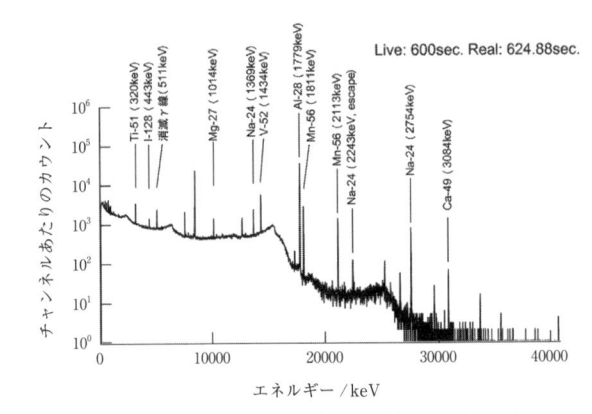

図2 Ge 半導体検出器で測定したγ線スペクトルの例
試料は国立環境研究所調製の標準物質 NIES No.2（池底質）．

は，エネルギー分解能が非常に高い Ge 半導体検出器を用いるので，γ線エネルギーだけで核種を同定することが可能である．

放射性核種は時間とともに壊変するので，相互に核種の量を比較するには，ある基準となる時間を定め，そこでの核種の量を比較する必要がある（半減期補正）．放射化分析の場合には，照射終了時刻を基準と定めるのが普通である．

定量法 放射化分析において，標準試料と分析試料の両方を同条件で照射し，定量目的核種からのγ線ピーク強度比から定量する方法は，最もよく利用されている定量法で，比較法と呼ばれる．標準試料中の目的元素の重量が W_s でピーク面積が N_s であるとき，分析試料のピーク面積 N より，分析試料中の定量目的元素の含有量 W は次の式によって求められる．

$$W = N \cdot \frac{W_s}{N_s}$$

比較法では，同じ種類の元素を含む標準試料を必要とするが，それを必要としない定量法も開発されている（→Ⅴ-07）．

〔松尾基之〕

k_0 法, コンパレーター法　V-07

k_0 method, comparator method

中性子放射化分析法の一般的な定量法として比較法がある．比較法（relative method, もしくは direct comparator method）では目的元素の既知量を含む比較標準を調製し，未知試料と比較標準の両者に同じ条件下で中性子を照射，同一条件下で γ 線を測定する．比較法の定量式を以下に示す．

$$m_{\text{unk}} = m_{\text{std}} \frac{\left[\frac{\lambda C e^{\lambda t_d}}{(1-e^{-\lambda t_m})(1-e^{-\lambda t_i})}\right]_{\text{unk}}}{\left[\frac{\lambda C e^{\lambda t_d}}{(1-e^{-\lambda t_m})(1-e^{-\lambda t_i})}\right]_{\text{std}}} R_\theta R_\phi R_\sigma R_\varepsilon$$

$$= m_{\text{std}} \frac{A_{0(\text{unk})}}{A_{0(\text{std})}} R_\theta R_\phi R_\sigma R_\varepsilon$$

ここで m_{unk}, m_{std} はそれぞれ未知試料および比較標準中の目的元素量 (g)，λ は壊変定数（$\lambda = \ln 2 / T_{1/2}$, s^{-1}），$t_i$ は照射時間 (s^{-1})，t_d は壊変時間 (s^{-1})，t_m は測定時間 (s^{-1}) である．R_θ は未知試料と比較標準間の測定対象の同位体存在度の比，R_ϕ は試料と比較標準間の中性子束の比，R_σ は未知試料と比較標準間の実効核反応断面積の比，R_ε は未知試料と比較標準間の γ 線計数効率の比，$A_{0(\text{unk})}$ は照射終了時に減衰補正された未知試料中の目的核種の計数率，$A_{0(\text{std})}$ は照射終了時に減衰補正された比較標準中の目的核種の計数率である．

比較法では，未知試料と比較標準の間で中性子照射と γ 線測定の条件が同一なので，未知試料と比較標準の減衰補正されたピーク計数率を比較することで目的元素量 (m_{unk}) を容易に求めることができる．

比較法は国際単位系（SI）へのトレーサビリティの確立が容易であり精確な定量ができる利点があることから国際度量衡委員会物質量諮問委員会（CCQM/BIPM）が定義した一次標準比率法の能力がある分析法として合意されている[1]．比較法は精確な定量が可能である反面，定量目的元素の比較標準をすべて調製したうえで試料と同時に照射し，順次測定する必要がある．そのため，多試料中の数十元素の定量を比較法の対象とした場合，効率性に劣る欠点がある．その欠点を補うことを目的として 1965 年に Girardi らによりコンパレーター法（single comparator method）が提唱された[2]．コンパレーター法はあらかじめ定量目的元素とコンパレーターと呼ばれる Au, Co などの元素との生成放射能比（もしくは γ 線計数率比）k 値を実験的に求めておく．

$$k_i = \frac{M_{a,i} \gamma_{\text{comp}} \varepsilon_{\text{comp}} \theta_{\text{comp}} \sigma_{\text{eff,comp}}}{M_{a,\text{comp}} \gamma_i \varepsilon_i \theta_i \sigma_{\text{eff},i}}$$

ここで添字 i は定量目的元素，添字 comp はコンパレーターを示す．M_a は原子量，γ は γ 線放出率，ε は γ 線検出効率，θ は同位体存在度，σ_{eff} は実効核反応断面積である．実際の分析を行う際には未知試料と同時にコンパレーターを照射・測定し，照射したコンパレーターの質量 (m_{comp})，未知試料とコンパレーターの γ 線計数率 ($A_{0(\text{unk})}$, $A_{0(\text{comp})}$) と，あらかじめ求めておいた元素ごとの k 値から次式にしたがって目的元素を定量することができる．

$$m_{\text{unk}} = m_{\text{comp}} \frac{A_{0(\text{unk})}}{A_{0(\text{comp})}} k_i$$

しかし，信頼性の高い k 値を求めるために多くの実験・実測が必要である．また k 値はある照射施設，照射条件，測定器においてのみ成立する係数なので，汎用性に乏しく，コンパレーター法は一般化には至らなかった．

近年普及してきた k_0 法（k_0 コンパレーター法）は上記のコンパレーター法をより普遍的に実現できるように改良された手法である．k_0 法ではコンパレーター法におけ

る k 値の代わりに，以下のように定義される k_0 係数を用いる．

$$k_{0,\mathrm{Au}}(a) = \frac{M_{\mathrm{Au}}\theta_{\mathrm{a}}\sigma_{0,\mathrm{a}}\gamma_{\mathrm{a}}}{M_{\mathrm{a}}\theta_{\mathrm{Au}}\sigma_{0,\mathrm{Au}}\gamma_{\mathrm{Au}}}$$

k_0 係数はコンパレーター（通常 ^{197}Au を用いる）と定量目的元素（核種）との熱中性子領域の核データの比である．ここで M_a は分析目的元素の原子量, θ は標的同位体の存在度, σ_0 は熱中性子断面積, γ は着目するエネルギーの γ 線の放出率である．中性子捕獲反応には熱中性子だけでなく熱外中性子による寄与もあるため, k_0 法では照射場における熱中性子束と熱外中性子束の比（f）と熱外中性子束の $1/E$ 分布則からのずれを表す係数 a を，試料と同時に照射した Zr 箔と IRMM 530R Au-Al 合金の生成放射能から実測する．k_0 法の定量式を以下に示す．

$$m_x = \frac{\left(\frac{N_\mathrm{p}}{t_\mathrm{m}SDC}\right)_\mathrm{a}}{\left(\frac{N_\mathrm{p}}{t_\mathrm{m}SDC}\right)_\mathrm{Au}} \times \frac{1}{k_{0,\mathrm{Au}}(a)} \times \frac{f+Q_{0,\mathrm{Au}}(a)}{f+Q_{0,\mathrm{a}}(a)} \times \frac{\varepsilon_{\mathrm{p},\mathrm{Au}}}{\varepsilon_{\mathrm{p},\mathrm{a}}}$$

ここで添字 a は定量目的元素からの γ 線ピークを，添字 Au は試料と同時に照射した k_0 法コンパレーター核種 ^{198}Au 411.8 keV の γ 線ピークを意味する．定量式の第 1 項は Au と目的元素 a の γ 線ピーク面積比，第 3 項は照射場の中性子スペクトルの影響の補正項，第 4 項は検出器の検出効率の補正項である．N_p は不感時間，偶発同時計数効果（パルスパイルアップ），真の同時計数効果（カスケード γ 線によるサム効果）を補正した全エネルギー吸収ピーク計数値である．t_m は測定時間（s），S は飽和係数 $S=1-e^{-\lambda t_{\mathrm{irr}}}$ [λ：壊変定数（s^{-1}），t_{irr}：照射時間（s）], D は壊変係数 $D=e^{-\lambda t_\mathrm{d}}$ [t_d：壊変時間（s）], C は測定係数, $C=(1-e^{-\lambda t_\mathrm{m}})/\lambda t_\mathrm{m}$ である．ε は γ 線の減衰を考慮した全エネルギー吸収ピーク検出効率である．なお定量式第 3 項の $Q_0(a)$ は a, Q_0 値（中性子捕獲反応における共鳴積分と熱中性子捕獲反応断面積の比），実効共鳴吸収エネルギーから求められる．

$$Q_0(a) = \left[\frac{Q-0.429}{(E_\mathrm{r})^a} + \frac{0.429}{(2a+1)0.55^a}\right](1eV)^a$$

中性子放射化分析法の測定対象となりうる 144 核種の ^{198}Au 411.8 keV に対する k_0 係数は付随する不確かさとともに公表されている[3]．

k_0 法の解析は未知試料の実効立体角の積分計算や γ 線検出器の正確な検出効率を含む多くのパラメータを利用した複雑な計算を行うので，Kayzero for Windows や k0-IAEA などの k_0 法解析プログラム[4]が利用されることが多い．k_0 法によれば，元素ごとの比較標準の調製が不要になり，商用利用，環境調査などでの大量試料中の多元素定量を非常に効率的に実施することが可能になる． 〔三浦　勉〕

文　献

1) R. R. Greenberg, et al., Spectrochimica Acta Part B 66, 193-241 (2011).
2) F. Girardi, et al., Anal. Chem. 37, 1085-1092 (1965).
3) A. Simonits, et al., J. Radioanal. Nucl. Chem. 24, 31-46 (1975).
4) 米沢仲四郎, 松江秀明：ぶんせき 75-82 (2004).
5) F. De Corte, A. Simonits, At.Data Nucl. Data Tables 85, 47-67 (2003).
6) M. Rossbach, et al., J. Radioanal. Nucl. Chem. 274, 657-662 (2007).
7) M. Kubešová and J. Kučera, Nucl. Instr. Meth. A 654, 206-212 (2011).
8) 宮田　賢ほか, 分析化学 55, 689-699 (2006).

荷電粒子励起 X 線分析　V-08

particle induced X-ray emission：PIXE

　荷電粒子励起 X 線（PIXE）分析は，陽子や α 粒子などの荷電粒子を試料に照射し，その際に発生する特性 X 線を測定する元素分析法である．荷電粒子を静電加速器やサイクロトロンなどの加速器で数 MeV 程度のエネルギーに加速して試料に照射すると，試料中の原子の内殻電子が原子の外まで跳ね飛ばされる内殻電離が起こる．その結果生じた空孔は外殻電子の遷移により埋められ，その際に各元素に固有の特性 X 線が放出される．この特性 X 線を Si（Li）半導体検出器によって測定すると，連続 X 線（制動放射線）のバックグラウンド上に各元素の特性 X 線のピークが認められるスペクトルが得られる．蛍光 X 線（XRF）分析と類似しているが，PIXE 分析では内殻電離を起こすための一次放射線として荷電粒子ビームを用いるところが大きな相違点である．したがって，試料で X 線が散乱されることによるバックグラウンドが低いため，一般的に XRF 分析に比べて感度が高くなるという特徴がある．

　PIXE 分析では，ナトリウム（Na）からウラン（U）までの元素を同時に定量することができる．炭素（C）や窒素（N）などの軽元素は特性 X 線のエネルギーが低く，検出器表面で吸収されてしまうために検出できないが，このことは炭素（C）の含有量が多い試料では有利に働くこととなる．PIXE 分析が生体試料中の微量元素の分析に向いているといわれる所以である．検出感度は実験条件などにより左右されるので一概に決めることはできないが，絶対量としておおむね ng，相対濃度としては ppm 程度が達成できる．この相対濃度からは必ずしも PIXE 分析が他の分析法に比べて高感度ということはいえないかもしれないが，大きな特徴としてわずか数 μg の微少量の試料でも分析できることがあげられ，たとえば多量に採取することができないエアロゾルなどの多元素同時分析にも応用されている．定量方法としては，従来，定量目的元素以外の元素の既知量を試料に添加し，その標準物質の特性 X 線との比で定量する内部標準法が採用されてきた．しかし，連続 X 線によるバックグラウンドが試料全体の重量を反映することに着目した無標準定量法が確立されてきており，次に記す大気 PIXE 技術の発達とあいまって幅広い分野に応用されるようになった．

　加速器からの荷電粒子ビームは真空中にあるため，一般に PIXE 分析は真空チャンバー内で行われるが，大気中に荷電粒子ビームを取り出しての大気 PIXE 分析も行われるようになった．これにより，水溶液やオイルなどの液体試料や動植物のほか，絵画や考古学的資料といった貴重な試料の分析もできるようになった．また，通常の実験で用いられるイオンビームは数 mmϕ であるが，これを 1 μmϕ 以下に絞ったマイクロビームを用いることにより，微小試料内の元素分布を調べることも行われている．このマイクロ PIXE と上述の大気 PIXE を組み合わせた大気マイクロ PIXE 分析も行われるようになってきた．細胞試料をマイラーの薄膜上で培養し，細胞がついた面を大気中とし，反対側を真空側にしてマイクロビームをマイラー膜を通して細胞に照射して，生の状態の細胞内の元素分布を調べた報告もある．　〔矢永誠人〕

加速器質量分析　V-09

accelerator mass spectrometry

表1　主な AMS 測定対象核種

核種	半減期(年)	起源
^{10}Be	1.36×10^6	誘導*
^{14}C	5.73×10^3	誘導 + 人為起源
^{26}Al	7.05×10^5	誘導
^{36}Cl	3.01×10^5	誘導 + 人為起源
^{129}I	1.57×10^7	人為起源

*宇宙線生成

表2　現代の ^{14}C 測定における AMS と β 線測定の感度比較

	AMS	β 線測定
試料量 (g)	0.001〜0.01	1〜10
計数率 (cps)	100	1
感度 (cps g^{-1})	100000	1

　加速器質量分析（AMS）は，加速器（主にタンデム型静電加速器）を利用した超高感度の質量分析法であり，1977年のAMSに関する最初の論文[1-3]以来，長半減期放射性核種の超高感度測定法として発展してきた．主要な AMS 測定対象核種は ^{10}Be，^{14}C，^{26}Al，^{36}Cl，^{129}I（表1）であるが，その他 ^{41}Ca（1.03×10^5 年），^{32}Si（144 年），^{53}Mn（3.7×10^6 年）など30種類以上の核種の測定が行われている．当初は半減期 10^3〜10^7 年の核種を対象としていたが，現在ではその範囲は半減期 10^9 年以上，1年以下の核種まで測定対象となっている．主要な測定対象核種については安定核種に対し 10^{-15} 程度の同位体比，あるいは 10^5〜10^6 個程度の原子数の核種の測定（検出）が可能である．

　放射性核種の検出感度　放射性核種の壊変速度 A は $A = \lambda N$ と表されるので，定量は壊変速度または原子数 N の測定により行うことができる．一次放射性核種より半減期の長い核種（$>10^8$〜10^9 年）については原子数測定のほうが有利であり，質量分析法により高感度かつ高精度な測定が行われ，10^6 個程度までの原子数測定が可能である．これに対し短半減期の核種（$<10^3$ 年）については壊変速度測定（放射能測定）が行われているが，AMS 測定対象核種のような半減期の核種（10^3〜10^7 年）については，壊変速度測定の検出感度は低く，測定は困難であった．また，短半減期の核種であっても，γ 線を放出しない EC 壊変および低エネルギーの β 壊変の核種の検出感度は低く，検出が困難な核種もある．このような核種に対しては，壊変速度測定ではなく原子数測定が可能であれば，飛躍的に検出感度が高くなる．実際，^{14}C について原子数測定（AMS）を壊変速度（β 線）測定と比較すると（表2），検出感度は 10^5 倍程度高い．

　質量分析と AMS　通常の質量分析では試料をイオン化して数 kV の電圧でイオン源から引き出し，磁場を用いて M/z の異なるイオンの数を計測して同位体比を求めているが，イオンの検出時にイオンの種類の識別は行っていない．したがって，通常の安定核種の測定の場合でも，同重体，分子イオン，多価イオン，同位体，残留ガスなどから生じる散乱イオンなどによる妨害が問題となることがある．安定核種と比べると，天然に存在する長半減期の誘導放射性核種の量は極微量であり，極端に低い同位体比を示す．たとえば大気中の ^{14}C の同位体比（^{14}C/^{12}C）は 10^{-12} 程度である．このように同位体比が極端に低い場合，目的核種に対し妨害イオンのシグナルが桁違いに大きく，通常の質量分析法ではこれを除去することができないため，測定は不可能である．

　AMS では加速器の使用により核種に通

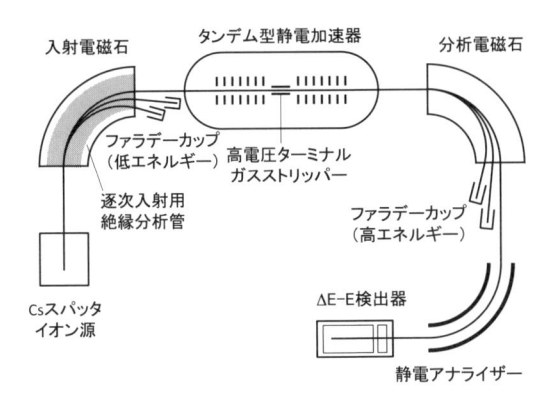

図1 AMS測定装置の模式図（タンデム型静電加速器）

常の質量分析の1000倍以上（MeV以上）のエネルギーを与えることにより，妨害イオンの影響を大幅に減少させるとともに核種の識別を行って目的イオンの検出を行い，10^{-15}程度の同位体比までの測定を可能としている．

使用する加速器

測定法開発の初期段階ではサイクロトロンも用いられたが，現在ではほとんどタンデム型静電加速器が用いられ，ごく一部で重イオン直線加速器が用いられている．初期のAMSには，既存の核物理研究用のターミナル電圧5～10 MV程度のタンデム型静電加速器が用いられていたが，その後専用機が製造され，さらに技術開発の進展に伴い小型化が進み，現在では0.5 MV（タンデム），0.25 MV（シングルステージ）の^{14}C専用機が販売されている．

AMSの機構　タンデム型静電加速器を用いるAMS測定では，模式図（図1）に示すような構成の装置が多い．

(1) Csスパッタイオン源ではmgサイズの固体試料から負イオンを生成する．負イオンビームの強度は核種（元素）の電子親和力に依存し，電子親和力が大きい^{14}C，^{36}Cl，^{129}Iなどは容易に強いビームが得られる．一方，電子親和力が負の^{10}Beは負イオンを生成しないため，BeO$^-$のような分子イオンビームが用いられる．

(2) 目的核種とその安定同位体の負イオンビームは入射電磁石を通り交互に加速器に入射される．このために，入射電磁石の分析管を絶縁し，同位体ごとに異なる電圧を印加して，磁場を固定したまま0.1～100 ms程度の速度で切り替えて交互に同位体を入射する．

(3) 高電圧ターミナルではガスまたはC薄膜のストリッパーを通過させ，負イオンから正の多価イオンに荷電変換する．このとき同時に入射した分子イオンは分解されるため，次の質量分析の段階で除去される．

(4) 正イオンは再度加速され，分析電磁石で質量分析が行われるが，イオンのエネルギーが高くME/z^2の質量分析であるため分解能が高く，効率よく妨害イオンの除去が行われる．さらに電場あるいはウィーン（Wien）フィルターを通すことにより，原理的には同重体以外のイオンがすべて除去される．

(5) ΔE-E検出器を用いて原子番号Zの識別を行い同重体などと区別して検出する．

同位体比の測定方法と精度　主要な測

定対象核種については，通常は 10^{-11}〜10^{-15} 程度と極端に低い同位体比の測定が行われるため，同位体ごとに測定方法は異なる．安定同位体はファラデーカップなどによる電流測定を行い，放射性同位体は ΔE-E 検出器による計数を行う．検出器の配置はマルチコレクター式であるが，それぞれのイオンビームの透過効率，とくに荷電変換効率は異なり，正イオン透過効率も異なる場合が多い．また，一般的に同位体は高速で逐次入射されるため，標準試料の長時間にわたる繰り返し測定による同位体比の規格化および安定性のチェックが必須となる．測定精度は AMS 専用装置では，主要な測定対象核種について，1〜3％以下 (1σ) であり，主に計数誤差に依存する．また，最近の小型専用機では安定性が向上し，^{14}C の測定精度は 0.1％以下にまで達する装置もある．

AMSの測定対象 現在のAMSの主要な測定対象を示すが，このほかにも幅広い分野における研究において，AMSによりさまざまな核種の測定が行われている．

(1) ^{14}C 年代測定： 専用機も多く，広い範囲の分野の多くの研究において年代測定の重要なツールとして用いられている．また，考古学試料などについて実用的な測定も多数行われている．

(2) 大気中の生成速度の変動： アイスコアや深海底堆積物コア中の ^{10}Be などの核種濃度の鉛直分布から，地磁気の反転などの磁気イベントを検出することが試みられている．核種濃度は宇宙線強度に比例した大気中の生成速度と，気候変動に影響される蓄積速度により決まり，宇宙線強度が地磁気の反転などの磁気イベントにより多大な影響を受けることから，その変動が鉛直分布に現れると考えられている．

(3) 人為起源の放射性核種： 主に 1963 年までの大気圏内核実験により多量の放射性核種が環境中に放出された．その影響により ^{14}C/^{12}C は 1.5 倍となり，^{36}Cl の降下速度はスパイク状に 1000 倍高くなった．地下水などについてこの ^{36}Cl ピークを利用した年代測定が行われている．また 1950 年代から現在まで核燃料再処理工場から継続して海洋・大気へ放出されている ^{129}I について，環境中での分布と挙動が調べられている．

(4) 表面照射： 地球表層の岩石中の石英（SiO_2）に直接生成する誘導放射性核種 ^{10}Be・^{26}Al の量が，その岩石が地表に露出していた時間に比例することを利用して，氷河に覆われていた年代などを求める方法が開発されている．

(5) トレーサー： 医薬品開発のために極微量の ^{14}C を生体トレーサーとして利用するもので，^{14}C の測定が商業的に行われている． 〔永井尚生〕

文　献
1) R. A. Muller, Science 196, 489–494 (1977).
2) D. E. Nelson, et al., Science 198, 507–508(1977).
3) C. L. Bennett, et al., Science 198, 508–510 (1977).

X線吸収微細構造法　V-10

X-ray absorption fine structure

　元素の内殻電子の励起とその後の緩和過程や光電子の散乱に由来するX線領域の吸収スペクトルをX線吸収スペクトルと呼び，これを用いた分析手法のことを一般的にX線吸収法（X-ray absorption spectrometry：XAS）という．このスペクトルは，エネルギー領域によってX線吸収端近傍構造（X-ray absorption near-edge structure：XANES）と広域X線吸収微細構造（extended X-ray absorption fine structure：EXAFS）の二つに大きく分けられる[1]．前者は，励起対象になる電子の結合エネルギーに由来する吸収端に対して，そのごく近傍に現れるしばしば特徴的な構造のことをさす（図1）．吸収端からより高エネルギー側にみられるEXAFSには，X線により放出された光電子の隣接原子による散乱に由来する振動構造が現れる．項目名であるX線吸収微細構造（X-ray absorption fine structure：XAFS）は，XANESとEXAFSを合わせたX線吸収スペクトル全体を表し，上記のXASと同じ意味をもつ．

XAFSの起源と解析　　一般的にXANESとEXAFSは同時に連続して測定できるが，得られる情報や解析法は異なる．XANESはX線によって励起された電子がより高エネルギーの空軌道に遷移することに主に由来する．そのスペクトルの構造は，酸化数，電子遷移における選択則，電子軌道が隣接原子との結合により受ける影響などを反映する．XANESスペクトルでは，主に標準試料と未知試料との比較により価数や対称性の情報を得ることが多いが，近年光電子多重散乱理論や分子軌道法

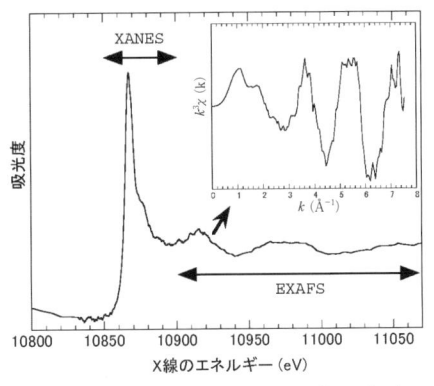

図1　天然鉱石のモリブデナイト（MoS_2）中で^{187}Reの放射壊変から生成した^{187}OsのXAFSスペクトル（^{187}Os以外の同位体をわずかに含む）とk空間に変換して得たEXAFSスペクトル[2]

を用いたシミュレーションによる解析も進められている．

　一方EXAFSは，理論式に基づいて，X線を吸収する原子Aの近傍の構造パラメータを得る解析法が確立されており，主にAからおおよそ0.5 nm以内に存在する原子Bとの距離や配位数の情報が得られる．図1に，5億年の年代をもつ天然モリブデナイト（MoS_2）中で^{187}Re（半減期435億年）のβ壊変で生成した^{187}OsのXAFSスペクトルを示す．このEXAFSの横軸を光電子の波数kに変換し，EXAFS関数$\chi(k)$に重みk^3をかけたものを縦軸にとる（図1の挿入図）．このときに現れる振動構造は，放出された光電子が隣接原子に散乱された際に吸収スペクトルに現れる振動構造を各隣接原子分だけ重ね合わせたものとなる．各原子からの散乱に由来する振動構造は，BとAの距離rを用いて$\sin(2kr+\phi)$と書けるので，この振動構造の周期が長いほどBがAの近くにあることを示す．またEXAFS振動の振幅には，配位数の情報が含まれる．

XAFS法の特徴と分析法　　XAFS法

は，対象元素の価数やその周囲の局所構造が得られる手法として代表的なものであり，放射光光源のような強力でエネルギー可変なX線源が利用できるようになってから広く使われるようになった．原理的にあらゆる元素に適用でき，共存する元素の影響を受けにくく，試料の相を問わずに利用できる点がその有用性を高めている．

XAFSの測定は，試料前後のX線強度からX線の吸収量を調べる透過法が基本であるが，X線励起後の緩和現象で放出される蛍光X線（蛍光法）や電子（電子収量法）を測定する方法などがしばしば利用され，それぞれ高感度や表面敏感といった特徴をもつ．

その他，さまざまな時間分解測定法の開発，XANESの理論的解析による化学種情報の抽出，自由電子レーザーの利用による超高速測定，発光分光による状態選別XAFS，X線磁気円二色性による磁性研究，全反射法による表面分析など，さまざまな手法を組み合わせることにより，特定の元素に関する物理化学過程をより詳細に調べられる．

XAFS法と放射化学 XAFS法はX線をプローブとするという点で放射化学的側面をもつ．しかし，放射化学との実質的なかかわりにおいては，XAFS法が微量成分にも適用でき，溶液や溶融塩など幅広い試料形態に応用できることから，放射性元素の物理化学的研究や放射化学的技術の開発などに盛んに利用されている点がより重要であろう．

たとえば，相を問わないというXAFSの特徴から，溶媒抽出法や固相吸着による元素の相互分離の機構解明（水中・有機溶媒中や固液界面での元素の化学種の解明），放射性廃棄物の処理や処分に関連した溶融塩やガラス固化体中の元素の化学状態の解明などへの応用が進められている．

また高感度な分析であることから，環境中での微量な放射性元素の化学種解析にも頻繁に用いられている．たとえば図1に示したスペクトルは，特定の元素の蛍光X線を波長分散により選択的に取り込んだ蛍光分光法により測定することで，試料中に10 ppm程度しか含まれていない放射壊変起源のオスミウム（Os）のEXAFSが得られている．環境試料の分析ではさらに，マイクロ～ナノサイズのX線ビームを用いた局所分析も日常的となってきており，微小領域内での元素の化学種解析が可能である．

このように，XAFSの利用範囲は非常に広く．そのため世界の放射光施設には，放射性元素が扱えるビームラインもあり，放射化学に特化した研究が進められている．

〔髙橋嘉夫〕

文 献
1) 太田俊明，X線吸収分光法―XAFSとその応用―（アイピーシー，2002）．
2) Y. Takahashi, *at el.*, Geochim. Cosmochim. Acta 71, 5180 (2007).

蛍光X線分析

X-ray fluorescence analysis

原子にX線を照射すると，照射X線のエネルギーが軌道電子と原子核との結合エネルギーより大きいと，原子の軌道電子はX線光子によりはじき飛ばされて光電子となる．その結果，内殻電子の軌道に空位が生じ，外殻のエネルギーの高い軌道の電子がその空軌道へ遷移する．そのとき，二つの軌道の電子準位のエネルギー差 ΔE ($=hc/\lambda$) に相当する波長 λ のX線が発生する．これを蛍光X線という．このときエネルギー E (keV) と波長 λ (Å) の間には $E=12.4/\lambda$ の関係がある．ΔE は元素に固有なので，試料から発生した蛍光X線のエネルギーから元素の種類がわかり，強度は第1近似として元素の量に比例するので，強度から定量分析が可能である．このことを利用して，試料の定性，定量分析を行う手法が蛍光X線分析（XRF）である．

蛍光X線分析装置は，X線源と，X線を試料に照射する試料室，発生した蛍光X線の検出，計数，増幅，記録部からなる．蛍光X線のエネルギーを測定するには，二つの方式があり，検出器にエネルギー分解能の高い半導体検出器を用いるエネルギー分散型（EDX）と，試料からの蛍光X線を分光結晶で分光してエネルギーを測定する波長分散型（WDX）がある．前者は，装置の小型化が可能であり，手のなかに収まるハンドヘルド装置も市販されている．EDXの難点は，WDXに比べてエネルギー分解能が悪いため，蛍光X線スペクトル上でピークが重なりやすく，SN比が悪いため感度がWDXに比べ低いことである．一方，WDXは分光結晶を動かして分光するため，装置が大型になる．さらに，蛍光X線が分光結晶と長い光路で減衰し，強力なX線源が必要で，装置が大型化し，試料がダメージを受けやすい．

XRFの利点は，第1に非破壊多元素同時分析が可能なことで，通常はNaより原子番号の大きな全元素の分析ができる．ICP-AES/MSのように試料を溶液化することなく分析できるので，古くから文化財の組成分析法として広く用いられている．最近では，試料前処理が不要な簡易迅速性から，プラスチック，土壌，米などに含まれるCd, Hg, Pb, Asなどの有害元素の分析に広く用いられ，とくにハンドヘルド装置は現場分析も可能である．

EDXの高感度化には，励起X線をモノクロメータで単色化するか，二次ターゲットに照射して発生する準単色X線を励起光に用いる方法が有効である．さらに入射X線，二次ターゲット，検出器を直交配置にする偏光光学系を採用することで，バックグラウンドが低下し高感度分析が可能で，コメ中の50 ppbのCdも分析できる．

X線は，可視光や電子線のようにレンズがないため，微小領域のXRF分析は通常の装置では不向きであるが，キャピラリーを用いることでX線を集光し，$10\,\mu\mathrm{m}\phi$ の微小部を分析できるX線顕微鏡が市販されている．また，励起X線にシンクロトロン放射光を用いると，$0.5\,\mu\mathrm{m}$ 程度のマイクロビームによる分析がルーチンで行え，二次元元素マップを得ることも容易である．同様の分析は，X線の代わりに電子線を照射するSEM-EDXでも可能であるが，電子線励起の方はC〜Mgなどの軽元素に対して高感度であるが高真空を必要とし，重元素は感度が悪く0.1%レベルの分析しかできない．一方，XRFではサブppmの重元素を大気中で分析でき，放射光を使うと生体試料の細胞レベルの大きさの試料でも分析が可能である．

〔中井　泉〕

アクチバブルトレーサー　V-12

activable tracer

表1　アクチバブルトレーサーの例

トレーサー	中性子捕獲断面積（barn）	天然存在比（%）
^{151}Eu	3.3×10^3	47.81
^{164}Dy	2.65×10^3	28.26
^{191}Ir	954	37.3
^{152}Sm	206	26.75
^{115}In	162	95.71
^{58}Fe	1.28	0.2819

　トレーサーとは，特定の元素や化合物の化学的挙動，生体内における代謝，環境中での移動などを追跡する目的で，目印として付加する物質のことである．とくに放射性同位体は微量であっても放出される放射線を高感度に検出可能であり，化学的な分離が不要であるなど，トレーサーとして優れた性質を有しているため，生命科学や分析化学などの分野で盛んに利用されている．しかし，農業・水産分野における利用や，環境中の物質の追跡については，食品および野外への放射能汚染が考えられるため，利用が法律で厳しく制限されている．また，生物試料や化合物によっては，放射線の影響を受けやすく，利用が適さない場合がある．

　そこで非放射性の安定同位体をトレーサーとして使用し，試料を採取後にこれを放射化して分析をする手法が用いられている．このトレーサーとして加える安定同位体をアクチバブルトレーサーという．

　放射化分析は，分析対象の元素に中性子や荷電粒子を照射して核反応を起こさせ，放射性同位体を生成し，放射線エネルギー，半減期，放射能強度などを調べることで，元素の同定，定量を行う分析法である．アクチバブルトレーサーは通常，原子炉の熱中性子が照射粒子として選択されるため，熱中性子と核反応を起こしやすい（中性子捕獲断面積が大きい）元素であることが求められる．また，生体や環境にももともと含まれている同位体との区別が必要な場合，天然の存在比が低いものが選択される（表1）．以下に分野ごとの代表的なアクチバブルトレーサーの利用例を示す．

　農業分野　土壌にトレーサーをごく微量混入させ，一定期間作物を栽培した後，作物の目的部位を分析し，土壌成分の吸収の程度を定量する．^{151}Eu，^{164}Dy など希土類元素が用いられる．

　水産分野　孵化させた海洋生物にトレーサーを含む飼料を与えて一定期間飼育した後，放流する．その後捕獲し，トレーサーが蓄積する組織を分析することで，回遊状況の調査や系統群識別を行う．^{151}Eu や ^{191}Ir がよく使用される．

　環境分野　地下水の水源に，錯体化によって水溶性にしたトレーサーを流し，各地で採水した試料を分析する．分析結果より得られたトレーサーの分布から水の流れの推定を行う．^{151}Eu，^{115}In，などが用いられる．

　医学分野　天然の同位体存在比が低い ^{58}Fe などの非放射性同位体を高濃度に含む薬剤を被験者に投与し，尿中の薬剤の濃度を定量することで，体内における目的元素の代謝状況を推定する．

〔猪田敬弘・榎本秀一〕

中性子散乱・中性子回折   V-13

neutron scattering, neutron diffraction

　中性子散乱とは，原子炉や加速器で発生した中性子を冷却して熱・冷中性子とし，これをさまざまな物質に照射したときに起きる回折・散乱現象から物質の構造とダイナミクスを測定する方法である．中性子の特性（質量，スピン，無電荷）を生かして，原子レベルの結晶構造，磁気構造，結晶格子振動やスピン波の分散関係などハードマターにおける物性物理の研究に欠かせない，また人工高分子やタンパク質などのソフトマターに関する構造とダイナミクスに関しても基礎的な知見を与える．また最近では産業面での実用材料の評価にも利用されつつある．こうした目的のために原子炉や加速器の中性子源には，線源の特徴を生かした多彩な形式の中性子回折・散乱測定装置が設置されている．

中性子散乱・回折の歴史　中性子は1932年に英国のチャドウィックによって発見され，1936年には結晶による回折現象が確認された．中性子回折実験は1945年に米国のオークリッジ国立研究所で開始され，クリフォード・シャル（C. Shull）らは反強磁性体の磁気構造を観察した．またカナダのバートラム・ブロックハウス（B. Brockhouse）らは結晶内の量子化された格子振動（フォノン）を非弾性散乱法によって検証した．両博士は「物性研究のための中性子散乱技術の先駆的貢献」の業績で1994年にノーベル物理学賞を受賞した．日本国内で中性子回折実験が開始されたのは1960年以降である．

中性子の発生　中性子は原子核の外では不安定であり陽子と電子と反ニュートリノを放出してβ崩壊する．寿命は約15分程度であるので自由な中性子は自然界には存在しない．このため散乱実験を行うには，大規模な中性子源施設を用いて中性子を発生させる必要がある．現在用いられている中性子源は10〜75 MW級の研究用原子炉と，1 MW級の陽子加速器である．原子炉では^{235}Uの核連鎖反応により定常的に中性子が生成される（定常中性子源）．減速材を通過させるとその温度に対応するエネルギー分布をもった中性子を得ることができる．他方，加速器中性子源では，大強度の陽子をパルス状に加速して重金属に衝突させて原子核を破砕し中性子を発生させる．そのため0.1 ms程度のパルス繰り返し周期で不連続的に中性子が発生する．2014年現在，日本で利用可能な定常炉中性子源は，日本原子力研究開発機構（原子力機構）のJRR-3研究炉（20 MW）と，京都大学原子炉実験所のKUR研究炉（5 MW）である．1980年から世界に先駆けてパルス中性子源として運転してきた高エネルギー加速器研究機構（高エ研）の加速器中性子源専用施設KENS（陽子ビーム出力3 kW）は2006年に停止したが，原子力機構と高エ研の共同プロジェクトによって大強度陽子加速器計画（J-PARC）（1 MW）が推進され，中性子散乱のための「物質・生命科学実験施設」が2008年より稼働を開始した．JRR-3とJ-PARCが，同一サイトにわずか800 mの距離で併設され，相補的な利用が期待されている．世界的には米国オークリッジ国立研究所の定常炉HFIRと，それに併設された加速器中性子源SNS（1.4 MW）や，欧州のILL研究所（グルノーブル）の原子炉中性子源HFRやラザフォードアップルトン研究所（英国）の加速器中性子源ISISが代表的な施設である．

中性子の特徴　中性子は三つのクオークからなるバリオンで，電荷がなく，質量（$m_n=1.674\times10^{-27}$ kg）とスピン（1/2）を

もつ．粒子と波動の二重性より運動量とエネルギーに関して

$$E = h\omega = \frac{1}{2}m_n v^2, \quad hk = m_n v$$

の関係をもつ．ここで v は中性子の速度であり，また波数 k は中性子の波長 λ と $k = 2\pi/\lambda$ の関係にある．h はプランク定数，ω は振動数である．

中性子と原子は短距離に働く核力を介して相互作用する．核力の及ぶ範囲は中性子の直径（1 fm）程度であるため中性子は物質透過性に優れ，物質全体から散乱を得ることが可能である．また散乱能（散乱長）が原子番号に対して不規則に変化すること，同位体を感度よく識別できることなどの特徴がある．とくに中性子散乱は水素などの軽元素やその同位体である重水素の検出に威力を発揮し，X線の利用と相補性がある．

中性子が質量をもつことより，同程度の波長を有するX線に比べてエネルギーが6桁ほど低いなどの特徴をもつ．上記の関係式を波長に関して整理すると，

$$\lambda = \frac{3956}{v} = \frac{0.2860}{\sqrt{E}}$$

となる．たとえば波長 $\lambda = 2$ Å の熱中性子では $v = 2000$ [m s^{-1}]，$E = 20$ meV である．このエネルギーは物質を構成する粒子の集団運動の素励起（格子振動やスピン波など）に拮抗するために非弾性散乱の検出が容易である．

スピンを有することから中性子はそれ自体が磁石であり，物質中の磁気モーメントを介して磁気散乱を起こし，磁気散乱能は核散乱と同程度であるため，磁気構造の研究が可能である．また磁場による制御が有用で，均一磁場を利用したスピンエコー法や，磁場勾配を利用した集光レンズの開発が行われた．

中性子散乱の理論的記述とさまざまな散乱法 散乱過程は中性子の運動量変化 $hq \,(= h(\boldsymbol{k}_f - \boldsymbol{k}_i))$ と，エネルギー変化 $h\omega \,(= (h^2/2m_n)(k_f^2 - k_i^2))$ の保存則のもとで記述される．ここで $\boldsymbol{k}_i$，$\boldsymbol{k}_f$ は散乱前後の中性子の波数ベクトルである．計測される中性子散乱の強度は，物質の構成粒子の時空相関関数 $G(r, t)$（またはファン・ホーヴェ（Van Hove）相関関数ともいう）を時空間でフーリエ変換した動的構造因子 $S(\boldsymbol{q}, \omega)$ に相当する．

弾性散乱では中性子と試料の間のエネルギーのやり取りが無視でき，$|\boldsymbol{k}_f| \approx |\boldsymbol{k}_i| = 2\pi/\lambda$ としてよい．この場合，散乱による中性子の運動量変化は，$q = |\boldsymbol{q}| = (4\pi/\lambda) \times \sin(\theta)$ で与えられる．ここで 2θ は散乱角である．

同位体や原子核にいろいろなスピン状態が存在し，これらが不規則に存在するとき非干渉性散乱（incoherent scattering）を生じる．非干渉性散乱は，上記の時空相関関数の自己相関部分に対応し，干渉性散乱から得られる二体相関とともに有益な情報となる．とくに弾性散乱と組み合わせると弾性非干渉性構造因子（elastic incoherent structure factor）が得られる．これはデバイ-ワーラー（Debye-Waller）因子と直接結びつき，原子の平均二乗変位を容易に見積もることができる．とくに水素は非干渉性散乱断面積が大きいため，平均二乗変位を評価してダイナミクスを議論する研究がさかんに行われている．

運動状態にある原子や磁気モーメントの散乱ではエネルギーのやり取りが存在するので $|\boldsymbol{k}_f| \neq |\boldsymbol{k}_i|$ となり，これを非弾性散乱と呼ぶ．非弾性散乱測定を検出するには入射中性子と散乱中性子の波数ベクトル $\boldsymbol{k}_i$ と $\boldsymbol{k}_f$ をそれぞれ決めなければならず，中性子源に合わせて測定装置に工夫が必要である．定常中性子源では角度分散法を用いる．その代表例である三軸型分光器では，モノクロメーター結晶のブラッグ（Bragg）回折によって中性子を単色化

図1 茨城県東海村にある研究用原子炉 JRR-3（左）と中性子レンズを利用した集光型中性子小角散乱装置 SANS-J-II（右）

し，散乱後の波数変化をアナライザー結晶によって測定する．パルス中性子源で用いる飛行時間法では，装置の入口に設置されたチョッパーと呼ばれる回転体で中性子の飛行を制限し，散乱中性子の散乱角とともに飛行時間を記録する．先の見積もりで示したように，熱中性子の速度は毎秒数km程度なので，飛行時間を実測することが可能である．その結果，300 meV～0.2μeVの広範囲のエネルギー変化が観測できる．

中性子のスピンを試料の前後に設置した精密磁場中で歳差回転させ，スピンの位相角変化から微小なエネルギー変化による非弾性散乱を検出するスピンエコー法が実用化された．このエネルギー分解能は数十neVで中性子散乱では最高分解能である．またその原理から中間散乱関数 $S(q, t)$ を得ることができ，液体状態の高分子の拡散運動の評価に威力を発揮している．

非弾性散乱をアナライザーで分離せずにすべて積算する「エネルギー積分」を行えば静的構造因子 $S(q)$ を得る．これは運動状態の「瞬間像」に対応している．このタイプの装置としては，検出器を広い散乱角に並べた粉末構造回折装置や，速度選別機による中性子の単色化と二次元検出器を組み合わせた小角散乱装置などがある．

中性子小角錯乱は冷中性子源で減速された冷中性子を利用して，微小な波数変化を検出することで原子サイズよりはるかに大きいメゾスケールの構造が観測できる．この手法は高分子や生体物質などのソフトマターの構造や濃度ゆらぎの評価に重要な位置を占めている．また試料や溶媒の水素を重水素に置き換え散乱能を変化させるコントラスト変調実験を行えば，複雑な構造の部分を選択的に観測することが可能である．このほかにも小角散乱法は金属材料の析出物の評価などの産業利用にも威力を発揮する．また μm サイズのより大きな構造の評価をするためには，中性子レンズや完全結晶を利用した超小角散乱法がある．

〔小泉　智〕

文　献

1) B. T. M. Willis and C. J. Carlile, Experimental Neutron Scattering (Oxford University Press, 2009).
2) T. Imae, *et al.*, Neutron Scattering in Soft Matter (John Wiley, 2011).
3) 中性子回折の基礎と応用（日本アイソトープ協会，2010）．

フィッショントラック　V-14

fission track

　フィッショントラックとは核分裂片が生成する飛跡をさし，フィッショントラック法はその飛跡の観測に固体飛跡検出器（→II-14）を利用する測定法である．核分裂に伴って放出される核分裂片は固体中に放出されると，局所的に検出器素材に与えるエネルギーが大きいために，他の放射線とは異なり，雲母や石英などに飛跡（損傷）を残すことができる．

　この現象を利用して歴史的には重核の核分裂断面積の測定や核分裂を起こす中性子線量の測定に利用されてきた．現在では核不拡散条約に関係して原子力施設内外で採取した試料中に含まれる極微量核分裂性物質を含む粒子をフィッショントラックによって検出するのに利用されている．

　また，岩石の年代測定法としてもフィッショントラックが利用され，フィッショントラック法という名称が，この年代測定法のことをさす場合もある．鉱物中に含まれる ^{238}U は，自発核分裂を起こす確率がわかっており，鉱物中に飛跡を残す．そこで岩石から得た測定試料を研磨した後に，エッチングして拡大し，飛跡を顕微鏡で観察可能な大きさにすれば，研磨面に現れた飛跡を数えることができる．また研磨面に雲母の薄層などのフィルムを貼り付けて，原子炉の中で中性子を照射すれば誘導核分裂によるトラックによってウランが定量でき，併せて岩石中の検出材がある量のウランに曝された時間を知ることができ，それが鉱物の形成年代ということになる．

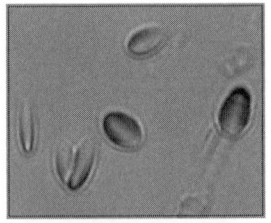

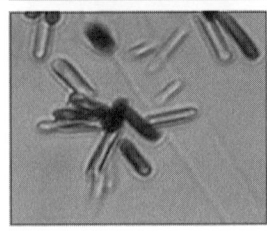

図1　エッチングしたフィッショントラックの顕微鏡写真（上：石英，下：雲母）

　フィッショントラック法に用いられる鉱物としては，ジルコン，燐灰石（アパタイト）が代表的で，そのほかチタン石（チタナイト）や，鉱物ではないが火山ガラスが用いられることもある．飛跡は熱により修復（アニーリング）するので，鉱物が再加熱されるとその時点で年代の起点がリセットされる．比較的高温までトラックが安定なジルコンでも，200～300℃程度で飛跡が消滅する．また，高温の岩石が冷却する場合，フィッショントラック法で得られる年代は，飛跡が熱的に修復される温度付近まで冷却した時期に対応する．したがって，急冷した火山岩中のジルコンを用いた場合は，ほぼ岩石の固結年代を表すが，花崗岩などゆっくり冷えた岩石の場合は，固結年代よりは若い年代が得られることになる．この年代測定は約1万年より古い年代が測定可能であり，10万年以上前の年代測定によく用いられる． 〔横山明彦〕

中性子ラジオグラフィー　V-15

neutron radiography

　中性子ラジオグラフィーは非破壊検査技術の一手法であり，医療診断あるいは工業分野の検査で用いられるX線ラジオグラフィーと類似した放射線透過検査法である．X線が物質内の核外電子との相互作用により減衰を受けるのに対し，中性子は物質を構成する元素の核そのものと相互作用を起こして減衰される．中性子を用いることによりX線の減衰が小さい水素（H），炭素（C），ホウ素（B）などを含む物質の減衰像が得られる一方で，X線が透過しにくい鉄（Fe），鉛（Pb），ウラン（U）などの金属を透過することから，これらの金属で構成された物の内部を可視化できる．応用範囲はジェットエンジンのタービンブレード，ロケット用火工品の非破壊検査から，コンクリート内のひび割れ部における水の浸透過程，自動車エンジン内部の潤滑油挙動，植物（根，茎，花，果実）中の水分移動，稼働中の燃料電池内で発生した水分布の可視化などまできわめて広い．

　中性子ラジオグラフィー装置の原理は，中性子源で発生した中性子ビームをコリメータで観察試料に導き，透過中性子ビームの強度分布を二次元中性子検出器の撮像系で画像化するものである．

　中性子源としては，研究用原子炉，加速器または放射性同位元素がある．研究用原子炉では安定した高強度の中性子ビームを利用できる反面，核燃料物質を取り扱うことから規制が厳しく設備が大きくなる．加速器では加速した荷電粒子などを $^9Be, ^7Li, ^3H$ などのターゲットに衝撃させ，核反応により中性子を発生させている．J-PARCのような大強度陽子加速器施設では，高エネルギーの陽子を水銀ターゲットに衝撃させ核破砕反応により中性子を取り出している．放射性同位元素では ^{252}Cf などの自発核分裂，あるいは放射性同位元素とターゲットを組み合わせて核反応により中性子を発生させる．原子炉および加速器と比較して，中性子源を軽量かつコンパクトにできることから可搬型の中性子ラジオグラフィー装置として利用できる．

　コリメータは試料に入射する中性子の方向を制限するもので，試料位置での中性子ビーム強度や透過画像の空間分解能に影響を与える．コリメータの性能は，コリメータ入口開口径 D とコリメータの有効長（入口開口部と撮像系間の距離）L で定義され，L/D で与えられる．この値が大きいほど中性子ラジオグラフィー装置として高性能であるが，試料位置での中性子ビーム強度と相反する関係にある．

　撮像系には対象試料の大きさと可視化目的に応じて空間分解能と時間分解能の最適化が要求される．時間分解能が重要でない場合には，中性子イメージングプレートを用いることが多いが，γ 線にも有感である欠点を有する．中性子ビームを蛍光スクリーンで可視光に変換しビデオカメラで撮像するシステムでは，希望する空間分解能と時間分解能に応じて機器を選択することが可能である．空間分解能を優先する場合には画素数の多い高精細の冷却型CCDカメラなどが使用され，$20 \sim 30\,\mu m$ の空間分解能が達成されている．時間分解能を優先する場合には高速度ビデオカメラにイメージインテンシファイアを組み合わせたシステムが使用され，毎秒千コマを超える高速度可視化が可能である．　〔松林政仁〕

遅発中性子分析　V-16

delayed neutron activation analysis

表1　遅発中性子先行核 [1]

群	先行核	半減期（s）
1	^{87}Br	55.65
2	^{88}Br	16.3
	^{137}I	24.5
3	^{89}Br	4.40
	^{138}I	6.23
4	^{90}Br	1.91
	^{139}I	2.28
	^{144}Cs	0.994
5	^{140}I	0.86
6	^{93}Br	0.102

^{235}U，^{239}Pu などの核分裂性核種に熱中性子（thermal neutron）を照射すると核分裂反応を起こす．核分裂反応断面積は ^{235}U が585 b，^{239}Pu が747 b である．核分裂反応に伴い生成する中性子過剰の核分裂片のなかで，壊変時に β 線だけでなく中性子を放出する核種がある．ここで放出される中性子は核分裂時に放出される即発中性子と区別して遅発中性子（delayed neutron）といい，遅発中性子を放出する核種を遅発中性子先行核という．遅発中性子先行核の半減期は0.1 sから1 min 程度であり，遅発中性子先行核はその半減期にしたがって便宜的にグループ分けされている（表1）．

この核分裂反応に基づく遅発中性子を測定して核分裂反応前に存在した核分裂性核種を定量する分析法が遅発中性子分析法（delayed neutron activation analysis：DNAA）である．天然試料を対象とした場合，天然に存在し，熱中性子により核分裂反応を起こす核種は ^{235}U のみなので，DNAAは ^{235}U の選択的高感度分析法である．可搬型の ^{252}Cf 線源を用いたDNAAも可能であるが，原子炉内照射法がより高感度であるので，以下は原子炉を用いたDNAAについて記載する．

DNAAでは照射容器中の試料を中性子で照射し，照射後速やかに測定器設置位置まで搬送，遅発中性子を気送照射設備の終端を囲むように設置した中性子測定用計数管で測定する．遅発中性子先行核から放出される遅発中性子のエネルギーは250～560 keV であるので，中性子を計数するためにパラフィン，ポリエチレンブロックなどの減速材で遅発中性子を熱中性子のエネルギー（0.025 eV）まで減速する．また γ 線の遮蔽も必要である．遅発中性子を効率よく測定するために中性子測定用計数管は複数本設置される．例として Oak Ridge National Laboratory（ORNL）[2] では DNAA 用として18本のBF$_3$計数管が設置されている．

DNAAの典型的な照射測定時間は熱中性子照射1 min，冷却20 s，測定1 min である．約3 min 以内に1試料の非破壊分析ができ，迅速性が高い．DNAAの測定値，全遅発中性子計数値（C_T）は以下の式で表すことができる．

$$C_\mathrm{T} = \left(\frac{\varepsilon \nu m N_\mathrm{A} \sigma_\mathrm{f}^{\phi}}{M}\right) \\ \times \sum_{i=1}^{6} \beta_i \frac{1}{\lambda_i}(1-e^{\lambda_i t_i})(e^{-\lambda_i t_d})(1-e^{\lambda_i t_c})$$

ここで，C_T は全遅発中性子計数値，ε は中性子計数効率，ν は核分裂あたりの平均中性子放出数，m は核分裂性物質の質量（g），N_A はアボガドロ数（mol^{-1}），σ_f は核分裂性核種の核分裂反応断面積（b），ϕ は中性子フラックス（n cm^{-2} s^{-1}），M は核分裂性核種の原子質量（g mol^{-1}），β_i は遅発中性子群 i において放出される遅発中性子の割合，λ_i は遅発中性子群 i の壊変定数

表2 DNAA設備の概要

原子炉	機関名	原子炉出力 MW	熱中性子フラックス $cm^{-2}s^{-1}$	中性子検出器	^{235}U 検出限界
FRM[3]	Munich University of Technology	4	6×10^{12}	^{3}He 比例計数管×5本	500 ng
HFIR[2]	Oak Ridge National Laboratory	85	4×10^{13}	BF_3 比例計数管×18本	20~30 pg
NCNR[4]	National Institute of Standards and Technology	20	3.4×10^{13}	^{3}He 比例計数管×10本	200 pg
HANARO[5]	Korea Atomic Energy Research Institute	30	3.2×10^{13}	^{3}He 比例計数管×18本	200 pg

(s^{-1}), t_i は照射時間 (s), t_d は壊変時間(照射終了から測定開始まで)(s), t_c は測定時間 (s) である.

DNAA の主な妨害反応は ^{17}O(n, p)^{17}N, ^{18}O(n, d)^{17}N 反応により生成する ^{17}N (半減期 4.17 s), ^{232}Th, ^{238}U の速中性子による核分裂反応である. これらの妨害を低減させるために DNAA では速中性子などのエネルギーが高い中性子が混入しない熱中性子場で照射を行う. 熱中性子照射終了後, 測定を開始するまで 20 s 程度の減衰時間をおき, ^{17}N などの短半減期核種を減衰させる. また, 精度のよい測定のためには正確な時間制御が可能で迅速な照射容器の搬送が可能な気送照射設備が必要である.

DNAA による ^{235}U の検出限界は, ORNL の HFIR (high flux isotope reactor, 85 MW) の気送照射設備 PT-2 (中性子フラックス 4×10^{13} n cm^{-2} s^{-1}, 熱中性子/熱外中性子比 250) に設置された DNAA 装置を例にすると, 20~30 pg である[2]. 20~30 pg の ^{235}U は, 30~40 ng の天然同位体比 (^{235}U/^{238}U=0.007) の U に相当する.

DNAA はその迅速性と高い選択性を生かして核査察に関するスワイプ試料中の極微量の核分裂性物質 (^{233}U, ^{235}U, ^{239}Pu など) のスクリーニング法や地質試料中のウランの迅速分析法として有効に用いられている. 〔三浦 勉〕

文 献

1) S. E. Binney and R. I. Scherpelz, Nucl. Instr. Meth. 154, 413-431 (1978).
2) D. D. Glasgow, J. Radioanal. Nucl. Chem. 276, 207-211 (2008).
3) X. Li, et al., Nucl. Instr. Meth. B 215, 246-251 (2004).
4) S. M. Eriksson, et al., J. Radioanal. Nucl. Chem. 298, 1819-1822 (2013).
5) J. H. Moon, et al., J. Radioanal. Nucl. Chem. 282, 33-35 (2009).

放射化学分析

V-17

radiochemical analysis

　放射線，とくにエネルギーの高い放射線は非常に感度よく測定できるので，極微量の放射性核種（同位体）であっても容易に検出できる．同位体どうしは化学的に等しい挙動をするので，放射性同位体の放出する放射線をモニターすることによって，反応過程における特定の元素の挙動を追うことができる．また，放射性同位体を添加して，高感度，かつ高確度で元素の定量を行うことができる．このような目的に利用する放射性核種は，核種によっては購入することも可能であるが，目的に合わせて作成することもできる．

　放射性トレーサーの製造　物質の化学的挙動を追うために使われる放射性核種を放射性トレーサー（radioactive tracer）と呼ぶ．放射性トレーサーは安定核種をターゲットにして適当な核反応によってつくることができる．目的とする放射性核種をつくるには，核反応で得られる放射性核種の収率，純度などを考慮して，どのような核反応がふさわしいかを考える．核反応を起こすには荷電粒子か中性子を用いるが，荷電粒子の場合には加速器が，中性子の場合には原子炉がそれぞれ利用される．

　複数の元素の挙動を一度に追うには，それぞれの元素に対応するγ線放出核種を混合して用いれば，各元素の挙動を一度に追跡することができる．このような目的にかなう方法にマルチトレーサー法がある．加速器による核破砕反応で多様な放射性核種をつくる方法と，原子炉中性子による核分裂反応で複数の放射性核種をつくる方法がある．この方法で得られる放射性トレーサーはほとんど無担体として利用できる点が特徴である．標的元素から目的とする放射性核種を分離精製する必要があり，主に溶媒抽出法やイオン交換法が用いられる．とくにイオン交換法では無担体の核種もその元素本来の化学的挙動をするので，放射化学的分離実験には非常に有効な手法である．

　同位体希釈法　重量法を用いて元素を定量するには，その元素を純粋にかつ定量的に分離する必要がある．重量法以外の多くの分析法でも，より信頼性の高い定量値を得るために定量目的元素をそれ以外の元素（マトリックス元素）から分離するための前操作を行うことがあるが，定量目的元素を100％回収する必要がある．同位体希釈分析（isotope dilution analysis）では目的元素を定量的に分離，回収しなくてもよいという点で他の多くの定量分析法と異なる．同位体希釈分析には安定同位体を用いる方法と放射性同位体を用いる方法がある．

　放射性同位体を利用した同位体希釈法は測定感度が高く，かつ確度の高い値が得られるという優れた特徴をもつ．定量操作には放射性同位体を用い，比放射能の変化を測定する．一方，安定同位体を用いる同位体希釈分析では質量分析計を用いて同位体比の変動を測定する．原理的にはどちらも同じで，歴史的には放射性同位体を用いる方法の方が古いが，現在では安定同位体を用いる方法が一般的である．放射性同位体を用いる方法では，分析対象は元素ばかりでなく，化合物でもよいので，より一般的な方法といえるので，以下の説明では定量目的元素とせずに目的成分とした．

　(1) **直接希釈法**：　定量目的成分をx [g] 含む未知試料に，目的成分と同じ化学形をとり，放射性同位体でラベルした化合物（標識化合物）をa [g] 加え，混合して均一にする．この過程で，未知試料中の安定同位体と標識化合物中の放射性同位体との間に同位体平衡が成立しないと，同位体希釈分析で正しい値は求まらない．得ら

れた混合物の一部を使って，目的成分を適当な方法で純粋に分離し，その比放射能（目的成分の単位質量あたりの放射能）S を測定する．標識化合物の比放射能を S_0 とすると，標識化合物を加える前とあとの全放射能は等しいので次式が成り立つ．

$$S(x+a)=S_0 a$$

よって

$$x=a\left(\frac{S_0}{S}-1\right) \quad (1)$$

$S_0 \gg S$ ($x \gg a$) の場合，式（1）は $x \approx a(S_0/S)$ と近似できる．目的元素を求める場合，x は求めたい定量目的元素の質量，a は添加する放射性同位体を含む目的元素の質量を表し，比放射能は定量目的元素の単位質量あたりの放射能になる．このことは，以下の記述においても同様である．

(2) 逆希釈法：　定量目的成分が放射性の場合に用いられる方法で，考え方は直接希釈法と同じである．放射性の定量目的成分を x [g] 含む未知試料（比放射能：S_0）に，目的成分と同じ化学形の非放射性成分を a [g] 加え，混合して均一にする．その後，この混合物の一部から目的成分を適当な方法で純粋に分離し，その比放射能 S を測定する．非放射性の目的成分を加える前とあとで全放射能は等しいので次式が成立する．

$$S_0 x=S(x+a)$$

よって

$$x=\frac{Sa}{S_0-S}=\frac{a}{S_0/S-1} \quad (2)$$

(3) 二重希釈法：　(2) の逆希釈法では定量目的成分の比放射能 S_0 が既知でないといけないが，実際は S_0 が既知という場合は少ない．二重希釈法は S_0 が既知でない場合に適用できる方法である．放射性の定量目的成分を x [g] 含む未知試料を二つ用意し，両方に目的成分と同じ化学形の非放射性成分をそれぞれ a [g]，b [g]（ただし $a \neq b$）加え，混合して均一にする．その後，このそれぞれの混合物の一部から目的成分を適当な方法で純粋に分離し，比放射能 S_a，S_b をそれぞれ測定する．前項と同じ考えから次式が得られる．

$$S_0 x=S_a(x+a)$$
$$S_0 x=S_b(x+b)$$

両式から S_0 を消去すると次式が得られる．

$$x=\frac{S_b b - S_a a}{S_a - S_b} \quad (3)$$

(4) 不足当量希釈法：　(1) の直接希釈法で定量目的成分 x を求めるには，標識化合物を加える前と後の目的成分の比放射能 S_0 と S を知る必要があるが，その測定は容易でなく，また大きな誤差を伴うことがある．不足当量希釈法（substoichiometric dilution analysis）はそのような欠点を解消する優れた方法である．標識化合物の量 a [g]，およびこの標識化合物を未知試料に加えた混合物の一部から分離した定量目的成分の量 b [g] のいずれよりも少ない量 m [g] と定量的に反応する試薬を用いて反応させ，その反応生成物の放射能 A_a，A_b を測定する．そのときの定量目的成分の比放射能をそれぞれ S_a，S_b とすると，$S_a=A_a/m$，$S_b=A_b/m$ なので，式（1）から次式が得られる．

$$x=a\frac{A_a}{A_b}-1 \quad (4)$$

したがって $a, b > m$ であれば m の値がわからなくても，放射能の測定だけで目的成分を定量でき，正確な定量値が得られる．

〔海老原　充〕

同位体希釈分析　V-18

isotope dilution analysis

　同位体希釈分析（isotope dilution analysis）は同位体比に基づいて試料中の目的物質（元素，化合物，放射性核種）を定量する分析法である．目的元素が複数の同位体をもつ場合，天然同位体比と異なる同位体比をもつ濃縮同位体または放射性同位体の既知量を試料に添加する（希釈する）．同位体平衡の達成後に添加（希釈）前後の同位体組成（同位体比）の変化量や，比放射能の変化量から目的元素を定量する．同位体比の測定には質量分析法（mass spectrometry），比放射能（specific activity）の測定には放射線測定を適用する．化合物の場合でも，複数の同位体をもつ特定元素を放射性同位体や濃縮同位体で標識した化合物を添加し，同位体平衡が達成した後，目的化合物を化学分離して，質量分析や放射線測定で同位体比，比放射能を測定し同様に定量できる．同位体希釈分析では化学的挙動が同一な同位体を内標準として使用できることが大きな利点である．すなわち同位体平衡が成立すれば，仮に化学分離操作中に目的物質の損失が起きても，同位体比には影響がないので，定量的な化学分離は必要ない．また測定機器の変動が起きても複数の同位体に同様に影響するので，比の測定には影響が少ない．以上のように同位体希釈分析は精確さの高い結果が得られる分析法であり，とくに質量分析計を用いる同位体希釈質量分析法（isotope dilution mass spectrometry）はSI単位に関連づけられる精確さの高い一次標準測定法として，認証標準物質の特性値の決定に用いられる[1]．

　同位体希釈質量分析法の代表的な定量式を以下に示す．

$$n_a = \frac{(R_s - R_m)(1 + R_a)}{(R_m - R_a)(1 + R_s)} \times n_s$$

ここで n_a は定量目的元素の量（mol），n_s は濃縮同位体の添加量（mol），R_a は試料溶液中の同位体比，R_s は濃縮同位体溶液の同位体比，R_m は試料と濃縮同位体の混合溶液の同位体比である．試料秤量，濃縮同位体添加時の質量測定と質量分析計による同位体比の測定で信頼性の高い定量値が得られる．

　またPu, U, Th, Po, Amなどのようにα線を放出する複数の放射性同位体がある場合も，同位体希釈分析が適用できる．試料にα線を放出する放射性同位体（Puには^{242}Pu，Uには^{232}U，Thには^{229}Thなど）を添加し，同位体平衡達成後に目的核種を単離する．単離した目的核種のα線スペクトルを測定し，添加した放射性同位体と目的核種のα線スペクトル上のピーク強度比から，目的核種量を定量することができる．

　同位体希釈分析は精確さの高い結果が得られる分析法であるが，目的元素に複数の同位体があること，添加した濃縮同位体との同位体平衡が達成されていることが前提である．また，比を求めるために測定したスペクトルに何らかの干渉があった場合や，試料分解，化学分離中に目的元素の混入があった場合には誤った定量値が得られる場合がある．そのため，精確な同位体希釈分析の実施には，清浄な実験環境を得るためのクリーンルームの利用や高価な高純度試薬の活用が必要になる場合が多い．

〔三浦　勉〕

文　献

1) W. Richter, Accred. Qual. Assur. 2, 354–359 (1997).

不足当量法 V-19

substoichiometry

　放射性同位体を利用する微量元素の定量法として，1958年に東北大学の鈴木信男によって提案され，不足当量同位体希釈分析と不足当量放射化分析に大別される．

不足当量同位体希釈分析の原理　未知量 M_x の目的元素 X を含む試料に，放射能 A_s の放射性同位体でラベルした担体量 M_s の目的元素（放射性スパイク）を加え，そのスパイクおよび混合物から，目的元素の一定量 m を分離（不足当量分離）し，それぞれの放射能 a_s および a_m を測定する（図1）．比放射能に関し，それぞれ図中の式（1）および式（2）が成り立つことから，次式が導かれる．

$$M_x = M_s \left(\frac{a_s}{a_m} - 1 \right) \quad (3)$$

不足当量放射化分析の原理

（a）直接法：　未知量 M_x を含む試料を放射化し，生成放射能 A_x を測定する．目的元素の一部 m を不足当量分離し，その放射能 a_x を測定すると次式が成り立つ．

$$M_x = m \frac{A_x}{a_x} \quad (4)$$

（b）担体量変化法：　放射化した試料を二分し，一方（M_x を含む）に既知量 M_1 の担体（非放射性スパイク）を加える．両者から一定量 m を不足当量分離し，それぞれの放射能 a_x および a_{x1} を測定する．逆希釈法に相当する．

$$M_x = M_1 \left(\frac{a_x}{a_{x1}} - 1 \right)^{-1} \quad (5)$$

（c）比較法：　試料（M_x を含む）と比較標準物質（M_s を含む）を同時に放射化

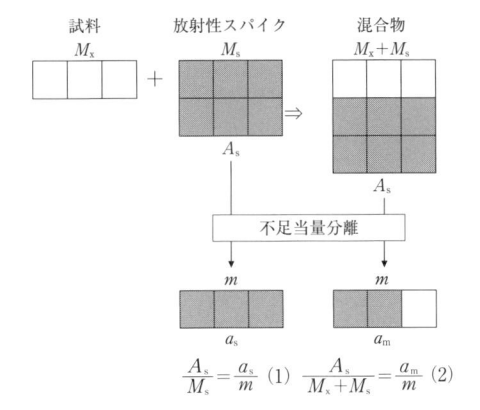

$$\frac{A_s}{M_s} = \frac{a_s}{m} \quad (1) \quad \frac{A_s}{M_x + M_s} = \frac{a_m}{m} \quad (2)$$

図1　不足当量同位体希釈分析の原理

し，大過剰の担体を加えた後，両者から不足当量分離し，放射能 a_x，a_s を測定する．

$$M_x = M_s \frac{a_x}{a_s} \quad (6)$$

不足当量分離法　不足当量法はその分離法に特徴があり，目的元素と化学量論的に反応する試薬の量を当量以下とし，目的元素の一部を再現性よく一定量分離することによって達成される．分離法としては溶媒抽出が一般的であるが，イオン交換，沈殿なども用いられる．低濃度の不足当量試薬を完全に反応させるには，できるだけ平衡定数の大きな反応が有利であり，溶媒抽出では協同効果が，イオン交換では生成定数の大きな錯形成反応が利用される．また，元素によっては酸化還元反応と分離法を組み合わせることも可能である．

不足当量法の特長と応用性　•放射能測定のみにより定量できる，•定量的な回収や収率補正の必要がない，•簡単な操作で選択性が高い，•比較標準を必要としない（除比較法），•60余りの元素に適用可能，•化学種分析に適用可能，•安定同位体も利用可能．　　　　　　　〔井村久則〕

【コラム】かぐや（SELENE）γ線分光

V-20

SELENE (Kaguya) γ-ray spectrometer

　月や火星などの固体惑星の起源や進化を解き明かすためには，天体表層の元素組成とその分布に対する知識は不可欠である．γ線分光法は，月・惑星遠隔探査において，目的天体表層の元素組成分布を調べることができる有用な手法である．これまでに月（アポロ，ルナプロスペクタ，かぐや（SELENE），嫦娥（じょうが））や火星（マーズオデッセイ），水星（メッセンジャー），小惑星（ニア，ドゥーン）などの探査においてγ線分光法が用いられ，これらの天体表層の元素組成分布が明らかにされつつある．

　月や火星の表面は地球と異なり大気がなく（もしくは薄く），さらに固有磁場も弱いため，銀河宇宙線に常時曝されている．宇宙空間を飛び交う高エネルギーの荷電粒子である銀河宇宙線が月や火星の表面に入射し，天体表層物質の原子核と衝突することにより多数の中性子が二次的につくりだされる．生成された中性子は，天体表層の物質と弾性散乱や非弾性散乱を何度も繰り返しながら，最終的に原子核に取り込まれる中性子捕獲反応を起こすか，あるいは宇宙空間に放出される．これらの非弾性散乱や中性子捕獲反応によって，各原子核固有のエネルギーをもつγ線が放出される．加えて，天然放射性核種（^{40}K，^{232}Th，^{238}Uなど）の放射壊変に伴ってγ線が放出され，これらのγ線の一部は天体表面から宇宙空間に漏れ出す．これら天体表面から漏れ出してきたγ線や中性子線を周回軌道上で観測することにより，天体表面の元素組成分布を調べることができる．

　月探査衛星「かぐや」（SELenological and ENgineering Explorer "KAGUYA"：SELENE）に搭載されたγ線分光計（KGRS）は，月探査においてはじめてGe半導体検出器を採用した．これまで月探査に用いられてきたγ線検出器はエネルギー分解能の低いシンチレーション検出器であった（アポロ（AGRS）ではNaI(Tl)，ルナプロスペクタ（LPGRS）ではBGO，嫦娥1号ではCsI，嫦娥2号ではLaBr$_3$）．これらに対して，数十倍も高いエネルギー分解能を有するKGRSは，主要元素および天然放射性微量元素由来のγ線ピークを一意的に同定することを可能にした．これにより，これまでにない高精度な月面元素濃度分布地図を作成することが可能となった．とくに，月の熱進化に重大な寄与を及ぼす熱源となりうる天然放射性元素（K, ThおよびU），地殻構成岩石を分類するために必要な主要元素（O, Mg, Al, Si, Ca, TiおよびFe）の濃度分布を調査することを目的としている．これまでのAGRSやLPGRSでは衛星軌道やγ線検出器のエネルギー分解能に問題があったため，全球元素濃度分布図としてはK, ThおよびFeのみ報告されていて，熱史にとって最も寄与の大きいUや岩石の分類に必要なMg, AlおよびCaなどの元素濃度分布図は与えられていない．KGRSの観測結果によって，これまでに報告されている元素濃度分布図が高精度化されるとともに，これまでに報告されていない主要元素やUの濃度分布図が得られるものと期待される．

〔唐牛　譲〕

ミュオンを利用した元素分析 V-21

elemental analysis by muonic X-ray

負ミュオンは，-1の電荷と電子の207倍の質量をもち，原子核の周りを電子の代わりに負ミュオンが運動するミュオン原子（muonic atom）を形成する．ミュオン原子中のミュオン軌道のエネルギーは，対応する電子軌道のエネルギーの約200倍となる．物質中に負ミュオンが入射して停止すると，ミュオン原子が形成され，負ミュオンは外殻軌道から内殻軌道へと遷移を繰り返してミュオン原子の1s軌道に到達する．この遷移の際に放出されるのがミュオンX線で，対応する電子遷移による電子X線の200倍の数十keVから数MeVのエネルギーであり，また負ミュオンを捕獲した原子核と遷移の種類に固有のエネルギーである．たとえば，ミュオン酸素のK_α線は134 keV，ミュオン銅のK_α線は1513 keVである．このことを利用して，負ミュオンを試料中に停止させ，放出されるミュオンX線のエネルギーを測定することにより，負ミュオン停止位置の元素分析を非破壊で行うことができる．

ミュオンX線を利用する分析は，蛍光X線分析法の一種と見なせるが，他の蛍光X線分析にはないいくつかの特徴がある．①X線のエネルギーが高く透過力が大きいので，試料内部数cm程度に停止した負ミュオンからのミュオンX線を，試料外部から測定することができる．また空気による減衰がわずかなので，大気下で測定ができ真空を必要としない．また他の蛍光X線分析法では測定が困難な炭素（C）や窒素（N）などの軽元素も分析できる．②負ミュオンは荷電粒子なので，入射エネルギーを調節することによってミュオンの停止深さを制御でき，そのため元素濃度の深度分布を知ることができる．さらにビーム位置を走査することにより三次元的な元素分布を測定することができる．③負ミュオンが停止するとミュオン原子が生成してミュオンX線が1本以上放射されるので，蛍光効率が非常に高い．④原子への捕獲確率はほぼ原子番号に比例するため元素間での感度の違いが小さく，全元素を同時に分析できる．ただし物質中の水素についてはX線放出率が非常に小さいので分析は困難である．

捕獲確率に影響する化学効果についてはまだ定量的な理解ができておらず，標準物質との比較によって定量が行われているが，これからの研究によって基礎データが収集されることにより分析法として確立され，分析のためのサンプリング採取ができないような貴重試料の内部の元素分布の測定に威力を発揮すると期待される．

〔久保謙哉〕

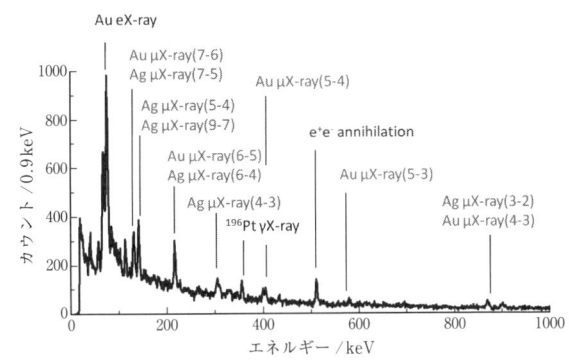

図1 天保小判（金と銀の合金）のミュオンX線スペクトル ピークは，AgμX-ray（4-3）がミュオン銀の主量子数$n=4$から$n=3$への遷移というように同定されている．

加速器中性子源利用分析　V-22

neutron activation analysis with accelerator

　加速器を用いた中性子源による放射化分析の特徴は，加速器のビームをパルス化することにより得られるパルス中性子を用いることができる点にある．原子炉からの定常中性子源とパルス中性子源を比べた場合，定常中性子源ではさまざまなエネルギーの中性子が混ざった状態で試料位置まで到達するのに対し，パルス中性子源では中性子エネルギーによって速度が変わるため，高エネルギーの中性子は早く，低エネルギー中性子は遅く試料位置に到達する．そのため，パルス中性子源と試料位置までの中性子の飛行時間を測定する飛行時間法（time-of-flight：TOF 法）を用いることにより中性子のエネルギーを決定することができる．

　低エネルギー領域の中性子反応断面積は多くの原子核でエネルギーとともになだらかに変化するが，高エネルギー領域ではある特定の狭い中性子エネルギー領域において数桁もの正の巨大値をとることがある（図 1）．これを中性子反応における共鳴と呼ぶ．この共鳴の中性子エネルギーは核種ごとに異なるため，中性子共鳴捕獲反応に伴う即発 γ 線を TOF 法によって測定すると，TOF スペクトル上には核種に固有の共鳴ピークが観測される．これを利用したものが中性子共鳴捕獲分析である．一般的に中性子共鳴捕獲分析における即発 γ 線測定には時間分解能のよいシンチレーション検出器が用いられてきた．しかし，シンチレーション検出器は γ 線のエネルギー分解能が高くないため，最近ではエネルギー分解能の高い Ge 検出器も利用されている．

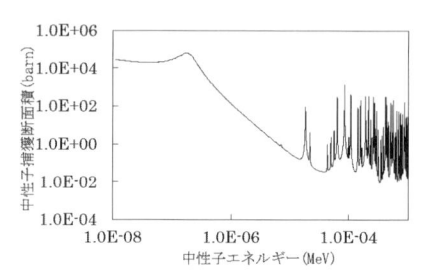

図 1　Cd-113 の中性子捕獲断面積

図 2　中性子核反応測定装置（ANNRI）
　　　（口絵 6 参照）

　核データ測定，宇宙核物理などの原子核科学に関する研究を行う中性子核反応測定装置（ANNRI）が大強度陽子加速器施設（J-PARC）の物質・生命科学実験施設（MLF）に設置された（図 2）．MLF には大強度パルス中性子源が備わっており，ANNRI の大型 Ge 検出器を用いた中性子共鳴捕獲分析法が開発されている．これは中性子共鳴捕獲分析と多重即発 γ 線分析を組み合わせた分析法であり，多方面での応用研究が行われている．試料中に存在する原子核は熱運動により振動しているため，ドップラー効果によって共鳴ピーク幅が変化する．この現象を利用して共鳴ピーク幅から試料の温度（熱運動状態）を得ることも可能となるため，この方面での応用研究も期待される．　　　　　〔藤　暢輔〕

VI
環境放射能

環境中の放射非平衡 VI-01

radioactive disequilibrium in the environment

ウラン系列，トリウム系列，アクチニウム系列は，環境中で広く見いだされ，壊変系列をつくっている．各系列の放射性核種は，固有の半減期でα壊変とβ壊変を繰り返し，最終的にはPbの安定同位体となる．親核種の半減期が子孫核種の半減期より長く，子孫核種の半減期と比べて十分に時間が経過すれば「放射平衡」になり，各核種の放射能はほぼ等しく，核種間の放射能比は1になる．放射平衡を維持するためには放射性核種が閉鎖系に保持されている必要があるが，環境状態などの変化により系の閉鎖系が破れ，一部の放射性核種が系外に出た場合，再び系が放射平衡に達するまでの間は「放射非平衡」の状態となる．放射平衡に戻る時間は，系外に出た子孫核種のなかで最も長い半減期の核種の成長に支配され，約7半減期が経過すると99%以上の放射平衡になる．図1に示すようにウラン系列の途中には希ガス元素であるラドン (Rn) が存在するため放射非平衡になりやすい．このように化学形の違いは放射非平衡を生じる大きな要因であり，さらに放射壊変の際の核種の反跳も放射非平衡を生じる原因になっている．

放射非平衡の研究は，鉱石，火山岩，堆積岩，天然水などで古くから行われており，ウラン系列やトリウム系列の放射性核種に放射非平衡が検出されている．鉱石の$^{234}U/^{238}U$比は1前後で大きな放射非平衡はないが[1]，火山岩ではマグマに関連して放射非平衡がみられる．海水の$^{234}U/^{238}U$比は1.14程度でほぼ一定であるが，陸水では大きな変動が観察されている．土壌から大気中へ揮散するRnは放射非平衡を起

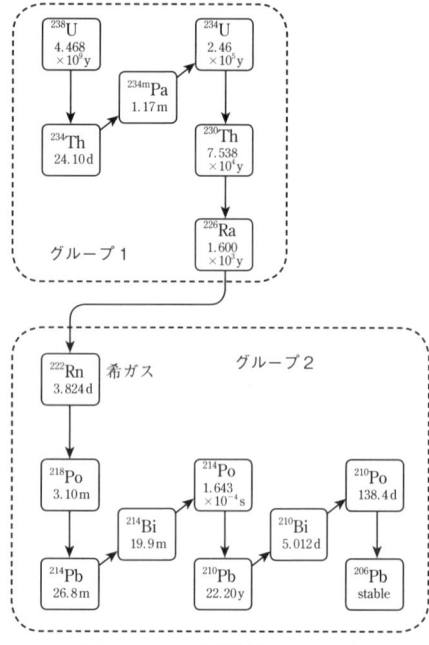

図1 ウラン系列核種のグループ

こす要因となる．Rnの揮散が止まれば，土壌中のウラン系列は放射平衡に向かう．一方，大気中からRnの子孫核種は地表面に降下し，雨や河川により湖沼や海に移動して土壌粒子とともに堆積する (図1のグループ2参照，このなかで半減期が長い^{210}Pbが対象となる)．結果的に，大気由来の過剰な^{210}Pbのため堆積物はウラン系列に関して放射非平衡である．^{210}Pbは底泥表層に付加されるので，堆積してからの経過時間に応じて深層堆積物の^{210}Pbは減少している．^{210}Pbの深度分布から堆積速度を求めることができる．大気中のラドン子孫核種は植物葉にも付着するので，葉表面の^{210}Pb–^{210}Bi–^{210}Poの放射非平衡から放射性エアロゾルの沈着や脱離について情報を得ることができる[2]．

先にも述べたように放射非平衡になる原因としては，以下の(1)～(3)などが考えら

れる．

(1) 壊変で元素が変わり，それに伴い物理的，化学的性質に依存する環境挙動が変化すること．たとえば，水中に溶存していた ^{238}U は壊変で ^{234}Th になると，Th は水酸化物となり水中から除かれるため放射非平衡になる．マグマから結晶ができるとき元素の分配係数に違いがあるため，生成する鉱物は放射非平衡である．Rn は希ガス元素で容易に固体から散逸し，また鉛（Pb）やポロニウム（Po）は揮発しやすい元素であり放射非平衡を生じる．

(2) α 壊変の際に，放射性核種が反跳効果を受けることで，結晶格子の本来の位置からずれ，結晶構造が乱れることで溶出挙動に違いが出ること．結晶格子位置での反跳の様子を，図2に示す．反跳核（この場合，UやTh）の反跳エネルギーは，放出する α 線のエネルギーが $4\sim5\,MeV$ の場合，運動量保存則とエネルギー保存則から，$70\sim80\,keV$ 程度であり，原子間の結合エネルギーより大きい．結晶方位や温度によってはじき出される条件は異なるが，(1) の要因も加わり溶出挙動は大きく変動する．

(3) 質量数が異なるため同位体効果があること．同一の元素であれば電子状態が同じであるため，化学的性質に大きな差はないが，質量の差による分子運動の違いによって拡散，遠心分離に影響する物理的性質および反応速度に微小な差が現れる．この効果は，原子番号の小さな元素ほど大きくなり，たとえば水素（H），重水素（D），

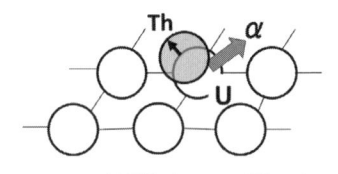

図2 ウランの結晶格子からの反跳のイメージ

トリチウム（T）では，2倍，3倍と重くなるため効果が最大となる．一方，核の体積，形，電子状態の違いなどの体積効果による同位体効果もUなどの重元素で見いだされている．

放射非平衡を利用すると年代測定が可能となる．年代測定の適応期間は，平衡が崩れたときから平衡に戻るまでの時間に限定されるので，親核種と子孫核種の組合せによって適応可能な範囲が決まる．たとえば，^{234}U と ^{230}Th の組合せでは1万年〜50万年程度，^{210}Pb と ^{210}Bi の組合せでは約30日程度となる．放射非平衡による年代決定は，鍾乳石などの炭酸塩から古気候変動の情報抽出や海底熱水鉱床の沈積物から熱水鉱床の形成過程を明らかにする研究などに利用されている．近年では，U，Th の精度よい分析が可能な表面電離型質量分析計（TIMS）などの質量分析計を利用することで，年代測定の精度が向上している．

〔杉原真司〕

文　献

1) 梅本春次, 化学の領域 20, 9-18 (1966).
2) 百島則幸, エアロゾル研究 10, 271-275 (1995).

大気圏内核実験とフォールアウト　VI-02

atmospheric weapons tests and fallout

　大気圏内核実験とは，核爆弾の新たな開発や性能維持を確認したり維持技術を確立するために実験的に核爆弾を大気中で爆発させることをさす．1945年7月16日に行われた人類最初の大気圏核実験以降約500回の大気圏内核実験が各国で行われた．実験方法としては，タワー上，気球，船舶，航空機からの投下あるいはロケットにより行われる．核実験により生じた放射性核種の地表面あるいは海面への降下物を放射性フォールアウト（あるいは単にフォールアウト）という．

　1954年3月1日に米国によりビキニ環礁で行われた水爆実験により，危険水域外で操業していた第五福竜丸乗組員が放射性物質を含む降灰（いわゆる"死の灰"）による被ばくを受けた事件を契機にして，日本における放射性フォールアウトの調査研究が本格的に始まった．さらに大気圏内核実験の回数と規模が増大するにつれて，国際地球観測年（IGY，1957～58年）の観測として，日本だけでなく世界の多くの地点でネットワークを組んで^{90}Srや^{137}Csの月間降下量の観測が始められた．月間降下量を基本としたのは，大気からの地表面への沈着過程が環境中の人工放射性核種の循環（飲料水，農作物，水産物，さらには人間への移行）の出発点であり，被ばく評価の基本要素となることが最大の理由であった．第二次世界大戦後の冷戦時代，米国と旧ソ連を中心として大型の大気圏内核実験が継続されていた．とくに，1963年の部分的核実験禁止条約発効前には，駆け込みで大規模な実験が相次いだ．そのため，1963年6月に人工放射能の降下量は最大値を記録し，1カ月1m^{2}あたり，^{90}Srで約170 Bq，^{137}Csでは約550 Bq となった（図1）．

　その後，「部分的核実験禁止条約」の締結により米国と旧ソ連の大気圏核実験が中止された結果，降下量はおよそ1年の半減滞留時間で減少した．この放射性核種の降下量の時間変化は成層圏に打ち上げられた物質の成層圏での滞留時間を反映している．その後も，中国およびフランスにより大気圏核実験は続けられ，人工放射性核種の降下量は増減を繰り返した．1980年10月に行われた最後の中国による大気圏内核実験の後，放射性フォールアウトは成層圏の滞留時間で減少し，1985年には1957年の観測開始以降最も低いレベルになった．しかし，1986年旧ソ連のチェルノブイリ原子力発電所事故により，揮発性の大きい人工放射性核種（^{137}Csなど）は日本でも1963年に近いレベルに達するほど増加した．チェルノブイリ原子力発電所事故直後の1986年5月に，つくば市での人工放射

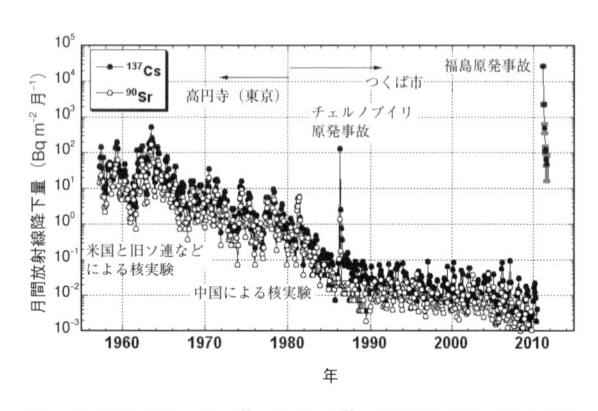

図1　気象研究所による^{90}Srおよび^{137}Cs月間降下量の経時変化（1957年4月～2011年9月）

能の降下量は，1カ月1m^2あたり，^{90}Srで約1Bqであったが，^{137}Csでは131Bqまで増加した．大部分の放射性核種は対流圏の滞留時間（25日）で減少したが，一部の^{137}Csは大気圏内核実験と同様に成層圏にも輸送されていることがわかった．1988年以降2011年3月の東京電力福島原子力発電所事故前まで，^{137}Csの月間降下量は1カ月1m^2あたり，100mBqと低いレベルで推移していたが，明瞭な減少の傾向はみられない．この原因は一度地上に降下した放射性核種の再浮遊に由来すると考えられている．東京電力福島第一原子力発電所事故直後の2011年3月に，つくば市内では月間の1m^2あたりの^{137}Cs降下量は27kBq，同年4月に2.3kBqに達し，^{137}Cs月間降下量の歴代第1位と2位を占める．福島原発事故サイト近傍で総降下量は1m^2あたり1MBqに達しているので，それに比べるとつくば市の値は2桁低いが，歴代の^{137}Cs月間降下量のなかでは大気圏核実験起源である1963年6月の月間の1m^2あたり550Bqのほぼ50倍である．

大気圏内核実験起源の^{137}Cs降下量については総合評価（マッピング）が行われている．降下物データおよび土壌また海水中の単位面積あたりの^{137}Cs存在量などを世界中から収集し，北半球での降下量が緯度・経度で10度の領域ごとに見積もられた（図2）．その結果，従来信じられていた国連科学委員会の報告値の約1.4倍の765±79PBq（1970年1月時点）が推定値となった．国連科学委員会で採用されている考え方である「降下量は経度方向には一定」は，重要な因子である降水量の役割を正しく評価していない．日本や北米大陸東側でみられる降下量極大域が無視されていたため，従来の推定値は小さな数値となっていた．日本や北米大陸東側でみられる降下量極大域が形成される理由は，①成層

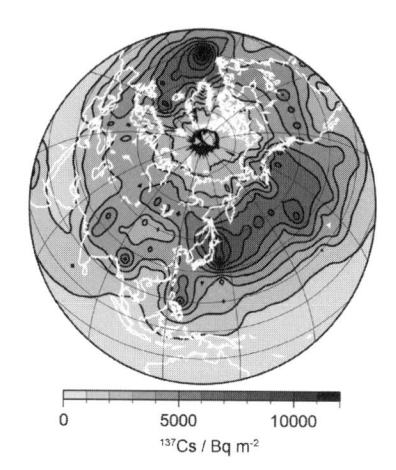

図2　全球の^{137}Cs降下量分布図（1970年1月1日現在）

圏-対流圏の大気交換が活発であり，成層圏に注入された大気圏内核実験で生じた人工放射性核種が対流圏に流入しやすい場所，②降水量が多く大気中の人工放射性核種が地表面あるいは海面に輸送されやすい場所，という降下量を増加させる二つの条件が重なっているためであると結論されている．

環境放射能研究の成果として，大気および海洋中での物質循環について新たな知見が数多く得られてきた．いくつか例をあげると，大気の場合，成層圏での物質の滞留時間が予想よりはるかに短いこと，対流圏下部で放出された物質も滞留時間は30～50日程度であり，成層圏に放出されたものが中緯度なら20日程度で地球を1周するのと同様，対流圏内でも容易に地球を周回できる．海洋の場合，ほとんど溶存態である放射性セシウムが北太平洋では亜表層あるいは中層に極大をもつことから，鉛直的な輸送より水平的な輸送が海洋内部への輸送で効果的であることなどが明らかにされてきた．

〔青山道夫〕

平均滞留時間　VI-03

mean residence time

物質の出入りする系において，入ってくる量と出ていく量がつり合っているとき，その系は定常状態にあるという．定常状態にある系の全存在量を，一定時間に出入りする量（供給速度または除去速度）で割ったものを平均滞留時間という．ある物質がこの平均滞留時間より短い場合には，地域的あるいは時間的に不均一性が認められる．平均滞留時間の逆数は移動の速度や分解速度を表し，地球化学では反応を直接支配する重要な因子である．

この変動や変化の仕組みを理解するために，「平均滞留時間」や「供給と除去のバランス」を考える必要がある．以下に大気や海洋における物質輸送解明のトレーサーとして天然放射性核種や人工放射性核種を用いた例を紹介する．

大気　大気中には地表面から散逸したラドン（Rn）とその壊変生成物，および宇宙線生成核種である ^{7}Be，^{35}S などが存在する．大気エアロゾルに付着した放射性核種の除去機構は乾性沈着と雨である．放射能は固有の物理半減期で減少するので時間スケールを入れたエアロゾルの挙動解析が行える．とくにラドンの壊変生成物は壊変系列を形成するので，それら核種間の放射平衡を利用して滞留時間の推定ができる．大気圏内核実験や原子力発電所の事故で生成した ^{137}Cs，^{90}Sr などの人工放射性核種は発生時期や放出期間が限定され，一般に天然に存在しないので追跡しやすく，発生源も特定できる場合が多いので，大気エアロゾルの長距離輸送の指標としても役に立つ．

地下水　地下水の場合，水の滞留時間を地下水年代とも呼ぶ．地下水は降水が地下に浸透して形成され，その年代は大気との接触が遮断されてからの経過時間と定義される．大気中核実験由来のパルスをもつトリチウムをトレーサーとして滞留時間を推定することができる．宇宙線生成核種である ^{14}C（半減期 5700 年），^{36}Cl（半減期 30.1 万年）も降水とともに地下水に供給される．ある種の仮定が必要であるが，加速器質量分析法（accelerator mass spectroscopy：AMS）により安定同位体との比を測定して滞留時間が決定できる．

海洋　表層海水では ^{234}Th の放射能濃度が溶存している親核種の ^{238}U の放射能より少ないこと，つまり放射非平衡濃度が存在する．この放射能の不足分は難溶性 ^{234}Th が粒子とともに除かれたためである．同様に放射非平衡を利用して，海水中のウラン系列の難溶性成分である ^{210}Pb（半減期：22.20 年）や ^{210}Po（半減期：138.4 日）をトレーサーとして，海水からの粒子の除去過程が評価できる．

土壌　土壌には大気や地上植物の数倍に及ぶ炭素が蓄積されている．1950～60 年代に行われた大気中核実験によって ^{14}C が生成し，大気中 ^{14}C 濃度が急激に上昇した．その結果土壌有機物のなかには，宇宙線を起源とする ^{14}C と，核実験を起源とする ^{14}C が存在している．安定炭素（^{12}C）に対する ^{14}C の存在比（放射性炭素同位体比）をトレーサーとして，炭素の分解・蓄積プロセスを把握できる．放射性炭素同位体比の変化は，炭素が土壌に蓄積されてからの風化や経過時間を反映し，宇宙線起源の放射性炭素同位体比は数百年から数千年の，核実験起源の放射性炭素同位体比は数年から百年程度の滞留時間の推定に利用できる．平均滞留時間が分解率の逆数となることを利用して土壌有機物の平均滞留時間，炭素蓄積量から，土壌有機物の分解速度を推定できる．　〔柿内秀樹〕

バックグラウンド放射線　VI-04

background radiation

　放射線測定器で計測を開始すると，測定試料がなくても計測値が観察されるが，これは主にバックグラウンド放射線に由来する値である．バックグラウンド放射線とは，地球上において観測される天然放射性核種に由来する放射線であり，大きく宇宙線起源放射性核種と地球起源放射性核種の二つに分類することができる．これらの天然放射性核種から一般の人が受ける被ばく線量は年間平均で 2.4 ミリシーベルト（mSv）と報告されているが，バックグラウンド放射線の分布は世界各地で異なっており，日本では 2.1 mSv 年$^{-1}$ であるが，ラムサール（イラン）のような高線量地域では 10 mSv 年$^{-1}$ と地域差がある．

　宇宙線起源放射性核種は，太陽や銀河から放出された宇宙線（素粒子や陽子など）が地球大気と反応して生成する．宇宙線は反応によって大気圏上層でほぼ消滅してしまうが，中性子や陽子等の二次粒子や，トリチウム，炭素-14，ベリリウム-7 などの放射成核種が生成される．地球に降り注ぐ宇宙線の強さは太陽活動の程度，地磁気や高度に影響される．宇宙線は地磁気緯度が低いほど弱いことが，また高度が高いほど強くなることが知られている．たとえば航空機に搭乗したときの被ばくは東京―ニューヨーク路線の往復で約 0.2 mSv である．

　地球起源放射線は地殻を構成している元素に含まれる放射性核種から放出されている．ウラン（U）やトリウム（Th）のように壊変系列をつくっていくつかの放射性核種（たとえばラドンやトロン）への壊変を経て安定同位体になるものと，カリウム-40 やサマリウム-147 のように壊変系列を構成しない天然一次放射性核種（1 回の壊変で安定同位体になる核種）がある．カリウム-40 はカリウム（K）において存在比 0.0117% を占めている．たとえば体重 60 kg の人は約 3600 Bq のカリウム-40 を体内に含んでいることになる．このような内部被ばく線源のほか，外部被ばく線源として土壌や岩石に含まれている天然放射性核種から放出される放射線があるが，これらの濃度レベルは岩石の種類などによって含まれている量が異なっている．一般に花崗岩は他の岩石よりも K，U および Th 量が多いことが知られており，花崗岩が多い西日本は東日本よりもバックグラウンド放射線が高い．地球起源放射線は陸地由来であるので湖や海などの大量の水の遮蔽により減らすことができる．水上では陸上よりもバックグラウンド放射線が低くなる．

　宇宙放射線やそれに起因する放射線は土壌や岩石などで遮蔽することにより減らすことができる．放射線測定装置を地下に設置することで，バックグラウンド放射線を減少させて極低レベル測定を行う施設もある．しかしその一方で，地下では地球起源放射線で取り囲まれることになる．また，U や Th 系列の放射性核種であるラドン（Rn）に起因する放射線も測定の妨害になる．地下測定室では，空気に含まれる Rn によるバックグラウンドカウントを減少させるために十分な換気が必要である．

　なお，近年ではバックグラウンド放射線源として過去に大気圏内で行われた核実験に由来する放射性核種（グローバルフォールアウト）を含む場合がある．グローバルフォールアウトにはセシウム-137 やプルトニウム（Pu）があげられるが，これらは陸域（土壌，淡水，生物など）および海域（海水，堆積物，生物など）に広く分布している．　　　　　〔田上恵子〕

原子力施設と放射性核種　VI-05

nuclear facilities and radioactive materials

核燃料サイクルにかかる原子力施設には，図1に示すようにウラン鉱石の採掘と製錬および核燃料への転換，燃料要素の製造，原子力発電所におけるエネルギー生産，照射燃料の保管と再処理，放射性廃棄物の保管と処分があり，それぞれの段階における原子力施設からの放射性核種の放出量は，その種類や設計，運転状況などによって大きく異なる．なお，原子力施設の事故時における放射性核種の放出については，VII-21を参照されたい．

ウランの採鉱から燃料製造　ウラン（U）の採鉱と製錬後には，副産物（尾鉱）としてかなりの残渣を生み出す．U製錬尾鉱には，Uの5〜10%，全放射能では85%が残っている．公衆および作業者の被ばく低減のため，尾鉱からの放出物はできる限り閉じ込められるが，一部は一般環境へ放出される．大気経路ではラドン-222（^{222}Rn）とその壊変生成物，トリウム-230（^{230}Th），ラジウム-226（^{226}Ra），鉛-210（^{210}Pb）のような粒子状物質，水圏からの経路では水溶性の^{226}Raが主要な放射性核種である．世界的な尾鉱の累積発生量としては，南アフリカ（7億トン），ナミビア（3.5億トン），米国（2.35億トン），カナダ（2億トン）が多く，日本は5.4万トンである[1]．

U転換，濃縮，燃料製造工場からの放射性物質の放出はおおむね少なく，放出物は主にU系列核種に属する．

原子力発電所でのエネルギー生産　原子力発電所におけるエネルギー生産における放出は，主にトリチウム（^{3}H）と希ガスである．表1に原子力発電所からの主要核種の放出量の世界合計値を示すが，これらの数値は利用できるデータの合計であ

表1　原子力発電所からの主要核種の年間放出量（2002年）

核　種	大気（Bq）	液体（Bq）
希ガス	6.4×10^{15}	−
^{3}H	3.1×10^{15}	8.3×10^{15}
^{14}C	5.3×10^{13}	−
^{131}I	4.7×10^{10}	−

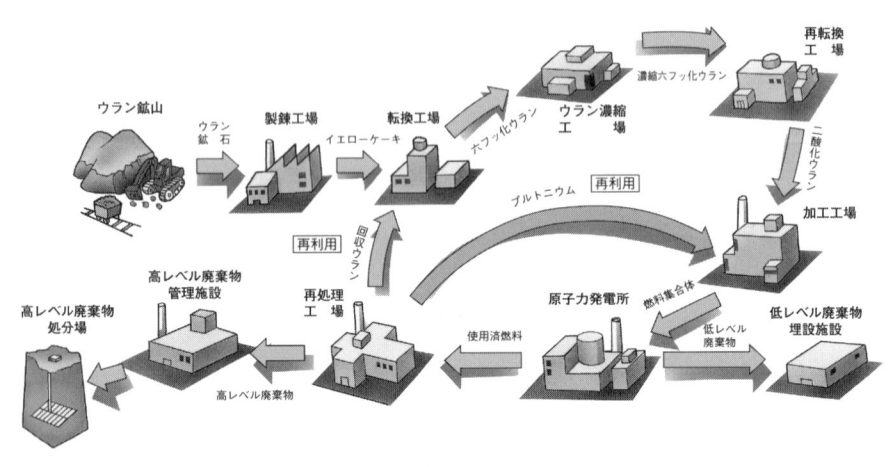

図1　核燃料サイクル

り，世界すべての原子炉の合計ではない[1]．また，放出量は炉型および低減対策によって大きく異なる．他の炉型と比較して，希ガス（主に短寿命のアルゴン-41（^{41}Ar），キセノン-133（^{133}Xe）など）の大気放出は黒鉛減速炉で多く，^{3}H の大気および水圏放出は重水炉で多い．単位エネルギー生産あたりの希ガス放出は，廃棄物管理手順，炉の設計，燃料要素の健全性向上などによって減少し，概して新しい原子力発電所ほど放出量は少ない傾向がある．日本の原子力発電所における単位エネルギー生産（GW 年）あたりの ^{3}H の液体放出量は諸外国と同等であるが，希ガスの大気放出に関しては 3〜4 桁低い水準である[2]．

使用済燃料の再処理　再処理施設からの放出については，使用済み燃料の冷却（保管）を数年間行うことによって短寿命の放射性物質は減衰するが，比較的多量の放射性物質が燃料再処理段階に含まれるため，核燃料サイクルの他の段階よりも多い．とくに大気への希ガス（長寿命のクリプトン-85（^{85}Kr）），^{3}H，ヨウ素-129（^{129}I），炭素-14（^{14}C），海洋への ^{3}H 放出が多いのが特徴である．また，再処理においては，長寿命で環境に容易に拡散する放射性核種（^{3}H，^{14}C，^{85}Kr，^{129}I）の放出が多いのが特徴である．表 2 に商用再処理施設からの主要核種の放出量の世界合計値を示す[1]．とくに英国の再処理施設では，1970 年代にはかなりの量の放出があった（1975 年の ^{137}Cs 液体放出量 5.23×10^{15} Bq）が，運転基準が改善されたため，近年では放出量が低減（2002 年の同放出量で 7.7×10^{12} Bq）

表 2　再処理施設からの主要核種の年間放出量（2002 年）

核　種	大気（Bq）	液体（Bq）
希ガス（^{85}Kr）	3.5×10^{17}	－
^{3}H	3.2×10^{14}	1.5×10^{16}
^{14}C	1.8×10^{13}	2.1×10^{13}
^{129}I	2.6×10^{10}	2.1×10^{12}
^{137}Cs	4.8×10^{8}	8.7×10^{12}

されている．

放射性廃棄物の保管と処分　核燃料サイクルのそれぞれの段階で固体廃棄物が発生する．原子炉の運転からは低レベルまたは中レベル廃棄物，燃料再処理からは高レベル廃棄物，直接処分では使用済み燃料が発生する．高レベル廃棄物および使用済み燃料は現在のところ，適切な処分方法の発展と処分地の選定を待つ間，中間貯蔵タンクに保管される．これら放射性廃棄物の保管と処分時における放射性物質の放出量については，現在のところ利用できるデータがほとんどない．

核燃料の輸送　ここまでで述べた各施設間の核燃料輸送物は，陸路輸送，海上輸送，航空輸送により年間で約 50 万件と見積もられている．平常の輸送については，放射性物質の放出はなく，放射線による個人線量は最大で 0.04 mSv 年$^{-1}$ と見積もられた[1]．

〔中野政尚〕

文　献

1) United Nations Scientific Committee on the Effects of Atomic Radiation, Sources and Effects of Ionizing Radiation 2008 Report（2010）．
2) 原子力安全研究協会編，新版生活環境放射線（国民線量の算定）（原子力安全研究協会，2011）．

環境放射線モニタリング　VI-06

environmental radiation monitoring

　環境放射線モニタリング（以下，「モニタリング」という）とは，環境中の放射線の強さや放射性物質の量を測定し，その分布状況や経時変化などを調べることにより，ヒトおよび環境への放射線の影響を評価することをいう．通常は原子力発電所など，多量の放射性物質を取り扱う施設（以下，「施設」という）が対象となる．モニタリングは，一般的に平常時モニタリングと緊急時モニタリングに分けられる．平常時モニタリングの目的は，①施設に起因する放射性物質または放射線による周辺住民等の線量を推定し，1年間の線量限度（年間1mSv）を十分に下回っていることを確認すること，②環境中における放射性物質の蓄積状況の把握，③施設からの予期しない放射性物質または放射線の放出の早期検出および周辺環境への影響評価，④異常事態，緊急事態発生時のモニタリング実施体制の整備などがあげられている[1]．

　平常時モニタリングは，放出するおそれのある放射性物質の種類（放射性核種），放出の方法，移行挙動や生物濃縮，気象状況や地勢，農作物の栽培状況，居住状況，海産生物の生息状況や漁獲量など，地域固有の特性を考慮した計画に基づき実施される．施設周辺には，主にγ線用の放射線検出器を備えたモニタリングポスト，放射線検出器に加えてダストモニタ，ヨウ素モニタ，気象観測設備などを備えたモニタリングステーション（図1）を設置し，常時監視する．このほか，外部被ばく評価のために，熱ルミネッセンス線量計（TLD）または蛍光ガラス線量計（RPLD），電子式線量計などを設置し累積の放射線量（積算

図1　モニタリングステーションの例

線量）を測定する．内部被ばく評価のためには，ホウレンソウ，ハクサイ，キャベツなどの葉菜，ジャガイモ，サツマイモなどの根菜，コメ，牛乳（原乳），肉類，飲料水，海洋環境では，ヒラメ，カレイなどの底生魚，シラスなどの浮遊性の魚，貝類，海藻中の放射性核種の濃度が定期的に分析される．長期的な蓄積状況の確認のためには表層土壌，湖底土，河底土，海底土などが，変動傾向などの水準把握の観点からは雨雪水，降下物，井戸水，河川水，湖沼水，海水などが分析される．また，放射性核種濃度の変動に敏感であるとともに，年間を通して採取が容易な松葉，ヨモギ，海藻などの指標生物，飼料としては，牧草，デントコーンなども対象となる．分析は，放射性ヨウ素など揮発性の放射性核種は生のままミキサーなどで細かくし，それ以外の放射性核種は，乾燥，灰化などの前処理をした後，セシウム-137（^{137}Cs）などのγ線放出核種はゲルマニウム（Ge）半導体検出器にて測定する．また，トリチウム（^{3}H）は水試料を蒸留後，液体シンチレーションカウンタにて，ストロンチウム-90（^{90}Sr）などのβ線放出核種，プルトニウム-239（^{239}Pu）などのα線放出核種は，灰化した試料を分解，分離，精製などの化学的操作を経て分析（放射化学分析）される[2]．なお，測定・分析においては，得ら

れた値が国家標準とトレーサビリティを保つなど客観的に正しい値であることを定期的に確認する品質保証が重要である．

　一方，緊急時モニタリングは，事故などにより大量の放射性物質が環境へ放出された場合に行われる．周辺住民などの避難や屋内退避，食物摂取制限，ヨウ素剤投与などの防護対策を決定するための初期のモニタリングと，その後放出量が低下してきた段階で行われる住民の被ばく評価や地表に沈着した放射性核種による長期的な被ばく評価のためのモニタリングがある．初期のモニタリングでは，放射性雲（プルーム）通過時の空間線量率測定と放射性ヨウ素，放射性テルルなどの空気中放射性核種濃度の測定が重要であり，迅速性が求められる．また，プルームが流れた風下側や降雨により放射性核種の沈着の可能性が高い地域を優先してモニタリングする．とくに，遠方であっても降雨などにより放射性物質の沈着量が多いホットスポットと呼ばれる場所が発生することがあり，広範囲な調査も必要である．可搬型の放射線測定器やダストサンプラ，ヨウ素サンプラを用いたり，これらを車両に搭載したモニタリング車やヘリコプターを用い，1m高さにおける空間線量率の分布状況（空間線量率マップ）や空気中放射性核種濃度の変動状況を調査する．なお，核燃料取扱い施設における臨界事故の場合は，施設周辺の中性子線量の測定も必要になる．また，内部被ばく防護上重要な飲料水，葉菜類，牛乳（原乳）などが先行して分析される．さらに単位面積あたりの放射性核種の分布状況（汚染マップ）を把握するため，表層土壌が採取・分析される．大気から海面に放射性物質が降下したり，排水として海洋へ放出された場合は，食物連鎖を経て海産生物に取り込まれることから，影響の現れやすい浮遊魚，底生魚，根魚，貝，海藻，栄養段階の高い魚種などをモニタリングする．なお，海産生物への移行は，経路に応じて時間を要するため当初の測定結果が低くても継続して行うことが重要である．さらに地域の経済活動に応じて，淡水魚，キノコ類，飼料，野生生物，腐葉土，建材なども対象となる．

　分析は，迅速性の観点からGe半導体検出器を用いたγ線放出核種が優先される．その後，放出源情報に基づき，被ばく線量の推定・評価に重要な放射性ストロンチウムやプルトニウム，ウラン，ネプツニウム，キュリウム，アメリシウムなどの放射化学分析を行う．汚染が長期化する場合は，空間線量率，空気中放射性核種濃度の測定に加え，半減期の長い放射性核種を対象に長期的な計画を立案，継続してモニタリングする．とくに地表に沈着した放射性核種は，降雨等で洗われ，側溝，排水溝，下水処理場などの汚泥に集まりやすい．閉鎖性の高い湖沼は流域に沈着した放射性核種を集積する傾向がある．また，河川などを通じて海洋へ移行することも考えられることから，河底土，湖沼土，海底土などのモニタリングを経年的に実施することが重要である．

　平常時，緊急時ともにモニタリング結果は，早期に公開されることが重要である．

〔武石　稔〕

文　献

1) 原子力安全委員会，環境放射線モニタリング指針（原子力安全委員会，2008，2010年一部改訂）
2) 文科省科学技術・学術政策局原子力安全課防災環境対策室,放射能測定法シリーズ（文部科学省，No2, 2003; No9, 2002; No12, 1990）

生物濃縮　VI-07

bioconcentration, bioaccumulation, biomagnification

　生物は周りの環境にある化学物質を体内に取り込み生きている．このとき，取り込まれた化学物質の一部は尿や排泄物として体外に排出されるが，一部は体内に蓄積する．蓄積した化学物質の濃度は，環境中の濃度よりも高くなることがあり，これを生物濃縮（bioconcentration, bioaccumulation, biomagnification）という．PCBやダイオキシンなど脂溶性の化学物質は，脂肪の多い組織に蓄積されやすいことが知られている．水銀（Hg）やカドミウム（Cd）などの重金属も体内での蓄積性が高く生物濃縮されやすい．ストロンチウム（Sr）は必須元素であるカルシウム（Ca）と化学的性質が似ているために，骨に蓄積されやすい．このように，生物濃縮は体内の特定の組織で起こることがよくある．

　生物濃縮は公害問題と関連が深い．たとえば日本の四大公害の一つ，水俣病である．熊本県水俣市において，とくに1950年代から1960年代にかけて，新日本窒素肥料（現チッソ）の工場から海へメチル水銀を含む排水が廃棄され続けた．その結果，生物濃縮により沿岸部に生息する魚介類にメチル水銀が蓄積し，これらを日常的に食べていたヒトに神経系疾患の症状が現れた．

　生物濃縮は放射性核種についても起こる．たとえば，キノコは放射性セシウム（Cs）を蓄積しやすいことが知られている．チェルノブイリ事故の後，ヨーロッパ各地で放射性Csを高濃度で蓄積しているキノコが多数見つかっている．キノコの菌糸は植物の葉や枝が未分解で積もったリター層や，これらが分解してできた腐植層に生育することが多い．Csは粘土と結びつきやすいことが知られているが，このようなリター層や腐植層は粘土鉱物が少なく，Csは動きやすい化学形態で存在し，菌糸に取り込まれ蓄積されると考えられている．

　生物濃縮の訳語としてbioconcentration, bioaccumulation，およびbiomagnificationがあるが，それぞれ意味が異なる．以下に例をあげてそれぞれの意味，および生物濃縮の度合いを表す濃縮係数（concentration factor：CF）について解説する．

bioconcentration　魚が水に含まれる化学物質に直接暴露され，その結果，その化学物質を体内に吸収，あるいは取り込み濃縮することをbioconcentrationという．bioconcentrationは，「食べる行為による化学物質の濃縮」の意味を含まない．

bioaccumulation　取り込みの経路にかかわらず，化学物質を取り込んで体内に濃縮することをbioaccumulationという．これは生物蓄積と訳されることもある．

　水銀を蓄積している小魚をエサとする水鳥がいたとする．小魚中水銀濃度と比較して水鳥中の水銀濃度が高くなった場合は，bioconcentrationではなくbioaccumulationである．

biomagnification　生物濃縮は食物連鎖や食物網を介して生じることもある．これらを介してより高次の生物に化学物質が濃縮されることをbiomagnificationという．

　水圏において植物プランクトンなどの生産者は，水に含まれる栄養塩を取り込み細胞内に蓄積する．同時に，目的の栄養塩以外の化学物質も取り込み細胞内に蓄積するため，多くの場合，ここからbiomagnificationが始まる．biomagnificationの第2段階は生産者が動物プランクトンなどの消費者によって食べられることで起こる．一般に，食物連鎖の栄養段階（trophic level）が上がるに連れてエネルギーへの変換効率は低下する．そのため，栄養段階の高

表1 海棲生物の濃縮係数

生 物	各元素の濃縮係数				
	Sr	Cd	I	Cs	Hg
魚	3	5000	9	100	30000
甲殻類	5	80000	3	50	10000
軟体動物(頭足類を除く)	10	80000	10	60	2000
大型藻類	10	2000	10000	50	20000
動物プランクトン	2	60000	3000	40	4000
植物プランクトン	1	1000	800	20	100000
頭足類	2	10000	—	9	10000
ひれ足類(アシカ科)*	—	20000	—	400	30000
	—	700000	—	300	2000000
シロクマ*	—	2000	—	100	9000
	—	100000	—	—	1000000
クジラ目(クジラ,イルカ)*	—	20000	—	300	200000
	—	3000000	—	—	5000000

* 上段:筋肉,下段:肝臓

い生物は栄養段階の低い生物を多量に消費しなければならない.その結果,高次の生物は低次の生物よりも濃縮が進む.

濃縮係数 生物濃縮は放射生態学における中心的課題の一つである.とくに大気圏核実験や原子力施設由来の放射性物質の生物濃縮に関して精力的に研究が進められてきた.この学問分野では,生物濃縮のメカニズムよりは,むしろどのくらい濃縮されるのかという量的な側面に焦点が当てられ,放射性物質による汚染の予測や,汚染した生物を食べることによりヒトが被ばくする線量予測などに利用されてきた.

体内に蓄積される化学物質や放射性物質の度合いは濃縮係数というパラメータで表現される.

$$濃縮係数 = \frac{生物の体内濃度}{環境媒体中の濃度}$$

この関係式から濃縮係数を求める場合,生物の体内濃度は,一般には湿重量あたりの濃度が用いられる.また生体内の濃度も環境媒体中の濃度も単位重量あたりの値が用いられるため,濃縮係数には単位がない.海水などでは,まれに体積あたりの値が用いられるため,この場合,濃縮係数の単位は$L\,kg^{-1}$として表される.また,濃縮係数は生体内濃度と環境媒体中濃度が平衡状態にあるときの係数であることに気をつけなければならない.

表1にIAEAテクニカルレポートに記載されている海棲生物の濃縮係数を示す[1].同じ環境であっても種や大きさによって濃縮係数は異なるので,ここに示す値の取扱いには注意が必要である.

〔石井伸昌〕

文 献

1) International Atomic Energy Agency, Sediment distribution coefficients and concentration factors for biota in the marine environment, Technical Reports Series, No. 422 (IAEA, 2004), 96 pp.

自然被ばく線量　　VI-08

exposure dose from natural radiation sources

　自然界には，地球誕生のときから地殻に存在する長寿命の放射性核種（地球起源放射性核種：ウラン系列，トリウム系列，カリウム-40など）と宇宙線によって生成される放射性核種（宇宙線起源放射性核種：トリチウム，ベリリウム-7，ナトリウム-22，炭素-14など）が存在し，それぞれの放射性核種から放射線が放出される．また，宇宙線自体も自然放射線源となる．天然に存在する放射性核種は，大気や土壌，地下水，河川や湖沼などの表層水，海水に含まれており，これらが含まれる環境で栽培・生育する植物や動物にも取り込まれる．さらに，人間は，食物の摂取や呼吸によって放射性核種を体内に取り込むとともに，環境中に存在する放射性核種や宇宙線からの放射線を受ける．食物の摂取や呼吸によって放射性核種を体内に取り込むことによる被ばくを「内部被ばく」といい，身の回りにある放射性核種などからの放射線を受けることによる被ばくを「外部被ばく」という．

　原子放射線の影響に関する国連科学委員会（UNSCEAR）2008年報告書[1]では，公衆被ばくについて，自然被ばく線量の世界平均値は約 $2.4\,mSv\,年^{-1}$ と報告している．そのうち，ラドン（Rn）とその壊変生成物の吸入による被ばく線量は $1.26\,mSv\,年^{-1}$，宇宙線からの外部被ばく線量は $0.39\,mSv\,年^{-1}$，大地からの放射線による外部被ばく線量は $0.48\,mSv\,年^{-1}$，食品などの摂取による内部被ばくは $0.29\,mSv\,年^{-1}$ である．

　一方，わが国における自然被ばく線量の全国平均は $2.1\,mSv\,年^{-1}$ で，そのうち，

表1　年間に受ける自然被ばく線量の平均値（$mSv\,年^{-1}$）

	世界[1]	日本*[2]
外部被ばく		
宇宙線	0.39	0.3
大地	0.48	0.33
内部被ばく		
ラドンとその崩壊生成物などの吸入	1.26	0.48
食品などの摂取	0.29	0.99
合計	2.4	2.1

*2011年3月11日の東日本大震災に伴い福島第一原子力発電所から放出された放射性核種の影響は含まれていない．

ラドンとその壊変生成物などの吸入による被ばく線量は $0.48\,mSv\,年^{-1}$，宇宙線からの外部被ばく線量は $0.3\,mSv\,年^{-1}$，大地からの放射線による外部被ばく線量は $0.33\,mSv\,年^{-1}$，食品などの摂取による内部被ばくは $0.99\,mSv\,年^{-1}$ とされている[2]．表1に世界およびわが国における自然被ばく線量の平均値を示す．

　自然放射線による被ばくの程度（自然被ばく線量）は，土壌や食物中・空気中などの放射性核種濃度をはじめとした要因に依存し，環境条件に応じた地域的，時間的変動がある．たとえば，空気中の放射性核種濃度を変動させる要因の一つとして，降雨がある．雨の降り始めに空間線量率が上昇するのは，大気中に浮遊する放射性核種が雨粒に捕捉され（ウォッシュアウト），地表にもたらされる結果，地表面近くの放射性核種濃度が上昇することが原因である．また，生活環境の違いも自然被ばく線量に大きな影響を与える．たとえば，コンクリートの建築物は，木造建築物と比較して，宇宙線や大地からの放射線を遮る力が大きいものの，コンクリートや建築材そのものに天然の放射性核種を多く含むため，建築物自体から発生する放射線量は，木造建築

物と比べて多い．また，宇宙線の強さは高度によって異なり，飛行機に搭乗した場合には，宇宙線による被ばくが増加する．たとえば，成田—ニューヨーク間の飛行機による往復で，$0.1～0.2\,\mathrm{mSv}$ の被ばくを受けるといわれており，飛行機に頻繁に搭乗する人の被ばく線量は，搭乗しない人と比べて高くなる[2]．また，宇宙線の強度は高緯度地域ほど高くなるので，日本から欧米への飛行など，極に近いところを飛ぶ場合には，1回の飛行で受ける線量が増える[2]．

大地からの放射線による外部被ばくは，主に，地球起源放射性核種からの γ 線によるものであり，その線量は土壌中に含まれる放射性核種の存在量によって変動する．世界規模での地域による変動幅は，$0.3～1.0\,\mathrm{mSv}\,\text{年}^{-1}$ とされている[1]．わが国においては，都道府県別平均値の最大値は岐阜県の $0.52\,\mathrm{mSv}\,\text{年}^{-1}$，最小値は神奈川県の $0.12\,\mathrm{mSv}\,\text{年}^{-1}$ である[2]．大地からの放射線の源となるウラン（U），トリウム（Th），カリウム（K）は花崗岩に多く含まれるので，花崗岩質地域では線量が高めであり，堆積岩（火山灰を含む）地域では低めになる．日本全体をみると，東日本よりも西日本のほうが多少高めの地域が多いが，全国いずれの地域も世界平均（$0.48\,\mathrm{mSv}\,\text{年}^{-1}$）より低いか同程度の線量である．

人体には，食物などの摂取や吸入により放射性核種が取り込まれ，これによって内部被ばくを受ける．摂取による被ばくを支配するのは，主に食物や飲料水に含まれるカリウム-40 とウラン系列，トリウム系列の放射性核種である．たとえば，ウラン系列およびトリウム系列により受ける成人の内部被ばく線量は，$0.12\,\mathrm{mSv}\,\text{年}^{-1}$ と試算されている[3]．カリウム-40 に関しては体内の K の存在割合（成人で 0.018%，子どもで 0.02%）を考慮して，平均的な年間の被ばく線量を $0.17\,\mathrm{mSv}\,\text{年}^{-1}$（成人で $0.165\,\mathrm{mSv}\,\text{年}^{-1}$，子どもで $0.185\,\mathrm{mSv}\,\text{年}^{-1}$）と算出している[1]．食物の摂取による内部被ばく線量は，先にも述べたとおり，食物中の放射性核種濃度はもちろんのこと，生活習慣（食習慣）の違いによっても，幅広く変動するものと考えられている．なお，わが国の食品などの摂取による内部被ばく線量が世界平均と比較して高いのは，欧米諸国と比較して，日本人の魚介類の摂取量が多く，それに伴い，ポロニウム-210 による被ばく線量が大きくなっていることに起因する[2]．

なお，環境中には，過去に大気圏内で行われた核実験に由来する放射性核種（グローバルフォールアウト）や事故などに由来する放射性核種も存在する．2011年3月11日の東日本大震災に伴い東京電力福島第一原子力発電所から放出された放射性核種が環境に与えた影響は，広範囲に及んだ．事故直後から実態把握のための調査として，空間線量率の測定や，土壌および食物中核種濃度のモニタリングなどが実施されており，事故に由来する被ばく線量を評価するための知見が得られている．

〔加藤智子〕

文　献

1) United Nations Scientific Committee on the Effects of Atomic Radiation, Sources and Effects of Ionizing Radiation, UNSCEAR 2008 Report to the General Assembly with Scientific Annexes, I, Annex B（United Nations, New York, 2010）.
2) 原子力安全研究協会編，新版生活環境放射線（国民線量の算定）（原子力安全研究協会，2011）.
3) United Nations, Sources and Effects of Ionizing Radiation, I : Sources, II : Effects, United Nations Scientific Committee on the Effects of Atomic Radiation, 2000 Report to General Assembly, with scientific annexes（2000）.

環境移行モデル　VI-09

environmental transfer model

　放射性物質が環境中を移行し，最終的にヒトに到達したときの影響を評価するために，移行過程を数式で表し，その数式を解くことによって移行挙動をシミュレートする「環境移行モデル」が用いられる．放射性物質の移行をモデル化するためには，まず，重要と考えられる移行経路を同定する必要がある．たとえば原子力施設から大気中に放出される放射性物質による被ばく線量を評価するためには，原子力施設の放出口から放出された放射性物質が大気拡散やその後の二次的な移行などによって，ヒトの生活圏の環境媒体（ヒトの周りの空気や，土壌，食品など）に移行する経路を同定したうえで，これらの環境媒体が人に対して被ばくを与える被ばく経路を同定する必要がある（シナリオの設定）．次に，これらの移行経路や被ばく経路について，放射性物質の移行挙動や，環境媒体中放射性物質濃度と被ばく線量との関係を数式，すなわち数学モデルで表す（モデルの作成）．このような数式には，一般に「パラメータ」と呼ばれる媒体から媒体への移行割合や速度を示す数値が用いられるため，これらのパラメータの値を与える（パラメータの設定）．最後にこの数式に必要な条件（放射性物質の放出量など）を入力して解くことにより，評価対象となる環境媒体中の放射性物質濃度や被ばく線量を求めることができる．

　環境移行モデルは，実際の移行挙動を単純化して数式に置き換えているため，その数式がどれだけ詳細な構造であっても，実現象との差異，すなわち評価の不確実性を避けることができない．とくに，環境中の物質移行にはさまざまな環境要因（被ばく評価においては人的要因も含む）が関与するため，不確実性の要因もさまざまである．このため，環境移行モデルを作成して評価を行うためには，まず，その評価の目的や，評価に用いることのできる情報の量や精度，評価結果に求められる精度などを検討し，使用するモデルやパラメータ値を適切に選択する必要がある．同じ物質の同じ環境移行挙動を評価するモデルであっても，四則演算だけの単純なモデルもあれば，種々の数式を組み合わせた複雑なモデルもあり，評価の目的などに応じて適切なモデルを選択しなければならない．また一般に環境移行モデルで用いられるパラメータ値は種々の要因によるばらつきがあるため，そのばらつきを把握したうえで適切なパラメータ値を設定する必要がある．通常，モデルが複雑になれば使用するパラメータの数も増加するが，それぞれのパラメータに適切な値を与えることができなければ，モデルによって考慮している現象は多くても，その評価結果の信頼性は単純なモデルより劣ることもあり得る．

　たとえば，耕作地土壌に蓄積している放射性物質が農作物に移行する経路を評価するモデルで最もシンプルなのは，耕作地土壌中の放射性物質濃度と，農作物中の放射性物質濃度が比例すると想定する「移行係数モデル」である（図1）．このモデルのパラメータはその比例係数である「移行係数」のみである．このモデルは，放射性物質が含まれた土壌において生育した農作物

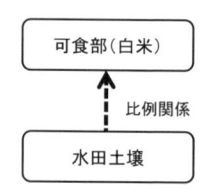

```
┌──────────────┐
│  可食部（白米）  │
└──────────────┘
       ↑         比例関係
┌──────────────┐
│    水田土壌    │
└──────────────┘
```

図1　移行係数モデルの概念図

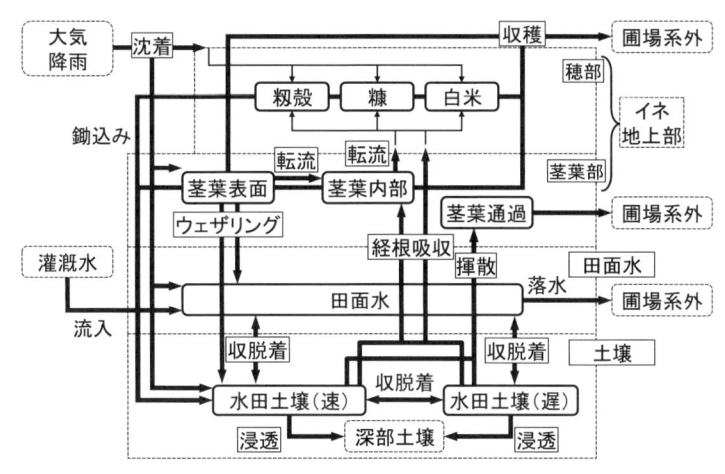

図2 動的モデルの構築例

の収穫時における可食部中の放射性物質濃度を推定し，その経口摂取による内部被ばく線量を評価するという目的では十分に有効である．ただし，土壌中濃度にかかわらず植物中濃度はほぼ一定となる植物必須元素など，このような比例関係が成り立たない物質の評価や，農作物の生育期間の途中で放射性物質の流入があった場合などには，この移行係数モデルは適用することができない．また，農作物の各部位中の蓄積状況の経時変化を推定する場合や，耕作地土壌からの浸透や風化などによる除去機構をモデル化して，土壌中放射性物質濃度の長期的な経時変化を評価する場合には，時間による変化を解析できる動的モデルを使用する必要がある（図2）．その場合には必要とされるパラメータの数も増加するため，それぞれについて適切なパラメータ値を設定する必要がある．

土壌から農作物への移行係数は，土壌に含まれている元素濃度をはじめとする土壌の性状や，その他の種々の環境条件によって変動することが知られている．よって，より精度の高い評価を行うためには，その変動のメカニズムを研究してより精度よいパラメータ値を導出することが必要である．ただし，そのような情報が十分でない場合や，環境要因のばらつきが不可避な広域を評価対象とする場合は，評価を実施する際の目的を十分考慮し，評価の目的に合致した適切なパラメータを選択して解析を行う必要がある．たとえば，こえてはならない「限度」と比較するのであれば，十分に保守的な（作物中の濃度が高くなるような）パラメータ値を選択する必要があるのに対し，実際に被ばくした線量がどの程度であったかを評価する場合は，平均的なパラメータ値を選択することが適切である．このように，環境移行モデルによる評価を実施するためには，モデルおよびパラメータの不確実性の要因に関する情報の量や精度，評価の目的等について，あらかじめ十分に検討することが重要である．

〔髙橋知之〕

放射性および安定同位体の環境移動 VI-10

behavior of radioactive and stable isotopes in the environment

安定元素は環境中でさまざまな形態をとりながら循環している．そこへ，大気圏核実験や原子力施設の事故などによって環境中に放出された放射性核種が加わり，時間の経過とともに徐々に元来環境中に存在しているそれらの安定元素の形態へと変化すると考えられる（エイジング）．

大気中に存在する安定ヨウ素（^{127}I）は，主に海洋からガス状で揮散しているが，大気中では光，温度などさまざまな要因の影響を受け，物理化学的な変遷を経て，粒子状でも存在する．一方，放射性ヨウ素のうち^{129}Iは，半減期約1600万年の長半減期核種であり，主に核燃料再処理施設から放出される．核燃料再処理施設の周辺環境で，大気粒子中^{129}Iと^{127}Iを粒径別に捕集し濃度分布を調査した結果，両者は比較的同様な分布パターンを示し，^{129}Iおよび^{127}Iの空気力学的中央径は，それぞれ<0.4，0.4 μm および 0.5，0.7 μm とおおむね同様であった．このことから，両者は，発生源が異なっているにもかかわらず，ともに<2 μm以下の微小粒子に卓越し，大気中では同様な挙動にあると考えられる．

土壌に沈着した放射性核種の存在形態は時間の経過に伴って変化し，土壌から植物への移行係数（土壌中濃度に対する植物中濃度の比）も次第に減少する．一方，安定元素の移行係数は，同様の条件下で新たな付加がない限り比較的一様にある．土壌に沈着し数十年を経過した大気圏核実験に由来する半減期30.17年の放射性セシウム（^{137}Cs）と，元来土壌に存在する安定セシウム（^{133}Cs）の比（^{133}Cs濃度に対する^{137}Cs濃度の比，^{137}Cs比放射能）を土壌中

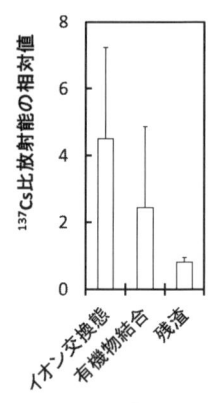

図1 土壌存在形態別の^{137}Cs比放射能の相対値（全土壌中^{137}Cs比放射能値に対する値．$n=11$）

存在形態別に比較すると，イオン交換態画分（比較的移動しやすい形態）＞有機物結合画分＞残渣画分の順に低い値を示す（図1）．このことは，土壌中^{137}Csは^{133}Csより移動しやすい画分に多く存在し，^{133}Csは移動しにくい土壌粒子と強固に結合する画分に多く存在することを示唆している．言い換えれば，大気圏核実験由来の^{137}Csは土壌に沈着して数十年を経過しているものの，^{133}Csと十分な平衡には至っておらず，異なった存在形態割合であることを示している．また，主に土壌のイオン交換態画分に存在するセシウム（Cs）が土壌溶液を介して植物へ移行するため，^{137}Csの移行係数も^{133}Csの値に比べ高い値を示す（図2）．このように，土壌中では履歴の異なる放射性核種と安定元素の存在形態分布割合は必ずしも一致しない．しかしながら，チェルノブイリ原子力発電所事故に由来する半減期2.06年の放射性セシウム（^{134}Cs）と大気圏核実験由来の^{137}Csについて，チェルノブイリ事故6年後に土壌からキノコへの移行係数を比較すると，両者は土壌に沈着してからの経過時間が，それぞれ6年および約30年と約5倍の相違が

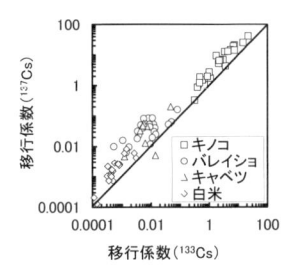

図2 安定セシウム（^{133}Cs）と大気圏核実験による放射性セシウム（^{137}Cs）の移行係数の比較

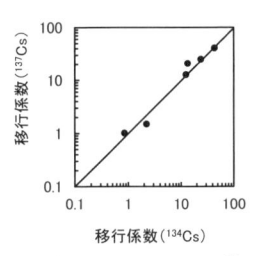

図3 チェルノブイリ事故由来の^{134}Csと大気圏核実験による^{137}Csの土壌からキノコへの移行係数の比較

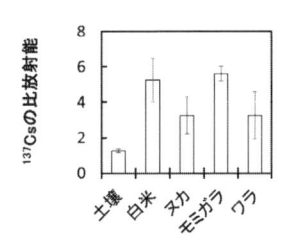

図4 土壌およびイネ部位別の^{137}Cs比放射能

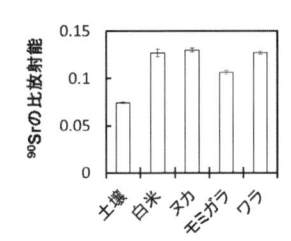

図5 土壌およびイネ部位別の^{90}Sr比放射能

あるにもかかわらず，同様の移行係数を示す（図3）．以上から，土壌に沈着した放射性セシウムの挙動は，安定セシウムとは数十年が経過しても異なっているが，放射性セシウムはたとえ土壌での沈着期間が異なっていても数年以内に比較的一様な存在形態分布割合となると考えられる．

一方，土壌中での^{137}Cs比放射能に比べ作物体中の値は高い．フィールドから採取したイネ中^{137}Cs濃度は，部位間で約10倍の違いがあるものの，作物体中^{137}Cs比放射能は部位によらず比較的一様な値を示し（図4），同一植物体内における^{137}Csと^{133}Csの部位別分布に差はみられない．これは，根から吸収された両者は植物体内で同様の挙動にあることを示唆している．

大気圏核実験に由来する半減期28.79年の放射性ストロンチウム（^{90}Sr）の比放射能（安定Sr濃度に対する^{90}Sr濃度の比）も，^{137}Csの比放射能と同様に，土壌中に比べ植物体で高い値を示している（図5）．一方で，イネ部位別^{90}Sr濃度は，白米とワラで100倍の濃度差にあるが，植物体内での比放射能は一様に分布しており，^{90}Srと安定Srは植物体内で同じ挙動をしていると考えられる．

以上のように，環境中における放射性核種と安定元素の挙動は，エイジングや移行過程によって変化する存在形態に影響を受けることが明らかになっている．そのことを利用して存在形態別に比放射能の変遷をたどることで，放射性核種の挙動を類推することが可能となる．〔塚田祥文〕

NORM　VI-11

naturally occurring radioactive materials

われわれの身の回りには，どこにでも"自然の"放射性物質が存在する（→VI-04）．物質に天然放射性核種が含まれていることを意識するとき，そのような物質を一般にノルム（naturally occurring radioactive materials：NORM）と呼んでいる．NORMのなかで，放射能濃度が比較的高いものには，モナザイト，リン鉱石，チタン鉱石，鉱物砂などがあり，産業用製品の原材料として広く利用されている．原材料的なNORMから出発し，人為的な過程を経て製品となり，幅広い分野で多くの人に使用されているものや，あるいは，火力発電などで発生する大量の石炭灰（フライアッシュ）や，原油掘削や製油の過程などで発生するオイルスケール（缶石）など，なんらかの産業活動の過程で，意図せずに自然放射性物質が濃縮され，結果として放射線量が高くなった物質を，とくにテノルム（technologically enhanced NORM：TENORM）と呼ぶこともある．

たとえば，温泉浴素や塗料の原料となるモナザイト（ベトナム，マレーシアなどから輸入），リン酸アンモニウムの原料となるリン鉱石（中国，モロッコ，ヨルダン，南アフリカなど），酸化チタンの原料となるチタン鉱石（南アフリカ，インド，ベトナム，オーストラリア，カナダなど），研磨剤になるバストネサイト（米国），耐火物に加工されるジルコン（南アフリカ，オーストラリアなど），フライアッシュやクリンカを副産物として得ることができる石炭（オーストラリア，中国，インドネシア，カナダなど）の比放射能（$Bq\ g^{-1}$），

それらを保管する倉庫などに関係者が接近する場の線量率（$\mu Sv\ h^{-1}$）や，一般的な作業工程における被ばく年線量（$mSv\ 年^{-1}$）が，これまでに放射線審議会によって評価されている[1]．この報告書によれば，たとえば原料鉱石の放射能濃度がそれほど高くないものでも，工程中にスケールなどが付着蓄積し，対象物から1m離れた位置で数$\mu Sv\ h^{-1}$のような比較的高い空間放射線量率を示す例も確認されている．一方，作業者の実際の年間外部被ばく線量は，最大でも，バストネサイトの製品置場での作業における0.40 $mSv\ 年^{-1}$程度であった．

国際放射線防護委員会（ICRP）はその放射線防護体系のなかで，どのような被ばく状況であっても，益は害よりも大きくなくてはならず（正当化），経済的および社会的要因を考慮したうえで，個人線量の大きさ，被ばくする人の数，および将来の被ばくの起こる可能性を，合理的に達成できるかぎり低く保つべきである（防護の最適化）としている．NORMの放射線安全もこの枠組の内で議論すべきである．NORMには，実態が必ずしも明確でなく，物量がきわめて大きかったり，存在場所の範囲の同定が困難であったり，副次的な産物として生成されてしまったり，さらには，強めの放射性物質とは知らずに歴史的に便利に使用してきたもの，重要な文化の一部としてすでに地域に定着しているものなど，特殊な状況もありうる．NORMの安全のあり方を整理するには，さまざまな観点からの正確な情報が必要で，それらを総合的に分析し，防護方針を個々に判断することが求められる[2]．

〔飯本武志〕

文　献
1) 放射線審議会総会 報告書，自然放射性物質の規制免除について（2004）．
2) 飯本武志，ほか，安全工学 48, 215–221（2009）．

環境放射能測定法　VI-12

environmental radioactivity measurement

　環境放射能測定という用語は，大別して二つの意味を合わせ持つ．一つは環境場の放射線量を測定する「環境放射線測定（environmental radiation measurement）」，もう一つは，環境に存在する放射性核種を同定し，その放射能を求める環境放射能分析・測定（environmental radioactivity analysis/measurement）である．科学技術の飛躍的発展に伴い，放射線測定機器を用いて環境放射能を測定することは，化学分析や測定技術に支えられる部分は多いものの比較的容易になった．その一方で，安易に測定されたデータは社会的混乱を招くことがあるので，細心の注意を払う必要がある．環境放射能測定に関しての各種分析測定方法については国によりマニュアル化されており，事実上，公定法として認知されている[1]．

環境放射線測定　環境放射線を測定する方法は大別して2通りある．一つの方法は，気体と放射線の相互作用を利用する電離箱，比例計数管やGM計数管，あるいは硫化亜鉛（ZnS）やヨウ化ナトリウム（NaI）などの固体と放射線との相互作用を利用するシンチレーション式測定器などで，時間あたりの放射線量を求める方法である．原子力関連施設の周辺環境で環境放射線モニタリングのために固定設置されているものや，可搬型のサーベイメータなどその種類と用途は多岐にわたる．機器によって対象とする放射線の種類（α，β，γ，X，中性子線など）やエネルギー範囲が異なり，得られる結果も時間あたりのカウント数（cpmなど），吸収線量率（$Gy\ h^{-1}$）あるいは時間あたりの線量当量（$Sv\ h^{-1}$）などに対応するので，用途によって使い分ける．

　もう一つは蛍光ガラス線量計（radiophotoluminescence glass dosimeter：RPLD）や熱蛍光線量計（熱ルミネセンス線量計，thermo luminescence dosimeter：TLD）を環境場に一定期間設置（ばく露）して積算線量を求める方法である．アルミノリン酸アルカリガラスなどを利用した蛍光ガラス線量計は，小型で軽量かつ熱処理によって繰り返し使用できるため需要が増加しているが，ガラス素子の取扱いが多少煩雑な面もある．フッ化リチウム（LiF）や硫酸カルシウム（$CaSO_4$）を利用したTLD素子も環境場の積算線量測定に利用される．

　これら線量計の設置場所や期間については目的ごとに異なる．環境場での温度，湿度，降雨や降雪，風など時として過酷な気象条件におかれることなどを考慮し，線量計間の感度ばらつき，経時変化，線量直線性，エネルギー特性および方向依存性などに注意を要する．より正確な積算線量を得るため，極低レベル放射線量の場所（たとえば地下測定室[*1]）で一定期間ばく露させ線量計自身に由来する線量（セルフドーズ）についても測定されている．

環境放射能分析・測定　環境中には多種の放射性核種がさまざまな物理化学的形態で存在している．ときとして，環境試料に含まれる放射性核種を特定し，その放射能強度を知ることが求められる．この場合，目的とする放射性核種の物理・化学特性をよく把握し，適宜化学分析や放射線測定などを組み合わせる必要がある．

　多くの場合，環境試料は「全量」ではなく「分取された試料」であり，かつ，二度と同じ試料は手に入らない貴重なものとなる．信頼できる分析・測定値を得るため試料採取と前処理は，環境放射能分析・測定において最も重要な工程といっても過言で

はない．

(1) 全α放射能，全β放射能： 一般に蒸発乾固などの簡易的な前処理をして放射線計測を行う．核種弁別はできないが，精密分析を要するか否かの判断，法令など基準値との比較判断，環境放射能レベルや汚染状況の時間的・空間的変動の把握などに利用される．

全α放射能は主としてPu，AmおよびCmを対象とし，ZnS（Ag）シンチレーションカウンタ，2πガスフロー計数器，あるいはα/β弁別型液体シンチレーションカウンタなどにより測定する．多くの核種が対象となる全β放射能についてはガスフロー型β線測定装置などで測定するが，^{3}Hや^{14}Cなどの軟β核種を対象とする場合は適当でない．

(2) α線放出核種： 環境試料に含まれるTh，U，Np，Pu，AmおよびCmなどのα線放出核種を定量するには通常化学分離が必要である．基本的な分析工程は，抽出や全分解などで試料を溶液とし，溶媒抽出やイオン交換分離などの化学分離・精製後，Si半導体検出器によるα線計測を行う．一度の測定で同位体ごと（たとえば，^{234}U，^{235}Uおよび^{238}U）に結果が得られるが，α線エネルギーが弁別できないほど隣接する場合には，$^{239+240}$Puや$^{243+244}$Cmなど「和」として結果を得る．一方，ラドン（^{222}Rn）やトロン（^{220}Rn）はプラスチック検出器などで，その表面付近に生じた傷を計測するアルファトラック法により定量できる．

(3) β線放出核種： β線は連続エネルギーをもつため測定時に核種ごとの弁別ができないので，α線放出核種と同様に，化学分離・精製が必須である．たとえば，^{90}Srはイオン交換分離などを経て精製するが，定量の際はミルキングで得た^{90}Yを測定し，^{90}Srから^{90}Yを生長させた時間を逆算して^{90}Srの放射能を求める．^{137}Csは，化学分離・精製後，塩化白金酸セシウム（$Cs_2(PtCl_6)$）とし低バックグラウンドβ線測定装置で定量する．一般に^{3}H，^{14}C，^{99}Tc，^{226}Ra，^{241}Puなどは電解濃縮（^{3}H）や化学分離精製を行い，液体シンチレーションカウンタで定量する．また，空気中の^{85}Krや^{133}Xeは活性炭などに吸着させ，ガスクロマトグラフで分離精製し，GM計数管などで定量する．なお，測定試料に複数の放射性同位体を含む場合（^{89}Srと^{90}Sr，^{134}Csと^{137}Csなど）は通常弁別されないので注意が必要である．

(4) γ線放出核種： Ge半導体検出器は，γ線計測において最も普及している測定機器の一つである．短時間に非破壊で多核種同時測定ができる利点を生かし，緊急時はもちろん平時のモニタリングにも活用されている．環境試料の場合，そのままの状態で測定可能であるが，生試料であれば灰化，水試料であれば沈殿生成（Csの場合，リンモリブデン酸アンモニウムに吸着させる）など，試料の減容化を図ることで，より効率よく測定ができる．一度の壊変で複数のγ線を放出する核種にみられるサム効果など，γ線と検出器や遮蔽材との相互作用で生じる散乱線，設置環境場でのバックグラウンド変動などを考慮する必要がある．

(5) 長半減期放射性核種： ^{14}C，^{99}Tc，^{129}I，^{232}Th，^{238}U，^{237}Np，^{239}Puおよび^{240}Puなど半減期の長い核種は，放射線測定ではなく，原子の数を直接測定する加速器質量分析やICP（誘導プラズマ）質量分析により定量する方法もさかんに応用されている．

〔及川真司〕

注・文献
*1 たとえば，金沢大学環日本海域環境研究センター尾小屋地下測定室など．
1) 文部科学省放射能測定法シリーズ，No. 1～34（全34編，2015年1月現在），文部科学省．

ラドン，トロン ^{222}Rn, ^{220}Rn

VI-13

radon, thoron

ラドンは原子番号86の元素で，周期表では一番右の列にあり，常温では不活性ガスとして存在する．同位体は，ウラン系列の^{222}Rn，トリウム系列の^{220}Rn（通称トロン），アクチニウム系列の^{219}Rn（通称アクチノン）である．半減期はそれぞれ，3.824日，55.6 s，3.96 s である．「ラドンとトロン」と併記する際には，^{222}Rn を狭義のラドンとしている．

ラジウム（Ra）がキュリー夫妻によって発見された2年後の1900年に Dorn によってラドン（Rn）は発見され，当初はラジウムエマネチオンと称された．1901年，エルスター（Elster）とガイテル（Geitel）が洞穴内の空気の電気伝導度が高いことを発見し，1902年に，この原因が空気中のラドン娘核種にあることを明らかにした．これから少し遅れて，温泉，鉱泉中の放射能測定が盛んになった．

以下では，主に^{222}Rn（ラドン）について記す．Rn の親核種である^{226}Ra は，土壌や岩石に含有されている．Rn は生成されると不活性ガスなので，拡散によって大気中にもたらされる．半減期が約4日なので，すぐにはなくならず，大気中に存在する．大気中の Rn 濃度は，大気安定度などによって変化し，典型的には，明け方高く夕方低い日変動を示す．Rn の源は主に大地であり海からの散逸は少ない．大気が大陸や陸地上に長くとどまっているとその気塊に Rn が多く含まれることになり，一方，海洋性の大気では濃度は低い．大気中の Rn 濃度は，春から夏にかけて低く，秋から冬にかけて高い季節変動を示す．Rn は化学反応を起こさないので，大気科学や水文学でのトレーサーとして有用である．

Rn 崩壊後に続く核種を「Rn 子孫核種」という．^{222}Rn の崩壊系列を図1に示す．Rn 子孫核種は金属原子である．大気中では，Rn 子孫核種は，エアロゾル（浮遊塵）に付着した付着成分と，付着していない非付着成分の形で存在する．

自然放射線による年線量の世界平均は2.4 mSv で，その53%は空気中の Rn とその子孫核種を呼気で吸入することによる内部被ばくからの寄与である．大地や建材から散逸した Rn は屋内に滞留し，部屋の換気率が小さい場合は高濃度となる．日本は地質や換気習慣が欧米とは異なり，Rn による年線量は0.4 mSv と欧米より小さい．内部被ばくに寄与するのは主に Rn 子孫核種である．大気中の付着成分も非付着成分も呼吸によって取り込まれ，気管支や肺胞に沈着して，そこで α 線を放出し線量を与える．

大気中や雲中に存在する Rn 子孫核種が降雨によって地表に沈着すると，Rn 子孫核種の γ 線によりモニタリングポストの線量率が上昇する． 〔山西弘城〕

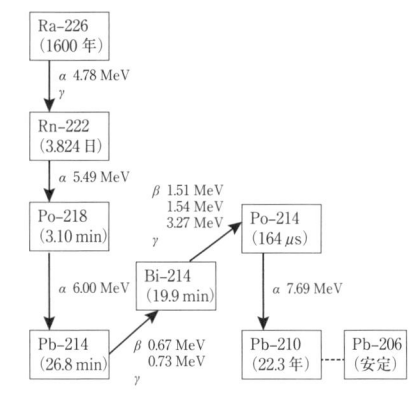

図1 ^{222}Rn とその短寿命子孫核種（核種名の下のカッコ内は半減期である）

Ra-226 (1600年) → α 4.78 MeV, γ → Rn-222 (3.824日) → α 5.49 MeV → Po-218 (3.10 min) → α 6.00 MeV → Pb-214 (26.8 min) → β 0.67 MeV, 0.73 MeV, γ → Bi-214 (19.9 min) → β 1.51 MeV, 1.54 MeV, 3.27 MeV, γ → Po-214 (164 μs) → α 7.69 MeV → Pb-210 (22.3年) → Pb-206 (安定)

トリチウム（三重水素） ^3H

VI-14

tritium

　トリチウム（^3H）は水素の放射性同位体（半減期 12.32 年）で ^1H や ^2H（重水素）とほとんど同じ挙動をすることから，水素をもつ分子や化合物に入ることができる．トリチウムは環境中では水やメタンなどの単純な分子から複雑な高分子化合物まで広く分布する代表的な放射性核種である．トリチウムは β 壊変して ^3He になるとき，弱いエネルギーの β 線（最大 18.6 keV，平均 5.7 keV）を放出するので，生物への影響は少ない放射性核種とされている．β 線の最大飛程が空気中で 5 mm，水中で 6.0 μm であることから，人の放射線防護を考えるときは体内被ばくのみを考慮すればよい．

　環境中に存在しているトリチウムの主な発生源には以下のものがある．

　(1) 宇宙線で生成した中性子と大気中の窒素や酸素の核反応により生成する天然トリチウム．天然トリチウムの生成と壊変は地球全体では平衡状態にあり，地球上の存在量は 1～1.3 EBq と推定されている．主に成層圏下部で生成した原子状のトリチウムは，速やかに安定な化学形（主に水）に変化してやがて対流圏に移行する．最終的には地表の水循環に組み込まれ，雨，水蒸気，河川水，湖水，海水，地下水などに分布する．一部は光合成で植物に取り込まれ食物連鎖に組み込まれる．

　(2) 1950～60 年代に盛んに行われた大気圏内核実験で大量のトリチウムが環境へ放出された．トリチウムと重水素を使用した水爆実験の寄与が大きく，核実験トリチウムは天然トリチウムと混じり合い雨として世界中に降下した．核実験による放出量は天然トリチウムの存在量の 200 倍以上と

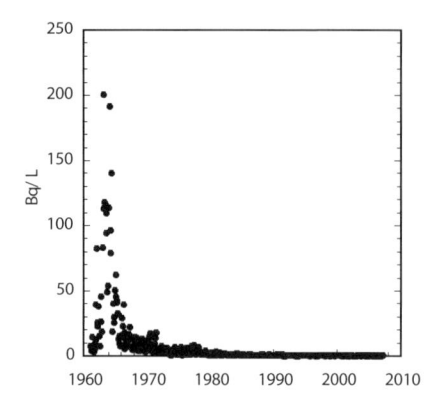

図1　雨のトリチウム濃度．東京（1960～75年）と千葉（1975年以降）

推定されているが，部分的核実験禁止条約（1963年）で大気圏内の核実験が禁止されてからは環境への放出は多くない．大気圏内核実験は 1960 年代前半に活発に行われたため，雨のトリチウム濃度は 1963 年に最大値を示したが，被ばく上問題になるレベルではない（図1）．成層圏まで注入されたトリチウムは，約1年の滞留時間で対流圏に降下していったので，1963 年以降の雨のトリチウム濃度は減少を続け，現在は天然の濃度に戻ったと考えられている．大量のトリチウムが 1960 年代前半にパルス的に地球の水循環に導入されたので，核実験トリチウムは地下水の年代測定に利用されている．

　(3) トリチウムは回収や閉じ込めが技術的に困難な放射性核種であることから，原子力発電所や核燃料再処理施設などの原子力関連施設では，ほぼ全量をトリチウム水として海洋や大気に放出している．核燃料再処理施設や原子力発電所の周辺で環境試料にトリチウム濃度の増加が観察されることがあるが，被ばく上は問題となるレベルではなく，核実験の影響を大きく受けていた 1960 年代前半と比較してもその影響は小さい．

〔百島則幸〕

炭素-14
^{14}C

VI-15

radiocarbon, carbon-14

^{14}C は原子核が陽子六つと中性子八つにより構成される炭素の放射性同位体であり，天然に存在する．半減期は5730年で，壊変により弱いエネルギーのβ線（最大で156 keV）を放出して窒素-14（^{14}N：安定同位体）になる．γ線は放出しない．炭素には^{12}Cと^{13}Cの二つの安定同位体があり，自然界での存在割合は^{12}Cが98.9%，^{13}Cが1.1%であり，^{14}Cはごくわずかである（約10^{-10}%）．^{14}Cは環境中で安定炭素同位体と同じように動き，無機・有機のさまざまな形態で存在する．環境中に存在する^{14}Cの発生源には以下のものがある．

天然起源 大気圏上層部で宇宙線の中性子によって，主に大気中の窒素との反応により生成し，年間の生成量は約1.5 PBq（10^{15} Bq）である[1]．大気上層で生成した^{14}Cは酸化されてCO_2となり，大気の流れにしたがって地表付近に供給されて，水圏や生物圏へ移動する．地球上の天然存在量は約13 EBq（10^{18} Bq）と推定され[1]，そのほとんどは海洋に存在する．大気中および陸域生物炭素中の^{14}Cは，人工の^{14}C放出や化石燃料の使用が始まるまで平衡状態にあり，^{14}Cの比放射能は炭素1 kgあたり約230 Bqでほぼ一定であった．

大気圏内核実験 1950〜60年代に数多く行われた大気圏内核実験で大量に放出され，1963年のピーク時の濃度は北半球高緯度地帯で天然の約2倍に達した（図1）．核実験における総生成量は約213 PBqと評価されており[1]，これは大気中の天然の^{14}C存在量（約150 PBq）に近い量である．1963年に大気圏内核実験を禁止する条約が締結されて以降は，大気中^{14}C濃度は

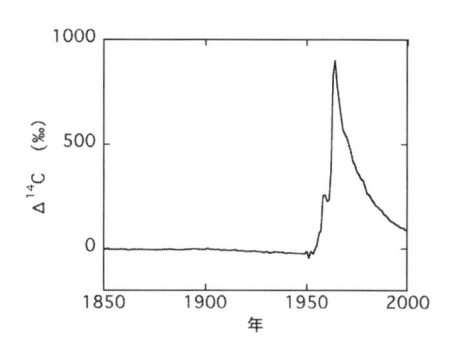

図1 北半球の大気中CO_2の^{14}C同位体比の変化の例（$\Delta^{14}C=0$は自然起源のみの平衡値，$\Delta^{14}C=1000$は自然起源の平衡値の2倍）

海洋との二酸化炭素交換などに伴って減少を続け，現在はほぼ天然レベルに戻っている．

原子力施設 ^{14}Cは原子炉内で，燃料や構造材等に含まれる窒素や炭素，酸素と中性子の反応で生成され，原子力発電所や核燃料再処理施設等の原子力関連施設から放出される．1997年までに原子力関連施設から放出された^{14}Cの総量は約2.8 PBqと推定されている[1]．施設放出による^{14}C濃度レベルの増加は比較的施設周辺に限られており，その増加の程度は核実験の影響による1960年代の濃度増加に比較して小さい．^{14}Cは原子炉の解体や核燃料再処理に伴って発生する放射性廃棄物にも存在し，長半減期であることから，適切な管理や処分が必要である．^{14}Cはまた，医学や生物学のトレーサー研究に使用するために商業的に生成されている．

環境中の^{14}C濃度は，化石燃料の消費によっても影響を受ける．太古の生物を起源とする化石燃料は^{14}Cを含まない（もともとあった^{14}Cが壊変して消滅している）ため，化石燃料の消費に伴い大気中の^{14}Cは希釈され比放射能が低下する．これをスース（Suess）効果という．

環境中の^{14}Cは，物質の動きや年代を調

べるために数多く利用されている．最も知られているのは年代測定である．生物体に含まれる ^{14}C は，その生物が生きている間は外部との炭素交換により大気中と同じ濃度になっているが，その生物が死ぬと炭素交換が行われないため，死後の年数に応じて壊変によってのみ減少する．そのため，^{14}C の残存量から死後の年数を推定できる（→Ⅷ-02）．同じように，海洋表層で ^{14}C 濃度が大気と平衡状態にあった海水が中層や深層に移動すると，大気からの ^{14}C 供給が絶たれ，中深層へ移動してからの年数に応じて壊変により減少する．これは，海洋の深層循環の研究に有効である．陸水が地下に浸透して地下水となるときにも，同様に大気との炭素交換が絶たれるため，地下水の滞留時間推定にも利用できる．また，大気圏内核実験により大気中に放出された ^{14}C は，数年から数十年の比較的短いサイクルの炭素の動きを調べるトレーサーとして利用されている．大気圏内核実験が停止した後の大気中 ^{14}C 濃度の減少速度と，海洋や陸上の植生の濃度の変化を調べることで，大気と植生間の二酸化炭素交換速度の評価が行われた．近年では，^{14}C を利用して，土壌圏における有機物の蓄積・分解のプロセスが調べられている．土壌有機物中の ^{14}C を測定することで，その有機物の平均滞留時間とその逆数である分解速度を知ることができる．これを利用し，土壌有機物を化学的・物理的に分けて，^{14}C を測定することで，有機物の化学的・物理的性質と分解速度の関係を調べることができる．

^{14}C の測定方法を大きく分けると，β 線計測法と加速器質量分析法（AMS）がある．β 線計測法では，^{14}C の壊変に伴って放出される β 線を，液体シンチレーション計測法などの方法で測定する．一方，AMS では，^{12}C・^{13}C・^{14}C をその質量の違いをもとに物理的に分離し，それぞれの原子の数を直接測定する．AMS は β 線計測法よりも少ない炭素量で測定でき，低い濃度の ^{14}C の測定がより短い時間で可能なため，年代測定や環境試料の測定では AMS が主流となっている．

^{14}C 濃度は，単位炭素質量あたりの放射能（比放射能），または同位体比で表すのが一般的である．自然界に存在する ^{14}C はごく微量であるため，その同位体比の変動はごくわずかである．その変動を表すために，標準物質の $^{14}C/^{12}C$ を基準として，その値からの試料の $^{14}C/^{12}C$ のずれを千分率（‰）で表し，$\Delta^{14}C$ として表記している．標準物質の $^{14}C/^{12}C$ として，天然起源の ^{14}C のみが存在しているときの大気中 $^{14}C/^{12}C$ 平衡値と同様の値（1950年の木材の $^{14}C/^{12}C$ の値に換算している）が用いられていることから，人工的な ^{14}C の放出が起きる前の大気中 ^{14}C 濃度は，$\Delta^{14}C = 0$ ‰ となる．年代測定では，現代炭素（1950年を基準とする）の ^{14}C 濃度に対する試料の ^{14}C 濃度の割合を百分率（％）で表す pMC（percent modern carbon）という単位も使われている．　　〔安藤麻里子〕

文　献

1) UNSCEAR, UNSCEAR 2000 Report to the General Assembly with Scientific Annexes Volume I Sources (United Nations, New York, 2000).

クリプトン-85
^{85}Kr

VI-16

krypton-85

クリプトン-85 は化学的に不活性なクリプトンの放射性同位体（半減期 10.78 年）で ^{235}U や ^{239}Pu の核分裂により生成する β 線放出核種である（核分裂収率約 0.3%）．自然には大気圏上層部での宇宙線による核反応で生成（0.09 PBq 年$^{-1}$）するが 1950〜70 年代に実施された大気圏内核実験で環境中に放出された（130 PBq）．

しかし圧倒的に大量の ^{85}Kr は核燃料の再処理から放出される．放射性核種の原子炉などでの生成量を考えたとき，その飽和項は，$(1-e^{-\lambda t})$ で表される．半減期が長いと壊変定数 $\lambda(=\ln 2/T_{1/2})$ は小さくなるので中長半減期核種の生成量はすぐに飽和せず，燃料の照射時間に応じて生成放射能が増える．そのため，核燃料中に封じ込められている ^{85}Kr は，照射時間に応じ蓄積する．結果として ^{85}Kr は，核燃料が再処理されてはじめて大気中へ放出される．核燃料は再処理前に数年間は貯蔵保管され，さらに施設からの排ガスは放出前に短半減期核種の減衰のため貯留される．^{85}Kr は放出濃度を監視しながらほぼ全量が大気中に放出される．現在の技術をもってしても高圧ボンベに貯蔵するほかはないが，放射線管理上かえって作業者の被ばくが増大するため，大気中に希釈放出したほうが危険性が低いと判断されている．核燃料の再処理量，燃焼度，貯蔵保管期間により変動するが 1980 年代以降 200〜450 PBq 年$^{-1}$ が放出されたと推定される（図1）．

^{85}Kr は，^{14}CO$_2$ や ^{3}H・HO のように水に溶けやすい性質をもたないため海洋にはほとんど吸収されず（水への平衡溶解度 1.85×10^{-10} g g^{-1}）放射壊変以外では大気中から除去されない．したがって，放出量が放射壊変量（年間約 6% が除去）を上回れば大気中に蓄積する．北半球中緯度での 2006 年での濃度レベルはおよそ 1.5 Bq m^{-3} で，2000 年代後半まで毎年約 30 mBq m^{-3} の割合で濃度は徐々に増加していた．地球全体では，現状，およそ 5 E（エクサ）Bq の量が大気中にあると推定され，人為起源の放射性核種のうちで環境中存在量は最大と考えられる．なお，チェルノブイリ事故による放出量はおよそ 35 PBq，福島事故による放出の推定値は与えられていないが，千葉における観測値から数桁以上小さいと推測可能である．

^{85}Kr が放出する β 線の平均エネルギーは 251 keV で，人体への沈着・取込みが脂肪組織を除き考えにくいことから，^{85}Kr が一般公衆に与える被曝影響は全般にごく小さいと考えられている．

〔五十嵐康人〕

文　献
1) M. Hirota, et al., J Radiat. 45, 405-413（2004）.

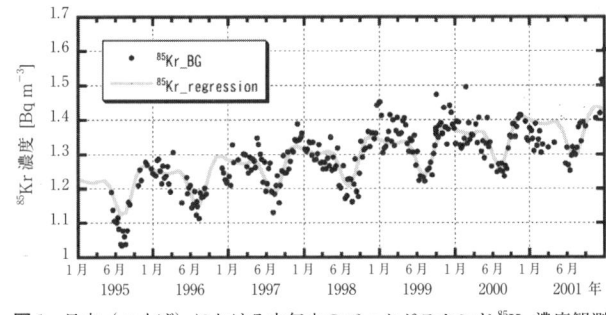

図1 日本（つくば）における大気中のバックグラウンド ^{85}Kr 濃度観測値．曲線は関数によるフィッティング[1]

プルトニウム
Pu

VI-17

plutonium

表1 主なプルトニウム同位体の性質[1]

同位体	半減期	壊変形式
^{236}Pu	2.858 年	α
^{238}Pu	87.7 年	α
^{239}Pu	24110 年	α
^{240}Pu	6561 年	α
^{241}Pu	14.290 年	β^-, α
^{242}Pu	3.735×10^5 年	α
^{243}Pu	4.956 時間	β^-
^{244}Pu	8.11×10^7 年	α, (SF*)

*SF：自発核分裂

　プルトニウム（Pu）は，原子番号 94 の超ウラン元素の一つであり，常温では固体で金属光沢をもつが，空気に触れると直ちに酸化して光沢を失う．通常原子炉内で^{238}U の中性子捕獲によって生成され，さらに次々と他の同位体が生成される．これまで質量数 228 から 247 までの 20 種の同位体が確認されている．プルトニウムの発見は，1940 年に米国のカリフォルニア大学のシーボルグ（Seaborg）らにより行われた．彼らはサイクロトロンを使ってウランに重陽子を衝突させた実験により，その生成物中から質量数 238 の^{238}Pu を発見した．主なプルトニウム同位体の性質を表1に示す．プルトニウムの同位体はすべてが放射性であり，大部分の同位体が α 線を放出する．原子炉で生成するプルトニウムの主要な同位体である^{239}Pu は α 壊変をして^{235}U になる．^{241}Pu は β^- 線放出核種であり，14 年と比較的短い半減期で^{241}Am になる．また，^{239}Pu と^{241}Pu は核分裂断面積が大きいため，核分裂物質，つまり核燃料として利用できる．核燃料再処理工場で使用済み燃料から回収されたプルトニウムは，ウランと混合し，MOX 燃料に加工され核燃料として利用される．すべての同位体は γ 線を放出し，自発核分裂で中性子線を放出する同位体もある．

　プルトニウムの毒性は，化学的には一般の重金属並みである．しかし，プルトニウム同位体の大部分は α 線を放出し，比放射能が高いため，動物が摂取した場合，その化学的毒性よりも，放射線の影響が先に現れる．体内への摂取，侵入経路は，吸入摂取，経口摂取および皮膚の傷口を介しての血中への侵入である．ただし，放射性毒性は経口摂取や皮膚からの侵入の場合はそれほどでもないが，吸入摂取した場合，晩発影響である発がんの危険性がある．肺に取り込まれたプルトニウムの大部分は，数十日〜数百日の生物学的半減期で排出されるが，その一部は血液を介して主として骨と肝臓に移行する．骨での生物学的半減期は 50 年，肝臓では 20 年といわれている．

　現在，環境中にわずかであるがプルトニウムが存在している．そのほとんどは人工起源のものであるが，ごくわずかに天然起源のものも見つかっている．1972 年にアフリカのガボン共和国のオクロ鉱山で発見された天然原子炉では，そのウラン鉱石中に^{239}Pu が生成していたことがわかっている．一方，環境中に存在する人工起源のうち，一番多いものは過去の大気圏内核実験で放出されたプルトニウムである．1963 年の部分的核実験禁止条約で大気圏内核実験が国際的に禁止されるまで，ビキニ環礁，サハラ砂漠，北極海などで実験が繰り返され，これまで 6.52×10^{15} Bq の^{239}Pu が放出され[2]，地球全体に広がっている．

　1986 年 4 月 26 日に起こった旧ソ連（現ウクライナ共和国）のチェルノブイリ原子力発電所事故でもプルトニウムが放出され，そのうち^{239}Pu は 1.3×10^{13} Bq とされている[3]．事故の際，原子炉の爆発により，炉心にたまっていたプルトニウムが粒子状

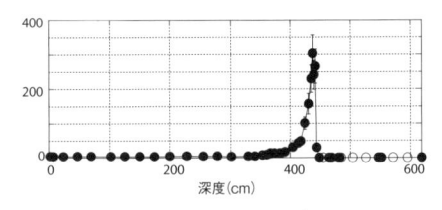

図1 西山貯水池堆積物中の$^{239+240}$Pu濃度分布(Bq kg^{-1}。○は検出限界以下を示す)

表2 さまざまなプルトニウム放出源の^{240}Pu/^{239}Pu 比[6]

	^{240}Pu/^{239}Pu 比*
フォールアウト（積算）	0.18
核兵器	0.01～0.07
チェルノブイリ事故	0.40
原子炉燃料	0.23～0.67

*：原子数の比

となって飛散したが，密度が高いため，発電所近傍に落下したことが知られている．

その他，1964年にプルトニウム電池を搭載した米国の衛星SNAP-9Aがインド洋の上空で炎上した事故，1966年に核兵器を搭載した米国の戦略爆撃機がスペインで墜落した事故，1968年にグリーンランドで核兵器を搭載した米国の戦略爆撃機が不時着した事故が知られている．また，日本では長崎原爆由来のプルトニウムが爆心地から東に約3kmにある長崎市西山地区周辺で検出できる．図1は西山貯水池堆積物中の$^{239+240}$Pu濃度の深度分布である．深度約4.4mに極大値がみられ，^{240}Pu/^{239}Pu比は約0.03を示すことから，この層に堆積するプルトニウムは長崎原爆爆発直後に堆積したものだと考えられている[4]．また，2011年に発生した東京電力福島第一原子力発電所による事故では，^{137}Csや^{131}Iなどの核分裂生成物に比べ非常に少ない量ではあるがプルトニウムが放出され，^{238}Pu，^{239}Pu，^{240}Puの総量で1×10^9Bqとされている[5]．

環境中に存在するプルトニウム同位体のうち濃度が高いものは，^{239}Puと^{240}Puである．これらを精確に測定するためには，まず試料からイオン交換や抽出クロマトグラフィーによりプルトニウムを取り出す必要がある．取り出したプルトニウムはα線検出器で測定するが，これらが放出するα線のエネルギーの差が小さいため（^{239}Pu：5.15 MeV, ^{240}Pu：5.16 MeV），二つの核種を区別して測定することはできない．したがって，測定値は両者を合計した値，$^{239+240}$Puとして示される．一方，誘導結合プラズマ質量分析装置（ICP-MS）や表面電離型質量分析装置（TIMS）などの質量分析装置を使えば^{239}Puと^{240}Puは区別して測定できる．表2にさまざまなプルトニウム放出源の^{240}Pu/^{239}Pu比を示す．^{240}Pu/^{239}Pu比は，放出源によって異なり，その比は，原子炉のタイプ，核燃料の組成や燃焼度などを反映している．そのため，環境試料中の^{240}Pu/^{239}Pu比を正確に求めることによって，プルトニウムの放出起源を推定することができる．〔國分陽子〕

文　献

1) R. B. Firestone and V. S. Shirley, Table of Isotopes, 8th ed., Vol. II (John Wiley, 1996), pp. 2770-2817.
2) UNSCEAR 2000 report: Sources and Effects of Ionizing Radiation, Vol. I: Sources, Annex C: Exposures from man-made sources of radiation (United Nations, 2001), p. 213.
3) UNSCEAR 2008 report: Sources and Effects of Ionizing Radiation, Vol. II: Effects, Annex D: Health effects due to radiation from the Chernobyl accident (United Nations, 2009), p. 49.
4) Y. Saito-Kokubu, et al., J. Environ. Radioact. 99, 211 (2008).
5) UNSCEAR 2013 report: Sources, Effects and risks of Ionizing Radiation, Vol. I, Annex A: Levels and effects of radiation exposure due to the nuclear accident after the 2011 great east-Japan earthquake and tsunami (United Nations, 2014), p. 41.
6) T. Warneke, et al., Earth Planet. Sci. Lett. 203, 1047 (2002).

高自然放射線地域の住民の健康影響 VI-18

health effect among residents of high background radiation areas

われわれは大地γ線や宇宙線からの外部被ばく，また，ラドン（Rn）の吸入や食品の摂取を通した内部被ばくによって，実効線量にして1年間に世界平均2.4 mSvの放射線を自然放射線源から受けている．ところが世界のいくつかの地域では，環境から受ける自然放射線の量が通常の地域よりも数倍から数十倍程度高いことが知られている．このいわゆる「高自然放射線地域」に住んでいる人々の健康に放射線がどのような影響を与えているかを調べるために，いくつかの疫学調査が実施されてきた．

高自然放射線地域におけるがん 高自然放射線に関連した代表的な疫学調査として，中国・広東省の陽江およびインド・ケララ州のカルナガパリで実施された調査があげられる．中国での研究では，高自然放射線地域におけるがん死亡率は対照地域と比べて増加せず，むしろ低下しているとの調査結果が1980年にサイエンス誌に発表され，世界の注目を集めた．その後の拡大調査でも，高自然放射線地域におけるがん死亡率の増加は観察されていない．

一方，インドの疫学調査は研究対象者のすべてについて個人ごとに線量が測定・推定されていること，がんの死亡ではなく罹患を調べていること，放射線以外の要因についても調査がなされている点で，中国の調査にはない長所を有する．2009年に公表された論文では，白血病および白血病以外のがんともに，放射線量との有意な関連はインドの高自然放射線地域ではみられないことが報告された．

住居内ラドンによる肺がん 高自然放射線のうちとくに住居内のラドン（Rn）およびその子孫核種の影響については，肺がんリスクとの関連から，1980年代以降多くの疫学調査が実施されてきたが，個々の調査における対象者数が少ないこともあり，住居内のRn濃度と肺がんリスクの間の関連について一貫した結果が得られなかった．しかしながら，欧州と北米で実施された複数の疫学調査によるデータを統合した最近のプール解析により，住居内のRn濃度と肺がんリスクの間に有意な直線関係がみられること，また，Rn濃度が100 Bq m^{-3}増加するとともに，肺がんリスクが10～20%程度増加することなどが明らかになった．喫煙者の肺がんリスクは非喫煙者より高く，喫煙を原因とした肺がんリスクがかなり大きい．しかも，Rn濃度あたりの肺がんリスク増加は喫煙者と非喫煙者の間で大きく違わないことから，喫煙者のRn対策の重要性が指摘される．

がん以外の健康影響 高自然放射線に関連した奇形，ダウン症，甲状腺結節などがん以外の健康影響についても，また，住居内ラドンに関連した肺がん以外のがんリスクについてもいくつかの疫学調査が行われきた．全体的にみればこれまでの疫学調査からは，住居内ラドンによる肺がんを除けば，健康影響が高自然放射線地域の住民で増えているという一貫した証拠は得られていない．これらの調査結果は比較的低い線量の放射線に長期間被ばくした場合に，健康影響のリスクは高線量から外挿されるものより低いことを示唆するが，よりよい理解のためにはさらなる研究が必要である．

〔吉永信治〕

環境生物の放射線防護　Ⅵ-19

radiation protection of biota in the environment

　放射線防護の仕組みは，基本的には人を放射線から守るためにつくられている．そして，この仕組みのなかでは，ヒト以外の環境生物も守られているというのが国際放射線防護委員会（ICRP）などの考え方であった．この考え方の基礎となっているのは，さまざまな生物のなかでヒトを始めとする哺乳類が最も放射線感受性が高いという，40年以上前に収集された急性致死線量のデータである．ヒトは全身に数 Gy の放射線を受けると死に至る可能性があるのに対し，たとえば，原生動物の急性致死線量は 100～数 1000 Gy とされている．

　一方，1990 年代になって環境問題に対する関心が世界的に高まるなか，放射線についても環境影響を評価する必要性が指摘され，環境アセスメントの一環としてこれを実施する国が出始めた．そこで，影響評価の基本的な考え方や手法についての国際的な合意形成が必要となり，ICRP を始めとする多くの国際機関が協力して議論を重ねてきた．

　2005 年には ICRP に環境の放射線防護に関する第 5 委員会が新設され，2007 年に刊行された新勧告（Publication 103）には，環境の放射線防護に関連する新しい章が加わった．これら一連の活動のなかで，標準人（平均的な体格をもつ理論上の人間）に相当する標準動物および標準植物（reference animals and plants）の概念が提唱され，2008 年には 12 種類の標準動物および標準植物の詳細とそれを用いた環境防護の枠組みについての報告書（Publication 108）が刊行された．

　環境への影響とひとくちにいっても，影響が及ぶ範囲は，分子レベルから個体，個体から群集，そして生態系とさまざまである．また，多種多様な環境生物に対してヒトの発がんに相当するような一律のエンドポイントを設定することは困難である．そこで ICRP は，まず個体および個体群が受ける影響に注目し，致死，罹患率，繁殖率低下，遺伝的影響などの指標について，科学的知見を収集する努力をしている．環境生物の被ばく線量に関しては生物やその生活媒体中の放射性核種の濃度から，生物に対する吸収線量率（たとえば mGy 日$^{-1}$）を評価することとし，ヒトに使用する等価線量や実効線量は用いない．環境生物の影響評価と線量評価に必要なデータベースの整備も，ヨーロッパの一連のプロジェクトを中心に進んでいる．しかしながら，ヒトに至らない放射性核種の動きや比較的低線量率での長期照射に対する影響などはデータが限られている．標準動物および標準植物ですらほとんどデータがないものがある．

　1986 年のチェルノブイリ原子力発電所事故の後は，30 km 圏内を中心に環境中の生物に放射線の影響がみられた．発電所近傍のマツの枯死は急性影響の典型的な例である．それ以外にも複数の生物種で遺伝的な影響などが観測されている．2011 年 3 月の福島第一原子力発電所の事故についても，環境放射能のモニタリングデータからの推測として，環境生物へ影響が出る可能性が指摘されている．幸いチェルノブイリ原子力発電所事故のときのような重大な影響はみられないが，福島の環境で一般的なスギやマツなどの針葉樹が放射線に対して比較的高感受性であることや，多くの生物が生活の基盤としている土壌表層部に放射性セシウム（Cs）が蓄積しやすいことを考えると，ヒトはもちろんであるが，環境の生物や生態系そのものに対する放射線の影響にも注目していく必要がある．

〔吉田　聡〕

VII
原子力と放射化学

軽水炉の構造　VII-01

structure of light water reactor

　原子炉にはさまざまなタイプのものがあるが，発電用原子炉の多くは軽水炉と呼ばれるものである．軽水炉には，加圧水型炉（PWR）と沸騰水型炉（BWR）とがあり，どちらも基本的な構造は共通している．すなわち，発熱源の最小単位は燃料ペレットであり，複数の燃料ペレットが集められて1本の燃料棒が形成され，複数の燃料棒が束ねられて1体の燃料集合体がつくられる．また，数百体の燃料集合体が制御棒とともに原子炉圧力容器の中に配置され，円柱形状の炉心が形成される．さらに，原子炉圧力容器は，さまざまな原子炉周辺機器とともに原子炉格納容器に収納される．以下では，これらの基本的な構造と役割について，内側から順に紹介する．

　燃料ペレット　　PWRとBWRのどちらも，ウラン-235を5.0 wt.%以下に濃縮した低濃縮ウラン燃料が使用され，耐熱性が高い二酸化ウラン（UO_2）を，直径が8～11 mm，高さが11～14 mmの円柱形状に焼結成形させた燃料ペレットを最小の燃料単位とする．一部の燃料には，3～10 wt.%程度のガドリニア（Gd_2O_3）が添加される．これは，余分な中性子をガドリニウムに吸収させるためのもので，可燃性毒物（バーナブルポイズン）と呼ばれている．また，使用済み燃料を再処理して得られたプルトニウム（Pu）を利用する軽水炉（プルサーマル炉）では，原子炉全体の燃料のおよそ1/3を上限として，二酸化プルトニウム（PuO_2）とUO_2を混合したMOX燃料が使用される．

　燃料棒　　長さ約4mの燃料被覆管に，燃料ペレットを全長の約9割程度詰め

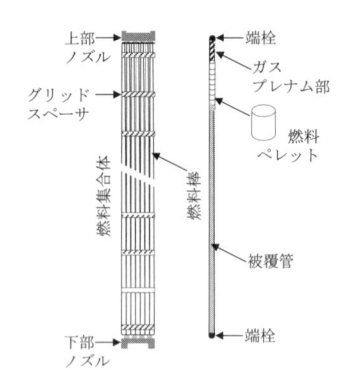

図1　PWRの燃料棒と燃料集合体

込み，上部にコイルばねを入れ，両端を端詮で溶接密封し1本の燃料棒とする（図1）．コイルばねがある上部の空間は，燃料の燃焼とともに発生するキセノン（Xe）やクリプトン（Kr）などのガス状の核分裂生成物により燃料棒内の圧力が上昇するのを緩和させる役割をもち，ガスプレナムと呼ばれる．また，原子炉内の運転時圧力はPWRで約15.5 MPa，BWRで約7 MPaと高いため，被覆管の健全性を保つため，燃料棒製造時に不活性なヘリウムガスが加圧充てんされている．

　燃料被覆管は，ジルコニウム（Zr）を主成分とするジルカロイ合金でできており肉厚は0.6～0.9 mmである．

　燃料被覆管に要求される特性は，中性子の吸収が少ないこと，熱伝導率が高いこと，高温高圧に耐えうること，腐食に強いこと，成形加工が容易であること，再処理がしやすいことなどである．とくに，Zrは，ステンレスなどの材料に比べて中性子の吸収が少ないため，必要なウラン（U）濃縮度を低くできることが大きな特長である．

　BWRの燃料被覆管に使われるジルカロイ合金は，ジルカロイ-2と呼ばれるもので，Zrをベースに，耐食性を高めるため，スズ（Sn），鉄（Fe），ニッケル（Ni），ク

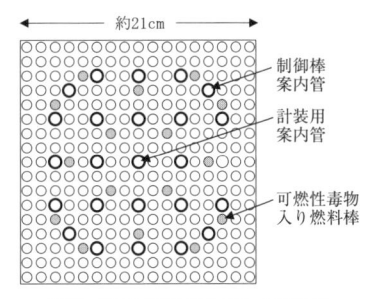

図2 PWR燃料集合体の水平断面

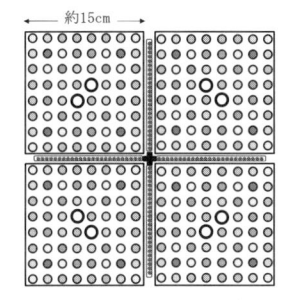

図3 BWR燃料集合体（4体）と十字型制御棒の水平断面

ロム（Cr）などが少量添加されている．一方，PWR用の燃料被覆管では，冷却水中に添加される水素の吸収を抑えるため，ジルカロイ-2に比べて，ニッケル量を少なくしたジルカロイ-4が使用されている．

燃料集合体

（1）PWRの燃料集合体： 複数の燃料棒が束ねられて燃料集合体が形づくられる．PWRの燃料集合体では，熱出力に応じて，燃料棒が14×14，15×15，または17×17の配列で一定間隔に配置される．図2は，熱出力が3411 MWの4ループPWRで使われている，17×17型燃料集合体の水平断面図を示したものである．PWRでは，一つの燃料集合体内にある燃料のウラン濃縮度は同一である．ただし，ガドリニア入り燃料を使う場合は，そのウラン濃縮度は他のUO_2燃料よりも低くされる．

燃料集合体の中央部には，中性子量を測定するための可動型検出器を原子炉の下部から挿入するために中空の案内管（計装用案内管）が設けてある．また，PWRでは，制御棒が燃料集合体の内部に分散して挿入されるため，燃料棒と同程度の直径の制御棒を上部から挿入するための制御棒案内管が配置されている．案内管の材質は，燃料被覆管と同じジルカロイ-4である．

PWRの燃料集合体は，燃料棒と案内管のほか，上部ノズル，下部ノズル，およびグリッドスペーサから構成される．冷却水は，下部ノズルから入り，燃料棒の隙間を流れて上部ノズルから出る．軽水炉の冷却水は，核分裂で生まれる高速の中性子を減速させ，核分裂をより起こしやすくする中性子減速材としての役割も担っている．グリッドスペーサは，燃料棒の間隔を一定に保って支持するためのもので，垂直方向に7～9箇所取り付けられている．

（2）BWRの燃料集合体： BWRでは，PWRに比べて，燃料集合体内部の設計自由度が高く，同じ原子炉でも新しい設計の燃料集合体で古いものを置き換えていくことができ，現在は8×8型と9×9型の燃料集合体が導入されている．

図3に，8×8型燃料集合体（4体）の水平断面図を示す．燃料集合体の側面は，ジルカロイ-2製の板（チャンネルボックス）で囲まれている．BWRの制御棒は，十字型をしており，4体の燃料集合体の中心部に炉心下部から挿入されるが，燃料棒はチャンネルボックスにより，制御棒との接触から保護される．

PWRに比べ炉内圧力が低いBWRでは，炉心下部から入った冷却水はチャンネルボックス内で燃料棒の発熱により温められ，飽和温度に達して沸騰し，気泡（ボイド）が発生する．冷却材領域に占めるボイドの体積割合（ボイド率）は，入口で0%，出口で70%程度，炉心平均では40%

程度である．燃料集合体の中心部には，核分裂を起こす中性子のエネルギー分布（中性子スペクトル）を最適なものとするため，1本または2本のウォーターロッド（四角形状の場合はウォーターチャンネルと呼ばれる）が配置される．このなかとチャンネルボックスの外側は，ボイドがほとんどない飽和水に近い状態である．飽和水の近くは核分裂が起こりやすいことから，集合体内部の発熱分布を平坦化するため，U 濃縮度に分布がつけられる．すなわち，ウォーターロッド近くやチャンネルボックス周辺部の燃料は相対的に U 濃縮度が小さく与えられる．また，ボイド発生により水の密度が垂直方向に大きく変わる BWR では，燃料の軸方向にも U 濃縮度やガドリニア濃度に分布をもたせ，軸方向出力分布の平坦化が図られている．

制御棒

（1）PWR の制御棒： PWR の制御棒は，中性子を吸収しやすい銀（Ag），インジウム（In），カドミニウム（Cd）の合金をステンレススチールで被覆したもので，1本の制御棒は燃料棒と同様な外形をしている．17×17型燃料集合体の場合，24本の分散した制御棒は上部で1本にまとめられており，これら全体を制御棒クラスタと呼ぶ．制御棒クラスタは，圧力容器の上部蓋の外にある制御棒駆動装置につながれており，磁気ジャック方式により上下に駆動される．これにより，制御棒は燃料集合体内部に制御棒案内管を通して挿入・引き抜きが行われる．原子炉の運転時には制御棒はほぼ引き抜かれた状態にあり，緊急時には，スクラム信号により電磁石が切れて，制御棒は自重により原子炉内に落下する．

（2）BWR の制御棒： BWR の制御棒には，ボロンカーバイド（B_4C）を利用するものと，ハフニウム（Hf）を利用するものとがある．前者は，B_4C 粉末を複数のステンレス製の円管に詰め込み，これらを十字型に並べて側面をステンレス板で覆ったものである．中性子は主に ^{10}B の (n,α) 反応により吸収される．後者は，ハフニウム板を中央の支持棒に羽根状に取り付けたものを十字形のステンレス製シースに収納したものである．ハフニウム制御棒は，ハフニウム同位体の (n,γ) 反応により中性子を吸収し，ボロンカーバイド制御棒よりも制御棒の交換サイクルが長いことが特長である．なお，BWR では炉心の上側に気水分離器や蒸気乾燥器などの構造物が存在するため，制御棒は炉心下部から水圧作動の制御棒駆動装置により挿入される．また，緊急時には，蓄圧タンクのガス圧により全挿入される．

炉　心

燃料集合体は，原子炉圧力容器内に中性子の漏れが少ない円柱形状に配置され，炉心が構成される．炉心の大きさは原子炉の熱出力による．たとえば，熱出力 3411 MW（電気出力 1180 MW）の PWR の場合，装荷される燃料集合体数は 193 体であり，等体積の円柱に見立てた直径（炉心等価直径）は約 3.4 m，燃料が存在する高さ（炉心有効長）は約 3.7 m である．また，熱出力 3926 MW（電気出力 1356 MW）の BWR の例では，装荷される燃料集合体数は 872 体で，炉心等価直径は約 5.2 m，炉心有効長は約 3.7 m である．

PWR の場合，制御棒クラスタは，制御棒駆動装置が干渉をしないように間隔を開けて，193 体中 53 体の燃料集合体に対して配置される．一方，BWR の十字型制御棒（205 本）は，炉心周辺部を除き，燃料集合体 4 体に 1 本の割合で配置される．

原子炉圧力容器

原子炉圧力容器は，高温高圧の環境下で，炉心やその他の炉内構造物を収納するとともに，外部との間で冷却水を流通させる役割をもつ．また，事故時には，放射性物質の外部への拡散を防止する役割も担う．外形は，上部と下部がドーム型で，胴体部は円筒形状である．下

部は胴体部に溶接されているが，上部の蓋は，燃料交換などのために開放できるようボルトで固定されている．1000 MW 級 PWR の場合，胴体部の内径は約 4.4 m，高さは約 13 m で，17 MPa 以上の圧力に耐えうるよう設計されている．同クラスの BWR では，内径が約 6.4 m，高さが約 22 m で，炉心直径が大きいことと，気水分離器などの構造物を含むため PWR に比べて大きくなる．

冷却水は，炉心の上方部に位置する圧力容器のノズルから給水され，炉心の外周りを円環状に下降し，下部で反転して炉心内に入る．炉心の周りを流れる冷却水は，炉心から漏れ出る中性子を炉内に反射させる中性子反射体の役割も担っている．

原子炉格納容器と原子炉建屋　原子炉格納容器は，原子炉圧力容器と周辺の主要機器を収納する気密性と耐圧性の高い鋼製または堅牢なコンクリート製容器で，冷却材喪失などの原子炉事故時に，内部の圧力変動の障壁となるとともに，放射性物質の環境への拡散を防止・抑制することを主な役割としている．

PWR の原子炉格納容器には，原子炉圧力容器のほか，制御棒駆動装置，一次冷却系の配管や加圧器，蒸気発生器などが収納される．一方，BWR の原子炉格納容器には，原子炉圧力容器，制御棒駆動装置，主蒸気系配管，再循環系配管，再循環ポンプなどが収納される．

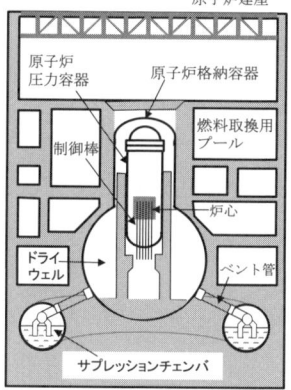

図 4　Mark-I 型 BWR 原子炉建屋内の構造

原子炉格納容器とこれを収納する原子炉建屋の構造は，PWR と BWR といった炉型のほか，原子炉の設計年代によっても大きく異なっている．一例として，図 4 に東京電力福島第一原子力発電所で事故を起こした日本で最も古いタイプの Mark-I 型 BWR の原子炉建屋内の構造を示す．Mark-I 型 BWR の原子炉圧力容器は，上部のドライウェルと呼ばれる部分と下部のトーラス形状の圧力抑制室（サプレッションチェンバ）とで構成される．配管破断などの事故時に原子炉圧力容器からドライウェルに流出した蒸気を含む炉心冷却水は，ベント管を通してサプレッションチェンバ内の水プールに導かれ，高圧の蒸気はここで凝縮される．　　　　〔奥村啓介〕

軽水炉における核反応と反応度制御 VII-02

nuclear reactions and reactivity control in light water reactor

核反応　原子炉のなかではさまざまな核反応が発生しているが，原子炉の特性を考えるうえでとくに重要なものは，中性子と原子核の反応である．それらのなかでも主要な反応は，中性子が原子核と衝突して散乱される散乱反応と，原子核に中性子が吸収される吸収反応である．散乱反応は，衝突前後で運動エネルギーが保存される弾性散乱と，中性子の運動エネルギーの一部が原子核を励起させる非弾性散乱とに分類される．また，原子核に衝突した中性子が核内に取り込まれると，原子核を励起してγ線が放出される．これを中性子捕獲反応または（n, γ）反応と呼ぶ．原子核がウランのような重い核の場合には，中性子が核内に取り込まれて核分裂を起こし，2～3個の中性子を放出する．制御材に含まれるボロン-10の（n, α）反応のような一部の例外を除けば，中性子が1秒間に吸収される反応の数（吸収反応率）は，近似的に捕獲反応率と核分裂反応率の和と見なすことができる．また，これらの反応率は，中性子の量を表す中性子束（ϕ）と，標的となる原子の個数密度（N）に比例する．したがって，核反応の種類（x）に応じた反応率（R_x）は以下の式で表される．

$$R_x = \sigma_x \phi N \tag{1}$$

ここで，σ_x は，核反応のしやすさを示す核種に固有な量で，断面積と呼ばれる．実際には，中性子束も断面積も中性子の運動エネルギーに依存する．一例として，ウラン-235の断面積を図1に示す．ウラン-235の断面積は，重い核種の特徴として多数の共鳴ピークを有している．また，核分裂断面積（σ_f）は，捕獲断面積（σ_c）

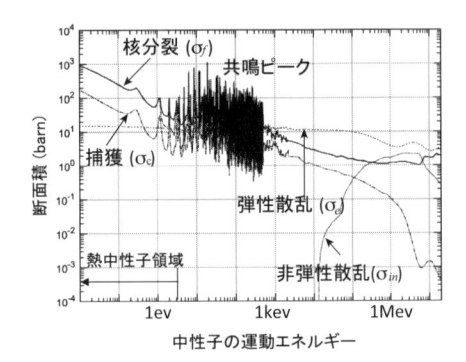

図1　U-235の断面積

より大きく，エネルギーが小さいほど大きくなる．

中性子の減速　原子炉のなかで核分裂反応により生まれた中性子は，平均2 MeV程度の高いエネルギーを有する高速中性子である．高速中性子は，冷却材中の水素のような軽い原子核と弾性散乱反応を繰り返し，核分裂断面積が大きい数eV以下のエネルギー領域まで減速される．中性子は，減速されるほど吸収反応率が大きくなることと，冷却材（運転状態で約600 K）の分子運動により運動エネルギーを貰い受けるようになるため，中性子束は，0.01～数eVの範囲でピークをもつ．このように熱平衡に達した中性子は熱中性子と呼ばれ，軽水炉における核分裂反応の多くは熱中性子により引き起こされる．一方，低濃縮ウラン燃料の大部分を占めるU-238は，熱中性子のエネルギー領域では核分裂を起こさず，減速中の中性子の多くは，U-238の捕獲反応の共鳴ピークにより吸収される．この共鳴ピークは，燃料温度が上昇するとその幅が広がり，より多くの中性子が吸収される（ドップラー効果）．

中性子増倍率と臨界　原子炉で核分裂により生成した中性子は，炉心のなかで吸収されるか，炉心の表面から外に漏れ出るかのいずれかにより消滅する．これらの生

成と消滅のバランスを示す指標として，以下の式で定義される中性子増倍率（k_eff）が使われる．

$$k_\text{eff} = \frac{中性子の生成率}{中性子の消滅率} = \frac{P}{A+L} \quad (2)$$

ここで，P は核分裂による中性子の生成率，A は吸収反応率，L は漏えい率である．この式で，生成率が消滅率に等しければ，原子炉は臨界（$k_\text{eff}=1$）となり，生成率が消滅率より大きければ超臨界（$k_\text{eff}>1$），またその逆であれば未臨界（$k_\text{eff}<1$）となる．

仮に，核分裂により100個の高速中性子が発生し，減速中に5個の中性子が炉外に漏れ，15個の中性子がウラン-238の共鳴に吸収されたものとする．さらに，残った80個が熱中性子となり，そのうち30個が燃料被覆管や冷却材および制御材などに吸収され，残り50個がすべてU-235に吸収されて核分裂を起こし，それぞれが2個の中性子を生成した場合を考える．この場合，$P=100$，$L=5$，$A=15+30+50$ で中性子の生成と消滅がバランスしており，この体系は臨界状態となる．なお，毎秒100個の中性子が生成し100個が消滅する状態は臨界であるが，毎秒1万個の中性子が生成し，1万個の中性子が消滅する状態も臨界である．したがって，中性子束の大きさ，あるいはこれに比例する原子炉の出力の大きさとは無関係に，原子炉を臨界にすることができる．

反応度と反応度制御　中性子増倍率の1からのずれを示す量として，以下のように反応度（ρ）が定義される．

$$\rho = \frac{k_\text{eff}-1}{k_\text{eff}} \quad (3)$$

たとえば，臨界にある原子炉から制御棒を引き抜けば，中性子の吸収反応率（A）が減少して，原子炉は超臨界となるが，このとき式（3）に相当する正の反応度が加えられたことになる．図2に示すように，原子炉に正の反応度が与えられると，中性

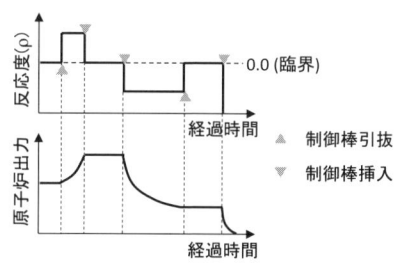

図2　反応度と原子炉出力の関係

子増倍して原子炉の出力は上昇する．逆に，負の反応度が与えられると，原子炉の出力は減少する．

このように，反応度を変化させることにより，原子炉の起動，出力変化，停止をさせることができる．そのためには，中性子の生成率，吸収反応率，漏えい率を，適切に変化させればよい．

軽水炉の反応度制御　軽水炉では，約300 Kの常温停止状態から原子炉を起動させて，定格出力による高温運転状態とし，約1年間の運転を維持した後，原子炉を再び常温停止するまでの反応度制御が必要とされる．また，運転時の出力変化に対応するとともに，緊急時には原子炉を速やかに停止する必要もある．これらの運転操作に伴う温度変化や，運転期間中の燃料の燃焼によって，原子炉の反応度も変化する．たとえば，PWRでは，冷却材の温度が上昇すると，水の密度が小さくなり，中性子の減速が損われる．また，BWRにおいても，気泡（ボイド）が発生，あるいは増加すると，蒸気を含めた水の平均密度が減少し，中性子の減速が損われる．これらの結果，熱中性子の数が相対的に少なくなり，核分裂による中性子の生成率が減少し，負の反応度が加わる．また，燃料温度が上昇すると，ドップラー効果により，U-238による吸収反応率が増え，負の反応度が加わる．さらに，燃料の燃焼が進むと，U-235が減少するとともに，中性子を吸収しやす

い核分裂生成物が蓄積され，負の反応度が加わる．したがって，燃焼前の常温原子炉には，これらの負の反応度を相殺できるだけの正の反応度（余剰反応度）をあらかじめ与えておく必要があり，実際の運転時には，余剰反応度を常に制御して臨界にすることとなる．図3は，新燃料を装荷した原子炉を起動し（A→C），1年以上の定格運転（C→D）を行った後，原子炉を常温で停止させる（D→E）までについて，常温臨界状態を基準とする余剰反応度の変化を示したものである．

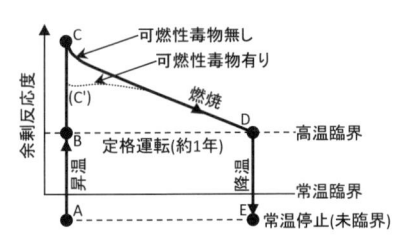

図3 1サイクル運転期間中の余剰反応度変化

PWRでは，これらの反応度制御に，制御棒クラスタ，冷却材中のボロン濃度調整（ケミカルシム），可燃性毒物の三つの方式が組み合わされて使用される．なお，PWRの可燃性毒物には，BWRと同様なガドリニア入り燃料（Gd_2O_3–UO_2）のほか，制御棒が挿入されない位置の燃料集合体の制御棒案内管に，ボロン（B）を含むほう珪酸ガラスのクラスタを挿入する方式も併用されている．制御方式の役割分担としては，制御棒が起動や停止などの比較的短時間の反応度制御に使用されるのに対し，ケミカルシムと可燃性毒物は燃焼に伴う長期の反応度制御に使用される．可燃性毒物は，高温状態における余剰反応度（C→D）を燃焼初期で小さくする（C'→D）効果があり，これによりケミカルシムのボロン濃度上限を小さくし，反応度制御をより安定なものとしている．

一方，定常運転中に冷却材が沸騰しているBWRでは，冷却材中に制御材を混入させる方式は利用できない．このため，BWRの反応度制御では，十字型制御棒と可燃性毒物に加えて，炉心流量の調整による方法がとられている．たとえば，入口炉心流量を絞ると，ボイドの発生量が増加し，負の反応度が与えられる．余剰反応度が不足する場合には，炉心流量を増加させ，正の反応度を与える．PWRの定格運転中は，制御棒はほぼ引き抜かれているが，BWRでは，炉心流量の調整だけでは，運転期間中のすべての反応度を制御しきれないため，一部の制御棒が全挿入されており，炉心流量の調整とあわせて，それらの制御棒挿入パターンの調整が1サイクル期間中に5回程度行われる．

緊急時や原子炉に何らかの異常が検知された場合には，PWRとBWRともに，スクラム信号により制御棒が全挿入され，原子炉はすみやかに停止する．また，BWRでは運転時のケミカルシム制御は行われないが，緊急時のバックアップ停止用として，ほう酸水注入系が設けられている．

〔奥村啓介〕

次世代炉

VII-03

next generation reactor

　次世代炉とは 2030 年代の実用化をめざして開発中の新型原子炉であり，現在主流となっている改良型軽水炉に続く第四世代炉とも称される．2002 年に第四世代国際フォーラム（Generation IV International Forum：GIF）において，ガス冷却高速炉，鉛冷却高速炉，溶融塩炉，ナトリウム冷却高速炉，超臨界水冷却炉，超高温ガス冷却炉の 6 概念が第四世代炉として選定されている[1]．このうち最も実用化に近い炉型がナトリウム冷却高速炉である．

　高速増殖炉（fast breeder reactor：FBR）とは核分裂で発生する高速中性子を利用して，天然ウラン中に 99% 以上含まれる ^{238}U を ^{239}Pu に転換して再び燃料として利用するもので，消費した燃料以上の燃料を新たに生成できる．このため FBR の天然ウラン利用効率は軽水炉の 0.8% に比べて 60% 以上と飛躍的に向上し，ウラン資源の有効利用の面できわめて優れた特性を有している．また，FBR は使用済燃料中に含まれる発熱量の高いマイナーアクチニド（MA）の効率的な燃焼が可能なため，高レベル放射性廃棄物最終処分場の面積および潜在的有害度が大幅に低減でき，環境負荷低減の面からも有意義である．さらに FBR は軽水炉よりも原子炉出口温度が高いため熱効率が高い利点もある．一方では冷却材として化学的に活性なナトリウム（Na）を利用するため，安全性の確保が課題となる．さらに大量のプルトニウム（Pu）を必要とすることから，核拡散上の懸念も指摘されている．

　FBR については，米国，英国，ロシア，フランスなどで半世紀以上にわたり開発が進められており，近年では中国，インドでもエネルギー需要の急拡大を背景に FBR の開発計画が加速している．わが国では 1977 年に実験炉「常陽」が，1995 年に原型炉「もんじゅ」がそれぞれ臨界を達成した．「もんじゅ」については，1995 年 12 月に二次冷却系におけるナトリウム漏えい事故のため運転停止を余儀なくされたが，2010 年に性能試験を再開した．一方，2006 年から官民共同で「FBR サイクル実用化研究開発」が開始されたが，福島第一原子力発電所事故の影響により FBR 実用化の可否について再検討がなされている．

　FBR ではナトリウムと水の反応を防止するため，一次系と水・蒸気系の間に二次系を設置する設計が一般的である．冷却系の配置としてはループ型とタンク型の 2 種類があり，わが国では機器の保守性や耐震性などの観点からループ型を選択している．実用 FBR では，経済性，信頼性，安全性のいっそうの向上を図る必要がある．経済性向上のためには，配管長さを短縮できる高性能構造材料の開発，冷却系 2 ループ化によるシステムの簡素化，原子炉容器のコンパクト化，高燃焼度燃料の開発などの課題がある．信頼性向上のためには，配管二重化によるナトリウム漏えい対策が検討されている．また安全性向上のため，受動的炉停止機構，自然循環による炉心冷却システム，炉心損傷時の再臨界回避技術などの技術開発が進められている．

〔岩村公道〕

文　献

1) U. S. DOE, A Technology Roadmap for Generation IV Nuclear Energy Systems, http://www.gen-4.org/PDFs/GenIVRoadmap.pdf（2002）．

高温ガス炉

VII-04

high temperature gas-cooled reactor

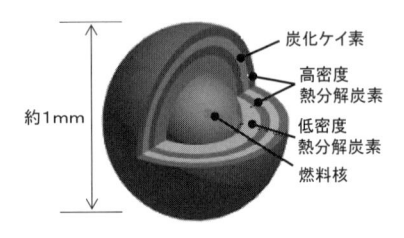

図1 被覆燃料粒子（約1mm：炭化ケイ素，高密度熱分解炭素，低密度熱分解炭素，燃料核）

　高温ガス炉は燃料に二酸化ウラン（UO_2）などの燃料核をセラミックス材により被覆した被覆燃料粒子を，冷却材にヘリウム（He）を，減速材や原子炉内の主な構造材に黒鉛を用いた原子炉であり，原子炉出口において1000℃近い高温の熱を取り出せることから，発電のみならず多様な産業分野への熱供給が可能である．

　高温ガス炉を構成する基本要素である被覆燃料粒子，黒鉛構造物および冷却材であるヘリウムには次のような固有の特性を有する．

　（1）被覆燃料粒子：　熱分解炭素や炭化ケイ素で多重に被覆されているため耐熱性に優れ，1600℃程度の高温状態においてもその健全性が損なわれることがなく，燃料被覆材のなかに核分裂生成物を閉じ込めることが可能である（図1参照）．

　（2）黒鉛構造物：　黒鉛は中性子の吸収が少なく，耐放射線性に優れていることから既往の軽水炉に比べ燃料を長い期間燃焼させることができる．また，高い耐熱性（昇華温度約3000℃）を有するため，万一事故が発生した場合でも炉心が溶融することがない設計が可能である．

　（3）ヘリウム：　ヘリウム（He）は高温ガス炉での使用温度および圧力の条件下では気体であり，化学的に不活性であることから燃料や構造材との化学反応や相変化により瞬時にかつ大量のエネルギーが放出されることがない．また，中性子を減速や吸収する効果をほとんどもたないことから，冷却材が喪失するような事故時においても炉心の反応度に影響を与えることがない．

　高温ガス炉は以上の固有の特性を最大限に活用することで，高い安全性を有するとともに，経済性に優れた設計が可能であり，高温熱が供給できることから多目的な熱利用が期待されている．以下に高温ガス炉の特長について述べる．

　高い安全性　　事故時において原子炉の安全性を確保するには，原子炉での核分裂反応を停止する「止める」，崩壊熱を除去する「冷やす」，放射性物質をプラント外に出さない「閉じ込める」の三つの機能が必要となる．高温ガス炉では，固有の特性を活用することで，次のように原子炉が自然に「止まり」「冷え」，放射性物質が燃料からプラント外へ「出ない」設計が可能である．

　（1）止まる：　一次冷却系の配管破損や電源喪失などにより炉心の冷却が失われる事故が生じた場合においても，炉心温度が上昇することでドップラー効果により燃料核中のウラン-238による中性子共鳴吸収が増加するとともに，減速材である黒鉛の熱中性子スペクトルが硬化することで炉心での核分裂反応は自然に停止する．

　（2）冷える：　冷却材が喪失するような事故時においても，炉心の熱容量が大きいことから炉心の温度上昇挙動は緩慢である．また，炉心の温度上昇により黒鉛構造物での熱伝導，原子炉圧力容器表面と周辺構造物間での熱放射や原子炉圧力容器外の閉空間での自然対流現象により崩壊熱が除去されるため燃料温度を1600℃以下に保

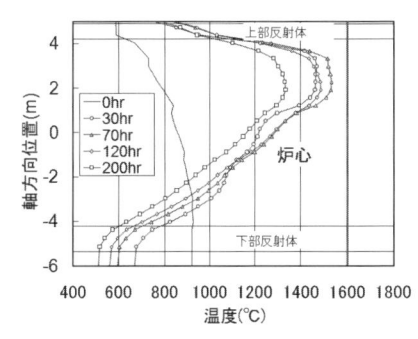

図2 商用高温ガス炉の事故時における炉心温度挙動[1]

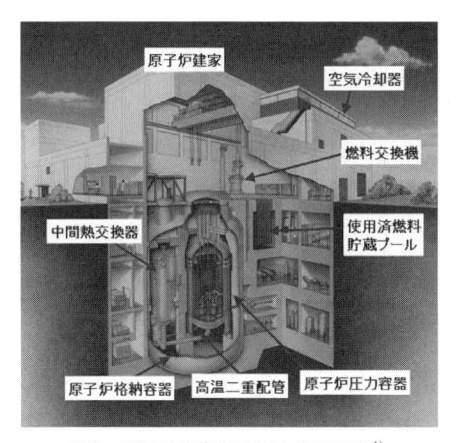

図3 高温工学試験研究炉（HTTR）[1]

つことができる（図2参照）．
(3) 閉じ込める： 上記のとおり，事故時においても「止まる」および「冷える」機能が自然に働くことから，核分裂生成物を被覆燃料粒子のなかに閉じ込めることが可能である．

優れた経済性 高温ガス炉は，以下の特長や設計上の工夫により小型でも優れた経済性を有している．
(1) 設備の簡素化： 安全上の特長から高気密の格納設備や非常用炉心冷却設備が不要である．
(2) 高い発電効率： 1000℃近い高温熱を取り出せるため，約50％と高い発電効率が実現可能である．
(3) メンテナンスの容易性： 冷却材であるHeは化学的相互作用が少なく，黒鉛構造物も放射化されにくいことから従事者の被ばく線量を低くすることが可能である．

多目的熱利用 高温ガス炉は1000℃近い高温熱を供給することが可能であり，発電のみならず，種々の産業分野に熱供給が可能である．たとえば，製鉄分野での還元剤・燃料や運輸分野における燃料電池自動車に供給する水素の製造などの熱利用に供することができる．また，ブレイトンサイクルを用いたガスタービン発電システムでの排熱を利用した海水淡水化や地域暖房などにも利用できるため，新興国での需要も期待されている．

わが国では，高温ガス炉から取り出される核熱の多目的な熱利用を目的に，高温工学試験研究炉（HTTR）（図3参照）の建設が1991年に開始され，2001年12月7日には全出力運転を達成した．また，2010年には世界ではじめて原子炉出口温度約950℃での50日間連続運転に成功した．さらに，2010年12月には，一次冷却材の流量が喪失した場合においても，原子炉が安全に停止することを実証する安全性実証試験を実施した．2014年10月からは，HTTRに接続するガスタービン，水素製造設備の設計を実施している．

〔國富一彦〕

文　献
1) 小川益郎, ほか, 火力原子力発電誌 58, 1029 (2007).

加速器駆動核変換システム

VII-05

accelerator driven system for transmutation

　加速器駆動システム（accelerator driven system：ADS）は，加速器を利用した核変換システムで，高レベル放射性廃棄物中のマイナーアクチノイド（MA）を主な核変換対象とする．ADSでは，加速器を使用して陽子を数百 MeV から数 GeV に加速する．この高エネルギー陽子を標的である重核種に入射すると，核破砕反応と呼ばれる反応が起き，大量の中性子が放出される．この大量の中性子を標的の周りに設置したMAを主成分とする燃料に照射すると，MAは中性子を吸収して核分裂反応を起こし，主に短寿命または非放射性の核分裂生成物になる．臨界状態で運転する通常の原子炉と異なり，ADSではMA燃料を未臨界状態にしておく．これにより，加速器からのビーム入射で核分裂連鎖反応は一定状態に保持されるが，ビームを止めれば直ちに停止するため，安全性の高いシステムとすることができる．
　MAの核分裂反応は高エネルギー領域で大きくなるので，高速中性子を用いるのが効率的である．しかし，高速炉にMAを燃料として入れると原子炉の運転制御の観点からいくつかの問題点が生じるため，装荷できるMAは燃料の数％程度に制限される．一方，ADSは未臨界なので上記の問題点の影響は小さく，燃料の約60％程度までMAを装荷することが可能となる．このために，ADSでは比較的コンパクトなシステムにMAを大量に装荷して効率よくMAの核変換を行うことができるという利点がある．
　大強度陽子加速器には線形加速器と円形加速器があり，円形加速器には一定磁場で加速にしたがって軌道が外側に変化するサイクロトロンと，磁場が変動しながら同一軌道を加速するシンクロトロンがある．シンクロトロンは原理的にパルス運転にならざるをえず，ADS用には向いていない．サイクロトロンは，10 W 程度以上の大出力化は困難であると考えられている．このような理由から，線形加速器がADS用の陽子加速器として最も有望であると考えられている．
　核破砕反応で発生する中性子数は，標的核種の質量数にほぼ比例するので，標的核種には質量数の大きい核種を用いる．核破砕反応を起こすための標的核種を一般的に核破砕ターゲットという．ADS用の核破砕ターゲットは，ターゲット自体が冷却材として使える液体ターゲットを用いるのが主流の考え方である．現在，ADS用液体ターゲットとして最も注目されているのは，鉛ビスマス共晶合金である．鉛45％とビスマス55％の場合，融点（124℃）から沸点（1670℃）まで幅広い温度域で液体であるために比較的扱いやすい．MAを主成分とする燃料で構成される未臨界炉心の冷却には，核破砕ターゲット冷却と同じものを使用するのが設計上合理的であり，ターゲット材が炉心冷却材としても使用される．
　ADSの研究開発は各国で行われており，日本では日本原子力研究開発機構（JAEA）が中心となってさまざまな課題に関する研究開発が行われている．

〔辻本和文〕

核融合炉 VII-06

fusion reactor

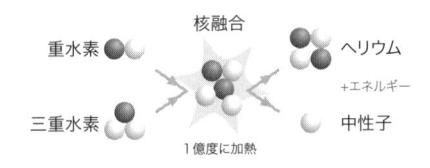

図1 DT核融合反応

核融合反応は，軽い元素の原子核どうしが非常に接近したときに，より重い元素の原子核が生成される現象である．このとき減少した結合エネルギーが運動エネルギーとして放出される．そのエネルギーを外部に取り出してエネルギー源として利用しようとする装置が核融合炉である．

核融合反応が起こるためには，正電荷をもつ原子核の間に働く斥力に逆らって，原子核どうしが十分近づかなければならないので，大きな相対運動エネルギーを必要とする．この状態を実現するために，燃料を十分高い温度に加熱しなければならない．

一方，核融合反応によって発生したエネルギーを利用して燃料を加熱し，必要温度を維持するためには，十分に高い燃料密度とエネルギー閉じ込め性能を必要とする．

太陽をはじめ，恒星が輝くエネルギーを供給しているのは核融合反応である．太陽中心部においては，非常に強い重力によって超高密度となり，大きな半径のためにエネルギーが外へ逃げるまでの時間（エネルギー閉じ込め時間）も非常に長い．そのため，比較的低い温度（約1600万℃）でも起こりうる四つの軽水素 H（$=^1$H）から一つの ^{4}He ができる核融合反応が支配的である．

地球上においてはそれほどの超高密度と閉じ込め性能を実現することができないため，より高い温度を必要とするが反応率の高い反応が核融合炉に用いられる．最も実現が容易な反応は，重水素 D（$=^2$H）と三重水素 T（$=^3$H）から ^{4}He と中性子が生成される DT 反応

$$D+T \longrightarrow {}^4He+n+17.6\,MeV$$

である．（図1参照）

この反応を実現するためには約1億℃の温度を必要とし，生成されたエネルギーは 3.5 MeV の α 粒子（^{4}He 原子核）と 14.1 MeV の中性子に与えられる．燃料の一つである重水素は，海水中の水素に約 0.015% 含まれており，無尽蔵に近い資源量がある．しかしながら三重水素は，半減期約 12.3 年の放射性同位体であるため，自然界にはほとんど存在しない．そのため，DT 反応によって生成された中性子をリチウム（Li）に衝突させ

$$n+{}^6Li \longrightarrow T+{}^4He+4.8\,MeV$$
$$n+{}^7Li \longrightarrow T+{}^4He+n-2.5\,MeV$$

の反応によって三重水素を生成する必要がある．

DT 反応以外にも，DD 反応

$$D+D \longrightarrow {}^3He+n+3.27\,MeV$$
$$D+D \longrightarrow T+H+4.03\,MeV$$

や D^{3}He 反応

$$D+{}^3He \longrightarrow {}^4He+H+18.3\,MeV$$

などの核融合反応が検討されているが，いずれも必要温度がさらに高くなるだけでなく，DD 反応は反応率が2桁低いために非常に高い閉じ込め性能を必要とし，D^{3}He 反応は地球上にない ^{3}He を入手するために，太陽風が月に吹きつけた ^{3}He を地球に運んでくることが必要となる．

核融合炉がエネルギー源として機能するためには，エネルギー増倍率 Q（核融合反応によって生成されるエネルギーと核融合反応を維持するために外部から投入されるエネルギーの比）が1より十分大きいことが必要である．DT 反応においては，約1

億℃の燃料を必要とし，この温度では燃料はプラズマ（正電荷と負電荷がほぼ同量の電離気体）となっている．そのうえで Q が 20 以上となるためには，燃料密度とエネルギー閉じ込め時間の積がおおよそ $5\times10^{20}\,\mathrm{m^{-3}\,s}$ をこえる閉じ込め性能が必要である．

1 億℃の燃料プラズマは，固体でできた壁に当たるとそれを溶かし，不純物が混入してその輻射で急速に冷却されてしまう．壁を使わない閉じ込め方式として，磁気閉じ込めと慣性閉じ込めが研究されている．

磁気閉じ込め方式は，荷電粒子が磁力線に巻き付いて運動する性質を利用してプラズマを閉じ込める．直線的な磁場配位では磁力線に沿っての端からの損失を十分抑えることができないので，磁力線の端をつないだドーナツ型のトーラス配位が主に研究されている．磁力線を単に円形にするだけではプラズマが広がってしまうので，少しひねりをつける必要がある．そのひねりをつけるために，プラズマ中に電流を流すトカマク方式とプラズマの外に設置されたヘリカル型のコイルに電流を流すヘリカル方式がある．図 2 はそれらの方式のプラズマ形状と磁力線配位を示す．磁気閉じ込めプラズマの典型的な密度は $10^{20}\,\mathrm{m^{-3}}$，閉じ込め時間は 5 s である．

慣性閉じ込めは，レーザーなどによって固体の燃料ペレットを圧縮して加熱し，核融合反応により発生したエネルギーによってさらに加熱して膨張させ，飛び散るまでに十分な反応を起こす方式である．固体ペレットにレーザーが照射されると，ペレット表面が溶けてプラズマとなり，外へ噴出する．その反作用として燃料が圧縮される爆縮（図 3）により，固体密度の 1000 倍以上の密度にまで圧縮される．典型的な燃料密度は $10^{31}\,\mathrm{m^{-3}}$，閉じ込め時間は $5\times10^{-11}\,\mathrm{s}$ である．

現在までに実験が行われている主な磁気

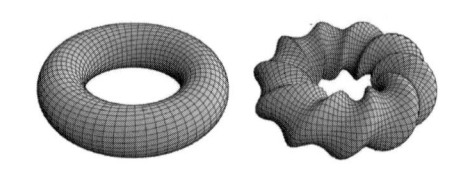

図 2 トカマク方式（左）とヘリカル方式（右）のプラズマ形状と磁力線配位

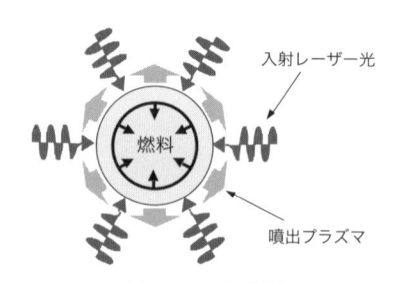

図 3 レーザー爆縮

閉じ込め装置は，トカマク方式では欧州の JET，日本の JT-60，米国の DIII-D などがあり，最近完成した中国の EAST や韓国の KSTAR は超電導コイルを用いている．ヘリカル方式では日本の LHD が超伝導コイルを用いた世界最大の磁気閉じ込め装置である．JET では実際に DT 反応の実験が 1997 年に行われ，約 16 MW の核融合出力が得られているが，Q は 0.65 であった．$Q=5$ をめざしたトカマク装置として ITER（国際熱核融合実験炉）の建設が国際協力で進められている．

慣性閉じ込めの実験装置としては，レーザー爆縮を用いた米国の NIF，フランスの LMJ，日本の FIREX などがある．

DT 核融合炉では，荷電粒子である α 粒子に与えられたエネルギーは主にプラズマを加熱するのに対して，中性子はプラズマから外に飛び出し，周りを取り囲むブランケットと呼ばれる装置によって吸収される．ブランケットには以下の三つの役割がある．

(1) 中性子の運動エネルギーを吸収して

熱に替え，発電機を回すタービンに供給するエネルギー変換．

(2) 中性子をリチウム（Li）と反応させて三重水素を生成する燃料生産．

(3) 中性子が磁場をつくる超電導コイルに損傷を与えたり，外部に漏れたりしないための中性子遮蔽．

核融合炉として成立するためには，閉じ込め性能の高い核融合プラズマの安定な維持の実現とともに，ブランケット，炉材料，超電導コイル，燃料サイクル，制御系などの炉工学技術の確立が重要な課題である．

核融合炉のエネルギー源としての利点は以下の四つなどがあげられる．

(1) 豊富なエネルギー資源

DT核融合炉の燃料である重水素は，非常に豊富であり，地域的に偏在せず，製造も容易である．三重水素の生産に必要なLiの産地は南米やオーストラリアなどに偏在しているが，資源量は豊富であり，1000機の核融合炉を1000年程度運転することが可能と評価されている．海水中には1Lあたり0.2 mgのLiが含まれており，これを利用することができれば，1Lの海水から1Lのガソリンに相当するエネルギーを取り出すことができ，その資源量も1万倍に増加する．

(2) 低い放射線リスク

燃料として用いられる三重水素は放射性物質であり，その管理は厳重に行う必要がある．三重水素のβ崩壊によって放出されるβ線のエネルギーは低く，人間の皮膚を貫通できないので，体内被ばくが主要な放射線リスクである．人体での生物学的半減期は約10日であり，たとえばヨウ素 ^{131}I に比べると潜在的放射線リスクは 1/1500 とされている．

核融合反応生成物はヘリウム（He）だけであり，核分裂のような高レベル長寿命放射性生成物の問題はない．しかし，高速中性子が壁などを通過する際に核反応を起こし，炉材料を放射化する．装置が大きいために低レベル放射性廃棄物の量は多くなるが，炉材料を適切に選択することにより放射化を抑え，100年程度でリサイクル可能なレベルまで減衰させることができると考えられている．また，動作停止後の崩壊熱による温度上昇を自然冷却だけで抑え，装置に損傷を与えない設計も可能である．

(3) 高い安全性

核融合プラズマの温度は約1億℃と非常に高いが，プラズマの密度が大気の10万分の1以下なので，圧力は数気圧しかない．また，核融合炉では，燃料を外部から供給しているので，停止が容易であり，暴走することはない．さらに燃料となる重水素（D）やLiは豊富であり，核兵器拡散には寄与しない．

(4) 高い環境保全性

CO_2は建設時しか発生しない．

これらの利点にもかかわらず，装置が大型でかなり複雑となることから，開発が長期化し，開発コストも高くなるのが欠点である．21世紀中葉の実用化をめざして，現在建設が進められている実験炉ITERに続く，原型炉の設計作業が各国で進められている．

〔福山　淳〕

ITER   VII-07

International Thermonuclear Experimental Reactor

　ITERは，中国，欧州，インド，日本，韓国，ロシア，米国の7極が国際協力で進めているトカマク型核融合実験炉プロジェクトである．ITERという名称は，もともとは国際熱核融合実験炉の英文略称であったが，現在は「道」という意味のラテン語にちなんだ名称とされ，「イーター」と発音される．

　ITER計画の発端は1985年にジュネーブで開催された米ソ首脳会談において，当時のゴルバチョフ書記長がレーガン大統領に核融合エネルギー実用化のための国際プロジェクトを提案し，合意したことにさかのぼる．米国，ソ連，日本，欧州の4極が，1988年から3年間，ガルヒン（ドイツ）でITERの概念設計活動（conceptual design activity：CDA）を行った．そしてより詳細な設計と建設に必要な研究開発を進めるため，米国，ロシア，日本，欧州の4極は，1992年から6年間，工学設計活動（engineering design activity：EDA）を欧州のガルヒン，米国のサンディエゴ，日本の那珂の3拠点連携で実施した．当初期間終了後，3年間EDAを延長し，建設費用低減のための再設計を行って，2001年に最終報告書がまとめられた．

　それを受けて政府間協議が進められ，建設候補地として日本の六ヶ所と欧州のカダラッシュ（フランス）が激しく争った後，2005年に建設サイトがカダラッシュに決定した．一時撤退していた米国や新たに参加することになった中国，韓国，インドを加えた7極がITER協定を批准し，2006年

図1　ITERの概念図（©ITER機構）

11月にパリで7極が署名した．これに基づいて，2007年10月にITER機構が発足し，協定が発効した．

　ITERの目的は，平和目的の核融合エネルギーの科学的および技術的な実現可能性を証明することである．具体的には，核融合出力エネルギーとそれを維持するために外部から注入されたエネルギーの比，エネルギー増倍率$Q>10$を実現するとともに，$Q>5$の長時間運転，核融合炉工学技術の実証などを目標としている．

　現在建設が進められている装置は，トーラスプラズマの大半径6.2m，小半径2m，中心磁場5.3T，プラズマ電流15MAの超電導コイルを用いたトカマクで，500MWの核融合出力，500s以上の放電時間を予定している（図1）．建設費は欧州が約45%を負担し，残りを6極が約9%ずつ負担する．この国際協力の特徴は，各極が装置の各部を分担して製作し，それらを持ち寄って一つの装置を組み上げることにある．現在の計画では，装置の完成と最初のプラズマ実験が2020年，DT反応による核融合実験が2027年を予定している．
〔福山　淳〕

材料放射化　VII-08

material radioactivation

軽水炉の圧力容器や炉心を構成する主な構造材料は低合金鋼（圧力容器），ステンレス鋼（圧力容器の内張，炉心シュラウド），ジルコニウム合金（燃料被覆管，チャンネルボックス）およびニッケル基合金（各種バネ）の四つである．低合金鋼とステンレス鋼の主成分はFe，ジルコニウム合金はZr，ニッケル基合金はNiであるが，表1に示すように共通する元素は多い．原子炉を運転している間，これらの材料は中性子を吸収することによって放射化が進行する．

半減期が比較的長い放射性核種を生成する代表的な反応を表2に示す．(n,α)，(n,p)，(n,γ)はそれぞれ，中性子を吸収してα線，陽子，γ線を放出する反応である．

時間t照射した直後の放射能Iは，生成した放射性核種の崩壊定数λ（$=0.693/T_{1/2}$），もととなる核種の数N，中性子束ϕおよび反応の断面積σを用いて近似的に$I=N\sigma\phi[1-\exp(-\lambda t)]$と表される．熱中性子を照射した場合，$\phi$と$N$が既知であれば表2に示した値を用いて$I$を求めることができる．

実際にはさまざまな核種の壊変，中性子による生成や消滅が同時に進行するため，原子炉の運転履歴や中性子のエネルギースペクトル，材料の成分をデータとして計算コードを用いて求める．

わが国の動力試験炉JPDRを廃止する際に圧力容器やシュラウドなどを測定した結果[2]によると，^{55}Fe，^{60}Co，^{63}Niの放射能が最も高く，^{125}Sbと^{54}Mnが次いで高かった．また，^{152}Euと^{154}Euも生成していた．

表1　構造材料の成分元素

構造材料	成分元素
低合金鋼	Fe, Mn, Ni, Mo, Cr, C
ステンレス鋼	Fe, Cr, Ni, Mo, N, C
ジルコニウム合金	Zr, Sn, Nb, Fe, Cr, Ni
ニッケル基合金	Ni, Cr, Fe, Mn

表2　放射化反応の例

反応	断面積(b)[*1]	半減期(年)
^{6}Li$(n,\alpha)^3$H	940	12.3
^{14}N$(n,p)^{14}$C	1.93	5730
^{40}Ca$(n,\gamma)^{41}$Ca	0.41	1.0×10^5
^{54}Fe$(n,\gamma)^{55}$Fe	2.25	2.7
^{59}Co$(n,\gamma)^{60}$Co	37.2	5.3
^{58}Ni$(n,\gamma)^{59}$Ni	4.62	1.0×10^5
^{62}Ni$(n,\gamma)^{63}$Ni	14.2	100
^{93}Nb$(n,\gamma)^{94}$Nb	1.14	2.0×10^4
^{124}Sn$(n,\gamma)^{125m}$Sn	0.14	2.8(^{125}Sb)**
^{151}Eu$(n,\gamma)^{152}$Eu	9170	13.5
^{153}Eu$(n,\gamma)^{154}$Eu	313	8.6

* 熱中性子に対する値．大きいほど反応が起こりやすい．1 b（バーン）$=1\times10^{-28}$ m^2．
**^{125m}Sn（半減期 9.5 min）の娘核種である^{125}Sbの値．

^{55}Feと^{63}Niのもととなる^{54}Feと^{62}Niは構造材の成分元素であるが，^{60}Coのもととなる^{59}Coは不純物として鉄に多く含まれており，低合金鋼やステンレス鋼における主要な放射化核種となっている．

JPDRのコンクリート遮へい体では^{3}H，^{41}Ca，^{60}Co，^{152}Eu，^{154}Euなどが生成していた．^{3}Hと^{152}Euのもととなる^{6}Liと^{151}Euは断面積がきわめて大きく，中性子が少ない場所であっても容易に放射化する．

〔高木郁二〕

文　献

1) JENDL. http://wwwndc.jaea.go.jp/jendl/J40/J_40J.html
2) 助川武則，ほか，JAERI-Tech 2001-058（2001）．

水化学　VII-09

water chemistry

　水化学とは，媒体や原料として水が不可欠な工業プロセスにおいて，水および水に接する材料や領域に生じる化学反応を対象とする研究分野をさすが，原子力分野では狭義に，水を冷却材（ならびに減速材，遮蔽材）として用いる原子炉の一次および二次冷却系の水質管理と接水材料の腐食や損傷に関連する分野，すなわち，冷却系でどんな現象が起こり水質をどのような状態に保つかを研究する分野をさす．この分野の研究などをもとに，核燃料や原子炉容器（構造材）の健全性の維持，発電所内の放射性廃棄物の発生量低減，ひいては従事者の被ばく低減が図られている．

　狭義としての炉水の化学[1,2]　原子炉は中性子およびγ線，ならびに陽子（中性子の弾性散乱や(n, p)反応）やα線（たとえば$^{10}B(n, \alpha)^7Li$）の照射を受け，炉内では水の分解と構造材の腐食や損傷が起きる．ここで，水の放射線分解でラジカル生成物（水和電子e_{aq}^-，水酸化ラジカル・OHなど）および分子生成物（水素，過酸化水素など）が生じる．これら水の分解生成物の収量（G値）および反応は温度に依存するため，炉内の300℃程度の場合と常温（25℃）の場合で異なる．そして，生成物どうしの反応や炉水中の溶質との反応の末，溶存酸素と過酸化水素が酸化性物質として構造材の腐食に関与する．一方，構造材の腐食は照射損傷や水の放射線分解だけでなく，炉水中の不純物や添加物，腐食生成物などの物質，およびpHや温度，流速などの条件が複雑に関連して進行する．炉内で考えられる腐食として，不純物のハロゲンイオンによる不動態被膜の破壊で局部的に生じる孔食，熱処理や溶接した合金の粒界上で起こる粒界腐食，引張応力と腐食環境が同時に作用して起こる応力腐食割れ（SCC），液滴を含む蒸気および高流速の高温水による衝撃や摩擦で起こるエロージョン/コロージョンなどがあげられる．以上の腐食環境の改善，ならびにプラントの安定運転のために，ホウ酸（ケミカルシム），水酸化リチウム（pH調整），水素（放射線分解抑制）などを炉水に添加するとともに，水質基準を設け，分析やモニタリング，および浄化や除染を行うことで，炉水を安全に管理している（水化学管理）．

　原子力分野での広義の水化学[2]　原子炉以外の施設や装置も，放射性物質からの放射線と水が関与した現象が起きる．使用済核燃料の再処理では分離工程（溶媒抽出）で使う水相および有機相の分解により，抽出剤の劣化，核原料物質の原子価変化，ガス発生などが起きる．また，放射性廃棄物の地層処分では施設（岩盤中）の長期間の放射線照射や地下水との接触から，緩衝材の劣化，金属容器の腐食，廃棄体中の核種溶解などが想定されている．さらに，近年のJCO臨界事故（濃縮ウラン水溶液の過剰投入）や福島第一原子力発電所事故（冷却水喪失や放射性汚染水発生）は，その発生と対策において水化学と密接に関連している．　　　〔永石隆二〕

文　献

1) 日本原子力学会編，原子炉水化学ハンドブック（コロナ社，2000）．
2) J. Takagi, *et al.*, Charged Particle and Photon Interactions with Matter, edited by Y. Hatano, *et al.* (CRC Press, 2011), pp. 959–1023.

ウラン,トリウム
^{235,238}U, ^{232}Th

uranium, thorium

ウランおよびトリウムは地球誕生から存在する数少ない放射性同位元素 ^{235,238}U および ^{232}Th を含む．その半減期はそれぞれ 7.04×10^8 年，4.47×10^9 年および 1.41×10^{10} 年である．ウラン（U）およびトリウム（Th）は地殻表層に広く分布し，クラーク数はそれぞれ 0.0004%（ウラン）および 0.0012%（トリウム）である．ウランはウラン鉱石としてウラン鉱床を形成するが，トリウムはモナズ石，ホウトリウム石，トール石などに含まれる．ウランは，^{235}U が核分裂連鎖反応を行うことから核燃料として用いられる．トリウムは ^{232}Th が中性子を捕獲することで生成する ^{233}U が核燃料となることからトリウムサイクルが提案されており，中国やインドなどでは研究開発が行われ，あるいは計画されている．

ウラン鉱床 ウラン鉱床は，熱水により火成岩に含まれるウランが溶けて再沈殿して形成される熱水作用によるもの，および風化により酸化されて地下水に溶けやすくなったウランが還元により沈着して堆積したものなどがある．

熱水性のウラン鉱床は，その鉱体の形からいえば，鉱脈，塊状鉱床，ポケットまたは鉱染鉱床などいろいろであるが，これを破砕帯に伴うウラン単独の鉱床と，他の金属鉱脈との複合脈に大別できる．

ウラン鉱床の大部分は堆積型であり，その特徴と成因から，同生生成型，地下水型に分類される．酸化したウランの還元に微生物が関与したとの報告もある．また，沈殿物はペアとなる塩により多様なウラン鉱物を形成する．

ウランとトリウムの地球化学 ウラン原子には 92 個，トリウム原子には 90 個の軌道電子が存在するが，地殻表層ではウランは 88 個（+4 価）および 86 個（+6 価），トリウムは 86 個（+4 価）の軌道電子が存在するものがほとんどである．酸素が存在する地下水中ではウランは +6 価で存在する．+6 価ウランは酸素 2 個と結合したウラニルイオンとして水に溶けやすく，炭酸が存在すると負に荷電した炭酸塩イオンとして非常に溶けやすくなる．ただし，ウラン濃度が高くなりリン酸塩などが存在すると沈殿（鉱物化）する．一方，酸素がない還元状態では，+4 価のウランおよびトリウムは水溶液中で加水分解しやすく，脱水和して酸化物として沈殿しやすい．堆積型のウラン鉱床は，地下水に溶けたウラニルイオンが，岩石中を流れて酸素がない還元状態の場所で，水に溶けにくい +4 価のウランとなるために，ゆっくりではあるが次々に沈殿して鉱床を形成したと考えられている．

ウラン,トリウム鉱物 +4 価ウランおよび +4 価トリウムはイオン半径が 10.5 および 11.0 nm であり，同程度のイオン半径であるカルシウム（Ca, 10.6 nm），イットリウム（Y, 10.2 nm）や，その他の希土類元素ときわめて近い化学的性質をもつ．このため 4 価のウランは結晶内で置換体を形成し，独立の鉱物をつくるほかに酸化物，複合酸化物，リン酸塩，ケイ酸塩として産する．一方，+6 価ウランはカリウム（K），カルシウム（Ca）などの 1 価, 2 価の陽イオンとともにリン酸，ヒ素酸，炭酸塩鉱物を形成することが知られている．現在ウランあるいはトリウムの鉱石として知られているものは，デービド鉱，ブランネル石，センウラン鉱，ニンギョウ石，コフィン石（以上 +4 価鉱石），リンカイウラン石，カルノー石，ツャムン石，メタチャムン石，フランセビル石（以上 +6 価鉱石），トール石（トリウムケイ酸

塩鉱石），などがある．このようなウラン，トリウム鉱物は無機的な条件で形成すると考えられてきたが，最近，微生物の関与により細胞表面で形成されることも明らかにされてきた．

ウランの生物影響　ウランの毒性については，可溶性のウラニルイオンが腎臓に濃集されて腎障害を引き起こすことが知られている．ただ，血液中をウラニルイオンがどのように運ばれて腎臓に達するかは不明である．

一方，微生物に対しては，培養するための培地中のウラン濃度を高めることにより微生物の成育が阻害されることがわかってきた．ただ，細胞内への取り込みはほとんど報告されていないことから，ウラニルイオンを取り込めるだけのチャンネルを有していない可能性がある．最近，ウラニルイオンを使って呼吸する鉄還元菌や硫酸還元菌が発見されている．呼吸の過程でウラニルイオンが還元されてウラニナイトが形成する．また，ウラニルイオンが細胞表面に吸着して細胞のなかから排出されるリン酸と結合してウラニルリン酸塩鉱物が生成することもわかってきた．リン酸塩鉱物の生成は，微生物のウラン耐性に関係していることも分子生物学的解析により明らかになってきた．

天然原子炉　現在の^{235}Uの同位体比は約0.072%であるが，20億年前には約3%の同位体比であり，核燃料とほぼ同じ条件であった．したがって，自然発生的な核分裂連鎖反応が連続的に行われる臨界に達する可能性がある．1956年に黒田和夫は臨界に達する条件を吟味して，地球上に天然原子炉が存在することを示唆した．予言から16年後，フランス原子力庁がアフリカ，ガボン共和国のオクロウラン鉱床で天然原子炉の痕跡を残す原子炉ゾーンが存在することを発見した．その後原子炉ゾーンは，オクロウラン鉱床内に16カ所とオクロから30 km離れたところにあるバゴンベ鉱床の1カ所において発見されている．天然原子炉付近では，ウランの同位体ばかりでなく，核分裂生成核種や中性子捕獲により，希土類元素などの同位体組成が変化している．^{137}Csも核分裂生成核種として生成されたが，半減期が30年であることから20億年の長さに比べるとあっという間に壊変により^{137}Baに変わった．同じ核分裂生成でも^{135}Csは230万年であり，^{135}Baに変わる時間が比較的長い．日高らは，^{137}Baおよび^{135}Baを調べることにより放射性Csの鉱床付近での挙動を明らかにしている．

核燃料　ウランは，鉱石の製錬，核分裂性の^{235}Uの濃縮，加工などの工程を経て，原子力発電所で核燃料として利用される．その際，核燃料は核分裂反応によりエネルギーを放出すると同時に，中性子捕獲等により新たな核分裂性物質（プルトニウムPu）を生成する．このため，発電所で使用された使用済核燃料には，プルトニウムや燃え残りのウランなど，再度核燃料として利用できる物質が含まれている．一方，処理過程で発生した廃棄物にもウランやプルトニウムなどが含まれる．

超伝導　1980年代には，ウランを含む重い電子系化合物による超伝導が発見された．ウランを含む超伝導体は，それまで発見されてきた超伝導体とは異なる性質を有している．たとえば，超伝導と強磁性（磁石になりやすい傾向）は共存しないと考えられていたが，強磁性状態で超伝導が出現するUGe，URhGeやUCoGeなどが見つかっている． 〔大貫敏彦〕

核燃料の化学　VII-11

fuel chemistry

　核燃料にはウラン（U），トリウム（Th）およびプルトニウム（Pu）があるが，軽水炉で使用されているウランについて，資源，製錬，濃縮，再転換，燃料製造，MOX燃料について述べる．

　資源　ウラン資源には，一次鉱物ではペグマタイト中の閃ウラン鉱（ウラニナイト）や瀝青ウラン鉱（ピッチブレンド）があり，鉱石としての品位は0.1〜0.2%程度である．モナザイトやイルメナイトなどを随伴する．カナダ，カザフスタンおよびオーストラリアが主要生産国であるが，原子力発電の普及に伴い，Uの需要が高まり，U資源開発と安定供給が課題である．鉱石中に含まれる天然ウランは^{238}U，^{235}Uおよび^{234}Uの3種類の同位体からなり，それぞれの存在比は97.272, 0.718, および0.0056%である．

　精錬　日本ではウラン鉱石は全量海外に依存しており，採鉱から濃縮までを海外で行い，濃縮から再転換，燃料製造までを国内で行っている．ウラン鉱石は低品位のために，山元（鉱石の産出地）にて酸またはアルカリ浸出による粗製錬を行い，精鉱（イエローケーキ，U_3O_8：〜65%）を得ている．通常，硫酸による浸出が行われ，硫酸ウラニル溶液を得る．その後，溶媒抽出あるいはイオン交換によりウランを分離し，アルカリを添加して重ウラン酸塩（ADU）とし焼成後，イエローケーキ（精鉱）を得る．カルシウム分が多い鉱石の場合には，硫酸をより多く消費するので，炭酸ナトリウムを用いた浸出が行われ，炭酸ウラニル，硝酸ウラニルを経由してイエローケーキを得る．イエローケーキを硝酸溶解-溶媒抽出により精製する．

$$UO_2^{2+}(aq)+2NO_3^-(aq)+2TBP(org)$$
$$\rightleftharpoons UO_2(NO_3)_2 \cdot 2TBP(org) \quad (1)$$

これをU_3O_8としたのち，湿式あるいは乾式法によりUO_3を生成，水素還元によりUO_2を得る．

$$UO_2(NO_3)_2 \cdot 6H_2O$$
$$\longrightarrow UO_3+NO+NO_2+O_2+6H_2O \quad (2)$$
$$UO_3+H_2 \longrightarrow UO_2+H_2O \quad (3)$$

　濃縮　天然ウラン中には^{235}Uは0.72%しか含まれておらず，軽水炉で燃焼するために3〜4%に濃縮する必要がある．濃縮にはガス拡散法あるいは遠心分離法を用いて^{235}Uと^{238}Uの同位体分離を行う．この場合分離性能が質量数の平方根の比に依存するため，単一同位体（^{19}F）からなる揮発性フッ化物UF_6が使用され，UO_2からフッ化水素（HF）とフッ素（F_2）による二段階の反応によりUF_4を経てUF_6へ転換する．

$$UO_2+4HF \longrightarrow UF_4+2H_2O \quad (4)$$
$$UF_4+F_2 \longrightarrow UF_6 \quad (5)$$

　再転換　濃縮後には^{235}U比が天然の同位体比より高まったUF_6（濃縮ウラン）と低くなったUF_6（劣化ウラン）が生成される．濃縮されたUF_6は水蒸気などと反応させてU_3O_8へ再転換する．

$$UF_6+2H_2O \longrightarrow UO_2F_2+4HF \quad (6)$$
$$UO_2F_2+H_2 \longrightarrow UO_2+2HF \quad (7)$$

　水素還元により所定のO/U比（O/M<2）をもつUO_2とする．ここで，O/M比とは，UO_2燃料中のウランあるいはMOXにおける金属元素と酸素との比を示す．UO_2燃料は燃焼によりUやPu量が減少する．また，レアアースのような核分裂生成物（FP）元素がUO_2と固溶体（2種類以上の元素が互いに溶け合い，全体が均一の固相を形成）を生成し，固溶する元素の原子価や量により燃料酸化物の性質が変化する．UO_2燃料中には燃料成分であるUおよびPuがほとんどであるため，これら

の元素が減少すると，相対的に酸素量が多くなり，このO/M比が増加する．その結果，燃料を閉じ込めている燃料内の酸素ポテンシャルが増加し，ペレット内における酸化挙動や被覆管の酸化に影響するようになる．O/Mが2付近において酸素ポテンシャルが急激に増加するため，O/M比が高まらないように設計，制御されている．一方，劣化UF_6についても同様に酸化物へ再転換し，保管する．わが国では，海外より濃縮UF_6を輸入し，国内にて再転換してUO_2を製造する．また，濃縮に伴って発生する劣化UF_6についての対応も必要となる．

燃料製造　再転換により得られる微粉状UO_2を圧縮成形法（焼結ペレット法）により直径約10 mm高さ約10 mmのペレットに成型する．ペレット形状は，PWRやBWRといった炉型式や，燃料棒の形状により，細径化，小型化されている．粉末にペレット成型のためのバインダーを混合し，造粒・圧縮成形する．次にバインダーを除去するため，〜1000℃にて一次焼結する．続いて，真空あるいは水素中で〜1500℃にて二次焼結を行い，ペレットは理論密度の95%まで緻密化し，機械的強度や熱伝導度が高まる．さらにグラインダーにより寸法精度を上げ，ジルカロイ被覆管へ封入して燃料棒とした後，これをチャンネルボックスへ組み込み，原子炉内へ装荷して使用する．また，初期における燃焼安定化のために中性子毒としてガドリニウム（Gd）を添加した燃料もある．さらに，燃焼に伴うペレットの変形によるペレット-被覆管相互作用を抑制するために，ペレットの上下面中央部をくぼませるディッシュや縁取りを行うチャンファーといった加工を行うほか，ニオブ（Nb）を添加して高温における燃料との化学的相互作用を改良している．

MOX燃料　使用済核燃料中には1%のPuが存在しており，再処理後に，UO_2およびPuO_2を混合した燃料（MOX燃料）として資源の有効利用を図っている．再処理工程では，UおよびPuを分離・精製し，数%から数十%のPuをUに混合し，UO_2ペレット製造と同様にしてMOXペレットを製造している．MOX燃料製造においては，α核種の閉じ込めや放射線遮蔽，臨界安全管理のほか，核不拡散のための保障措置への対応も重要である．

その他の燃料　酸化物燃料のほか，高速増殖炉では金属燃料や窒化物燃料が，高温ガス炉では炭化物燃料が使用される．

金属ウランは，酸素との反応性が高いため，フッ化物や塩化物UX_4（X＝F, Cl）へ転換後，活性金属M（M＝Ca, Mg）により還元して製造する．塩化物よりフッ化物のほうが，マグネシウムよりカルシウムのほうが還元しやすいが，より活性であるため，フッ化物のマグネシウム還元が用いられる．

$$UF_4 + 2Mg \longrightarrow U + 2MgF_2 \quad (8)$$

窒化物はUO_2に炭素混合し，窒素雰囲気下1700℃にて反応させてUN粉末を生成後，ペレットに成形する．

炭化物はUO_2を〜1000℃にて還元してUC粉末を得る．これを燃料核として外側に熱分解炭素層やSiC層をもつ被覆燃料粒子を製造する．

このように，核燃料の製造においては，資源探査，採鉱，製錬や転換，濃縮，製造といったフロントエンドの工程や，再処理，MOX燃料製造，処分といったバックエンドの工程があり，これらの工程における核燃料や，アクチノイド，核分裂生成物の化学を理解して，資源の有効利用や燃料の安全管理を図っていく必要がある．

〔佐藤修彰〕

使用済燃料　　VII-12

spent nuclear fuel

原子力発電に利用されるウラン燃料は，原子炉のなかで3〜4年程度使用した後，取り出される．この取り出された燃料を使用済燃料という．使用済燃料にはまだ使えるウラン（U），プルトニウム（Pu）が残っているため，再処理工場に運び処理した後，再び燃料として使用することができる．使用済燃料に含まれる核分裂生成物（FP）やアクチノイド（An）の組成および含有量（インベントリー）を正確に把握しておくことは，再処理プロセスや放射性廃棄物に関する施設設計，安全評価，運転管理を検討していくうえできわめて重要である．ここで，FP核種はウランを出発物質とするAn核種の核分裂によって生成する中性子過剰核種（主としてβ^-崩壊）で，An核種に固有の核分裂収率にしたがって質量数約80〜170の多数の核種が生成する．An核種は，ウランから始まり中性子捕獲反応によって質量数が一つずつ大きな核種が生成し，生成した中性子過剰核種のβ^-壊変により原子番号が一つ大きな核種が生成する．この繰り返しにより，キュリウム（Cm）までのAn核種が生成する．原子炉での燃焼および冷却時の核種生成・崩壊計算を目的として米国でORIGEN-2コードが開発整備されている．このコードは，軽水炉や高速炉をはじめとする各種原子炉の核特性に応じた核データライブラリを備えており，それらは公開され入手可能であることから，最も広く利用されている燃焼計算コードである．

表1に加圧水型軽水炉の核燃料中に生成する主要なFP核種とAn核種の放射能組成をORIGEN-2により計算した結果を示す．たとえば，5年冷却時に強い放射能をもつ核種は，FP核種では^{137}Cs, ^{90}Sr, ^{147}Pm, ^{134}Cs, ^{106}Ru, ^{144}Ce, ^{85}Kr, ^{154,155}Eu, ^{125}Sbなどで，半減期が1年程度から30年までの核種である．なお，いくつかの核種は半減期の短い娘核種と放射平衡の関係（^{137}Cs-^{137m}Ba, ^{90}Sr-^{90}Y, ^{106}Ru-^{106m}Rh, ^{144}Ce-^{144}Prなど）にある．使用済燃料の取り出し後，約1000年で短半減期のFP核種の放射能はほとんど減衰し，半減期が数十万年以上の^{99}Tc, ^{93}Zr, ^{126}Sn, ^{135}Cs, ^{107}Pd, ^{79}Se, ^{129}Iなどの核種の寄与が重要となる．とくに^{99}Tc, ^{135}Cs, ^{79}Seなどは化学的に環境中で移行しやすいため，放射性廃棄物の地層処分の安全評価において重要である．一方，An核種で強い放射能をもつ核種は，$^{238\sim241}$Pu, ^{241}Am, ^{244}Cmなどである．An核種はほとんどがα放射性核種で半減期が長いものが多いため，長半減期FP核種と同様に放射性廃棄物処分後の長期の影響評価が必要である．

使用済燃料の放射能以外の特性として，発熱量や中性子放出もORIGEN-2により計算できる．表1の使用済燃料の場合，たとえば5年冷却時における総発熱量は，2.45×10^3 W tHM^{-1}でFP核種による割合が86%，An核種が14%である．発熱に寄与する核種は，FP核種で^{90}Sr-^{90}Y, ^{137}Cs-^{137m}Ba, ^{134}Cs, ^{106}Ru-^{106m}Rh, ^{144}Ce-^{144}Prなど，An核種で$^{238\sim240}$Pu, ^{241}Am, ^{244}Cmなどである．使用済燃料はAn核種の自発核分裂とAn核種の放出するα線と酸化物燃料の酸素核をターゲットとする(α, n)反応により中性子を放出する．たとえば5年冷却時で4.55×10^8 n s^{-1} tHM^{-1}の中性子が放出されるが，そのほとんどは^{244}Cmの自発核分裂によるものである．

〔木村貴海〕

表 1 軽水炉使用済燃料の放射能組成（Bq tHM^{-1}）とその減衰（PWR UO$_2$ 燃料$^{-1}$，4.5% 濃縮ウラン，燃焼度 45 GWd t^{-1}，冷却期間 2～50 年）

核　種	半減期**	2 年冷却	5 年	10 年	20 年	50 年
^{3}H	1.23×10 年	2.43×10^{13}	2.05×10^{13}	1.55×10^{13}	8.84×10^{12}	1.64×10^{12}
^{79}Se	4.8×10^5 年	1.80×10^9	1.80×10^9	1.80×10^9	1.80×10^9	1.80×10^9
^{85}Kr	1.08×10 年	5.51×10^{14}	4.55×10^{14}	3.30×10^{14}	1.73×10^{14}	2.50×10^{13}
^{90}Sr*^{1}	2.86×10 年	3.60×10^{15}	3.35×10^{15}	2.97×10^{15}	2.33×10^{15}	1.13×10^{15}
^{90}Y*^{1}	6.41×10 時	3.60×10^{15}	3.35×10^{15}	2.97×10^{15}	2.33×10^{15}	1.13×10^{15}
^{93}Zr	1.5×10^6 年	9.10×10^{10}	9.10×10^{10}	9.10×10^{10}	9.10×10^{10}	9.10×10^{10}
^{95}Zr*^{2}	6.40×10 日	2.26×10^{13}	1.59×10^8	4.11×10^{-1}	2.75×10^{-18}	0.00
^{95}Nb*^{2}	3.50×10 日	5.00×10^{13}	3.62×10^8	9.07×10^{-1}	6.07×10^{-18}	0.00
^{99}Tc	2.1×10^5 年	6.51×10^{11}	6.51×10^{11}	6.51×10^{11}	6.51×10^{11}	6.51×10^{11}
^{106}Ru*^{3}	3.74×10^2 日	6.33×10^{15}	8.29×10^{14}	2.79×10^{13}	3/56×10^{10}	4.74×10^1
^{106}Rh*^{3}	2.2 時	6.33×10^{15}	8.29×10^{14}	2.79×10^{13}	3/56×10^{10}	4.74×10^1
^{107}Pd	6.5×10^6 年	5.44×10^9	5.44×10^9	5.44×10^9	5.44×10^9	5.44×10^9
^{110m}Ag	2.50×10^2 日	3.59×10^{13}	1.71×10^{12}	1.08×10^{10}	4.26×10^5	2.66×10^{-8}
^{113m}Cd	9×10^{15} 年	1.38×10^{12}	1.19×10^{12}	9.29×10^{11}	5.70×10^{11}	1.30×10^{11}
^{125}Sb*^{4}	2.77 年	2.38×10^{14}	1.12×10^{14}	3.19×10^{13}	2.58×10^{12}	1.37×10^9
^{125m}Te*^{4}	5.74×10 日	8.84×10^{13}	4.14×10^{13}	1.18×10^{13}	9.58×10^{11}	5.11×10^8
^{126}Sn	2.35×10^5 年	3.30×10^{10}	3.30×10^{10}	3.30×10^{10}	3.30×10^{10}	3.30×10^{10}
^{129}I	1.57×10^7 年	1.59×10^9	1.59×10^9	1.59×10^9	1.59×10^9	1.59×10^9
^{134}Cs	2.06 年	4.77×10^{15}	1.74×10^{15}	3.25×10^{14}	1.13×10^{13}	4.81×10^8
^{135}Cs	2×10^6 年	2.26×10^{10}	2.26×10^{10}	2.26×10^{10}	2.26×10^{10}	2.26×10^{10}
^{137}Cs*^{5}	3.02×10 年	5.11×10^{15}	4.77×10^{15}	4.26×10^{15}	3.37×10^{15}	1.69×10^{15}
^{137m}Ba*^{5}	2.55 min	4.85×10^{15}	4.51×10^{15}	4.03×10^{15}	3.20×10^{15}	1.60×10^{15}
^{144}Ce*^{6}	2.85×10^2 日	8.55×10^{15}	5.96×10^{14}	6.99×10^{12}	9.69×10^8	2.58×10^{-3}
^{144}Pr*^{6}	1.73×10 min	8.55×10^{15}	5.96×10^{14}	6.99×10^{12}	9.69×10^8	2.58×10^{-3}
^{147}Pm	2.62 年	4.26×10^{15}	1.93×10^{15}	5.14×10^{14}	3.67×10^{13}	1.32×10^{10}
^{151}Sm	9.3×10 年	1.48×10^{13}	1.44×10^{13}	1.38×10^{13}	1.28×10^{13}	1.01×10^{13}
^{154}Eu	8.8 年	2.55×10^{14}	2.01×10^{14}	1.34×10^{14}	5.96×10^{13}	5.29×10^{12}
^{155}Eu	4.76 年	1.44×10^{14}	9.32×10^{13}	4.48×10^{13}	1.05×10^{13}	1.32×10^{11}
^{235}U	7.04×10^8 年	9.03×10^8	9.03×10^8	9.03×10^8	9.03×10^8	9.03×10^8
^{236}U	2.34×10^7 年	1.37×10^{10}	1.37×10^{10}	1.37×10^{10}	1.37×10^{10}	1.37×10^{10}
^{237}U	6.75 日	1.49×10^{11}	1.29×10^{11}	1.01×10^{11}	6.29×10^{10}	1.48×10^{10}
^{238}U	4.47×10^9 年	1.15×10^{10}	1.15×10^{10}	1.15×10^{10}	1.15×10^{10}	1.15×10^{10}
^{237}Np	2.14×10^6 年	1.71×10^{10}	1.72×10^{10}	1.73×10^{10}	1.77×10^{10}	1.94×10^{10}
^{239}Np	2.36 日	1.02×10^{12}	1.02×10^{12}	1.02×10^{12}	1.02×10^{12}	1.02×10^{12}
^{238}Pu	8.77×10 年	1.66×10^{14}	1.62×10^{14}	1.56×10^{14}	1.44×10^{14}	1.14×10^{14}
^{239}Pu	2.41×10^4 年	1.52×10^{13}	1.52×10^{13}	1.52×10^{13}	1.52×10^{13}	1.52×10^{13}
^{240}Pu	6.56×10^3 年	2.19×10^{13}	2.20×10^{13}	2.20×10^{13}	2.21×10^{13}	2.21×10^{13}
^{241}Pu	1.44×1 年	6.07×10^{15}	5.25×10^{15}	4.14×10^{15}	2.56×10^{15}	6.03×10^{14}
^{242}Pu	3.75×10^5 年	9.29×10^{10}	9.29×10^{10}	9.29×10^{10}	9.29×10^{10}	9.29×10^{10}
^{241}Am	4.32×10^2 年	2.75×10^{13}	5.44×10^{13}	9.14×10^{13}	1.42×10^{14}	1.99×10^{14}
^{242m}Am	1.41×10^2 年	2.99×10^{11}	2.95×10^{11}	2.88×10^{11}	2.75×10^{11}	2.40×10^{11}
^{242}Am	1.6×10 時	2.97×10^{11}	2.93×10^{11}	2.87×10^{11}	2.74×10^{11}	2.39×10^{11}
^{243}Am	7.37×10^3 年	1.02×10^{12}	1.02×10^{12}	1.02×10^{12}	1.02×10^{12}	1.02×10^{12}
^{242}Cm	1.63×10^2 日	1.11×10^{14}	1.30×10^{12}	2.38×10^{11}	2.26×10^{11}	1.98×10^{11}
^{243}Cm	2.91×10 年	8.55×10^{11}	7.92×10^{11}	6.99×10^{11}	5.48×10^{11}	2.65×10^{11}
^{244}Cm	1.81×10 年	1.32×10^{14}	1.18×10^{14}	9.73×10^{13}	6.62×10^{13}	2.11×10^{13}

*：同一番号の核種は放射平衡にある．　**：Chart of the Nuclides, 7th ed. (2006).

湿式再処理

VII-13

aqueous reprocessing

原子炉内で燃焼し，その後取り出された使用済燃料（spent fuel）には，核分裂生成物（fission product：FP）が生成しているほかに，核燃料として使用できるウラン（U）およびプルトニウム（Pu）が存在する．「再処理」とは，このUおよびPuを使用済燃料より分離回収することである．分離回収方法として，水溶液を用いる湿式法と水溶液を用いない乾式法がある．ここでは湿式法による再処理について述べる．

再処理の特徴　再処理は，通常の化学工業で用いられている分離プロセスと基本は変わりないが，核燃料物質，放射性物質を取り扱うという点で下記のような特徴がある．

①遠隔操作となる，②臨界管理が必要，③閉じ込め管理が必要，④試薬などの放射線による劣化がある，⑤核物質管理が必要．

操作員の放射線被ばくを避けるため，分離プロセス・機器は，厚いコンクリートで囲まれた部屋（セル，cell）のなかに設置され，直接操作することはできず，遠隔操作となる．核分裂性物質（主にPu）による臨界を防止するため，取扱量の制限，機器の形状の工夫，中性子吸収剤の使用などを行う．使用する試薬，とくに有機物の放射線による劣化（分解など）は避けられないので，劣化生成物の影響把握，劣化生成物の除去が必要になる．核物質管理としては，核物質の盗取などを防止する核物質防護（Physical Protection：PP）と，核物質の収支を明確にし，核物質が軍事目的に転用されていないことを示す保障措置（safeguards）が必要である．

PUREXプロセス　湿式再処理法とし

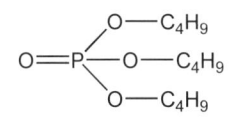

図1　TBPの構造式

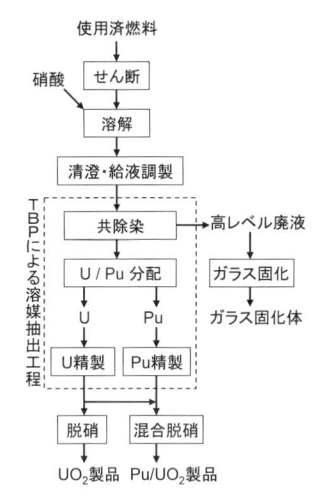

図2　PUREXプロセスの主要工程

て，数々の手法が検討され，現在も検討されているが，現状工業化されているのはPUREXプロセスのみである．PUREXの名称はPlutonium, Uranium, Reduction, EXtractionに由来する．PUREXプロセスにおけるUおよびPuの分離は，リン酸トリブチル（tributylphosphate：TBP，図1）による溶媒抽出法によってなされる．このTBPを脂肪族炭化水素（通常ドデカン）で体積比30%に希釈して用いる．

図2にPUREXプロセスの主要工程を示す．使用済燃料は，せん断された後，加熱硝酸中で溶解される．溶解液は，不溶解残渣を除去した後，硝酸濃度を約3Mに調整されて，分離工程に供される．

分離工程は，UとPuをともに抽出し，核分裂生成物や他のアクチノイドから分離する共除染工程，UとPuとを互いに分離

する分配工程，および分離されたUおよびPuそれぞれの精製工程からなる．燃料溶解液中のUは6価（ウラニルイオン，UO_2^{2+}）であり，Puについては4価（Pu^{4+}）に調整される．それぞれの抽出反応式は以下のようである．ここで，下線は有機相に存在することを示す．

$UO_2^{2+} + 2NO_3^- + \underline{2TBP} \rightleftharpoons \underline{UO_2(NO_3)_2 \cdot 2TBP}$
$Pu^{4+} + 4NO_3^- + \underline{2TBP} \rightleftharpoons \underline{Pu(NO_3)_4 \cdot 2TBP}$

共除染工程で抽出されなかった成分が，放射能の大部分を含む高レベル廃液（high-level liquid waste：HLLW）であり，これはガラス固化される．

分配工程では，TBP抽出では3価のイオンが抽出されにくいという性質を利用し，Puを4価から3価に還元して，U(VI)を有機相に保持したうえでPuを逆抽出することで，UとPuとを分離する．Puの還元には，4価のU（ウラナスイオン，U^{4+}）や硝酸ヒドロキシルアミン（hydroxylammonium nitrate：HAN）が使われる．

$2Pu^{4+} + U^{4+} + 2H_2O$
$\rightleftharpoons 2Pu^{3+} + UO_2^{2+} + 4H^+$
$2Pu^{4+} + 2HONH_3^+$
$\rightleftharpoons 2Pu^{3+} + 4H^+ + 2H_2O + N_2$

Uの逆抽出は希硝酸によって行われる．UO_2^{2+}の抽出反応式からわかるように硝酸濃度が下がれば平衡は左にずれ，水相のUの割合が増える．精製工程では，抽出-逆抽出を繰り返して不純物を除去する．

TBPの主要な劣化生成物は，リン酸ジブチル（dibutylphosphoric acid：DBP）であり，DBPが生成すると，Zrが抽出されやすくなるなどの弊害を生む．そこで，溶媒洗浄工程を設け，溶媒をアルカリ（NaOHやNa_2CO_3の水溶液）と接触させて，DBP等の劣化生成物を除去している．

マイナーアクチノイド UおよびPu

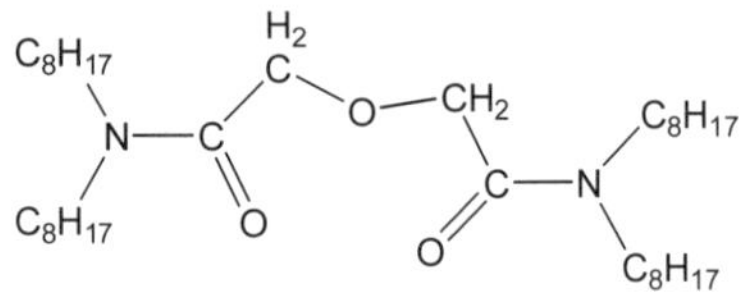

図3 TODGAの構造式

以外で使用済燃料に含まれるアクチノイドは実質的にNp，Am，Cmの3元素である．これら3元素をマイナーアクチノイド（MA）と呼ぶ．MAは長寿命のα放射性核種を含むことから，高レベル廃棄物の処分の合理化を図るため，分離することが検討されている．

MAのうちNpは，比較的濃度の低い硝酸中で5価が安定であるが，4価や6価に還元あるいは酸化されやすいことから，PUREXプロセスにおいて，UやPuと挙動をともにしやすい元素である．逆にこれを利用してPUREXプロセスでNpをも分離回収することが研究されている．

Am，Cmは，3価が安定でありPUREXプロセスにおいてはほぼ100％がHLLWへ移行する．HLLWからのAm，Cmの分離についてさまざまな方法が検討されているが，溶媒抽出法が主体であり，Am，Cm分離用の抽出剤としてTBPと比べて強力な抽出剤，たとえば二座配位の抽出剤CMPO（octyl(phenyl)-N,N-diisobutylcarbamoylmethylenephosphine oxide）や三座配位の抽出剤TODGA（N,N,N',N'-tetraoctyldiglycolamide，図3）が提案されている．これらの抽出剤は，同じ3価の希土類元素（rare earth element：RE）をも抽出するので，次のステップでAm，Cmとの分離が必要である．このAm，CmとREとの分離は重要な研究テーマとなっている． 〔森田泰治〕

乾式再処理

VII-14

non-aqueous reprocessing

PUREX法などの水溶液を用いる湿式再処理と対比させ，水溶液を用いない再処理法を総称して乾式再処理と呼ぶが，乾式再処理の厳密な定義はない．乾式再処理プロセスでは，原子炉から取り出した使用済みの核燃料に含まれるウラン（U）やプルトニウム（Pu）などを気体，粉末または溶融体の形態で扱い，これら元素または化合物の蒸気圧，酸化還元特性，非水系溶媒への溶解度，2種類の溶媒間の分配特性などを利用して，UやPuの再利用可能な成分と廃棄物である核分裂生成物（FP）を分離する．

これまでにさまざまなプロセスが考案され，金属燃料を対象とした高温冶金法，酸化物などのセラミック燃料を対象とした高温化学法，燃料をフッ化物に転換して分離するフッ化物揮発法があり，高温冶金法と高温化学法をまとめて高温法という．

高温法は，燃料を高温で融解し，揮発蒸留，液-液抽出，溶融塩電解などによりFPを分離して，UやPuを回収する．揮発蒸留は，蒸気圧の差を利用してUやPuとFPを分離する方法で，FPである希土類元素の多くはUよりも揮発性が高い．液-液抽出法は，融解状の金属燃料と溶媒金属を接触させ燃料中のFPを溶媒金属中に抽出除去する融解金属抽出法と，金属燃料とハロゲン化物を接触させてUやPuまたはFPを抽出する液体金属-塩抽出法があり，ともに2相間の分配平衡を利用している．溶融塩電解法は，溶媒に用いる溶融塩に燃料成分を溶解してUやPuとFPの析出電位の差を利用してUやPuを析出回収する方法で，UやPuを金属として回収する方法を金属電解法，酸化物で回収する方法を酸化物電解法という．溶融塩電解法で用いる溶融塩は，主にアルカリハロゲン化物が用いられたが，近年はアルカリ土類ハロゲン化物，アルカリ酸化物や融点が低いイオン液体の適用も検討されている．

フッ化物揮発法は，燃料を高温に加熱した状態でフッ素化剤を供給してフッ化物に転換し，UやPuの六フッ化物の揮発性を利用してFPと分離する方法である．UやPuの六フッ化物にはニオブ（Nb）などFPフッ化物が同伴するが，これらFPはフッ化ナトリウム（NaF）などを用いて吸着除去できる．

乾式法の利点を湿式法と比べると，①中性子減速材となる水を用いないため，臨界制限が緩和され，UやPuの取扱量を増やせる．②放射線で劣化する有機溶媒を用いないため，原子炉から取り出した燃料を長期間冷却せずに処理できる．③溶融塩などの溶媒中へのUやPuの溶解度が高いため，装置を小型化でき，また工程数が少なく全体の処理時間も短いため，プラント建設費や操業費が安い．④主な放射性廃棄物

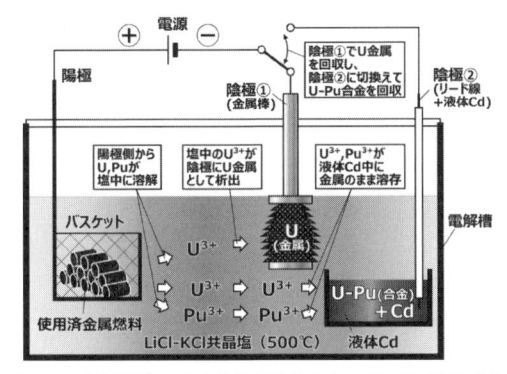

図1　金属電解法による使用済燃料からのU，Pu回収（イメージ）

が固体であり，その体積も小さいことから，廃棄物の貯蔵管理が容易になる．

一方，乾式法の欠点として，①高温法で回収したUやPuにFPが含まれるため，低除染の燃料の再加工に遠隔操作が必要となる．②腐食性や反応性の強い薬品を高温で用いるため，特殊な装置材料や構造を採用し，装置の保守作業が容易でない．また，実用化に向けた課題として，核燃料の計量管理手法の確立や発生する廃棄物の処理処分技術の構築などがある．

乾式法は，高速炉などの高燃焼度燃料の再処理に適した特徴があることから，将来の再処理法として金属電解法（図1）やフッ化物揮発法（図2）などの研究開発が進められている．以下に，金属電解法とフッ化物揮発法の概要を紹介する．

金属電解法の主要な装置として電解槽があり，電解槽内に入れられた溶融塩中に，使用済金属燃料のせん断片を収納した金属製バスケットの陽極と，UやPuを回収する金属棒や液体カドミウム（Cd）プールの陰極を設置する．通常，溶融塩は融点が低い共晶組成の塩化リチウムと塩化カリウムの混合塩（LiCl-KCl共晶塩）が用いられ，電解槽の外側からLiCl-KCl共晶塩を約500℃の溶融状態に加熱保持する．プロセス手順は，陽極－陰極間の通電により電解し，陽極である金属燃料中のUとPuを溶融塩中へU^{3+}，Pu^{3+}として溶出させつつ，まず金属棒陰極を用いて溶融塩中のU^{3+}を金属棒表面にU金属塊として析出させ，続いて液体Cd陰極に切り替えて溶融塩中のPu^{3+}を残留するU^{3+}とともに液体Cd中へU-Pu合金として回収する．2種類の陰極を用いる理由は，U^{3+}/U析出電位がPu^{3+}/Pu析出電位より卑で，U金属が金属棒表面に電解析出しやすいこと，Pu金

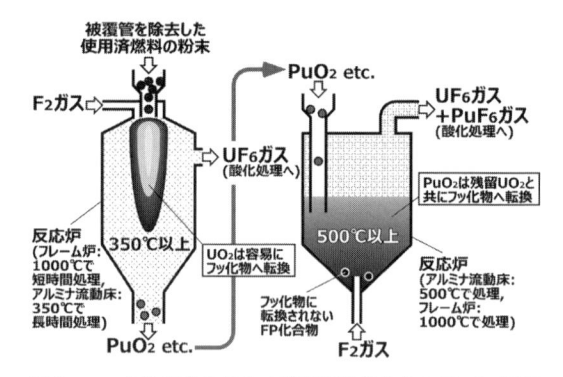

図2　フッ化物揮発法による使用済燃料からのU，Pu回収（イメージ）

属やU-Pu合金は金属棒表面に析出しにくいことなどがあげられる．回収したU金属塊や液体Cd中のU-Pu合金は，高温状態での減圧蒸留によりLiCl-KCl共晶塩やCdを除去し，燃料の再加工に供する．金属電解法で扱うU，Pu金属は化学的に活性であり，LiCl-KCl共晶塩も吸湿性があるため，金属電解法プロセスはアルゴンなどの不活性ガス雰囲気で操作する必要がある．

フッ化物揮発法の主要な装置として，2段に設置される反応炉がある．被覆管を除去した酸化物燃料の粉末を1段目の反応炉に供給し，燃料中の二酸化ウラン（UO_2）をフッ化処理して六フッ化ウラン（UF_6）を回収する．続いて，2段目の反応炉で二酸化プルトニウム（PuO_2）と残留したUO_2をフッ化処理してFPと分離し，UF_6と六フッ化プルトニウム（PuF_6）を回収する．反応炉にはフレーム炉やアルミナ流動床炉などを用い，炉の型式で反応温度や時間が異なる．回収したUF_6とPuF_6は酸化処理し，燃料の再加工へ供する．このほか，この1段目の反応炉と湿式法の溶媒抽出を組み合わせたハイブリッド再処理法（FLUOREX法）が考案されている．

〔永井崇之〕

マイナーアクチノイドの分離と核変換　VII-15

partitioning and transmutation of minor actinides

　マイナーアクチノイド（minor actinides：MA）とは，超ウラン元素の内プルトニウム（Pu）を除く元素をさし，核燃料サイクルではネプツニウム（Np），アメリシウム（Am），および，キュリウム（Cm）がその主たる成分である．これらは，燃料中の含有率が大きいウラン（U）とプルトニウム（Pu）に対して少量であることから，"マイナー"と呼ばれている．たとえば，軽水炉の使用済ウラン燃料1トンのなかには，約50 kgの核分裂生成物（FP）と10 kgのPuが含まれているが，MAは3元素合わせてわずかに1 kgしか含まれていない．

　六ヶ所再処理工場のような施設で使用済燃料を再処理し，UとPuを回収した場合には，揮発性元素を除くFPとMAがガラス固化され，高レベル廃棄物（HLW）として処分される．その場合に，少量にすぎないMAがHLWの潜在的放射性毒性の大部分を占めることとなる．潜在的放射性毒性は，HLWに含まれる放射性物質が人体に摂取された場合の被ばく線量と定義されるが，現実にはHLWは公衆から隔離されており，全量直接摂取されることはあり得ないことから，"潜在的な"毒性である．この毒性は，もともと地中にあったウラン資源の毒性と比較することが可能である．原子炉からのHLWには，もともとのウラン資源より3桁高い毒性が含まれ，時間とともに減衰し，1万年で同程度となる（図1）．その内訳は，100年以降はほとんどが重核，すなわち，MAである．MAがHLWから取り除かれれば，FPからの毒性

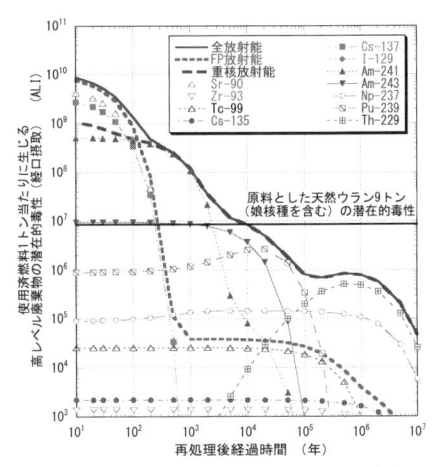

図1　高レベル廃棄物中の潜在的放射性毒性

が残り，これは非常に早く減衰するため，数百年という期間でウラン資源の毒性を下回るようになる．この毒性の低減効果が，MAを分離（partitioning）し，核変換（transmutation）する動機の一つである．その他，発熱量の高いMAを除去することにより，処分場の熱的制限が緩和され，規模が小さくなることも分離変換の効用である．

　再処理後の高レベル廃液からMAを分離するために，日本原子力研究所（現，日本原子力研究開発機構）では4群分離プロセスの研究開発が行われてきた．4群分離プロセスでは，MAだけではなく，発熱性のFP元素や有用元素である白金族の分離回収も行われる．分離されたMAは中性子による核分裂反応によって，安定，あるいは，相対的に短寿命な核分裂生成物に核変換することができる．中性子を照射するために，MAを主成分とする核燃料を加速器駆動炉（→VII-05）で用いる方法と，商業用高速炉でプルトニウム燃料にMAを混入させる方法が提案されている．

〔西原健司〕

放射性廃棄物 VII-16

radioactive waste

放射性廃棄物 放射性廃棄物とは，放射性物質または放射性物質が付着したり放射性物質を含んだりする物質などで，廃棄の対象となるものをさす．これらは放射性物質を取り扱うことができる施設（原子炉施設，再処理施設，加工施設，放射性同位元素使用施設など）の操業や施設の解体によって発生する．廃棄物には放射性物質によって汚染された汚染物と，中性子などの照射によって内部に放射性物質が生成した放射化物がある．しかし，放射性物質を含むものすべてが放射性廃棄物として取り扱われるわけではない．汚染のレベルがきわめて低く放射性廃棄物として扱う必要のないもの（いわゆる，「クリアランス物」）がある[1]．また，汚染がないことまたは放射化の影響を考慮する必要がないことなどが明らかな廃棄物は，「放射性廃棄物でない廃棄物」(non radioactive waste：NR) として取り扱うことができる[2]．「クリアランス」とは，廃棄物中の放射能濃度がきわめて低くヒトの健康への影響が無視できることから，放射性廃棄物として扱わないことをいい，その基準を「クリアランスレベル」という．クリアランスレベルは，放射性廃棄物をリサイクルや産業廃棄物として処分することなどによって人が受ける線量が年間 $10\,\mu$Sv 以下である量として算出される[1]．

放射性廃棄物の分類と発生量 放射性廃棄物は目的に応じて，さまざまな分類が採用されている．ここでは汎用的な分類も含め，簡潔に記す．放射性廃棄物を規制している法律は，①核原料物質，核燃料物質および原子炉の規制に関する法律：原子炉等規制法，②放射性同位元素等による放射線障害の防止に関する法律：放射線障害防止法，③医療関連法令（医療法，薬事法，臨床検査技師等に関する法律）などである．原子炉等規制法は，実用発電用原子炉や試験研究用原子炉または核燃料使用施設などから発生する核原料物質または核燃料物質によって汚染された廃棄物または放射化物を規制し，放射線障害防止法および医療関連法令は放射線発生装置の使用および放射性同位元素または放射線発生装置から発生した放射線によって汚染されたものを規制する．放射性廃棄物のなかには，複数の法によって規制されるものも存在する．

放射性廃棄物のうち，施設の運転や保守から発生するものを操業廃棄物，利用を終了した施設の廃止措置によって発生するものを解体廃棄物と呼ぶ．また，放射性廃棄物は発生施設によっても大きく二つに分類できる．商用原子力関連施設（原子力発電所，燃料製造工場（燃料加工，MOX燃料加工），ウラン濃縮工場，再処理工場など）から発生する廃棄物と，研究所など（研究機関，大学，医療機関，民間企業など）から発生するものである．前者は，再処理施設において使用済燃料からウラン（U）・プルトニウム（Pu）を回収した後に残る核分裂生成物を主成分とする「高レベル放射性廃棄物」と，それ以外の「低レベル放射性廃棄物」とに大きく分けられる．この低レベル放射性廃棄物には，燃料製造工場などから発生するUを含むウラン廃棄物やTRU元素や長半減期の放射性核種を含む長半減期低発熱放射性廃棄物（通称TRU廃棄物）がある．後者は主にRI・研究所等廃棄物と呼ばれる低レベル放射性廃棄物である．研究所などからは研究目的で使用されたウランやTRU元素を含むウラン廃棄物やTRU廃棄物も発生する．放射性廃棄物はその性状に応じて気体，液体，固体廃棄物にも区分され，固体廃棄物は可

燃性，難燃性および不燃性廃棄物などにも区分される．高レベル廃棄物はガラスと混ぜて溶融，冷却固化し，ガラス固化体として保管されている．ガラス固化体は，平成21年度末時点で，海外からの返還物を含め1692本が保管されている[3]．商用原子力関連施設から発生した低レベル放射性廃棄物は，200Lドラム缶換算で約23万本が浅地中埋設処分場に処分され，さらに発電所内に約68万本が保管されている．また，同時点で，長半減期低発熱放射性廃棄物は約23万本，ウラン廃棄物は約14万本保管されている．RI・研究所等廃棄物は日本原子力研究開発機構や日本アイソトープ協会などに約57万本保管されている[3]．

放射性廃棄物の処理・処分　日本において，放射性廃棄物はそのなかに含まれる放射性核種の種類，放射能によって深さの異なる陸地中に埋設処分される[4,5]．低レベル放射性廃棄物のうち，放射能レベルのきわめて低い廃棄物は地表付近にトレンチを掘削してそのなかに廃棄物を定置し，放射能レベルの比較的低い廃棄物は，地表付近にピットを掘削してその中に廃棄物を定置し，充てん材で固めた後，覆土する（浅地中処分：トレンチ処分およびピット処分）．低レベル放射性廃棄物のうち，比較的レベルの高い廃棄物は，一般的な地下利用に対して十分に余裕をもった深度（50〜100m）に埋設する（余裕深度処分）．高レベル廃棄物や一部の長半減期低発熱放射性廃棄物などは地層中（地下300mより深い地層）に埋設処分する（地層処分）．

高レベル廃棄物は，先述のようにガラス固化体としてステンレス鋼製のキャニスタ内に封入して地層処分される．低レベル放射性廃棄物の多くはドラム缶や角型容器などの金属製容器に封入あるいは固型化した後，余裕深度処分あるいはピット処分される．この際，液体廃棄物や焼却灰などはセメントやアスファルトと混練し，均質な状態で容器に固型化する（均質・均一固化体）．金属類や使用済制御棒などの固体廃棄物は，圧縮などによって減容したのち，セメント系充てん剤を用いて容器内に固型化または封入する．低レベル廃棄物のうち，コンクリートや金属など，化学的，物理的に安定な性質の廃棄物のうち放射能レベルのきわめて低いものについては，飛散防止措置などを施した状態で，トレンチ処分される．

これまでは，放射性廃棄物の処理処分において，廃棄物に含まれる放射性物質の廃棄体への閉じ込め性や，処分後の環境への移行などについて検討されてきた．しかし，近年，放射性廃棄物に含まれる非放射性有害物質による影響評価の取組みが始まっている．　　　　　　　　　　〔目黒義弘〕

文　献

1) 原子力安全委員会，原子炉施設及び核燃料使用施設の解体等に伴って発生するもののうち放射性物質として取り扱う必要のないものの放射能濃度について（平成16年12月16日，平成17年3月17日一部訂正及び修正，2004）．
2) 原子力安全委員会，低レベル放射性固体廃棄物の陸地処分の安全規制に関する基準値について（第2次中間報告）（平成4年2月14日，1992）．
3) 原子力委員会，第5回新大綱策定会議資料第3-1号（平成23年3月，2011）．
4) 原子力委員会，原子力政策大綱に示している放射性廃棄物の処理・処分に関する取組の基本的考え方の評価について（平成20年9月2日，2008）．
5) 原子力安全委員会，低レベル放射性固体廃棄物の埋設処分に係る放射能濃度上限値について（平成19年5月21日，2007）．

安全評価と核種移行　Ⅶ-17

safety assessment and radionuclide migration

　安全評価の対象となる放射性廃棄物の処分システムについて概略を示す．発電事業や医学的利用など種々の事業において発生した放射性廃棄物は，わが国では，発生源，含有する放射性物質やその濃度上限値に応じて区分され，性状に応じて適切に生活環境から隔離するために地中への埋設が行われる．たとえば，再処理工場から発生する高レベル放射性廃棄物（ガラス固化体）と低レベル放射性廃棄物のうち規定された基準（政令濃度上限値）をこえる放射性核種を含む長半減期発熱放射性廃棄物（超ウラン元素（TRU）廃棄物）は地層処分，その他のTRU廃棄物のうち比較的放射能濃度の高い（省令濃度上限値をこえる）一部の廃棄物と炉心等廃棄物などは余裕深度への埋設（余裕深度処分），残りのTRU廃棄物を含めそれ以外の放射能レベルの低いものに関しては浅地中ピット処分や浅地中トレンチ処分が行われる．

　わが国では地層処分とは，放射線量の高い廃棄物を，私たちの生活環境からきわめて長期にわたり遠ざける必要性から，2000年5月に制定された「特定放射性廃棄物最終処分に関する法律（最終処分法）」で地下300m以深の安定な地層中に処分する手法をさす．この深部地下への処分方法は最も好ましい処分方法であることが国際的に共通した認識である．なお，地層処分の「地層」という用語は地質学上の堆積物・堆積岩を表す層状の「地層」と「岩体」の両者を含む意味で用いられている．

　一方，規定された基準をこえる放射性物質を含むTRU廃棄物も長期にわたって隔離する必要があるため，わが国を始めフランスおよびスイスなどでは，高レベル放射性廃棄物（海外においては使用済燃料もさす）の処分施設の近傍にTRU廃棄物の処分施設を併設して処分する方法が検討されこの方法を「併置処分」と呼ぶ（図1）．

　余裕深度処分は，一般的な地下利用に対し，十分な余裕をもった深度への処分として地表から50m以上の深さに処分することが考えられている．また，浅地中ピット処分と浅地中トレンチ処分の主な違いはコンクリートピットなどの人工構築物を用いるか否かの違いであり，ともに浅い地中に埋設される．管理期間は，ピット処分の場合，放射性物質濃度の減衰に応じた段階的管理が行われ，300～400年が一つの目安となっている．一方，トレンチ処分は，50年程度の管理期間を想定し，両者とも管理期間後は一般的な土地利用が可能と考えられている．

　高レベル放射性廃棄物の地層処分システ

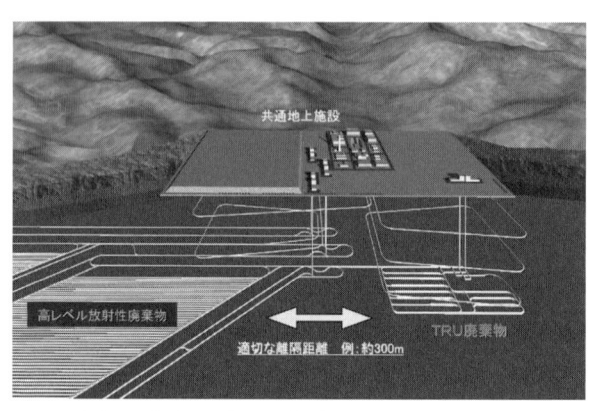

図1　地層処分（併置処分）の概念（出典：資源エネルギー庁ホームページ）

ムは，適切な地質環境の中に人工バリアシステムと天然の地層である天然バリアシステムの多重バリアシステムを構築する仕組みが検討されている．この処分システムにおける人工バリアは，固化されたガラス固化体そのものと，固化体から溶出する放射性核種の閉じ込め性能を期待した金属製容器（オーバーパック）や，放射性核種の吸着能をもつ粘土材（ベントナイトなど）の緩衝材により障壁として人工的に形成されたものである（図2）．天然バリアは処分場から地上生物圏に至る地層の障壁機能をさす．これら複数のバリア機能により放射性核種の環境への放出を遅延させ，各バリアシステムにより放射性核種が保持されている間での核種の壊変が期待されている．

　以上の各処分システムにおいて，廃棄物によっては何百年にもわたる管理期間が必要な放射性廃棄物の安全性を直接確認することは難しく，将来予測することが必要となる．処分システム全体，またはその要素の個別システムが有する機能について将来予測を含め解析した結果から，その性能について評価を行うことを性能評価という．各処分事業進展の各段階，たとえば，高レベル放射性廃棄物の地層処分では，施設建設，操業中，閉鎖後においても，各バリア機能や地下環境の変化をシナリオに基づき予測し，評価期間における核種移行についての解析を行う．また，人間への放射線学的影響を対象とし，適切な基準と比較，評価した場合を安全評価という．評価は，廃棄物中の放射性物質の含有量やバリア材料との相互作用のほかに，評価対象期間によっては人工バリア材料の長期変質や地質環境特性の変化のような長期にわたるバリア機能の評価を含めて実施し，各バリアの有効性を施設設計や時間変化に基づき予測モデルを用いて評価する．

　評価のためには，まず処分システム，地質環境の情報からシナリオを組み立てる．

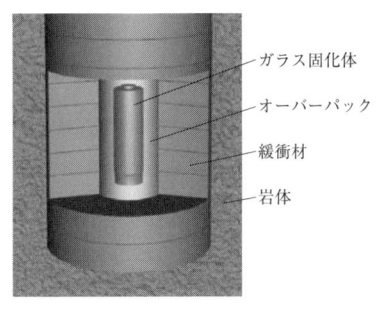

図2　高レベル放射性廃棄物地層処分人工バリア概念（出典：原子力機構パンフレット抜粋）

ガラス固化体
オーバーパック
緩衝材
岩体

処分または閉鎖後の状態から，評価期間の間でその状態を変化させる可能性のある現象を想定し，各現象を組み合わせて処分システムとしての長期的な状態・挙動を想定したのがシナリオである．事象を時系列的に整理することにより，長期的な処分システムの性能を解析し評価するうえでシナリオ構築は重要である．シナリオには処分場に人間侵入を想定した人間侵入シナリオや処分場環境での地下水による放射性核種移行を考慮した地下水シナリオがある．

　地下水シナリオは，地下に埋設された廃棄物に地下水が接触した場合，廃棄物からある浸出率をもって廃棄物中の放射性元素が地下水中へ浸出し，その後周囲のバリア材料や岩盤中を地下水を運搬媒体として移流・拡散し，最終的に人間の生活環境である生物圏へ運ばれるシナリオをいう．このように設定された地下水シナリオにおいて，ある評価期間において，地下水組成（pHや酸化還元電位：Eh）変化を含めた地質環境と放射性元素の相互状態について整理し，廃棄体特性，地下水特性と挙動，人工バリア性能を検討し，放射性核種の溶解度，緩衝材や岩体への収着・拡散係数を設定し，処分場から人間の生活環境に至る空間的，時間的な核種移行の総合的解析により安全性を評価する．　〔吉川英樹〕

核種移行—収着, 拡散　VII-18

migration of nuclides–sorption, diffusion

地下深部の緻密な岩盤あるいは粘土層, さらには放射性廃棄物処分場に設けた人工的なバリア中では, 地下水の動きがきわめて遅いため, 地下水に溶存した放射性核種 (radionuclide) を含む溶質の移行 (migration) は主に拡散 (diffusion) によって進行する. またその際, 溶質の一部が固液界面近傍に蓄積する収着 (sorption) が同時に進行する場合がある. 収着した物質の移動は液相中に比べて一般に遅いため, 収着は移行の遅延 (retardation) をもたらすこととなる. すなわち, 放射性核種の移行挙動を考えるうえで, 収着と拡散現象は重要な影響因子である.

収着　固相界面の二次元的領域における溶質の蓄積を吸着 (adsorption) と呼ぶ. 一方, これに, 固液界面における沈殿の生成などを含む三次元的領域における溶質の蓄積である吸収 (absorption) を加えたのが, 収着である. 収着は, 液-固相間の溶質の分配が可逆的に起こっていると仮定した場合, 対象物質の液相濃度 [mol m^{-3}] に対する固相濃度 [mol kg^{-1}] の比である収着 [分配] 係数, K_d (sorption [distribution] coefficient) [m^3 kg^{-1}] で表される. 実験的には, 所定量の固相と液相を混合させた系に微量の対象物質を加えて平衡状態にした際の対象物質の濃度比から決定できる. これをバッチ (batch) 法と呼ぶ. また, 後述の拡散実験から算出することもできる.

収着係数は, 温度, 対象物質の化学形, 溶液のpH, Eh, イオン強度, および固相の化学形, 表面積, 表面特性などのさまざまな因子の影響を受ける. このためデータベースの構築・公開がなされる[1]とともに, 諸反応を考慮に入れたモデルの構築が試みられている.

拡散　濃度勾配を駆動力とした溶質の移行が拡散である. 移行媒体が多孔質であり, その間隙を地下水が満たしている場合, 溶質は間隙中の地下水を介して移行する. このとき, 実効拡散係数, D_e (effective diffusion coefficient) [m^2 s^{-1}] は, 溶質の自由水中の拡散係数に間隙率と拡散経路の幾何学的形状の因子を乗じた値で定義される. 一方, 見かけの拡散係数, D_a (apparent diffusion coefficient) [m^2 s^{-1}] は, 溶質の自由水中の拡散係数に, 拡散経路の幾何学的形状の因子と収着による遅延効果を乗じた値で定義される. これらの値は, 実験的には, 溶質を試料中で移行させて決定する. たとえば, 透過拡散 (through-diffusion) 法では, 移行媒体試料中を拡散によって通過した溶質量の経時変化から D_e および D_a を決定でき, さらに両拡散係数から K_d を算出できる. また, プロファイル (in-diffusion) 法では, 溶質を移行媒体試料の端面から所定時間移行させた後に, 試料中の溶質の濃度分布を求めることで D_a を決定できる.

拡散係数も収着係数同様に多くの因子の影響を受けることから, データベースの構築・公開がなされている[1]. また, 拡散媒体の微細構造も考慮に入れた拡散機構が検討されているほか, 分子動力学 (molecular dynamics) 法によるシミュレーション計算も試みられている.　〔小崎　完〕

文　献

1) 日本原子力研究開発機構 地層処分研究開発部門ホームページ.

核種移行―溶解度と熱力学 VII-19

solubility and chemical thermodynamics

表1 金属水酸化物等の溶解度積（25℃）

固相*	溶解度積 ($\log K_s$)	文献
AgCl (s)	−9.75	1
Ca(OH)$_2$ (s)	−5.30	1
Eu(OH)$_3$ (s)	−26.03	1
Fe(OH)$_3$ (s)	−38.55	1
Th(OH)$_4$ (am)	−47.1	2
U(OH)$_4$ (am)	−54.5	3

*s は結晶状態，am は非晶質状態を表す．

ある溶質が一定量の溶媒（たとえば水）に一様に分散して溶ける限界量に達し，固相としての溶質と液相である溶液が共存する平衡状態となるとき，その飽和溶液中の溶質濃度を溶解度（solubility）と呼ぶ．このとき，固相が溶液に溶解する速さと溶質が固相として析出する速さは等しい．難溶性塩 M_xA_y の陰陽両イオンの濃度の積は，溶解度積（K_s, solubility product または solubility constant）といい，一定の温度で一定の値を示す．一般的に K_s の値が小さい塩ほど，その溶解度は低い．溶液中の M^{m+} イオンと A^{n-} イオンの濃度の積（$[M^{m+}]^x[A^{n-}]^y$）は K_s の値より大きくなれないので，溶解平衡にある溶液に同じ種類のイオンを加えると，そのイオンの濃度が減少する向きに平衡が移動し，超過した量だけ溶けなくなって固相として析出する．溶解度積の値は金属イオンにより異なり，たとえば，4価金属イオン（$m=4$）の水酸化物固相の値は1～3価金属イオンと比べて低い（表1）．酸性を呈する水に溶解した4価金属塩に，アルカリすなわち水酸化物イオン（$n=1$）を加えて pH を上昇させると，OH$^-$ 濃度を減少させる方向に加水分解反応が進行し沈殿を始める．このことから，M(OH)$_4$（固相）$\rightleftharpoons$ M^{4+} + 4OH$^-$ の溶解平衡が成立するとき，溶液中に存在する金属イオン濃度は，溶解度積と pH から推定することができる．これは，地下深くに処分した放射性廃棄物体に含まれるアクチノイド元素などの多価金属イオンが，将来地下水に一度にどれほど溶け得るのかを熱力学的に検討する際の重要な手法である．ただし，実際の溶液中には，M^{4+} という単核の水和イオンだけではなく，加水分解反応によって生成した MOH^{3+} や M(OH)$_3^+$，さらには多核種と呼ばれる M$_x$(OH)$_y^{z+}$ が共存することがあり複雑である．このような場合，溶解度はさまざまな金属加水分解種の濃度和であり，溶解度を記述するために，溶存する加水分解種の平衡関係を表す複数の加水分解定数

$$\beta = \frac{[M_x(OH)_y^{z+}]}{[M^{4+}]^x[OH^-]^y} \quad (z=4x-y)$$

が用いられることがある．各化学種の β の値を決定することは実験的に容易ではないため，理論やモデルとあわせて検討が進められている．さらに，注目する金属イオンの溶解度（濃度和）が変動する要素として，地下水中に存在するたとえば炭酸イオン CO$_3^{2-}$ や天然の腐植物質などの陰イオンとの錯生成反応や酸化還元反応による金属イオンの価数変化，コロイド状物質の生成，沈殿固相の長期変質などがある．これらの体系的な検討が，より信頼性の高い溶解度予測，そして核種移行挙動の予測に必要である． 〔佐々木隆之〕

文　献

1) D. Lide, et al., CRC Handbook of Chemistry and Physics, 82nd ed. (CRC Press, New York, 2001).
2) M. Rand, et al., Chemical Thermodynamics of Thorium (Elsevier, Amsterdam, 2009).
3) I. Grenthe, et al., Chemical Thermodynamics of Uranium (Elsevier, Amsterdam, 1992).

核不拡散

VII-20

nuclear nonproliferation

IAEA ウラン（U）やプルトニウム（Pu）などの核物質は，原子力発電などの平和目的のために使用されるが，核兵器として軍事利用することもできる（原子力は両刃の剣）．このため，原子力平和利用は，常に核兵器の拡散をいかに防止するかという課題を抱えていることになる．第二次世界大戦後，原子力の商業利用の増大とともに，核兵器の拡散に対する懸念が強まり，原子力は国際的に管理すべきであるとの考えが広まった．1953年の国連総会におけるアイゼンハワー米国大統領の演説"Atoms for Peace"を直接の契機として国際原子力機関（International Atomic Energy Agency：IAEA）創設の気運が高まり，1954年には国連においてIAEA憲章作成のための協議が開始された．IAEA憲章の草案は，1956年の採択会議で採択され，1957年7月29日に所要の批准数を得て発効し，かくしてIAEAは正式に発足した．同年10月にはIAEA第1回総会が開催され，満場一致で本部をウィーンにおくことが決定された．IAEAの主要業務は，①保障措置と検認，②安全とセキュリティ，③科学技術の移転である．

保障措置 原子力が，平和的利用から核兵器製造などの軍事目的に転用されないことを確保するために，IAEA憲章に基づき，IAEAが当該国の原子力活動に対して適用する検認制度が保障措置（Safeguards）である．保障措置とは，平和利用下の核物質が核兵器またはその他の核爆発装置へ転用されていないことを検認するとともに，適時探知により転用を抑止する手段である．

保障措置では，核物質の在庫，移動などの"計量管理"を行うとともに，"封じ込め・監視"が適用され，これらを確認する"査察"が行われる．しかしながら1990年北朝鮮の核開発疑惑や1991年イラクの未申告施設での核開発が発覚したことから，IAEAに申告しないで秘密裡に行われる核開発の痕跡を見つける新しい保障措置制度が追加された．このなかでも，原子力施設での拭き取り試料を放射化学的に分析する環境サンプリング手法は，未申告原子力活動を検知する有効な方法である．

NPT 1959年の国連第14回総会において，アイルランドが核兵器拡散防止の問題を討議するように要請したのが端緒となり，当時の軍縮委員会での検討を経て，1970年3月5日に発効したのが"核兵器の不拡散に関する条約"（Treaty on the Non-Proliferation of Nuclear Weapons：NPT）である．NPTの第3条で謳われているように，締約国である非核兵器国は，「核爆発装置に転用されることを防止するため，IAEA憲章およびIAEA保障措置制度に従いIAEAとの間で交渉しかつ締結する協定に定められる保障措置を受諾することを約束する」ことになる．本条約では，①非核兵器国によるIAEA保障措置の受諾，②原子力の平和利用に関する権利，③核軍縮の努力，を骨子とする．

CTBT 包括的核実験禁止条約（Comprehensive Nuclear-Test-Ban Treaty：CTBT）とは，核兵器の開発・改良を行うためには核実験の実施が必要となるので，宇宙空間，大気圏内，水中および地下といったあらゆる環境における核兵器の実験的爆発をすべて禁止することにより，核兵器の拡散／高度化を防止する目的でできた核軍縮・不拡散上，重要な意義を有する条約である（2015年7月現在未発効）．これまでに世界中で行われた核実験の回数を図1に示す．CTBT遵守を検証するために，①

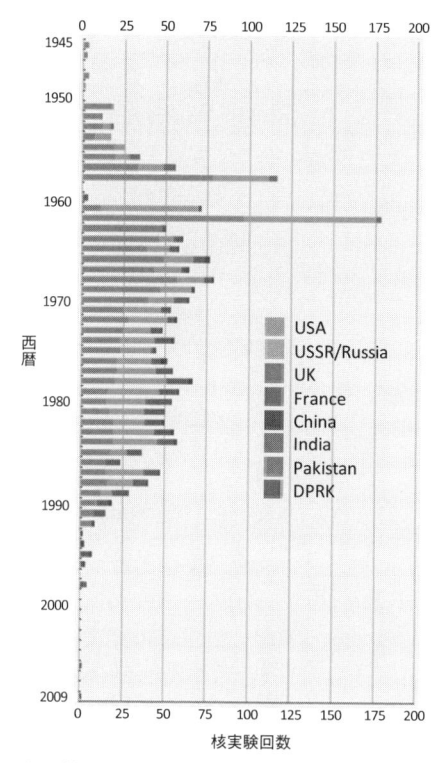

図1 核実験の変遷（1945～2009年．CTBT機関のデータをもとに作成）（口絵7参照）

国際監視制度，②協議および説明，③現地査察，④信頼の醸成についての措置，からなる検証制度を設けている．

核セキュリティ IAEAのエルバラダイ前事務局長は，核セキュリティを「核物質その他の放射性物質，またはそれに関連する施設に影響を及ぼす盗取，妨害破壊行為，無許可立入り，不法移転あるいはその他の悪意ある行為の防止，探知および対応」と定義している．さらにIAEAは，核セキュリティ上の潜在的危険（核テロの脅威）として，①核兵器の盗取，②核爆発装置の製造を目的とした核物質の取得，③「ダーティーボム」を含む放射線源の悪意をもった利用，④施設や輸送車両に対する攻撃または妨害破壊行為によって引き起こされる放射線障害，の四つを想定している．

このような危険を防止するための国際規範は，1987年に発効した核物質防護条約と2007年発効の核テロ防止条約の二つだけである．前者は「国際間で輸送される平和利用の核物質について防護措置をとること，および核物質の不法な取得や使用を防止するとともに，核物質に関する犯罪を特定し，裁判権，容疑者の引渡し，検察当局への付託，国家間での通報」を義務づけている．後者の核テロ防止条約では，「死，身体の重大な傷害，財産または環境に対する損害を引き起こす目的で，放射性物質または核爆発装置などを所有し，使用する行為を犯罪とし，その犯人を処罰し，犯罪人引渡しに関する協力」について規定している．核セキュリティの国際的レベルを向上させる目的で採択された条約であり，核テロ対策の強化のための国際的枠組みの構築が課題である．

核鑑識 核テロや核物質の流出事案あるいは核爆発が疑われる事象が発生した際，現場の遺留品や押収品を科学的手法で分析し，核兵器の種類や核物質の生産国を特定することは，為政者に判断の材料を提供するとともに核テロ抑止に効果がある国際的な取組みの一つである．この技術を核鑑識（nuclear forensics）という．放射線測定など放射化学的手法により核物質の出所，製造方法，移転ルートなどを特定する．また指紋，毛髪，繊維，花粉，埃，植物の遺伝子，爆薬などを鑑識して人物や運搬に関する情報を得る．このような核鑑識活動には世界中から集めたデータベースが不可欠である．　〔篠原伸夫〕

原子力の事故

VII-21

nuclear accidents

スリーマイル島原子力発電所2号炉の事故

1979年3月28日午前4時,米国ペンシルベニア州に設置されているスリーマイル島原子力発電所2号炉(TMI-2)において事故が発生した.定格出力運転中,制御用空気系の故障のため給水ポンプ,さらにタービンが停止した.補助給水ポンプが起動したが,保守時のミスにより出口弁が閉じられていたので,補助給水が蒸気発生器に到達しなかった.原子炉一次系の温度,圧力が上昇したが,設計どおり加圧器逃し弁が開き,原子炉は緊急自動停止した.しかし,原子炉停止により低下し始めた一次系の圧力に伴い,自動的に閉まるべき加圧器逃し弁が故障して開固着の状態になり,ここから冷却材の系外への流出が続いた.一次冷却系の圧力低下の信号を受けて,事故発生2分後に非常用炉心冷却系(ECCS)が自動起動したが,運転員は状況を正しく把握できず,系は満水であると誤認し,ECCS流量を絞った.

事故発生1時間40分後には一次冷却材ポンプを手動停止した.これは,一次冷却材中に多量の蒸気が発生し,冷却材ポンプが激しく振動し始めたからとされているが,それまではなんとか冷却されていた炉心はポンプ停止により蒸気中に露出するに至った.

事故発生後2時間20分,運転員はようやく加圧器逃し弁の元弁を閉じ,冷却材の流出は止まったが,炉心は約2/3が露出しており,大きな損傷を受けつつあった.3時間半経って運転員はECCSを短時間起動し,炉心はようやく再冠水したが,そのときまでに炉心は大きな損傷を受けた.事

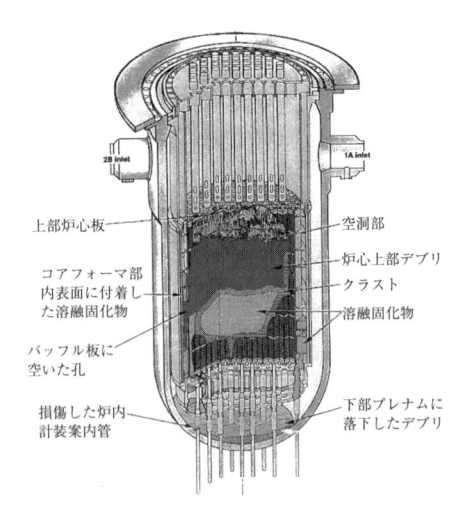

図1 TMI-2の最終炉心状態(口絵8参照)

故後の原子炉圧力容器調査から,炉心の約半分が溶融し,そのうちの約19トンが下部プレナムへ移動したが,圧力容器底部に水が存在したため,溶融炉心は最終的に冷却され,圧力容器の溶融貫通は免れたことが判明した(図1).放射性物質の放出量については,放射性希ガス約9.25×10^{16}ベクレル,ヨウ素131は約6×10^{11}ベクレルであり,事故による周辺公衆の被ばく線量は最大でも1mSv以下で,健康に与えた影響はほとんど無視できる程度であった.原子炉格納容器が健全だったため,環境へのヨウ素放出がきわめて少なかった.

事故の主要原因は,加圧器逃し弁が開固着して冷却材が流出していることに運転員が長時間気づかず,炉心冷却が不十分だったのに,冷却材は過剰なほどにあると誤判断し,ECCSを停止させたことが大きい.

原子力安全委員会に設けられた米国原子力発電所事故調査特別委員会による事故の原因分析などから,数々の教訓,対策が得られ,防災体制の強化を含め軽水炉システムのよりいっそうの安全に大きく寄与した.

チェルノブイリ原子力発電所4号機の事故

1986年4月26日午前1時23分，旧ソ連のチェルノブイリ原子力発電所4号機（「黒鉛減速軽水沸騰冷却型」）で事故が発生し，大量の放射性物質が周辺環境に放出された（図2）．事故は，外部電源が喪失した場合に，タービン発電機の回転エネルギーにより主循環ポンプと非常用炉心冷却系の一部を構成する給水ポンプに電源を供給する能力を調べる試験を実施しようとしていた最中に原子炉が不安定な状態になり，制御棒を挿入したところ急激な過出力が発生したために生じた．後の解析によると，原子炉出力は定格の約100倍に達したと推定されている．

出力急上昇により燃料被覆管材であるジルコニウムと水蒸気の反応で発生した水素の爆発の結果，原子炉および原子炉建屋が破壊され，次いで高温の黒鉛の飛散により火災が発生した．火災は鎮火され，引き続き除染作業と原子炉部分をコンクリートで閉じ込める作業が実施された．運転員と消火作業に当たった消防隊員のうち放射線被ばくによって28名が死亡し，発電所の周囲30 kmの住民等約13万5千人が避難し移住させられた．

放射性物質の放出量は，ヨウ素131が約1.8×10^{18}ベクレル，セシウム137が約8.5×10^{16}ベクレルとされている．WHO，IAEAなど国際機関の協力により，公衆への放射線の影響の調査が行われ，事故時に18歳以下だった小児・少年の甲状腺がんが唯一確認されており，これまで6千人以上の患者があり，うち15名が死亡した．

事故が発生した原子炉は旧ソ連が独自に開発し，旧ソ連国内でしか運転されていないものであった．「減速は黒鉛，冷却は軽水」という原子炉は，「減速も冷却も軽水」というわが国などの軽水炉と違って，軽水の密度の変化が熱中性子吸収効果の変化を通して炉の反応度変化，ひいては出力

図2 事故直後のチェルノブイリ4号炉

に大きく影響する．とくに軽水の密度変化が激しい，気泡の発生期に当たる出力の低いところでは，出力係数が正，つまり正のフィードバックが生じると評価されていた．

事故の当日，出力調整の不備の結果，当初計画していたよりも低い出力になってしまったにもかかわらず試験を開始したが，タービン発電機の回転数の減少により炉心流量が減少し始めた結果，炉心でのボイド率が上昇し，正の反応度フィードバックのため出力が急上昇して事故に至った．

以上のように，チェルノブイリ事故は，低出力で反応度出力係数が正となるという設計上の弱点を背景として，十分な規制や手順が整備されておらず，原子炉の安全上の特性が理解されてないなど，発電所ばかりでなく，国全体で安全文化が欠如していた結果発生したものである．

事故の教訓に基づき，このタイプの原子炉については反応度係数を改善することなどの措置がとられた．また，運転管理に当たっての安全文化尊重の教育が，世界で進められた．国際社会からはこのタイプの原子炉の安全性が十分でないとの声があり，チェルノブイリ原子力発電所は2000年12月に全原子炉が閉鎖された．

JCO事故　1999年9月30日午前10時35分頃，茨城県の東海村にある民間ウラン加工施設「ジェー・シー・オー(JCO)」でわが国初の臨界事故が発生し，3名の社員が過剰な被ばくを受け，懸命な医療活動にもかかわらず，うち2名が死亡した．

JCOは，沸騰水型軽水炉に使うウラン燃料製造（濃縮度3～5%）の中間工程を担当し，六フッ化ウラン（UF_6）を二酸化ウラン（UO_2）粉末に転換し，成型加工メーカーに納入していた．事故当時の作業は，高速実験炉「常陽」の燃料を加工するため，転換試験棟において硝酸ウラニル（$UO_2(NO_3)_2$）溶液（濃縮度18.8%）を均一化していた．この作業では，本来溶解塔で硝酸を加えてウラン粉末を溶解するべきところを，作業時間の短縮のためステンレス容器で溶解した．その後，$UO_2(NO_3)_2$溶液の濃度を均一化するための貯塔を使わずに，手順書を無視して，臨界形状管理がなされていない沈殿槽に$UO_2(NO_3)_2$溶液を注入した．その結果，沈殿槽内の$UO_2(NO_3)_2$溶液が臨界状態に達し，事故に至った（図3）．

本事故では，$UO_2(NO_3)_2$溶液が入った沈殿槽の周りのジャケットを流れる冷却水が中性子の反射材になって反応が促進し，長期にわたって臨界が継続した．しかし，ジャケットの冷却水を抜き取る作業によって臨界は約20時間継続の後，停止した．

東海村では，事故の約2時間後に村内の防災無線で事故の発生と外出禁止を，敷地外を含む周囲350mを立入禁止にした．また，約6時間後に中性子検出器により臨界が継続していることを確認した．事故当時，半径10km範囲内の住民に屋内待避勧告が出されたため，17時間にわたり国道・JR・常磐自動車道などの通行が遮断されて約31万人に影響が及んだ．また，屋内待避解除直後から公共施設や病院などで身体放射能測定を開始すると同時に，相

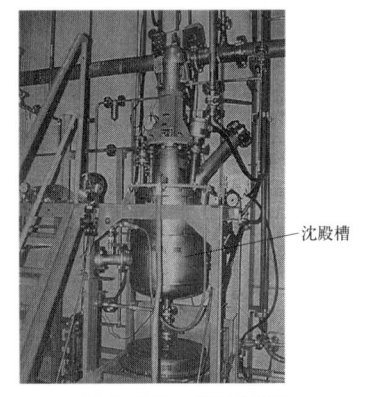

図3　JCOの沈殿槽付近

談窓口を設けて周辺住民のケアに当たった．

臨界の終息までの空間放射線量率はγ線で最大$0.84\,mSv\,h^{-1}$であった．また，9月30日午後4時半以降の中性子線については最大$4.5\,mSv\,h^{-1}$であった．JCO施設周辺および施設から4kmまでの範囲で$0.03\sim0.44\,\mu Sv\,h^{-1}$であった．臨界が終息した10月1日午前6時15分頃には，すべての場所の空間放射線量率は平常レベルに戻った．

事故後の調査により，転換試験棟に破損がないことから建家の閉じ込め機能は健全であり，大気中に放出した放射性物質は揮発性核種の一種である^{131}I，希ガスの^{85}Krと^{133}Xe，希ガスの壊変生成物（^{91}Sr，^{138}Cs，^{140}Ba，^{140}La）および中性子による放射化生成物（^{24}Na，^{56}Mn）であることが判明した．粒子状の核分裂生成物は検出されていないことから，施設の換気系に設置されたフィルタは健全であったと考えられる．水道水，大気塵埃，土壌，河川水のウラン分析および施設周辺の地表面や人家の汚染検査の結果，いずれも平常のレベルにあり，環境に放出された放射性物質が住民の健康に影響を及ぼすものではないと判断された．

福島第一原子力発電所事故 2011年3月11日14時46分に発生した東北地方太平洋沖地震の際，福島第一原子力発電所では，1～3号機は定格出力運転中であり，4～6号機は定期検査中であった．地震の発生を受けて，1～3号機は自動停止した．遮断機の損傷などにより同時にすべての外部電源が失われたが，非常用ディーゼル発電機が設計どおりに起動した．しかし，想定を大幅にこえる津波の来襲により非常用ディーゼル発電機や配電盤，冷却用海水ポンプが冠水したため，6号機の1台を除くすべての非常用ディーゼル発電機が停止し，6号機を除いて全交流電源喪失の事態となった．また，冷却用海水ポンプの冠水のため，原子炉の残留熱を海水へ逃すための残留熱除去系などが機能を失った（図4）．

交流電源を必要としない炉心冷却として，1号機の非常用復水器，2号機の原子炉隔離時冷却系と3号機の原子炉隔離時冷却系と高圧注水系の作動が試みられた．その後，これらを用いた炉心冷却が停止し，消防ポンプを用いた消火系ラインによる淡水または海水の代替注水に切り替えられた．1～3号機とも，原子炉圧力容器への注水ができない事態が一定時間継続したため，各号機の炉心は露出して炉心溶融に至ったと推定される．燃料棒被覆管のジルコニウムと水蒸気との化学反応により大量の水素が発生し，燃料棒内の放射性物質が原子炉圧力容器内から格納容器内に放出された．

水蒸気が格納容器内に漏出したため，格納容器の圧力が徐々に上昇した．格納容器の過圧破損を防ぐため，格納容器内の気体を排気筒から大気中に逃すため格納容器ベントが1～3号機で数回行われた．1号機と3号機では，ベント後に漏えいした水素の爆発が原子炉建屋上部で発生した．4号機においても3号機から逆流した水素が原子炉建屋で爆発し，原子炉建屋の上部が破壊された．

図4 事故直後の福島原子力第一発電所

1～4号機の使用済燃料プールは，電源喪失による冷却停止のため，使用済燃料の発熱による水の蒸発により水位が低下した．このため，自衛隊，消防や警察がヘリコプターや放水車を用いて注水を行った．原子炉ウェル水の流入もあり，使用済燃料プールの燃料の冷却は維持された．

内閣総理大臣は，放射性物質が放出される事態に至る可能性があるとの判断から，最終的には半径20 km圏内を避難区域，半径20～30 km圏内を屋内退避区域とし，福島県および関係市町村に指示した．2011年9月の時点で避難等指示区域内約10万人，自主的避難者約5万人の計約15万人が避難生活を送っている．

大気中への放射性物質の放出量について，原子力安全・保安院は原子炉の解析結果から，また原子力安全委員会は，環境モニタリングなどのデータと大気拡散計算から，ヨウ素131は約$1.3～1.6×10^{17}$ベクレル，セシウム137は約$1.1～1.5×10^{16}$ベクレルと推定した．

政府，国会，民間，東電などの調査委員会で事故原因，事故の教訓などに関する検討が行われた．その結果，地震，津波，シビアアクシデント，防災などへの対策が不備だったことが事故の原因であり，抜本的な安全確保策，規制や防災，リスクコミュニケーションのあり方についての教訓と提言が得られている． 〔杉本 純〕

大規模放射性核種マップ VII-22

large-scale distribution map of radionuclides

2011年3月11日に発生した東北地方太平洋沖地震とそれに伴う巨大津波は，東京電力福島第一原子力発電所事故を引き起こし，多量の放射性核種が環境中に放出されるに至った．その結果，放射能・放射線というとりわけ日本人が敏感な問題がごく身近で深刻な課題となって日本社会を覆った．とくに学校などの施設での放射線量や食品への放射性核種の移行など，多くの社会問題が顕在化し，2015年現在でも多くの問題が山積したままである．

放射線がそこまでの恐怖を人間に与える理由は，放射線が目に見えないことにある．そのため事故直後から，各地でさまざまな試料の放射能を測定する取組みが始められた．そのなかで，事故の全体像をはじめて明瞭に示したのは，3月17～19日に米国エネルギー省によって行われた航空機による観測である．この結果をもとに3月15日までに政府が指定していた避難区域（20 km圏内）と屋内退避区域（20～30 km）に加え，4月22日に福島第一原発の北西に位置する川俣町や飯舘村などを含む地域が計画的避難区域になった（この間，この方面に避難した者は被ばくを受けたとみられる）[1]．それでもなお望まれたのは，実際の地表の試料（＝土壌）の測定に基づく正確で広範囲な放射性核種のマッピングであった．このようなマップが得られれば，事故当初の放射性核種の分布の確固としたデータが得られ，住民の健康や環境への影響を将来にわたり継続的に確認することが可能になると期待された．また，採取された土壌試料を用いて，γ線を出さない放射性核種や低濃度の放射性核種の分析やマッピングも可能になると考えられた．さらに，広範囲な放射性核種の分布が得られるが確度が不明確な航空機観測の較正に使える点も重要であった．

最終的にこの調査は，文部科学省による放射線量等分布マップ事業となり，2011年6月6日から約1カ月の間に，福島第一原発からおおむね100 km圏内の2 kmメッシュ間隔の計2200カ所において，土壌試料の採取と空間線量率の測定が実施された．参加者は，全国98の大学・研究機関などに属する440名の研究者や学生らであった．放射性核種の分布は一様ではないことを考慮し，各地点で5試料を採取することなどを定めたプロトコル[2]に基づき11000個の土壌試料が採取され，全国21機関により放射性核種の定量が行われた．

まとめられた結果は，2011年8月2日の線量測定マップを皮切りに，順次文部科学省のホームページで公表され，放射性核種のマップとしては^{134}Cs，^{137}Cs，^{131}I，^{238}Pu，$^{239+240}$Pu，^{90}Srなどの結果が得られている（図1）．またこれら放射線量や^{137}Cs沈着量の結果に基づき航空機観測の結果の較正が行われ，その正確さの向上に貢献した（航空機観測の例，図2）．

得られたマップでは，いずれの核種も福島第一原発から北西の地域で濃度が高いこと，福島中通り地域で阿武隈山地南部よりも濃度が高いことなどが明瞭である．これらの特徴は，それまでの航空機観測の結果が妥当であったことを示すとともに，初期沈着量の正確な見積もりに貢献した．一方，^{131}Iと^{137}Csでは分布に違いがあることも明確になり，その原因として^{131}I/^{137}Cs比が異なる複数の放出イベントが福島第一原発で起きたことを示している．

本事業は，日本放射化学会，日本地球化学会，日本地球惑星科学連合などの放射性核種を含む地球科学試料を扱う研究者と，放射線計測に精通した核物理の研究者の協

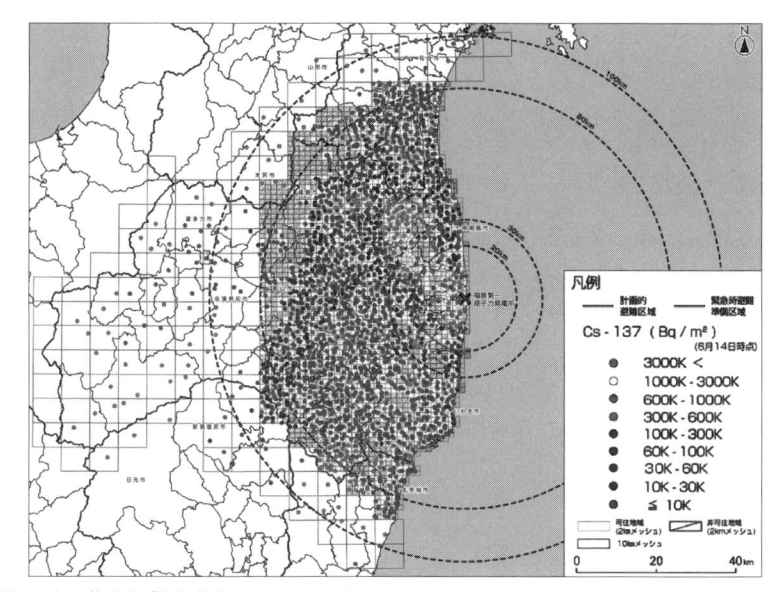

図1 文部科学省「放射性物質の分布状況等に関する調査研究」による ^{137}Cs 濃度分布マップ（http://radioactivity.nsr.go.jp/ja/list/338/list-1.html）（口絵9参照）

同作業により実現した[3]．未曾有の災害を前にして，分野をこえた連携がこのような大事業として結実したことは特筆すべきである．ただし，半減期が8日と短い ^{131}I は，全土壌試料の約8割で減衰により十分なシグナルが得られず，本調査があと1カ月早く行われていたらという悔いも残る．
今後これらの活動を総括し，今回のような緊急を要する大きな問題に対して，政府や研究者が分野をこえて迅速かつ有効に行動できる仕組み（予算措置，有事の際の指揮系統の整備）をつくっていくべきであろう． 〔髙橋嘉夫〕

文　献
1) 中島映至，ほか，原発事故環境汚染：福島第一原発事故の地球科学的側面（東京大学出版会，2014）．
2) Y. Onda, *et al*,. J. Environ. Radioactivity, 139, 300–307（2015）．
3) 海老原　充，地球化学，46, 79–86（2013）．

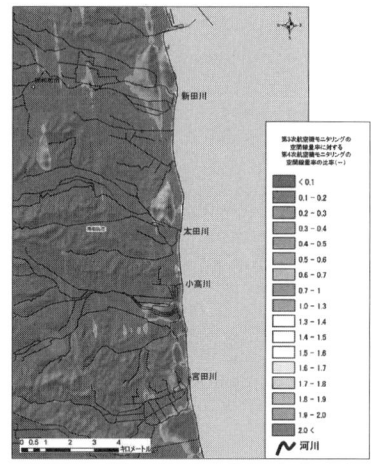

図2 第四次航空機モニタリング（2011年10月22日〜11月5日測定）で得られた空間線量率を第三次（5月31日〜7月2日測定）の結果で規格化した値のマッピング（http://radioactivity.nsr.go.jp/ja/list/362/list-1.html）
河口域では，放射性セシウムを含む粒子が堆積したことにより空間線量率が二次的に増加していると考えられる．

VIII
宇宙・地球化学

放射年代測定

VIII-01

radiometric dating

　放射性核種が壊変する速度は，ごくまれな一部の例外を除いて一般に温度，圧力，化学結合状態などの物理・化学的条件に依存しない．これを前提とし，放射性核種とその壊変生成物の量比を求めることにより，岩石などが固化して閉じた系になってから現在に至るまでの時間を見積もることができる．

　ある放射性核種（親核種）が壊変によって減っていく速度は，その現存する個数に比例することから，親核種の時間 t における個数 $P(t)$ は以下の式で表される．

$$-\frac{dP(t)}{dt} = \lambda P(t)$$

これを積分することで，$P(t) = P_0 e^{-\lambda t}$ を得る．ここで P_0 は時間 $t=0$ のときの $P(t)$ 値（初期値），λ は放射性核種に固有の壊変定数である．一方，その壊変生成物（娘核種）の個数は，親核種が壊変によって減った個数がそのまま娘核種へと置き換わっているので，時間の関数 $D(t)$ として以下のように表される．

$$D(t) = \{P_0 - P(t)\} + D_0$$
$$= P(t)(e^{\lambda t} - 1) + D_0$$

ただし，D_0 は $t=0$ のときの $D(t)$ 値．$P(t)$，$D(t)$ は質量分析計などを用いて分析することになるが，分析データとしては，その絶対量を精度よく求めることは困難であるため，相対量である同位体比として取り扱うことになる．娘核種を同位体として含む元素において，放射壊変などによってその個数が時間変化することがない同位体 D' によって両辺を割ると次式を得る．

$$\frac{D(t)}{D'} = \frac{P(t)}{D'}(e^{\lambda t} - 1) + \frac{D_0}{D'}$$

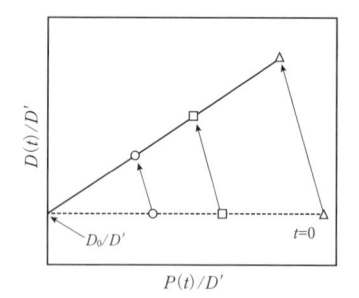

図1 アイソクロンの模式図

上式において岩石を分析して得ることができる実験データは質量分析計によって直接求められる同位体比 $D(t)/D'$ と元素組成比から計算によって間接的に求められる $P(t)/D'$ であり，t および D_0/D' の二つは未知数である．同一の岩石試料から異なる2組以上の $D(t)/D'$ と $P(t)/D'$ に関する実験値を得ることができれば二つの未知数 t および D_0/D' を求めることができる．一般に岩石試料は化学組成の異なるさまざまな鉱物によって構成されているので，たとえば一つの岩石試料から異なる種類の鉱物を分離・抽出し，おのおのの鉱物について分析し，$D(t)/D'$ と $P(t)/D'$ を得れば t を決定することが可能となる．この t は一般に放射年代と呼ばれている．

　実際には，上式を図1のように $D(t)/D'$ と $P(t)/D'$ を変数とする二次元のダイアグラムとしてとらえる．この図において示される直線はアイソクロン（等時線）と呼ばれ，その傾き $=e^{\lambda t}-1$ から放射年代 t を導くことができる．また直線の y 切片は試料形成時の初期同位体比 D_0/D' を示す．試料が形成された時点ではすべての鉱物は同じ同位体比 D_0/D' を保持している．その後，時間が経過すると，各鉱物に放射壊変起源の D が蓄積されていく．各鉱物における同位体比 $D(t)/D'$ はおのおのの $P(t)$ の相対存在度 $P(t)/D'$ に応じて異なるが，放射壊変系が閉じていれば図中で一直線上に並

ぶことになる．

以下，主な放射年代測定の具体例をあげる．

K-Ar 法　Kの同位体の一つである ^{40}K は，12.5億年の半減期を経て，その11.2% が電子捕獲により ^{40}Ar へ，残りの88.8% が β^- 壊変により ^{40}Ca へと変化する．K-Ar 法は ^{40}K から壊変する ^{40}Ar を利用した放射年代測定法である．放射壊変起源の ^{40}Ar の同位体数は時間の関数 ^{40}Ar$(t)^*$ として以下のように表される．

$$^{40}\mathrm{Ar}^* = 0.112 \cdot {}^{40}\mathrm{K}(t)(e^{\lambda t}-1)$$

K は多くの岩石や鉱物中において普遍的に存在し，その含有量も比較的多い．一方，Ar は反応性に乏しい希ガスであるため，岩石がマグマから固化する際にマグマ中の Ar は容易に脱ガスするために初期的な成分は含まれず，その後，岩石が閉じた系を保持できれば，時間経過とともに ^{40}K から壊変した ^{40}Ar が蓄積していく．また，Ar は岩石試料を加熱することにより容易に脱ガスされることから測定が簡便である．したがって，^{40}K の同位体存在度が低く，さらにその半減期が長いにもかかわらず，数千万年～数十億年という幅広いスケールの年代測定に応用されている．その反面，岩石試料が固化形成後に変成を受けた際，蓄積した ^{40}Ar が脱ガスする可能性を含んでいる．

試料形成後の放射壊変起源 ^{40}Ar 以外の ^{40}Ar として，地表近傍で固化形成した岩石が固化の際に大気を捕獲したり，地下深部のマグマ溜り中で結晶化する鉱物が ^{40}Ar をトラップしたり，質量分析計で同位体測定の際に大気の混入により ^{40}Ar が含まれる可能性がある．

放射壊変起源以外の ^{40}Ar が，現在の大気からの汚染だけによるとすれば，^{36}Ar 同位体を同時に測定し，現在の大気の同位体比 ^{40}Ar/^{36}Ar=295.5 から次式によってその量を計算できる．

$$^{40}\mathrm{Ar}(t)^* = {}^{40}\mathrm{Ar}(t) - 295.5 \cdot {}^{36}\mathrm{Ar}(t)$$

Ar-Ar 法　Ar-Ar 法は K-Ar 法をさらに発展させた年代測定法である．分析試料をあらかじめ原子炉で中性子照射し，^{39}K$(n,p)^{39}$Ar による K 起源の ^{39}Ar をつくりだし，これと放射壊変起源の ^{40}Ar との同位体比を測定することにより年代を決定する．生成される ^{39}Ar の量は試料中の K 濃度に比例するため，K-Ar 法と違って試料中の K の全量を湿式分析などの手法を用いて求める必要はなく，質量分析計を用いた Ar の同位体測定のみで年代を求めることができる利点がある．したがって近年では，レーザープローブを利用して局所的に個々の微小鉱物から Ar ガスを抽出し，それを同位体分析することで年代を求めることも可能となっている．

Rb-Sr 法　Sr は四つの安定同位体 ^{84}Sr, ^{86}Sr, ^{87}Sr, ^{88}Sr を有するが，岩石・鉱物試料中の ^{87}Sr/^{86}Sr 同位体比は一定ではなく，それが形成した年代の違いやそこに含まれる Rb/Sr 濃度比の違いに応じて変動している．それは，Rb の同位体である ^{87}Rb は半減期 488 億年をもち，β^- 壊変により ^{87}Sr となるため ^{87}Sr 同位体の数は時間の経過とともに増加することによる．これを利用し，Sr 同位体比 ^{87}Sr/^{86}Sr および ^{87}Rb/^{86}Sr を実験的に得ることによって放射年代を決定する手法が Rb-Sr 法である．^{87}Sr/^{86}Sr は時間の関数として以下のように表される．

$$\left(\frac{^{87}\mathrm{Sr}}{^{86}\mathrm{Sr}}\right)_p = \left(\frac{^{87}\mathrm{Rb}}{^{86}\mathrm{Sr}}\right)_p \cdot (e^{\lambda t}-1) + \left(\frac{^{87}\mathrm{Sr}}{^{86}\mathrm{Sr}}\right)_i$$

添字の p は現在値，i は初期値を表す．$(^{87}\mathrm{Sr}/^{86}\mathrm{Sr})_p$ は質量分析によって，$(^{87}\mathrm{Rb}/^{86}\mathrm{Sr})_p$ は Rb と Sr の濃度を定量分析した後に計算によって求める．

たとえば岩石中に存在する黒雲母やカリ長石などの鉱物は，K などのアルカリ元素を多く含む性質があるため Rb 濃度も比較的高く，輝石などに比べると ^{87}Rb/^{86}Sr 比

が高くなる．これらを考慮して同一試料内でRb/Sr比が大きく異なるような鉱物を対象にしておのおのから $(^{87}\mathrm{Sr}/^{86}\mathrm{Sr})_\mathrm{p}$ および $(^{87}\mathrm{Rb}/^{86}\mathrm{Sr})_\mathrm{p}$ を取得すると明瞭にアイソクロンが描け，放射年代を導きやすくなる．

U–Pb法 自然界に存在するUには三つの同位体 $^{234}\mathrm{U}$, $^{235}\mathrm{U}$, $^{238}\mathrm{U}$ があり，それぞれの半減期は24.5万年，7.04億年，44.7億年である．このうち $^{234}\mathrm{U}$ は $^{238}\mathrm{U}$ の壊変系列の途中で生じる同位体であり，$^{238}\mathrm{U}$, $^{235}\mathrm{U}$ の最終壊変生成物は $^{206}\mathrm{Pb}$, $^{207}\mathrm{Pb}$ である．一方，Pbには質量数204, 206, 207, 208の四つの安定同位体が存在するが，このうち $^{204}\mathrm{Pb}$ のみが放射壊変起源の成分を含まない同位体である．

U–Pb法においては，$^{238}\mathrm{U}$–$^{206}\mathrm{Pb}$ 壊変系による

$$\left(\frac{^{206}\mathrm{Pb}}{^{204}\mathrm{Pb}}\right)_\mathrm{p} = \left(\frac{^{238}\mathrm{U}}{^{204}\mathrm{Pb}}\right)_\mathrm{p} \cdot (e^{\lambda_{238}t} - 1) + \left(\frac{^{206}\mathrm{Pb}}{^{204}\mathrm{Pb}}\right)_\mathrm{i}$$

と $^{235}\mathrm{U}$–$^{207}\mathrm{Pb}$ 壊変系による

$$\left(\frac{^{207}\mathrm{Pb}}{^{204}\mathrm{Pb}}\right)_\mathrm{p} = \left(\frac{^{255}\mathrm{U}}{^{204}\mathrm{Pb}}\right)_\mathrm{p} \cdot (e^{\lambda_{235}t} - 1) + \left(\frac{^{207}\mathrm{Pb}}{^{204}\mathrm{Pb}}\right)_\mathrm{i}$$

の二つの壊変系からおのおのの年代を求めることが可能である．

なお，初期状態における鉛がほとんど存在しないために放射壊変起源の鉛同位体 $^{206}\mathrm{Pb}^*$, $^{207}\mathrm{Pb}^*$ が特定できる場合，上の2式を組み合わせることにより

$$\frac{^{206}\mathrm{Pb}^*}{^{238}\mathrm{U}} = \left(\frac{^{207}\mathrm{Pb}^*}{^{235}\mathrm{U}} + 1\right)^{\frac{\lambda_{238}}{\lambda_{235}}} - 1$$

が得られる．この式の $^{206}\mathrm{Pb}^*/^{238}\mathrm{U}$ を縦軸に，$^{207}\mathrm{Pb}^*/^{235}\mathrm{U}$ を横軸にとって表されるグラフにおける曲線はコンコーディア（年代一致曲線）と呼ばれる．

試料の形成後，U–Pb壊変系が閉鎖系を保っていれば，そのU–Pbデータはコンコーディア上にプロットされることになる．一方，変成，風化によってUやPbの損失や混入（多くの場合はPbの損失）が生じ，U–Pb壊変系が閉鎖系として保たれず，曲線から外れることがある．この場合，試料が単段階の事象によって $^{206}\mathrm{Pb}^*$ や $^{207}\mathrm{Pb}^*$ が適当な割合で損失した場合，その一連のU–Pbデータはコンコーディア図において一直線上に並ぶことになる．この直線をディスコーディア（年代不一致線）と呼ぶ．このとき，コンコーディアとディスコーディアの上部交点は試料の形成年代を示し，下部交点はPbの損失を招く事象が生じた年代を示すことになる．

また，初期鉛が無視できる場合，先の2式から

$$\left(\frac{^{207}\mathrm{Pb}^*}{^{206}\mathrm{Pb}^*}\right)_\mathrm{p} = \frac{^{235}\mathrm{U}}{^{238}\mathrm{U}} \cdot \frac{(e^{\lambda_{235}t} - 1)}{(e^{\lambda_{238}t} - 1)}$$

が導かれる．いくつかの特殊な例外を除いてウラン（U）の同位体比は $^{235}\mathrm{U}/^{238}\mathrm{U} = 1/137.88$ として定数で取り扱われているので，これを用いれば放射壊変起源Pbの同位体比 $^{207}\mathrm{Pb}^*/^{206}\mathrm{Pb}^*$ のみから形成年代を求めることが可能となる．

一般の火成岩中に普遍的に含まれるジルコン（$\mathrm{ZrSiO_4}$）は，ジルコンの主要構成成分元素であるZrの4価のイオン半径とUのそれが類似していることから，ジルコンの結晶中にはUが含まれやすい．一方，Pbはジルコン結晶中に含まれにくく，岩石形成時のジルコン結晶中には初期成分のPbは無視できる程度しか含まれていないため，ジルコン中のPbはほぼ放射壊変起源のものである．したがってジルコンはU–Pb放射年代法を適用するのに最適な物質として取り扱われている．〔日高　洋〕

^{14}C 年代測定

VIII-02

radiocarbon dating

炭素原子には，天然において ^{12}C，^{13}C，^{14}C の3種類の同位体が存在し，^{12}C と ^{13}C は安定同位体，^{14}C は放射性同位体である．^{14}C は1940年後半にリビー（Willard Frank Libby）らによってその存在が確認され，その直後に，^{14}C を用いた年代測定法として開発された（リビーは，この功績によって，1960年にノーベル化学賞を受賞した）．現在においても，^{14}C 年代測定法は，5万年前程度までの年代をもつ試料に対する有力な年代測定手段として非常によく使われている．^{14}C 年代測定法の長所としては，炭素がヒトをはじめとする生物体に含まれる主要元素であり，適用対象試料が多いこと，測定可能な年代範囲が人類紀をほぼ網羅しており，かつ精度の高い年代測定が可能であること，があげられる．とくに1970年代後半に加速器質量分析法（accelerator mass spectrometry：AMS）を用いて ^{14}C を直接測定する手法が実現したことで，^{14}C 年代測定の利用が大きく進んだ．^{14}C は年代測定の手段としてだけではなく，同位体トレーサーとして，地球上の生物，地圏，水圏，大気圏の間の炭素循環の研究にも広く用いられている．

原理 ^{14}C は，大気中（とくに成層圏下部）において，大気を構成している主要元素である窒素の同位体（^{14}N）に，宇宙線の一部を構成している中性子が衝突することにより生成する．その一方で，^{14}C は半減期5730年で β 壊変して再び ^{14}N になるため，宇宙線による照射強度が一定であれば，大気中の ^{14}C は生成量と壊変量がつりあって，ある一定値を示す．大気中のCはただちに酸素と結合して CO_2 となり，生物の体内に取り込まれる．生物の生存中は，組織を構成しているCと大気中の CO_2 が交換し，生物体内の ^{14}C の割合は大気中のそれと等しく平衡状態になっているが，生物が死ぬと，大気中からの CO_2 の取込みが止まり，^{14}C の個数は放射壊変で減少するだけとなるので，生物体内の ^{14}C の個数は減衰していく．この ^{14}C の減衰の度合いから，生物が死後何年経過したかを見積もることができる．^{14}C による年代測定が成立するためには，生物の死後は閉鎖系が成立して炭素の出入りがなかったことが必要条件となる．

測定法 ^{14}C 年代測定の手法には大きく分類して，^{14}C が放射壊変する際に放出される β 線を計測する方法と，^{14}C 自身を直接検出し計数する AMS がある．前者は1940年代に開発された方法であり，通常，グラム単位の試料炭素，日単位の測定時間が必要である．また，放射線検出器の周囲に存在する放射性物質からの放射線や宇宙線などに起因するバックグラウンド計数を低減し，微弱な β 線を精密に計測するのが難しいという欠点を有する．一方，後者の AMS は分析に必要な試料炭素量が 1 mg 以下でよく，1～2時間の計測により高精度な ^{14}C 測定が可能である．AMS 装置は1980年代に入って実用化された後，加速電圧 3 MV 程度の加速器をもつタンデトロン AMS 装置が ^{14}C 測定用に世界的に普及した（図1）が，現在では小型化が進み，加速電圧 0.2 MV 以下の小型加速器をもつ AMS 装置で，高精度な ^{14}C 測定が実現されている．装置開発に加え，試料調製の技術開発も進んだことにより，わずか数 μg の試料炭素で ^{14}C 測定が可能となり，医療など新たな分野においても有力な手法として広まりつつある．

AMS-^{14}C 測定においては，^{14}C 濃度が既知の標準物質を試料と同一条件のもとに測定することにより，試料の ^{14}C 濃度を求め

図1　名古屋大学に設置されている3 MV のタンデトロン AMS 装置（オランダ High Voltage 社製）

る．標準物質としては，シュウ酸（NIST SRM4990C）が用いられている．^{14}C 濃度の表記法としては，西暦1950年の大気 CO_2 の ^{14}C 濃度に対する割合を示した pMC（percent modern carbon）が用いられることが多い．1950年を基準とするのは，1950年以降は，1964年頃をピークに行われた大気圏核実験により発生した ^{14}C の付加，さらに，化石燃料の使用に伴って発生する ^{14}C を含まない CO_2 の急激な付加，が加わり，大気 CO_2 中の ^{14}C 濃度が人為的に乱されているためである．pMCのほか，$δ^{14}$C（標準物質との $^{14}C/^{12}C$ の差を千分偏差で示したもの，単位 ‰）の表記法が用いられることもある．

^{14}C 年代　^{14}C 年代を算出する際には，半減期5730年ではなく，リビーによって ^{14}C 法が開発された当時に定められた値5568年が用いられる．また，^{14}C 年代値は，西暦1950年を基準年にしてこれよりも何年前（before present：BP）という表記法が用いられる．

試料の ^{14}C 年代は，試料採取年から測定年までの ^{14}C の減衰補正を行い，AMS 装置で同時に測定される $^{13}C/^{12}C$ を用いて炭素同位体分別による試料中の ^{14}C 濃度の変動に対する補正を行った後，基準年の ^{14}C 濃度からの減衰量から求められる．ここで，炭素同位体分別とは，物質が C を取り込み固定する際，もとの ^{12}C，^{13}C，^{14}C の割合とは異なる現象で，たとえば，植物においては，光合成の過程で，重い $^{14}CO_2$ よりも軽い $^{12}CO_2$ のほうが吸収しやすいため，大気 CO_2 よりも ^{13}C，^{14}C の割合が少ない．炭素同位体分別の補正は，試料の ^{14}C 濃度を正確に求めるために重要である．

^{14}C 較正年代　地球の地磁気強度の変動，ならびに太陽活動の変動によって，地球の大気圏内に入射する宇宙線の強度が変化し，生成される大気中の ^{14}C の個数も変化している．また，5568年の半減期を用いているため，^{14}C 年代と実際の年代（暦年代）にはずれが生じている．このずれを補正するために，年代がわかっている樹木年輪を ^{14}C 年代測定法で測定し，各年輪の ^{14}C 年代と年輪年代を対応させることにより，^{14}C 年代と暦年代との較正曲線（IntCal13 など）が作成されている．1万年よりも古い部分の較正曲線は，石筍・サンゴ年輪の U/Th 年代や湖底堆積物の縞状堆積構造と，それぞれの ^{14}C 年代を対応させることにより作成されている．較正曲線を用いて較正された年代値は，calibrated（較正した）を意味する「cal」をつけて「cal BP」，西暦紀元を基準とする場合は「cal BC」ないし「cal AD」と表される．最近では，この較正年代を用いて年代の議論を行うことが一般的になっている．

〔南　雅代〕

消滅放射性核種

VIII-03

extinct radionuclides

　宇宙で原子核合成が起こった際には生成され，太陽系形成時には存在したが，太陽系の形成年代である 45.67 億年に比べてその半減期の短さゆえに現在に至るまでにすべて壊変し尽くしてしまい，現存しない放射性核種を消滅放射性核種あるいは消滅核種という．

　とくに ^{10}Be, ^{26}Al, ^{36}Cl, ^{60}Fe, ^{107}Ag, ^{129}I, ^{146}Sm, ^{244}Pu のような $10^4 \sim 10^8$ 年程度の半減期をもつ消滅核種については，それらの太陽系内における相対存在度を求めることにより太陽系形成初期の年代学に応用できることから興味がもたれている．

　たとえば，^{26}Al は 7.1×10^5 年の半減期を有し，β^+ 壊変により ^{26}Mg に壊変するが，炭素質コンドライト隕石中に見られる太陽系形成最初期に凝縮した Ca, Al に富む高温凝縮鉱物の集合体 CAI（Ca, Al-rich inclusion）やコンドルール（直径数 mm 程度のケイ酸塩鉱物で構成される球粒）中には，^{26}Al の壊変起源と考えられる ^{26}Mg の付加による ^{26}Mg 同位体過剰が確認されている．個々の太陽系内始原物質試料において，^{26}Mg 同位体過剰分を比較することにより各物質の相対的な形成年代の比較を行うことが可能となる．ある物質の ^{26}Mg 同位体は，物質形成時に初期的に存在していた ^{26}Mg と ^{26}Al の合算したものであると考えられるので

$$^{26}\text{Mg} = (^{26}\text{Mg})_i + (^{26}\text{Mg})^*$$
$$= (^{26}\text{Mg})_i + (^{26}\text{Al})_i$$

上式で添字の i は初期値を，* は放射壊変起源であることを表す．実験データは質量分析計を用いて Mg 同位体比として得るため，両辺を Mg の安定同位体の一つである ^{24}Mg で規格化すると，

$$\left(\frac{^{26}\text{Mg}}{^{24}\text{Mg}}\right)_p = \left(\frac{^{26}\text{Mg}}{^{24}\text{Mg}}\right)_i + \left(\frac{^{26}\text{Al}}{^{24}\text{Mg}}\right)_i$$

ここで，現存する ^{27}Al は安定同位体であり，時間経過によってその数は不変であることを考慮し，上式右辺の第 2 項の分子および分母を ^{27}Al で割ると，

$$\left(\frac{^{26}\text{Mg}}{^{24}\text{Mg}}\right)_p = \left(\frac{^{26}\text{Mg}}{^{24}\text{Mg}}\right)_i + \left(\frac{^{27}\text{Al}}{^{24}\text{Mg}}\right)_p \cdot \left(\frac{^{26}\text{Al}}{^{27}\text{Al}}\right)_i$$

となる．実験値として得られる値は現在の Mg 同位体比 $(^{26}\text{Mg}/^{24}\text{Mg})_p$ および現在の ^{27}Al と ^{24}Mg の同位体比 $(^{27}\text{Al}/^{24}\text{Mg})_p$ であるが，個々の試料から異なる 2 組以上のデータを取得することにより，未知数である Mg 同位体比の初期値 $(^{26}\text{Mg}/^{24}\text{Mg})_i$ および Al 同位体比の初期値 $(^{26}\text{Al}/^{27}\text{Al})_i$ を導くことが可能となる．この Al 同位体比の初期値は個々の試料が太陽系内で固化形成した際の ^{26}Al の相対存在度を表していることになり，固化形成年代の違いによってその値が異なるはずである．形成年代の異なる二つの初期惑星物質 A, B の Mg 同位体比から導かれる Al 同位体比の初期値をおのおの $(^{26}\text{Al}/^{27}\text{Al})_A$, $(^{26}\text{Al}/^{27}\text{Al})_B$ とすると両試料間の相対的な形成年代の違い ΔT_{AB} は

$$\Delta T_{AB} = \frac{1}{\lambda} \left\{ \ln\left(\frac{^{26}\text{Al}}{^{27}\text{Al}}\right)_A - \left(\frac{^{26}\text{Al}}{^{27}\text{Al}}\right)_B \right\}$$

で表される．このように，基準となる物質に対して対象となる物質の形成年代の違いを相対的に示す相対年代においては，数万年〜数百万年の年代の違いを知ることができる．これは，Rb-Sr, Sm-Nd などの壊変系を利用した絶対年代においては，分析誤差の範囲内で違いを明確にできないレベルであるため，年代学的に重要な情報をもたらすことになる． 〔日高　洋〕

軽い元素の原子核合成　VIII-04

nucleosynthesis of light elements

　宇宙における元素合成を研究する分野では，原子番号6の炭素より軽い元素を「軽元素」と呼ぶ．とくに，水素（H），ヘリウム（He），リチウム（Li）を意味することが多い．これらの元素（核種）は，宇宙の始まりのビッグバンで合成された．これをビッグバン元素合成と呼ぶ．

　1946年に，ガモフ（G. Gamov）は，宇宙は一点から大爆発とともに膨張したと提案した．いわゆるビッグバン宇宙モデルである[1]．この仮説は，宇宙は永遠不変であるという伝統的な固定観念もあり，長い間受け入れられなかった．1965年にビッグバンの名残である宇宙背景放射（後述）が発見され，ビッグバン宇宙を証明する最初の直接的な証拠となった[1]．現在では，WMAP衛星（NASAが2001年に打ち上げた天文衛星で，正式名はWilkinson Microwave Anisotropy Probe）によって観測された詳細な宇宙背景放射のゆらぎを理論モデルで説明することにより，ビッグバンは約138億年前に起きたことが明らかになっている[2]．

　量子重力理論に基づく宇宙創成の理論によれば，宇宙の創生に引き続いて，「インフレーション（指数関数的な宇宙膨張）」が起き，その終わりに宇宙は熱い火の玉となった[1]．宇宙の時刻が10^{-36}s頃に温度は約10^{28}Kとなり，電子，光子，クォーク，グルーオン，ニュートリノなどの素粒子が生まれた．超高温の宇宙は膨張しながら冷えていき，宇宙の時刻が10^{-4}s頃，温度が約10^{12}Kの時点で，三つのクォークが糊の役目をするグルーオンによって結びつけられ，陽子（p）と中性子（n）が誕生した．pは水素の原子核であるから，ここに水素が誕生した．その後，宇宙の時刻が約1s，温度が約10^{10}K（1 MeV）に下がるまでは，あまりに高温のためp，nは共存するニュートリノや電子と激しく反応し，熱平衡状態にあった．宇宙の時刻が約1sになると，これらの反応速度は宇宙膨張の速度と比べて遅くなり，実質的に反応が凍結する．この頃からpおよびnを材料にして，ビッグバン元素合成が始まった．^{4}Heに至る核融合反応の経路は複数あるが，たとえば，

$$p+n \longrightarrow D(重水素)+\gamma$$
$$^2H+^2H \longrightarrow T(トリチウム)+p$$
$$^3H+^2H \longrightarrow ^4He+n$$

といった核融合反応を経由する[1]．ここで単独のnは，平均寿命880 s[3]でpに壊変していく．

　WMAP衛星の成果が発表される以前は，ビッグバンで生まれた光子に対する核子（pとnとの総称）の密度比が，標準理論と呼ばれる枠組み内のビッグバン元素合成モデルの唯一の未知パラメータであった．これをバリオン数・光子数比と呼びηで表すと，WMAP衛星の7年間の成果から，$\eta = (6.19 \pm 0.15) \times 10^{-10}$である[4]．図1に，この$\eta$値を用いて，標準ビッグバン元素合成モデルで計算した一例を示す．宇宙の温度の時間発展にしたがって，核融合反応をネットワークとして計算している．図1からわかるように，宇宙の時刻が3 min頃には^{4}Heが顕著に合成され，10 min頃までには合成量が一定値に落ち着く．計算からは，^{1}H（p）に対する^{4}Heの割合が質量比で約25%であることが示されている．この値は，現在宇宙で観測されている値とほぼ一致している．この比較的大きな^{4}Heの存在比率は，宇宙が熱い火の玉（ビッグバン）で始まったという証拠の一つである[1]．

　自然界では，質量数5および8の安定な

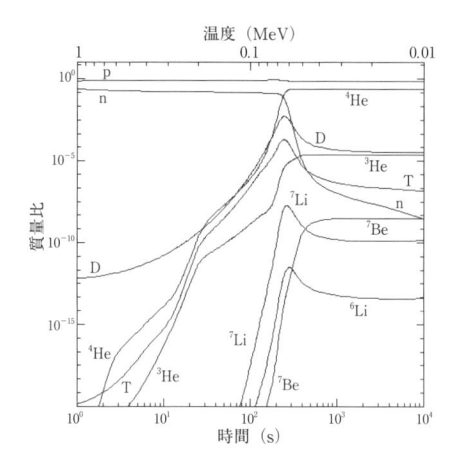

図1 ビッグバン元素合成理論計算の一例
下横軸はビッグバンからの経過時間，上横軸は宇宙の温度．ハッブル定数 $H_0=70.4$ (km s^{-1} Mpc^{-1})[2]，$\eta=6.19\times10^{-10}$ [4] を採用（F.Timmes による公開コードを用い筆者作成）．

核種は存在しないため，ビッグバン元素合成は，質量数7の ^{7}Li の合成で止まる．したがって，放射性核種であるTとベリリウム7（^{7}Be）がそれぞれの寿命で崩壊してしまうと，残る主たる核種は，^{1}H (p)，D，^{3}He，^{4}He，^{7}Li となる（図1参照）．これらの核種の存在比予測は，観測値と比較され，理論モデルが検証される[1]．観測には，なるべく宇宙創成時の値に近くなるよう，星による元素合成（→VIII-05）の影響が極力少ない場所が選ばれる．標準ビッグバン元素合成モデルでは，水素 ^{1}H に対する ^{4}He および D の存在比が観測値によく一致していることがわかっている．つまり，宇宙の開闢からたった1sまでにさかのぼって，ミクロな現象を記述する物理学を適用して「軽元素」の存在量を予測することに基本的に成功している．ただし，^{7}Li に関しては，上述の WMAP 衛星による η 値を採用すると，理論予測と観測値との間に3〜4倍の不一致がある（「宇宙リチウム問題」）[4]．この差異が生じる原因について，天文観測の系統誤差によるのか，まだ見落とされている核反応の共鳴状態があるのか，標準理論をこえる何か「新しい物理」（未知の超対称性粒子の存在や，np 間の結合力などの基本定数が時間変化する場合など）があるのか，といった観点から研究が進められている[4]．

ビッグバン元素合成の後，宇宙は膨張を続け，宇宙の時刻が38万年頃になると，温度は約 3000 K となり，電子の熱運動エネルギーが十分に下がる．すると合成された p や ^{4}He の原子核はプラスの電荷を持つため次々と電子を捕獲し，水素原子やヘリウム原子となる．光子はそれまで電離状態にあった電子と衝突して散乱されていたが，この時刻を境に直進できるようになる．これを「宇宙の晴れ上がり」と呼ぶ．このとき，約 3000 K の熱分布をしていた光子が宇宙膨張により波長が引き伸ばされ，現在，2.7 K の宇宙背景放射として観測されている[1]．

「軽元素」のうち ^{9}Be，ホウ素（^{10}B，^{11}B），また原始の値でない（宇宙初期から時間が経過してから合成されたと考えられる）^{6}Li，^{7}Li については，宇宙線の主成分である高エネルギーのpや ^{4}He（α 粒子）が，星間ガスの主成分である炭素（^{12}C），窒素（^{14}N），酸素（^{16}O）の原子核に衝突し，それらを破砕する反応によって主に合成されたと考えられている．

〔望月優子〕

文　献

1) 岡村定矩，ほか編，人類の住む宇宙（シリーズ現代の天文学1）（日本評論社，2007），1〜3章．
2) E. Komatsu, *et al.*, ApJS 192, 18 (2011).
3) J. Beringer, *et al.*, Phys. Rep. D86, 010001 (2012).
4) B. D. Fields, Annu. Rev. Nucl. Part. Sci. 61, 47 (2011).

重い元素の原子核合成　VIII-05

nucleosynthesis of heavy elements

　元素合成の研究分野では，原子番号6（炭素（C））以上の元素を「重元素」と呼ぶ．「重元素」の合成過程は，1957年に，バービッジ（E. M. Burbidge），バービッジ（G. R. Burbidge），ファウラー（W. A. Fowler），ホイル（F. Hoyle）らにより提唱された（B^2FH モデル）．その基本的な考えは，部分的に修正されているものの，現在の元素合成過程の理解の基盤となっている．

　恒星内部における「重元素」合成：炭素から鉄まで　恒星とは，核融合反応によってみずからエネルギーを生み出し輝いている星である．恒星の進化は，その質量によって決まる．たとえば，10 $M_\odot$（$M_\odot$ は太陽質量）以上の恒星は次のように進化する．まず，CNOサイクルと呼ばれる水素燃焼過程により，水素（H）からヘリウム（He）が合成される．星の中心部では，燃えカスの ^{4}He の割合が多くなり，^{4}He だけになるともはや核融合エネルギーは生じず，重力収縮を始める．すると中心部の温度・密度が上昇し，三つの ^{4}He（α 粒子）がほぼ同時に衝突して ^{12}C が合成される．これをトリプル α 反応と呼ぶ．生成された ^{12}C はさらに ^{4}He と核融合し，酸素（^{16}O）となる．中心部で ^{4}He が燃え尽きてしまうと再び重力収縮して中心温度・密度が上昇し，^{12}C が燃焼してネオン（^{20}Ne）やマグネシウム（^{24}Mg）が合成される．このように中心部で一つの燃料が燃え尽きると，重力収縮により中心部の温度・密度が上がり，次の段階の核融合反応が起こる．^{12}C が燃え尽きると，次は ^{20}Ne を燃料として ^{16}O や ^{24}Mg が合成され，さらに ^{16}O を

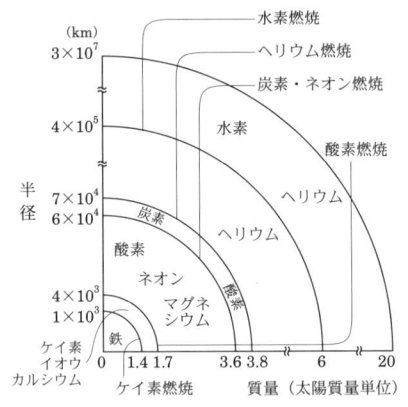

図1 星のタマネギ構造．20 $M_\odot$ の星の進化の終末段階における化学組成（文献1，p.121）．

燃料にしてケイ素（^{28}Si）やイオウ（^{32}S）が合成される．最後に ^{28}Si や ^{32}S を燃料として，中心に ^{56}Fe をはじめとする鉄（Fe）やニッケル（Ni）の同位体が生成される．このように星は段階的に重い元素を生み出し，元素の層が積み重なった「タマネギ構造」となる（図1）．星の内部でつくられたこれらの「重元素」は，超新星爆発と呼ばれる星の死に相当する大爆発によって宇宙空間にまき散らされ，次世代の恒星や惑星，生命の素となる．

　中性子捕獲反応による鉄より重い「重元素」合成　^{56}Fe は一核子あたりの質量が最も小さい核種であるため，鉄より重い核種を核融合反応で合成しようとすると，原子核のエネルギーは解放されず，逆にエネルギーが必要になってしまう．したがって鉄より重い原子核をつくるためには，原子核が中性子を吸収（捕獲）する反応が有効となる．ただし，中性子は平均寿命 880 s[2] で陽子に壊変してしまうため，中性子を次々に生み出し供給する仕組みが存在するか，あるいは中性子を爆発的に大量に生み出し陽子に壊変する前に一気に"たね"となる原子核に吸収させるか，どちら

かが必要となる．自然界には両方の重元素合成過程が存在し，前者はsプロセス，後者はrプロセスと呼ばれる．sはslowのs，rはrapidのrで，それぞれ，「遅い中性子捕獲過程」，「速い中性子捕獲過程」とも呼ばれる．

(1) sプロセス： sプロセスは，赤色巨星内部で起きる．赤色巨星とは，星の進化の末期に炭素と酸素の中心核をもつようになった星で，漸近巨星分枝星とも呼ばれる．おおむね1～3 $M_\odot$ の赤色巨星がsプロセス元素合成に主に寄与していると考えられている．赤色巨星の内部では，$^{13}C(\alpha,n)^{16}O$ といった核反応により中性子(n)が次々と発生し，周囲のたね核が新しく生み出された中性子を捕獲して質量数が一つ大きくなる．発生する中性子の流束は十分に弱く，中性子捕獲によってつくられた不安定核はすぐに β^- 壊変して原子番号が一つ増える．したがって，図2に示すように，sプロセスによる核種の流れ（経路）は，核図表上で中央付近に存在する安定核種を経由しながら，重い核種へと進んでいく．中性子数が魔法数 $N=50, 82, 126$ に相当すると，非常に安定なため中性子の捕獲率はきわめて低くなり，sプロセスの流れは滞る．これらがそれぞれsプロセスの代表的な核種である $^{88}Sr, ^{138}Ba, ^{208}Pb$ となる．sプロセスは最終的に安定核である ^{209}Bi に達するが，^{209}Bi が中性子を吸収して不安定な ^{210}Bi になると，β^- 壊変と α 壊変を連続して起こして ^{206}Pb へと戻ってしまう．したがってsプロセスで進む重元素合成は，^{209}Bi までである．

(2) rプロセス： rプロセスが過去に起きた天体現象は，まだわかっていない[3]．最も有力な候補は，10 $M_\odot$ 以上の星が進化の最後に起こす超新星爆発である．中性子

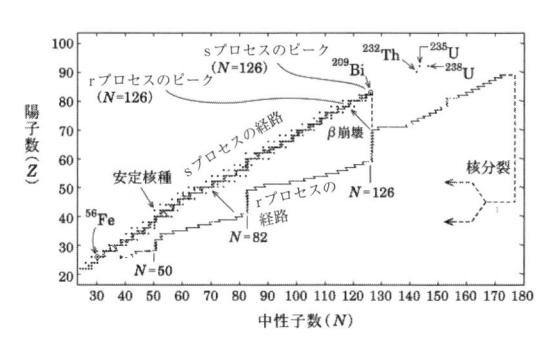

図2 核図表上におけるsプロセスとrプロセスの経路
核図表とは，横軸を核種の中性子数，縦軸を陽子数にとった図で，核種はその交点で表される（文献1，p.131）．

星どうしの衝突という説もある．またrプロセスにかかわる中性子過剰核のほとんどが実験的に未知である．

rプロセスでは，たね核は大量の中性子を一気に捕獲し，核図表上で中性子過剰な核種を経由しながら1s程度でウランあたりまでの重い核種が生成されると考えられている（図2）．図2の「r過程の経路」は，中性子の魔法数で折れ曲がり，核種の流れが滞る．経路上の中性子過剰核は安定核となるまで β^- 壊変を何回も繰り返し，原子番号が大きくなっていく．代表的なrプロセス核種は，$^{80}Se, ^{130}Te, ^{195}Pt$ や，放射性核種である $^{232}Th, ^{235}U, ^{238}U$ である．ここで $^{232}Th, ^{235}U, ^{238}U$ は，rプロセスによってのみ生成される．

Feからビスマス（Bi）までの元素のおよそ半分ずつがsプロセスとrプロセスによって生成されており，陽子過剰な領域で合成される核種の存在割合は，1%程度である[3]． 〔望月優子〕

文　献

1) 岡村定矩，ほか編，人類の住む宇宙（シリーズ現代の天文学1）（日本評論社，2007）．
2) J. Beringer, et al., Phys. Rep. D86, 010001 (2012).
3) M. Anould, et al., Phys. Rep. 450, 97 (2007).

二重β壊変

VIII-06

double beta decay

　二重β壊変は非常にまれな壊変系であり，その半減期はきわめて長く，最も短いものでも10^{19}年程度である．その壊変形式はニュートリノを2個放出するもの（2νモード），放出しないもの（0νモード）の二つがある．ニュートリノ振動現象の実験データからニュートリノが質量をもつことは確実とされている．ニュートリノが質量をもつとすると，ベータ壊変により原子核のなかのある中性子から放出されたニュートリノは引き続き原子核の中の別の中性子に吸収され，ニュートリノが放出されずに二つのβ線だけが放出される0νモードの二重β壊変が起こりうる．反粒子と等しく区別のつかない粒子はマヨナラ粒子と定義されるが，0νモードは反ニュートリノがニュートリノに等しいマヨナラ粒子でなければ起こらない壊変過程である．0νモードの場合，放出されるβ線のエネルギーの総和は壊変系における親核種と娘核種の質量差に一致することになるため，0νモードの正確な半減期決定はニュートリノ質量を求めることにもつながる．したがって二重β壊変はニュートリノ研究の面からも重要視されている．

　とくに2νモードに比べ0νモードの半減期は10^5倍以上と考えられている．このような長い半減期を有する壊変現象を定量的にとらえる手法としては，壊変によって放出される電子のエネルギースペクトルをとらえる直接測定法と地球上の古い鉱物試料のなかから壊変生成物による付加成分を同位体の過剰として検出する地球化学的手法がある．

　直接測定法においては二重β壊変核の線源と壊変によって放出される電子を検出する検出器を要する．0νモードにおいては放出される2個の電子のエネルギーの和は一定であり，2νモードでは放出されるエネルギーがニュートリノにも分配されるために2個の電子のエネルギーの和は一定にはならず連続スペクトルとなる．したがって一対の電子のエネルギーを測定することによって両者を実験的に区別できる．この際，①線源の絶対量を増大させる，②壊変エネルギー領域の放射線のバックグラウンドを低減させる，③0νモードと2νモードを区別するためのエネルギーの分解能を向上させる，ことが重要となる．これまでの直接法では，^{76}Geを対象としたハイデルベルグ・モスクワ（HDM）実験が最高感度をもたらしている．その後，HDM実験をしのぐ大型化した世界的な次世代研究として，^{100}Moを対象としたNEMO III計画，^{128}Teを対象としたCUORECINO計画などが実施されている．

　地球化学的手法においては，①地質学的に形成年代の古いものであること，②その形成年代が正確に求められること，③閉鎖系が保たれていること，④試料内において，壊変する親核種の存在量が多いこと，⑤一方，壊変生成物である娘核種が試料内に元来ほとんど含まれていないこと，の五つの条件を兼ね備えた対象物を見つけることが必要となる．この手法によって，セレン鉱石中の^{82}Seからの壊変生成物である^{82}Kr，テルル鉱石中の^{128}Teおよび^{130}Teの壊変生成物である^{128}Xe，^{130}Xe，ジルコン中の^{96}Zrの壊変生成物である^{96}Ru，モリブデン鉱石中の^{100}Moの壊変生成物である^{100}Ruなどが検出されている．ただし，地球化学的手法においては0νモードと2νモードを区別することはできない．

〔日高　洋〕

宇宙線

VIII-07

cosmic rays

　宇宙空間に存在する高エネルギーの放射線（一次宇宙線）と，それらが地球大気に侵入した際に大気との相互作用で二次的につくる放射線（二次宇宙線）の総称．一次宇宙線は主に，銀河系の超新星残骸を起源にもつ銀河宇宙線（galactic cosmic rays）と，太陽を起源にもつ太陽宇宙線（solar cosmic rays）からなる．

　銀河宇宙線は，主に H（約87%）と He の原子核（12%）からなり，Li，Be，B などのほか，Fe などの重い原子核や，電子，陽電子も含まれる．銀河宇宙線のエネルギーは 10^{20} eV におよび，その分布はべき乗の関数で表される．すなわち，熱的な加速を意味するマクスウェル（Maxwell）分布とは異なるため，宇宙線は超新星残骸の衝撃波などで非熱的な加速を受けて発生していると考えられている．しかし，加速のメカニズムは解明されていない．図1は宇宙線のエネルギースペクトルを示す．宇宙線のスペクトルには，10^{15} eV 付近に，ニー（knee）と呼ばれる特徴的な折れ曲がりがあることが知られている．10^{15} eV をこえるエネルギーをもつ宇宙線は，銀河系外に起源をもつと考えられているが，具体的な宇宙線源は明らかではない．現在，粒子加速器などを用いて人工的につくり出せる放射線の最高エネルギーは 10^{13} eV 程度である．高いエネルギーをもつ宇宙線の起源，加速メカニズム，エネルギーが 10^{20} eV をこえる超高エネルギー宇宙線の存在の有無などが，宇宙線物理学の重要課題となっている．宇宙背景放射（cosmic microwave background）の光子との相互作用のため，10^{20} eV をこえる宇宙線は地球にほとんど

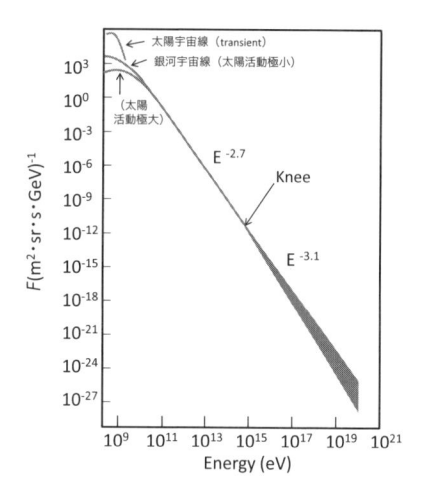

図1 宇宙線のエネルギースペクトル
単位面積・単位立体角・単位時間・単位エネルギー幅あたりの宇宙線粒子の流量．

到達できないという理論的予測がある（GZK 限界，または GZK カットオフ）．10^{20} eV に急激なスペクトルの折れ曲がりがあるかどうかの検証は，高エネルギー宇宙線がつくりだす空気シャワー（→VIII-09）の観測から進められている．

　地球に飛来する銀河宇宙線のうち，荷電粒子成分は，太陽磁場と地磁気による減衰を受ける．太陽からおよそ100天文単位の距離に及ぶ太陽圏（heliosphere）に広がる太陽風，すなわち惑星間空間磁場は，およそ 10^{-10}～10^{-8} nT 程度の磁場をもち，主に 2×10^{10} eV 以下の宇宙線の減衰に寄与する．太陽活動の変動に応じた太陽圏磁場の強度と擾乱に応じて，10^9 eV を中心にスペクトルにゆるやかな折れ曲がりが生じる．一方，地磁気は $2\sim7\times10^{-5}$ T の強度をもち，磁気緯度ごとに異なるエネルギーしきい値を境に，宇宙線の地球大気への侵入が困難になる．地球は双極子磁場をもち，その磁極はおおむね地理極の近くにあるが，少しずれており，また時間とともに移動する．さらには，双極子成分に加えて多重極

成分もわずかに存在する．そのため，地理緯度と磁気緯度には差が生じている．磁気緯度が低いほど，侵入することのできる宇宙線の最小エネルギーは大きくなり，宇宙線の入射強度は減少する（緯度効果）．この地磁気による遮蔽の強さのことを，地磁気カットオフリジディティ（geomagnetic cutoff rigidity）と呼び，単位はGVで表される．地球の磁気赤道での地磁気カットオフリジディティは，およそ18 GV，極域で0 GVとなっている．電荷が1の$^1H^+$では，カットオフリジディティの数値が侵入可能な最小エネルギーに相当し，磁気赤道で18 GeV（18×10^9 eV）となる．

宇宙線は南北に伸びた磁力線によって，東西方向にも力を受けるため，正の電荷をもつ成分は西方から，負の電荷をもつ成分は東方からの入射強度が大きくなる（東西効果）．

大気に侵入した宇宙線は大気との相互作用により空気シャワーをつくる（→Ⅷ-09）．大気との相互作用の強さは大気の厚み（g cm^{-2}）で決まっており，気圧が高くなるほど，地上に到達できる宇宙線の量は減少する（大気効果）．

宇宙線と大気との相互作用の過程で，^{7}Be（半減期53.29日），^{10}Be（136万年），^{14}C（5730年），^{36}Cl（30.1万年）などのさまざまな宇宙線生成核種がつくられる．これらは，核破砕反応や中性子捕獲反応などによってつくられる（→Ⅷ-10）．いずれの核種も，大気循環を経た後に，樹木の年輪や，南極あるいはグリーンランドなどの氷床の年層に蓄積される．これらの分析により過去の宇宙線飛来量を復元することが可能で，すなわち太陽活動や地磁気強度などの長期的変動を知る手がかりとなる．

太陽宇宙線は，主にHとHeの原子核からなり，重粒子もわずかに含まれる．太陽宇宙線は，太陽フレアによる加速や，フレアに伴って大量に放出されるプラズマ（コロナ質量放出）が形成する衝撃波による加速によってつくられる．10^6 eV程度から，最大で10^{10} eV程度のエネルギーをもつ．規模の大きな太陽フレアが発生した場合，太陽高エネルギー粒子（solar energetic particle：SEP）が，地上の宇宙線量を短時間上昇させることがあり，GLE（ground level enhancement）と呼ばれている．これは，磁場の強いコロナ（太陽の外層大気）において，磁気リコネクション（磁気再結合）や衝撃波によって加速された粒子が，コロナから惑星間空間に開いた磁場に沿って地球に漏れ出てきているものと考えられている．一方で，コロナ質量放出に付随する強い磁場は，地球に飛来する銀河宇宙線の侵入を阻止する効果もある（フォーブッシュ減少）．太陽フレア後にコロナ質量放出が地球周辺を通過した場合は，数日間，地上の宇宙線量が低くなる．太陽の自転が約27日であるため，地球側に太陽黒点が現れて太陽フレアが起こる頻度に，27日程度の準周期的変化が見られる．地上の中性子モニターで観測した宇宙線フラックスに27日程度の周期性がみられるのは，このような理由による．

地球に到来する宇宙線は，ほかに，銀河系内における太陽系の位置の鉛直・動径・回転方向の変化によっても変わり，数千万年〜数億年程度の準周期的変動をもつ．これは，銀河宇宙線の加速源とされている，超新星残骸の密集域や銀河系の進行方向側に形成されている衝撃波面からの距離が変化することに起因していると考えられている．

〔宮原ひろ子〕

隕石の宇宙線照射年代　VIII-08

cosmic-ray exposure ages of meteorites

宇宙線起源核種　宇宙空間には，太陽系外から飛来する数 MeV から 10^{20} eV にも達する高エネルギー宇宙線（galactic cosmic ray）と，太陽から放射される主として比較的低エネルギー（1～100 MeV）の宇宙線（solar cosmic ray）が存在する．大気をもたない小惑星などの小天体表面から数 m 以上深いところにあって宇宙線から遮蔽されていた岩石のかたまりが，他の天体の衝突によって宇宙空間に放出されて宇宙線照射を受け始めてから地球に落下するまでの時間を宇宙線照射年代という．しかし実際の宇宙線照射は，もっとさまざまな条件下でも起こる．たとえば，母天体から宇宙空間に放出された岩石塊がさらに衝突破壊した場合，内部が露出して突然強度が異なる照射を受けるようになる．また，月表面物質は，宇宙線照射を受けるとともに天体の衝突により攪拌されるという複雑な照射の歴史をもつ．さらに，太陽系形成初期につくられたコンドルールなどは母天体に取り込まれる前に宇宙線照射を受けたと考えられている．

このような宇宙線照射の歴史の解明には，天体を構成する元素の原子核に宇宙線（主に陽子）が衝突して核反応により生成する宇宙線起源核種（cosmogenic nuclide）の生成速度と蓄積された量を用いる．宇宙線が天体に突入すると核反応カスケードを起こしながらエネルギーを失い，深くなるにしたがって減衰する．またこのときの核破砕反応で生成する二次中性子が原子核に吸収される中性子捕獲反応などにより特徴的な核種が生成する．したがって，隕石中に生成する宇宙線起源核種の生成率は，主として宇宙線強度，表面からの遮蔽の深さ，標的となる原子核の種類に依存する．

宇宙線照射年代の求め方　宇宙線起源核種が安定核種であるとき，隕石中濃度 N_s は，生成率 P_s と照射期間 t を用いて以下のように表せる．

$$N_s = P_s t \quad (1)$$

また，生成核種が放射性核種の場合，濃度 N_r は，生成率 P_r と壊変定数 λ を用いて以下のようになる．

$$N_r = \frac{P_r(1-e^{-\lambda t})}{\lambda} \quad (2)$$

さらに，この2式を組み合わせた以下の式も用いられる．

$$\frac{N_s}{N_r} = \frac{(P_s/P_r)(\lambda t)}{1-e^{-\lambda t}} \quad (3)$$

生成率がわかれば，隕石中の N_s や N_r を測定して照射年代 t を算出することができる．実際に研究に用いられる宇宙線起源核種は，希ガスの安定核種（^{3}He, ^{21}Ne, ^{38}Ar, ^{83}Kr, ^{126}Xe など）といくつかの放射性核種（^{10}Be, ^{14}C, ^{26}Al, ^{36}Cl, ^{41}Ca, ^{53}Mn, ^{81}Kr など）である．

コンドライトやエコンドライトなど石質隕石の宇宙線照射年代は，主として宇宙線起源希ガス同位体測定から求められている．隕石の宇宙空間における遮蔽の深さは同位体比 ^{22}Ne/^{21}Ne の変化などで表され，代表的な隕石の生成率を P_0 とすれば，生成率 P は元素組成の補正係数を F，遮蔽の深さの違いの補正を S として，以下のように表せる．

$$P = F \times S \times P_0 \quad (4)$$

生成率の絶対値は，放射性核種 ^{81}Kr（半減期 0.229 My；My は百万年）と安定核種 ^{83}Kr を用いて，式（3）を $t \gg 1/\lambda$ で近似した以下の Kr-Kr 年代の式で求める．

$$t = \frac{^{83}\mathrm{Kr}}{\lambda_{81}{}^{81}\mathrm{Kr}} \frac{P_{81}}{P_{83}} \quad (5)$$

生成率の比 P_{81}/P_{83} は，P_{81} を ^{80}Kr と ^{82}Kr

の生成率の平均値を同重体の生成率で補正することにより，以下のように表せる．

$$\frac{P_{81}}{P_{83}}=0.95\frac{{}^{80}Kr+{}^{82}Kr}{2\times{}^{83}Kr} \quad (6)$$

宇宙線起源 Kr 同位体のみを用いる Kr-Kr 年代は，同一試料で Kr の同位体の量と生成率の両方が決められるため，遮蔽効果も元素組成の補正も必要ない信頼度の高い年代である．Kr-Kr 年代と宇宙線起源 He, Ne, Ar が同一試料で求められれば，遮蔽の深さを示す $^{22}Ne/^{21}Ne$ や ^3He, ^{21}Ne, ^{38}Ar の生成率が得られる．このようなデータセットに基づいた統計的な生成率を，たとえばコンドライトについては，L コンドライトの $^{22}Ne/^{21}Ne=1.11$ のときの生成率に対して決めている．他のタイプのコンドライトについては，元素組成の違いや測定した隕石の $^{22}Ne/^{21}Ne$ 比から遮蔽効果を補正した生成率を用いて照射年代を算出する．

隕鉄や石質隕石の金属部分を用いた照射年代には，^{36}Cl（半減期 0.301 My）と ^{36}Ar の組合せなどが用いられる．この場合，式（3）で $P_{Cl}=P_{Ar}$ と近似でき，また放射性核種の生成と壊変が放射平衡に達している（$t \gg 0.301$ My）とすれば年代 t は以下のようになる．

$$t=\frac{{}^{36}Ar}{\lambda_{Cl}{}^{36}Cl} \quad (7)$$

式（5）および式（7）では λN_r が隕石落下直前の放射平衡時の生成率であるため，後述する多段階照射のように宇宙線照射の条件が途中で変化した場合には正しい年代を示さない．

各種隕石の宇宙線照射年代　石質隕石の照射年代は鉄隕石に比べて一般的に短く，100 My をこえるものはまれである．多くの鉄隕石や石鉄隕石が 100 My をこえる長い照射年代を示し，まれには 1000 My をこえるものもあることから，宇宙空間における衝突破壊に対する機械的強度が石質天体に比べて金属質天体のほうが大きいためといわれている．

炭素質隕石の照射年代は 20～30 My をこえるものは少なく，なかでもとくに強度が低い CI や CM タイプの照射年代は数 My 以下と非常に短い．H コンドライトは 1 から 100 My まで広い年代をもつが，約半分に上る隕石が 8 My あたりに鋭い分布のピークをもつため，この時代に H コンドライト母天体の大規模な破壊が起こったと考えられている．L および LL コンドライトは H コンドライトほど鋭いピークはもたないが，10～50 My の年代をもつものが多い．後述する月隕石と比較して火星隕石には母天体表面での宇宙線照射を強く示すものはなく，火星から地球までに要した時間が 0.7～18 My の範囲に収まる．

多段階照射　表面重力の大きい月から放出された隕石の宇宙線照射の歴史は複雑である．安定同位体は多くの月隕石で 1 億年をこえる長い積算照射年代を示す一方，放射性核種から求めた照射期間は一部の隕石を除いて 1 My 程度以下のきわめて短い年代である．月面表層近くで天体衝突による攪拌を受けながら長期間にわたって宇宙線照射を受けた岩片が，最近の天体衝突により月から脱出して速やかに地球に達したことを示している．月隕石のような母天体上ではなく，宇宙空間での衝突により天体や岩石塊のサイズや形状が変化したことを示す好例が，1976 年に中国吉林省に落下した総重量 4 トンに達する Jilin 隕石（H コンドライト）である．さまざまな部分から採取された試料の宇宙線起源核種のデータからは，Jilin 隕石となった部分が母天体表面から 20～30 cm 以深にあって約 8 My の間表面方向からのみ宇宙線照射を受けたのち直径 10 m より大きい天体として放出され，その後再度破壊されて直径 150 cm になり 0.4 My 後に地球に落下したというものである．

〔長尾敬介〕

空気シャワー　VIII-09

air shower

　地球大気に入射した高エネルギーの宇宙線は，大気中の原子核と相互作用し，新たな粒子を連鎖的に生成する．これを空気シャワーという．入射する粒子を一次宇宙線（primary cosmic rays）と呼ぶのに対して，二次的につくられたものを二次宇宙線（secondary cosmic rays）と呼ぶ．生成された粒子がその下方で複数の粒子を作る連鎖（カスケード反応）により，粒子数は大気の深さとともに指数関数的に増える（図1）．一方で生成される粒子のエネルギーは次第に低くなり，やがてシャワーの生成は止まる．二次宇宙線は，ハドロン成分，電磁成分，ミュオン成分からなる．空気シャワーのエネルギーの90%は電磁成分が有しており，主に電子の電離損失によりエネルギーが失われ，シャワーの下層で粒子数は減衰する．図2は，粒子ごとの実効線量率を高度別に示したものである．大気中の二次宇宙線の粒子数は，高度15〜20 kmで最大となるピークをもつ．

　粒子の生成プロセスには，核相互作用と電磁相互作用の2パターンがあり，それぞれ核カスケードと電磁カスケードをつくる．

　ハドロン成分　　大気に入射した陽子などの核子が大気中の原子核（主にNやOの原子核）に衝突すると，原子核中の核子（陽子や中性子）がたたき出され，同時にπ中間子（π^0, $\pi^\pm$）やK中間子も生成される（核相互作用）．生成された核子や中間子が大気中の原子核と衝突することで，さらなる核子・中間子の発生が起こる（核カスケード）．

　電磁成分　　π^0中間子の壊変によってつくられるγ線が電子対生成によって電子

図1　数値シミュレーションによる空気シャワー（©COSMUS&AIRES）（口絵10参照）

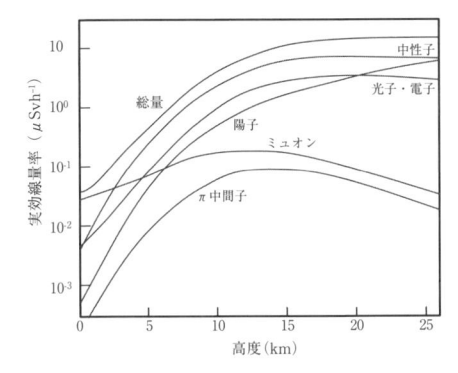

図2　大気高度別の実効線量率

と陽電子をつくり，その電子と陽電子が制動放射によってさらにγ線をつくるという電磁相互作用の連鎖により，指数関数的に粒子数が増え，電磁カスケードとなる．

　ミュオン成分　　ミュオンは，空気シャワーの下層でつくられた，エネルギーの低い$\pi^\pm$中間子が壊変することによって生成する．電子に壊変したり，あるいは原子核に吸収されるものもあるが，寿命が長いため，ほとんどは地上に到達する．

　陽子などの高エネルギー粒子のほかに，宇宙起源のγ線も空気シャワーをつくる．その場合は，γ線が電子対生成により電子と陽電子を生成するところから粒子生成の連鎖がスタートする．　〔宮原ひろ子〕

核破砕反応 VIII-10

nuclear spallation reaction

　高エネルギーの荷電粒子が標的原子核に衝突すると原子核の一部を壊し，原子番号の小さな原子核を生成する．この反応を核破砕反応と呼び，生成した原子核を核破砕生成物という．宇宙空間には宇宙線が飛び交っているが，銀河系から飛来する高エネルギー宇宙線（銀河宇宙線）が隕石と衝突すると酸素（O），マグネシウム（Mg），ケイ素（Si），鉄（Fe），ニッケル（Ni）などの主成分元素の原子核を標的とする核破砕反応を起こす．また，核破砕反応で生じた陽子や中性子などの二次宇宙線は隕石のなかにも伝わり，とくに中性子は透過能が高いので，かなり深部にまで伝わる．核破砕反応でできたこれら二次宇宙線もエネルギーが高く，この場合も主成分元素と核破砕反応を起こすことがある．宇宙線によって生成する核種は安定核種の場合と放射性核種の場合があり，前者の場合には同位体比の測定により，後者の場合には誘導放射能の測定により，それぞれ検出可能である．放射性核種によっては，放射能測定に代わって，加速器質量分析法を用いて放射性核種の個数を数えることも行われている．

　高エネルギー宇宙線によって誘起される核破砕反応については加速器を用いた再現実験も行われており，隕石中の誘導放射性核種の存在量をもとにある程度定量的な議論もされている．図1は^{56}Feを標的核とし，エネルギーの異なる陽子で照射したときの核破砕反応で生成する核種の生成断面積を示したものである．横軸は生成する核種の質量数を，縦軸はその生成断面積を示す．陽子のエネルギーが高くなるにしたがって，鉄に近い核種の生成割合は極端に減少するが，反対に広い質量数の範囲にわたって生成核種が生じることがわかる．実際に鉄隕石に宇宙線があたると，表面近くでは高エネルギー核破砕反応が主体となるが，20 cmより深くなると二次宇宙線として生成した高エネルギー中性子による(n, p)や(n, γ)反応が優勢となり，鉄やニッケルの標的核に近い質量数の核種が主に生じるようになる．

　原子核合成過程のうち，xプロセスは核破砕反応によるもので，主にリチウム（Li），ベリリウム（Be），ホウ素（B）の3元素を構成する安定な5核種（^{6}Li，^{7}Li，^{9}Be，^{10}B，^{11}B）の生成を説明する．これらの核種は主に炭素（C），窒素（N），酸素（O）の安定核種と銀河宇宙線との核破砕反応によってつくられると考えられている．

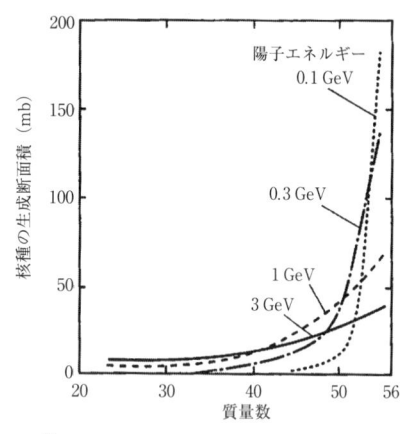

〔海老原　充〕

図1　^{56}Feと陽子による核破砕反応によって生成する核種の生成断面積の質量依存性（mbは10^{-31} m^2）

同位体比測定　VIII-11

isotopic ratio measurement

　元素の同位体の個数の比を同位体比と呼ぶ．同位体比に変動を生じさせる要因としては放射壊変によるもの，同位体分別によるものが主なものとしてあげられる．
^{40}K–^{40}Ar, ^{87}Rb–^{87}Sr, ^{147}Sm–^{143}Nd 壊変系などの放射壊変に基づく同位体変動は放射年代測定として惑星物質試料の形成年代を知るために幅広く利用されている（→VIII-01）．
　対象となる試料について精密に同位体比を測定することにより，その試料の起源，おかれていた環境の変遷などを推測することが可能となる．
　水素（H），炭素（C），窒素（N），酸素（O）などの軽元素においては同位体間の相対的な質量差が大きいことから，天然中でも大きな同位体分別が起こりうる．また，いずれの元素も自然界に多量に存在しており，その安定同位体比は宇宙・地球化学，環境科学，水文学，考古学など幅広い分野で利用されている．個々の同位体比の値は標準試料との相対的なずれとして表すことが多い．
　たとえば酸素においては標準平均海水（standard mean ocean water：SMOW）を国際標準物質として用い，

$$\delta^{18}O = \left\{ \frac{(^{18}O/^{16}O)_{sample} - (^{18}O/^{16}O)_{STD}}{(^{18}O/^{16}O)_{STD}} \right\} \times 1000$$

のようにδ値（千分偏差（‰））で表す．さらに小さい同位体変動幅を表す単位として一万分偏差を示すε値（$1\varepsilon=0.1\delta$），また近年では超高精度の同位体比データの取扱いにおいて百万分偏差を示すμ値（$1\mu=0.01\varepsilon$）も用いられている．
　酸素同位体比はある二つの鉱物間において生じる元素の同位体交換反応が圧力に依存しないことに着目すると地質温度計として利用することができる．鉱物間の同位体交換における分別係数αは絶対温度Tに対して$1/T^2$の一次関数で近似できることが知られている．たとえば，水を含まない鉱物間の酸素同位体分別は以下の式で表される．

$$1000\ln\alpha = A/T^2 + B$$

ここでA, Bは系固有の定数であり，実験的に求めることができる．
　同位体比測定の主な手法の一つとして質量分析法がある．質量分析法の基本原理は磁場の中を通過するイオンがフレミングの左手の法則にしたがい，運動している速度と磁場の方向に直角に力を受け，そのイオンの質量電荷比（質量／電荷）に応じて曲がり方が変化するという性質に基づく．
　近年，質量分析技術の進歩により複数の同位体を同時に検出・測定できる複数検出器搭載の誘導結合プラズマ質量分析法（multi collector induced couple plasma mass spectrometer：MC-ICP-MS）が同位体測定に導入され，これまで十分な測定精度が得られていなかった軽元素以外のCr, Fe, Cu, Zn, Moなど多くの元素についてそれらの自然界における同位体比変動が見いだされ，酸化還元反応や生物活動に基づく反応との関連などが議論されている．また，これまでSr, Ndなどの同位体比測定に利用されていた表面電離型質量分析計（thermal ionization mass spectrometer：TIMS）の分析データは高精度化され，宇宙化学研究分野において太陽系内の元素同位体組成の不均一性を詳細に議論するために利用されている．　〔日高　洋〕

【コラム】オクロ現象　VIII-12

Oklo phenomenon

　中央アフリカ・ガボン共和国東部のフランスヴィル堆積層群に産する六つのウラン鉱床のうちの一つであるオクロ鉱床は，いまから約20億年前に自発的に核分裂連鎖反応を起こした痕跡のある，「天然原子炉」の化石であることが知られている．
　反応当時に多量に生成された核分裂起源の放射性核種は，現在ではすべて放射壊変してしまい，安定核種となっているが，それらが付加して蓄積されていることにより数多くの元素の安定同位体組成に顕著な変動が認められている．したがって，オクロ鉱床内外の元素の安定同位体組成の変動を調べることによって，天然原子炉内で起こった核反応の特徴づけや，核分裂生成物の原子炉内外での長期的な挙動解析を行うことが可能となる．1972年にオクロ鉱床における核分裂反応の痕跡が発見されて以降，詳細な現地調査と同位体分析が行われ，オクロ鉱床内における16カ所と，オクロ鉱床に隣接しているオケロボンド鉱床，およびオクロから南東に30 km離れたところにあるバゴンベ鉱床の各1カ所において核分裂連鎖反応を起こした部分（原子炉ゾーン）の存在が確認されている．
　オクロ鉱床が天然原子炉になり得た重要な要因としていくつかの地球化学的な条件が偶然に重なりあったことがあげられる．まずいまから20億年前に形成されたこと，かつ堆積性のウラン鉱床であったことはきわめて重要な要因である．現在の$^{235}U/^{238}U$同位体比は0.00725であるが，^{235}U，^{238}Uの半減期（おのおの7億年，44.7億年）を考慮すると20億年前の値は0.0381と計算できる．これは発電用原子炉で核燃料として使用されている濃縮ウランの値に匹敵する．
　核分裂反応が起こった際に生じる中性子（速中性子）は高エネルギーをもつ．^{235}Uは低エネルギーの中性子（熱中性子）との相互作用により核分裂を起こすため，核分裂連鎖反応が起きるためには速中性子を熱中性子まで減速する必要がある．堆積性のウラン鉱床としてできあがっていったオクロ鉱床周囲には多量に存在していた天然水が中性子エネルギー減速材としての役目を担っていた．また，オクロ鉱床のウラン鉱物中に不純物として含まれる希土類元素の濃度は他のウラン鉱床試料と比べて著しく低いのもその特徴の一つとしてあげられる．核分裂が連鎖的に起こるためには反応系のなかに十分な中性子が存在することが必要である．希土類元素の多くは中性子を吸収しやすい性質をもつため，多量の希土類元素の存在は，核分裂連鎖反応の妨げとなる．一般に，オクロ鉱床の希土類元素存在度は他の多くのウラン鉱床に比べて1/10〜1/1000ほど低い値を示す．希土類元素はウランとの化学的性質の類似性から，一般的にウラン鉱床内には多量に含まれるが，オクロ鉱床の場合は，鉱床形成までの複数回にわたる堆積過程のなかで希土類元素が徐々に排除されていったと考えられる．なお，天然原子炉の存在を予言するかのように，黒田和夫は天然ウラン鉱床が核分裂連鎖反応を起こすための条件を提示した天然原子炉理論を1956年に発表していた[1]．黒田の理論は16年後のオクロ現象の発見とともに脚光を浴びることとなった．

〔日高　洋〕

文　献
1) P. K. Kuroda, J. Chem. Phys. 25, 781 (1956).

【コラム】X線CT@SPring-8 VIII-13

X-ray tomography at SPring-8

X線CT（X-ray computed tomography）は，X線が物体を透過するときに得られる情報を用いて非破壊で物体の内部構造を得る手法である．物体を多数の方向から撮影したX線透過像を再構成することにより，物質の吸収コントラスト（線吸収係数の空間分布）が断層像（CT像）として得られ（吸収CT），連続的なCT像からは三次元構造が得られる．市販の医療用や工業用X線CT装置では，通常X線管球から発生する白色X線を用いて吸収CTの撮影が行われる．

SPring-8におけるX線CT　高輝度で高指向性をもつ放射光（synchrotron radiation）X線は，管球や回転体陰極型X線発生装置に比べてさまざまな優位性をもっている[1]．たとえば，単色化により定量的な線吸収係数が得られ，CT像中の物質の推定が可能となる．また特定の元素のX線吸収端を用いて元素の三次元分布の情報を得ることもできる（差分法）[2]．さらにX線の屈折を用いることにより位相コントラスト像（位相CT）や，蛍光X線や結晶によるX線回折を用いることにより，元素像や結晶方位に関するCT像を得ることも可能である．

大型放射光施設であるSPring-8においてもX線CTの開発が行われてきた[3]．X線投影像は蛍光スクリーンにより可視光に変換され，可視光を光学レンズ系で拡大することにより高分解能のCT像が得られる（投影CT）．可視光の波長（0.4～0.7 mm）よりも高空間分解能を得るためには，フレネル（Fresnel）回折によるX線の結像光学系が用いられ（結像CT），現在最小約40 nmの画素サイズのCT像が得られている．一方，CT撮影時間の短縮化も進められ（投影CTの場合，最速で約2 s/撮影），三次元構造変化の時間発展（四次元構造）の取得も可能である．

はやぶさサンプルへの応用　宇宙探査機「はやぶさ」は小惑星イトカワの表土（レゴリス，regolith）粒子を採取し，2010年6月に地球に帰還した．2011年に行われた初期分析では，SPring-8の結像CT装置を利用して48粒子（30～180 nm）の吸収CT像が撮影された（実効空間分解能：200～500 nm）[4]．鉄のK吸収（7.1 keV）を挟む二つのエネルギー（7, 8 keV）で撮影することにより鉱物同定が可能となり，鉱物の三次元空間分布が得られた．その結果は鉱物の元素・同位体組成分析結果とともに，イトカワ粒子がLLコンドライト（chondrite）隕石に対応することを示し，隕石の起源に最終的な決着を与えた．また，粒子をどのように切断・研磨すれば以降の分析が効率よく行えるかを示した．一方，レゴリス粒子の三次元外形の定量的な解析により，粒子は衝突破片であり一部は摩耗されていることを示し，透過型電子顕微鏡観察や希ガス同位体分析結果とともに宇宙風化（space weathering）などの小惑星表面における活動的なプロセスを明らかにした．　　　　　　　　　〔土山　明〕

文　献
1) U. Bonse, et al., Biophys. Molec. Biol. 65, 133 (1996).
2) S. Ikeda, et al., Am. Mineral. 89, 1304 (2004).
3) K. Uesugi, et al., Proc. SPIE. 6318, 63181F (2006).
4) A. Tsuchiyama, et al., Science 333, 1125 (2011).

シンクロトロン放射光による X線回折—小惑星イトカワ微粒子の Gandolfi カメラによる解析 VIII-14

synchrotron X-ray diffraction —analysis of asteroid Itokawa particles by Gandolfi camera—

シンクロトロン放射光は高エネルギーの荷電粒子が磁場中で加速を受けたときに発生する電磁波である．この電磁波のエネルギー範囲は赤外線から γ 線にわたり，とくにX線・真空紫外線領域の光源として有用であるため世界各地にシンクロトロン放射光の利用施設が稼動している．このような施設では磁石を並べて構成した閉軌道に高エネルギーに加速した荷電粒子（通常は電子）を入射し，磁場によるローレンツ力を受けた電子が軌道変化する際に接線方向に射出されるシンクロトロン放射光を利用する．シンクロトロン放射光の特徴は，高輝度・大強度，高指向性，パルス性，波長選択性等があり，目的に応じて特徴を生かした応用実験，たとえば惑星物質科学分野では惑星内部環境を再現した高温高圧下での実験など，が展開されている．

シンクロトロン放射光のX線を利用して小惑星探査機「はやぶさ」が回収した小惑星「イトカワ」の微粒子のX線回折実験が行われた．X線回折とは，X線が結晶質の物質に入射したとき結晶内の原子などの周期構造によって散乱されたX線が干渉しあい特定の方向だけに射出される現象である．回折X線の方向・強度を解析すると結晶構造の情報を得ることができる．回折X線の観測には Gandolfi カメラを用いた．例として大型放射光施設 SPring-8 に設置された試料−検出器距離 955 mm の高分解能 Gandolfi カメラの写真を示す（図1）．Gandolfi カメラでは，高ギア比で組み合わせた斜めに交差する2本の軸で構成された Gandolfi ヘッドで試料をあらゆる向きに回転させながらX線を照射し，

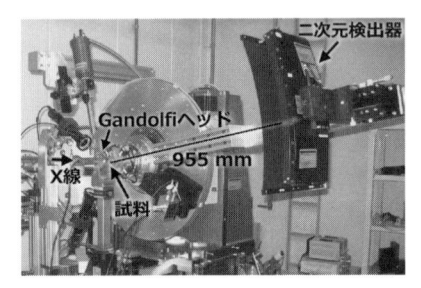

図1 放射光用高分解能 Gandolfi カメラの写真
左のパイプを通りX線が微粒子に照射され，試料からの回折X線は二次元検出器に記録される．

回折X線をフィルム状の二次元X線検出器に回折図形として記録する．この手法と高輝度シンクロトロンX線の利用が鉱物の集合からなる $200 \mu m$ 程度以下の微粒子から十分な強度の回折X線を得ることを可能にした．回折図形中の回折X線の出現位置を解析することでイトカワ微粒子に含まれる鉱物相の同定がまず行われた[1]．

次に試料に含まれる斜長石に着目し，斜長石地質温度計によりその結晶化温度の推定を試みた[2]．この地質温度計では斜長石の結晶構造と相関の高い2本の回折X線の現れる角度の差を決めることで結晶化温度が推定できる．イトカワ微粒子の斜長石，かんらん石，輝石などの構成鉱物の回折X線は従来法では，重なり分離が困難なこともしばしばあったが，シンクロトロンX線による高分解能回折図形を用いることで斜長石の回折X線の位置を明瞭に特定でき，結晶化温度を推定することができた[2]．他の地質温度計などの解析結果と合わせてイトカワ微粒子は最高温度 800℃ 付近まで到達した変成作用を受けたと推定された． 〔田中雅彦〕

文　献
1) T. Nakamura, *et al.*, Science 333, 1113 (2011).
2) M. Tanaka, *et al.*, Meteor. Planet. Sci. 49, 237 (2014).

IX 放射線・放射性同位元素の生命科学・医薬学への応用

マルチトレーサー

IX-01

multitracer

　マルチトレーサー法（多元素同時代謝追跡法）は，同一個体における多数の放射性同位元素（RI元素）の挙動を同一条件化にて測定可能である．このことから，単一金属もしくは単一トレーサーのみの研究では明らかにすることができなかった，微量金属元素と生体分子機能の新たな一面を発見できる特徴をもつ．

　マルチトレーサーの製造法　マルチトレーサー法は1991年に理化学研究所の安部らによって考案された[1]．その後，榎本らによって生体微量元素の同時代謝分析法として確立し[2]，さらに榎本，羽場らによってマルチトレーサー製造技術は高度化され，高効率化と製造オンライン化に成功した[3]．マルチトレーサーの製造は，大型加速器（リングサイクロトロン）により，^{12}C，^{14}N，^{16}Oなどのイオンを135 MeV/核子まで加速し，この高エネルギーの重イオンで，ターゲット核（Au，Ag，Tiなど）を照射し，核破砕反応を引き起こす．このとき，ターゲット核と加速イオンの核の接触の仕方はさまざまであるため，多様な放射性核種が生成し，数種から数十種のγ線放出核種を含有するトレーサーが得られる（図1）．製造される核種は，ターゲットより原子番号の少ないものが得られる．

　ターゲットからのマルチトレーサーの精製には，照射後のターゲットを酸により溶解し，担体であるターゲット物質を化学的に除去する．この製法により各RIの安定同位体（担体）をほとんど含まない，無担体状態のマルチトレーサー溶液が得られる．さらに化学分離操作を行うことで，グループトレーサーとして調製することが可能である．マルチトレーサーに含まれるRIは，高純度ゲルマニウム半導体検出器を用いたγスペクトロメトリーにより定量する．

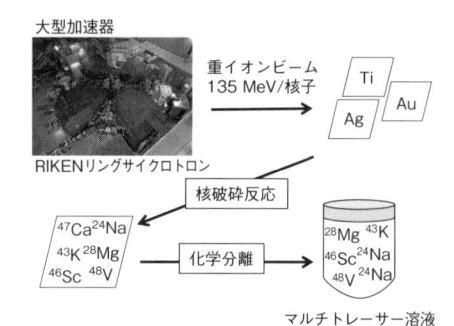

図1　マルチトレーサー製造

　マルチトレーサー法の特徴　マルチトレーサー法は多数のRI元素の情報を1回の実験で効率的に調べることができるため，複数元素の相関や相互作用について完全な同一条件下での分析が可能である．特に，マルチトレーサーは安定同位体を含まないことから，実験動物にRI元素のみを投与できるため，Cd，AsやHgのような生体にとって毒性を示す元素の体内分布変化などを測定することが可能である．さらに，マルチトレーサーには，シングルトレーサーとしても貴重な^{28}Mgや^{47}Caを含んでいるため，これまでに困難であったMgやCaなどを含む多元素同時解析も可能である．これらの利点により，マルチトレーサー法は生物学，医学，環境学等の多くの研究分野で利用されている．

〔榎本秀一〕

文　献

1) S. Ambe, *et al.*, Chem. Lett. 20, 149–152 (1991).
2) S. Enomoto, Biomed. Res. Trace Elem. 16, 233–240 (2005).
3) H. Haba, *et al.*, Radiochim. Acta. 93, 539–542 (2005).

オートラジオグラフィー　IX-02

autoradiography

　オートラジオグラフィーは，計測対象に内在する放射性同位元素（radioisotope：RI）が発する放射線を用いて，計測対象の情報を画像化する方法で，オートラジオグラフィーという語は，autograph と radiation からなる「放射線によりそのもの自体を描画したもの」という意味をもつ造語である．

　一般的（狭義）に，オートラジオグラフィーといえば，ラジオアイソトープ（RI）が内在する試料を X 線フィルムやイメージングプレートなどの記録媒体に密着させ，RI の分布を画像化する方法をさすが，上記の定義にしたがえば，RI で標識した薬剤などを生体に投与し，その体内分布や動態を計測する PET（ポジトロン断層撮像）や SPECT（単光子断層撮像），宇宙線を観察する霧箱なども広義にはオートラジオグラフィーととらえることができる．また，単にラジオグラフィー（radiography）といった場合には，レントゲンが行った X 線によるレントゲン撮影のように，線源が計測対象の外にあって，線源が発する放射線を計測対象に照射し，透過した放射線を検出する方法をさし，X 線 CT や電子顕微鏡がこれに該当する．

　オートラジオグラフィーの分類　オートラジオグラフィーは，その利用の仕方・目的により大きく以下の三つに大別される．

　(1) マクロオートラジオグラフィー：比較的大きな試料を対象とし，遮光下で X 線フィルムやイメージングプレートに試料を重ねて露光し，得られた画像を肉眼で観察し，試料中の RI または RI 標識化合物の分布を評価するもの．

　(2) ミクロオートラジオグラフィー：顕微鏡の標本を対象とし，試料の局所における RI の存在をとらえるもので，顕微鏡下での観察あるいは顕微鏡写真を撮影し，その画像により評価する．現像された銀粒子の位置により RI の位置を，銀粒子の数によりその量を決定する．光学顕微鏡レベルでの観察を目的とする場合と，電子顕微鏡レベルでの観察が必要な場合とでは，試料の作成法が大きく異なる．

　(3) 飛跡オートラジオグラフィー：α 線や β 線などが写真乳剤中を通過した跡をとらえ，その位置やエネルギーを調べるもの．

　オートラジオグラフィーの歴史　オートラジオグラフィーの歴史は，1867 年に写真乾板の上に置いた硝酸ウランや酒石酸ウランの像が見えない光で感光したことを，Niepce が発見したことに始まるとされる．その後，1896 年にはベクレル（Becqurel）が放射能を発見．1898 年にはキュリー夫人が放射性ラジウムを発見するなど，オートラジオグラフィーは放射線や放射能の研究の黎明期を支えた．

　生物学の分野においては，1904 年にロンドン（London）が Ra-222 に曝したネズミを写真乾板にのせて感光させたのが，最初の報告である．P. キュリーは Ra-222 をネズミに吸わせてその体内分布を知るために，現在のミクロオートラジオグラフィーに近い概念の手法を使ったとされるが，方法の詳細は不明である．具体的な方法についての記述が現れるのは，1924 年に Lacassagne がポロニウム（Po）の分布について報告した論文である．1938 年になると，人工放射性物質が使えるようになったことと相まって，オートラジオグラフィーは，生体を構成する元素や物質の取込みや代謝を研究する有力な手法として確立されていった．

　オートラジオグラフィーの特徴　オー

トラジオグラフィー（狭義）では，記録媒体としてX線フィルムやイメージングプレートを使う．これらに共通する特徴として，
- 検出感度が高い，
- 位置情報に関する精度がよい，

などがある．また，イメージングプレートにはX線フィルムでは得られない，
- 取扱いが簡便である，
- ダイナミックレンジ（測定範囲）が広い，
- より高感度な計測が可能である，
- 繰返し利用が可能である，
- 暗室，化学的な処理が不要である，

といった利点があり，これらを生かすことで，計測の幅は大きく広がる．

これらの特徴を有する半面，
- RIあるいはその標識化合物の分布をみることはできるが，動態をみることができない，
- 解像度の高い画像を得るためには，薄切片を作成する必要があり，非侵襲の計測が行えない，

といった弱点がある．したがって，生体内において短時間で行われる代謝などのダイナミクスに関する計測には向かず，また，個体差の影響を回避できる実験系を組む必要がある．

X線フィルムは，放射線のセンサー機能，メモリー機能，ディスプレイ機能の三つが一体となった化学的なシステムで，時代とともに感度向上のための技術改良が行われ，最終的にはレントゲン写真の発明時と比較すると，約100倍の高感度化を実現してきた．しかし，三つの機能は相互に切り離すことができないため，X線フィルムに限界が生じた．写真乳剤層において，ハロゲン化銀の結晶は互いに独立していなければならず，結晶を高密度に充てんする技術的な限界による「高感度化の限界」，X線フィルムは一般に放射線の強度と写真の黒化濃度が比例せず非線形であることによる「定量計測の限界」，X線フィルムによる画像はアナログであり，画像情報をコンピュータで処理するためには，デンシトメーターなどを使ってディジタル情報に変換する必要が生じる「ディジタル化の困難性」の三つの要素が限界の原因である．

イメージングプレートは，このようなX線フィルムの限界を乗り越えるために，従来の装置や技術がそのまま使えるディジタルX線イメージングシステムの記録媒体として，富士写真フイルム社により開発された，純国産放射線計測（イメージング）技術である．

まとめ　オートラジオグラフィーは，放射線の歴史とともに歩んできた，最も古い放射線計測法ではあるが，現在も，医学，薬学，農学などの生命科学や物理といった学術分野だけでなく，工業，放射線管理など，幅広い分野で利用されている計測法である．

〔松橋信平〕

放射線生物作用　IX-03

biological effects of radiation

放射線のもっているエネルギーが生体を構成する分子に吸収されると，電離や励起を起こす（物理過程）．引き続き，水分子やDNAなどに化学変化を起こし（化学過程），細胞の致死や突然変異誘発などを経て，生体にまで影響を及ぼす可能性がある（生物学的過程）．ここでは，分子から細胞レベルまで説明する．

直接効果（作用）と間接効果（作用）
放射線のエネルギーが，遺伝子の本体であるDNAに直接吸収され，DNA分子が変化するのが直接効果である（図1）．ところが，身体を構成しているのは約70％が水で，細胞のなかでもDNAを多くの水分子が取り巻いている．放射線のエネルギーが水分子に吸収されて生ずる活性種（水素ラジカル・H，ヒドロキシラジカル・OH，水和電子e_{aq}：主に働くのは・OH）がDNAの化学変化（損傷）を引き起こす．この効果を間接効果という（図1）．

X線やγ線などの低LET放射線の場合は，間接効果が直接効果よりも大きな寄与をする．高LET放射線の場合は，直接効果の寄与が相対的に大きくなる．また，スーパーオキシドラジカル・O_2^-，・OH，過酸化水素H_2O_2などを活性酸素種と称し，間接作用の原因因子として扱うこともある．

増感効果と保護効果　身体組織では，細胞周りの酸素の量（酸素分圧）が増えると，放射線の照射効果は酸素が存在しない場合の3倍くらいに増加する（酸素増感比OER（oxygen enhancement ratio）は3という）．一方，間接効果の主役である・OHラジカルが，ラジカルスカベンジャー（捕捉材）によって除かれると，照射効果が軽

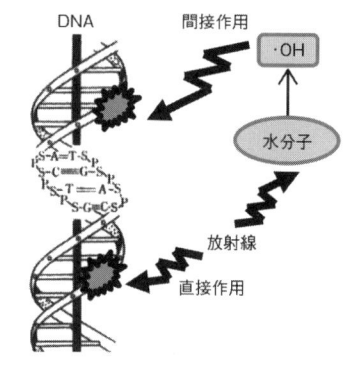

図1　直接作用と間接作用（水分子の活性種）

減される（保護効果）．SH基をもつシステイン残基を含むグルタチオンなどがこのような効果を示す．

DNA損傷　DNAの維持・保全は生命の存続にかかわる．DNAに起こる化学変化はDNA損傷と呼ばれ，ふつう，以下のように分類される（図2）．

(1) DNA塩基損傷：　塩基部分には化学反応を起こしやすい官能基が多くあるので，次の三つの要因で塩基損傷が起こる．

1) 塩基部分を構成する化学結合の不安定性による分解：①糖と塩基の間の化学結合（N-グリコシル結合）の切断による脱塩基部位（AP部位）の生成（放射線でも自然発生でもよく起こる），②塩基の脱アミノ化やメチル化（主に自然発生：シトシンのメチル化後に脱アミノ化が起こるとチミンに置き換わり，突然変異の原因となる）．

2) 活性酸素種の働きによる塩基の修飾（放射線照射だけでなく呼吸などでも起こる）：グアニンの酸化による8-オキソグアニン，チミングリコールなど．

3) 紫外線，化学物質などによる塩基の修飾（放射線損傷として分類されないこともある）：①ピリミジン二量体（ダイマー），(6-4) 光産物など，②シスプラチンなどによる架橋（クロスリンク）．

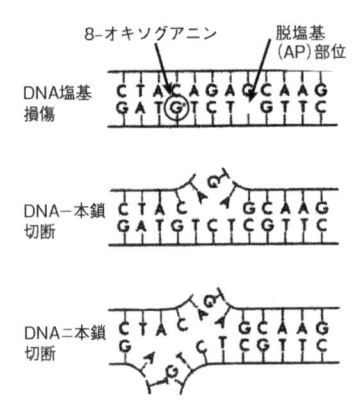

図2　DNA損傷（塩基損傷と鎖切断）

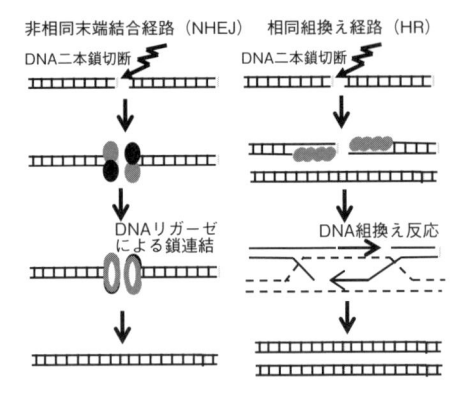

図3　DNA二本鎖切断の修復経路の概略

(2) DNA鎖切断：　①DNA一本鎖切断：直接効果，間接効果いずれの場合にも，糖とリン酸の間のホスホジエステル結合が切断され一本鎖切断が生成される．②DNA二本鎖切断：一本鎖切断が近接して生じた場合や高LET放射線照射で直接DNAにエネルギーが吸収された場合などに二本鎖切断が起こる．DNA二本鎖切断は，一本鎖切断とは異なり，遺伝情報をもつDNA鎖が失われ，細胞にとって致命傷になる可能性が高い．

(3) DNAクラスター損傷：　DNA損傷が局所的に複数起こる場合（たとえば，鎖切断と塩基損傷）で，高LET放射線で起こりやすく，修復されにくい．

DNA修復　放射線照射後の細胞の運命に影響を与える重要な因子として，DNA損傷の修復機構があげられる．修復には損傷の認識やその情報伝達などが深く関与しているが，ここでは省略する．通常，細胞内に数百の塩基損傷やDNA一本鎖切断が生じても細胞は修復できる．塩基損傷を修復する主な機構が塩基除去修復である．修飾された塩基をDNA鎖から除く過程でAP部位や一本鎖切断が生じるが切断末端をつなぎ合わせる酵素DNAリガーゼの働きによって修復は完了する．ピリミジン二量体やDNAクロスリンクなどのかさばる化学変化に対しては，ヌクレオチド除去修復が働く．傷ついた塩基の両側の鎖を切り離し，生じたギャップをDNAポリメラーゼ（DNA鎖を伸長するDNA合成酵素）で埋める．また，DNA複製過程で生ずる塩基のミスマッチに対してはミスマッチ修復，損傷を修復せずに複製を進行させる損傷乗り越え複製（translesion synthesis）なども働く．放射線で高頻度に起こる酸化損傷8オキソグアニン（8-oxoG）の修復には，ミスマッチ修復，塩基除去修復，ヌクレオチド除去修復が密接に関連（クロストーク）して働くことが示唆されている．

一方，細胞にとって致命傷となりうるDNA二本鎖切断は，主に，非相同末端結合（nonhomologous end-joining：NHEJ）と相同組換え（homologous recombination：HR）の二つの経路で修復される（図3）．DNA合成の鋳型となる相同配列を利用しないNHEJ経路では間違い（突然変異）が起こりやすく，相同配列を利用するHRでは間違いが起こりにくいとされている．これらの過程でも，DNAポリメラーゼやDNAリガーゼの活性が必要とされる．

〔谷田貝文夫〕

放射線の生体への影響　IX-04

biological influence of ionizing radiation

　放射線被ばくによる細胞レベルでの異常，組織・臓器に対する障害，防護上での生体影響には，図1のような関連性がある．

細胞の運命と生体影響　細胞異常は細胞死と突然変異に大別され，細胞死には増殖死と間期死の2種類がある．皮膚，腸上皮，骨髄などの幹細胞が分裂を繰り返している際に放射線を浴びると，数回にも満たないうちに細胞分裂を止めてしまう死を増殖死という．放射線を浴びて細胞は機能を失い，一度も分裂しないで壊れてしまう死を間期死という．間期死には，肝臓実質細胞や脳神経細胞などが大線量の放射線を浴びて受動的・病的に死んでしまうネクローシス（壊死）とリンパ球などでみられる低線量被ばくによる能動的・生理的な細胞死，アポトーシス（apoptosis）がある．一方，突然変異は遺伝子変異と染色体異常に分けられる．生殖細胞の突然変異は子孫への遺伝的障害に，体細胞の突然変異は発がんにつながる可能性がある．なお，ゲノム（染色体DNA）不安定性が原因で起こる遅延性の発がんは，放射線によるDNA損傷が直接の原因ではないとする説もある．

　また，生体では，がんにならないようにする防御機構が細胞レベルで何重にも働く（図2）．細胞応答，細胞周期チェックポイント，DNA修復だけではなく，アポトーシスや細胞増殖の停止や適応応答なども発がんの抑制機構として機能すると考えられている．

放射線量と人体影響　高線量全身被ばくによる急性死（数時間～数週間）は早期放射線障害の典型的な例で，線量に応じて分子死（酵素の不活化など：数百～千Gy），脳死（脳障害：数十～数百Gy），腸管死（腹痛，下痢など：数Gy～数十Gy），骨髄死（骨髄障害：数Gy）に分類される．多臓器障害・不全も死の原因につながる．造血組織の障害は，末梢血中のリンパ球の減少として検出される．この現象は被ばく後最も早く現れ，また1Gy以下でも検出できる．生殖腺の障害は男性でも女性でも現れ，線量が1Gy以下と低ければ一次不妊，高くなれば永久不妊につながる．皮膚障害は発症期間としては数週間であるが，線量の増加に伴って，紅斑，脱毛，水泡，潰瘍と症状が重くなる．その他，消化管，肝臓，肺臓，甲状腺，循環器などでも障害が起こる．一方，低線量放射線被ばくは，晩期発症として現れる．免疫力低下や血液のがんといわれる白血病や種々の固形がんの誘発などがその典型的な例である．原爆被ばく者に対する調査では，白血病の発生は被ばく後2～3年で増加し6～8年で

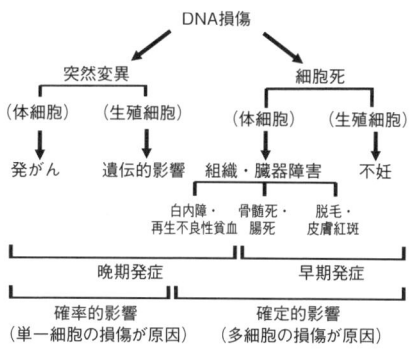

図1　細胞異常から生体影響まで（文献1より改変）

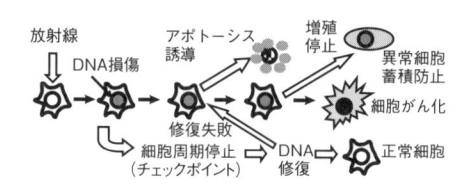

図2　細胞レベルで起こる生体防御機構

ピークとなった．また，固形がんのリスク増加は被ばくの約10年後に始まったと報告されている[2]．妊娠中の被ばくによる胚・胎児への影響は，数 Gy の被ばくで何らかの障害が発生し，受精直後（着床初期）で流産，器官形成期で奇形や新生児死亡の確率が高いとされている．

放射線防護の概念　人体への健康影響を見積もるために，実効線量が次のように定義されている．各組織での等価線量（H_T）は吸収線量（$D_{T,R}$）と放射線加重係数（$W_{T,R}$）の積で表す．放射線加重係数（$W_{T,R}$）は放射線の種類やエネルギーに依存する相対値である．次に，障害に対する各組織の相対的寄与を表す組織加重係数（W_T）と各組織での等価線量（H_T）との積を求め，全組織で和をとった値，$E(=\sum W_T \times H_T)$ が実効線量となる．

私たちは身体の外部から放射線を浴びるだけでなく，食物を食べたり，呼吸することで多くの放射性物質を身体に取り込む．前者を外部被ばく，後者を内部被ばくと呼ぶ．自然放射線による年間平均実効線量の世界平均は 2.4 mSv と見積もられ，そのうち，内部被ばく（主にはラドンガス吸入と経口摂取）が約 2/3 を占める．1/3 に相当する外部被ばくの原因は地殻からの電離放射線と宇宙放射線による．一方，人工放射線による年間平均実効線量の世界平均は約 0.6 mSv と推定され，そのほとんどが医療診断（治療を除く：X 線レントゲン検査〜1 mSv，全身の CT スキャン〜10 mSv）による．驚くことに，日本平均では世界平均の 3 倍以上の 2.25 mSv と報告されている．

放射線による発がんや遺伝的影響のリスク発生を予測するモデルが二つある（図3）．放射線障害の防護上は，発がんや遺伝的影響などの確率的影響に対しては，どんなに少ない線量でも影響を及ぼす可能性があるとする LNT（linear no threshold）モ

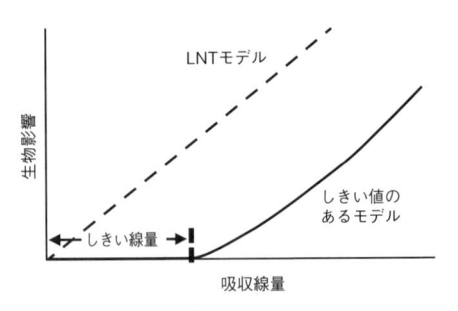

図3　リスク評価のための二つのモデル

デルで，その他の身体的障害をもたらす確定的影響に対してはしきい値があるモデルが放射線防護上，採用されている．しかしながら，放射線発がんや遺伝的影響についても，生体機構から考えてLNTモデルは不自然で，ある一定の線量までは健康影響がでないと主張するグループもある．放射線障害は，他の原因で起こる障害と病理学的に区別をすることはできない．そこで，がんなどの障害の発生リスクを推定するには，ヒトを対象とした疫学的手法もとられている．疫学的手法では，放射線に被ばくした群と被ばくしていない群におけるがんの罹患率を調べ，リスクを推定する．自然放射線による実効線量，疫学調査結果などの科学的情報を参考にして，国際放射線防護委員会（ICRP）は人体への放射線影響について定期的に勧告を行っている．ICRP2007年勧告に基づいて，わが国では線量限度（実際の被ばくでこの値をこえてはならないと設定された実効線量）を，職業被ばくでは年平均 20 mSv，公衆被ばくでは 1 年間に 1 mSv としている．

〔谷田貝文夫〕

文　献
1) 菅原努監修, 青山喬, 丹羽大貫編, 放射線基礎医学（金芳堂, 2008）.
2) 放射線影響研究所ホームページの調査研究活動.

放射線ホルミシス　IX-05

radiation hormesis and radioadaptation

有害な物質（刺激）が微量であれば，生体にはむしろ有益な効果や応答をもたらす現象をホルミシス（hormesis）や適応応答（adaptive response）という．有害な物質が放射線の場合は，放射線ホルミシス（radiation hormesis），放射線適応応答（radioadaptation）と呼ばれ，これらの現象は，低線量放射線（1～50 cGy）によって誘導される重要な生体防御機構の一つと考えられている．

放射線ホルミシス　1980年に，米国のラッキー（Lucky）が多くの研究結果を見直して，低線量の放射線はかえって有益な効果をもたらすと主張した[1]．この分野の先駆的な仕事であり，藻類の成長促進に始まって，植物の生長促進や発芽率上昇，微生物の増殖促進，マウスの寿命延長などの例があげられている．その後の研究の進展によって，放射線ホルミシス現象は分子，細胞，個体レベルで検証され，そのメカニズム研究は，放射線適応応答研究の一環として近年，盛んに行われている．なお，疫学調査による低線量放射線の健康への好影響については，放射線ホルミシス効果と呼ばれることが多い．たとえば，高自然放射線バックグラウンド地域の住民についての疫学調査で，がん死亡率は対象地区の場合よりもわずかながら低くなるという報告がある．また，ラジウム温泉やラドン温泉などを利用した，環境放射線による各種疾患の治療効果もこの効果の一例といえる．

放射線適応応答　1984年に，ヒトの末梢血リンパ球を^{3}Hチミジンを加えた培地で培養しておいてから，高線量のX線を照射すると，^{3}Hチミジンを加えない場合と比べて，染色体異常の誘発頻度が低下することをOlivieriらが報告したのが，放射線適応応答研究の最初といわれている[2]．本格照射（challenging exposure）をする前に，低線量の予備照射（priming exposure）をしておくと，本格照射による致死や突然変異などの照射効果が緩和される現象である（図1）．細胞や実験動物を利用して予備照射と本格照射の線量や両照射の時間間隔などの実験条件を適切に設定しないと，適応応答は発現されない．放射線抵抗性の誘導に直接機能する因子（実効因子）としては，DNA修復，細胞周期制御，抗酸化能，熱ショック応答，アポトーシスなどが考えられる．さらに，初期因子（DNA損傷）と実行因子をつなぐ細胞間情報伝達などについても研究が進められている．DNA損傷を修復する酵素が活性化される，あるいはDNA損傷の生成が抗酸化酵素によって減少するといった両方の説があり，放射線適応応答の分子機構の解明には至っていない．　〔谷田貝文夫〕

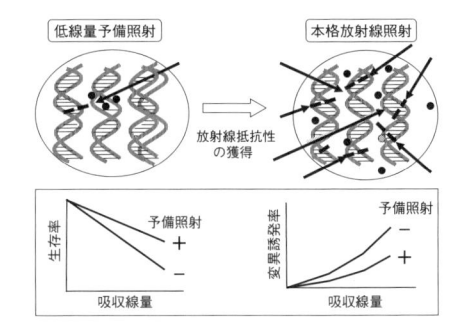

図1　放射線適応応答

文献
1) T. D. Luckey, Hormesis with Ionizing Radiation (CRC Press, Boca Raton, 1980).
2) G. Olivieri, et al., Science 223, 594 (1984).

粒子線治療

IX-06

particle radiation therapy

粒子線治療の特徴 がんの治療に用いられる放射線は，大きく光子線と粒子線の二つに分けられる（図1）．光子線の種類としてはX線やγ線がある．一方，電子よりも重い粒子（陽子，重粒子など）を粒子線と呼び，粒子線の放射線ビームを病巣に当てることで行う治療を粒子線治療という．粒子線治療は，主としてがんの治療に用いられる．

これらの放射線は，生体内を通過するときに原子から電子を放出させる能力（電離作用）をもち，この作用により与えられる放射線のエネルギーががん細胞を死滅させる．がん治療において粒子線が利用される理由の一つとして，深部線量（放射線の強度）分布に優れた荷電粒子としての性質がある．X線やγ線の場合は，体の表面直下での線量が高く，深部になるにつれて線量が低くなる．そのため，がん病巣に放射線を照射する際に，放射線の通り道である病巣の手前の正常部位にも，がん病巣よりも多い量の放射線が照射される．すなわち，がん病巣以外の正常部位にも大きな損傷が与えられてしまう．また，がん病巣に入射した放射線は病巣を突き抜けてしまうため，がん病巣を通り過ぎたところに存在する正常部位にも損傷が生じる．一方で，体内に入射した陽子線や重粒子線は，ある深さまではあまりエネルギーを失わずに進むが，途中で急に速度が低下して多くのエネルギーを与えて線量のピーク（ブラッグピーク，Bragg peak）をつくり，その後は体内で停止する．そのため，陽子線や重粒子線の線量ががん病巣の位置に最大になるように設定して照射することで，がん病巣に

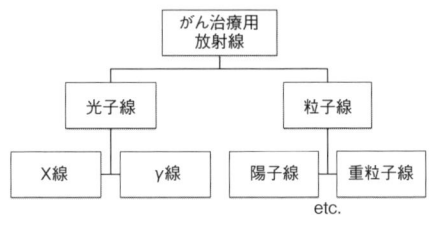

図1 がん放射線治療に用いられる放射線の種類

致死的な障害を与えつつ，正常組織への影響を軽減できる．

また，陽子線を除く粒子線は，以下のような高線エネルギー付与（linear energy transfer：LET）放射線の特徴をもっている．①生物学的効果比（relative biological effectiveness：RBE）が高く，高い殺細胞効果を示す，②酸素増感比（oxygen enhancement ratio：OER）がX線より小さく，酸素による影響を受けにくい，③X線やγ線と比較して，細胞周期における感受性の差が小さい，④損傷からの修復が，小さいかほとんどない．

粒子線治療の適応 粒子線治療は，①頭頸部がん，②頭蓋底がん，③肺がん，④肝臓がん，⑤前立腺がん，⑥骨軟部腫瘍，⑦直腸がん術後局所再発がん，⑧縦隔腫瘍，⑨局所進行膵臓がん，⑩腎臓がん，などさまざまながんに対して適用できる．放射線治療は外科手術と同じ局所治療であるが，外科手術と異なり，痛みが少なく臓器の形態や機能の欠損を最小限に抑えられることが特徴といえる．そのため高齢者や体力がないため手術ができない患者にも比較的安全に適用できる．また，形態や機能を保持することは，治療後のQOLを良好に維持することにも繋がる．さらに，放射線治療は，全身療法である化学療法よりも毒性は限局される．しかしながら，遠隔転移がある場合には，局所治療でがんを制御することは困難であるため，全身療法である化学療法が治療の中心となる．

粒子線治療の副作用　放射線治療の目標理念は，標的であるがんに多くの線量を与え，周囲の正常部位にはできるだけ与える線量は少なくするというところであるが，放射線のエネルギーが正常部位に対して無視できない影響を与えた場合には，副作用を生じる．放射線による人体への副作用は，急性影響と晩発影響に分けられる．急性影響として皮膚・粘膜の炎症，骨髄への障害，頭髪の脱毛，下痢・頻尿などがあり，現れる症状は照射部位に依存する．治療終了後数カ月して現れる晩発影響としては，白内障や消化管の潰瘍や穿孔，中枢神経の麻痺などがあるが，これも照射部位や線量などにより症状や程度が異なる．副作用による不安を取り除くためには，患者自身が担当医と相談するなどして放射線治療に関する理解を深めておく必要がある．また，再発や遠隔転移が出現した際にすぐに対応できるように，治療後に健康診断を定期的に受診することも重要である．

粒子線治療の行える施設　陽子線治療は注目を浴びているがん治療法であり，筑波大学陽子線医学利用研究センター，国立がんセンター東病院，静岡がんセンターをはじめ，全国のさまざまな箇所で設置計画が進んでいる．一方，重粒子線治療においては，放射線医学総合研究所（放医研）が，1994年から医療用としては世界初の重粒子がん治療装置（heavy ion medical accelerator in Chiba：HIMAC）を用いて，炭素線を使った重粒子線治療を開始し，現在は臨床試験と先進医療が併行して実施されている．さらに，放射線医学総合研究所では，重粒子線がん治療装置の小型化のための研究開発が進められ，HIMACと同等のビーム性能を，HIMACの1/3程度の大きさで実現できる見通しが得られている．放射線医学総合研究所は，この小型装置を用いた重粒子線がん治療を全国に普及させるために，群馬大学に技術的な支援を行っており，群馬大学は，2010年3月に小型重粒子線がん治療装置による治療を開始した．また，佐賀県においても2011年1月に建設を開始している．兵庫県立粒子線医療センターにおいては，医療専用の重粒子加速器（陽子線，および炭素線の両方を使用可能）にて，先進医療が実施されている．

低酸素イメージングの粒子線治療への応用　近年，生体の機能を観察できるポジトロン断層撮影法（positron emission tomography：PET）や単一光子放射断層撮影法（single photon emission computed tomography：SPECT）などの分子イメージング技術により，がんの低酸素部位の可視化ができるようになってきている．低酸素は，がんの放射線治療の抵抗性獲得に密接に関与しており，がんの低酸素部位を描出できれば，精密な狙い打ちが可能である粒子線を用いて，局所的に線量を集中させることで，効率よく癌組織を破壊することが可能になると考えられる．低酸素部位を画像化する代表的な分子イメージング薬剤には，Cu(II)-diacetyl-bis（N4-methyl-thiosemicarbazone）（Cu-ATSM）や，低酸素誘導因子（hypoxia inducible factor：HIF）を標的としたプローブなどがある．

〔東川　桂・榎本秀一〕

放射性核種を用いた診断と治療 I IX-07

diagnostics and therapy using radio-nuclides, I

放射性核種から放出される放射線の性質を利用することで，種々の病気の診断や治療が可能となる．そのような診断・治療法にはさまざまなものがあるが，本項では薬剤を放射性核種で標識した放射性医薬品，とくに，インビボ診断用放射性医薬品を中心に解説する．

放射性医薬品には病気の診断を目的とするものと，治療を目的とするものがある．診断を目的とするものには，生体内に投与して用いるインビボ診断用のものと，ラジオイムノアッセイ（→IX-13）に代表される，生体から採取された血液などの試料中に存在する生理活性物質や薬物などを定量するために用いるインビトロ診断（検査）用のものがある．また，治療を目的とする放射性医薬品は，内用放射療法（→IX-08）に用いられる．

インビボ診断用放射性医薬品に用いられる放射性核種 透過性の高いγ線放出核種で標識した薬剤を生体に投与し，その体内分布や経時変化をシンチレーションカメラ（γ線カメラ，→IX-09）により体外から検出，画像化することにより，種々の病気の診断が可能となる．このような画像に基づく診断法を「シンチグラフィー（scintigraphy）」という．シンチグラフィーには，平面画像を得る場合と，断層画像を得る場合があり，後者には，シンチレーションカメラを被検者の周囲で回転させ，断層画像を得るSPECT，および，被検者の周囲にあらかじめ配列された検出器でポジトロン核種から放出される消滅放射線を検出して断層画像を得るPETがある．近年は，シンチグラフィ検査といえばSPECTによる検査を指すことが多い．ここで用いられるインビボ診断用放射性医薬品に含まれる放射性核種には以下のような条件がある．

（1）放出放射線の線質とエネルギー：体内の放射性医薬品から放出される放射線を体外で高感度に検出するには，透過力の高いγ線（特性X線を含む）が優れている．軌道電子捕獲（EC）や核異性体転移（IT）などによりγ（X）線を放出する核種はシングルフォトン（単光子）放出核種と呼ばれ，SPECTに用いられることから，SPECT用核種とも呼ばれ，100〜250 keVの単一エネルギーのγ線のみを放出する核種が望ましい．また，β^+崩壊により2本の消滅放射線（511 keV）を180°正反対方向に放出する核種は，ポジトロン（陽電子［β^+］）放出核種と呼ばれ，PETに用いられることからPET用核種とも呼ばれている．これらの核種は，いずれもインビボ診断用放射性医薬品の標識核種として適している．なお，α線やβ^-線は透過性が弱いため，インビボ診断には用いない．

（2）半減期： 患者の被ばくを少なくするため，半減期は短いほうがよいが，臨床での実用性を考慮し，数分から数日間の範囲の物理学的半減期をもつ核種が使用されている．

（3）製造： 安価で高比放射能で製造でき，また，医療施設に安定して供給できることが必要である．

上記のような条件を満たす放射性核種として臨床使用されている主なシングルフォトン放出核種を表1に，また，主なポジトロン放出核種を表2に示す．

インビボ診断用放射性医薬品の化学構造 放射性医薬品は，X線CTやMRIのような形態画像と異なり，生体（組織）の機能を反映した機能画像を得る目的で使用されることから，標的組織（分子）への親和性や，代謝などの生理機能を反映した集積性

表1 放射性医薬品で利用されるシングルフォトン放出核種

核種	物理的半減期	壊変様式	主な放射線エネルギー (keV)	製造法
^{67}Ga	3.26 日	EC	93, 185, 300	サイクロトロン
^{81m}Kr	13 s	IT	190	ジェネレーター (^{81}Rb-^{81m}Kr)
^{99m}Tc	6.01 時	IT	141	ジェネレーター (^{99}Mo-^{99m}Tc)
^{111}In	2.80 日	EC	171, 245	サイクロトロン
^{123}I	13.3 時	EC	159	サイクロトロン
^{133}Xe	5.25 日	β^-	81	原子炉
^{201}Tl*	3.04 日	EC	135, 167*	サイクロトロン

*測定対象となる放射線はHg-X線 (69~82 keV)

表2 放射性医薬品で利用されるポジトロン放出核種

核種	半減期	製造法	
^{11}C	20.39 min	^{11}B (p,n) ^{11}C	^{14}N (p,α) ^{11}C
^{13}N	9.97 min	^{13}C (p,n) ^{13}N	^{16}O (p,α) ^{13}N
^{15}O	122 s	^{14}N (d,n) ^{15}O	^{15}N (p,n) ^{15}O
^{18}F	109.8 min	^{20}Ne (d,α) ^{18}F	^{18}O (p,n) ^{18}F

測定対象となる放射線エネルギーはいずれも511 keV

が求められる.したがって,放射性医薬品は,目的に応じた集積性を示す化学構造が重要となってくる.

(1) 放射性核種や分子自体の性質を利用した放射性医薬品: 放射性核種や分子自体のもつ化学的・生物化学的性質を利用して,簡単な無機化合物や分子が放射性医薬品として使用されている.無機化合物の例としては心筋血流量測定用の^{201}Tl-塩化タリウム (^{201}TlCl) や甲状腺機能測定用の^{99m}Tc-過テクネチウム酸ナトリウム (Na^{99m}TcO$_4$) や^{123}I-ヨウ化ナトリウム (Na^{123}I) などがある.また,分子の例としては^{15}O-二酸化炭素ガス (C^{15}O$_2$), ^{15}O-酸素ガス (^{15}O$_2$), ^{15}O-一酸化炭素ガス (C^{15}O), ^{11}C-二酸化炭素ガス (^{11}CO$_2$), ^{13}N-窒素ガス (^{13}N$_2$), クリプトン (^{81m}Kr), キセノン (^{133}Xe) などの気体放射性医薬品や^{15}O-水 (H$_2^{15}$O), ^{13}N アンモニア (^{13}NH$_3$) などがある.

(2) 金属放射性核種と配位子との錯体を利用した放射性医薬品: ^{67}Ga, ^{99m}Tc, ^{111}Inなどの金属放射性核種はアミノ基 (-NH$_2$),水酸基 (-OH),チオール基 (-SH) のような官能基をもつ化合物(配位子)と錯体を形成する.このような錯体のもつ化学的・生物化学的性質を利用し,放射性医薬品として用いられている.その例として,^{67}Ga では,腫瘍診断用の^{67}Ga-クエン酸,^{99m}Tc では,脳血流測定用の^{99m}Tc-HMPAO, ^{99m}Tc-ECD,心筋血流量測定用の^{99m}Tc-MIBI,腎臓機能検査用の^{99m}Tc-MAG$_3$, ^{99m}Tc-DTPA, ^{99m}Tc-DMSA,腫瘍診断用の^{99m}Tc-DMS や骨代謝測定用の^{99m}Tc-MDP, ^{99m}Tc-HMDP などがある.また,^{111}In では,脳脊髄液腔異常診断用としての^{111}In-DTPA がある.

(3) 生体構成元素や類似元素の放射性核種により標識した放射性医薬品: ^{11}C や^{18}F, ^{123}I のような生体構成元素と同じ元素や類似元素からなる放射性核種を用いて,標的組織への集積性を有する薬剤(母体化合物)を標識することにより,母体化合物の性質を保持したまま標識することが可能となる.しかし,そのためには,放射性核種の化学形や反応性および半減期などを考慮するとともに,標識位置の選択が重要となる.また,得られる標識体の比放射能や放射化学的収率も重要である.

^{123}I 標識放射性医薬品では,母体化合物の生物化学的作用や体内動態を保持できる標識位置の選択が重要となる.放射性ヨウ素 (I) を有機化学的に導入できる化学的構造は芳香環やビニル基などに限られており,芳香環やビニル基などをもつ母体化合

物を選択するかこれらの官能基を母体化合物に導入する必要があるが，後者の場合，もとの性質を保持する可能性は低くなる．現在，使用されている ^{123}I 標識放射性医薬品の例として，脳血流測定用の ^{123}I-IMP，脂肪酸エネルギー代謝測定用の ^{123}I-BMIPP，交感神経機能・副腎髄質機能・腫瘍診断用の ^{123}I-MIBG，ベンゾジアゼピン受容体測定用の ^{123}I-イオマゼニルなどがある．

^{11}C は生体構成元素であるため，母体化合物と同一の構造をもつ標識体が作製可能である．しかし，半減期が約20分と短いため，標識前駆体の設計や短時間での標識合成が必要である．^{11}C 標識放射性医薬品の例としては，アルツハイマー病診断用の ^{11}C-PIB，ドーパミン D_2 受容体測定用の ^{11}C-メチルスピペロン，^{11}C-ラクロプライド，ベンゾジアゼピン受容体測定用の ^{11}C-フルマゼニル，セロトニントランスポーター測定用の ^{11}C-DASB などがある．

^{18}F は半減期109.8分と，他のポジトロン核種より半減期が比較的長いため，標識合成時の時間の制限は ^{11}C よりは少ないが，^{123}I 同様，母体化合物の性質を保持できる標識位置の選択が重要となる．^{18}F 標識放射性医薬品としては，現在日本で唯一保険適用されている ^{18}F-FDG がよく知られている．

（4）タンパク質やペプチドを用いた放射性医薬品： タンパク質やペプチドの標識には，チロシン残基への放射性ヨウ素の直接導入法や，ボルトン-ハンター（Bolton-Hunter）試薬などを用いた間接標識法が用いられる．また，金属放射性核種の場合，分子内の一方にタンパク質やペプチドとの結合部位をもち，他方に金属放射性核種と安定な錯体を形成する部位をもつバイファンクショナルキレート試薬（二官能性キレート化合物）が用いられている．その例として，^{111}In-イブリツモマブチウキセタンがある．この化合物は，CD20に対するモノクローナル抗体にDTPA誘導体であるチウキセタンを介して ^{111}In を結合させたもので，後述するB細胞性悪性リンパ腫治療用の ^{90}Y-イブリツモマブチウキセタン（ゼヴァリン®）の適用診断に用いられる．すなわち，まず ^{111}In 標識体で標的となる腫瘍への集積性などの体内動態を確認し，適用可能と判断された場合に，^{90}Y 標識体による治療が行われる．このように事前に診断を行うことで，不要な被ばくを避け，有効な治療を行うことが期待できる．なお，腫瘍細胞あるいは腫瘍組織に発現している特異的抗原を認識する抗体を作製し，放射性核種で標識して投与することにより，腫瘍を画像化する方法を，放射免疫シンチグラフィーと呼ぶ．特異的な抗原抗体反応を利用しているため，原理的には精度の高い画像診断が可能であり，さらに，金属放射性核種を診断用核種から治療用核種へ変えるだけで放射免疫療法（内用放射療法）へと直結させることができる点も，この方法の特徴である．しかし，実際にはこのような放射性標識抗体の血液からの消失は遅く，予想されていたよりも非特異的な集積が多く，標的組織への特異的な集積は低い．そこで現在，標的認識部位に抗体の一部（Fabなどの抗体フラグメント）を用いることにより低分子化し，血管透過性や血液クリアランスを改善した化合物の開発や，非特異的集積を低減するため，アビジン結合抗体を前投与し，あらかじめ抗体を腫瘍組織に集積させておき，その後周囲の非特異的な集積が消失した時点で放射性標識ビオチンを投与するプレターゲティング（pretargeting）法など，さまざまな面から研究が進められている．

〔北村陽二〕

放射性核種を用いた診断と治療 II IX-08

diagnostics and therapy using radionuclides, II

放射性核種の壊変によって生ずるα線やβ^-線はγ線やX線よりも直接的に物質との相互作用をする．そのため，これらの放射線のもつエネルギーを治療に応用することが放射能発見当初から試みられている．治療法は放射線・放射性核種の観点や体外あるいは体内からの利用といった観点から図1のように大別される．このうち外部放射線治療と小線源治療は機器あるいは放射性核種から放出される放射線を利用した治療法であり，照射範囲のみが治療される．これに対して内用放射療法では，放射性核種を薬剤に標識し体内に投与する（図2）．このため薬剤が特異的に集積する箇所（腫瘍など）で放射線が照射される．一方，ホウ素中性子捕捉療法（BNCT）（→IX-11）は，中性子に対する捕獲断面積の高いホウ素を用いた薬剤を体内に投与し，その後外部から中性子を照射することでホウ素薬剤が集積した組織内で核反応を誘起し，その核反応で生成する^{7}Liやα線を利用して治療を行う方法であり，外部放射線治療と内用放射療法の両方の特長を兼ね備えている．本項ではBNCT以外の三法について詳述する．

外部放射線治療（radiation therapy）体外から放射線を照射する方法である．照射する放射線（粒子）別に分けると，1173, 1333 keVのγ線を出す^{60}Co，線形加速器のライナックから得られる高エネルギーの電子線やX線がある．また大型加速器を利用した陽子線，^{12}Cイオンなどの重粒子線も使用されている．海外では速中性子線も利用されており，過去にはπ中間子も利用されたことがある．X線，γ線，

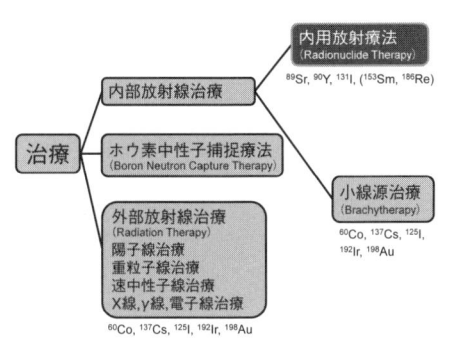

図1　放射能・放射線を利用した治療の分類

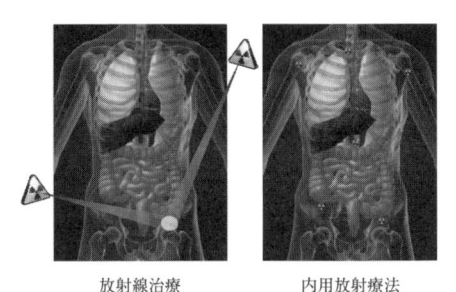

図2　外部放射線治療と内用療法の違い
放射線治療（治療効果は高いが局所的）
内用放射療法（全身性，転移治療に有効）

β線は体表面での線量が最も高くなるため表面付近の腫瘍に対して有効である．また体深部の腫瘍を対象とするために照射方法の技術的向上が図られ，現在では一方向からの照射（固定一門照射）だけでなく，対向二門照射，運動照射，原体照射が行われている．さらに体幹部定位照射法や強度変調放射線療法（IMRT）によって腫瘍に特化した高精度の放射線治療が可能となった．

陽子線や重粒子線は物質との相互作用により体深部でブラッグピークを形成するため体内深くにある腫瘍に対して有効である．陽子線治療は眼の悪性黒色腫や前立腺がんに用いられる．

重粒子線は高LET放射線であるためX線に比べて生物学的効果比（RBE）が2〜3倍高く，放射線による細胞障害が回復し

にくく，また酸素効果を受けにくい．これまでに頭頸部腫瘍，中枢神経腫瘍，肺がん，肝細胞がん，子宮がん，前立腺がん，骨軟部腫瘍への治療が試みられ，いずれも通常の治療法よりも治療成績を向上させた．

国内には陽子線が利用できる9施設と重粒子線が利用できる4施設，さらに両方の粒子線が利用できる施設が一つある（2015年2月現在）．

小線源治療（brachy therapy） 1901年にラジウム小線源から放出されるγ線を利用したことが知られており治療法のなかでは最も歴史が古い．線源が小さな容器に密封されていることから密封小線源治療とも称される．小線源を体内に一定期間または永久に埋め込むことにより，線量をがんに集中できるといった線量分布上の特徴を有している．線源に使用される核種は低線量率線源として^{60}Co，^{125}I，^{137}Cs，^{192}Ir，^{198}Auなどが用いられる．過去においては^{226}Ra，^{222}Rnも使用されているが，管や針状の白金密封容器の破損によってラドンが漏れ出す恐れがあるため現在は使用されていない．また海外では^{103}Pdも使用されている．高線量率線源としては^{60}Co，^{192}Irが使用される．線源の挿入の方法によって組織内照射，腔内照射，モールド照射に分かれる．組織内照射では針，ワイヤー，グレイン，シードなど鋭利な形状の線源を直接がんの病巣に刺入する．腔内照射では環状や棒状の密封小線源を管腔内挿入して治療を行う．子宮頸がんの治療に多く利用され，食道がん，上顎洞がんなどにも用いられる．頭頸部がん（舌がん），前立腺がん，婦人科疾患（外陰部，膣，子宮），乳がんなどの治療に用いられる．モールド照射とは，口蓋，歯肉など軟組織が薄く線源を直接刺入することが困難な部位の腫瘍を，カバーするように密封小線源を埋没させるモールド（補綴（ほてつ）装置）を作製し，線源を包埋して治療を行う方法である．口蓋がん，歯肉がん，頭皮腫瘍，陰茎がんなどが適応対象である．

ホウ素中性子捕捉療法（BNCT） IX-11で詳細に記述する．

内用放射療法（radionuclide therapy）放射性医薬品を体内に投与して，がんに特異的に集積させた後に，核種から放出される放射線で行う治療法を内用放射療法（アイソトープ治療，RI内用療法，核医学療法）という．内用放射療法に利用可能な放射線にはβ線，α線，オージェ電子などがあるが，臨床で実際に使用されているのはβ線のみである．国内で行われている悪性腫瘍の内用療法には，甲状腺がんに対する放射性ヨード^{131}I内用療法，褐色細胞種・神経芽細胞腫などの悪性神経内分泌腫瘍に対する^{131}I-MIBG内用療法，悪性リンパ腫に対する^{90}Y標識抗CD20抗体放射免疫療法（ゼヴァリン），骨転移性疼痛に対する^{89}SrCl$_2$緩和療法（メタストロン）がある．

海外ではこのほかにも非ホジキンリンパ腫の治療に^{131}I標識抗CD20抗体放射免疫療法（Bexxar）や骨転移性疼痛に対する^{153}Sm-EDTMP緩和療法（Quadramet），2013年からは前立腺がん由来の骨転移治療薬としてα放射体の^{223}RaCl$_2$（Xofigo）が使用されている．治療に有望なβ放射体には，次の表1に掲げるものがある．このうち^{131}Iや^{90}Yはすでに国内で医療用に使用されている．^{186}Reや^{177}Luなどは日本原子力研究開発機構で製造され動物実験などで治療効果が確められている．β線の飛程は核種ごとに異なるため，対象とする腫瘍の大きさに応じて適当な飛程の核種を選択することが可能である．またβ線は組織内で指数関数的に減弱するため，有効に照射できる範囲はおおむね最大飛程の1/2以下である．放射性核種の選択は飛程だけでなく，半減期や標識方法，標識体の薬物動態を考慮する必要がある．

α線は組織中の飛程がきわめて短く高

表1 内用療法での利用が期待される β 放射体

核　種	物理学的半減期	β 線の最大エネルギー (keV)	β 線の最大飛程 (mm)
^{33}P	25.4 日	249	0.63
^{177}Lu	6.7 日	497	1.8
^{67}Cu	61.9 時	575	2.1
^{131}I	8.0 日	606	2.3
^{186}Re	3.8 日	1077	4.8
^{165}Dy	2.3 時	1285	5.9
^{89}Sr	50.5 日	1491	7.0
^{32}P	14.3 日	1710	8.2
^{166}Ho	28.8 時	1854	9.0
^{188}Re	17.0 時	2120	10.4
^{90}Y	64.1 時	2284	11.3

表2 内用療法での利用が期待される α 放射体

核　種	物理学的半減期	α 線の平均エネルギー (MeV)	α 線の平均飛程 (μm)
^{211}At	7.2 時	6.78	60.3
^{212}Bi	60.6 min	7.80	75.4
^{213}Bi	45.6 min	8.33	83.8
^{225}Ac	10.0 日	6.87	61.5
^{223}Ra	11.4 日	6.60	57.8
^{227}Th	18.7 日	6.45	55.7

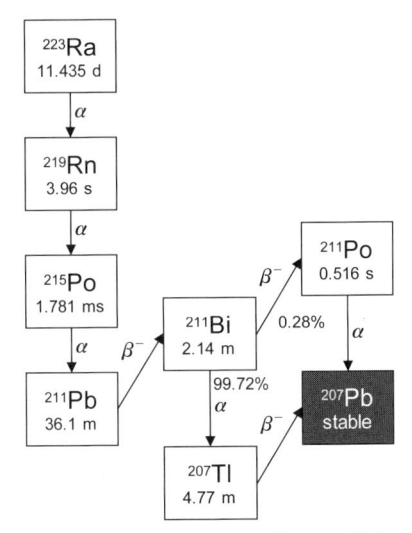

図3 *in vivo* generator 一例（^{223}Ra と娘核種）

LET であるため，個々の細胞に対する治療効果が高くかつ正常組織への被ばくが少ない．したがって転移性骨腫瘍や遊離の細胞群（白血病や悪性リンパ腫）の治療に適していると考えられる．有用と考えられている α 放射体（表2）は，製造拠点が限られるため β 放射体の標識薬剤に比べると研究はそれほど進んでいない．しかし臨床試験で有意な治療効果が示された ^{223}RaCl$_2$ は欧米を含む 40 カ国で使用承認されている（2015 年 2 月現在）．

^{223}Ra は安定核種 ^{207}Pb になるまでに $4\alpha+2\beta^-$ 線を放出する（図3）．壊変過程で生ずる ^{219}Rn，^{215}Po などはいずれも ^{223}Ra の半減期より短いためすぐに放射平衡状態になる．つまり子孫核種は ^{223}Ra の壊変とともに連続して壊変し，標的部位（たとえば，骨腫瘍）に対して複数 α 線を一度に照射する．このように多数の子孫核種を生体内で一度にミルキングする組み合わせを *in vivo* generator と称する．*in vivo* generator では複数 α，β^- 線による線量効果の増加が期待される．代表的な組合せには ^{223}Ra のほかにも ^{166}Dy/^{166}Ho，^{212}Pb/^{212}Bi，^{225}Ac/^{213}Bi などが知られている．

〔鷲山幸信〕

γ線カメラ

IX-09

γ-ray camera

ある空間に存在するγ線源の分布画像を撮影する装置がγ線カメラである．γ線は，波長がおよそ 10^{-11} m 以下の電磁波であり，可視光線のように光学レンズを用いて結像することは困難であるため，γ線の特性を考慮した撮像原理を適用する必要がある．また，γ線は物質の透過能力が高いため試料の表面だけではなく，深部のγ線源の分布画像も得られるのが特徴である．

アンガー型カメラ　1956年にアンガー（H. O. Anger）が開発したアンガー型カメラ（Anger camera）は，現在でも多く使われているデザインのシンチレーションカメラであり，単にγカメラとも称される．この装置では，γ線検出器として板状のNaI(Tl)シンチレーション検出器を用い，その背面に設置した多数の光電子増倍管の出力信号を処理して，γ線の検出位置とγ線エネルギーが導出される（図1）．また，シンチレーション検出器の前面には鉛などでつくられた多数の穴を有するコリメータが装備され，その穴によって定められる方向に入射したγ線のみが検出されるようにつくられている．これらの工夫により，アンガー型カメラでは生体深部などに分布したγ線源の二次元の投影画像が得られる．

アンガー型カメラの撮像性能は，コリメータのデザインによって大きく変化する．とくに，感度と空間分解能は相反する関係をもつので，撮像条件や目的に応じた最適なデザインのコリメータを選択する必要がある．空間分解能を優先した高分解能型（HR），感度を優先した高感度型（HS），その中間の汎用型（GP）がある．さらに，撮像するγ線のエネルギーに応じて低エネルギー型（LE），中エネルギー型（ME），高エネルギー型（HE）のコリメ

図1　アンガー型カメラ

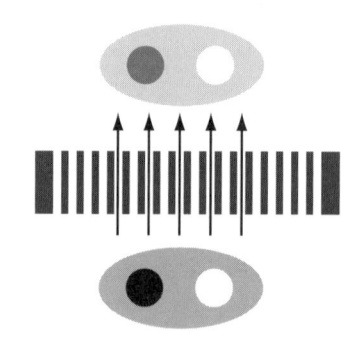

図2　平行多孔コリメータ

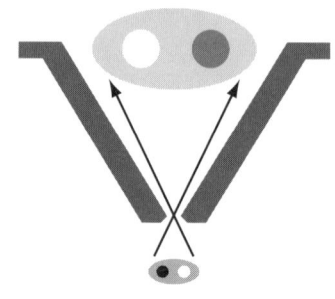

図3　ピンホールコリメータ

ータが用いられる．

また，最も基本的な平行多孔コリメータ（図2）のほか，局所的な撮像に適したピンホールコリメータ（図3）も用いられている．可視光線のピンホールカメラと同じ原理による投影画像が得られ，近接撮像による顕著な拡大効果がある．感度は低く，線源から離れるほど急激に低下するが，近年の半導体カメラとの組合せにより，小動物用の高分解能ピンホールカメラが実用化されている．さらに，感度を向上させるために複数の開口を設けた，多孔ピンホールコリメータも汎用されている．

SPECT　アンガー型カメラで得られる二次元の投影画像は，投影方向のγ線源強度を積算した情報をもち，核医学画像診断ではシンチグラフィーと呼ばれる画像である．この二次元投影画像を体軸の周囲の複数の方向から撮像すると，得られた撮像データから逆問題的にγ線源の三次元の分布画像を再構成することが可能であり，単光子放射断層撮像（single photon emission computed tomography：SPECT）と呼ばれる．SPECTは，γ壊変により直接的に核種から放射されるγ線を撮像するため，空間分解能の理論的な限界は高い．ピンホールコリメータとの組合せにより，0.3 mmの空間分解能を実現するSPECT装置も実用化されている．

生体内やその他の物質中に分布しているγ線源を撮像する場合，γ線の散乱・吸収が顕著なため，SPECT画像では，周辺に比べて深部の画素値が小さくなる．これらの問題を改善するため，画像再構成法とあわせて空間分解能補正法や減弱補正法が考案されており，定量性の改善が図られている．

PET　原子核のβ^+壊変によって放出された陽電子が周囲の電子と結合して対消滅すると，180°の角度相関をもった二つの

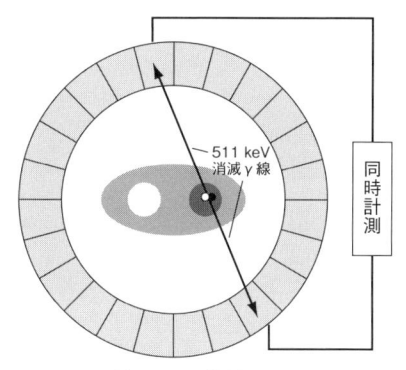

図4　PET装置の原理

511 keVの光子（対消滅放射線）が放射される．対消滅放射線は，γ壊変に伴う放射線ではないが，対消滅γ線と呼ばれる場合も多い．この対消滅γ線が二つの放射線検出器で同時計測されたとすると，二つの検出器を結んだ直線上に線源があることがわかり，検出器に対するγ線の入射方向が定まる．つまり，陽電子放出核種が分布する領域の周囲にリング状に放射線検出器を並べ，対消滅γ線を同時計測することで，コリメータを用いなくても360°にわたる多方向の投影データが得られる．これによってリング面内の陽電子放出核種分布の断層画像が再構成され，陽電子放射断層撮像（positron emission tomography：PET）と呼ばれる（図4）．

PETはコリメータが不要であるため感度が高く，さらに，同一の同時計測線上であればどの位置に陽電子放出核種があっても減弱が等しいという顕著な特徴があり，定量性の高い断層画像が得られる．また，PET用の核種として，^{11}C，^{13}N，^{15}Oなどの生体を構成する元素の同位体を用いることが可能であり，生理活性を損なうことなくさまざまな生体内分子の挙動を調べることが可能である．　　　　　〔本村信治〕

コンプトンカメラ　IX-10

Compton camera

　放射線検出器に入射したγ線が起こすコンプトン散乱の情報を利用して，γ線源の分布画像を撮影する装置がコンプトンカメラであり，γ線カメラの一種である．コンプトンカメラは1970年代初頭にγ線天文学用の観測装置として提案され[1]，その後すぐに医用画像化診断装置としても提案されて[2]，現在でもその実用化をめざした研究開発が行われている．
　位置感応型放射線検出器2台を前後に並べ，前段の検出器で入射γ線のコンプトン散乱を検出し，散乱されたγ線の光電吸収を後段の検出器で検出するのが最も基本的なコンプトンカメラの構成である（図1）．コンプトン散乱後のγ線は，その散乱角度に応じてエネルギーが連続的に変化するので，このエネルギーを精度よく測定することでγ線の散乱角度を求めることができる．つまり，一つのコンプトン散乱の情報から，γ線の入射方向を表す円錐が定められる．そして，検出したコンプトン散乱の事象ごとに決定された円錐の情報を多数集めて演算処理することで，γ線源の分布像を再構成することが可能となる．

　γ線のエネルギーが100 keVの場合，たとえば光電吸収の効率が最も高い部類の放射線検出器であるBGOを用いれば，5 mm程度の厚さでも90%以上の高い効率で光電吸収が起こり，コリメータを用いたγ線イメージングの有効性がうかがえる．しかしながら，γ線のエネルギーが高くなるとともに光電吸収の効率は急激に低くなり，1 MeVでは2 cmの厚さでも10%程度の効率しかない．また，コンプトン散乱の確率が高くなるため，散乱したγ線が再び検出器内で相互作用を起こすことがあり，位置検出の精度も悪化する．また，同じことがコリメータ物質中でも起こるため，γ線のエネルギーが約300 keV以上になると，コリメータを用いたγ線イメージングの有効性の低下が顕著になる．
　コンプトンカメラは，放射線検出器内で起こるコンプトン散乱を積極的にイメージングに用いるため，約100 keV～2 MeVの広いエネルギー範囲にわたって高い効率を保つことが可能である（図2）．また，コリメータを用いないため，コリメータによる感度の低下がなく，γ線入射方向の制限がないので，1台のカメラユニットに対してさまざまな角度で入射したγ線をとらえることができる．このため，一方向からの固定撮像でもγ線源の分布像を複数の方向へ投影した三次元の情報が得られるという特徴がある．さらに，エネルギー分解能

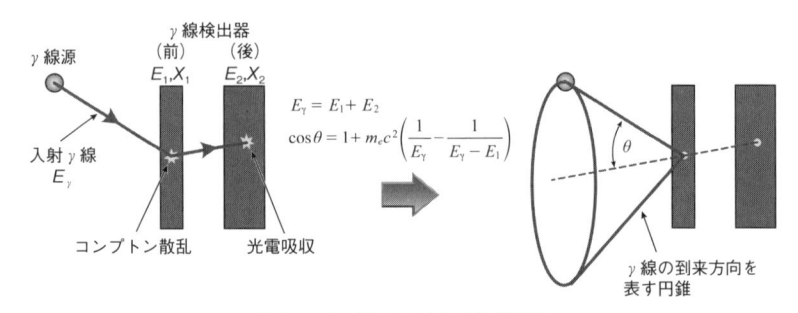

$E_\gamma = E_1 + E_2$
$\cos\theta = 1 + m_ec^2\left(\dfrac{1}{E_\gamma} - \dfrac{1}{E_\gamma - E_1}\right)$

図1　コンプトンカメラの撮像原理

に優れた半導体放射線検出器を用いると，異なるエネルギーのγ線を放出する核種を識別・同定することが可能になり，生体微量元素を含めた多種多様な放射性薬剤の体内動態を同時にイメージング分析することが可能になる．

わが国は医療用コンプトンカメラの研究開発では世界をリードしており，ゲルマニウム半導体検出器を用いた GREI（図 3）は，世界ではじめて動植物におけるコンプトンカメラの有用性を示すことに成功している．^{131}I, ^{85}Sr および ^{65}Zn を含んだ 3 種類の放射性薬剤を生きたマウスに投与し，GREI による撮像実験が行われた[3]．その結果，放出されるγ線エネルギーの違いからそれぞれの薬剤が明確に識別され（図 4），マウス体内におけるそれぞれの薬剤の分布の違いが画像として示されている（図 5）．そのほか，前段にガス検出器を用いて反跳電子の運動学を利用可能にしたコンプトンカメラ[4]や，人工衛星技術を利用した Si/CdTe 半導体コンプトンカメラ[5]など，活発な研究開発が行われている．

〔本村信治〕

文　献

1) V. Schönfelder, et al., Nucl. Instr. Met. 107, 385–394（1973）.
2) R. W. Todd, et al., Nature 251, 132–134（1974）.
3) S. Motomura, et al., J. Anal. Atom. Spect. 23, 1089–1092（2008）.
4) S. Kabuki, et al., Nucl. Instr. Met. A 623, 606–607（2010）.
5) S. Takeda, et al., IEEE Trans. Nucl. Sci. 59, 70–76（2012）.

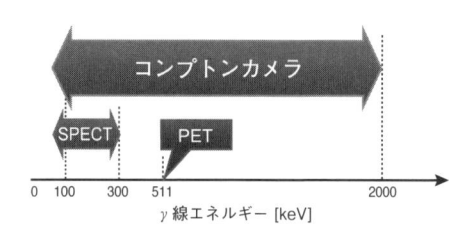

図 2　同時撮像可能なγ線のエネルギー範囲

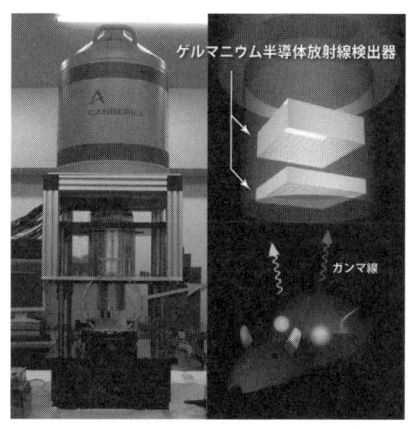

図 3　半導体コンプトンカメラ GREI[3]

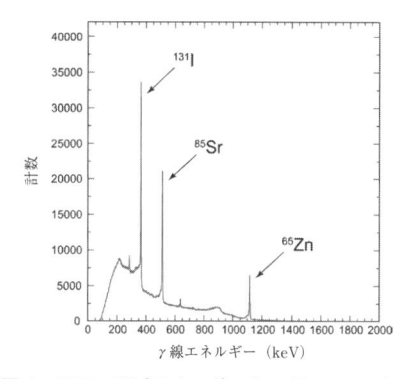

図 4　GREI で測定したγ線エネルギースペクトル

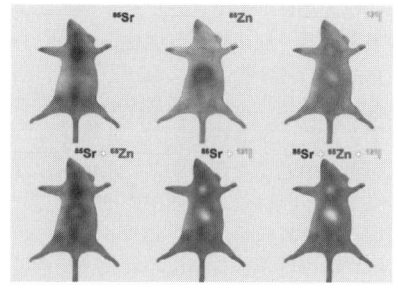

図 5　生きたマウスの複数核種同時イメージング[3]（口絵 11 参照）

ホウ素中性子捕捉療法 IX-11

boron neutron capture therapy

$$^{10}B + {}^{1}n \rightarrow {}^{4}He(\alpha) + {}^{7}Li + 2.4\text{MeV}$$

図1　ホウ素10の中性子捕獲反応

　ホウ素中性子捕捉療法（BNCT）は，中性子をホウ素（^{10}B, Boron）などに衝突（捕捉）させ，核反応を起こし，これにより発生する高エネルギーの粒子を用いて腫瘍細胞を殺傷する治療法である．元素が，中性子を捕捉すると，核反応が起こり，二次放射線が発生する．この放射線は，核種により発生する線が異なり，α線・β線・γ線などが発生する．現在，行われているホウ素中性子捕捉療法は，原子炉よりつくりだしたエネルギーの低い熱外中性子などを，ホウ素製剤を投与した後に患部に照射し，体内で核反応を惹起させ，治療を行うものである．ホウ素元素（^{10}B）は，低エネルギーの熱中性子を捕捉して生じるα壊変により，2種類の二次放射線粒子，α粒子（Helium 4）およびリチウム核（Lithium 7）が，生じる（図1）．

　そして，核反応により生じる2種類の粒子により，ホウ素を選択的に取り込んだ腫瘍細胞を選択的に殺傷する．

　現在臨床で行われている放射線治療法と異なり，ホウ素中性子捕捉療法は，ホウ素製剤を取り込んだ細胞に対して，中性子照射を行うことで反応したエネルギーにより治療を行う．原子炉よりの中性子は，高エネルギーの速中性子であるが，実際に治療を行うためには，腫瘍組織への到達度とホウ素との反応を考慮に入れ，エネルギーの低い熱外中性子を照射する．最終的には，ホウ素原子核は低速の熱中性子を捕捉し，捕捉と同時に核反応が生じる．

　ホウ素中性子捕捉療法の最大の利点は，治療効果を有するα粒子およびLi核の飛程がそれぞれ$9\mu m \cdot 4\mu m$と，腫瘍細胞内

図2　BNCT（ホウ素中性子捕捉療法）の原理（口絵12参照）

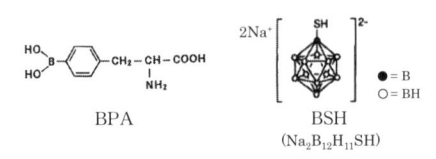

図3　現在の臨床BNCTで用いられる2種類のホウ素製剤

での反応だといえる点である（図2）．治療対象となる脳腫瘍やさまざまな悪性腫瘍は，高度に正常組織・正常細胞間へと浸潤している．そのような腫瘍環境において，悪性腫瘍に選択的にホウ素化合物を導入できれば，中性子照射により，周囲の正常細胞に影響を与えることなく，浸潤している腫瘍細胞のみを殺傷することが可能である．

　現在，臨床研究に実用化されているホウ素化合物製剤は，BPA（p-boronophenylalanine）とBSH（dodecaboranethiol）の2種類である（図3）．

　BPAは，炭素-ホウ素間結合（C-B）を有する有機ホウ素酸である．1個のホウ素化合物に1個のアミノ酸（フェニルアラニン）が結合している．細胞内の取り込みに関しては，悪性腫瘍に高く発現しているアミノ酸トランスポーターであるLAT1（Ltype amino acid transporter1）を介して，細胞内へ取り込むと報告がある．また，^{18}F－BPA PETは，BNCTを施行する前に必要な検査であり，腫瘍部におけるBPAの取り込みをみることが可能となる．この化合物の短所としては，1分子中のホウ素原子占有率が低いためにBNCT施行時には，大量のBPA製剤が必要なことである．

一方BSHは，1分子あたりのホウ素原子占有率の向上を目的として作製された二十面体のホウ素クラスター構造を有する．また，このホウ素化合物は，二価の負イオン性を帯びており，非常に水溶性は高い．現在，BSHは，悪性脳腫瘍（膠芽腫）などで使用されている．この製剤は脳腫瘍部では，EPR（enhanced permeability and retention）効果により高濃度を示し，正常脳では血液脳関門（blood brain barrier：BBB）を通過しないために正常部へ移行しない．よって，腫瘍部で高い組織濃度を示すが，短所として腫瘍細胞内への取り込みがないために腫瘍細胞外膜よりの作用となる．今後さらにBNCTを発展していくために必要な三つの課題と，その将来像について示す．

(1) 中性子源としての原子炉

中性子源を原子炉に求めた場合，使用済燃料処理・廃炉処理の問題，自然災害などの不測の事態に対する対応など，さまざまな医療展開するうえでの問題点があり，病院内での中性子源の確保が困難であった．しかし最近，加速器による医療照射用の中性子源の開発がほぼ終了し，実際の治験へと進む計画が報告されている．とくに，臨床応用が可能な装置については，京都大学原子炉実験所と住友重機械工業の共同開発によるBeをターゲットにしたサイクロトロン中性子源と照射システムが治験直前であり，原子炉に代わる新しいBNCT時代開始と報じられている．

(2) ホウ素中性子捕捉療法の適応拡大

現在，BNCTの適応は，悪性脳腫瘍・頭頸部がん・悪性黒色腫などが中心であり，さらに悪性中皮腫や肝臓がんなどへと臨床研究も進んでいる．放射線治療や他の粒子線治療法（陽子線・重粒子線）では，予後の改善が困難である難治性悪性腫瘍に関して今後も適応拡大が進展する可能性は十分にある．ホウ素製剤の腫瘍への特異的な取り込みが認められる腫瘍であれば，ほぼ一度の照射（治療はほぼ1日以内）で終了するBNCTの意義は，入院期間の短縮や医学的な観点から考えても，さらなる適応拡大につながると考えられる．

(3) 新規ホウ素製剤の開発

^{10}Bを含むホウ素製剤の開発は，現在臨床研究が行われているBPAとBSH以外においては，いまだ有望なものが誕生していないのが現状である．また，今後のBNCT発展のかぎを握っているのは，新規ホウ素製剤の登場であるのは間違いない．とくに，①1分子あたりの高いホウ素分子占有率，②腫瘍部のホウ素濃度が20 ppm以上，③腫瘍集積性が高い（正常部と比較して3以上が望ましい），④ホウ素製剤自体の毒性が低い，⑤生体内で安定，など新規のホウ素製剤には通常の抗がん剤とは異なるさまざまな性質が必要である．

BNCTは，ホウ素の腫瘍細胞内取り込みと同部位に対する中性子照射により生じる核反応により，正常部に浸潤する腫瘍を選択的に攻撃する，理想的な治療法である．現在，脳腫瘍・頭頸部がん・悪性黒色腫などでは，臨床研究が進み，実用化へ向けた治験の計画が進行している．さらに，悪性中皮腫等の難治性がんなどでの適応拡大が進んでいるいま，最も発展する可能性のある粒子線治療と思われる．

〔道上宏之・松井秀樹〕

イオンビーム育種　IX-12

ion-beam breeding

　植物の品種改良に用いられる突然変異育種技術の一つで，電離した原子（イオン）を加速器でイオンビームにして変異原（mutagen）として利用する新規な方法である．従来法のγ線・X線などの放射線やエチルメタンスルホン酸などの化学薬剤により突然変異を人為的に誘発し，有用な変異体を用いて育成された新品種は，3200以上ある．イオンビームはγ線やX線に比べて線エネルギー付与（linear energy transfer : LET）が大きく，またイオンの飛跡に沿って局所的に大きな作用をもたらすため，低線量でも生物効果が高いということが知られていた．γ線・X線照射では，変異体の選抜には生存率が半分程度になる半致死線量が必要であったが，イオンビーム照射では生存率に影響を与えない低線量で高い変異率と広い変異幅が得られる[1]．目的とする遺伝子以外が影響を受けるリスクが低減でき，対象が元来もっている農業上有益な形質が変異しなければ，交配による改良が不要となり，育種期間の短縮が期待された．このため国内では1990年代初頭より理化学研究所仁科加速器研究センター，日本原子力研究開発機構高崎量子応用研究所，若狭湾エネルギー研究センターのイオン加速器施設で，植物への照射実験が実施され新たな突然変異育種技術として発展してきた．2011年末までに，日本で本技術により育成された新品種は花卉植物を中心に40種にのぼる．世界では中国科学院近代物理研究所（中国）および国立核物理学研究所（イタリア）があり，中国ではコメやコムギなどに本技術により育成

図1　窒素ビーム照射により誘発されたダリア変異花（口絵13参照）

した9品種がある．

　ダリア新品種「ワールド」の育成　桃色のダリア「美榛」の茎頂培養体に1998年10月窒素ビーム（$^{14}N^{7+}$, 135 MeV u^{-1}, 27 keV μm^{-1}）を照射し，発根・馴化・育苗・定植という過程を経て花の形態を観察した．培養体の生長増殖は20 Gy以上で顕著に阻害され，5～10 Gy照射区に花色変異が高頻度に認められた[2]．窒素ビームではγ線よりも花色が濃くなる傾向が強く，またγ線では少なかった複色や条斑のある変異花が多数出現した（図1）．そのうち白色に赤色や濃赤色に桃色の条斑や赤色に白い星斑が入るものは，窒素ビームにのみ観察された．濃赤桃色花変異株は「美榛」より花弁数が多く，2001年秋から商品名「ワールド」として広島市中央卸売市場にて試験販売したところ，単色ダリアのなかでは高めの単価で取引されるなど好評であった．　　　　　　　　　　〔阿部知子〕

文　献

1) T. Abe, et al., The Joint FAO/IAEA Programme, edited by Q.Y. Shu (CABI, Oxfordshire, 2012), pp. 99.
2) M. Hamatani, et al., RIKEN Accel. Prog. Rep. 34, 169 (2001).

ラジオイムノアッセイ　IX-13

radioimmunoassay

ラジオイムノアッセイ（radioimmunoassay，放射性免疫測定）は，放射性同位元素（RI）を利用し，生体分子（抗原）と特異的に結合する抗体との結合量を測定する免疫学的手法である．ラジオイムノアッセイの始まりは，バーソン（Barson）とヤロー（Yalow）により糖尿病患者の血液中に含まれるインスリン抗体の測定を，ラジオアイソトープ（RI）であるヨウ素-131（^{131}I）で標識したインスリンを用いて測定したことに始まる[1]．ラジオイムノアッセイの測定原理でもある競合的測定法は，測定対象となる抗原（A_g）とRIで標識した抗原（A_g^*）の結合能力が同一である場合，抗原に特異的な抗体（A_b）との，抗原-抗体複合体（A_g-A_b）は，RI標識抗原の添加により，競合的反応が起こりRI標識抗原-抗体複合体（$A_g^*-A_b$）が形成される．このとき，複合体をbound（B）と呼び，抗体に結合しなかった抗原をfree（F）と呼ぶ．これらの濃度を測定することで，抗原との親和性を示す結合定数（k_a）および解離定数（k_d）を求めることができる．抗原と抗体との複合体が形成される反応は可逆反応であり，反応が平衡に達した場合のそれぞれの濃度を[A_g]，[A_b]，[A_g-A_b]とした場合，k_aは

$$k_a = \frac{[A_g-A_b]}{[A_g]\times[A_b]}$$

となり，k_dはk_aの逆数となるため，

$$k_d = \frac{[A_g]\times[A_b]}{[A_g-A_b]} = \frac{1}{k_a}$$

となる．実際には，Scatchardプロットによりk_aおよびk_dを求めることが可能である．この場合，抗体の初期濃度をA_{b0}とし，抗体と結合している抗原の濃度をB，遊離の抗原濃度をFとすると，[A_b]＝[$A_{b0}-B$]，[B]＝[A_g-A_b]，[F]＝[A_g]とすることができるため，

$$k_a = \frac{[B]}{[F]\times[A_{b0}-B]}$$

$$\frac{[B]}{[F]} = k_a[A_{b0}-B] = -k_a[B-A_{b0}]$$

となる．RI標識した抗原を使えば[B]/[F]は結合型抗原と遊離型抗原の放射能の比として求められるので，[B]/[F]をy軸および結合抗原の濃度をx軸にとったときのグラフの傾きが$-k_a$となり，x軸との交点がA_{b0}となる（図1）．

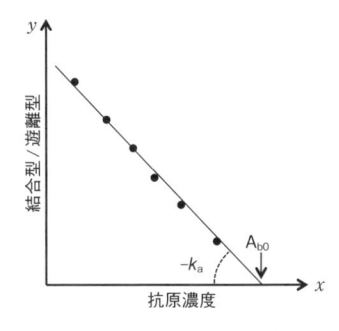

ラジオイムノアッセイは，基礎研究から臨床研究および臨床診断まで広く使用されている．ラジオイムノアッセイ測定原理は結合試薬や標識物質を変えることにより，さまざまな測定方法に発展している．たとえば，ELISA法（enzyme-linked immunosorbent assay）も，ラジオイムノアッセイの測定原理を非競合的なサンドイッチ結合に換えた方法である．〔廣村　信〕

図1　Scatchardプロットの例

文　献
1) S. A. Berson, *et al.*, J. Clin. Invest. 35, 170 (1956).

医薬品開発における RI 利用　IX-14

application of RI in drug development

一般に，新規の医薬品を開発するには約15年の歳月と数百〜1千億円もの費用が必要といわれる．医薬品開発は非臨床試験（動物実験）の段階で，安全性や有効性から候補化合物を数物質程度までに絞り込み，臨床試験に移行する．動物実験は医薬品開発に不可欠な手法であるが，ヒトと動物の種差が大きく現れる場合があり，万能な手段とはいえない．したがって，莫大な費用と時間を要する臨床試験に入る前に，候補化合物のヒトでの薬物動態を理解しておけば，候補化合物を選別でき，創薬プロセスの迅速化・低コスト化が期待できる（図1）．このような背景の下，マイクロドーズ（MD）臨床試験が生まれた．MD 臨床試験とは，薬効の生じ得る推定投与量の1/100以下の投与量でかつ$100\mu g$以下の量を人体に投与することで，薬物動態特性を解析し開発候補物質スクリーニングを行うことを目的として行われる方法である．この場合，非臨床試験や被験物質についての規制要件を緩和でき，前臨床段階でヒト投与が可能であるため Phase 0 試験とも呼ばれる．RI を利用した MD 臨床試験には，候補化合物を^{14}Cで標識し加速器質量分析法（accelerator mass spectrometry：AMS）を用いて，血漿，尿，および糞中の薬物濃度を測定する方法（mass balance 試験）と，候補化合物を陽電子放出核種で標識し，PET（positron emission tomography）を用いて被験物質の臓器・組織での分布を経時的に測定する方法の二つがある．

mass balance 試験　mass balance 試験では，投与された候補化合物の血液・尿・糞便における時系列的な濃度を測定することで，ヒトの体における候補化合物およびその代謝物の薬物動態を把握できる．また，代謝酵素の違いにより動物では生成されない，ヒト特有の代謝物の発見と同定も可能である．その代謝物単独の毒性試験を行うことにより，毒性の強い代謝物を生成する候補化合物は除外することができる．

標識化合物を用いた試験では，標識に用いる核種は正確に被験物質の生体内挙動をとらえる必要がある．たとえば，タンパク質などの標識に用いられる^{125}Iは大きな元素であり，^{125}I標識化合物は生理活性を失っている可能性がある．また，^3Hで標識した場合，体内での代謝や交換反応によって^3Hが脱離し，正確な被験物質の挙動をとらえられない可能性がある．したがって，体内で安定な化学構造を維持できる炭素の同位体が標識に用いられる．炭素にはさまざまな同位体があるが，^{12}C, ^{13}C は安定同位体で自然界・生体内に多く存在し，^{10}C, ^{11}C, ^{15}C はそれぞれ半減期19 s, 20 min, 2.3 s で崩壊する短寿命の核種である．それゆえ，炭素の同位体の中で天然存在比が低く，半減期5730年の^{14}Cのみが mass balance 試験に利用できる核種といえる．^{14}Cで標識するため，微量の放射線が放出されるが，自然界から受ける年間被ばく線量限界よりもはるかに低く，試験に用いられる量では放射線同位元素としての取扱いを受けない．

AMS 測定は，まずサンプルを酸化や燃焼によりCO_2とした後，Fe などの触媒のもとにカーバイドを得る．カーバイドの粉末をイオン化して1〜3 MV で加速し Ar ガスと衝突させて電子をはぎ取り，1〜3価の陽イオンの^{12}C, ^{13}C, ^{14}Cを分離測定する．AMS で得られる結果は，同位体の絶対量ではなく，安定同位体である^{12}Cとの同位体比である．

PET を用いた医薬品開発　一般的な PET 計測では半減期が約2 min から2時

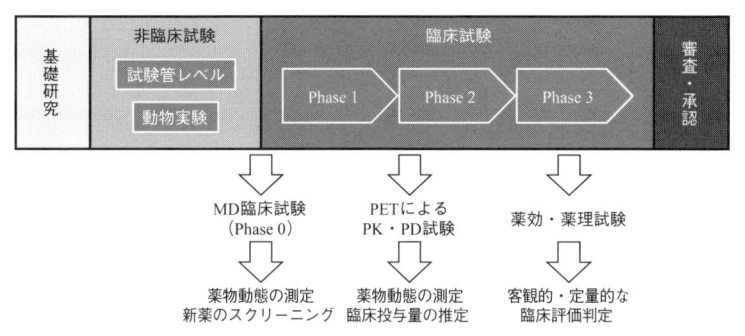

図1 MD臨床試験およびPET利用による創薬プロセスの迅速化・低コスト化

間と非常に短い．^{11}C, ^{15}O, ^{18}Fなどの陽電子放出核種（PET核種）で標識した超微量のPET薬剤を生体に投与した後，陽電子放出に伴う511 keVのγ線をPETカメラで検出・画像化することで，その生体内分布を定量的に可視化する．PETはPET薬剤であるFDG（2-[^{18}F]fluotro-2-deoxy-D-glucose）を用いて，がんの早期診断に威力を発揮しているが，最近ではMD臨床試験や早期探索臨床試験における強力なツールの一つとして着目されている．ここではMD臨床試験を含め，PETが医薬品開発にどのように利用されるかを概説する．

（1）PK試験: PETを用いたPK（pharmacokinetics）試験は，PET核種標識候補化合物のみを投与し，その薬物動態を画像化し測定する方法と，PET核種標識候補化合物と薬効用量付近の非標識の候補化合物の混合物を投与する方法があり，前者がMD臨床試験にあたる．後者は通常のPK試験になるためPhase 1実施レベルの非臨床安全性試験データが必要となるが，PKプロファイルにおいて非線形性が懸念される候補品化合物に対しても有効かつ正確な方法と考えられる．

（2）PD（pharmacodynamics）試験: 現在，多くの薬剤標的タンパク質に特異的に結合するPET薬剤が数多く開発されている．候補化合物の服用により，その標的に競合するPET薬剤の特異的結合は減少する．この競合阻害による結合の減少を占有率として定量化することで，薬効を発現し副作用を起こさない正確な臨床投与量の推定が可能となる．また，一つのPET薬剤があれば複数の候補化合物での比較が効率的に実施可能である．

（3）薬効・薬理試験: PETを用いた薬効評価試験では，薬効メカニズムに基づいて変化する生体機能（血流・グルコース代謝など）を，適切なPET薬剤を用いて測定することで，薬効を評価できる．具体例として，FDGはがん細胞へ集積するため，抗がん剤の薬効評価に利用でき，また脳グルコース代謝を測定できるため，認知症に対しても応用可能である．最近では，アルツハイマー病診断薬として[^{11}C]PIBなどのアミロイドβタンパクイメージング薬剤の応用が期待されている．

〔竹中文章・榎本秀一〕

【コラム】^{99}Mo/^{99m}Tc の現状と ^{89}Sr, ^{90}Y の利用　IX-15

present status of ^{99}Mo/^{99m}Tc generator and application of ^{89}Sr and ^{90}Y

^{99}Mo/^{99m}Tc の現状　^{99m}Tc は半減期 6.01 時間で核異性体転移(isomeric transition：IT)により ^{99}Tc に壊変し，0.141 MeV の γ 線を放出する．これらの核的性質は，単一光子放射断層撮影(single photon emission computed tomography：SPECT)を用いた核医学検査に有効であるため，^{99m}Tc を用いた標識化合物は国内のインビボ核医学検査において大きな割合を占めており，骨，心筋血流，脳血流，腫瘍，肺血流，腎，炎症，甲状腺，肝などさまざまな疾病の検査に用いられている．

^{99m}Tc の親核種は半減期 65.94 時間の ^{99}Mo であり，^{99}Mo と ^{99m}Tc は放射平衡になっている．そこで ^{99m}Tc は，通常 ^{99}Mo/^{99m}Tc ジェネレータのミルキングにより得ている．^{99}Mo は ^{235}U(n, f)^{99}Mo 反応により原子炉で製造されるが，2009 年 5 月に世界最大の供給元であるカナダの原子炉が停止したため，世界的な供給不足が生じ，^{99m}Tc のインビボ核医学検査に支障が出た．これを機に，世界的に ^{99}Mo の製造・供給について見直しが行われた．日本でも国産 ^{99}Mo の製造が検討され，日本原子力研究開発機構の大洗開発センターにある材料試験炉(JMTR)において，^{98}Mo(n, γ)^{99}Mo 反応で ^{99}Mo を製造し，国内需要の 20% を賄うことが計画されている．さらに，加速器で生成させた高速中性子を用いて ^{100}Mo(n, 2n)^{99}Mo 反応で ^{99}Mo を製造する方法など，他の方法による製造の研究も進められている．

^{89}Sr の利用　^{89}Sr は半減期 50.53 日の純 β 線放出核種であり，平均エネルギー 0.573 MeV，最大エネルギー 1.489 MeV の β$^-$ 線を放出する．その軟組織中の平均飛程は 2.4 mm，最大飛程は 8 mm である．これらの核的性質に加え Sr は同族元素の Ca と類似した体内挙動を示し骨に集積するため，^{89}Sr はがんの骨転移の疼痛緩和剤として用いられる．塩化ストロンチウム(^{89}SrCl$_2$)注射液(メタストロン®注)は，1986 年にカナダで最初に承認され，日本では 2007 年に承認された．^{89}Sr は透過性の高い γ 線を放出しないため，患者，医療スタッフ，家族に対しても放射線の影響を及ぼさない．

^{90}Y の利用　^{90}Y は上記の ^{89}Sr と同様に純 β 線放出核種である．半減期は 64.1 時間で，平均エネルギー 0.935 MeV，最大エネルギー 2.279 MeV の β$^-$ 線を放出する．その軟組織中の平均飛程は 5.3 mm，最大飛程は 11 mm である．^{90}Y はゼヴァリン® の商標名で悪性リンパ腫の治療薬として用いられている．もともと悪性リンパ腫に発現している CD20 抗原に対するモノクローナル抗体が悪性リンパ腫の治療薬として用いられていたが，高率に再発するため，この抗 CD20 抗体にキレーターである DTPA を介して ^{90}Y を標識した ^{90}Y 標識抗 CD20 抗体(ゼヴァリン®)が開発された．日本では，2008 年に承認された．この治療法は，まず，^{111}In 標識抗 CD20 抗体を投与して γ 線による画像化を行い，体内分布を調べて適格性の判断をした後，^{90}Y 標識抗 CD20 抗体を投与して治療を行う．抗 CD20 抗体のみの治療法では，それ自身が結合した細胞しか破壊できないが，^{90}Y 標識抗 CD20 抗体の場合は，比較的長い飛程の β 線のため，標的を発現している腫瘍細胞のみならず，隣接する腫瘍細胞に対しても放射線が作用することにより抗腫瘍効果をもたらすことが期待できる．

〔渡辺　智〕

【コラム】植物の RI リアルタイムイメージング　IX-16

radioisotope real-time imaging in plants

放射性同位元素（RI）を用いるイメージングは古くから，オートラジオグラフィーとして研究に利用されてきている．具体的には，RI化合物を吸収させた後，植物をX線フィルムまたはイメージングプレート（IP）に密着させRI分布像を取得し解析を行ってきた．植物のRIイメージングでは，蛍光イメージングでは不可能な，明るい場所でのイメージングや画像の定量性を得ることができる．リアルタイムイメージングの測定結果の一例を以下に示した．図1はマクロイメージング装置で得られたイネの ^{32}P-リン酸吸収の連続像である．各時間における像の左は土耕，右は水耕栽培であるが，これらの図から水耕では植物はリン酸を多量に吸収し生育も早いことがわかる（しかし，一般に水耕では種子の生産量は非常に低い）．図2はミクロイメージング装置で蛍光顕微鏡がRI像も取得できるようにしたものであり，^{45}Ca，^{32}P，^{55}Feなど多くの市販核種をリアルタイムで可視化できる．RIリアルタイムイメージングでは養分元素吸収動態を通して植物の活動を解析することが可能である．〔中西友子〕

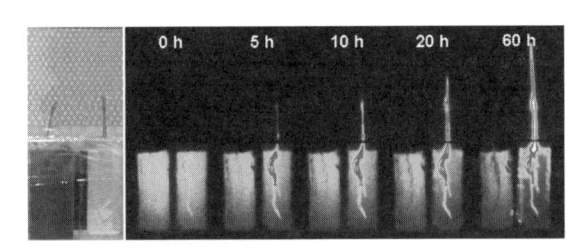

文　献
1) S.Kanno. *et al.*, Phil. Trans. R. Soc. B367, 1501（2012）.

図1　マクロイメージング―イネの ^{32}P-リン酸吸収（左：土耕，右：水耕）（口絵14参照）

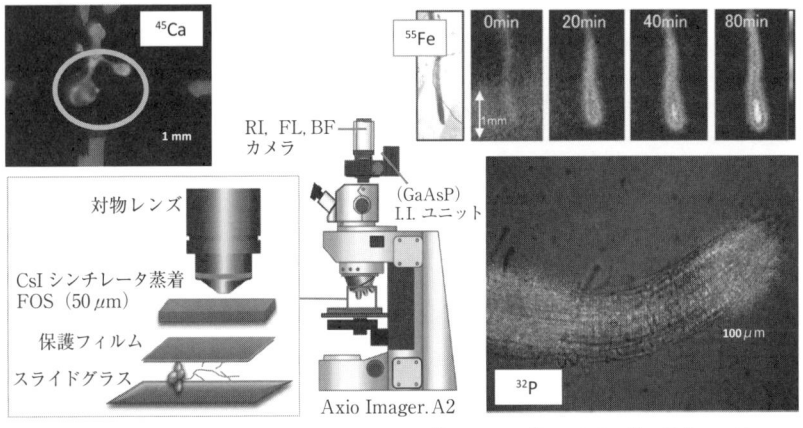

図2　ミクロイメージング―シロイヌナズナの ^{45}Ca（葉），^{55}Fe（根），^{32}P（根）の吸収
蛍光顕微鏡を改良し，RI像，蛍光（FL）像，顕微鏡（BF）像を取得できるようにした．試料から放出される放射線はCsIを蒸着したファイバーオプティックプレート（FOS）で光に変換されCCDカメラで像として取得される．なお，マクロイメージングの画像のサイズは5 cm×15 cmであり，植物の地上部のみ光を照射している（口絵15参照）．

X

放射線・放射性同位体の産業利用

原子力電池

X-01

nuclear battery

放射性同位元素（RI）などの壊変エネルギーを電気エネルギーに変換して取り出す一次電池．アイソトープ電池（isotope battery），RI発電器（radioisotope thermoelectric generator：RTG）とも呼ばれる．エネルギー変換の方法により，熱を経由する熱機関型と，熱を経由しないアイソトープ電池型がある（表1）．可動部をもたないものは無保守で高信頼性である．例示的には10～30年の寿命をもつことから，太陽光が微弱な深宇宙探査機の電源として主に使われている．

熱源用RIに要求される条件　RI熱源では物質量と半減期で決まる設計値で長期にわたる安定運転ができ，連鎖反応制御が必要な原子炉と比較して安定性，信頼性に優れる．熱源用RIには，高いエネルギー放射を生成し容易に吸収され，熱に変換されること，遮蔽が薄くて済むことが要求され，壊変系列全体を通じてα壊変のみであることが最も望ましい．次いでβ壊変が望ましいが，制動放射でγ線，X線を生じる問題もある．適度な長寿命（半減期100日～数十年），安定な化学形態も必要である（表2）．現在では遮蔽，半減期，出力の観点から，熱源用RIとしてもっぱら^{238}Puが利用される．なお^{90}Srは高収率で生成する核分裂生成物で，低コストのため，従来よく利用された．

熱電変換型発電器　RI壊変とともに放出される放射線が自己あるいは遮蔽材に吸収されて発生する熱により高温熱源をつくり，低温熱源との間の温度差による熱起電力（ゼーベック効果）を利用して電力を生じる方法は熱電変換型アイソトープ発電器と呼ばれる（図1）．熱電発電の最大効率は

表1　原子力電池の分類

分類		変換過程における経由	電気出力(w)	効率(%)	コメント
熱機関	スターリングサイクルなど	熱	>500	20～40	
	熱電変換型	熱→ゼーベック効果	0.1～100	3～6	ほとんどの実用発電器
	熱電子変換型	熱→熱電子放射	>100	10～15	
アイソトープ電池	一次型	なし	低電力高電圧		発生電力小さく，特殊用途（ペースメーカーなど）
	二次型	電離			
	三次型	光→光電変換	<0.001	<1	

表2　熱源用RIの選択[1]

核種	半減期	化学形状	出力密度 (W/cm^3)	放射線種類
^{90}Sr	28年	SrTiO$_3$	1.05	β, X
^{147}Pm	2.67年	Pm$_2$O$_3$	1.9	β
^{210}Po	138日	GdPo	1210	α
^{238}Pu	86年	PuO$_2$	3.9	α
^{44}Cm	18年	Cm$_2$O$_3$	26.4	α, n

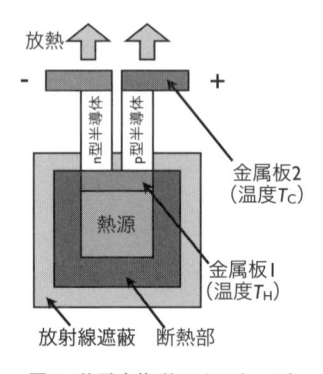

図1　熱電変換型アイソトープ発電器（RTG）の原理

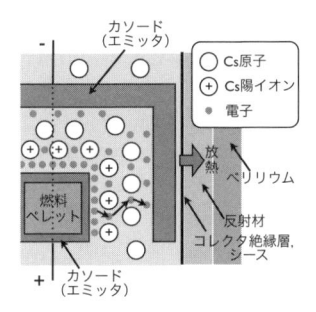

図2 トパーズ熱電子発電器の単1段 1本（5段直列）の円柱形の発電器の軸を点線で示す．

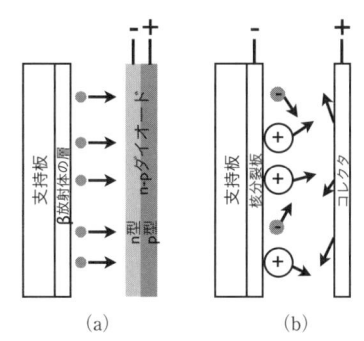

図3 (a) β 起電力電池（丸は電子）と，(b) 核分裂電池（＋印は核分裂片）

$$\eta_{\max}=\frac{T_\mathrm{H}-T_\mathrm{C}}{T_\mathrm{H}}\frac{M-1}{M+T_\mathrm{C}/T_\mathrm{H}}$$

で与えられ，熱源温度（T_H）が大きいほど右辺第一項（カルノー効率）は高くなる．熱電材料の性能（無次元数 M と関係）は温度領域ごとに異なるため，異なる熱電材料を多段に設置して効率を向上する．

太陽光が微弱な深宇宙領域を数十年にわたって航行する無人探査機では，電源として原子力電池以外の選択肢はない．米国ではSNAP（System for Nuclear Auxiliary Power）計画などで ^{238}Pu を熱源とする宇宙用原子力電池が製造されてきた．米国のSNAP-7 や英国の RIPPLE，フランスのMarquerite では地上用や海洋用として ^{90}SrTiO$_3$ 熱源が用いられた．

熱電子変換型発電器　　仕事関数の大きい高温（1400～2000 K）に加熱された陰極から放出される熱電子を，対向する低温の小さい陽極に流入させることによる発電方式．空間電荷の調整，陽極の仕事関数低下防止のためにセシウム（Cs）蒸気が封入される．可動部分がなく，出力密度が1～10 W/cm^2 と高いことから，宇宙空間での電力需要の増大に対応するため，大きな出力密度と可変出力に対応する原子炉を熱源として開発された．旧ソ連の人工衛星コスモス 1818 と 1867（1987～1988 年）に搭載されたトパーズ（5～10 kWe）の熱電子変換器（図2）は原子炉と一体構造である．中低温領域で多段の熱電変換の併用も検討された．

アイソトープ電池　　β 線で半導体を直接励起する β 起電力電池が，PmO$_2$ の β 粒子のエネルギー最大値が 0.23 MeV と Si 半導体放射損傷のしきい値 0.2 MeV と適合することから研究され，単一段起電力 0.3 V で積層が検討された（図3(a)）．^{235}U の核分裂により運動エネルギー（平均 80 MeV）が付与された核分裂片（平均正電荷20）を利用する核分裂電池（図3(b)）では，スパッタリングによる剥がれ去りや二次電子放出による逆電流防止に工夫が必要である．

事故などのリスク低減策　　原子力電池を搭載した人工衛星が地球大気圏に落下し，熱源の RI（^{238}Pu，^{90}Sr）が飛散して環境を汚染する事故は 1964 年，1978 年に実際に起きている．その後，大気圏突入に耐えられるように原子力電池キャスク設計が改良された．　　　　　　　〔山村朝雄〕

文　献
1) 小林昌敏，放射線の工業利用（幸書房，1977）.

厚さ計

X-02

thickness gage

　工業製品の品質管理過程において，物質の厚さを非接触，非破壊で調べる厚さ計には放射線が利用され，「透過型」と「散乱型」に分類できる．測定したい物質（もしくは放射線源と検出器）を動かし，放射線の照射位置によって，放射線量がどのように変化するかを調べることで，物質の厚さやその不均一性が調べられている．

　使用する放射線の種類は X 線，β 線，γ 線である．X 線を使用しているものは数 keV の X 線発生装置が，β 線と γ 線を使用しているものは放射性同位元素を密封したものが，放射線の発生源として利用されている．放射性同位元素は，入手の容易さから，β 線源として ^{85}Kr，^{90}Sr，^{147}Pm が，γ 線源として ^{137}Cs，^{241}Am がよく用いられ，放射線の種類やエネルギーによってさまざまな厚みの分析対象へと適用される．

　放射線を物質中に入射すると，放射線は一定割合で物質中に吸収される．放射線の吸収率は吸収する物質の材質や密度，厚さに依存する．たとえば X 線や γ 線の物質中の吸収は以下のような関係がある．

$$I = I_0 \exp(-\mu \rho d)$$

I は物質を抜けてきた放射線の強度，I_0 は入射した放射線の強度，μ は物質によって決まる放射線の吸収係数，ρ は物質の密度，d は物質の厚さである．μ と ρ は物質で決まる定数なので，放射線の吸収率は物質の厚さ d のみに依存する．

　厚さを測定したい物質（もしくは放射線源と検出器）を動かし，放射線の照射位置によって検出できる放射線量がどう変化するかを調べることで，物質の厚さやその不均一性が調べられている．

　透過型厚さ計　　放射線を測定対象物質に照射し，測定対象物質の反対側に設置した放射線検出器によって，厚さを求めるのが透過型厚さ計である．たとえば X 線や γ 線は，そのエネルギーや対象物の減弱係数に応じて，対象物の厚みが増すことで指数関数的に放射線の透過率が減少する．すなわち透過率の減少度合いから，定量的に厚みを決定することができる．透過型厚さ計では，数 μm から数 cm の厚さが測定可能であり，対象の厚さや物質によって，放射線は X 線，β 線，γ 線が使い分けられる．

　具体的には X 線や β 線は mm 程度までの厚さの紙や金属箔，プラスチックなどの厚さ測定に使用される．高エネルギーの γ 線はより厚いものの測定に利用され，特に高エネルギーの γ 線を放出する 137Cs（Eγ = 661 keV）を用いたものでは，数 cm の鉄板も 0.1% 以下の精度で測定可能であり，製鉄所での圧延板の品質管理などに利用されている．

　散乱型厚さ計　　散乱型厚さ計は，β 線の物質中での後方散乱（物質中に入射した放射線が入射方向と逆方向に出てくる現象）を利用して，厚さ分析を行うのが散乱型厚さ計である．構造上の特徴としては透過型厚さ計とは異なり，放射線発生装置と放射線検出器が，測定対象物質に対して同じ側に設置されている．散乱型厚さ計は基板上の塗料やメッキなど，数十 μm までの薄膜の厚さ分析に利用される．

　後方散乱する β 線の割合は，対象物の物質に固有である．あらかじめ基板のみに対して後方散乱がどの程度あるかを調べておき，塗料などの薄膜が存在する基板で後方散乱して検出される β 線がどの程度減少するかを調べる．後方散乱した β 線は薄膜の厚みによってある割合吸収，散乱されて検出器に到達しなくなるので，その減少具合から薄膜の厚みを決定することができる．

〔二宮和彦〕

火災報知機　X-03

smoke detector

　火災報知機（火災報知器ともいう）のうち，空気のイオン化を利用して煙を感知するイオン化式タイプのものには，放射性同位元素のアメリシウム（^{241}Am，半減期432年）から放出されるα線が利用されている．

　感知機は外部から空気を自由に取り込むことのできる構造になっており，取り込まれた空気にはアメリシウム（Am）線源から放出されるα線が照射される．α線は物質との相互作用が大きいため，空気にα線を照射することによって効率よく空気中に含まれる分子を電離することができる．感知機には生成したイオンを収集する電極が取り付けられており，α線の電離作用により生成したイオンの量を電流として取り出し監視している．火災が起こると空気中には煙として大量の微粒子が含まれている．これが感知機に取り込まれると，α線の電離作用により生成したイオンは微粒子に取り込まれ，検知できるイオンの量，つまり電流は小さくなる．このように電流の減少により煙の感知をするのが，イオン化式煙感知機の動作原理である．

　外部からの空気を自由に取り込むことのできる感知機と，外気からは遮断された同様の構造をもつ感知機の二つを備えているものも開発されている．二つの感知機からの電流値を比較することによって，気圧や温度，さらにはAm線源の減衰などの外的要因による電流値への影響を補正することができるので，より高感度で煙の感知ができるだけでなく，感知機に使用するAmの量を削減することができる．

　イオン化式煙感知機は，α線による電離作用を利用しているために，煙の色などに感度が依存しないという利点があり，また微量の煙でも感知可能であるということから，光の散乱を用いて煙感知を行う光学式煙感知機よりも高感度である．また光学式煙感知機より構造的に単純であり，安価に生産できるということもあって，国内外で相当数が生産，設置されている．

　しかしながら日本国内での状況に限ると，現在イオン化式煙感知機の新規の設置はほとんどなく，設置数は減少している．一般にイオン化式煙感知機には30 kBq程度のAmが装備されている．この量のAmはこれまで廃棄等で規制がされていなかったが，2004年の「放射性同位元素などによる放射線障害の防止に関する法律」の改正により，Amの放射線源の規制値が10 kBqに変更になった．これにより従来販売されてきたイオン化式煙感知機は，そのほとんどが放射性同位元素装備機器に該当することになった．放射性同位元素装備機器は廃棄に規制がかかっており，現在廃棄に際してはメーカーを通して，もしくは直接公益社団法人日本アイソトープ協会に回収してもらうことが義務付けられている．Amの量が10 kBq以下の規制のかからないイオン化式煙感知機も開発，生産されているが，一般社団法人日本火災報知機工業会では，これまで設置されてきたイオン化式煙感知機の回収の促進と，技術の進歩により同等の性能をもつようになってきた光学式煙感知機への置き換えを推奨している．

〔二宮和彦〕

イリジウム線源　X-04

iridium source

　イリジウム（^{192}Ir）線源は工業や医療などに広く用いられる放射線照射用線源であり，半減期は73.8日，実効エネルギー400 keVのγ線を放出する．1967年より日本原子力研究所（当時）で製造が可能になり，当初，放射線透過検査用線源として利用が広がっていた．^{192}Irは安定同位体である^{191}Irに原子炉で熱中性子照射を行い（n, γ）反応により生成することができ，現在，日本では日本原子力研究開発機構の3号原子炉（JRR-3M）と材料試験炉（JMTR）で製造されている．

　工業利用の主な用途は非破壊検査である．^{192}Ir線源は，主に鋼材の溶接部の検査に用いられ，とくに，原子力発電所などの配管類溶接部の欠陥検査や航空機エンジンの摩耗検査などに利用されてきた．非破壊検査ではコバルト（^{60}Co）線源がよく用いられるが，被検査物の肉厚が比較的薄い場合はエネルギーが低い^{192}Ir線源が有効である．線源は円筒状（直径2 mm, 高さ2 mm）の金属で370 GBqのものが主に用いられている．鮮明なラジオグラフィを得るためには，点線源に近い形状が望まれるため，線源の小型化の技術開発も進められており，将来的にも貴重な非破壊検査用線源である．

　医療用の^{192}Ir線源は，白金（Pt）-イリジウム（Ir）合金を白金で被膜したものを中性子照射して製造される．この線源の特徴は，材質が柔軟でさまざまな形状（ヘアピン型，ワイヤー型，シードアセンブリなど）のものが提供できることにある．さらに，国産化で供給も安定していることもあり，がん治療の適応範囲が広く，とくに，組織内局所照射用線源として多く用いられている．医療機関で使用する密封小線源の50%以上が^{192}Ir線源である．

　^{192}Ir線源の特徴としては，針金状の小線源として多く用いられる．その柔軟性に加え，γ線エネルギーが低いため遮蔽が容易で，かつ「後充填法」の採用により医療従事者の被ばくを軽減でき，確実な線源刺入が可能なことがある．しかし，半減期が比較的短いため，1年に数回の線源交換を要する．「後充填法」とは，体内にあらかじめ固定したアプリケーター（中空のガイドライン）に模擬線源を挿入してX線撮影などで位置を確認後，小線源と交換（刺入）する方法である．線源強度は370 MBq（ヘアピン型）から37 MBq（シード線1本）程度で，照射線量率定数は$0.139\ \mu\mathrm{Sv}\cdot\mathrm{m}^2(\mathrm{MBq}\cdot\mathrm{h})^{-1}$である．

　ヘアピン型線源は舌がんに，ワイヤー型とシードアセンブリー線源は，広く頭頸部腫瘍，乳がん，外陰部がん，直腸肛門部がん，膀胱がん，および前立腺がんなどに適応される．組織内照射における照射線量は60～70 Gyを約1週間で投与するのが標準である．また，その扱いやすさから組織内照射のみならず，気管支や胆管，上咽頭などの腔内にアプリケーターを挿入して照射する腔内照射法の開発も進み，肺がん治療など他の領域にも拡大している．

　2000年に日本原子力研究所（当時）は「ラジオアイソトープ製造・頒布事業」を民間企業に継承し，わが国も国産線源の製造を開始した．^{192}Ir線源も当該企業から定期的に供給されている．　〔篠原　厚〕

非破壊検査　X-05

non destructive inspection

　非破壊検査とは構造物や物体，あるいは生体の構造，組成，傷などを，対象物を破壊することなく調べることをいう．その方法も放射線透過法，超音波診断法，サーモグラフィー法，近赤外分光法などいろいろな方法が用いられている．

　とくに放射線透過法は1895年の有名なレントゲンのX線の発見以来さまざまなところで用いられている．検査する対象物の価値が高く，検査のために壊すことができない歴史的な文化財，たとえば仏像やミイラの内部構造の調査，あるいは古い絵画の検査は調査対象物にX線を照射し，透過X線をフィルム上に記録し，その像を観察することで内部構造，組成などを調べることができる．

　さらにもっと身近な例では私たちは病院でレントゲン写真を撮影し，がんの有無あるいは骨の損傷などを検査している．

　このようなX線画像は，レントゲンの発見当時よりX線が写真乾板の銀化合物を黒化する現象を利用して透過像を得ていたが，近年はX線を蛍光板に当てて光に変換し，これをフィルムに撮影する方法が用いられている．この方法ではイメージング・インテンシファイアー(imaging intensifier) が使われていて，光に変換した画像を固体撮像素子（CCD）などで増幅し，TVモニター画面に映しだすと動画で観察することができる．これはX線透過装置，X線テレビと呼ばれている．

　X線は一般的には真空中で電子を高電圧で加速し，ターゲットの陽極に衝突させて発生させる．エネルギースペクトルは電子の制動輻射による連続スペクトルとターゲット元素に特有の特性X線からなる．一般には熱電子2極管（クーリッジ管）で高温に熱したフィラメントから熱電子を発生させ，10〜300 keVの高電圧で加速する．ターゲットにはCr, Fe, Co, Cu, Mo, AgやW金属が使用されている．このほかに今日では利便性の高い新たな電子源としてカーボンナノ構造体電子源も開発され使用されている．これは携帯型の非破壊検査に用いられるようになった．

　先に述べたようにX線検査はフィルム上に画像を記録するというアナログ方式から，今日ではディジタル化が進み，フィルムレスとなっている．ディジタル化に伴い，コンピュータを用いた画像処理が一般に行われるようになった．すなわち，ディジタル画像では明度，濃度やコントラストをコンピュータで調整し，輪郭線などを強調して，画像の明確化が行われている．

　また，X線検査のディジタルイメージングシステムにおいては電磁波によるルミネッセンスを利用した輝尽性蛍光体を用いるイメージングプレート（IP）と，蛍光発光体に非晶質シリコン平面センサーを密着させて蛍光体の発光を直接読み取るフラットパネルディテクター（FD）を用いる二つの方法がある．

　これらのコンピュータを用いた検査方法では平面画像のみならず，断層撮影法に基づく断面像，さらにはこれら断面像を再構成した立体画像により検査体の詳細な調査が行われるようになった．この方法をコンピュータ断層撮影法（CT）という．

　さらに近年では空港での手荷物検査あるいは税関での輸入品の検査がX線透過撮影法を用いて行われている．これらの装置は図1に示すようにたいへんコンパクトで，流れ作業で短時間での多量の物品を検査するのにきわめてパワフルな装置となっている．

　これまでは主にX線源による非破壊検

図1 空港での手荷物検査装置（Raspican社製・全日空商事カタログより）

表1 放射性同位元素の性質

核種	^{60}Co	^{137}Cs	^{170}Tm	^{192}Ir
半減期	5.271年	30.04年	128.6日	73.83日
化学形	Co	CsCl	Tm_2O_2	Ir
γ線エネルギー(MeV)	1.173 1.333	0.662	0.0524 0.0843	0.259 0.539 0.675

査について述べたが，このほかにγ線源を用いたγ線ラジオグラフィーがある．線源として^{60}Co，^{137}Cs，^{192}Ir，^{170}Tmが一般的に利用されている．この方法は次のような特徴を有している．

(1) 線源がコンパクトかつ大きな電力を必要としないため野外での使用が可能．とくに山間部，高所での使用に適している．

(2) 線源がコンパクトなため被写体の内部に線源を入れて撮影ができる．ただし，線源の放射能量が少ないと撮影時間に時間がかかる．

(3) γ線が4π方向へ出ることを利用して多数の検査体を撮影することができる．

次にこの方法に用いられるγ線源の性質を表1に示す．

コバルト（Co）線源は放出するγ線の

エネルギーが大きいために比較的厚みのある検査体に用いられる．イリジウム（Ir）線源は実効エネルギーが0.4 MeVと小さいので比較的厚みの薄いパイプ，圧力容器やジェットエンジンの検査に用いられている．セシウム（Cs）はエネルギー的にCoとIrの中間厚みの検査に用いられる．ツリウム（Tm）線源はγ線のほか制動X線を出し，厚みの薄い物体や軽合金の検査に用いられている．

γ線ラジオグラフィー用の放射線照射装置は用いる線源の貯蔵容器を兼ねていて鉛とタングステン合金の組み合わせでつくられている．撮影時には貯蔵容器のシャッターを開いてγ線を照射孔から放射させる．

〔髙橋成人〕

文　献
1) 日本アイソトープ協会編，ラジオアイソトープ講義と実習，改訂3版（丸善，1975）．
2) 飯田敏行監修，先進放射線利用（大阪大学出版会，2005）．

放射線高分子グラフト　X-06

radiation graft polymerization

　放射線を利用して幹となる高分子材料に新たな機能を付与する技術をいう．グラフトとは接ぎ木の意味で，もとの高分子材料（基材）から別の高分子が接ぎ木のように反応していくことからその名がきている．この技術は，放射線法のほかに紫外線法，プラズマ法，化学開始剤法などが知られているが，放射線法では，放射線の高いエネルギーを利用して高分子材料内に活性種を形成させるため，触媒や化学開始剤が不要である．また，基材の種類や形状，グラフトする単量体（モノマー）に制限はなく，多種多様の組合せで改質することが可能である．

　その主な工程は，①重合反応開始種となるラジカル生成のための基材への放射線照射，②ビニル基などを有するモノマーのグラフト重合，③必要に応じてグラフト化した高分子鎖中の官能基を化学反応によりイオン交換基などへ変換する工程，からなる．

　放射線を照射する工程では同時照射法と前照射法に大別することができる．同時照射法は基材とモノマーを共存させて照射する方法であり，重合工程を簡略化することができるが，グラフトと同時にモノマーの単独重合体（ホモポリマー）が生成しやすく，その除去が繁雑である．一方，前照射法は，放射線を照射する工程とグラフト重合する工程とを分離させる方法であり，照射と重合工程を個別に行うため，ホモポリマーの生成が少なく，工程時間の短縮化につなげることができる．また，照射工程と重合工程を分業できる利点から，照射サービス事業の利用により，照射施設を保有する必要性がなく，重合工程に専業することができる．

　これまでに放射線高分子グラフトの技術を活用した商品例として，ボタン電池がある．電池の内部には電気を流す機能を付与したポリエチレンフィルムが隔膜として導入されており，現在も主流な成果品として販売されている．また，大気中の悪臭成分であるアンモニア（NH_3）などの塩基性成分を吸着する消臭剤にも応用され，猫砂や空気清浄用フィルターとして販売されている．さらに，有害な金属を除去する材料をつくる方法としても活用されており，飼料安全法や肥料取締法の規制を満たすことができる技術として，ホタテの内臓中に含有するカドミウム（Cd）などの重金属を除去する技術に適応されている．除去後の残渣（内臓）にはタンパク質や脂肪のほかに，健康増進効果のあるドコサヘキサエン酸やビタミンなどの多くの栄養素が含まれていることから，海産物の産地が多い東北地方で飼料や肥料として利用が進んでいる．最近の例としては，強アルカリ性の半導体洗浄液からナトリウム（Na）などのアルカリ金属をppb（$\mu g\,L^{-1}$）オーダーまで除去可能なイオン交換繊維や，ビルなど建築物の閉鎖系の配管中に溶存し，錆の原因となる鉄を除去するフィルターなどとして実用化されている．また，研究段階ではあるが，海にごく微量で溶存するウラン（U）を原子力発電の燃料にする試みなどにも利用されており，青森県のむつ市沖合で試行した海洋試験において，原子力発電の燃料1 kgに相当するUを採取することに成功している．さらに，耐熱性，耐酸性のある材料に改良し，温泉水中のレアアースの資源化や使用済精密機器などからのレアメタルのリサイクルを目的に実証試験が進められている．　　　　　〔瀬古典明〕

放射線高分子架橋　X-07

radiation-induced crosslinking of polymer

　放射線高分子架橋は，高分子材料にγ線や電子線などの放射線を照射することにより，化学的に活性な部分（主としてラジカル）を起点として引き起こされる反応の一つで，生成した高分子鎖上のラジカルどうしの再結合反応によるネットワーク構造が形成する反応をいう．放射線を照射すると，上記反応により高分子材料の粘度，平均分子量，分岐鎖数の増加が示される．また高分子の原料となる二重結合を有するようなモノマー（単量体）に放射線を照射すると，高分子鎖の生成とともに高分子鎖どうしをつなぐ鎖も生成され，三次元構造を形成することも含まれる．この高分子材料の架橋反応には次の二つの条件が求められる．一つは，二つの高分子鎖上の活性な部分が近接して存在することであり，もう一つは，活性な部分を有する高分子鎖が自由に移動できることである．

　この架橋反応を利用することにより，高分子材料の機械的性質，熱的性質，電気的性質，化学的性質などを変化させることができ，実用上必要な要件が得られる．実用化されている例を下記に分類して示す．

　工業製品類　高分子の放射線加工のなかで，最も実用化が進んでいるこの架橋技術は，主に耐熱性の改善を目的として，多種多様な電線・ケーブル被覆材，発泡プラスチック，ラジアルタイヤなどの製造に広く応用されている．

　電線・ケーブルは，導体の外側をポリエチレン（PE）やポリ塩化ビニルなどで被覆・絶縁されている．自動車やコンピュータ，携帯電話をはじめとした電子機器などには，多種多様な電線・ケーブルが使用されており，機器の高性能化，小型化および軽量化が進むのに伴い，耐熱性，耐加熱変形性，機械的強度に優れた電線類の需要が増加している．このため現在では，約20社によって，年間120万kmの電線類が放射線による架橋技術を用いて生産されている．

　発泡プラスチックは，放射線架橋による溶融時の粘度上昇を応用したものである．PEに，熱分解で多量にガスが発生する発泡剤を混練りし，シート状に成型後，電子線を照射してPEを架橋し，発泡剤の分解温度まで加熱して内部に細かい泡を発生させて作製することができる．

　ラジアルタイヤでは，ボディー補強層部材に前処理として電子線が照射され，タイヤに成形加工し，加硫されている．照射により原料ゴムの強度が増大し，加工性が向上するとともに，原料ゴム量の低減化，空気漏れ防止などの品質安定化に寄与している．とくに国内では，ラジアルタイヤ年間生産量の約90%に放射線加工が施されている．

　医療材料　吸水特性を有するハイドロゲルは，水溶性のポリビニルアルコール水溶液（10%濃度）に電子線やγ線を照射して架橋を行うことにより生成される．このゲルは，水分保持性や透明性がよいことから，擦過傷（すり傷）や火傷を湿潤環境下で治療する創傷被覆材（商品名：ビューゲル）として医療分野で応用されている（図1）．

　高性能材料　炭化ケイ素繊維を金属やセラミックスと複合させ，宇宙開発や核融合炉などで利用可能な軽量で耐熱・高強度の機器部品材料への応用が期待されている．有機ケイ素系高分子であるポリカルボシラン繊維をヘリウム（He）ガス雰囲気中で電子線照射によって架橋させ，数百℃で加熱処理を行う．その結果，繊維形状を保持したまま低酸素濃度含有の炭化

図1 ハイドロゲル創傷被覆材

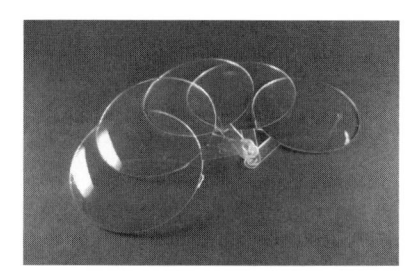

図2 PLAメガネ用デモレンズ

ケイ素繊維を合成でき，その耐熱温度が1200℃から1700℃まで向上する．

近年，通常の放射線による照射では架橋をせずに高分子鎖の分解が主であるような放射線分解型の高分子材料を架橋する技術が開発されている．代表的な分解型の高分子材料として，フライパンの内側に使われているポリテトラフルオロエチレン（PTFE，商品名：テフロン）や紙，木材などのセルロースなどがある．

PTFEは，融点以上の高温，すなわち高分子鎖上の活性な点が自由に移動できる環境で照射すると架橋反応が起こり，透明なフィルムに作製でき，未架橋材料と比較して，フィルムが切れるまでの伸びである破断伸びが10倍以上，耐摩耗性が1000倍にも向上するため，軸受けシールやOリングなどに実用化されている．

環境低負荷材料 水溶性のセルロース誘導体であるカルボキシメチルセルロースを，水と均一に混合した10%濃度以上の高濃度ペースト状態に調製し，高分子鎖上の活性な部分が近接して存在し，自由に移動できる環境で電子線やγ線を照射すると，架橋反応が起こり，ゲルを形成する．得られたゲルは，弾性を有してゴム状を呈するだけでなく，乾燥後，水や0.9%の食塩水に浸漬すると，乾燥体積のそれぞれ300倍以上と70倍以上吸水する．また，天然由来の原料を利用しているので，土壌中の微生物で二酸化炭素と水に分解でき，環境にやさしい材料である．このゲルは，良好な保温性と優れた体圧分散性の理由から，床ずれができない手術用床ずれ防止マットの充てん剤に応用されている．

植物由来プラスチックであるポリ乳酸（PLA）は，資源循環型の有望な材料であるが，熱変形温度が約60℃と低く，応用用途が限られてきた．PLAのみへの照射では分解するのみであるが，反応性の高い二重結合を2個以上有する多官能性モノマーを添加すると架橋することが見いだされ，60℃でも熱変形せず透明性も保持することから，図2に示すようなメガネ用デモレンズなどへの応用が進んでいる．

〔長澤尚胤〕

放射線分解　X-08

radiation degradation

　放射線分解とは，環境汚染物を含む空気や水，あるいは高分子材料に放射線を照射することにより，数段階の素反応を経て環境汚染物が分解される，あるいは高分子材料が分解され低分子量化されることをいう．放射線を空気，水あるいは高分子に照射すると，これらの媒体が放射線のエネルギーの一部を吸収し，構成する分子や原子が，励起，解離やイオン化することによりラジカルやイオンが生成する．これらの状態あるいは化学種は，非常に化学反応性に富んでおり，空気や水中の環境汚染物の場合では，拡散して環境汚染物を攻撃して環境汚染物をラジカル化，イオン化する．このように生成した環境汚染物や高分子鎖のラジカルなどが，共存する酸素と反応することにより酸化分解され，あるいは高分子鎖の一部が切断されて分解して低分子量化される．

　空気や水中の環境汚染物の分解では，基礎研究レベルで^{60}Coのγ線や電子加速器からの電子線が利用され，大量処理が必要な実用レベルでは電子線が利用される．また高分子材料の分解では，媒体中の透過能力の高いγ線が利用されることが多い．

　空気中に含まれた環境汚染物の放射線分解の実用化例として，石炭，石油火力発電所からの排ガス中に含まれ，酸性雨の原因物質となる窒素酸化物（NO_x）や硫黄酸化物（SO_2など）を酸化して肥料として回収する技術がある．この技術は日本で開発された技術であり，発電所からの排ガスにあらかじめアンモニア（NH_3）ガスを添加した後に，電子加速器からの電子線を照射して，排ガス中に生成したヒドロキシ（OH）ラジカルの酸化力でNO_xやSO_2を硝酸（HNO_3）や硫酸（H_2SO_4）まで酸化し，これらの酸がNH_3と反応して，粉末状の硝酸アンモニウム（NH_4NO_3）や硫酸アンモニウム（$(NH_4)_2SO_4$）として除去，回収できる特徴を有する．この回収物は，肥料として利用でき，とくに農産物の生産が盛んなポーランド（ポモジャーニー）や中国（成都，杭州）などにおいて，毎時数十万m^3の排ガス中のNO_xやSO_2の除去にすでに実用化されている．また，下水処理場で発生した汚泥を熱風で乾燥する際に生じるメルカプタンなどの臭気物質の酸化分解に実用化されているほか，実験室レベルではあるが，毎時1000 m^3程度の都市ごみ焼却炉からの排ガス中に含まれる1 ng m^{-3}程度の濃度のダイオキシンを90％以上酸化分解できることが実証されている．さらに，水中の環境汚染物の場合では，韓国（大邱）の染色工業地区の排水の脱色や染料の酸化分解に実用化されており，放射線分解した染料が微生物に分解されやすい知見から，放射線分解処理と後段の微生物分解処理を組み合わせた技術が採用されている．

　一方，高分子材料の放射線分解では，耐酸・アルカリ性や耐薬品性のあるテトラフルオロエチレン（テフロン）を放射線分解して低分子量化した粉末材料が，潤滑剤や離型剤などとして実用化されており，また，海藻や甲殻類などの海産物に含まれるアルギン酸やキトサンなどの多糖類を放射線分解して高分子鎖を切断した材料が，植物の成長促進剤や果樹の貯蔵保持剤などとしてすでに実用化されている．

〔箱田照幸〕

放射線殺菌・滅菌

X-09

radiation sterilization

　単に微生物数を減らすことや，食中毒防止などの目的に応じて特定の対象微生物だけを除去することを殺菌といい，あらゆる微生物を殺滅または除去して無菌状態を達成することを滅菌という．

　滅菌法には，実験室での無菌操作で一般的な火炎滅菌や乾熱滅菌があるが，医療器具などの滅菌のために工業的に広く利用されているのは，オートクレーブを用いた高温高圧滅菌，エチレンオキサイドガスやホルムアルデヒドガスなどによるガス滅菌，そして放射線滅菌である．

　放射線滅菌法の特徴は以下のとおり．

（1）温度の上昇が小さい．プラスチックなど耐熱性が低い材料や，生鮮・冷凍食品でも処理可能．

（2）薬剤が残留しない．滅菌後の処理が不要で，安全性が高く，環境汚染もない．

（3）放射線の透過力が大きいため，形状を問わず内部まで均一に処理できる．出荷前の最終梱包状態での処理も可能．

（4）連続処理が可能で効率的．滅菌効果は線量で決まるため工程管理と滅菌の保障が簡便．

　放射線で非加熱殺菌・滅菌が可能なのは，滅菌対象となる微生物も含め，生物が放射線に弱いことによる．代表的な殺菌線量である 10 kGy を照射したときの温度上昇は，10 kGy = 10000 J kg^{-1} = 2.4 cal g^{-1} であるから，水の場合，たかだか 2.4 ℃にすぎない．そのため生鮮品や冷凍品の殺菌処理も可能である．逆に，熱いお茶をひとくち飲んだときに受け取るわずかな熱エネルギーが，仮に γ 線の全身急照射（原爆放射線のように短時間で一過性の照射）の形で与えられたら，ヒトの致死線量の数倍に相当する．生物の「急所」が超巨大な高分子 DNA であり，遺伝情報の記録媒体として細胞分裂のたびに正確な複製が必要であることを想起すれば，そのごく一部に化学反応すなわち DNA 損傷を引き起こすだけでも影響が大きいこと，DNA のサイズが大きいほど投入した放射線エネルギーに対する生物作用の効率が高いことが理解できる．

　すなわち，放射線による非加熱殺菌の原理は，たとえば高分子材料への放射線照射で，物質中のごく一部に反応性に富んだ活性点を導入することによって，高分子鎖間の架橋による三次元の編目構造の形成やグラフト重合（基材となる高分子に異なるモノマーを接ぎ木する反応）の結果，高分子材料の性質を劇的に変化，向上させることが可能な原理と共通である．

　そして，殺菌・滅菌よりも低い線量では，熱帯果実などの病害虫の殺虫や不妊化ができ，植物検疫や不妊虫放飼法による害虫の撲滅に利用されている．さらに低い線量では，ジャガイモなどの芽止めができる．

　どんな電離放射線にも殺菌・滅菌作用があるが，工業的に滅菌に使われているのは，主としてコバルト 60 の γ 線と電子線である．最近は，電子線加速器による変換 X 線（制動 X 線）も使われるようになってきた．γ 線は透過力が大きいので，厚いものや大きいものを均一に処理するのに適している．逆に電子線は，出力は γ 線の千倍も高いが，透過力が小さいので，薄いもの，嵩密度の小さいものに高線量を照射するのに適している．γ 線，電子線，X 線のいずれも殺菌作用には，原理的にも実用上も，何も違いはない． 〔小林泰彦〕

芽止め照射 X-10

sprouting inhibition

ジャガイモやニンニクの芽のもとになる部分は他の一般組織よりも放射線に感受性が高い．そのため，収穫後の適当な時期に適当な線量の放射線を照射すると，その部分の細胞分裂だけが阻害される．その結果，ジャガイモやニンニクを新鮮な状態で保存しつつ芽止めが可能となる．芽止めに必要な線量は，ジャガイモの場合は60～150 Gy，ニンニクやタマネギなどでは収穫してから照射されるまでの期間によって異なり，20～150 Gyである．

日本では，食品衛生法によって食品への放射線照射が禁止されているなかで，ジャガイモへの芽止め照射だけが許可されている．国内では唯一，北海道士幌町農業協同組合で，1974年の春以来，コバルト60γ線を用いた専用の照射施設（図1）で芽止め処理したジャガイモを，市場からの注文に応じて，3～5月の端境期に出荷している．その量は，2007年産では約4千トン，士幌町農協の同年の生食用ジャガイモ出荷量約4万2千トンの約10％，全国のジャガイモ出荷量約240万トンの約0.17％にあたる．

芽止めジャガイモの出荷量は，2005年産までは約7千～8千トンで推移していたが，2006年産から，表示に関するJAS法の改正を受け，小分け販売時には同梱の「照射芽止めじゃが」シールを貼ることなどを確約した販売先に限定して出荷したため，一時は3千トン台に落ち込んだ．しかし，店頭での表示が定着し，高品質で芽が出ないメリットが消費者にも伝わるにつれて，芽止め品を売りたいという新規の量販店も現れ，2007年産では4112トン，2008年産では約4500トンと順調に回復してき

図1 北海道士幌町農協の芽止め照射施設

ている．

一方，国産ニンニクの約8割を生産する青森県では，7月上旬に収穫したニンニクを周年供給するため，乾燥後に貯蔵して徐々に出荷している．常温で貯蔵したニンニクは，収穫後4カ月程度で萌芽や発根が起こり，商品価値が失われるため，それを防ぐために従来はマレイン酸ヒドラジド剤を利用していた．しかし，2002年にこの植物成長調整剤の農薬登録が抹消されたことから，薬剤に依存しない新たな周年供給方法の開発が求められた．試行錯誤の結果，現在は零下2℃でのCA貯蔵（酸素濃度を3％以下に保つ雰囲気制御貯蔵）と出荷直前の高温処理（38～48℃で6～8時間加熱）の組み合わせが行われているが，透明化や変色，りん片の表面が陥没するくぼみ症など，品質を低下させる障害の発生や萌芽抑制効果の不安定性などの問題があり，改良のための研究が続けられている．

ニンニクの芽止め目的の照射は諸外国で許可され，中国では大規模に実用化されている．もし，わが国でもニンニクへの適用が許可されれば，長期間の低温貯蔵・CA貯蔵や高温処理が不要になるだけでなく，現在よりも高品質のニンニクを周年供給できるようになるかもしれない．

〔小林泰彦〕

害虫の不妊化駆除　X-11

sterilization of harmful insects

　害虫駆除の方法の一つに，特定の害虫の根絶を目的として，放射線照射により人工的に不妊化した害虫を大量に放出することによって，害虫の繁殖を妨害する不妊虫放飼がある．この方法の実施においては，大量に養殖できること，幼虫時にのみ害を与える種であること，離島または盆地など駆除対象地域が隔離できることなどの条件がある．一方，農薬散布では，環境を汚染する危険性が高く，また，野菜・果実中の卵の殺滅ができずに根絶が困難な場合はとくに有効である．効果としては，農作物被害の低減だけでなく，寄生植物を地域外に出荷できないという経済的打撃の回避ができる．

　この方法は米国で発案され，1955年にキュラソー島で家畜に寄生するウジバエの駆除に成功したのが最初である．日本では，沖縄などでゴーヤなどに被害を与えるウリミバエの駆除に応用された．久米島において1972年に根絶事業が開始され，1978年にその根絶に成功した．その後，宮古群島，沖縄本島，八重山諸島の順で進み，1993年に沖縄県全域における根絶が確認された．要した費用は約135億円，22年間の放飼虫数は約530億頭といわれる．

　ウリミバエの不妊化成虫を野生虫よりも大量に放飼して，野生虫の雌と交尾する雄の大半が不妊化虫になると，野生虫間の交尾機会が減少し，また不妊虫の雄と交尾した野生虫の雌が産む卵はふ化せず，次世代ができない．このプロセスを連続して行うと，野生虫間の交尾機会はさらに減少し最終的には根絶に至る．

　これまでに以下の技術などが開発された．①ある数のマークした成虫を野外に放し，これを誘引トラップで再捕して同時に捕えた野生虫との数の比に基づき総野生虫数を把握する技術，②雄成虫を誘引する香料と殺虫剤を浸み込ませた誘殺板や誘殺綿棒などを空中散布または地上吊下げ設置して，あらかじめ雄を大量に誘殺して繁殖を低減し総野生虫数を減少させる密度抑制技術，③人工的な大量増殖に最適な飼料配合，飼育容器および温度管理にかかわる技術，④羽化2～3日前の蛹に放射線照射する不妊化処理技術，⑤不妊化成虫の大量輸送のための冷凍麻酔と空中散布技術，⑥誘引トラップで捕えた不妊虫と野生虫の比やウリ類の被害状況に基づく効果判定技術とそのフィードバックによる放飼数の制御技術．

　沖縄県病害虫防除技術センターでは1984年に，ウリミバエの大量増殖施設およびコバルト60γ線照射施設が設置された．成虫が羽化率，飛翔能力および性的競争力を保持しつつ不妊となる線量70 Gyのγ線照射を25℃で行うと，雄の精子異常や雌の卵巣破壊が起こる．蛹に均等に照射するため，円筒形容器を自転させるとともに，コンベヤー搬送ラインも線源周囲を回る（公転）工程が日本原子力研究所（当時）の設計によりとられている．現在も再侵入防止のため，不妊化・放飼を継続している．

　このほか，2013年には，サツマイモなどを害すゾウムシの根絶が久米島で達成されている．また，国際原子力機関（IAEA）が主導して，米国や南米などにおける地中海ミバエ，アフリカにおけるツェツェバエやラセンウジバエの根絶などに成功している．

〔小嶋拓治〕

【コラム】放射能温泉　X-12

radioactive hot spring

温泉は2012年現在，全国に3185カ所存在し，年々増え続けている．これらの温泉のなかにはラドン（Rn），ラジウム（Ra）を含む温泉があり，放射能泉として親しまれている．日本の放射能泉としては，鳥取県の三朝温泉，山梨県の増富温泉（図1）などが有名である．

放射能泉の定義と特徴　温泉法（昭23・7・10第125号，改正：平23・8・30第105号）では，地中から湧出する温水，鉱水および水蒸気その他のガス（炭化水素を主成分とする天然ガスを除く）のなかで，基準を満たす温度または溶存物質を有するものと定義されている．これらの物質のなかに，放射性物質であるRnおよびRaがあり，水中に^{222}Rnとして74 Bq kg^{-1}以上または^{226}Raとして370 mBq kg^{-1}以上含まれていれば，他の物質が基準に達していなくても「温泉」として定義することができる．

一方，温泉地などで表記されている「○○泉」と呼ばれるもののなかで，一般に放射能泉と呼ばれる泉質名で表記されているものは，環境省の鉱泉分析法指針（2002年3月改訂）で「療養泉」の一つとして定義されている．療養泉は温泉のうちとくに治療の目的に供されるものであり，温泉法の基準値より高くなっており，^{222}Rnを111～673 Bq kg^{-1}含むものを弱放射能泉（単純弱放射能泉，含弱放射能—○○泉），673 Bq kg^{-1}以上含むものを放射能泉（単純放射能泉，含放射能—○○泉）と表記している．

放射能泉は，RaよりRnの放射能が高い温泉がほとんどであり，またRnが常温常圧で気体であるため，気体が溶けやすい冷鉱泉（泉温：25℃未満）や低温泉（泉温：25～34℃）であることが多い．

図1　増富温泉　不老閣（含放射能-ナトリウム-塩化物泉）岩風呂横の飲泉場
源泉は^{226}Raとして約1000 mBq L^{-1}の放射能（2000年8月採取）．

放射能泉による効能　一般に温泉における「効能」と呼ばれているものは「適応症」と呼ばれ，温泉地などに記載されていることが多い．放射能泉における適応症は浴用としては痛風，動脈硬化症，高血圧症慢性胆嚢炎，胆石症，慢性皮膚病，慢性婦人病．飲用としては痛風，慢性消化器症慢性胆嚢炎，胆石症神経痛，筋肉痛，関節痛などがあげられている（昭57・5・25環境庁自然保護局長通知）．

また，Rnの大部分は入浴中の吸入により肺を経由して体内に取り込まれる．そのため高濃度Rnの吸入療法が行われる場合がある．オーストリアのバートガシュタインでは，Rn坑道を活用し，リウマチ性慢性多発性関節炎，変形性関節症，喘息，アトピー性皮膚炎などの患者に対してRn吸入療法を行っている．

しかし，ラドンによる療養を含め，温泉の効能自体に十分な科学的根拠が乏しいものもあり，わが国では温泉と医療に関する過去の論文などの文献調査によって得られた知見，全国の温泉療法医の意見をもとに見直しが行われている．　〔齊藤　敬〕

付　　録

1. 核化学・放射化学に関係するノーベル賞受賞者とその業績

2. 安定核種の同位体存在度と原子質量

3. 天然の放射壊変系列

4. 主な天然放射性核種

5. 人工放射元素一覧

付録 1. 核化学・放射化学に関係するノーベル賞受賞者とその業績

受賞年	分 野	氏 名	業 績
1901	物理学賞	W.C. Röntgen	X 線の発見
1903	物理学賞	A.H. Becquerel	放射能の発見
1903	物理学賞	P. Curie & M. Curie	放射能の研究
1904	化学賞	W. Ramsay	空気中の希ガス類諸元素の発見と周期表におけるその位置の決定
1908	化学賞	E. Rutherford	元素の崩壊および放射性物質の化学に関する研究
1911	化学賞	M. Curie	ラジウムおよびポロニウムの発見とラジウムの性質およびその化合物の研究
1917	物理学賞	C.G. Barkla	元素の特性 X 線の発見
1921	物理学賞	A. Einstein	理論物理学の諸研究とくに光電効果の法則の発見
1921	化学賞	F. Soddy	放射性物質の化学に対する貢献と同位体の存在およびその性質に関する研究
1922	物理学賞	N. Bohr	原子の構造とその放射に関する研究
1922	化学賞	F.W. Aston	非放射性元素における同位体の発見と整数法則の発見
1924	物理学賞	M. Siegbahn	X 線分光学における発見と研究
1927	物理学賞	A.H. Compton	コンプトン効果の発見
1927	物理学賞	C.T.R. Wilson	霧箱による荷電粒子の観察に関する研究
1929	物理学賞	L.V. de Broglie	電子の波動性の発見
1934	化学賞	H.C. Urey	重水素の発見
1935	物理学賞	J. Chadwick	中性子の発見
1935	化学賞	F. Joliot & I. Joliot–Curie	人工放射性元素の研究
1936	物理学賞	C.D. Anderson	陽電子の発見
1938	物理学賞	E. Fermi	中性子衝撃による新放射性元素の研究と熱中性子による原子核反応の発見
1939	物理学賞	E.O. Lawrence	サイクロトロンの開発と人工放射性元素の研究
1943	物理学賞	O. Stern	原子線の方法の開発と陽子の磁気モーメントの発見
1943	化学賞	G. Hevesy	化学反応の研究におけるトレーサーとしての同位体の利用に関する研究
1944	物理学賞	I.I. Rabi	共鳴法による原子核の磁気モーメントの測定
1944	化学賞	O. Hahn	原子核分裂の発見

受賞年	分野	氏名	業績
1950	物理学賞	C.F. Powell	写真による原子核破壊過程の研究方法の開発と諸中間子に関する発見
1951	物理学賞	J.D. Cockcroft & E.T.S. Walton	加速荷電粒子による原子核変換に関する先駆的研究
1951	化学賞	G.T. Seaborg & E.M. McMillan	超ウラン元素の発見
1952	物理学賞	F. Bloch & E.M. Purcell	核磁気共鳴吸収による原子核の磁気モーメントの測定
1954	物理学賞	W. Bothe	コインシデンス法による原子核反応とγ線とに関する研究
1957	物理学賞	T.-D. Lee & C.-N. Yang	パリティ非保存についての研究
1958	物理学賞	P.A. Cherenkov, I.E. Tamm & I.M. Frank	チェレンコフ効果の発見とその解釈
1959	物理学賞	E. Segrè & O. Chamberlain	反陽子の発見
1960	化学賞	W.F. Libby	炭素14による年代測定法の研究
1961	物理学賞	R. Hofstadter	線形加速器による高エネルギー電子散乱の研究と核子の構造に関する発見
1961	物理学賞	R.L. Mössbauer	γ線の共鳴吸収に関する研究とメスバウアー効果の発見
1961	化学賞	M. Calvin	植物における光合成の研究
1963	物理学賞	M.G. Mayer & J.H.D. Jensen	原子核の殻構造に関する研究
1975	物理学賞	J. Rainwater, A. Bohr & B.R. Mottelson	原子核構造に関する研究
1977	生理学医学賞	R. Yalow	ラジオイムノアッセイ法の研究
1995	化学賞	F.S. Rowland, M. Molina & P. Crutzen	オゾンの形成と分解に関する大気化学的研究

参考文献：J. P. Adloff, Nobel Prize awards in Radiochemistry, Radiochim. Acta 100, 509–521 (2012). 業績内容の記述は，岩波理化学事典，第5版，岩波書店，1999年に基づく．

〔永目諭一郎〕

付録2. 安定核種の同位体存在度と原子質量

核　種	同位体存在度(%)	原子質量(amu)	核　種	同位体存在度(%)	原子質量(amu)
^{1}H	99.9885	1.00782503223	^{42}Ca	0.647	41.95861783
^{2}H	0.0115	2.01410177812	^{43}Ca	0.135	42.95876644
^{3}He	0.000134	3.0160293201	^{44}Ca	2.086	43.9554816
^{4}He	99.999866	4.00260325413	^{46}Ca	0.004	45.9536890
^{6}Li	7.59	6.0151228874	^{48}Ca	0.187	47.95252277
^{7}Li	92.41	7.016003437	^{45}Sc	100	44.9559083
^{9}Be	100	9.01218307	^{46}Ti	8.25	45.9526277
^{10}B	19.9	10.0129369	^{47}Ti	7.44	46.9517588
^{11}B	80.1	11.0093054	^{48}Ti	73.72	47.9479420
^{12}C	98.93	12.0000000	^{49}Ti	5.41	48.9478657
^{13}C	1.07	13.00335483507	^{50}Ti	5.18	49.9447869
^{14}N	99.636	14.00307400443	^{50}V	0.250	49.9471560
^{15}N	0.364	15.0001088989	^{51}V	99.750	50.9439570
^{16}O	99.757	15.99491461957	^{50}Cr	4.345	49.9460418
^{17}O	0.038	16.9991317565	^{52}Cr	83.789	51.9405062
^{18}O	0.205	17.9991596129	^{53}Cr	9.501	52.9406481
^{19}F	100	18.9984031627	^{54}Cr	2.365	53.9388792
^{20}Ne	90.48	19.9924401762	^{55}Mn	100	54.9380439
^{21}Ne	0.27	20.99384669	^{54}Fe	5.845	53.9396090
^{22}Ne	9.25	21.991385115	^{56}Fe	91.754	55.9349363
^{23}Na	100	22.9897692820	^{57}Fe	2.119	56.9353928
^{24}Mg	78.99	23.985041698	^{58}Fe	0.282	57.9332744
^{25}Mg	10.00	24.98583698	^{59}Co	100	58.9331943
^{26}Mg	11.01	25.98259297	^{58}Ni	68.077	57.9353424
^{27}Al	100	26.98153853	^{60}Ni	26.223	59.9307859
^{28}Si	92.223	27.9769265346	^{61}Ni	1.1399	60.9310556
^{29}Si	4.685	28.9764946649	^{62}Ni	3.6346	61.9283454
^{30}Si	3.092	29.973770136	^{64}Ni	0.9255	63.9279668
^{31}P	100	30.9737619984	^{63}Cu	69.15	62.9295977
^{32}S	94.99	31.9720711744	^{65}Cu	30.85	64.9277897
^{33}S	0.75	32.9714589098	^{64}Zn	49.17	63.9291420
^{34}S	4.25	33.96786700	^{66}Zn	27.73	65.9260338
^{36}S	0.01	35.96708071	^{67}Zn	4.04	66.9271277
^{35}Cl	75.76	34.96885268	^{68}Zn	18.45	67.9248446
^{37}Cl	24.24	36.96590260	^{70}Zn	0.61	69.9253192
^{36}Ar	0.3336	35.967545105	^{69}Ga	60.108	68.9255735
^{38}Ar	0.0629	37.96273211	^{71}Ga	39.892	70.9247026
^{40}Ar	99.6035	39.9623831237	^{70}Ge	20.57	69.9242488
^{39}K	93.2581	38.963706486	^{72}Ge	27.45	71.92207583
^{40}K	0.0117	39.96399817	^{73}Ge	7.75	72.92345896
^{41}K	6.7302	40.961825258	^{74}Ge	36.50	73.921177762
^{40}Ca	96.941	39.962590864	^{76}Ge	7.73	75.921402726

核　種	同位体存在度(%)	原子質量(amu)	核　種	同位体存在度(%)	原子質量(amu)
^{75}As	100	74.9215946	^{105}Pd	22.33	104.9050796
^{74}Se	0.89	73.922475935	^{106}Pd	27.33	105.9034804
^{76}Se	9.37	75.919213704	^{108}Pd	26.46	107.9038916
^{77}Se	7.63	76.91991415	^{110}Pd	11.72	109.9051722
^{78}Se	23.77	77.91730928	^{107}Ag	51.839	106.9050916
^{80}Se	49.61	79.9165218	^{109}Ag	48.161	108.9047553
^{82}Se	8.73	81.9166995	^{106}Cd	1.25	105.9064599
^{79}Br	50.69	78.9183376	^{108}Cd	0.89	107.9041834
^{81}Br	49.31	80.9162897	^{110}Cd	12.49	109.9030066
^{78}Kr	0.355	77.9203649	^{111}Cd	12.80	110.9041829
^{80}Kr	2.286	79.9163781	^{112}Cd	24.13	111.9027629
^{82}Kr	11.593	81.9134827	^{113}Cd	12.22	112.9044081
^{83}Kr	11.500	82.9141272	^{114}Cd	28.73	113.9033651
^{84}Kr	56.987	83.911497728	^{116}Cd	7.49	115.90476315
^{86}Kr	17.279	85.910610627	^{113}In	4.29	112.9040618
^{85}Rb	72.17	84.911789738	^{115}In	95.71	114.903878776
^{87}Rb	27.83	86.909180532	^{112}Sn	0.97	111.9048239
^{84}Sr	0.56	83.9134191	^{114}Sn	0.66	113.9027827
^{86}Sr	9.86	85.9092606	^{115}Sn	0.34	114.903344699
^{87}Sr	7.00	86.9088775	^{116}Sn	14.54	115.90174280
^{88}Sr	82.58	87.9056125	^{117}Sn	7.68	116.9029540
^{89}Y	100	88.9058403	^{118}Sn	24.22	117.9016066
^{90}Zr	51.45	89.9046977	^{119}Sn	8.59	118.9033112
^{91}Zr	11.22	90.9056396	^{120}Sn	32.58	119.9022016
^{92}Zr	17.15	91.9050347	^{122}Sn	4.63	121.9034438
^{94}Zr	17.38	93.9063108	^{124}Sn	5.79	123.9052766
^{96}Zr	2.80	95.9082714	^{121}Sb	57.21	120.903812
^{93}Nb	100	92.9063730	^{123}Sb	42.79	122.9042132
^{92}Mo	14.53	91.9068080	^{120}Te	0.09	119.904059
^{94}Mo	9.15	93.9050849	^{122}Te	2.55	121.9030435
^{95}Mo	15.84	94.9058388	^{123}Te	0.89	122.9042698
^{96}Mo	16.67	95.9046761	^{124}Te	4.74	123.9028171
^{97}Mo	9.60	96.9060181	^{125}Te	7.07	124.9044299
^{98}Mo	24.39	97.9054048	^{126}Te	18.84	125.9033109
^{100}Mo	9.82	99.9074718	^{128}Te	31.74	127.9044613
^{96}Ru	5.54	95.9075903	^{130}Te	34.08	129.906222749
^{98}Ru	1.87	97.905287	^{127}I	100	126.904472
^{99}Ru	12.76	98.9059341	^{124}Xe	0.0952	123.9058920
^{100}Ru	12.60	99.9042143	^{126}Xe	0.0890	125.904298
^{101}Ru	17.06	100.9055769	^{128}Xe	1.9102	127.9035310
^{102}Ru	31.55	101.9043441	^{129}Xe	26.4006	128.904780861
^{104}Ru	18.62	103.9054275	^{130}Xe	4.0710	129.903509350
^{103}Rh	100	102.9054980	^{131}Xe	21.2324	130.90508406
^{102}Pd	1.02	101.9056022	^{132}Xe	26.9086	131.904155086
^{104}Pd	11.14	103.9040305	^{134}Xe	10.4357	133.9053947

付録2.（続き）

核　種	同位体存在度(%)	原子質量(amu)	核　種	同位体存在度(%)	原子質量(amu)
^{136}Xe	8.8573	135.907214484	^{160}Dy	2.329	159.9252046
^{133}Cs	100	132.905451961	^{161}Dy	18.889	160.9269405
^{130}Ba	0.106	129.9063207	^{162}Dy	25.475	161.9268056
^{132}Ba	0.101	131.9050611	^{163}Dy	24.896	162.9287383
^{134}Ba	2.417	133.90450818	^{164}Dy	28.260	163.9291819
^{135}Ba	6.592	134.90568838	^{165}Ho	100	164.9303288
^{136}Ba	7.854	135.90457573	^{162}Er	0.139	161.9287884
^{137}Ba	11.232	136.9058271	^{164}Er	1.601	163.9292088
^{138}Ba	71.698	137.9052470	^{166}Er	33.503	165.9302995
^{138}La	0.08881	137.907115	^{167}Er	22.869	166.9320546
^{139}La	99.91119	138.9063563	^{168}Er	26.978	167.9323767
^{136}Ce	0.185	135.9071292	^{170}Er	14.910	169.9354702
^{138}Ce	0.251	137.905991	^{169}Tm	100	168.9342179
^{140}Ce	88.450	139.9054431	^{168}Yb	0.123	167.9338896
^{142}Ce	11.114	141.9092504	^{170}Yb	2.982	169.9347664
^{141}Pr	100	140.9076576	^{171}Yb	14.09	170.9363302
^{142}Nd	27.152	141.9077290	^{172}Yb	21.68	171.9363859
^{143}Nd	12.174	142.9098200	^{173}Yb	16.103	172.9382151
^{144}Nd	23.798	143.9100930	^{174}Yb	32.026	173.9388664
^{145}Nd	8.293	144.9125793	^{176}Yb	12.996	175.9425764
^{146}Nd	17.189	145.9131226	^{175}Lu	97.401	174.9407752
^{148}Nd	5.756	147.9168993	^{176}Lu	2.599	175.9426897
^{150}Nd	5.638	149.9209022	^{174}Hf	0.16	173.9400461
^{144}Sm	3.07	143.9120065	^{176}Hf	5.26	175.9414076
^{147}Sm	14.99	146.9149044	^{177}Hf	18.60	176.9432277
^{148}Sm	11.24	147.9148292	^{178}Hf	27.28	177.9437058
^{149}Sm	13.82	148.9171921	^{179}Hf	13.62	178.9458232
^{150}Sm	7.38	149.9172829	^{180}Hf	35.08	179.9465570
^{152}Sm	26.75	151.9197397	^{180}Ta	0.01201	179.9474648
^{154}Sm	22.75	153.9222169	^{181}Ta	99.98799	180.9479958
^{151}Eu	47.81	150.9198578	^{180}W	0.12	179.9467108
^{153}Eu	52.19	152.9212380	^{182}W	26.50	181.9482039
^{152}Gd	0.20	151.9197995	^{183}W	14.31	182.9502227
^{154}Gd	2.18	153.9208741	^{184}W	30.64	183.9509309
^{155}Gd	14.80	154.9226305	^{186}W	28.43	185.9543628
^{156}Gd	20.47	155.9221312	^{185}Re	37.40	184.9529545
^{157}Gd	15.65	156.9239686	^{187}Re	62.60	186.9557501
^{158}Gd	24.84	157.9241123	^{184}Os	0.02	183.9524885
^{160}Gd	21.86	159.9270624	^{186}Or	1.59	185.9538350
^{159}Tb	100	158.9253547	^{187}Os	1.96	186.9557474
^{156}Dy	0.056	155.9242847	^{188}Os	13.24	187.9558352
^{158}Dy	0.095	157.924416	^{189}Os	16.15	188.9581442

核　種	同位体存在度(%)	原子質量(amu)	核　種	同位体存在度(%)	原子質量(amu)
^{190}Os	26.26	189.9584437	^{201}Hg	13.18	200.9703028
^{192}Os	40.78	191.9614770	^{202}Hg	29.86	201.9706434
^{191}Ir	37.3	190.9605893	^{204}Hg	6.87	203.9734940
^{193}Ir	62.7	192.9629216	^{203}Tl	29.52	202.9723446
^{190}Pt	0.012	189.959930	^{205}Tl	70.48	204.9744278
^{192}Pt	0.782	191.961039	^{204}Pb	1.4	203.9730440
^{194}Pt	32.86	193.9626809	^{206}Pb	24.1	205.9744657
^{195}Pt	33.78	194.9647917	^{207}Pb	22.1	206.9758973
^{196}Pt	25.21	195.9649521	^{208}Pb	52.4	207.9766525
^{198}Pt	7.356	197.9678949	^{209}Bi	100	208.9803991
^{197}Au	100	196.9665688	^{232}Th	100	232.0380558
^{196}Hg	0.15	195.965833	^{231}Pa	100	231.0358842
^{198}Hg	9.97	197.9667686	^{234}U	0.0054	234.0409523
^{199}Hg	16.87	198.9682806	^{235}U	0.7204	235.0439301
^{200}Hg	23.10	199.9683266	^{238}U	99.2742	238.0507884

参考文献：同位体存在度については M.Berglund and M.E.Wieser, Pure Appl. Chem. 83, 397 (2011)．原子質量については M.Wang et al., Chinese Phys. C, 36, 1603 (2012)．

〔海老原　充〕

付録3. 天然の放射壊変系列

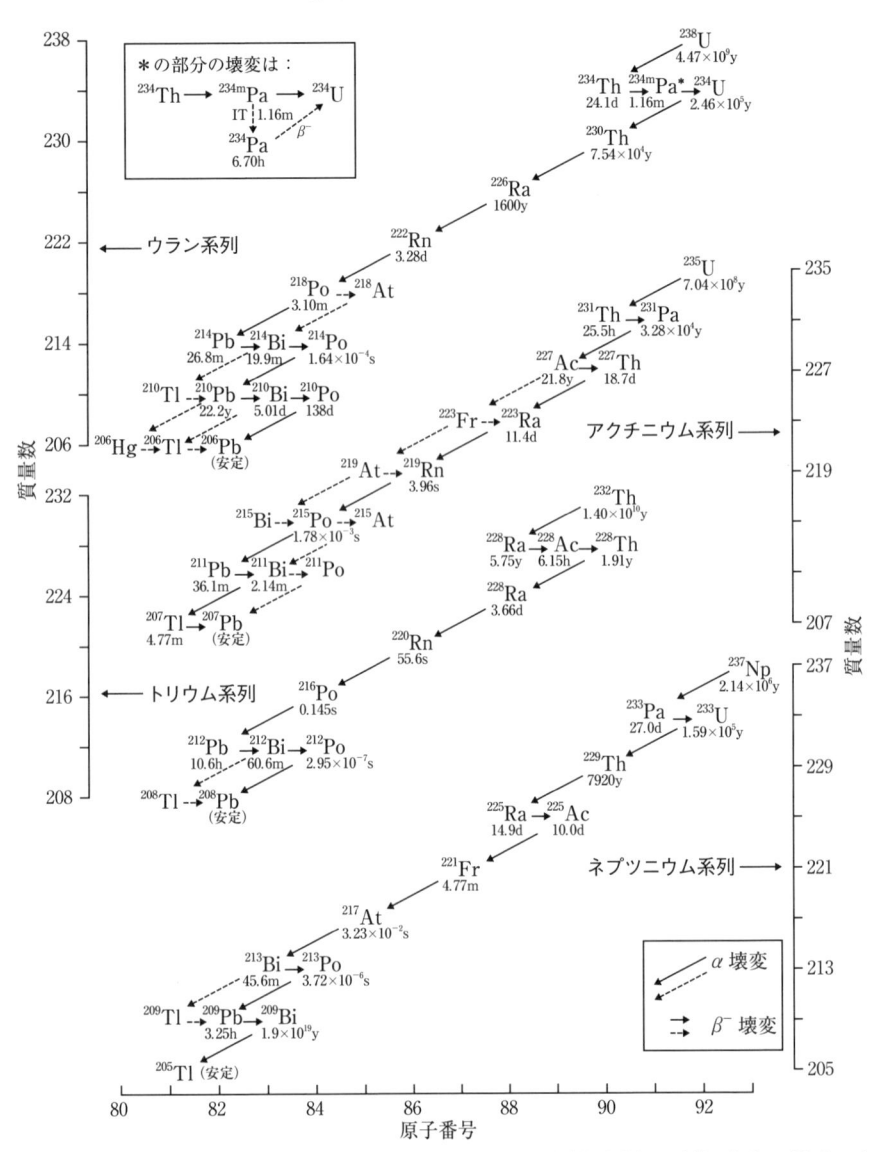

＊の部分の壊変は：
^{234}Th → ^{234m}Pa → ^{234}U
　　　　IT ↓ 1.16m
　　　　^{234}Pa　β^-
　　　　6.70h

ウラン系列

^{238}U 4.47×10^{9}y
^{234}Th 24.1d → ^{234m}Pa* 1.16m → ^{234}U 2.46×10^{5}y
^{230}Th 7.54×10^{4}y
^{226}Ra 1600y
^{222}Rn 3.28d
^{218}Po 3.10m → ^{218}At
^{214}Pb 26.8m → ^{214}Bi 19.9m → ^{214}Po 1.64×10^{-4}s
^{210}Tl 22.2y → ^{210}Pb → ^{210}Bi 5.01d → ^{210}Po 138d
^{206}Hg → ^{206}Tl → ^{206}Pb (安定)

アクチニウム系列

^{235}U 7.04×10^{8}y
^{231}Th 25.5h → ^{231}Pa 3.28×10^{4}y
^{227}Ac 21.8y → ^{227}Th 18.7d
^{223}Fr → ^{223}Ra 11.4d
^{219}At → ^{219}Rn 3.96s
^{215}Bi → ^{215}Po 1.78×10^{-3}s → ^{215}At
^{211}Pb 36.1m → ^{211}Bi 2.14m → ^{211}Po
^{207}Tl 4.77m → ^{207}Pb (安定)

トリウム系列

^{232}Th 1.40×10^{10}y
^{228}Ra 5.75y → ^{228}Ac 6.15h → ^{228}Th 1.91y
^{228}Ra 3.66d
^{220}Rn 55.6s
^{216}Po 0.145s
^{212}Pb 10.6h → ^{212}Bi 60.6m → ^{212}Po 2.95×10^{-7}s
^{208}Tl → ^{208}Pb (安定)

ネプツニウム系列

^{237}Np 2.14×10^{6}y
^{233}Pa 27.0d → ^{233}U 1.59×10^{5}y
^{229}Th 7920y
^{225}Ra 14.9d → ^{225}Ac 10.0d
^{221}Fr 4.77m
^{217}At 3.23×10^{-2}s
^{213}Bi 45.6m → ^{213}Po 3.72×10^{-6}s
^{209}Tl 3.25h → ^{209}Pb → ^{209}Bi 1.9×10^{19}y
^{205}Tl (安定)

→ α 壊変
⇢ β^- 壊変

各系列について主壊変経路を太い実線，分岐した分岐比の小さい壊変経路を細い破線の矢印で示した．また主壊変経路の核種のみ半減期（概数）を付記した．半減期の値は以下の文献による．H. Koura, *et al.*, Chart of the Nuclides 2014, Japan Atomic Enagy Agency.

〔永目諭一郎〕

付録 4. 主な天然放射性核種

a. 天然放射性核種の分類

種　類	分類の根拠と核種の例(（　）内)
天然一次放射性核種	太陽系の形成時に存在していたものが現在まで残存している核種
壊変系列をつくる	(^{232}Th, ^{235}U, ^{238}U)
壊変系列をつくらない	(^{40}K, ^{50}V, ^{87}Rb, ^{138}La, ^{147}Sm, ^{176}Lu, ^{187}Re など)
天然二次放射性核種	^{232}Th, ^{235}U, ^{238}U の壊変系列中に存在する核種
	(^{210}Po, ^{218}At, ^{222}Rn, ^{223}Fr, ^{226}Ra, ^{227}Ac, ^{231}Pa など)
天然誘導放射性核種	宇宙線との核反応で生成する核種
	(^{3}H, ^{14}C, ^{10}Be, ^{26}Al, ^{36}Cl など)

天然二次放射核種は付録 3 を参照．

b. 天然一次放射性核種

放射性核種	同位体存在度(％)	半減期(年)	壊変様式*
^{40}K	0.0117	1.248×10^{9}	β^{-}, EC
^{87}Rb	27.83	4.81×10^{10}	β^{-}
^{113}Cd	12.22	8.04×10^{15}	β^{-}
^{116}Cd	7.49	3.3×10^{19}	$\beta^{-}\beta^{-}$
^{128}Te	31.74	2.3×10^{24}	$\beta^{-}\beta^{-}$
^{130}Te	34.08	8.0×10^{22}	$\beta^{-}\beta^{-}$
^{132}Ba	0.101	$>3.0 \times 10^{21}$	$\beta^{+}\beta^{+}$
^{138}La	0.08881	1.02×10^{11}	EC, β^{-}
^{144}Nd	23.789	2.29×10^{15}	α
^{147}Sm	14.99	1.06×10^{11}	α
^{148}Sm	11.24	7×10^{15}	α
^{152}Gd	0.20	1.08×10^{14}	α
^{176}Lu	2.599	3.76×10^{10}	β^{-}
^{174}Hf	0.16	2.0×10^{15}	α
^{187}Re	62.60	4.33×10^{10}	β^{-}
^{186}Os	1.59	2.0×10^{15}	α
^{190}Pt	0.012	6.5×10^{11}	α
^{209}Bi	100	1.9×10^{19}	β^{-}
^{232}Th	100	1.40×10^{10}	α
^{231}Pa	100	3.276×10^{4}	α
^{234}U	0.0054	2.445×10^{5}	α
^{235}U	0.7204	7.04×10^{8}	α
^{236}U	99.2742	4.468×10^{9}	α

＊ $\beta^{-}\beta^{-}$ および $\beta^{+}\beta^{+}$ は壊変様式の一つで，二重 β 壊変．

c. 天然誘導放射性核種

核　種	半減期	壊変様式	生成過程
^{3}H	12.32 年	β^-	N，O の核破砕反応
^{7}Be	53.22 日	EC	N，O の核破砕反応
^{10}Be	1.51×10^6 年	β^-	N，O の核破砕反応
^{14}C	5700 年	β^-	^{14}N(n,p)^{14}C
^{22}Na	2.6027 年	β^+，EC	Ar の核破砕反応
^{32}Si	1.52×10^2 年	β^-	Ar の核破砕反応
^{32}P	14.268 日	β^-	Ar の核破砕反応
^{33}P	25.35 日	β^-	Ar の核破砕反応
^{35}S	87.37 日	β^-	Ar の核破砕反応
^{36}Cl	3.013×10^5 年	β^-，EC，β^+	Ar の核破砕反応*

* これ以外に ^{35}Cl(n,γ)^{35}Cl 反応による寄与も加わる．
半減期の値は付録 3 の脚注に示した文献による．

〔海老原　充〕

付録 5. 人工放射元素一覧

原子番号	元素記号[*1]	元素名	生成年	生成場所（および発見者）	生成反応と半減期[*2]	元素名の由来
43	Tc	テクネチウム (technetium)	1937	イタリア・パレルモ（ペリエ，セグレ）	Mo+d 現在は，^{95m}Tc(61日)，^{97m}Tc(90.1日)として認識されている	「人工的な」を意味するギリシャ語 technicos
61	Pm	プロメチウム (promethium)	1947	米国・オークリッジ（マリンスキーら）	^{235}U の核分裂 現在は，^{147}Pm (2.62年)として認識されている	ギリシャ神話で神から火を盗んだプロメティウス
93	Np	ネプツニウム (neptunium)	1940	米国・バークレー（マクミラン，アーベルソン）	^{238}U(n,γ)^{239}U → ^{239}Np (2.3日)	惑星 Neptune (海王星)
94	Pu	プルトニウム (plutonium)	1940	米国・バークレー（シーボルグら）	^{238}U(d,2n)^{238}Np → ^{238}Pu (87.7年)	惑星 Pluto (冥王星)
95	Am	アメリシウム (americium)	1944	米国・シカゴ（シーボルグら）	^{239}Pu(n,γ)^{240}Pu(n,γ)^{241}Pu → ^{241}Am (433年)	米国の国名 (America)
96	Cm	キュリウム (curium)	1944	米国・バークレー（シーボルグら）	^{239}Pu(α,n)^{242}Cm (163日)	キュリー夫妻の名前 (Curie)
97	Bk	バークリウム (berkelium)	1949	米国・バークレー（トンプソンら）	^{241}Am(α,2n)^{243}Bk (4.5時)	合成に成功したローレンスバークレー研究所の所在地 (Berkeley)
98	Cf	カリホルニウム (californium)	1950	米国・バークレー（トンプソンら）	^{242}Cm(α,n)^{245}Cf (44 min)	合成に成功したローレンスバークレー研究所の所在する州名 (California)
99	Es	アインスタイニウム (einsteinium)	1952	米国・バークレー（ショパンら）	熱核爆弾による放射性残さ ^{253}Es (20日)	ドイツの物理学者アインシュタイン (A. Einstein) の名前

付録5.（続き）

原子番号	元素記号[*1]	元素名	生成年	生成場所（および発見者）	生成反応による放射性残さと半減期[*2]	元素名の由来
100	Fm	フェルミウム (fermium)	1952	米国・バークレー（ジョバンら）	熱核爆弾で ^{255}Fm (22時)	イタリアの物理学者フェルミ (E. Fermi) の名前
101	Md	メンデレビウム (mendelevium)	1955	米国・バークレー（ギオルソら）	^{253}Es$(\alpha, n)^{256}$Md (2.6時)	ロシアの化学者メンデレーフ (D. Mendeleev) の名前
102	No	ノーベリウム (nobelium)	1958	米国・バークレー（ギオルソら）	^{244}Cm$(^{12}C, 4n)^{252}$No (3 s) 発見当初は ^{254}No と同定	スウェーデンの科学者ノーベル (A. Nobel) の名前
103	Lr	ローレンシウム (lawrencium)	1961	米国・バークレー（ギオルソら）	^{249,250,251,252}Cf$(^{10,11}B, xn)$ ^{258}Lr (4.3 s)	米国の物理学者ローレンス、サイクロトロンの発明者 (E.O. Lawrence) の名前
104	Rf	ラザホージウム (rutherfordium)	1964	旧ソ連・ドブナ（フレーロフら）	^{242}Pu$(^{22}Ne, 4n)^{260}$Rf (0.3 s)	イギリスの物理学者ラザフォード (E. Rutherford) の名前
			1969	米国・バークレー（ギオルソら）	^{249}Cf$(^{12}C, 4n)^{257}$Rf (3.8 s)	
105	Db	ドブニウム (dubnium)	1971	旧ソ連・ドブナ（フレーロフら）	^{243}Am$(^{22}Ne, 4n)^{261}$Db (1.8 s)	旧ソ連の原子核研究所の所在地 (Dubna)
			1970	米国・バークレー（ギオルソら）	^{249}Cf$(^{15}N, 4n)^{260}$Db (1.5 s)	
106	Sg	シーボーギウム (seaborgium)	1974	米国・バークレー（ギオルソら）	^{249}Cf$(^{18}O, 4n)^{263}$Sg (0.9 s)	米国の化学者シーボルグ (G. T. Seaborg) の名前
107	Bh	ボーリウム (bohrium)	1981	ドイツ・ダルムシュタット（ミュンツェンベルグら）	^{209}Bi$(^{54}Cr, n)^{262}$Bh (5 ms)	デンマークの物理学者ボーア (N. Bohr) の名前
108	Hs	ハッシウム (hassium)	1984	ドイツ・ダルムシュタット（ミュンツェンベルグら）	^{208}Pb$(^{58}Fe, n)^{265}$Hs (1.8 ms)	合成に成功した重イオン研究所の所在地である Hessen 州のラテン名 Hassia

原子番号	元素記号[*1]	元素名	生成年	生成場所（および発見者）	生成反応と半減期[*2]	元素名の由来
109	Mt	マイトネリウム (meitnerium)	1982	ドイツ・ダルムシュタット (ミュンツェンベルクら)	$^{209}\text{Bi}(^{58}\text{Fe, n})^{266}\text{Mt}$ (3.4 ms)	オーストリアの物理学者マイトナー (L. Meitner) の名前
110	Ds	ダームスタチウム (darmstadtium)	1994	ドイツ・ダルムシュタット (ホフマンら)	$^{208}\text{Pb}(^{62}\text{Ni, n})^{269}\text{Ds}$ (170 μs)	合成に成功した重イオン研究所の所在地 (Darmstadt)
111	Rg	レントゲニウム (roentgenium)	1995	ドイツ・ダルムシュタット (ホフマンら)	$^{209}\text{Bi}(^{64}\text{Ni, n})^{272}\text{Rg}$ (1.5 ms)	ドイツの物理学者レントゲン (W. Röntgen) の名前
112	Cn	コペルニシウム (copernicium)	1996	ドイツ・ダルムシュタット (ホフマンら)	$^{208}\text{Pb}(^{70}\text{Zn, n})^{277}\text{Cn}$ (240 μs)	ポーランドの科学者コペルニクス (N. Copernicus) の名前
113	Uut	ウンウントリウム (ununtrium)	2004	ロシア・ドブナ (オガネシアンら)	$^{243}\text{Am}(^{48}\text{Ca, 3n})^{288}\text{Uup} \rightarrow$ ^{284}Uut (0.48 s)	IUPAC暫定名
			2004	日本・理研 (森田ら)	$^{209}\text{Bi}(^{70}\text{Zn, n})^{278}\text{Uut}$ (344 μs)	
114	Fl	フレロビウム (flerovium)	2004	ロシア・ドブナ (オガネシアンら)	$^{242}\text{Pu}(^{48}\text{Ca, 3n})^{287}\text{Fl}$ (0.48 s) IUPACが承認を判断した反応	ロシアの物理学者フレーロフ (G. Flerov) の名前
115	Uup	ウンウンペンチウム (ununpentium)	2004	ロシア・ドブナ (オガネシアンら)	$^{243}\text{Am}(^{48}\text{Ca, 3n})^{288}\text{Uup}$ (87 ms)	IUPAC暫定名
116	Lv	リバモリウム (ununhexium)	2004	ロシア・ドブナ (オガネシアンら)	$^{245}\text{Cm}(^{48}\text{Ca, 2n})^{291}\text{Lv}$ (18 ms) IUPACが承認を判断した反応	合成に成功した米国の共同研究者の所属する研究所の所在地 (Livermore)
117	Uus	ウンウンセプチウム (ununseptium)	2010	ロシア・ドブナ (オガネシアンら)	$^{249}\text{Bk}(^{48}\text{Ca, 3n})^{294}\text{Uus}$ (78 ms)	IUPAC暫定名
118	Uuo	ウンウンオクチウム (ununoctium)	2006	ロシア・ドブナ (オガネシアンら)	$^{249}\text{Cf}(^{48}\text{Ca, 3n})^{294}\text{Uu}$ (0.89 ms)	IUPAC暫定名

[*1] 113, 115, 117, 118番元素の名前は暫定的なもので、今後決められる予定。
[*2] 代表的な反応を示す。なお ( ) 内は生成核種の半減期。

[永目諭一郎]

索　引

ア

アイスコア　172
アイソクロン　268
アイソトープ電池　320
アインシュタイン　14
アインスタイニウム　84
青色発光ダイオード　74
悪性リンパ腫の治療薬　316
アクチニウム系列　30, 192
アクチニル　86
アクチノイド　82, 89, 245
アクチノイド系列　89
アクチノイド収縮　86, 87
アクチノイド説　86
アクチバブルトレーサー　176
熱い核融合反応　92
厚さ計　322
圧力容器　34
後充填法　324
アニーリング　130, 180
アポトーシス　295
アメリシウム　83, 89, 323
アラニン線量計　60
泡箱　72
アンガー型カメラ　306
暗黒物質　5
安全文化　261
アンダーソン　22
安定核(種)　78, 281
安定性の島　96
安定線　78
安定同位体　270, 271

イ

イエローケーキ　243
イオン化式煙感知機　323
イオン加速器　312
イオン交換　219
イオン交換繊維　327
イオン交換態画分　208
イオントラップ　122
イオン半径　86
イオンビーム　312
イオンビーム育種　312
異形状トラップ　123
移行係数　208
移行係数モデル　206
異性体シフト　128
位置検出器　68
一次宇宙線　283
一次標準測定法　186
一次標準比率法　167
一次放射性核種　29
井戸型検出器　67
イトカワ　288
イトカワ粒子　287
イメージング・インテンシファイアー　325
イメージングプレート　60, 74, 325
イリジウム線源　324
色クエンチング　70
陰極線　25
隕鉄　282
インビボ診断用放射性医薬品　300
インビーム・メスバウアー分光法　134, 150
インフライト法　105

ウ

ウィルソン-ブロベック式　51
ウォーターロッド　226
ウォッシュアウト　204
宇宙線　22, 29, 172, 281
　　――による被ばく　205
宇宙線起源(放射性)核種　204, 281
宇宙線生成核種　29, 196, 280
宇宙線誘導放射性核種　29
宇宙の晴れ上がり　275
宇宙背景放射　279
宇宙風化　287
宇宙用原子力電池　321
宇宙リチウム問題　275
ウラニナイト　242
ウラニルイオン　242
ウラン　89, 198, 241, 243, 247, 251, 327
ウラン系列　30, 192
ウラン鉱床　241
ウリミバエ　333

エ

エアロゾル　106, 196, 213
エイジング　208
永続平衡　28, 30
疫学調査　297
液相系迅速放射化学分離　112
エキゾチックアトム　47, 146
液体シンチレーション検出器　70
液滴模型　12
エスケープピーク　56
エッチング　164, 180
エネルギー準位　18
エネルギー積分　179
エネルギー束　57

エネルギー増倍率 235, 238
エネルギーフルエンス 57
エネルギー分解能 66
エネルギー分散型 175
エレクトロンボルト 14
エロージョン 240
塩化ストロンチウム注射液 316
円形加速器 38, 234
遠心分離(法) 111, 243

オ

大型放射光施設 136
オキシ水酸化鉄ゲータイト 151
8-オキソグアニン 293
屋内待避勧告 262
屋内退避区域 264
オクロ現象 286
オクロ鉱山 218
オージェ電子 22-25, 31, 53, 304
汚染マップ 201
遅い中性子捕獲過程 277
オートラジオグラフィー 291
オーバーパック 255
親核種 27
温泉 213
温泉法 334
オンライン型同位体分離装置 110

カ

加圧器逃し弁 260
加圧水型炉 35, 224
ガイガー 19
ガイガー・ミュラー計数管 63
ガイガー・ミュラー領域 65
開固着 260
解体廃棄物 252
害虫駆除 333
概念設計活動 238
外部被ばく 204, 296
外部放射線治療 303

壊変γ線 155
壊変γ線スペクトル 158
壊変系列 29, 197
壊変図式 18
壊変生成物 196
壊変定数 18, 27
化学クエンチング 70
化学シフト 142
化学量論係数 104
架橋反応 328
核医学検査 316
核異性体 10, 24, 81
核異性体転移 24
核カスケード 283
核鑑識 259
核共鳴散乱 136
核共鳴前方散乱 136
核共鳴非弾性散乱 137
核査察 183
拡散による放射性核種の移行挙動 256
核子 2, 14, 274
核子移行反応 109
核 g 因子 10
核磁気回転比 10
核磁気共鳴 10, 88, 142, 143
核磁気共鳴画像法 142
核磁気共鳴分光 142
核種 2
核種移行 256, 257
核図表 78, 96
核スピン 10, 142
核整列 144
核セキュリティ 259
核ゼーマン分裂 129
角相関 144
核テロ防止条約 259
核燃料 33, 242
核燃料サイクル 198, 199
核燃料再処理施設 172, 214
格納容器 34
格納容器ベント 263
核破砕 118-120, 234, 281, 284
核反応 40, 228
核反応断面積 41

核不拡散 258
核物質防護 247
核物質防護条約 259
核分裂 44, 81, 82, 95, 124, 228
核分裂異性体 46
核分裂障壁 44
核分裂生成物 82, 245, 247, 286
核分裂性パラメータ 95, 96
核分裂電池 321
核分裂連鎖反応 33, 286
核兵器の不拡散に関する条約 258
核変換 251
核偏極 144
かぐや 188
核融合反応 92, 107, 235
核融合炉 235
確率的影響 296
核力 14
火災報知機 323
ガスクロマトグラフィー 115
カスケードγ線 159
――によるサム効果 168
ガスジェット搬送法 105
ガス充てん型質量分離器 108
ガス増幅 63, 64
ガスタービン発電システム 233
ガスフロー型平行平板電子なだれ型γ線検出器 135
火星の水 151
火星隕石 282
加速器 37, 181
加速器駆動システム 234, 251
加速器質量分析法 37, 170, 196, 216, 271, 284, 314
活性酸素種 293
荷電粒子 50
荷電粒子放射化分析 154, 163
荷電粒子励起 X 線分析 26,

349

169
過渡平衡　28
ガドリニア　224, 230
ガーニー　20
可燃性毒物　224, 230
カーマ　57
ガモフ　20
ガラス固化体　255
ガラス骨格　130
カリホルニウム　84, 90
軽い元素の原子核合成　274
カルノー効率　321
カルボキシメチルセルロース　329
間期死　295
環境移行モデル　206
環境生物　221
環境放射線　211
環境放射線モニタリング　200
環境放射能　78, 211
環境放射能測定　73
環境放射能分析　211
乾式再処理　249
緩衝材　255
慣性閉じ込め　236
岩石の年代測定法　180
ガンマカメラ　306
がんリスク　220
緩和時間　142, 145

キ

機器中性子放射化分析　156
輝尽性蛍光体　60
気相系迅速放射化学分離　115
気送照射設備　183
気体拡散法　110
気体充てん型反跳核分離装置　94
気体放射線検出器　64
軌道電子捕獲　17, 21, 22, 269
軌道電子捕獲壊変　22
逆希釈法　185
逆相抽出クロマトグラフィー

実験　99
逆バイアス電圧　66
キャッチャーフォイル法　105
吸収係数　51
吸収線量　57
急照射　331
吸着エンタルピー　117
キュリー　17
キュリウム　83, 89
キュリー夫人　30
共鳴トンネル現象　46
共鳴ピーク　228
局所構造変化　130
局所磁場　145
巨大共鳴　43, 161
霧箱　72
銀河宇宙線　29, 279, 284
緊急時モニタリング　201
キングドントラップ　123
金属原子半径　86
金属電解法　249
金属燃料　244

ク

空間放射線量率　201, 262
空気シャワー　283
空気清浄用フィルター　327
空気力学的中央径　208
偶偶核　10, 20
空孔型格子欠陥　139
空乏層　66
クエンチング　70
クォーク　3
クライン-仁科の式　54
クラーク数　241
クラスター壊変　18
クリアランス物　252
クリアランスレベル　252
クーリッジ管　325
グリッドスペーサ　225
クリプトン　217
グループトレーサー　290
クローズドエンド同軸型　67
クローバー型検出器　67
グローバルフォールアウト

197, 205
クロマトグラム　115
クーロン障壁　41

ケ

ケイオニックアトム　146
軽元素　274
蛍光X線　26
蛍光X線分析　26, 175
蛍光ガラス線量計　60, 211
蛍光収率　22
蛍光法　174
軽水炉　224, 228
計数率　154
計量管理　258
ゲージボソン　3
血液脳関門　311
結合型抗原　313
結晶構造　288
ケミカルシム　230
ゲルマニウム半導体検出器　159, 309
研究用原子炉　34, 181
原子核　8
——の圧縮性　9
——の大きさ　8
——の密度分布　9
原子核乾板　72
原子核反応　107
原子空孔　139
原子質量単位　6
原子数　103
原子番号　78
減弱計数　322
原子容　87
原子量　6
原子力施設　198
原子力電池　320
原子力発電所　214
原子炉　33, 84, 124
原子炉圧力容器　226, 227
原子炉格納容器　227
原子炉隔離時冷却系　263
原子炉建屋　227
原子炉等規制法　252
原子炉容器　34

減速材　33

コ

高エネルギー RI ビーム　118
高 LET 放射線　298, 303
高温化学法　249
高温ガス炉　34, 232
高温工学試験研究炉　233
高温冶金法　249
航空機観測　264
抗原-抗体複合体　313
考古線量　74
抗酸化酵素　297
光子　161
高自然放射線地域　220
甲状腺がん　261
甲状腺結節　220
恒星　276
較正曲線　272
鉱泉分析法指針　334
高線量地域　197
高速実験炉「常陽」　262
高速増殖炉　231
高速中性子　228
光電吸収　308
光電効果　53
光電子増倍管　75
後方散乱ピーク　54
光量子放射化分析　154, 161
高レベル放射性廃棄物　248, 251, 252, 254
小型サイクロトロン　163
黒鉛構造物　232
国際原子力機関　258
国際純正・応用化学連合　7, 125
国際純正・応用物理学連合　125
国際熱核融合実験炉　238
国際放射線防護委員会　210, 221
個人被曝線量計　59
固体シンチレーション検出器　69
固体廃棄物　199
固体飛跡検出器　72, 180

コッククロフト・ウォルトン型　37
コペルニシウム　94, 100, 115
固有 X 線　25
コロージョン　240
コンコーディア　270
コンドライト　282
コンドルール　273
コンパレータ元素　157
コンパレータ法　157, 167
コンプトンカメラ　308
コンプトン効果　54
コンプトン散乱　308

サ

サイクロトロン　38, 92
歳差運動　145
再処理　240, 247
再転換　243
材料放射化　239
査察　258
殺菌　331
撮像系　181
サーベイメーター　59
酸化物電解法　249
酸化分解　330
残渣画分　208
三次元構造　287
三重水素　237
三重電子生成　56
酸素効果　303
酸素増感比　293, 298
酸素ポテンシャル　88
散乱 X 線メスバウアー分光器　151
散乱電子法　129

シ

シカゴ・パイル 1 号　124
磁気緩和現象　129
磁気的転移　24
磁気閉じ込め　236
磁気分裂　129
磁気(二重極)モーメント　10
四極分裂　129, 130

四重極モーメント　11
磁性ガラス　132
次世代炉　231
自然放射線　220
実効拡散係数　256
実効線量　58, 61, 296
湿式再処理　247
質量エネルギー吸収係数　58
質量エネルギー転移係数　58
質量吸収係数　55
質量欠損　6
質量減弱係数　58
質量作用の法則　103
質量数　2
質量阻止能　50
質量分析(法)　107, 212
質量偏差　6, 80
死の灰　194
自発核分裂　18, 45, 79, 85, 91, 218
指標生物　200
シーボーギウム　93, 99
シーマ　57
遮蔽体　33
遮蔽の深さ　281
重イオン核反応　43
重イオン線形加速器　85
重元素　276
重心系　107
集団運動模型　12
収着　256
収着[分配]係数　256
重粒子　3
重粒子線　303
重粒子線治療　299
重力子　5
重力相互作用　4
ジュエヌ-ハントの法則　52
シュトラスマン　124
シュレーディンガー方程式　101
準安定状態　24
準位交差法　141
昇華エンタルピー　117
焼結ペレット法　244
硝酸ウラニル　262

消止気体　63
照射線量　57
照射線量率定数　324
照射損傷　240
使用済燃料　245
使用済燃料プール　263
小線源治療　303
衝突係数　43
衝突損失　61
消滅放射（線）　22, 56
消滅放射性核種　273
常陽　231, 262
蒸留　111
食品衛生法　332
植物検疫　331
食物の摂取による内部被ばく　205
ジラードとチャルマースの実験　148
ジルカロイ　224
ジルコン　180, 270
深海底堆積物　172
シングルアトム化学　97, 103
シングルトレーサー　290
シングルフォトン放出核種　300
シンクロトロン　26, 39, 288
新元素の承認　125
人工ニュートリノ　75
進行波炉　36
人工放射性核種　29, 196
シンチグラフィー　300
シンチレーション検出器　59, 188, 306
シンチレータ　69
シンチレータカクテル　70
深部線量　298
深部非弾性衝突　43

ス

水質管理　240
水質浄化ガラス　133
スクォーク　5
スクリーニング法　183
スタウ粒子　147

ストリッピング反応　42
スーパーカミオカンデ　75
スピン　18, 23
スピンエコー法　179
スピン軌道相互作用　101
スピンクロスオーバー現象　129
スペクトロメータ　165
スペクトロメトリ　165
スリーマイル島原子力発電所事故　260

セ

正極活物質　131
制御棒　33, 226, 230
制限比例領域　65
正孔　66
静止質量　14
生鮮品や冷凍品の殺菌処理　331
生体防御機構　297
静電加速器　37
静電トラップ　123
制動放射　26, 52, 161, 162
生物学的効果比　298
生物濃縮　202
正ミュオン　140
ゼヴァリン　302
積算線量　200
赤色熱ルミネセンス　74
セグレ　32
セシウム　208
セシウム蒸気　321
絶対年代　273
絶対法　154
ゼーベック効果　320
ゼーマン分裂　142
全α放射能　212
全エネルギーピーク　53
線エネルギー付与　61, 312
線形加速器　38, 92, 234
全交流電源喪失　263
潜在的放射性毒性　251
線阻止能　50
選択律　24
前置増幅器　165

前平衡過程　42
全β放射能　212
線量　57
線量当量　58, 61

ソ

操業廃棄物　252
増殖　35
増殖死　295
相対原子質量　6
相対年代　273
相対論効果　101
相対論的軌道収縮　101
相対論的平均場理論　13
相対論密度汎関数法　101
相同組換え　294
増幅器　165
速中性子　286
即発γ線　155, 158
即発中性子　46
阻止能　50
ソレノイド磁石　109
損傷乗り越え複製　294

タ

第一世代原子炉　36
大気安定度　213
大気圏内核実験　172, 194, 196, 214, 215, 218
大気効果　280
大気ニュートリノ　75
大気PIXE　169
大強度陽子加速器　75, 177
第三世代原子炉　36
体積効果　193
大地からの放射線による外部被ばく　205
第二世代原子炉　36
太陽宇宙線　29, 279
太陽活動　279
太陽圏　279
太陽高エネルギー粒子　280
太陽ニュートリノ　75
第四世代原子炉　36, 231
ダウン症　220
ターゲット核　290

多重(即発)γ線分析　159
多重波高分析器　165
多重バリアシステム　255
多段階照射　282
脱塩基部位　293
脱ガス　269
タマネギ構造　276
ダームスタチウム　94
単一光子放射断層撮影法　299, 316
単核種元素　7
炭化物　244
単光子放射断層撮像　307
弾性散乱　40, 178
弾性非干渉性構造因子　178
炭素質隕石　282
担体量変化法　187
タンデトロン AMS 装置　271
タンデム型静電加速器　37, 170
単分画再現法　74

チ

チェルノブイリ原子力発電所事故　194, 202, 208, 218, 221, 260
チェレンコフ放射　35, 71
遅延粒子放出　18
地下水シナリオ　255
地球起源放射性核種　204
地磁気カットオフリジディティ　280
地質温度計　285, 288
地層処分　240, 254
窒化物燃料　244
窒素ビーム　312
遅発中性子　182
遅発中性子先行核　182
遅発中性子分析法　182
チャンネルボックス　225
中間子　3
中間子化学　150
抽出クロマトグラフィー　219
中性子回折　177

中性子過剰核　16
中性子共鳴吸収分析　190
中性子散乱　177
中性子照射　82
中性子束　228
中性子測定　72
中性子ドリップライン　79
中性子の減速　228
中性子増倍率　229
中性子反応断面積　190
中性子放射化分析　154, 161, 167
中性子放出　245
中性子捕獲　218, 228
中性子ラジオグラフィ　181
超アクチノイド元素　83, 91, 97, 115
超ウラン元素　19
超重核の安定性の島　96
超重原子核　95, 96
超重元素　91
超新星残骸　279
超新星爆発　16
長石粒子　73
超対称性　5
長半減期(低)発熱放射性廃棄物　252, 254
長半減期放射性核種　170
超微細相互作用　145
超フェルミウム元素　125
超臨界　229
直接希釈法　184

ツ

対消滅　47
対消滅γ線　307
月隕石　282
冷たい核融合反応　92
強い相互作用　4

テ

低温泉　334
定常中性子源　190
ディスコーディア　270
低線量放射線　295, 297
低速中性子　83

低速陽電子ビーム　139
低分子量化　330
ディラック　22
ディラック方程式　47, 102
定量計測の限界　292
定量分析　175
低レベル放射性廃棄物　252, 254
テクネチウム　80
鉄-マグヘマイト微粒子　133
鉄ミョウバン石　151
デバイ-ワーラー因子　178
テルル化亜鉛カドミウム半導体検出器　68
電解槽　250
電荷分布　8
転換電子　23
転換比　35
電気四重極相互作用　145
電気四重極モーメント　11
電気的遷移　24
電気モーメント　11
電子架橋過程　31
電子収量法　174
電子線　330
電子線形加速器　161
電磁相互作用　4
電子走査微小分析　26
電子対生成　23, 56
電子なだれ　63
電子の古典半径　56
電子の静止質量　54
電磁分離　110
電磁放射光　26
電子ボルト　14
電子密度　128
電場勾配　129, 144, 145
天然原子炉　242, 286
天然トリチウム　214
天然放射性核種　29, 197, 210
天然放射性元素　29
電離作用　323
電離箱　59, 64
電離放射線　63

353

ト

同位体　2, 78, 110, 271
同位体希釈分析　184, 186
同位体効果　193
同位体比　186
同位体分別　285
同位体分離　110
同位体平衡　185, 186
統一原子質量単位　6
等温ガスクロマトグラフ法
　　99, 116
透過拡散法　256
透過型　322
等価線量　58, 61
透過法　174
東京大学宇宙線研究所　75
東西効果　280
同時計数法　159
同時代謝分析法　290
同重体　2, 80
同族元素　81
導電ガラス　130
動力試験炉 JPDR　239
動力炉　34
トカマク　236, 238
特殊相対性理論　14
特殊目的炉　34
特性 X 線　22, 25, 169
特定放射性廃棄物最終処分に
　　関する法律　254
独立粒子模型　12
土壌中放射性物質濃度　207
突然変異　312
ドップラー効果　228
ドブニウム　93, 99
トリウム　89, 241
トリウム系列　30, 192
トリチウム　198, 214
ドリップライン　78
トレーサー　176, 213
トレーサビリティ　167
トレンチ処分　253
トロン　213
トンネル効果　20

ナ

内殻電離　169
ナイトシフト　142
内部四重極モーメント　11
内部磁場　129, 144
内部転換　23
内部転換係数　23
内部被ばく　204, 296
内部標準法　169
内用放射療法　303
ナノ空孔　139

ニ

二官能性キレート化合物
　　302
2 光子角相関　138
二次宇宙線　283
二次中性子　281
二次放射性核種　29
二重希釈法　185
二重閉殻　96
二重閉殻超重原子核　96
二重 β 壊変　18, 278
二中性子分離エネルギー　16
日本化学会原子量専門委員会
　　7
入射核破砕過程　118
入射核破砕片　118
入射核破砕片分離器　119
ニュートリノ　21
ニュートリノ振動　75
人間侵入シナリオ　255
ニンニクの芽止め目的の照射
　　332

ヌ

ヌクレオチド除去修復　294
ヌッタル　19

ネ

ネクローシス　295
熱外中性子　168
熱核爆発実験　84
熱クロマトグラフィー　115
熱蛍光線量計　211
熱中性子　168, 182, 286
熱中性子照射　324
熱電材料　321
熱電子変換型発電器　321
熱ルミネセンス　60, 73
ネプツニウム　82, 89
ネプツニウム系列　30
年間線量　74
年代測定　193
燃料集合体　225
燃料ペレット　224
燃料棒　224
年輪年代　272

ノ

濃縮ウラン　243
濃縮係数　203
濃縮同位体　186
ノズル同位体分離　110
ノーベリウム　85, 89

ハ

パイオニックアトム　146
ハイデルベルグ・モスクワ実
　　験　278
ハイドロゲル　328
バイファンクショナルキレー
　　ト試薬　302
ハイブリッド再処理法　250
爆縮　236
白色 X 線　25
バークリウム　83, 89
破砕反応　43
波長分散型　175
バックグラウンド放射線
　　197
発光現象　73
発光メスバウアースペクトル
　　149
ハッシウム　93, 100, 115
発電効率　233
発熱量　245
ハートリー・フォック計算
　　13
ハドロニックアトム　146
バナジン酸塩ガラス　130

ハフニウム 226
速い中性子捕獲過程 277
はやぶさ 287
バリオン数・光子数比 274
パリティ 4, 10, 18
パルス中性子 190
パルス中性子源 190
パルスパイルアップ 168
パルスモード 64
ハーン 124
半減期 78, 81, 271
半減期補正 166
反原子 47
反射体 33
反中性微子 18
反跳 19, 128
反跳エネルギー 19, 105, 148, 193
反跳核 53, 85, 107, 193
反跳核分離装置 93, 107, 121
反跳分離法 105
バン・デ・グラフ型 37
半導体検出器 66, 309
半導体線量計 60
半導体ダイオード 66
バンドギャップ 67
反ニュートリノ 21
反応断面積 94
反応度出力係数 261
反応度制御 229
反応度フィードバック 261
反物質 47
反陽子 47

ヒ

非圧縮率 9
比較法 155, 166, 167, 187
非加熱殺菌・減菌 331
光核反応 161
光刺激ルミネセンス 73
光刺激ルミネセンス線量計 60
非干渉性散乱 178
飛行時間法 190
非常用復水器 263
非常用炉心冷却系 260, 261
飛跡オートラジオグラフィー 291
非相同末端結合 294
非弾性散乱 40
ピックアップ反応 42
ヒッグス粒子 3, 5, 47
ビッグバン宇宙モデル 274
ビッグバン元素合成 274, 275
ピッチブレンド 30
飛程 19, 50, 304
比電離 50, 61
ヒドロキシラジカル 293
非破壊検査 325
非破壊検査用線源 324
非破壊多元素同時分析 161
非破壊分析 129, 182
被曝放射線線量測定 73
被覆燃料粒子 232
比放射能 105, 185, 208, 216
^{278}113合成実験 96
標準植物 221
標準動物 221
標準物質 271
標準平均海水 285
表面照射 172
表面障壁型Si検出器 85
表面電離型質量分析装置 219
ピリミジン二量体 62
比例計数管 64
比例領域 64

フ

不安定核 143
フィッショントラック 180
フェルミ 124
フェルミウム 84, 124
フェルミ分布 8
フェルミ面 138
フェントン法 133
フォーブッシュ減少 280
不活性ガス 213
不感時間 63, 165
複合核 92, 96
複合核モデル 42
複合型トラップ 123
福島事故 217
福島第一原子力発電所事故 195, 217, 219, 221, 227, 240, 262, 264
福島第一原子力発電所の原子炉 36
腐食 240
不足当量同位体希釈分析 187
不足当量法 185, 187
不足当量放射化分析 187
フッ化物揮発法 249, 250
物質消滅 22, 56
沸騰水型炉 36, 224
不妊化 333
不妊虫放飼法 331, 333
部分的核実験禁止条約 194
負ミュオン 141, 189
プラズマ 236
ブラッグ曲線 50
ブラッグ-クレーマン則 51
ブラッグピーク 61, 298, 303
プラトー領域 63
フラーレン分子 32
ブランケット 236
プール解析 220
プルトニウム 82, 89, 218, 247
プルーム 201
ブレイトンサイクル 233
プレターゲティング 302
フレーム炉 250
フレロビウム 94, 100, 115, 125
プロトアクチニウム 89
プロファイル法 256
プロメチウム 80
分子動力学法 256

ヘ

平均滞留時間 196
平行平板なだれ検出器 65
平常時モニタリング 200

355

併置処分　254
ベクレル　17
ペニングトラップ　122
ヘリウム　232
ヘリカル方式　236

ホ

妨害係数　20
包括的核実験禁止条約　258
萌芽抑制効果　332
防護の最適化　210
放射壊変　268, 285
放射壊変起源　269
放射壊変系列　29
放射化学的手法　259
放射化学分析　149
放射化分析　154, 156, 161
放射光　26, 175
放射光光源　174
放射光メスバウアー吸収分光　136
放射性医薬品　300
放射性核種　198, 271, 281
放射性核種マップ　264
放射性元素　29, 323
放射性ストロンチウム　209
放射性セシウム　221
放射性同位元素　181, 291, 322
放射性トレーサー　28, 184
放射性廃棄物　252
　──でない廃棄物　252
放射性フォールアウト　194
放射線　17
放射線応答特性　74
放射線感受性　62
放射線高分子架橋　328
放射線高分子グラフト　327
放射線場　57
放射線照射装置　326
放射線照射用線源　324
放射線生物作用　61, 293
放射線測定器　197
放射線抵抗性の誘導　297
放射線透過検査用線源　324
放射線分解　330

放射線量　57
放射線量等分布マップ事業　264
放射損失　61
放射年代測定　268, 285
放射能　18
放射能(温)泉　334
放射能組成　245
放射非平衡　192, 196
放射平衡　27, 192
放射壊変　17
放射免疫シンチグラフィー　302
ホウ素製剤　310, 311
ホウ素中性子捕捉療法　303, 304, 310
飽和係数　156
飽和領域　64
ポケット線量計　60
ポジトロニウム　138
ポジトロニウム化学　150
ポジトロン断層撮影法　299
ポジトロン放出核種　300
保障措置　247, 258
ボタン電池　327
ホットアトム化学　148
ホットアトム現象　32
ホットスポット　201
ポテンシャル障壁　20
ボーリウム　93, 100
ポリカルボシラン繊維　328
ポリテトラフルオロエチレン　329
ポリ乳酸　329
ポールトラップ　122
ホルミシス　297
ポロニウム　104
ボロンカーバイド　226

マ

マイクロドーズ臨床試験　314
マイクロPIXE　169
マイトネリウム　93
マイナーアクチニド　231
マイナーアクチノイド　234,

248, 251
マグネタイト　133
マグマ溜り　269
マクロイメージング装置　317
マクロオートラジオグラフィー　291
マツの枯死　221
魔法数　12, 16, 19
　──の出現　16
　──の消失　16
マヨナラ粒子　278
マルチカラム法　114
マルチトレーサー法　184, 290
マルチワイヤ比例計数管　65
マレイン酸ヒドラジド剤　332
マンハッタン計画　83

ミ

見かけの拡散係数　256
ミクロイメージング装置　317
ミクロオートラジオグラフィー　291
水化学　240
密度汎関数理論　13
水俣病　202
ミュオニウム　140
ミュオン　8
ミュオンX線　189
ミュオン原子　146, 189
ミュオン酸素　189
ミュオン触媒核融合　147
ミュオンスピン　140, 141
ミュオン銅　189
未臨界　229
ミルキング　28, 81, 212, 305, 316

ム

無機シンチレータ　69
娘核種　27, 268
無担体　184
無標準定量法　169

メ

メスバウアー効果　134, 136
メスバウアー分光法　128, 130
滅菌　331
芽止めジャガイモ　332
芽止め照射　332
メンデレビウム　84

モ

モニタリング車　201
モニタリングポスト　200, 213
桃色のダリア　312
モリブデン　80
モールド照射　304
もんじゅ　231

ユ

有機シンチレータ　69
有機物結合画分　208
融合反応　43
誘導結合プラズマ質量分析装置　212, 219
誘導放射性核種　29, 170
遊離型抗原　313

ヨ

溶解度　257
溶解度積　257
陽子線　303
陽子ドリップライン　79
陽電子　14, 21, 56, 161
陽電子消滅　162
陽電子消滅角度相関　138
陽電子消滅寿命　139
陽電子放射断層撮像　307
溶媒抽出法　174
溶融塩　249
溶融塩電解法　249
溶融塩炉　34
溶融炉心　260
余剰反応度　230
余裕深度処分　254
弱い相互作用　4

4群分離プロセス　251

ラ

ラザフォード　19
ラザフォード散乱　41
ラザホージウム　93, 98
ラジオアイソトープ・トレーサー　148
ラジオイムノアッセイ　313
ラジカル　328, 330
ラジカルスカベンジャー　293
ラドン　30, 196, 213, 220

リ

リチウムイオン電池　131
リチウム核　310
リバモリウム　94, 125
粒子線治療　298
粒子線励起X線放出　52
粒子フルエンス　57
量子色力学　4
量子うなり　136
臨界　229
臨界エネルギー　52
臨界事故　262
リン酸ジブチル　248
リン酸鉄リチウム　131
リン酸トリブチル　247
リンパ球の減少　295

ル

ルテニウム　80
ルミネセンス法　73

レ

励起関数　41, 42
冷却材　33, 240
冷鉱泉　334
暦年代　272
レーザー同位体分離　111
劣化ウラン　243
レファレンス線量計　59
レプトン　3
連続X線　25, 52
レントゲニウム　94

レントゲン　25, 325

ロ

炉心　226
炉心溶融　263
ローレンシウム　85, 89

ワ

ワイゼッカーの質量式　12, 15

欧　文

α壊変　17, 19, 79, 91
α線　17, 19, 218, 304, 310, 323
α線放出核種　212
AIDA　112
AMS測定　314
Ar-Ar法　269
ARCA II　112
β壊変　17, 21, 79, 162, 269
β壊変安定線　96
β起電力電池　321
β線　51, 143, 304
β線核磁気共鳴分光　143
β線放出核種　212, 217
β^-線のエネルギー　21
BGO検出器　159
bioconcentration　202
biomagnification　202
β-NMR　143
BP　272
BPA　310
$B\rho$–ΔE–$B\rho$法　119
BSH　310
^{14}C　196, 199, 215
^{14}C年代測定　172, 271
CAI　273
CNOサイクル　276
CR回路　59
Csスパッタイオン源　171
CTBT　258
Δ^{14}C　216

DD 反応　235
DNA 切断　294
DNA 損傷　62
DSSD　67
DT 反応　235

EC 壊変　32
ELISA 法　313
EPR 効果　311
eV　14

FeO_4 四面体のゆがみ　130

γ 壊変　17, 19, 23
γ 線　17, 23, 330
γ 線カメラ　306
γ 線スペクトロメトリ　165
γ 線摂動角相関　144, 150
γ 線分光法　188
γ 線放出核種　212
γ 線ラジオグラフィー　326
Gandolfi カメラ　288
Ge 半導体検出器　66, 188
GLE　280
GM 計数管　59, 65
GREI　309
Gy　57
GZK 限界　279

HFIR　183
HPGe 検出器　66

^{129}I　199
IAEA　258
ICRP　210
in vivo generator　305
ISOL　120
ITER　236, 238
IUPAC　7
IVO　115

JCO 事故　261

K 吸収端　53

k_0 コンパレーター法　167
K_0 標準化法　157
k_0 法　167, 168
K-Ar 法　269
^{85}Kr　199
Kr-Kr 年代　282

L 吸収端　53
Lamb-Dicke 効果　123
LiCl-KCl 共晶塩　250
LNT モデル　296
$1/v$ 則　42

mass balance 試験　314
^{99}Mo　316
MOX　88, 218, 224, 244

$(0, 2)\nu$ モード　278
$4n(+1, 2, 3)$ 系列　30
NEET　31
(n, γ) 反応　324
NMR　11
NORM　210

OLGA III　116
O/M 比　88, 244
ORIGEN-2　245
^{187}Os　173

PD 試験　315
PET　300, 315
PIXE 法　38
PK 試験　315
pMC　216, 272
PSD　68
^{238}Pu　320
PUREX プロセス　247

Q 値　40, 162

r プロセス　277
Rb-Sr 法　269
^{187}Re　173
RI イメージング　317

RI 熱源　320
RI 発電器　320
RI ビーム　118
　——の再加速　120
RI リアルタイムイメージング　317
Rn モニター　72

s プロセス　277
Scatchard プロット　313
Si 検出器　66, 67
SISAK　113
SPECT　300
SPring-8　287, 288
^{89}Sr　316
^{90}Sr　320
Suess 効果　215

^{99m}Tc　316
TENORM　210
T2K 実験　75
TRU 廃棄物　252, 254

^{238}U　180
U-Pb 法　270

VO_4 四面体のゆがみ　131

W 値　64
WKB 近似　46

X 線　25
X 線回折　288
X 線画像　325
X 線吸収端近傍微細構造　88
X 線顕微鏡　175
X 線 CT　287
X 線透過装置　325
X 線発生装置　322
x プロセス　284

^{90}Y　316

放射化学の事典

2015年9月25日　初版第1刷

定価はカバーに表示

編　者	日 本 放 射 化 学 会
発行者	朝　倉　邦　造
発行所	株式会社　朝　倉　書　店

東京都新宿区新小川町6-29
郵便番号　162-8707
電　話　03(3260)0141
FAX　03(3260)0180
http://www.asakura.co.jp

〈検印省略〉

© 2015〈無断複写・転載を禁ず〉

新日本印刷・渡辺製本

ISBN 978-4-254-14098-9　C 3543　　Printed in Japan

JCOPY ＜(社)出版者著作権管理機構　委託出版物＞

本書の無断複写は著作権法上での例外を除き禁じられています．複写される場合は，そのつど事前に，(社)出版者著作権管理機構（電話 03-3513-6969，FAX 03-3513-6979，e-mail: info@jcopy.or.jp）の許諾を得てください．

理科大 渡辺　正監訳

元素大百科事典（新装版）

14101-6　C3543　　　　B 5 判　712頁　本体17000円

すべての元素について，元素ごとにその性質，発見史，現代の採取・生産法，抽出・製造法，用途と主な化合物・合金，生化学と環境問題等の面から平易に解説。読みやすさと教育に強く配慮するとともに，各元素の冒頭には化学的・物理的・熱力学的・磁気的性質の定量的データを掲載し，専門家の需要に耐えるデータブック的役割も担う。"科学教師のみならず社会学・歴史学の教師にとって金鉱に等しい本"と絶賛されたP．Enghag著の翻訳。日本が直面する資源問題の理解にも役立つ。

くらしき作陽大 馬淵久夫編

元　素　の　事　典

　　　　　　　14044-6 C3543　　A 5 判　324頁　本体7800円
〔縮刷版〕14092-7 C3543　　四六判　324頁　本体4500円

水素からアクチノイドまでの各元素を原子番号順に配列し，その各々につき起源・存在・性質・利用を平易に詳述。特に利用では身近な知識から最新の知識までを網羅。「一家庭に一冊，一図書館に三冊」の常備事典。〔特色〕元素名は日・英・独・仏に，今後の学術交流の動向を考慮してロシア語・中国語を加えた。すべての元素に，最新の同位体表と元素の数値的属性をまとめたデータ・ノートを付す。多くの元素にトピックス・コラムを設け，社会的・文化的・学問的な話題を供する

日本地球化学会編

地 球 と 宇 宙 の 化 学 事 典

16057-4　C3544　　　　A 5 判　500頁　本体12000円

地球および宇宙のさまざまな事象を化学の観点から解明しようとする地球惑星化学は，地球環境の未来を予測するために不可欠であり，近年その重要性はますます高まっている。最新の情報を網羅する約300のキーワードを厳選し，基礎からわかりやすく理解できるよう解説した。各項目1～4ページ読み切りの中項目事典。〔内容〕地球史／古環境／海洋／海洋以外の水／地表・大気／地殻／マントル・コア／資源・エネルギー／地球外物質／環境（人間活動）

前日赤看護大 山崎　昶監訳
森　幸恵・お茶の水大 宮本惠子訳

ペンギン化　　学　　辞　　典

14081-1　C3543　　　　A 5 判　664頁　本体6700円

定評あるペンギンの辞典シリーズの一冊"Chemistry(Third Edition)"(2003年)の完訳版。サイエンス系のすべての学生だけでなく，日常業務で化学用語に出会う社会人（翻訳家，特許関連者など）に理想的な情報源を供する。近年の生化学や固体化学，物理学の進展も反映。包括的かつコンパクトに8600項目を収録。特色は①全分野（原子吸光分析から両性イオンまで）を網羅，②元素，化合物その他の物質の簡潔な記載，③重要なプロセスも収載，④巻末に農薬一覧など付録を収録。

前北大 松永義夫編著

化学英語［精選］文例辞典

14100-9　C3543　　　　A 5 判　776頁　本体14000円

化学系の英語論文の執筆・理解に役立つ良質な文例を，学会で英文校閲を務めてきた編集者が精選。化学諸領域の主要ジャーナルや定番教科書などを参考に「よい例文」を収集・作成した。文例は主要語ごと（ABC順）に掲載。各用語には論文執筆に際して留意すべき事項や英語の知識を加えた他，言葉の選択に便利な同義語・類義語情報も付した。巻末には和英対照索引を付し検索に配慮。本文データのPC上での検索も可能とした。

日本エネルギー学会編

エ ネ ル ギ ー の 事 典

20125-3 C3550　　　　B5判 768頁 本体28000円

工学的側面からの取り組みだけでなく，人文科学，社会科学，自然科学，政治・経済，ビジネスなどの分野や環境問題をも含めて総合的かつ学際的にとらえ，エネルギーに関するすべてを網羅した事典。〔内容〕総論／エネルギーの資源・生産・供給／エネルギーの輸送と貯蔵・備蓄／エネルギーの変換・利用／エネルギーの需要・消費と省エネルギー／エネルギーと環境／エネルギービジネス／水素エネルギー社会／エネルギー政策とその展開／世界のエネルギーデータベース

前東京電機大 宅間 董・電中研 高橋一弘・
前東京電機大 柳父 悟編

電 力 工 学 ハ ン ド ブ ッ ク

22041-4 C3054　　　　A5判 768頁 本体26000円

電力工学は発電，送電，変電，配電を骨幹とする電力システムとその関連技術を対象とするものである。本書は，巨大複雑化した電力分野の基本となる技術をとりまとめ，その全貌と基礎を理解できるよう解説。〔内容〕電力利用の歴史と展望／エネルギー資源／電力系統の基礎特性／電力系統の計画と運用／高電圧絶縁／大電流現象／環境問題／発電設備（水力・火力・原子力）／分散型電源／送電設備／変電設備／配電・屋内設備／パワーエレクトロニクス機器／超電導機器／電力応用

石榑顕吉・舘野之男・富永 洋・中澤正治・
山口彦之編

放射線応用技術ハンドブック（普及版）

20135-2 C3050　　　　A5判 704頁 本体16000円

工業，農業，医療などきわめて広い分野に浸透していて，今後も新材料，遺伝子工学等の先端技術と結びついての飛躍的な発展が望まれている放射線利用技術を，実用面を中心に，基礎的な事項の説明も盛り込んだ，現場技術者や研究者待望の書。〔内容〕概要／放射線応用の基礎／工業利用 I―放射線計測，トレーサその他のRI利用／工業利用II―放射線による化学反応，工業用線源，リソグラフィ，環境保全への利用，滅菌，他／農学・生物学利用／臨床医学利用／新しい分野の利用

前東大 梅澤喜夫編

化 学 測 定 の 事 典
―確度・精度・感度―

14070-5 C3043　　　　A5判 352頁 本体9500円

化学測定の3要素といわれる"確度""精度""感度"の重要性を説明し，具体的な研究実験例にてその詳細を提示する。〔内容〕細胞機能（石井由晴・柳田敏雄）／プローブ分子（小澤岳昌）／DNAシーケンサー（神原秀記・墨堀政男）／蛍光プローブ（松本和子）／タンパク質（若林健之）／イオン化と質量分析（山下雅道）／隕石（海老原充）／星間分子（山本智）／火山ガス化学組成（野津憲治）／オゾンホール（廣田道夫）／ヒ素試料（中井泉）／ラマン分光（浜口宏夫）／STM（梅澤喜夫・西野智昭）

光化学協会光化学の事典編集委員会編

光 化 学 の 事 典

14096-5 C3543　　　　A5判 436頁 本体12000円

光化学は，光を吸収して起こる反応などを取り扱い，対象とする物質が有機化合物と無機化合物の別を問わず多様で，広範囲で応用されている。正しい基礎知識と，人類社会に貢献する重要な役割・可能性を，約200のキーワード別に平易な記述で網羅的に解説。〔内容〕光とは／光化学の基礎 I―物理化学―／光化学の基礎II―有機化学―／様々な化合物の光化学／光化学と生活・産業／光化学と健康・医療／光化学と環境・エネルギー／光と生物・生化学／光分析技術（測定）

前名大 古川路明著
現代化学講座15

放　射　化　学

14545-8　C3343　　　　　　A 5 判 240頁 本体4500円

エネルギー問題や人間生活に深い関連をもつ放射能を，エピソードも含めて化学的に詳述。〔内容〕放射能／放射壊変／核反応／放射性元素／放射線と物質の相互作用／放射線の検出と測定／放射能と化学／核現象と宇宙地球化学／核エネルギー

小島周二・大久保恭仁編著　加藤真介・工藤なをみ・
坂本　光・佐々木徹・月本光俊・山本文彦著
薬学テキストシリーズ

放射化学・放射性医薬品学

36265-7　C3347　　　　　　B 5 判 264頁 本体4800円

コアカリに対応し基本事項を分かり易く解説した薬学部学生向けの教科書。〔内容〕原子核と放射能／放射線／放射性同位体元素の利用／放射性医薬品／インビボ放射性医薬品／インビトロ放射性医薬品／放射性医薬品の開発／放射線安全管理／他

放射線医学総合研究所監修

ナースのための放射線医療

33002-1　C3047　　　　　　B 5 判 160頁 本体3500円

放射線診療は医療全体を支える不可欠な役割を担うに至っている。本書は，ナースが放射線とその健康影響，各種放射線診療の内容と意義，放射線防護の考え方と技術について正しい知識を持ち，医療，看護，ケアに携われるように解説

くらしき作陽大 馬淵久夫・前お茶の水大 冨田　功・
前名大 古川路明・前防衛大 菅野　等訳
科学史ライブラリー

周　期　表　成り立ちと思索

10644-2　C3340　　　　　　A 5 判 352頁 本体5400円

懇切丁寧な歴史の解説書。〔内容〕周期系／元素間の量的関係と周期表の起源／周期系の発見者たち／メンデレーエフ／元素の予言と配置／原子核と周期表／電子と化学的周期性／周期系の電子論的解釈／量子力学と周期表／天体物理，原子核合成

M.E.ウィークス・H.M.レスター著
大沼正則監訳

元素発見の歴史 1 （普及版）

10217-8　C3040　　　　　　A 5 判 388頁 本体5500円

化学史の大著Discovery of the Elements第 7 版の全訳。〔内容〕古代から知られた元素（金・銀など）／炭素とその化合物／錬金術師の元素／18世紀の金属／三つの重要な気体／タングステン・モリブデン・ウラン・クロム／テルルとセレン

M.E.ウィークス・H.M.レスター著
大沼正則監訳

元素発見の歴史 2 （普及版）

10218-5　C3040　　　　　　A 5 判 392頁 本体5500円

〔内容〕ニオブ・タンタル・ヴァナジウム／白金族／三種のアルカリ金属／アルカリ土金属・マグネシウム・カドミウム／カリウムとナトリウムを利用して単離された元素／分光器による元素発見／元素の周期系

M.E.ウィークス・H.M.レスター著
大沼正則監訳

元素発見の歴史 3 （普及版）

10219-2　C3040　　　　　　A 5 判 316頁 本体5500円

〔内容〕メンデレーエフが予言した元素／希土類元素／ハロゲン族，希ガス，天然放射性元素／X線スペクトル分析による発見／現代の錬金術／付録（元素一覧表，年表）／総索引

理科大 渡辺　正・久村典子訳

痛　快　化　学　史

10201-7　C3040　　　　　　A 5 判 352頁 本体6800円

化学の源にあった実用科学・医術・魔術などの世界から，化学が近代的なサイエンスに進化していった道のりを，オリジナル図版と分かりやすい「超訳」解説でたどる。科学に興味をもつ一般の方々にも，おもしろくて役に立つ情報源！

太田次郎総監訳　桜井邦朋・山崎　昶・木村龍治・
森　政稔監訳　久村典子訳

現代科学史大百科事典

10256-7　C3540　　　　　　B 5 判 936頁 本体27000円

The Oxford Companion to the History of Modern Science（2003）の訳。自然についての知識の成長と分枝を600余の大項目で解説。ルネサンスから現代科学へと至る個別科学の事項に加え，時代とのかかわりや地域的視点を盛り込む。〔項目例〕科学革命論／ダーウィニズム／（組織）植物園／CERN／東洋への伝播（科学知識）証明／エントロピー／銀河系（分野）錬金術／物理学（器具・応用）天秤／望遠鏡／チェルノブイリ／航空学／熱電子管（伝記）ヴェサリウス／リンネ／湯川秀樹

上記価格（税別）は 2015 年 8 月現在